天津市仿古建筑及园林工程预算基价

第一册 通 用 项 目

DBD29-501-2016

天 津 市 城 乡 建 设 委 员 会

中国建筑工业出版社

图书在版编目（CIP）数据

天津市仿古建筑及园林工程预算基价/天津市城乡建设委员会组织编写. —北京:中国建筑工业出版社,2017.5
（2016 年天津市建设工程预算基价）
ISBN 978-7-112-20272-0

Ⅰ.①天… Ⅱ.①天… Ⅲ.①仿古建筑－建筑预算定额－天津 ②园林－工程施工－建筑预算定额－天津 Ⅳ.①TU723.34 ②TU986.3

中国版本图书馆 CIP 数据核字(2017)第 001691 号

天津市仿古建筑及园林工程预算基价
DBD29-501~503-2016
天津市城乡建设委员会
*
中国建筑工业出版社 出版、发行（北京海淀三里河路 9 号）
北京同文印刷有限责任公司印刷
*
开本:850 × 1168 毫米 横 1/16 印张:71¼ 字数:1960 千字
2017 年 1 月第一版 2017 年 1 月第一次印刷
定价:400.00 元（共 3 册）
ISBN 978-7-112-20272-0
（29760）

天 津 市 城 乡 建 设 委 员 会 文 件

津建筑〔2016〕659 号

市建委关于颁发 2016《天津市建设工程计价办法》和天津市各专业工程预算基价的通知

滨海新区建交局，各区县建委，各有关局、集团（总）公司，各有关单位：

根据《天津市建筑市场管理条例》（市人大〔2011〕第 30 号公告）和现行国家标准《建设工程工程量清单计价规范》，在有关部门的配合和支持下，2016《天津市建设工程计价办法》和《天津市建筑工程预算基价》、《天津市装饰装修工程预算基价》、《天津市安装工程预算基价》、《天津市市政工程预算基价》、《天津市仿古建筑及园林工程预算基价》、《天津市房屋修缮工程预算基价》、《天津市人防工程预算基价》、《天津市给水及燃气管道工程预算基价》、《天津市地铁及隧道工程预算基价》以及与其配套的各专业工程量清单计价指引和计价软件已编制完成。经审核，本办法及各专业工程预算基价自 2017 年 1 月 1 日起实施。2012《天津市建设工程计价办法》和天津市各专业工程预算基价同时废止。

2016《天津市建设工程计价办法》和天津市各专业工程预算基价由天津市建设工程造价管理总站负责解释。

2016 年 12 月 20 日

主编部门：天津市园林建设工程定额管理站

批准部门：天津市城乡建设委员会

计价依据编制领导小组：

组　长：刘翠乔

成　员：周国庆　杨树海　戴太华　韩　冰　赵　斌　刘弘声　翟国立　王玉利　张界义　张俊凤　黑金山　王润明
焦　进　杨连仓　潘　昕　沈国强　王忠信　李剑鹏　王　健

专家组成员：

陈　玫　聂　帆　柳向辉　于清贤　陈锦华　杨玉香

综合组成员：

王玉利　陈友林　袁守恒　杨蔚明　姚庆祥　杨跃进　戴全才　赵　亿　顾雪峰　袁永生　李增志　陈召忠
肖永凯

编制组成员：

陈召忠　张志昆　焉　然　沈国强　王丽艳　王　莹　张　筠

费用组成员：

邢玉军　韩　惠　张绪明　关　彬　钱　盈　许宝林　崔文琴

电算组成员：

张绪明　于　堃　张　桐　苗　旺　施有定

审　定：

赵　斌　杨树海

发　行：

杨蔚明　贾　羽

总 说 明

一、天津市仿古建筑及园林工程预算基价（以下简称“本基价”）是根据国家和本市有关法规、标准、规范等相关依据，按正常的施工工期和生产条件，考虑常规的施工工艺、合理的施工组织设计，结合本市实际编制的。本基价是完成单位合格产品所需人工、材料、机械台班及相应管理费用的基本标准，反映了社会平均水平。

二、本基价适用于天津市行政区域内新建与扩建的仿古建筑、园林绿化与园林景观工程。

三、本基价是编制估算指标、概算定额和初步设计概算、施工图预算、竣工结算、招标控制价、工程量清单的基础；是建设项目投标报价的参考。

四、本基价各子目的预算基价由人工费、材料费、机械费和管理费组成。基价中的工作内容仅说明了主要施工工序，次要施工工序虽未作说明，但基价中已予考虑。

五、本基价共分三册：

第一册　通用项目；

第二册　营造则例做法项目；

第三册　园林绿化景观及施工措施费项目。

六、本基价人工费的规定和说明：

1. 人工消耗量是以现行的《建设工程劳动定额》、《全国统一仿古建筑及园林工程预算定额》为基础，结合本市实际，考虑了施工操作的基本用工、辅助用工、材料在施工现场超运距用工及人工幅度差。人工效率按八小时工作制考虑。

2. 人工单价是根据《中华人民共和国劳动法》有关规定，参照编制期天津市劳动力价格水平综合测算的。按技术含量分为三类：一类工每工日124 元；二类工每工日 113 元；三类工每工日 96 元。

3. 人工费是支付给从事建筑安装工程施工的生产工人和附属生产单位工人的各项费用以及生产工具用具使用费。其中包括按照国家和本市有关规定，职工个人缴纳的养老保险、失业保险、医疗保险及住房公积金。

七、本基价材料费的规定和说明：

1. 材料费包括主要材料、零星材料和材料采购保管费。主要材料为构成工程实体且能够计量的材料、成品、半成品，按品种、规格列出消耗量；零星材料费为不构成工程实体且用量较小的材料，以“元”为单位列出；材料采购保管费是指施工单位在组织采购、供应和保管材料过程中所需各项费用，包括工地仓库的储存损耗。

2. 材料消耗量均按合格的标准规格产品编制。包括按国家消耗量定额标准规定的正常施工消耗和材料从工地仓库、现场集中堆放或加工地点运至施工操作、安装地点的堆放和运输损耗及不可避免的施工操作损耗。

3. 当设计要求采用的材料、成品或半成品的品种、规格型号与基价中不同时，可按各章规定调整。

4. 材料价格按本基价编制期建筑市场材料价格综合取定，包括由材料供应地点运至工地仓库或施工现场堆放地点的费用。

5. 材料采购保管费按照材料价格的2.1%计取。由建设单位供料至现场或施工单位指定地点，并由施工单位负责保管的，退还建设单位0.875%，施工单位留1.225%；由建设单位供料至现场或施工单位指定地点，并由建设单位负责保管的，退还建设单位1.68%，施工单位留0.42%。

6. 工程建设中部分材料由建设单位供料，结算时退还建设单位所购材料的材料款（包括材料采购保管费），材料单价以施工合同中约定的材料价格为准，材料数量按实际领用量确定。

7. 周转材料费中的周转材料按摊销量编制，且已包括回库维修等相关费用。

8. 本基价部分材料或成品、半成品的消耗量带有括号，并列于无括号材料消耗量之前，表示该材料未计价，基价总价未包括其价值，计价时应以括号中的消耗量乘以其价格，同时计算其采购保管费，分别计入本基价的材料费和总价中；列于无括号材料消耗量之后，表示基价总价和材料费中已经包括了该材料的价值，括号内的材料不再计价。

9. 材料消耗量带有"×"号的，"×"号前为材料消耗量，"×"号后为该材料的单价。数字后带"( )"，"( )"内为规格型号。

八、本基价机械费的规定和说明：

1. 机械台班消耗量是按照正常的施工程序、合理的机械配置确定的。

2. 机械台班单价按照《建设工程施工机械台班费用编制规则》及《天津市施工机械台班参考基价》确定。

3. 本基价中的机械费，按各册说明规定执行。

4. 本基价未考虑使用大型机械，如果使用大型机械，可按《天津市建筑工程预算基价》中对使用大型机械的说明及规定进行计算。

九、本基价除注明者以外，均按建筑物檐高20 m以内考虑，当建筑物檐高超过20 m时，因施工降效所增加的人工、机械及有关费用按《天津市建筑工程预算基价》超高工程附加费有关规定执行。

十、施工用水、电已包括在本基价材料费和机械费中，不另计算。施工现场应由建设单位安装水、电表，交施工单位保管和使用，施工单位按表计量，按相应单价计算后退还建设单位。

十一、本基价凡注明"××以内"或"××以下"者，均包括××本身，注明"××以外"或"××以上"者，均不包括××本身。

十二、本基价材料、机械和构件的规格，用数值表示而未说明单位的，其计量单位为毫米；工程量计算规则中，凡未说明计量单位的，按长度计算的以米为计量单位，按面积计算的以平方米为计量单位，按体积计算的以立方米为计量单位，按质量计算的以吨为计量单位。

十三、仿古建筑工程基价与一般建筑工程基价使用界限：

1. 独立建筑的单位仿古建筑工程应全部执行仿古建筑工程基价。

2. 在大型公共建筑的厅堂内建造仿古建筑工程，不需要单独挖土方做基础时，其基础部分与整个建筑的地下部分合并一起，执行一般建筑工程基价，地上部分包括台基在内执行仿古建筑工程基价。若基础与整个建筑不相连，需单独挖土方做基础时，则全部执行仿古建筑工程基价。

3. 在大型公共建筑屋顶、平台上建造仿古建筑工程时，则屋顶、平台结构上皮为执行基价的分界线。

4. 一般建筑工程的台基、外墙、屋顶、装饰为仿古建筑项目时，执行仿古建筑工程的相应基价子目，其他属现代做法的，执行一般建筑工程基价。

十四、设备安装工程,执行《天津市安装工程预算基价》。

十五、本基价适用于简易计税方法计取增值税的仿古建筑及园林工程,对适用一般计税方法计取增值税的仿古建筑及园林工程,按附录六进行调整。

仿古建筑面积计算规则

一、计算建筑面积的范围：

1. 单层建筑不论其出檐层数及高度如何，均按一层计算面积。其中有台明者按台明外围水平面积计算建筑面积；无台明有围护结构的，以围护结构水平面积计算建筑面积；围护结构外有檐廊柱的，按檐廊柱外边线水平面积计算建筑面积；围护结构外边未及构架柱外边线的，按构架柱外边线计算建筑面积；无围护结构的按构架柱外边线计算建筑面积。

2. 有楼层分界的两层或多层建筑，不论其出檐层数如何，按自然结构层的分层水平面积总和计算建筑面积。其首层的建筑面积计算方法分有、无台明两种，按上述单层建筑物的建筑面积计算方法计算；二层及二层以上各层建筑面积计算方法，按上述单层无台明建筑的建筑面积计算方法执行。

3. 单层建筑中或多层建筑的两自然结构楼层间局部有楼层者，按其水平投影面积计算建筑面积。

4. 碉楼式建筑物的碉台内无楼层分界的，按一层计算建筑面积；碉台内有楼层分界的，按分层累计计算建筑面积；单层碉台及多层碉台的首层有台明的，按台明外围水平面积计算建筑面积；无台明的，按围护结构底面外围水平面积计算建筑面积；多层碉台的二层及二层以上均按各层围护结构底面外围水平面积计算建筑面积。

5. 两层或多层建筑构架柱外有围护装饰或围栏的挑台部分，按构架柱外边线至挑台外围线间的水平投影面积的二分之一计算建筑面积。

6. 坡地建筑、临水建筑或跨越水面建筑的首层构架柱外有围栏的挑台部分，按构架柱外边线至挑台外围线间的水平投影面积的二分之一计算建筑面积。

二、不计算建筑面积的范围：

1. 有台明的单层或多层建筑中的无柱门罩、窗罩、雨篷、挑檐、无围护的挑台、台阶等。

2. 无台明建筑或多层建筑的二层或二层以上突出墙面或构架外边线以外的部分，如墀头、垛、窗罩等。

3. 牌楼、实心或半实心的砖、石塔。

4. 构筑物：月台、环丘台、城台、院墙及随墙门、花架等。

5. 碉台的平台。

目　　录

第六章　墙、柱面工程

第七章　天棚工程

第八章　油漆、涂料工程

册　说　明

一、本册基价系《天津市仿古建筑及园林工程预算基价》的第一册，与第二、三册配套使用。

二、本册基价是以现代建筑工程设计、施工及验收规范，技术操作规程，质量评定标准，安全操作规程为依据编制而成。

三、本册基价中的材料、成品、半成品，除注明者外，均包括从工地至仓库、堆放地点或现场加工地点到施工地点以内全部水平运输及檐高在20 m以内垂直运输。场内水平运输已综合了不同的运输距离，实际距离不论远近，基价不做调整。

四、本册基价中的机械费是按使用中、小型机械综合考虑编制的，不论使用何种机械或不使用机械代之人工操作，均不调整和换算。

第一章　土 石 方 及 基 础 垫 层 工 程

说　明

一、本章包括人工挖地槽、地坑、土方，人工挖冻土、淤泥、流沙，平整场地、槽底钎探、原土打夯、支挡土板，土方回填，人工凿岩石，人工运土、泥、石，基础垫层等7节；共58条基价子目。

二、土壤及岩石类别的鉴别方法如下：

土壤及岩石类别鉴别表

类别	土壤、岩石名称及特征	鉴别方法
一般土	1. 潮湿的黏性土或黄土 2. 软的盐土和碱土 3. 含有建筑材料碎料或碎石、卵石的堆土和种植土 4. 中等密实的黏性土和黄土 5. 含有碎石、卵石或建筑材料碎料的潮湿的黏性土或黄土	用尖锹并同时用镐开挖
砂砾坚土	1. 坚硬的密实黏性土或黄土 2. 含有碎石、卵石（体积占10%～30%，质量在25 kg以内的石块）中等密实的黏性土或黄土 3. 硬化的重壤土	全部用镐挖掘 少许用撬棍挖掘
软石	胶结不实的砾石，各种不坚实的页岩，中等坚实的泥灰岩，软质有空隙的节理较多的石灰岩	
次坚石	风化的花岗岩，坚硬的石灰岩、砂岩、水成岩，砂质胶结的砾岩，坚硬的砂质岩、花岗岩与石英胶结的砂岩	
坚石	高强度的石灰岩，中粒和粗粒的花岗岩，最坚硬的石英岩	

三、挖土工程：槽底宽度在3 m以内，且长度是宽度3倍以外者为地槽；槽底面积在20 m^2以内者为地坑；槽底宽度在3 m以外，且槽底面积在20 m^2以外者为土方。

四、垂直方向处理厚度在±30 cm以内的就地挖填找平属于平整场地，处理厚度超过30 cm属于挖土或填土工程。

五、湿土与淤泥（或流沙）的区分：地下静止水位以下的土层为湿土，具有流动状态的土（或砂）为淤泥（或流沙）。

六、混凝土基础垫层与混凝土基础的划分：混凝土厚度在12 cm以内者为垫层，执行混凝土垫层基价子目；混凝土厚度在12 cm以外者为基础，执行第三章混凝土基础基价子目。

七、人工挖冻土指施工时气温在摄氏零度以下，人工开挖已冻结的土。

八、支挡土板基价子目综合考虑了连续支和断续支两种工艺，实际情况不同时不得调整。

九、先打桩后采用人工挖土，并挖桩顶以下部分时，挖土深度在4 m以内者，全部工程量(包括桩顶以上工程量)按相应基价乘以系数1.25计算，挖土深度超过4 m时，每超1 m按相应基价子目增加4.00元/m^3(其中：人工0.06工日，人工费3.66元，管理费0.34元)。

十、挖地槽、地坑、土方的回填，不分室内室外，也不分是利用原土还是外购黄土，凡标高在设计室外地坪以下者均执行回填土基价子目，在设计室外地坪以上的室内房心还土执行素土夯实(位于地面以下)基价子目，位于承重结构基础以下的填土应执行素土夯实(位于基础以下)基价子目。

十一、除混凝土垫层基价子目已包括槽底打夯，其他垫层基价子目均未包括槽底原土打夯，如设计无混凝土基础垫层时，应另列项目计算槽底原土打夯。

工 作 内 容

一、人工挖地槽、地坑、土方项目包括：挖土抛于槽、坑边1 m以外或装车，修整底边。

二、人工挖冻土项目包括：挖、抛冻土，弃土于槽、坑边1 m以外，修整底边。

三、人工挖淤泥、流沙项目包括：挖、装淤泥、流沙，修整底边。

四、平整场地项目包括：标高在±30 cm以内的就地挖填找平。

五、槽底钎探项目包括：探槽、打钎、拔钎。

六、原土打夯项目包括：碎土、平土、找平，夯实两遍。

七、支挡土板项目包括：支、拆挡土板。

八、回填土项目包括：5 m以内取土及分层夯实。

九、场地填土包括松填和夯填两项，松填土包括填土，找平；夯填土除填土外还包括分层夯实。

十、素土夯实分为位于基础下和位于地面下两项，其工作内容均包括150 m运土，找平并分层夯实。

十一、人工凿岩石项目包括：凿石、清理、修边、检底，抛石渣于2 m以外，修理工具。

十二、人工运土、泥、石项目包括：装、运、卸及堆放。

十三、基础垫层项目包括：灰土拌合、粗细骨料拌合、找平、分层压实，调制砂浆及灌浆，混凝土浇筑、振捣、养护，混凝土垫层还包括原土夯实。

工 程 量 计 算 规 则

一、本章人工挖、运土，人工凿、运岩石均按天然密实体积计算；填土按夯实后体积计算。

二、挖地槽：外墙地槽长度按外墙槽底中心线计算，内墙地槽长度按内墙槽底净长计算，槽宽按图示尺寸加工作面的宽度计算，槽深按自然地坪至槽底计算。当需要放坡时，应将放坡的土方量合并于总土方量中。

三、挖冻土按设计图示尺寸开挖面积乘以厚度以体积计算。

四、挖淤泥、流沙按设计图示位置、界限以体积计算。

五、平整场地系指厚度在±30 cm以内的就地挖填找平，建(构)筑物的平整场地按建(构)筑物外形每边加宽2 m计算面积，围墙的平整场地每边各加宽1 m计算。

六、槽底钎探、原土打夯工程量，以槽底面积计算。

七、支挡土板工程量，以槽的垂直面积计算，支挡土板后，不得再计算放坡。

八、土方回填按设计图示尺寸以体积计算。

1. 场地回填：回填面积乘以平均回填厚度。

2. 室内回填：主墙间净面积乘以回填厚度。

3. 基础回填：挖方体积减去设计室外地坪以下埋设的基础体积(包括基础垫层及其他构筑物)。

4. 挖地槽原土回填的工程量，可按地槽挖土工程量乘以系数0.6计算。

九、基础垫层按设计图示尺寸以体积计算，其长度：外墙按中心线，内墙按垫层净长计算。

十、与土方工程预算有关的系数表。

1. 土方虚实体积折算系数表

虚土	天然密实土	夯实土	松填土
1.00	0.77	0.67	0.83
1.30	1.00	0.87	1.08
1.50	1.15	1.00	1.25
1.20	0.92	0.80	1.00

2. 放坡系数表

土质	起始深度(m)	人工挖土	机械挖土	
			在坑内作业	在坑外作业
一般土	1.40	1:0.43	1:0.30	1:0.72
砂砾坚土	2.00	1:0.25	1:0.10	1:0.33

3. 工作面增加宽度表

基础工程施工项目	每边增加工作面（cm）
毛石基础	15
混凝土基础或基础垫层需要支模板时	30
使用卷材或防水砂浆做垂直防潮层	80
带挡土板的挖土	10

一、人工挖地槽、地坑、土方

单位：m^3

编号				1-1	1-2	1-3	1-4	1-5	1-6
项目				人工挖地槽					
				一般土			砂砾坚土		
				深度（m以内）					
				2	3	4	2	3	4
预算基价	总价（元）			51.28	55.38	59.48	89.23	92.30	95.38
	人工费（元）			48.00	51.84	55.68	83.52	86.40	89.28
	管理费（元）			3.28	3.54	3.80	5.71	5.90	6.10
组成内容		单位	单价	数量					
人工	综合工	工日	96.00	0.50	0.54	0.58	0.87	0.90	0.93

单位：m^3

编号				1-7	1-8	1-9	1-10	1-11	1-12
项目				人工挖地坑					
				一般土			砂砾坚土		
				深度（m以内）					
				2	3	4	2	3	4
预算基价	总价（元）			55.38	60.51	65.64	99.48	102.56	106.66
	人工费（元）			51.84	56.64	61.44	93.12	96.00	99.84
	管理费（元）			3.54	3.87	4.20	6.36	6.56	6.82
组成内容		单位	单价	数量					
人工	综合工	工日	96.00	0.54	0.59	0.64	0.97	1.00	1.04

单位：m^3

编号				1-13	1-14	1-15	1-16	1-17	1-18
项目				人工挖土方					
				一般土			砂砾坚土		
				深度（m以内）					
				2	3	4	2	3	4
预算基价	总价（元）			38.97	44.10	49.23	62.56	67.69	72.82
	人工费（元）			36.48	41.28	46.08	58.56	63.36	68.16
	管理费（元）			2.49	2.82	3.15	4.00	4.33	4.66
组成内容		单位	单价	数量					
人工	综合工	工日	96.00	0.38	0.43	0.48	0.61	0.66	0.71

二、人工挖冻土、淤泥、流沙

单位：m^3

编号					1-19	1-20	1-21	1-22
项目					人工挖冻土			人工挖淤泥、流沙
					冻土厚度（m以内）			
					0.50	1.00	1.50	
预算基价	总价（元）				133.33	189.74	199.99	118.97
	人工费（元）				124.80	177.60	187.20	111.36
	管理费（元）				8.53	12.14	12.79	7.61
组成内容			单位	单价	数量			
人工	综合工		工日	96.00	1.30	1.85	1.95	1.16

三、平整场地、槽底钎探、原土打夯、支挡土板

单位：10 m²

编号				1-23	1-24	1-25	1-26	1-27
项目				平整场地	槽底钎探	原土打夯	支挡土板	
							单面	双面
预算基价	总价（元）			57.43	65.64	20.41	436.56	374.80
	人工费（元）			53.76	61.44	16.32	128.64	109.44
	材料费（元）						280.31	242.05
	机械费（元）					2.97	18.82	15.83
	管理费（元）			3.67	4.20	1.12	8.79	7.48
组成内容		单位	单价	数量				
人工	综合工	工日	96.00	0.56	0.64	0.17	1.34	1.14
材料	木模板	m^3	1842.20				0.145	0.125
	铁钉	kg	7.81				0.95	0.87
	材料采管费	元					5.77	4.98
机械	电动夯实机 20~62Nm	台班	30.67			0.097		
	载货汽车 6t	台班	427.71				0.044	0.037

四、土 方 回 填

单位：m^3

编号				1-28	1-29	1-30	1-31	1-32
项目				回填土	场地填土		素土夯实（包括150m运土）	
					松填	夯填	用于基础下	用于地面下
预算基价	总价（元）			27.63	106.02	148.62	186.81	178.59
	人工费（元）			24.00	8.64	24.00	58.56	48.00
	材料费（元）				96.79	120.99	122.59	125.65
	机械费（元）			1.99		1.99	1.66	1.66
	管理费（元）			1.64	0.59	1.64	4.00	3.28
组成内容		单位	单价	数量				
人工	综合工	工日	96.00	0.25	0.09	0.25	0.61	0.50
材料	黄土	m^3	79.00		1.200	1.500	1.500	1.538
	水	m^3	7.85				0.200	0.200
	材料采管费	元			1.99	2.49	2.52	2.58
机械	电动夯实机 20～62Nm	台班	30.67	0.065		0.065	0.054	0.054

五、人 工 凿 岩 石

单位：m^3

编号				1-33	1-34	1-35	1-36	1-37	1-38
项目				地面开凿			地槽开凿		
				软石	次坚石	坚石	软石	次坚石	坚石
预算基价	总价（元）			119.45	196.95	338.17	168.68	281.05	831.48
	人工费（元）			98.88	163.20	281.28	144.96	241.92	743.04
	材料费（元）			13.81	22.60	37.67	13.81	22.60	37.67
	管理费（元）			6.76	11.15	19.22	9.91	16.53	50.77
组成内容		单位	单价	数量					
人工	综合工	工日	96.00	1.03	1.70	2.93	1.51	2.52	7.74
材料	钢钎	kg	12.30	0.50	1.00	2.00	0.50	1.00	2.00
	零星材料费	元		7.38	9.84	12.30	7.38	9.84	12.30
	材料采管费	元		0.28	0.46	0.77	0.28	0.46	0.77

单位：m^3

编号				1-39	1-40	1-41
项目				地坑开凿		
				软石	次坚石	坚石
预算基价	总价（元）			199.44	332.33	989.43
	人工费（元）			173.76	289.92	890.88
	材料费（元）			13.81	22.60	37.67
	管理费（元）			11.87	19.81	60.88
组成内容		单位	单价	数量		
人工	综合工	工日	96.00	1.81	3.02	9.28
材料	钢钎	kg	12.30	0.50	1.00	2.00
	零星材料费	元		7.38	9.84	12.30
	材料采管费	元		0.28	0.46	0.77

六、人工运土、泥、石

单位：m^3

编号				1-42	1-43	1-44	1-45	1-46	1-47
项目				运土	运淤泥、流沙	运石	运土	运淤泥、流沙	运石
				运距50 m以内			每增加50 m		
预算基价	总价（元）			30.77	51.28	36.92	3.08	4.10	4.10
	人工费（元）			28.80	48.00	34.56	2.88	3.84	3.84
	管理费（元）			1.97	3.28	2.36	0.20	0.26	0.26
组成内容		单位	单价	数量					
人工	综合工	工日	96.00	0.30	0.50	0.36	0.03	0.04	0.04

七、基 础 垫 层

单位：m^3

编号					1-48	1-49	1-50	1-51	1-52	1-53
项目					灰土		砂垫层	干铺		
					2:8	3:7		石屑	碎石	毛石
预算基价	总价（元）				277.02	285.03	228.90	221.65	250.80	303.75
	人工费（元）				104.64	99.84	48.96	54.72	68.16	73.92
	材料费（元）				163.57	176.71	176.33	162.90	177.56	222.94
	机械费（元）				1.66	1.66	0.26	0.29	0.42	1.84
	管理费（元）				7.15	6.82	3.35	3.74	4.66	5.05
组成内容			单位	单价	数量					
人工	综合工		工日	96.00	1.09	1.04	0.51	0.57	0.71	0.77
材料	黄土		m^3	79.00	1.338	1.176				
	白灰		kg	0.31	165.64	248.46				
	砂子		t	87.58			1.945		0.411	0.400
	石屑		t	83.27				1.916		
	碴石	19~25	t	87.51					1.576	
	毛石		t	88.39						2.074
	水		m^3	7.85	0.402	0.402	0.300			
	材料采管费		元		3.36	3.63	3.63	3.35	3.65	4.59
	灰土	2:8	m^3		(1.010)					
	灰土	3:7	m^3			(1.010)				
机械	电动夯实机	20~62Nm	台班	30.67	0.054	0.054				0.060
	小型机具		元				0.26	0.29	0.42	

单位：m³

编号				1-54	1-55	1-56	1-57	1-58
项目				干铺混碴		灌浆		混凝土
				带粗砂	不带粗砂	碎石	毛石	
预算基价	总价（元）			245.99	238.58	328.97	390.03	529.84
	人工费（元）			68.16	68.16	115.20	130.56	144.00
	材料费（元）			172.75	165.34	205.48	248.71	352.65
	机械费（元）			0.42	0.42	0.42	1.84	23.35
	管理费（元）			4.66	4.66	7.87	8.92	9.84
组成内容		单位	单价	数量				
人工	综合工	工日	96.00	0.71	0.71	1.20	1.36	1.50
材料	预拌混凝土 AC10	m³	332.16					1.015
	水泥	kg	0.37			60.49	57.51	
	砂子	t	87.58	0.411		0.453	0.431	
	混碴 2~80	t	84.52	1.576	1.916			
	碴石 19~25	t	87.51			1.576		
	毛石	t	88.39				2.074	
	水	m³	7.85			0.163	0.159	1.052
	材料采管费	元		3.55	3.40	4.23	5.12	7.25
	水泥砂浆 M5	m³				(0.284)	(0.270)	
机械	电动夯实机 20~62Nm	台班	30.67				0.060	0.057
	机动翻斗车 1t	台班	187.67					0.113
	小型机具	元		0.42	0.42	0.42		0.40

第二章　砌 筑 工 程

说　　明

一、本章包括砖基础、砖砌体,砌块砌体,毛石基础、毛石砌体,基础防潮层、墙面勾缝等4节;共34条基价子目。

二、基础与墙(柱)身的划分:

1. 基础与墙(柱)身使用同一种材料时,以首层设计室内地坪为界,设计室内地坪以下为基础,以上为墙(柱)身。

2. 基础与墙(柱)身使用品种不同材料时,按不同材料的变化处为分界线。

3. 砖、石围墙,以设计室外地坪为界线,设计室外地坪以下为基础,以上为墙身。

三、本章砖墙基价中综合考虑了除单砖墙以外不同的墙厚、内墙与外墙、清水墙和混水墙的因素,单砖墙应单独计算,套相应基价子目。

四、本章基价中的砌体砂浆强度等级(在材料栏中砂浆注明标号的除外)为综合强度等级,编制预算时不得换算。

五、砌墙基价中不含墙体加固钢筋,砌体内采用钢筋加固者,按设计规定计算质量,执行第三章中的墙体加固钢筋基价子目。

六、贴砖墙基价系指墙体外表面的砌贴砖墙。

七、空心砖墙基价中的空心砖规格为240×240×115,设计规格与基价不同时,允许调整。

八、砖砌地垄墙按砖地沟基价子目执行,支持地楞的砖墩按方形砖柱基价子目执行。

九、零星砌体系指砖砌花台、花池、毛石墙门窗口立边、窗台虎头砖等。

十、砌块墙基价中加气块耗用量中不包括改锯损耗。设计厚度与基价不同时,允许调整。

十一、加气混凝土墙基价中未考虑砌砖。执行此基价时,如有砖砌筑,单独计算并套用砌砖墙基价子目。

十二、砌毛石围墙按毛石墙的石墙到顶基价子目执行,砌毛石地沟、水池、零星砌体按毛石墙的窗台下石墙基价子目执行。

十三、砌毛石护坡高度超过3.60 m者,人工费和管理费乘以系数1.15。

工　作　内　容

一、砖基础项目包括:调制、运砂浆,运、砌砖。

二、砖砌体、砌块砌体项目包括:调制、运砂浆,运、砌砖、砌块;砌窗台虎头砖、腰线、门窗套,安放木砖、铁件。

三、毛石基础项目包括:调制、运砂浆,选、修、运、砌毛石。

四、毛石砌体项目包括:调制、运砂浆,选、修、运、砌毛石;墙角、窗台、门窗洞口的石料加工。

五、基础砂浆防潮层项目包括:调制、运、抹砂浆。

六、墙面勾缝项目包括:清扫基层、刻瞎缝(不包括弹线、满刻缝)、堵脚手眼、缺角补修、墙面浇水、筛砂、调运砂浆、勾缝等。

工 程 量 计 算 规 则

一、砖基础、毛石基础按设计图示尺寸以体积计算。包括附墙垛基础宽出部分体积，扣除混凝土地梁（圈梁）所占体积，不扣除基础大放脚T形接头的重叠部分及嵌入基础的钢筋、铁件、管道、基础砂浆防潮层和单个面积0.3 m^2 以内的孔洞所占体积，靠墙暖气沟的挑檐不增加。基础长度：外墙按中心线长度，内墙按净长计算。砌基础大放脚增加断面面积按下表计算。

砌基础大放脚增加断面计算表

单位：m^2

放脚层数	增加断面面积		放脚层数	增加断面面积	
	等高	不等高		等高	不等高
一	0.01575	0.01575	四	0.15750	0.12600
二	0.04725	0.03938	五	0.23625	0.18900
三	0.09450	0.07875	六	0.33075	0.25988

二、实心砖墙、空心砖墙、砌块墙、毛石墙均按设计图示尺寸以体积计算。扣除门窗洞口、过人洞、空圈、嵌入墙内的钢筋混凝土柱、梁、圈梁、挑梁、过梁及凹进墙内的壁龛、管槽、暖气槽、消火栓箱所占体积。不扣除梁头、板头、檩头、垫木、木楞头、檐椽木、木砖、门窗走头、砖墙内砖平碹、砖拱碹、砖过梁、加固钢筋、木筋、铁件、钢管及单个面积0.3 m^2 以内的孔洞所占体积。凸出墙面的腰线、挑檐、压顶、窗台线、虎头砖、门窗套的体积亦不增加，凸出墙面的砖垛并入墙体体积内。

1. 墙长度：外墙按中心线长度，内墙按净长计算。

2. 墙高度：

（1）外墙：斜（坡）屋面无檐口天棚者算至屋面板底；有屋架且室内外均有天棚者，算至屋架下弦底另加20 cm；无天棚者算至屋架下弦底另加30 cm，出檐宽度超过60 cm时，按实砌高度计算；平屋面算至屋面板底。

（2）内墙：位于屋架下弦者，算至屋架下弦底；无屋架者算至天棚底另加10 cm；有钢筋混凝土楼板隔层者算至楼板顶；有框架梁时算至梁底。

（3）女儿墙：从屋面板上表面算至女儿墙顶面（如有混凝土压顶时算至压顶下表面）。

（4）内、外山墙：按其平均高度计算。

（5）围墙：高度从基础顶面起算至压顶上表面（如有混凝土压顶时算至压顶下表面），与墙体为一体的砖围墙柱并入围墙体积内计算。

3. 标准砖墙厚度按下表计算。

墙厚（砖）	$\frac{1}{4}$	$\frac{1}{2}$	$\frac{3}{4}$	1	$1\frac{1}{2}$	2	$2\frac{1}{2}$	3
计算厚度（mm）	53	115	180	240	365	490	615	740

三、空花墙按设计图示尺寸以空花部分外形体积计算，不扣除空洞部分体积。

四、砖地沟按设计图示尺寸以实砌体积计算。

五、实心砖柱、零星砌体按设计图示尺寸以体积计算。扣除混凝土及钢筋混凝土梁垫、梁头、板头所占体积。砖柱不分柱基和柱身，其工程量合并计算，按砖柱基价子目计算。

六、其他砌体均按图示尺寸以实砌体积计算。

七、基础砂浆防潮层按设计图示尺寸以面积计算。

八、墙面勾缝按墙面垂直投影面积计算，应扣除墙面和墙裙抹灰面积，不扣除门窗套和腰线等零星抹灰及门窗洞口所占面积，但垛、门窗洞口侧壁和顶面的勾缝亦不增加。

九、独立柱勾缝，按图示外形尺寸以面积计算。

一、砖基础、砖砌体

单位：m³

编号				2-1	2-2	2-3	2-4	2-5	2-6
项目				砌砖基础	砌 $\frac{1}{2}$ 砖墙	砌砖墙	砌圆弧砖墙	砌砖挡土墙	砌空花砖墙
预算基价	总价（元）			543.68	677.79	615.21	644.41	542.87	523.59
	人工费（元）			151.42	254.25	204.53	221.48	149.16	220.35
	材料费（元）			366.91	379.61	375.87	384.73	368.59	265.90
	机械费（元）			10.14	18.40	14.27	15.96	10.14	15.21
	管理费（元）			15.21	25.53	20.54	22.24	14.98	22.13
组成内容		单位	单价	数量					
人工	综合工	工日	113.00	1.34	2.25	1.81	1.96	1.32	1.95
材料	页岩标砖 240×115×53	百块	57.88	5.27	5.60	5.37	5.52	5.28	4.07
	水泥	kg	0.37	51.76	38.15	46.38	46.38	46.38	20.57
	白灰	kg	0.31		13.00	15.80	15.80	15.80	7.01
	砂子	t	87.58	0.388	0.298	0.362	0.362	0.362	0.161
	木模板	m³	1842.20		0.001	0.001	0.001		
	铁钉	kg	7.81		0.01	0.01	0.01		
	水	m³	7.85	0.153	0.192	0.209	0.209	0.209	0.124
	材料采管费	元		7.55	7.81	7.73	7.91	7.58	5.47
	白灰膏	m³			(0.019)	(0.023)	(0.023)	(0.023)	(0.010)
	水泥砂浆 M5	m³		(0.243)					
	混合砂浆 M5	m³			(0.204)	(0.248)	(0.248)	(0.248)	(0.110)
机械	灰浆搅拌机 400L	台班	187.73	0.054	0.098	0.076	0.085	0.054	0.081

单位：m^3

编号				2-7	2-8	2-9	2-10	2-11	2-12
项目				砌贴砖墙		空心砖墙		砌多孔砖墙	砌砖地沟
				$\frac{1}{4}$砖	$\frac{1}{2}$砖	斗砌	卧砌		
预算基价	总价（元）			790.54	630.03	452.80	414.81	622.49	550.20
	人工费（元）			292.67	201.14	195.49	169.50	255.38	152.55
	材料费（元）			434.50	394.61	223.22	216.09	327.38	371.07
	机械费（元）			33.98	14.08	14.46	12.20	14.08	11.26
	管理费（元）			29.39	20.20	19.63	17.02	25.65	15.32
组成内容		单位	单价	数量					
人工	综合工	工日	113.00	2.59	1.78	1.73	1.50	2.26	1.35
材料	页岩标砖 240×115×53	百块	57.88	6.12	5.59	0.75	0.24		5.39
	页岩空心砖 240×240×115	百块	125.37			1.21	1.29		
	页岩多孔砖 240×115×90	百块	78.45					3.37	
	水泥	kg	0.37	59.47	52.36	20.01	28.99	44.88	43.01
	白灰	kg	0.31	20.26	17.84	6.82	9.88	15.29	14.65
	砂子	t	87.58	0.464	0.409	0.156	0.226	0.350	0.336
	木模板	m^3	1842.20				0.001	0.001	
	铁钉	kg	7.81				0.01		
	水	m^3	7.85	0.307	0.282	0.043	0.068	0.310	0.202
	材料采管费	元		8.94	8.12	4.59	4.44	6.73	7.63
	白灰膏	m^3		(0.029)	(0.025)	(0.010)	(0.014)	(0.022)	(0.021)
	混合砂浆 M5	m^3		(0.318)	(0.280)	(0.107)	(0.155)	(0.240)	(0.230)
机械	灰浆搅拌机 400L	台班	187.73	0.181	0.075	0.077	0.065	0.075	0.060

单位：m³

编号				2-13	2-14	2-15	2-16
项目				砌砖柱		砌砖零星砌体	砖砌半圆碹
				方形	圆形、半圆、多边		
预算基价	总价（元）			706.69	824.39	733.11	919.51
	人工费（元）			284.76	302.84	306.23	404.54
	材料费（元）			373.62	469.93	374.92	443.18
	机械费（元）			19.71	21.21	21.21	31.16
	管理费（元）			28.60	30.41	30.75	40.63
组成内容		单位	单价	数量			
人工	综合工	工日	113.00	2.52	2.68	2.71	3.58
材料	页岩标砖 240×115×53	百块	57.88	5.43	6.94	5.52	5.50
	水泥	kg	0.37	43.20	48.81	39.83	46.75
	白灰	kg	0.31	14.72	16.63	13.57	15.93
	砂子	t	87.58	0.337	0.381	0.311	0.365
	木模板	m³	1842.20				0.030
	铁钉	kg	7.81				0.60
	水	m³	7.85	0.202	0.254	0.195	0.200
	材料采管费	元		7.68	9.67	7.71	9.12
	白灰膏	m³		(0.021)	(0.024)	(0.190)	(0.023)
	混合砂浆 M5	m³		(0.231)	(0.261)	(0.213)	(0.250)
机械	灰浆搅拌机 400L	台班	187.73	0.105	0.113	0.113	0.166

二、砌 块 砌 体

单位：m^3

编号				2-17	2-18	2-19	2-20
项目				砌加气砌块墙	砌炉渣空心砌块墙	砌混凝土空心砌块墙	
						墙厚 14 cm	墙厚 19 cm
预算基价	总价（元）			607.83	481.27	583.58	516.63
	人工费（元）			180.80	141.25	192.10	141.25
	材料费（元）			395.92	312.31	353.98	347.67
	机械费（元）			12.95	13.52	18.21	13.52
	管理费（元）			18.16	14.19	19.29	14.19
组成内容		单位	单价	数量			
人工	综合工	工日	113.00	1.60	1.25	1.70	1.25
材料	加气混凝土块 300×600×125～300	m^3	363.17	1.022			
	炉渣砌块 400×200×200	m^3	276.11		0.912		
	混凝土空心砌块 390×140×190	百块	313.63			0.911	0.895
	页岩标砖 240×115×53	百块	57.88		0.273		
	水泥	kg	0.37	13.47	32.54	51.80	50.87
	白灰	kg	0.31	4.59	11.09	17.65	17.33
	砂子	t	87.58	0.105	0.254	0.405	0.397
	水	m^3	7.85	0.129	0.070	0.111	0.109
	材料采管费	元		8.14	6.42	7.28	7.15
	白灰膏	m^3		(0.007)	(0.016)	(0.025)	(0.025)
	混合砂浆 M5	m^3		(0.072)	(0.174)	(0.277)	(0.272)
机械	灰浆搅拌机 400L	台班	187.73	0.069	0.072	0.097	0.072

三、毛石基础、毛石砌体

单位：m^3

编号				2-21	2-22	2-23	2-24	2-25
项目				砌毛石基础（包括独立基础）	砌毛石墙			砌毛石独立柱
					窗台下石墙	石墙到顶	挡土墙	
预算基价	总价（元）			449.65	567.22	598.31	470.79	829.60
	人工费（元）			157.07	238.43	266.68	176.28	476.86
	材料费（元）			264.80	287.77	287.77	264.80	287.77
	机械费（元）			12.01	17.08	17.08	12.01	17.08
	管理费（元）			15.77	23.94	26.78	17.70	47.89
组成内容		单位	单价	数量				
人工	综合工	工日	113.00	1.39	2.11	2.36	1.56	4.22
材料	毛石	t	88.39	1.889	2.125	2.125	1.889	2.125
	水泥	kg	0.37	103.36	105.20	105.20	103.36	105.20
	砂子	t	87.58	0.603	0.614	0.614	0.603	0.614
	水	m^3	7.85	0.169	0.169	0.169	0.169	0.169
	材料采管费	元		5.45	5.92	5.92	5.45	5.92
	水泥砂浆 M7.5	m^3		(0.393)	(0.400)	(0.400)	(0.393)	(0.400)
机械	灰浆搅拌机 400L	台班	187.73	0.064	0.091	0.091	0.064	0.091

单位：m³

编号				2-26	2-27	2-28	2-29	2-30
项目				毛石护坡		景石墙（墙厚）		蘑菇石墙
				浆砌	干砌	30 cm 以内	40 cm 以内	
预算基价	总价（元）			500.50	352.39	1963.65	1723.66	440.27
	人工费（元）			190.97	113.00	1507.42	1289.33	350.30
	材料费（元）			275.89	228.04	287.77	287.77	47.47
	机械费（元）			14.46		17.08	17.08	7.32
	管理费（元）			19.18	11.35	151.38	129.48	35.18
组成内容		单位	单价	数量				
人工	综合工	工日	113.00	1.69	1.00	13.34	11.41	3.10
材料	蘑菇石 成品	m³						(1.020)
	毛石	t	88.39	1.976	1.976	2.125	2.125	
	水泥	kg	0.37	91.80		105.20	105.20	44.73
	砂子	t	87.58	0.688	0.556	0.614	0.614	0.335
	水	m³	7.85	0.171		0.169	0.169	0.076
	材料采管费	元		5.67	4.69	5.92	5.92	0.98
	水泥砂浆 M5	m³		(0.431)				(0.210)
	水泥砂浆 M7.5	m³				(0.400)	(0.400)	
机械	灰浆搅拌机 400L	台班	187.73	0.077		0.091	0.091	0.039

四、基础防潮层、墙面勾缝

单位：10 m^2

编号				2-31	2-32	2-33	2-34
项目				砖基础上抹水泥砂浆防潮层	砖墙面勾缝		石墙面勾缝
					加浆1:1水泥砂浆	原浆 M5	加浆1:1.5水泥砂浆
预算基价	总价（元）			220.37	137.25	61.54	116.42
	人工费（元）			106.22	116.39	50.85	93.79
	材料费（元）			93.53	8.23	5.20	12.46
	机械费（元）			9.95	0.94	0.38	0.75
	管理费（元）			10.67	11.69	5.11	9.42
组成内容		单位	单价	数量			
人工	综合工	工日	113.00	0.94	1.03	0.45	0.83
材料	水泥	kg	0.37	124.26	17.07	4.90	23.21
	砂子	t	87.58	0.306		0.037	
	细砂	t	86.69		0.019		0.040
	防水粉	kg	4.87	3.74			
	水	m^3	7.85	0.079	0.012	0.005	0.019
	材料采管费	元		1.92	0.17	0.11	0.26
	水泥砂浆 1:2	m^3		(0.220)			
	水泥细砂浆 1:1	m^3			(0.023)		
	水泥砂浆 M5	m^3				(0.023)	
	水泥细砂浆 1:1.5	m^3					(0.039)
机械	灰浆搅拌机 400L	台班	187.73	0.053	0.005	0.002	0.004

第三章　混凝土及钢筋混凝土工程

说　　明

一、本章包括现浇混凝土，预制混凝土制作，钢筋工程，预制混凝土构件安装，预制混凝土构件运输等5节；共97条基价子目。

二、各项混凝土预算基价中混凝土均采用AC30预拌混凝土价格，如设计要求或施工组织设计中的要求与基价中不同时，采用现场搅拌者按附录二“现场搅拌混凝土基价”所列相应混凝土品种换算；采用预拌混凝土者按预拌混凝土相应强度等级的实际价格列入。采用混凝土输送泵者在措施项目中考虑。

三、混凝土的养护是按一般养护方法考虑的，如采用蒸汽养护或其他特殊养护方法者，应在措施项目中另行计算，本章各混凝土基价子目中包括的养护内容不扣除。

四、施工单位自行制作混凝土构件，按本基价中相应子目执行。如购入商品混凝土构件，另加采购保管费，列入基价：

构件采购保管费 = 商品混凝土构件基价 ×2.1%

五、毛石混凝土，系按毛石占混凝土体积20%计算的；如设计要求不同时，可以换算。

六、预制混凝土构件制作基价中未包括从预制地点或堆放地点至安装地点的运输，发生运输时，执行相应的运输基价子目。

七、零星构件，系指每件体积在0.1 m^3 以内，且在本章中未列项目的构件。

八、古式零星构件，系指梁垫、蒲鞋头、云头水浪机、插角、宝顶、莲花头子、花饰块等以及每件体积在0.05 m^3 以内，且本章中未列项目的构件。

九、基价中钢筋以手工绑扎、部分焊接和点焊编制的，设计采用气压焊、螺纹套筒、电渣压力焊、钢筋冷挤压等焊(连)接方法者，可以另行计算，其钢筋制作应按特种接头钢筋相应基价子目计算。

十、非预应力钢筋不包括冷拉，如设计规定冷拉者，加工费和加工损耗另行计算。施工单位自行采用冷拉钢筋者，不另计算加工费，钢筋量仍按原设计直径计算。

十一、设计图纸未注明的钢筋接头和施工损耗的，已综合在基价项目内。

十二、预制混凝土构件安装基价子目中已综合了预制构件的灌缝找平，实际与基价不同时，不得换算。

十三、预制混凝土构件拆(剔)模，清理用工已包括在模板基价子目中，不得重复计算。

十四、预制混凝土构件汽车运输基价不分构件名称、类别，均按本基价计算。

工　作　内　容

一、现浇混凝土项目包括：混凝土浇筑、振捣、养护等全部操作过程。

二、预制混凝土制作项目包括：混凝土浇筑、振捣、养护及构件的成品堆放。

三、钢筋项目包括：制作、绑扎、安装。

四、螺栓、铁件项目包括：制作、安装、运输，埋设、焊接固定。

五、预制混凝土构件安装项目包括：构件翻身、就位、加固、吊装、校正、垫实节点、焊接或紧固螺栓、灌缝找平、构件场内运输等操作过程。

六、预制混凝土构件运输项目包括：设置一般支架(垫方木)、装车绑扎，运往规定地点卸车堆放，支垫稳固。

工 程 量 计 算 规 则

一、现浇混凝土基础按设计图示尺寸以体积计算。不扣除构件内钢筋、预埋铁件所占体积。

1. 带形基础：外墙基础长度按外墙带形基础中心线长度计算，内墙带形基础长度按内墙基础净长计算，截面按图示尺寸计算。

2. 独立基础：包括各种形式的独立柱基和柱墩，独立基础的高度按图示尺寸计算，柱与柱基以柱基的扩大顶面为分界。

二、现浇混凝土柱按设计图示尺寸以体积计算。不扣除构件内钢筋、预埋铁件所占体积。其柱高：

有梁板的柱高，应自柱基上表面（或楼板上表面）至上一层楼板上表面之间的高度计算。

无梁板的柱高，应自柱基上表面（或楼板上表面）至柱帽下表面之间的高度计算。

1. 构造柱断面尺寸按每面马牙碴增加 3 cm 计算。柱高按全高扣除与其相交的钢筋混凝土梁、板的高度计算。

2. 依附柱上的牛腿并入柱身体积计算。

3. 依附柱上的古式云头、梁垫、蒲鞋头的体积，按相应基价子目计算。

三、现浇混凝土梁按设计图示尺寸以体积计算。不扣除构件内钢筋、预埋铁件所占体积，伸入墙内的梁头、梁垫并入梁体积内。梁与柱连接时，梁长算至柱侧面；主梁与次梁连接时，次梁长算至主梁侧面。

1. 凡加固墙身的梁均按圈梁计算。

2. 圈梁与梁连接时，圈梁体积应扣除伸入圈梁内的梁的体积。

3. 在圈梁部位挑出的混凝土檐，其挑出部分在 12 cm 以内时，并入圈梁体积内计算；挑出部分在 12 cm 以外时，以圈梁外皮为界限，挑出部分套用挑檐天沟基价子目。

四、现浇混凝土墙按设计图示尺寸以体积计算。不扣除构件内钢筋、预埋铁件所占体积；扣除门窗洞口及单个面积 0.3 m^2 以外的孔洞所占体积，墙垛及突出墙面部分并入墙体体积内计算。

五、现浇混凝土板按设计图示尺寸以体积计算。不扣除构件内钢筋、预埋铁件及单个面积 0.3 m^2 以内的孔洞所占体积。各类板伸入墙内的板头并入板体积内计算。

1. 凡不同类型的楼板交接时，均以墙的中心线为分界。

2. 有梁板（包括主、次梁与板）按梁、板体积之和计算。

3. 现浇钢筋混凝土板坡度在 10° 以内，按相应基价子目执行；坡度在 10° 以外 30° 以内，相应基价子目中人工工日乘以系数 1.1；坡度在 30° 以外 60° 以内，相应基价子目中人工工日乘以系数 1.2；坡度在 60°以外，按现浇混凝土墙相应基价子目执行。

4. 无椽望板系指古典建筑中形状为曲形的屋面板。

5. 椽望板系指古典建筑中在飞檐部位，并连有飞椽和檐椽的重叠之板，其工程量按飞椽、檐椽、板体积之和计算。

6. 翼角板系指古典建筑中在翘角部位，并连有翘飞椽和翼角椽的重叠之板，其工程量按翘飞椽、翼角椽、板体积之和计算。

六、现浇混凝土其他构件，不扣除构件内钢筋、预埋铁件所占体积。

1. 现浇混凝土楼梯按设计图示尺寸以水平投影面积计算。不扣除宽度小于 50 cm 的楼梯井，伸入墙内部分不计算。

(1)楼梯的水平投影面积包括踏步、斜梁、休息平台、平台梁以及楼梯与楼板连接的梁(楼梯与楼板的划分以楼梯梁的外侧为分界)。

(2)当整体楼梯与现浇板无楼梯梁连接时，以楼梯的最后一个踏步边缘加 30 cm 为界。

2. 现浇混凝土栏板按设计图示尺寸以体积计算(包括伸入墙内的部分)，楼梯斜长部分的栏板长度，可按其水平长度乘以系数 1.15 计算。

3. 现浇混凝土挑檐、天沟按设计图示尺寸以体积计算。挑檐、天沟与现浇屋面板连接时，按外墙皮为分界线；与圈梁连接时，按圈梁外皮为分界线。

4. 现浇混凝土古式栏板、古式栏杆、鹅颈靠背按设计图示尺寸以长度计算。

5. 现浇混凝土压顶、零星构件、桁檩垫板、斗拱、古式零件、预留部位浇捣、水池、花坛壁按设计图示尺寸以体积计算。

七、预制混凝土构件制作，不扣除构件内钢筋、预埋铁件所占体积。

1. 预制混凝土柱、梁、檩、椽、斗拱、古式零件、零星构件，按设计图示尺寸以体积计算。

2. 预制混凝土板按设计图示尺寸以体积计算。不扣除单个面积 0.3 m^2 以内的孔洞所占体积。

3. 预制混凝土花窗、门窗框、栏杆件、鹅颈靠背按设计图示尺寸以面积计算。

八、现浇混凝土钢筋、预制构件钢筋，按设计图示钢筋长度乘以单位理论质量以质量计算。

九、螺栓、铁件按设计图示尺寸以质量计算。

十、预制混凝土构件安装按设计图示尺寸以体积计算；预制混凝土花窗安装执行小型构件基价子目，其计算方法按设计外形面积乘以厚度，以体积计算，不扣除空花体积。

十一、预制混凝土漏空花格砌筑按其外围面积计算。

十二、预制混凝土构件运输按设计图示尺寸以体积计算。

一、现浇混凝土

1.基　　础

单位：m^3

编号				3-1	3-2	3-3	3-4	3-5
项目				带形基础			独立基础	
				毛石混凝土	有梁式混凝土	无梁式混凝土	毛石混凝土	钢筋混凝土
预算基价	总价（元）			462.97	492.75	492.95	450.13	507.80
	人工费（元）			71.19	80.23	80.23	76.84	92.66
	材料费（元）			379.54	398.80	399.00	360.12	399.38
	机械费（元）			0.59	0.59	0.59	0.59	0.59
	管理费（元）			11.65	13.13	13.13	12.58	15.17
组成内容		单位	单价	数量				
人工	综合工	工日	113.00	0.63	0.71	0.71	0.68	0.82
材料	预拌混凝土 AC30	m^3	376.62	0.863	1.020	1.020	0.812	1.020
	毛石	t	88.39	0.463			0.463	
	草袋 840×760	m^2	3.95	0.24	0.25	0.25	0.32	0.33
	水	m^3	7.85	0.616	0.696	0.720	0.600	0.728
	材料采管费	元		7.81	8.20	8.21	7.41	8.21
机械	小型机具	元		0.59	0.59	0.59	0.59	0.59

单位：m^3

编号					3-6	3-7	3-8
项目					杯形基础	满堂基础	
						有梁式混凝土	无梁式混凝土
预算基价	总价（元）				498.81	516.67	487.80
	人工费（元）				84.75	99.44	74.58
	材料费（元）				399.60	400.36	400.42
	机械费（元）				0.59	0.59	0.59
	管理费（元）				13.87	16.28	12.21
组成内容			单位	单价	数量		
人工	综合工		工日	113.00	0.75	0.88	0.66
材料	预拌混凝土	AC30	m^3	376.62	1.020	1.020	1.020
	草袋	840×760	m^2	3.95	0.37	0.49	0.51
	水		m^3	7.85	0.735	0.770	0.766
	材料采管费		元		8.22	8.23	8.24
机械	小型机具		元		0.59	0.59	0.59

2. 柱

单位：m^3

编号				3-9	3-10	3-11	3-12
项目				矩形柱	异形柱（L、T、十）	圆形柱、多边形柱	构造柱
预算基价	总价（元）			679.17	739.62	690.91	775.05
	人工费（元）			240.69	292.67	250.86	323.18
	材料费（元）			398.12	398.08	398.02	398.00
	机械费（元）			0.96	0.96	0.96	0.96
	管理费（元）			39.40	47.91	41.07	52.91
组成内容		单位	单价	数量			
人工	综合工	工日	113.00	2.13	2.59	2.22	2.86
材料	预拌混凝土 AC30	m^3	376.62	1.020	1.020	1.020	1.020
	草袋 840×760	m^2	3.95	0.10	0.09	0.09	0.09
	水	m^3	7.85	0.686	0.686	0.678	0.676
	材料采管费	元		8.19	8.19	8.19	8.19
机械	小型机具	元		0.96	0.96	0.96	0.96

3. 梁

单位：m^3

编号				3-13	3-14	3-15	3-16
项目				基础梁、地圈梁、基础加筋带	矩形梁（单梁、连续梁）	异形梁（T、工、十）	弧(拱) 形梁
预算基价	总价（元）			563.72	605.88	608.34	735.62
	人工费（元）			138.99	175.15	177.41	284.76
	材料费（元）			401.02	401.10	400.93	403.28
	机械费（元）			0.96	0.96	0.96	0.96
	管理费（元）			22.75	28.67	29.04	46.62
组成内容		单位	单价	数量			
人工	综合工	工日	113.00	1.23	1.55	1.57	2.52
材料	预拌混凝土 AC30	m^3	376.62	1.020	1.020	1.020	1.020
	草袋 840×760	m^2	3.95	0.61	0.60	0.73	1.00
	水	m^3	7.85	0.791	0.806	0.719	0.877
	材料采管费	元		8.25	8.25	8.25	8.29
机械	小型机具	元		0.96	0.96	0.96	0.96

单位：m^3

编号				3-17	3-18	3-19
项目				圈梁	过梁	老角梁、仔角梁
预算基价	总价（元）			734.00	772.39	815.83
	人工费（元）			284.76	311.88	351.43
	材料费（元）			401.66	408.49	405.91
	机械费（元）			0.96	0.96	0.96
	管理费（元）			46.62	51.06	57.53
组成内容		单位	单价	数量		
人工	综合工	工日	113.00	2.52	2.76	3.11
材料	预拌混凝土 AC30	m^3	376.62	1.020	1.020	1.020
	草袋 840×760	m^2	3.95	0.83	1.86	0.75
	水	m^3	7.85	0.761	1.094	1.330
	材料采管费	元		8.26	8.40	8.35
机械	小型机具	元		0.96	0.96	0.96

4. 墙

单位：m^3

编号				3-20	3-21	3-22
项目				直形墙	弧形墙	挡土墙
预算基价	总价（元）			666.80	666.51	554.23
	人工费（元）			226.00	229.39	128.82
	材料费（元）			402.26	398.03	403.36
	机械费（元）			1.54	1.54	0.96
	管理费（元）			37.00	37.55	21.09
组成内容		单位	单价	数量		
人工	综合工	工日	113.00	2.00	2.03	1.14
材料	预拌混凝土 AC30	m^3	376.62	1.020	1.020	1.020
	草袋 840×760	m^2	3.95	0.26	0.10	0.09
	水	m^3	7.85	1.123	0.674	1.344
	材料采管费	元		8.27	8.19	8.30
机械	小型机具	元		1.54	1.54	0.96

5. 板

单位：m^3

编号				3-23	3-24	3-25	3-26	3-27	3-28
项目				有梁板	平板	拱板	无椽望板	椽望板	翼角板
预算基价	总价（元）			555.48	563.98	649.80	864.24	897.17	939.25
	人工费（元）			128.82	134.47	213.57	381.94	410.19	446.35
	材料费（元）			404.60	406.54	400.33	418.78	418.78	418.78
	机械费（元）			0.97	0.96	0.94	0.99	1.05	1.05
	管理费（元）			21.09	22.01	34.96	62.53	67.15	73.07
组成内容		单位	单价	数量					
人工	综合工	工日	113.00	1.14	1.19	1.89	3.38	3.63	3.95
材料	预拌混凝土 AC30	m^3	376.62	1.020	1.020	1.020	1.020	1.020	1.020
	草袋 840×760	m^2	3.95	1.10	1.42	0.45	1.50	1.50	1.50
	水	m^3	7.85	0.991	1.073	0.786	2.560	2.560	2.560
	材料采管费	元		8.32	8.36	8.23	8.61	8.61	8.61
机械	小型机具	元		0.97	0.96	0.94	0.99	1.05	1.05

6. 其他构件

单位：m^3

编号				3-29	3-30	3-31	3-32	3-33	3-34
项目				整体楼梯		压顶	零星构件	栏板	挑檐、天沟
				直形（$10m^2$）	弧形（$10m^2$）				
预算基价	总价（元）			1178.57	1297.11	777.64	850.11	818.75	739.00
	人工费（元）			648.62	754.84	303.97	351.43	358.21	282.50
	材料费（元）			420.01	413.32	422.37	439.61	400.36	408.71
	机械费（元）			3.75	5.37	1.54	1.54	1.54	1.54
	管理费（元）			106.19	123.58	49.76	57.53	58.64	46.25
组成内容		单位	单价	数量					
人工	综合工	工日	113.00	5.74	6.68	2.69	3.11	3.17	2.50
材料	预拌混凝土 AC30	m^3	376.62	1.020	1.020	1.020	1.020	1.020	1.020
	草袋 840×760	m^2	3.95	2.18	2.31	3.84	6.74	0.24	1.71
	水	m^3	7.85	2.370	1.470	1.829	2.522	0.896	1.197
	材料采管费	元		8.64	8.50	8.69	9.04	8.23	8.41
机械	小型机具	元		3.75	5.37	1.54	1.54	1.54	1.54

单位：10 m

编号				3-35	3-36	3-37	3-38
项目				古式栏板	古式栏杆	鹅颈靠背	
						简式	繁式
预算基价	总价（元）			562.85	552.27	233.05	268.55
	人工费（元）			253.12	340.13	151.42	181.93
	材料费（元）			267.26	155.84	56.62	56.62
	机械费（元）			1.03	0.62	0.22	0.22
	管理费（元）			41.44	55.68	24.79	29.78
组成内容		单位	单价	数量			
人工	综合工	工日	113.00	2.24	3.01	1.34	1.61
材料	预拌混凝土 AC30	m^3	376.62	0.670	0.385	0.127	0.127
	草袋 840×760	m^2	3.95	0.18	0.52	0.52	0.52
	水	m^3	7.85	1.110	0.710	0.710	0.710
	材料采管费	元		5.50	3.21	1.16	1.16
机械	小型机具	元		1.03	0.62	0.22	0.22

单位：m^3

编号				3-39	3-40	3-41	3-42
项目				桁、檩垫板	斗拱	古式零件	预留部位浇捣
预算基价	总价（元）			692.31	1119.46	1052.39	866.52
	人工费（元）			245.21	562.74	505.11	405.67
	材料费（元）			405.91	462.98	462.98	392.90
	机械费（元）			1.05	1.61	1.61	1.54
	管理费（元）			40.14	92.13	82.69	66.41
组成内容		单位	单价	数量			
人工	综合工	工日	113.00	2.17	4.98	4.47	3.59
材料	预拌混凝土 AC30	m^3	376.62	1.020	1.020	1.020	1.020
	草袋 840×760	m^2	3.95	0.75	5.82	5.82	0.05
	水	m^3	7.85	1.330	5.900	5.900	0.060
	材料采管费	元		8.35	9.52	9.52	8.08
机械	小型机具	元		1.05	1.61	1.61	1.54

7. 水池、花池壁

单位：m^3

编号					3-43	3-44	3-45
项目					水池、喷泉池		花池、花坛壁
					池底	池壁	
预算基价	总价（元）				576.06	662.91	676.06
	人工费（元）				142.38	221.48	232.78
	材料费（元）				409.77	403.60	403.60
	机械费（元）				0.60	1.57	1.57
	管理费（元）				23.31	36.26	38.11
组成内容			单位	单价	数量		
人工	综合工		工日	113.00	1.26	1.96	2.06
材料	预拌混凝土	AC30	m^3	376.62	1.020	1.020	1.020
	草袋	840×760	m^2	3.95	1.47	0.10	0.10
	水		m^3	7.85	1.450	1.370	1.370
	材料采管费		元		8.43	8.30	8.30
机械	小型机具		元		0.60	1.57	1.57

二、预制混凝土制作

1. 预制柱制作

单位：m^3

编号				3-46	3-47
项目				矩形柱	圆形柱、多边形柱
预算基价	总价（元）			530.15	624.74
	人工费（元）			106.22	186.45
	材料费（元）			405.94	407.12
	机械费（元）			0.60	0.65
	管理费（元）			17.39	30.52
组成内容		单位	单价	数量	
人工	综合工	工日	113.00	0.94	1.65
材料	预拌混凝土 AC30	m^3	376.62	1.020	1.020
	黄花松锯材 二类	m^3	2817.10		0.001
	草袋 840×760	m^2	3.95	0.50	0.40
	水	m^3	7.85	1.460	1.300
	材料采管费	元		8.35	8.37
机械	小型机具	元		0.60	0.65

2. 预 制 梁 制 作

单位：m^3

编号				3-48	3-49	3-50	3-51
项目				矩形梁	拱形梁	过梁	老角梁、仔角梁
预算基价	总价（元）			568.38	615.49	583.36	669.40
	人工费（元）			140.12	178.54	146.90	224.87
	材料费（元）			404.89	407.12	411.98	407.12
	机械费（元）			0.43	0.60	0.43	0.60
	管理费（元）			22.94	29.23	24.05	36.81
组成内容		单位	单价	数量			
人工	综合工	工日	113.00	1.24	1.58	1.30	1.99
材料	预拌混凝土 AC30	m^3	376.62	1.020	1.020	1.020	1.020
	黄花松锯材 二类	m^3	2817.10	0.001	0.001	0.001	0.001
	草袋 840×760	m^2	3.95	0.42	0.40	0.81	0.40
	水	m^3	7.85	1.010	1.300	1.700	1.300
	材料采管费	元		8.33	8.37	8.47	8.37
机械	小型机具	元		0.43	0.60	0.43	0.60

3. 预 制 檩、椽 制 作

单位：m^3

编号				3-52	3-53	3-54	3-55	3-56
项目				矩形檩	圆形檩	方形直椽	圆形直椽	弯形椽
预算基价	总价（元）			641.38	644.05	671.67	691.39	807.11
	人工费（元）			193.23	195.49	219.22	236.17	335.61
	材料费（元）			416.09	416.09	416.09	416.09	416.09
	机械费（元）			0.43	0.47	0.47	0.47	0.47
	管理费（元）			31.63	32.00	35.89	38.66	54.94
组成内容		单位	单价	数量				
人工	综合工	工日	113.00	1.71	1.73	1.94	2.09	2.97
材料	预拌混凝土 AC30	m^3	376.62	1.020	1.020	1.020	1.020	1.020
	黄花松锯材 二类	m^3	2817.10	0.001	0.001	0.001	0.001	0.001
	草袋 840×760	m^2	3.95	1.35	1.35	1.35	1.35	1.35
	水	m^3	7.85	1.940	1.940	1.940	1.940	1.940
	材料采管费	元		8.56	8.56	8.56	8.56	8.56
机械	小型机具	元		0.43	0.47	0.47	0.47	0.47

4. 预 制 板 制 作

单位：m^3

编号				3-57	3-58
项目				屋面板	椽望板、翼角板
预算基价	总价（元）			668.99	754.19
	人工费（元）			209.05	288.15
	材料费（元）			425.29	418.40
	机械费（元）			0.43	0.47
	管理费（元）			34.22	47.17
组成内容		单位	单价	数量	
人工	综合工	工日	113.00	1.85	2.55
材料	预拌混凝土 AC30	m^3	376.62	1.020	1.020
	草袋 840×760	m^2	3.95	1.80	1.80
	水	m^3	7.85	3.220	2.360
	材料采管费	元		8.75	8.61
机械	小型机具	元		0.43	0.47

5. 其他预制构件制作

单位：10 m²

编号				3-59	3-60	3-61	3-62	3-63	3-64
项目				花窗		门框	窗框	栏杆件	鹅颈靠背
				简单	复杂				
预算基价	总价（元）			220.92	425.75	228.38	205.12	628.23	438.06
	人工费（元）			118.65	231.65	90.40	87.01	388.72	311.88
	材料费（元）			82.61	155.66	122.81	103.56	175.28	74.91
	机械费（元）			0.24	0.52	0.37	0.31	0.59	0.21
	管理费（元）			19.42	37.92	14.80	14.24	63.64	51.06
组成内容		单位	单价	数量					
人工	综合工	工日	113.00	1.05	2.05	0.80	0.77	3.44	2.76
材料	预拌混凝土 AC30	m³	376.62	0.160	0.350	0.250	0.210	0.401	0.140
	黄花松锯材 二类	m³	2817.10	0.003	0.003	0.004	0.004	0.003	0.003
	草袋 840×760	m²	3.95	1.10	1.10	2.25	1.65	1.10	1.10
	水	m³	7.85	1.000	1.000	0.760	0.580	1.000	1.000
	材料采管费	元		1.70	3.20	2.53	2.13	3.61	1.54
机械	小型机具	元		0.24	0.52	0.37	0.31	0.59	0.21

单位：m^3

编号				3-65	3-66	3-67
项目				斗拱	古式零件	零星构件
预算基价	总价（元）			1201.39	1122.49	884.45
	人工费（元）			668.96	601.16	396.63
	材料费（元）			422.46	422.46	422.46
	机械费（元）			0.45	0.45	0.43
	管理费（元）			109.52	98.42	64.93
组成内容		单位	单价	数		量
人工	综合工	工日	113.00	5.92	5.32	3.51
材料	预拌混凝土 AC30	m^3	376.62	1.020	1.020	1.020
	黄花松锯材 二类	m^3	2817.10	0.004	0.004	0.004
	草袋 840×760	m^2	3.95	0.77	0.77	0.77
	水	m^3	7.85	1.950	1.950	1.950
	材料采管费	元		8.69	8.69	8.69
机械	小型机具	元		0.45	0.45	0.43

三、钢 筋 工 程

1. 现浇混凝土钢筋

单位：t

编号					3-68	3-69	3-70	3-71	3-72	3-73
项目					圆钢筋		螺纹钢筋		特种接头钢筋	
					D10 以内	D10 以外	D20 以内	D20 以外	D20 以内	D20 以外
预算基价	总价（元）				4582.15	4274.46	4395.89	3904.28	3897.87	3497.07
	人工费（元）				1404.59	1030.56	1057.68	664.44	826.03	505.11
	材料费（元）				2916.63	3003.61	3070.47	3055.97	2922.96	2898.99
	机械费（元）				30.98	71.57	94.58	75.09	13.65	10.28
	管理费（元）				229.95	168.72	173.16	108.78	135.23	82.69
组成内容			单位	单价	数量					
人工	综合工		工日	113.00	12.43	9.12	9.36	5.88	7.31	4.47
材料	钢筋	D10 以内	t	2700.29	1.020					
	钢筋	D10 以外	t	2672.18		1.045				
	螺纹钢筋	D20 以内	t	2741.25			1.045		1.015	
	螺纹钢筋	D20 以外	t	2727.25				1.045		1.015
	镀锌钢丝	D0.7	kg	8.35	4.42	2.63	1.80	0.69	1.80	0.69
	电焊条		kg	8.47		7.20	7.20	8.40		
	水		m^3	7.85		0.130	0.160	0.100		
	钢筋场外运费		元		65.44	65.44	65.44	65.44	65.44	65.44
	材料采管费		元		59.99	61.78	63.15	62.86	60.12	59.63
机械	钢筋切断机	D40	台班	49.13	0.143	0.088	0.110	0.088	0.110	0.088
	钢筋调直机	D14	台班	41.66	0.297	0.220	0.198	0.143	0.198	0.143
	钢筋弯曲机	D40	台班	29.25	0.396	0.242	0.308	0.154		
	交流弧焊机	32kVA	台班	103.98		0.363	0.550	0.495		
	对焊机	75kVA	台班	133.91		0.099	0.110	0.066		

2. 预制构件钢筋

单位：t

编号				3-74	3-75	3-76	3-77	3-78	3-79
项目				圆钢筋		螺纹钢筋		冷拔低碳钢丝	墙体加固钢筋
				D10 以内	D10 以外	D20 以内	D20 以外	D5 以内	
预算基价	总价（元）			4480.00	4184.13	4302.36	3836.51	6838.73	3609.86
	人工费（元）			1330.01	978.58	1003.44	631.67	2952.69	609.07
	材料费（元）			2902.85	2976.33	3042.48	3028.12	3359.14	2859.14
	机械费（元）			29.40	69.01	92.16	73.31	43.50	41.94
	管理费（元）			217.74	160.21	164.28	103.41	483.40	99.71
组成内容		单位	单价	数量					
人工	综合工	工日	113.00	11.77	8.66	8.88	5.59	26.13	5.39
材料	钢筋 D10 以内	t	2700.29	1.015					1.010
	钢筋 D10 以外	t	2672.18		1.035				
	螺纹钢筋 D20 以内	t	2741.25			1.035			
	螺纹钢筋 D20 以外	t	2727.25				1.035		
	冷拔钢丝 D4.0	t	2924.50					1.090	
	镀锌钢丝 D0.7	kg	8.35	4.42	2.63	1.80	0.69	4.42	0.91
	电焊条	kg	8.47		7.20	7.20	8.40		
	水	m^3	7.85		0.130	0.160	0.100		
	钢筋场外运费	元		65.44	65.44	65.44	65.44	65.44	65.44
	材料采管费	元		59.71	61.22	62.58	62.28	69.09	58.81
机械	钢筋调直机 D14	台班	41.66	0.264	0.187	0.176	0.121	0.616	0.462
	钢筋切断机 D40	台班	49.13	0.165	0.077	0.099	0.077	0.363	0.462
	钢筋弯曲机 D40	台班	29.25	0.352	0.220	0.275	0.143		
	交流弧焊机 32kVA	台班	103.98		0.363	0.550	0.495		
	对焊机 75kVA	台班	133.91		0.099	0.110	0.066		

3. 螺 栓、铁 件

单位：t

编号				3-80	3-81
项目				螺栓	铁件
预算基价	总价（元）			12422.94	11759.95
	人工费（元）			2722.17	2722.17
	材料费（元）			9255.11	8189.44
	机械费（元）				402.68
	管理费（元）			445.66	445.66
组成内容		单位	单价	数量	
人工	综合工	工日	113.00	24.09	24.09
材料	预埋螺栓	t	8975.00	1.010	
	铁件	kg	7.69		1010.00
	电焊条	kg	8.47		30.00
	材料采管费	元		190.36	168.44
机械	电焊机 安装	台班	87.16		4.620

四、预制混凝土构件安装

单位：m^3

编号				3-82	3-83	3-84	3-85	3-86
项目				柱	梁枋		过梁	老角梁、仔角梁
					有电焊	无电焊		
预算基价	总价（元）			298.52	299.69	205.38	427.79	680.12
	人工费（元）			131.08	141.25	102.83	246.34	345.78
	材料费（元）			35.35	22.86	2.72		67.94
	机械费（元）			110.63	112.46	83.00	141.12	209.79
	管理费（元）			21.46	23.12	16.83	40.33	56.61
组成内容		单位	单价	数量				
人工	综合工	工日	113.00	1.16	1.25	0.91	2.18	3.06
材料	水泥	kg	0.37	25.13				7.48
	砂子	t	87.58	0.056				0.018
	碴石 6～13	t	85.17	0.080				0.023
	木模板	m^3	1842.20	0.001				0.001
	硬杂木锯材 二类	m^3	5413.49					0.005
	铁件	kg	7.69	0.89	1.92			0.12
	电焊条	kg	8.47		0.40			0.86
	草袋 840×760	m^2	3.95	0.09				0.03
	水	m^3	7.85	0.127				0.035
	架子费	元		1.69	2.66	2.66		15.68
	零星材料费	元		1.88	1.58			7.05
	材料采管费	元		0.73	0.47	0.06		1.40
	细石混凝土 C20	m^3		(0.070)				(0.020)
	水泥砂浆 M10	m^3						(0.001)
机械	汽车式起重机 8t	台班	726.00	0.051	0.067	0.056	0.096	0.106
	载货汽车 6t	台班	427.71	0.090	0.117	0.099	0.167	0.184
	电焊机 安装	台班	87.16		0.158			0.158
	灰浆搅拌机 400L	台班	187.73	0.187				0.215

单位：m^3

编号				3-87	3-88	3-89	3-90	3-91
项目				桁、檩、椽子	屋面板、椽望板、翼角板	斗拱、小型构件		漏空花格砌筑（$10m^2$）
						有电焊	无电焊	
预算基价	总价（元）			278.39	691.65	772.04	663.45	840.01
	人工费（元）			120.91	354.82	508.50	473.47	702.86
	材料费（元）			36.67	44.65	43.95	8.68	22.08
	机械费（元）			101.02	234.09	136.34	103.79	
	管理费（元）			19.79	58.09	83.25	77.51	115.07
组成内容		单位	单价	数量				
人工	综合工	工日	113.00	1.07	3.14	4.50	4.19	6.22
材料	水泥	kg	0.37		12.12	6.06	6.06	33.89
	砂子	t	87.58		0.060	0.030	0.030	0.084
	木模板	m^3	1842.20		0.003	0.001	0.001	
	电焊条	kg	8.47	1.53	0.78	1.53		
	铁件	kg	7.69	2.64	2.02	2.64		
	铁钉	kg	7.81		0.01	0.01	0.01	
	镀锌钢丝 D4.0	kg	7.92		0.04	0.06	0.06	
	草袋 840×760	m^2	3.95			0.12	0.12	0.10
	水	m^3	7.85		0.069	0.075	0.075	0.170
	架子费	元		2.66	3.79			
	零星材料费	元			1.60	1.46	0.17	
	材料采管费	元		0.75	0.92	0.90	0.18	0.45
	水泥砂浆 M10	m^3			(0.040)	(0.020)	(0.020)	
	水泥砂浆 1:2	m^3						(0.060)
机械	汽车式起重机 8t	台班	726.00	0.060	0.101	0.064	0.050	
	载货汽车 6t	台班	427.71	0.105	0.176	0.111	0.088	
	电焊机 安装	台班	87.16	0.144	0.158	0.144		
	灰浆搅拌机 400L	台班	187.73		0.382	0.159	0.159	

五、预制混凝土构件运输

单位：m^3

编号				3-92	3-93	3-94	3-95	3-96	3-97
项目				预制混凝土构件汽车运输（km以内）					
				1	5	10	15	20	30
预算基价	总价（元）			127.87	180.26	217.31	258.79	291.24	376.91
	人工费（元）			27.12	39.55	55.37	74.58	85.88	108.48
	材料费（元）			13.19	13.19	13.19	13.19	13.19	13.19
	机械费（元）			83.12	121.05	139.69	158.81	178.11	237.48
	管理费（元）			4.44	6.47	9.06	12.21	14.06	17.76
组成内容		单位	单价	数量					
人工	综合工	工日	113.00	0.24	0.35	0.49	0.66	0.76	0.96
材料	方木	m^3	3026.70	0.004	0.004	0.004	0.004	0.004	0.004
	热轧型钢	kg	2.70	0.21	0.21	0.21	0.21	0.21	0.21
	零星材料费	元		0.25	0.25	0.25	0.25	0.25	0.25
	材料采管费	元		0.27	0.27	0.27	0.27	0.27	0.27
机械	载货汽车 8t	台班	491.93	0.100	0.146	0.169	0.193	0.216	0.288
	装卸吊车	台班	665.31	0.051	0.074	0.085	0.096	0.108	0.144

第四章　屋　面　工　程

说　　明

一、本章包括保温层，找平层，瓦、型材屋面，屋面防水，屋面排水等 5 节；共 60 条基价子目。

二、保温层的保温材料配合比与基价不同时，允许换算，但人工费和管理费不变。

三、找平层的砂浆厚度，允许按比例换算，人工费、机械费和管理费不得调整。

四、水泥瓦、黏土瓦的规格与基价不同时，除瓦的数量可以换算外，其他工、料均不调整。

五、薄钢板屋面及屋面排水项目，薄钢板咬口和搭接的工、料，已包括在基价内，不另计算。预算基价是以厚度 0. 56 mm 的镀锌薄钢板编制的，薄钢板厚度规格不同时允许换算，其他工、料不变。

六、卷材屋面不分屋面形式，如平屋面、锯齿形屋面、弧形屋面等，均执行同一基价子目，刷冷底油一遍已综合在预算基价内，不另计算。

七、局部增加层数时，另计增加部分，套用每增减一毡一油预算基价子目。

八、卷材屋面的接缝、收头、找平层的嵌缝、冷底子油已计入基价内，不另计算。

九、卷材屋面基价子目中对弯起部分的圆角增加的混凝土及砂浆，用量中已考虑，不另计算。

十、屋面伸缩缝做法均参照05J1的做法，当设计要求与基价不同时，可按设计要求进行换算。

十一、钢板焊接的雨水口，按铁件单价计算，安装用的工、料，已包括在雨水管的预算基价内，不另计算。

十二、如设计要求刷油与预算基价不同时，允许换算。

工　作　内　容

一、保温层项目包括：清理基层，拍实平整，铺砌保温层。

二、找平层项目包括：调制砂浆，抹水泥砂浆找平层。

三、瓦屋面项目包括：铺水泥瓦、黏土瓦、牛舌瓦，屋脊抹灰；调制砂浆，安脊瓦及抹脊背；檩上铺钉石棉瓦、玻璃钢瓦、安脊瓦、石棉瓦、玻璃钢瓦裁角、钻眼等。

四、薄钢板、瓦楞铁皮屋面项目包括：薄钢板的截料、制作，固定薄钢板带和折合缝、铺设咬口、刷油漆；瓦楞铁皮钻孔、稳固、上螺钉、刷油漆等。

五、彩色压型钢板屋面、屋脊、内外天沟项目包括：铺彩钢屋面板、檐口堵头、防水；彩色压型钢板上铺屋脊盖板；铺彩钢板内、外天沟。

六、玻璃纤维油毡防水项目包括：清扫底层、刷冷底油一道；熬制沥青、铺卷材、撒豆粒石；刷冷玛瑺脂、铺卷材、撒云母粉，扫匀；屋面浇水试验。

七、三元乙丙橡胶卷材冷贴防水项目包括：清理基层、找平层分隔缝嵌油膏、防水薄弱处刷涂膜附加层；刷底胶、铺贴卷材、接缝嵌油膏、做收头；涂刷着色剂保护层二遍。

八、SBS 改性沥青防水卷材项目包括：清理基层、刷冷底子油一道、粘贴卷材。

九、聚氨酯涂膜防水屋面项目包括：涂刷聚氨酯底胶、刷聚氨酯防水层二（三）遍、防水薄弱处增刷一遍聚氨酯涂膜、撒细砂做保护层。

十、屋面排水项目包括：薄钢板排水的制作、安装、油漆及漏斗安装；UPVC 雨水管、弯头、短管的安装、油漆。

工程量计算规则

一、保温层均按图示尺寸的面积乘以平均厚度以体积计算。不扣除烟囱、风帽及水斗、斜沟所占面积。

二、屋面抹水泥砂浆找平层的工程量与卷材屋面相同。

三、瓦屋面、型材屋面(包括挑檐部分)均按设计图示尺寸的水平投影面积乘以屋面坡度系数(见屋面坡度系数表)以斜面积计算。不扣除房上烟囱、风帽底座、风道、屋面小气窗和斜沟等所占体积。而屋面小气窗出檐与屋面重叠部分的面积亦不增加,但天窗出檐部分重叠的面积计入相应的屋面工程量内。瓦屋面的出线、披水、稍头抹灰、脊瓦加腮等工、料均已综合在基价内,不另计算。

四、彩色压型钢板屋脊盖板、内天沟、外天沟按图示尺寸以长度计算。

五、卷材屋面

1. 斜屋顶(不包括平顶找坡)的屋面按图示尺寸的水平投影面积乘以屋面坡度延尺系数按斜面积计算。

2. 平屋顶按水平投影面积计算,由于屋面泛水引起的坡度延长在基价内综合考虑。

3. 计算卷材屋面的工程量时,不扣除房上烟囱、风帽底座、风道、屋面小气窗和斜沟所占面积,其根部弯起部分不另计算。屋面的女儿墙、伸缩缝和天窗等处的弯起部分,并入屋面工程量内。天窗出檐部分重叠的面积应按图示尺寸,以面积计算,并入卷材屋面工程量内。如图纸未注明尺寸,伸缩缝、女儿墙可按 25 cm,天窗处可按 50 cm 计算。

六、屋面伸缩缝按设计图示以长度计算。

七、涂膜屋面的工程量计算同卷材屋面。

八、屋面排水管按设计图示尺寸以展开长度计算。如设计未标注尺寸,以檐口下皮算至设计室外地平以上 15 cm 为止,下端与铸铁弯头连接者,算至接头处。

九、屋面天沟、檐沟按设计图示尺寸以面积计算。薄钢板和卷材天沟按展开面积计算。

十、屋面排水相应项目中薄钢板、UPVC 雨水斗，铸铁落水口，铸铁、UPVC 弯头、短管，铅丝网球按设计图示数量计算。

屋面坡度系数表

坡度			延尺系数	隅延尺系数	坡度			延尺系数	隅延尺系数
$\frac{B}{A}$	$\frac{B}{2A}$	角度 θ	$K_C=\frac{C}{A}$	$K_D=\frac{D}{A}$ $(A=S)$	$\frac{B}{A}$	$\frac{B}{2A}$	角度 θ	$K_C=\frac{C}{A}$	$K_D=\frac{D}{A}$ $(A=S)$
1.00	1/2	45°00′	1.4142	1.7321	0.40	1/5	21°48′	1.0770	1.4697
0.75		36°52′	1.2500	1.6008	0.35		19°17′	1.0595	1.4569
0.70		35°00′	1.2207	1.5780	0.30		16°42′	1.0440	1.4457
0.667	1/3	33°41′	1.2019	1.5635	0.25	1/8	14°02′	1.0308	1.4361
0.65		33°01′	1.1927	1.5564	0.20	1/10	11°19′	1.0198	1.4283
0.60		30°58′	1.1662	1.5362	0.167	1/12	9°28′	1.0138	1.4240
0.577		30°00′	1.1547	1.5275	0.15		8°32′	1.0112	1.4221
0.55		28°49′	1.1413	1.5174	0.125	1/16	7°08′	1.0078	1.4197
0.50	1/4	26°34′	1.1180	1.5000	0.10	1/20	5°43′	1.0050	1.4177
0.45		24°14′	1.0966	1.4841	0.083	1/24	4°46′	1.0035	1.4167
0.414		22°30′	1.0824	1.4736	0.067	1/30	3°49′	1.0022	1.4158

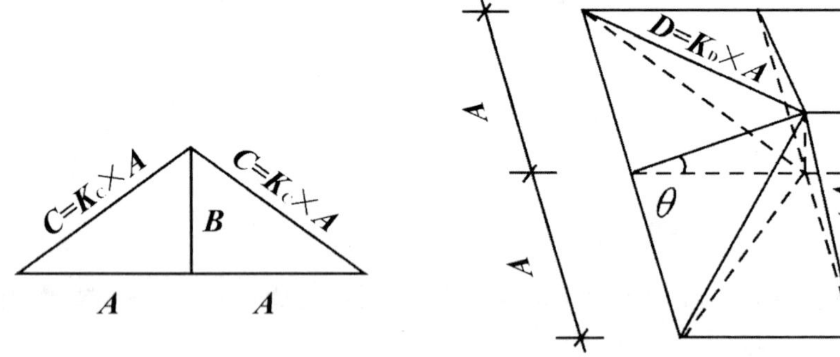

注：1. 两坡水及四坡水屋面的斜面积均为屋面水平投影面积乘以延尺系数 K_C。

2. 四坡水屋面斜脊长度 $D=K_D\times A$（当 $S=A$ 时）。

3. 沿山墙泛水长度 $C=K_C\times A$。

一、保 温 层

单位：m^3

编号				4-1	4-2	4-3	4-4	4-5
项目				泡沫混凝土块	加气混凝土块	水泥蛭石块	沥青珍珠岩板	聚苯乙烯泡沫塑料板
预算基价	总价（元）			341.54	462.64	503.30	469.32	1079.40
	人工费（元）			61.02	58.76	70.06	70.06	550.31
	材料费（元）			273.12	396.75	424.74	390.76	462.32
	管理费（元）			7.40	7.13	8.50	8.50	66.77
组成内容		单位	单价	数量				
人工	综合工	工日	113.00	0.54	0.52	0.62	0.62	4.87
材料	泡沫混凝土块	m^3	250.00	1.070				
	加气混凝土块 300×600×125～300	m^3	363.17		1.070			
	水泥蛭石块	m^3	400.00			1.040		
	沥青珍珠岩板 1000×500×50	m^3	368.00				1.040	
	聚苯乙烯泡沫塑料板	m^3	448.33					1.010
	材料采管费	元		5.62	8.16	8.74	8.04	9.51

单位：m^3

编号				4-6	4-7	4-8	4-9	4-10	4-11
项目				现浇水泥珍珠岩		现浇水泥蛭石		干铺珍珠岩	干铺蛭石
				1:10	1:12	1:10	1:12		
预算基价	总价（元）			390.57	384.01	406.76	399.45	191.34	204.44
	人工费（元）			129.95	129.95	129.95	129.95	45.20	45.20
	材料费（元）			244.85	238.29	261.04	253.73	140.66	153.76
	管理费（元）			15.77	15.77	15.77	15.77	5.48	5.48
组成内容		单位	单价	数量					
人工	综合工	工日	113.00	1.15	1.15	1.15	1.15	0.40	0.40
材料	水泥	kg	0.37	179.30	152.10	179.30	152.10		
	珍珠岩	m^3	110.39	1.543	1.576			1.248	
	蛭石	m^3	120.67			1.543	1.567		1.248
	水	m^3	7.85	0.400	0.400	0.400	0.400		
	材料采管费	元		5.04	4.90	5.37	5.22	2.89	3.16
	水泥珍珠岩 1:10	m^3		(1.088)					
	水泥珍珠岩 1:12	m^3			(1.030)				
	水泥蛭石 1:10	m^3				(1.088)			
	水泥蛭石 1:12	m^3					(1.030)		

单位：m^3

编号				4-12	4-13	4-14	4-15
项目				1:1:12 水泥白灰炉渣	1:10 白灰炉渣	1:6 水泥焦渣泛水	干铺炉渣
预算基价	总价（元）			384.56	316.17	366.10	185.16
	人工费（元）			145.77	144.64	142.38	35.03
	材料费（元）			221.10	153.98	206.45	145.88
	管理费（元）			17.69	17.55	17.27	4.25
组成内容		单位	单价	数量			
人工	综合工	工日	113.00	1.29	1.28	1.26	0.31
材料	水泥	kg	0.37	127.30		210.10	
	白灰	kg	0.31	53.50	55.80		
	炉渣	m^3	117.31	1.283	1.118	1.061	1.218
	水	m^3	7.85	0.300	0.300		
	材料采管费	元		4.55	3.17	4.25	3.00
	水泥白灰炉渣 1:1:12	m^3		(1.010)			
	白灰炉渣 1:10	m^3			(1.010)		

二、找　平　层

单位：10 m²

编号				4-16	4-17	4-18
项目				1:3 水泥砂浆抹找平层		
				在填充材料上厚 2 cm	在混凝土或硬基层上厚 2 cm	每增减 0.5 cm 厚
预算基价	总价（元）			175.42	157.58	36.21
	人工费（元）			80.23	80.23	16.95
	材料费（元）			82.93	66.41	16.60
	机械费（元）			6.76	5.44	1.50
	管理费（元）			5.50	5.50	1.16
组成内容		单位	单价	数量		
人工	综合工	工日	113.00	0.71	0.71	0.15
材料	水泥	kg	0.37	116.08	92.86	23.22
	砂子	t	87.58	0.429	0.344	0.086
	水	m^3	7.85	0.089	0.071	0.018
	材料采管费	元		1.71	1.37	0.34
	水泥砂浆 1:3	m^3		(0.270)	(0.216)	(0.054)
机械	灰浆搅拌机 400L	台班	187.73	0.036	0.029	0.008

三、瓦、型材屋面

单位：10 m^2

编号				4-19	4-20	4-21	4-22	4-23	4-24
项目				在屋面板上铺设			小波石棉瓦		
				水泥瓦	黏土瓦	牛舌瓦	木檩上	钢檩上	混凝土檩上
预算基价	总价（元）			**347.03**	**297.92**	**153.17**	**397.46**	**442.41**	**455.22**
	人工费（元）			58.76	58.76	71.19	59.89	92.66	92.66
	材料费（元）			284.24	235.13	77.10	333.46	343.39	356.20
	管理费（元）			4.03	4.03	4.88	4.11	6.36	6.36
组成内容		单位	单价	数量					
人工	综合工	工日	113.00	0.52	0.52	0.63	0.53	0.82	0.82
材料	牛舌瓦	块				(680.00)			
	水泥平瓦 一级(385×235)	块	1.60	169.10					
	水泥脊瓦 455×195	块	1.70	2.82					
	黏土平瓦 385×235	块	1.35		165.10				
	黏土脊瓦 一级(455×195)	块	1.55		2.82				
	小波石棉瓦 1800×720×6	块	23.50				9.90	9.90	9.90
	石棉脊瓦小波 700×180×5	块	26.00				1.49	1.49	1.49
	松木锯材 三类	m^3	1546.08			0.022			
	板条 1200×38×6	百根	55.72			0.20			
	镀锌螺钉 M7.5带垫	套	1.27				40.20		
	镀锌螺栓钩 M4.6×600	个	1.69					20.60	

续表

单位：10 m^2

编号				4-19	4-20	4-21	4-22	4-23	4-24
项目				在屋面板上铺设			小波石棉瓦		
				水泥瓦	黏土瓦	牛舌瓦	木檩上	钢檩上	混凝土檩上
组成内容		单位	单价	数量					
材料	镀锌扁钢钩	3×12×300	个	1.32					19.60	
	镀锌螺栓钩	M4.6×800	个	2.15						20.60
	镀锌扁钢钩	3×12×400	个	1.47						19.60
	镀锌钢丝	*D*0.9	kg	8.25	0.02	0.02	0.11			
	铁钉		kg	7.81			0.89			
	水泥		kg	0.37	4.39	4.39				
	白灰		kg	0.31			36.64	2.06	2.06	2.06
	砂子		t	87.58	0.014	0.014	0.083			
	麻刀		kg	4.53			0.68	0.06	0.06	0.06
	水		m^3	7.85	0.003	0.003	0.100	0.002	0.002	0.002
	零星材料费		元					3.23	3.33	3.45
	材料采管费		元		5.85	4.84	1.59	6.86	7.06	7.33
	白灰膏		m^3				(0.052)	(0.003)	(0.003)	(0.003)
	水泥砂浆	1:2.5	m^3		(0.009)	(0.009)				
	白灰砂浆	1:3	m^3				(0.050)			
	白灰麻刀浆		m^3				(0.034)	(0.003)	(0.003)	(0.003)

单位：10 m^2

编号					4-25	4-26	4-27	4-28	4-29	4-30
项目					玻璃钢瓦		薄钢板屋面		瓦楞铁皮屋面	
					木檩上	钢檩上	单咬口	双咬口	木檩上	钢檩上
预算基价	总价（元）				126.05	117.88	446.90	467.46	593.84	599.88
	人工费（元）				67.80	50.85	178.54	183.06	176.28	181.93
	材料费（元）				53.60	63.54	256.11	271.84	405.47	405.47
	管理费（元）				4.65	3.49	12.25	12.56	12.09	12.48
组成内容			单位	单价	数量					
人工	综合工		工日	113.00	0.60	0.45	1.58	1.62	1.56	1.61
材料	玻璃钢瓦		m^2		(13.46)	(13.46)				
	玻璃钢脊瓦		m		(1.30)	(1.30)				
	镀锌薄钢板	0.56	m^2	16.95			11.60	12.50	0.44	0.44
	镀锌瓦楞铁	0.56	m^2	24.08					12.60	12.60
	镀锌螺钉	M7.5 带垫	套	1.27	40.20					
	镀锌螺栓钩	M4.6×600	个	1.69		20.60				
	镀锌扁钢钩	3×12×300	个	1.32		19.60				
	镀锌瓦钉带垫	60	套	0.52					40.40	40.40
	铁钉		kg	7.81			0.06	0.06	0.02	0.02
	防锈漆		kg	17.51			1.22	1.22	1.46	1.46
	调合漆		kg	15.87			1.66	1.66	1.98	1.98
	稀料		kg	12.29			0.29	0.29	0.34	0.34
	白灰		kg	0.31	2.06	2.06				
	麻刀		kg	4.53	0.06	0.06				
	水		m^3	7.85	0.002	0.002				
	零星材料费		元		0.52	0.62	2.48	2.64	3.93	3.93
	材料采管费		元		1.10	1.31	5.27	5.59	8.34	8.34
	白灰膏		m^3		(0.003)	(0.003)				
	白灰麻刀浆		m^3		(0.003)	(0.003)				

单位：10 m

编号				4-31	4-32	4-33	4-34
项目				彩色压型屋面板铺在钢檩条上（$10m^2$）	彩色压型钢板		
					屋脊盖板	外天沟	内天沟
预算基价	总价（元）			2394.60	616.49	965.82	745.39
	人工费（元）			292.67	84.75	292.67	84.75
	材料费（元）			2081.86	525.93	653.08	654.83
	管理费（元）			20.07	5.81	20.07	5.81
组成内容		单位	单价	数量			
人工	综合工	工日	113.00	2.59	0.75	2.59	0.75
材料	彩色压型钢板 YX35×115×677	m^2	193.95	10.40			
	彩钢板檐口塑料堵头 WD-1	m	9.32	1.08	20.40		
	彩钢屋脊板 厚度2mm	m	22.87		10.80		
	彩钢板外天沟 B600	m	45.28			10.80	
	彩钢板天沟专用挡板	块	3.84			0.25	0.49
	彩钢板内天沟 B600	m	46.37				10.80
	热轧等边角钢 40×4	t	2686.17			0.045	
	胶泥带	m	1.77	1.16	22.00		
	自攻螺钉	个	0.07	140.00	73.40	168.93	220.00
	玻璃胶 350g	支	28.25		1.20	0.60	1.67
	塑料压条	m	3.73				20.40
	零星材料费	元		0.04	0.01	0.01	0.01
	材料采管费	元		42.82	10.82	13.43	13.47

四、屋 面 防 水

单位：10 m^2

编号				4-35	4-36	4-37	4-38	4-39	4-40
项目				玻璃纤维油毡				伸缩缝	
				热做法		冷做法		靠墙 (10m)	不靠墙 (10m)
				二毡三油带豆石	每增减一毡一油	二毡三油带云母粉	每增减一毡一油		
预算基价	总价（元）			717.13	220.16	600.03	190.92	1200.14	1750.53
	人工费（元）			172.89	54.24	97.18	29.38	442.96	452.00
	材料费（元）			532.38	162.20	496.18	159.52	726.80	1267.53
	管理费（元）			11.86	3.72	6.67	2.02	30.38	31.00
组成内容		单位	单价	数量					
人工	综合工	工日	113.00	1.53	0.48	0.86	0.26	3.92	4.00
材料	玻璃纤维油毡 80g	m^2	7.03	22.80	11.40	22.80	11.40		
	油毡	m^2	4.38					4.61	4.61
	石油沥青 #10	kg	4.55	72.80	17.30			32.92	65.84
	豆粒石	t	136.58	0.079					
	云母粉	kg	1.12			4.50			
	沥青冷胶	kg	7.61			38.60	10.00		
	麻丝	kg	16.80					9.70	19.50
	松木锯材 三类	m^3	1546.08					0.082	0.119
	镀锌薄钢板 0.56	m^2	16.95					5.73	6.25
	铁钉	kg	7.81					0.28	0.28
	页岩标砖 240×115×53	百块	57.88					1.63	3.25
	水泥	kg	0.37					15.98	31.95
	砂子	t	87.58					0.120	0.240
	调合漆	kg	15.87					1.20	1.30
	稀料	kg	12.29					0.12	0.13
	水	m^3	7.85	0.250		0.250		0.017	0.033
	零星材料费	元		17.15		24.94		21.40	58.55
	材料采管费	元		10.95	3.34	10.21	3.28	14.95	26.07
	水泥砂浆 M5	m^3						(0.075)	(0.150)

单位：10 m²

编号					4-41	4-42	4-43	4-44
项目					三元乙丙橡胶卷材冷贴			
					满铺	空铺	点铺	条铺
预算基价	总价（元）				924.22	881.90	886.47	877.45
	人工费（元）				124.30	124.30	124.30	109.61
	材料费（元）				791.39	749.07	753.64	760.32
	管理费（元）				8.53	8.53	8.53	7.52
组成内容			单位	单价	数量			
人工	综合工		工日	113.00	1.10	1.10	1.10	0.97
材料	三元乙丙橡胶卷材	1.0	m^2	46.40	11.06	11.29	11.29	11.29
	CSPE嵌缝油膏	（330ml）	支	9.50	5.03	5.03	5.03	5.03
	二甲苯		kg	6.15	2.70	2.70	2.70	2.70
	乙酸乙酯		kg	19.44	0.51	0.51	0.51	0.51
	丁基胶粘剂		kg	16.70	0.96	1.19	1.19	1.19
	聚氨酯甲料		kg	17.48	1.62	1.62	1.62	1.62
	聚氨酯乙料		kg	17.05	3.12	3.12	3.12	3.12
	404胶粘剂		kg	17.22	4.04	0.79	1.05	1.43
	银色着色剂		kg	8.78	2.02	2.02	2.02	2.02
	108 胶		kg	4.98	0.02	0.02	0.02	0.02
	钢筋	$D10$ 以内	kg	2.70	0.001	0.001	0.001	0.001
	铁钉		kg	7.81	0.02	0.02	0.02	0.02
	水泥		kg	0.37	1.50	1.50	1.50	1.50
	水		m^3	7.85	0.250	0.250	0.250	0.250
	材料采管费		元		16.28	15.41	15.50	15.64
	素水泥浆		m^3		（0.001）	（0.001）	（0.001）	（0.001）

单位：10 m²

<table>
<tr><td colspan="4">编号</td><td>4-45</td><td>4-46</td><td>4-47</td><td>4-48</td></tr>
<tr><td colspan="4" rowspan="3">项目</td><td rowspan="3">SBS改性沥青防水卷材</td><td colspan="3">聚氨酯涂膜防水屋面</td></tr>
<tr><td colspan="2">二遍</td><td>三遍</td></tr>
<tr><td>厚 1 mm</td><td>厚 1.5 mm</td><td>厚 2 mm</td></tr>
<tr><td rowspan="4">预算基价</td><td colspan="3">总价（元）</td><td>473.87</td><td>397.10</td><td>553.60</td><td>728.21</td></tr>
<tr><td colspan="3">人工费（元）</td><td>42.94</td><td>66.67</td><td>66.67</td><td>83.62</td></tr>
<tr><td colspan="3">材料费（元）</td><td>427.98</td><td>325.86</td><td>482.36</td><td>638.85</td></tr>
<tr><td colspan="3">管理费（元）</td><td>2.95</td><td>4.57</td><td>4.57</td><td>5.74</td></tr>
<tr><td colspan="2">组成内容</td><td>单位</td><td>单价</td><td colspan="4">数量</td></tr>
<tr><td>人工</td><td>综合工</td><td>工日</td><td>113.00</td><td>0.38</td><td>0.59</td><td>0.59</td><td>0.74</td></tr>
<tr><td rowspan="10">材料</td><td>C-NK-M-3卷材</td><td>m²</td><td>33.00</td><td>11.34</td><td></td><td></td><td></td></tr>
<tr><td>石油沥青 #10</td><td>kg</td><td>4.55</td><td>1.50</td><td></td><td></td><td></td></tr>
<tr><td>聚氨酯甲料</td><td>kg</td><td>17.48</td><td></td><td>7.00</td><td>10.50</td><td>14.00</td></tr>
<tr><td>聚氨酯乙料</td><td>kg</td><td>17.05</td><td></td><td>10.50</td><td>15.75</td><td>21.00</td></tr>
<tr><td>二甲苯</td><td>kg</td><td>6.15</td><td></td><td>0.84</td><td>1.26</td><td>1.68</td></tr>
<tr><td>丙酮</td><td>kg</td><td>11.31</td><td></td><td>1.00</td><td>1.00</td><td>1.00</td></tr>
<tr><td>汽油</td><td>kg</td><td>7.34</td><td>4.63</td><td></td><td></td><td></td></tr>
<tr><td>细砂</td><td>t</td><td>86.69</td><td></td><td>0.015</td><td>0.015</td><td>0.015</td></tr>
<tr><td>零星材料费</td><td>元</td><td></td><td>4.15</td><td></td><td></td><td></td></tr>
<tr><td>材料采管费</td><td>元</td><td></td><td>8.80</td><td>6.70</td><td>9.92</td><td>13.14</td></tr>
</table>

五、屋 面 排 水

单位：10 m

编号				4-49	4-50	4-51	4-52	4-53
项目				薄铁板雨水管（周长在 mm）			UPVC 雨水管 直径 160 mm	薄钢板天沟泛水（$10m^2$）
				270～330	330～420	420～570		
预算基价	总价（元）			227.85	268.69	333.19	1191.81	445.89
	人工费（元）			119.78	132.21	152.55	398.89	170.63
	材料费（元）			99.85	127.41	170.18	765.56	263.56
	管理费（元）			8.22	9.07	10.46	27.36	11.70
组成内容		单位	单价	数量				
人工	综合工	工日	113.00	1.06	1.17	1.35	3.53	1.51
材料	镀锌薄钢板 0.56	m^2	16.95	3.82	4.77	6.36		10.74
	UPVC雨水管 *D*160	m	55.67				10.61	
	卡箍膨胀螺栓 160	套	3.94				7.14	
	排水管检查口 160	个	58.33				1.11	
	排水管伸缩节 160	个	51.33				1.01	
	铁件	kg	7.69	1.50	1.97	2.67		
	铁钉	kg	7.81					0.30
	焊锡	kg	69.17	0.04	0.06	0.07		0.21
	密封胶	kg	36.87				0.20	
	防锈漆	kg	17.51	0.41	0.54	0.74		1.29
	调合漆	kg	15.87	0.56	0.74	1.00		1.75
	稀料	kg	12.29	0.10	0.13	0.18		0.31
	零星材料费	元		1.45	1.84	2.46	7.06	5.06
	材料采管费	元		2.05	2.62	3.50	15.75	5.42

单位：十个

编号				4-54	4-55	4-56	4-57	4-58	4-59	4-60
项目				薄钢板雨水斗	UPVC雨水斗	铸铁落水口	铸铁弯头	UPVC弯头	UPVC短管	铅丝网球 *D*100
预算基价	总价（元）			580.40	1282.69	1265.27	1284.03	665.39	622.38	166.12
	人工费（元）			379.68	372.90	515.28	657.66	155.94	155.94	65.54
	材料费（元）			174.68	884.21	714.65	581.26	498.75	455.74	96.08
	管理费（元）			26.04	25.58	35.34	45.11	10.70	10.70	4.50
组成内容		单位	单价	数量						
人工	综合工	工日	113.00	3.36	3.30	4.56	5.82	1.38	1.38	0.58
材料	预拌混凝土 AC20	m^3	353.38		0.050					
	镀锌薄钢板 0.56	m^2	16.95	4.24						
	UPVC雨水斗 160带罩	个	82.17		10.10					
	铸铁落水口 *D*100×300	套	54.90			10.10				
	铸铁弯头 336×200	个	46.33				10.10			
	UPVC弯头 90°	个	48.00					10.10		
	UPVC短管	个	43.83						10.10	
	铅丝网球出气罩 *D*100	个	9.41							10.00
	铁件	kg	7.69			16.92				
	铁钉	kg	7.81	0.10						
	焊锡	kg	69.17	0.72						
	密封胶	kg	36.87		0.50			0.10	0.10	
	石油沥青 #10	kg	4.55			0.59	4.06			
	防锈漆	kg	17.51	0.55						
	调合漆	kg	15.87	0.74						
	清油	kg	17.08			0.07	0.45			
	稀料	kg	12.29	0.13		0.65	4.51			
	零星材料费	元		25.67		3.48	19.78			
	材料采管费	元		3.59	18.19	14.70	11.96	10.26	9.37	1.98

第五章　楼 地 面 工 程

说　　明

一、本章包括垫层，防潮层，变形缝，找平层，整体面层，块料面层，橡、塑、木面层，踢脚线，楼梯装饰，台阶、明沟、坡道、散水，栏杆、栏板、扶手装饰等11节；共256条基价子目。

二、变形缝项目适用于楼地面、墙面及天棚部位。

三、砂浆配合比如设计要求与基价不同时，允许调整，但人工费、砂浆消耗量、机械费及管理费不变。设计要求水泥砂浆地面的砂浆厚度与基价不同时，砂浆厚度每增减1 mm，每10 m^2 水泥砂浆地面砂浆消耗量增减0.0102 m^3，人工费、机械费、管理费不得调整。

四、随打随抹地面适用于设计无厚度要求的随打随抹面层，基价中所列水泥砂浆，系作为混凝土表面嵌补平整使用，不增加制成量厚度。如设计有厚度要求时，应按水泥砂浆抹地面基价执行，其中1:2.5水泥砂浆的用量可根据设计厚度按比例调整。

五、楼地面面层除特殊标明外，均不包括抹踢脚线。设计如做踢脚线者，按相应基价子目执行。

六、现浇水磨石基价已包括酸洗打蜡。块料面层不包括酸洗打蜡，如设计要求酸洗打蜡者，可套用相应基价子目计算。

七、大理石、花岗岩楼地面拼花是按成品考虑的。

八、踢脚线高度超过30 cm，按墙、柱面工程章节相应基价子目执行。

九、水泥砂浆抹楼梯基价内已包括踢脚线及底面抹灰、侧面抹灰刷浆工料。

十、楼梯面层除水泥砂浆抹楼梯以外均不包括踢脚线及底面抹灰、侧面抹灰刷浆工料，楼梯底面的单独抹灰、刷浆，其工程量按第七章相应基价子目执行，楼梯侧面抹灰应按第六章零星抹灰项目计算。

十一、螺旋形楼梯的装饰，按相应项目人工费、机械费和管理费乘以系数1.20，材料用量乘以系数1.10；整体面层，栏杆扶手材料用量乘以系数1.05。

十二、楼梯、台阶面层除水泥砂浆抹楼梯带防滑条，均不包括防滑条，设计需要做防滑条时，按相应基价子目计算。

十三、零星项目面层适用于楼梯侧面，小便池，蹲台、池槽，以及面积在1 m^2 以内少量分散的楼地面装饰项目。

十四、本章中的砌砖台阶、砌砖明沟、平墁砖散水按第二章规定执行，现浇混凝土台阶，明沟、坡道、散水按第三章规定执行。

十五、栏杆、栏板，扶手适用于楼梯、走廊、回廊及其他装饰性栏杆、栏板，其材料用量及材料规格设计与预算基价取定不同时，允许换算。扶手不包括弯头制作安装，另按弯头基价子目计算。

工　作　内　容

一、地面垫层项目包括：灰土拌合、粗细骨料拌合、找平、分层夯实，调运砂浆及灌浆，钢筋制作、绑扎，模板制作、安装、拆除、运至堆放地点，混凝土浇筑、振捣、养护，混凝土垫层还包括原土夯实。

二、卷材、涂膜防潮层项目包括：清理基层、涂刷基层处理剂、配料刷胶铺贴卷材等。

三、刚性防水防潮层项目包括：清理基层、调运砂浆、抹灰、养护。

四、石灰麻刀填缝项目包括：调制石灰麻刀、石灰麻刀嵌缝、缝上贴二毡二油一层。

五、聚氯乙烯胶泥填缝项目包括:清缝、水泥砂浆勾缝、垫牛皮纸、熬灌聚氯乙烯胶泥。

六、氯丁橡胶片止水带项目包括:用乙酸乙酯洗缝、隔纸、用氯丁胶粘剂贴氯丁橡胶片,涂胶铺砂。

七、预埋式止水带项目包括:止水带制作、接头并安装。

八、木板盖缝项目包括:平面板材加工、板缝一侧涂胶粘合,立面埋木砖、钉木盖板。

九、薄钢板盖缝项目包括:平面埋木砖、钉木条、木条上钉薄钢板,立面埋木砖、木砖上钉薄钢板。

十、橡胶板平面盖缝项目包括:清理、铁件制作、安装,镀锌薄钢板、钢板、橡胶板铺设。

十一、找平层项目包括:清理基层、调制砂浆、铺设砂浆、找平、压实,钢筋制作、绑扎,混凝土浇筑、振捣、养护。

十二、水泥砂浆楼地面项目包括:清理基层、调运砂浆、抹面、压光,养护、抹踢脚线。

十三、水泥豆石浆楼地面项目包括:清理基层、调运砂浆、抹面、压光、养护。

十四、细石混凝土楼地面项目包括:清理基层、调运砂浆、混凝土浇筑、振捣、养护。

十五、水磨石楼地面项目包括:清理基层、调运砂浆、刷素水泥浆打底、嵌条、抹面、补砂眼、磨光、清洗、打蜡、养护。

十六、石材、块料面层楼地面项目包括:清理基层、试排弹线、锯板修边、铺贴饰面、清理净面。

十七、石材底面刷养护液、石材表面刷保护液项目包括:清理基层、刷养护液、保护液。

十八、块料地面铜分隔条项目包括:清理、切割、镶嵌、固定。

十九、橡胶板、塑料板、塑料卷材楼地面项目包括:清理基层、刮腻子、涂刷胶粘剂、贴面层、净面。

二十、木地板项目包括:清理基层、刷胶、铺设、净面,木龙骨制作安装,毛地板铺设,刷防腐油、打磨、净面。

二十一、水泥砂浆踢脚线项目包括:清理基层、调运砂浆、抹灰、压光。

二十二、现浇水磨石踢脚线项目包括:清理基层、调制砂浆、调运石子浆、刷素水泥浆打底、抹面、补砂眼、磨光、抛光、清洗打蜡。

二十三、石材、块料踢脚线项目包括:清理基层、试排弹线、锯板修边、铺贴饰面、清理净面。

二十四、塑料板踢脚线项目包括:清理基层、制作及预埋木砖、安装踢脚线。

二十五、木质踢脚线项目包括:清理基层、预埋木楔、刷防腐油、制作、安装踢脚线。

二十六、水泥砂浆抹楼梯项目包括:清理基层、楼梯抹面层、踢脚线、底面抹灰,刷浆及做防滑条。

二十七、水泥豆石浆楼梯面项目包括:清理基层、调运砂浆、刷素水泥浆、抹面。

二十八、现浇水磨石楼梯面项目包括:清理基层、刷素水泥浆打底、嵌条、抹面、补砂眼、磨光、抛光、清洗、打蜡。

二十九、石材、块料楼梯面项目包括:清理基层、试排弹线、锯板修边、铺贴饰面、清理净面。

三十、酸洗、打蜡项目包括:清理表面、上草酸打蜡、磨光。

三十一、楼梯、台阶踏步防滑条项目包括:清理基层,切割、镶嵌、固定。

三十二、砖台阶、砖明沟项目包括:调运砂浆,运、砌页岩标砖。

三十三、砖散水项目包括:调运砂浆、运、铺砌页岩标砖,灌缝。

三十四、现浇混凝土台阶、明沟、坡道、散水项目包括:混凝土浇筑、振捣、养护。

三十五、水泥砂浆抹台阶、明沟、坡道，散水项目包括：清理基层、调运砂浆、抹面、压光、养护。

三十六、剁假石台阶面项目包括：清理基层、调运砂浆、抹面、剁假石。

三十七、石材、块料台阶面项目包括：清理基层、试排弹线、锯板修边、铺贴饰面、清理净面。

三十八、沥青砂浆嵌缝项目包括：熬制沥青、调制砂浆、变形缝填塞。

三十九、栏杆项目包括：放样、下料、焊接、安装、清理。

四十、扶手项目包括：制作、安装。

四十一、靠墙扶手项目包括：制作、安装，支托摵弯，打洞堵混凝土。

四十二、弯头项目包括：制作、安装。

工 程 量 计 算 规 则

一、地面垫层按主墙间净面积扣除沟、道所占面积乘以垫层厚度以体积计算。

二、地面防潮层按主墙间净面积计算，墙面防潮层按图示尺寸以面积计算，不扣除0.3 m^2 以内的孔洞所占面积。墙面防潮层高度在30 cm以内者，并入地面防潮层基价；高度在30 cm以外者，按墙面防潮层基价执行。

三、变形缝按设计图示以长度计算。

四、地面找平层面积按地面防潮层面积计算。

五、整体面层按主墙间净面积计算。应扣除凸出地面的构筑物、设备基础等不做面层的部分。不扣除柱、垛、间壁墙及0.3 m^2 以内的孔洞所占的面积。门洞、空圈、暖气包槽、壁龛的开口部分不增加面积。

六、石材、块料面层按设计图示尺寸以实铺面积计算。应扣除地面上各种建筑配件所占面层面积的工程量。门洞、空圈、暖气包槽、壁龛的开口部分的工程量并入相应的面层内计算。

七、楼地面嵌金属分隔条按设计图示尺寸以长度计算。

八、石材底面刷养护液、表面刷保护液，分别按底面、表面面积计算。

九、橡、塑、木面层按设计图示尺寸以实铺面积计算。应扣除地面上各种建筑配件所占面层面积的工程量。门洞、空圈、暖气包槽、壁龛的开口部分的工程量并入相应的面层内计算。

十、水泥砂浆踢脚线以长度计算，不扣除门洞及空圈长度，但门洞，空圈和垛的侧壁亦不增加。

十一、水磨石踢脚线、块料踢脚线、石材踢脚线、塑料踢脚线、木质踢脚线按长度乘以高度以面积计算，扣除门洞长度，增加门洞侧壁面积。其中成品踢脚线以长度计算，扣除门洞长度，增加门洞侧壁长度。

十二、楼梯踢脚线的长度按其水平投影长度乘以系数1.15。

十三、楼梯面层以水平投影面积(包括踏步、休息平台及50 cm以内的楼梯井)计算。楼梯与楼地面相连时，算至梯口梁内侧边沿；无梯口梁者，算至最上一层踏步边沿加30 cm。

十四、楼地面、楼梯、台阶面酸洗打蜡按设计图示的水平投影面积计算。

十五、楼梯、台阶踏步防滑条按踏步两端距离减 30 cm，以长度计算。

十六、砖台阶、砖明沟按设计图示尺寸以实砌体积计算。

十七、砖散水按设计图示尺寸以面积计算。

十八、现浇混凝土台阶、明沟、坡道，按设计图示尺寸以体积计算。

十九、现浇混凝土散水按设计图示尺寸以面积计算，不扣除 0.3 m^2 以内的孔洞所占面积。

二十、台阶面层按设计图示尺寸以台阶（包括最上层踏步边沿加 30 cm）水平投影面积计算，不包括翼墙，花池等。

二十一、水泥砂浆抹明沟、坡道姜蹉按设计图示尺寸以面积计算。

二十二、沥青砂浆嵌缝按设计图示尺寸以长度计算。

二十三、栏杆、栏板、扶手装饰按设计图示尺寸以扶手中心线长度（包括弯头长度）计算，斜长部分的长度可按其水平长度乘以系数 1.15 计算。

二十四、弯头按数量计算。

一、垫　　层

单位：m^3

编号				5-1	5-2	5-3	5-4	5-5	5-6
项目				素土夯实（包括150m运土）	灰土		砂垫层	干铺	
					2:8	3:7		石屑	混碴
预算基价	总价（元）			179.19	259.64	268.63	219.22	212.03	234.29
	人工费（元）			48.00	87.36	83.52	39.36	45.12	56.64
	材料费（元）			125.65	163.57	176.71	176.42	162.98	172.66
	机械费（元）			1.66	1.66	1.66	0.26	0.29	0.42
	管理费（元）			3.88	7.05	6.74	3.18	3.64	4.57
组成内容		单位	单价	数量					
人工	综合工	工日	96.00	0.50	0.91	0.87	0.41	0.47	0.59
材料	黄土	m^3	79.00	1.538	1.338	1.176			
	白灰	kg	0.31		165.64	248.46			
	砂子	t	87.58				1.946		0.411
	石屑	t	83.27					1.917	
	混碴 2～80	t	84.52						1.575
	水	m^3	7.85	0.200	0.402	0.402	0.300		
	材料采管费	元		2.58	3.36	3.63	3.63	3.35	3.55
	灰土 2:8	m^3			(1.010)				
	灰土 3:7	m^3				(1.010)			
机械	电动夯实机 20～62Nm	台班	30.67	0.054	0.054	0.054			
	小型机具	元					0.26	0.29	0.42

单位：m^3

编号				5-7	5-8	5-9	5-10
项目				碎（砾）石		1:3 白灰焦渣	1:6 水泥焦渣
				干铺	灌浆		
预算基价	总价（元）			239.10	317.12	287.37	367.40
	人工费（元）			56.64	96.00	83.52	104.64
	材料费（元）			177.47	205.44	197.11	254.31
	机械费（元）			0.42	7.93		
	管理费（元）			4.57	7.75	6.74	8.45
组成内容		单位	单价	数量			
人工	综合工	工日	96.00	0.59	1.00	0.87	1.09
材料	水泥	kg	0.37		60.49		254.52
	白灰	kg	0.31			185.84	
	砂子	t	87.58	0.411	0.453		
	碴石 19～25	t	87.51	1.575	1.575		
	炉渣	m^3	117.31			1.121	1.279
	水	m^3	7.85		0.169	0.503	0.620
	材料采管费	元		3.65	4.23	4.05	5.23
	水泥砂浆 M5	m^3			(0.284)		
机械	灰浆搅拌机 400L	台班	187.73		0.040		
	小型机具	元		0.42	0.42		

单位：m^3

编号				5-11	5-12	5-13	5-14
项目				无筋混凝土			有筋混凝土
				厚 10 cm 以内	厚 10 cm 以外	分格	
预算基价	总价（元）			505.89	488.97	518.71	518.50
	人工费（元）			146.90	132.21	151.42	152.55
	材料费（元）			346.54	346.54	354.22	352.58
	机械费（元）			2.37	1.15	2.68	2.91
	管理费（元）			10.08	9.07	10.39	10.46
组成内容		单位	单价	数量			
人工	综合工	工日	113.00	1.30	1.17	1.34	1.35
材料	预拌混凝土 AC10	m^3	332.16	1.010	1.010	1.010	1.010
	木模板	m^3	1842.20			0.004	
	钢筋 D10 以内	kg	2.70				0.045
	铁钉	kg	7.81			0.02	
	镀锌钢丝 D0.7	kg	8.35				0.20
	水	m^3	7.85	0.500	0.500	0.500	0.500
	钢筋场外运费	元					4.13
	材料采管费	元		7.13	7.13	7.29	7.25
机械	电动夯实机 20～62Nm	台班	30.67	0.067	0.028	0.028	0.041
	木工圆锯机 D500	台班	30.72			0.008	
	载货汽车 6t	台班	427.71			0.003	
	钢筋调直机 D14	台班	41.66				0.015
	钢筋切断机 D40	台班	49.13				0.015
	小型机具	元		0.32	0.29	0.29	0.29

二、防　潮　层

单位：10 m^2

编号				5-15	5-16	5-17	5-18	5-19	5-20
项目				苯乙烯涂料二遍		乳化沥青		三元乙丙橡胶卷材冷贴满铺	
				平面	立面	厚度 6 mm	每增减 1 mm	平面	立面
预算基价	总价（元）			85.20	91.28	418.11	75.20	946.86	1024.14
	人工费（元）			38.42	42.94	38.42	11.30	251.99	324.31
	材料费（元）			44.14	45.39	377.05	63.12	677.59	677.59
	管理费（元）			2.64	2.95	2.64	0.78	17.28	22.24
组成内容		单位	单价	数量					
人工	综合工	工日	113.00	0.34	0.38	0.34	0.10	2.23	2.87
材料	苯乙烯涂料	kg	12.35	3.50	3.60				
	乳化沥青	kg	5.52			66.90	11.20		
	三元乙丙橡胶卷材 1.0	m^2	46.40					12.42	12.42
	CSPE嵌缝油膏 （330ml）	支	9.50					2.94	2.94
	二甲苯	kg	6.15					2.70	2.70
	乙酸乙酯	kg	19.44					0.51	0.51
	铁钉	kg	7.81					0.02	0.02
	钢筋 *D*10 以内	t	2700.29					0.001	0.001
	丁基胶粘剂	kg	16.70					1.76	1.76
	108 胶	kg	4.98					0.02	0.02
	水泥	kg	0.37					1.50	1.50
	水	m^3	7.85					0.001	0.001
	材料采管费	元		0.91	0.93	7.76	1.30	13.94	13.94
	素水泥浆	m^3						(0.001)	(0.001)

单位：10 m^2

编号				5-21	5-22	5-23	5-24	5-25	5-26
项目				聚氨酯防水涂膜				SBS改性沥青防水卷材	
				刷涂膜二遍1mm厚		每增减0.1mm		3mm厚	
				平面	立面	平面	立面	平面	立面
预算基价	总价（元）			718.59	842.06	58.66	65.41	1061.85	1107.74
	人工费（元）			353.69	459.91	31.64	37.29	113.00	155.94
	材料费（元）			340.64	350.61	24.85	25.56	941.10	941.10
	管理费（元）			24.26	31.54	2.17	2.56	7.75	10.70
组成内容		单位	单价	数量					
人工	综合工	工日	113.00	3.13	4.07	0.28	0.33	1.00	1.38
材料	聚氨酯甲料	kg	17.48	6.16	6.34	0.45	0.47		
	聚氨酯乙料	kg	17.05	9.24	9.52	0.68	0.70		
	聚氨酯固化剂	kg	53.00	0.77	0.79	0.06	0.06		
	丙酮	kg	11.31	2.44	2.51	0.15	0.15		
	SBS改性沥青防水卷材 3mm	m^2	40.02					14.00	14.00
	JG-1防水涂料	kg	25.00					5.70	5.70
	SBS弹性沥青防水胶	kg	35.00					5.00	5.00
	汽油	kg	7.34					4.50	4.50
	零星材料费	元						10.93	10.93
	材料采管费	元		7.01	7.21	0.51	0.53	19.36	19.36

单位：10 m^2

编号					5-27	5-28	5-29	5-30	5-31	5-32
项目					刚性防水					
					五层做法			七层做法		
					混凝土地面	混凝土墙面	砖墙面	混凝土地面	混凝土墙面	砖墙面
预算基价	总价（元）				329.63	400.87	404.67	430.06	637.75	641.55
	人工费（元）				213.57	280.24	281.37	274.59	468.95	470.08
	材料费（元）				96.90	96.90	99.31	130.44	130.44	132.85
	机械费（元）				4.51	4.51	4.69	6.20	6.20	6.38
	管理费（元）				14.65	19.22	19.30	18.83	32.16	32.24
组成内容			单位	单价	数量					
人工	综合工		工日	113.00	1.89	2.48	2.49	2.43	4.15	4.16
材料	水泥		kg	0.37	189.34	189.34	193.29	256.09	256.09	260.04
	砂子		t	87.58	0.241	0.241	0.251	0.331	0.331	0.341
	水		m^3	7.85	0.478	0.478	0.480	0.512	0.512	0.515
	材料采管费		元		1.99	1.99	2.04	2.68	2.68	2.73
	素水泥浆		m^3		(0.061)	(0.061)	(0.061)	(0.081)	(0.081)	(0.081)
	水泥砂浆	1:2	m^3		(0.173)	(0.173)	(0.180)	(0.238)	(0.238)	(0.245)
机械	灰浆搅拌机	400L	台班	187.73	0.024	0.024	0.025	0.033	0.033	0.034

三、变 形 缝

单位：10 m

编号				5-33	5-34	5-35	5-36	5-37	5-38
项目				石灰麻刀填缝		聚氨乙烯胶泥填缝	氯丁橡胶片止水带	预埋式止水带	
				平面	立面			橡胶	塑料
预算基价	总价（元）			192.96	206.24	136.70	351.29	2651.22	941.73
	人工费（元）			90.40	102.83	98.31	46.33	143.51	143.51
	材料费（元）			96.36	96.36	31.65	301.78	2497.87	788.38
	管理费（元）			6.20	7.05	6.74	3.18	9.84	9.84
组成内容		单位	单价	数量					
人工	综合工	工日	113.00	0.80	0.91	0.87	0.41	1.27	1.27
材料	油毡	m^2	4.38	1.70	1.70				
	石油沥青 #10	kg	4.55	6.50	6.50				
	白灰	kg	0.31	18.00	18.00				
	麻刀	kg	4.53	10.80	10.80				
	木柴	kg	1.19	2.40	2.40				
	聚氯乙烯胶泥	kg	2.65			8.33			
	氯丁橡胶片 2mm	m^2	27.50				3.18		
	乙酸乙酯	kg	19.44				2.30		
	氯丁橡胶浆	kg	24.65				6.06		
	三异氰酸酯	kg	12.00				0.91		
	牛皮纸	张	1.29			5.32	0.59		
	水泥	kg	0.37			3.39	0.91		
	砂子	t	87.58			0.009	0.023		
	水	m^3	7.85			0.002			
	橡胶止水带 宽400～500mm	m	231.37					10.50	
	塑料止水带 651型	m	71.91						10.50
	环氧树脂 E44	kg	32.41					0.31	0.31
	乙二胺	kg	24.37					0.03	0.03
	丙酮	kg	11.31					0.31	0.31
	甲苯	kg	11.75					0.24	0.24
	材料采管费	元		1.98	1.98	0.65	6.21	51.38	16.22
	水泥砂浆 1:2	m^3				(0.006)			

单位：10 m

编号				5-39	5-40	5-41	5-42	5-43	5-44
项目				木板盖缝		薄钢板盖缝		橡胶板平面盖缝 缝宽 mm 以内	
				平面	立面	平面	立面	50	100
预算基价	总价（元）			230.27	236.21	409.63	194.40	971.75	1457.42
	人工费（元）			81.36	87.01	170.63	97.18	212.44	254.25
	材料费（元）			143.33	143.23	227.30	90.55	744.74	1185.73
	管理费（元）			5.58	5.97	11.70	6.67	14.57	17.44
组成内容		单位	单价	数量					
人工	综合工	工日	113.00	0.72	0.77	1.51	0.86	1.88	2.25
材料	红白松锯材 二类	m³	3026.70	0.038	0.038			0.019	0.019
	松木锯材 三类	m³	1546.08	0.016	0.016	0.069	0.025		
	镀锌薄钢板 0.56	m²	16.95			5.93	2.60		
	花纹硬橡胶板 厚度20mm	m²	80.25					1.67	3.06
	镀锌薄钢板 0.552	m²	16.95					1.52	3.37
	防腐油	kg	0.58	0.54	0.50	1.11	0.34	0.28	0.28
	砂子	t	87.58					0.003	0.006
	铁钉	kg	7.81	0.04	0.03	0.21	0.03	0.05	0.05
	铁件	kg	7.69					65.90	102.90
	焊锡	kg	69.17			0.19	0.08	0.05	0.11
	零星材料费	元						1.09	1.16
	材料采管费	元		2.95	2.95	4.68	1.86	15.32	24.39

四、找　平　层

单位：10 m^2

编号					5-45	5-46	5-47	5-48	5-49
项目					1:3 水泥砂浆找平层		细石混凝土硬基层上找平层		
					在混凝土或硬基层上厚2 cm	每增减0.5 cm	无筋厚3 cm	有筋厚4 cm	每增减0.5 cm
预算基价	总价（元）				157.59	36.21	200.16	319.05	28.10
	人工费（元）				80.23	16.95	77.97	122.04	9.04
	材料费（元）				66.42	16.60	116.61	187.63	18.40
	机械费（元）				5.44	1.50	0.23	1.01	0.04
	管理费（元）				5.50	1.16	5.35	8.37	0.62
组成内容			单位	单价	数量				
人工	综合工		工日	113.00	0.71	0.15	0.69	1.08	0.08
材料	预拌混凝土	AC20	m^3	353.38			0.303	0.404	0.051
	水泥		kg	0.37	92.86	23.22	15.02	15.02	
	砂子		t	87.58	0.344	0.086			
	冷拔钢丝	*D*4.0	t	2924.50				0.011	
	镀锌钢丝	*D*0.7	kg	8.35				0.04	
	水		m^3	7.85	0.072	0.018	0.201	0.246	
	钢筋场外运费		元					1.01	
	材料采管费		元		1.37	0.34	2.40	3.86	0.38
	水泥砂浆	1:3	m^3		(0.216)	(0.054)			
	素水泥浆		m^3				(0.010)	(0.010)	
机械	灰浆搅拌机	400L	台班	187.73	0.029	0.008			
	钢筋调直机	*D*14	台班	41.66				0.008	
	钢筋切断机	*D*40	台班	49.13				0.008	
	小型机具		元				0.23	0.28	0.04

五、整 体 面 层

单位：10 m^2

编号					5-50	5-51	5-52	5-53	5-54	5-55
项目					水泥砂浆地面2 cm厚		随打随抹地面		水泥豆石浆地面	
					带踢脚线	不带踢脚线	带踢脚线	不带踢脚线	厚度1.5 cm	每增减0.5 cm
预算基价	总价（元）				352.56	270.39	221.62	139.53	400.77	45.93
	人工费（元）				232.78	168.37	162.72	98.31	232.78	18.08
	材料费（元）				90.48	78.27	44.74	32.60	139.37	24.16
	机械费（元）				13.33	12.20	3.00	1.88	5.26	1.88
	管理费（元）				15.97	11.55	11.16	6.74	23.36	1.81
组成内容			单位	单价	数量					
人工	综合工		工日	113.00	2.06	1.49	1.44	0.87	2.06	0.16
材料	水泥		kg	0.37	138.83	120.47	60.34	41.98	203.68	39.93
	砂子		t	87.58	0.383	0.325	0.109	0.052	0.258	
	豆粒石		t	136.58					0.190	0.064
	草袋	840×760	m^2	3.95			2.20	2.20	2.20	
	水		m^3	7.85	0.473	0.462	0.415	0.402	0.497	0.019
	材料采管费		元		1.86	1.61	0.92	0.67	2.87	0.50
	素水泥浆		m^3		(0.010)	(0.010)			(0.010)	
	水泥砂浆	1:1	m^3				(0.051)	(0.051)		
	水泥砂浆	1:2	m^3		(0.015)		(0.015)			
	水泥砂浆	1:2.5	m^3		(0.216)	(0.216)				
	水泥砂浆	1:3	m^3		(0.023)		(0.023)		(0.162)	
	小豆浆	1:1.25	m^3						(0.152)	(0.051)
机械	灰浆搅拌机	400L	台班	187.73	0.071	0.065	0.016	0.010	0.028	0.010

单位：10 m^2

编号				5-56	5-57	5-58	5-59	5-60	5-61
项目				细石混凝土地面		水磨石地面厚度1.5 cm		水磨石地面嵌铜条	
				厚度 4 cm	每增减 1 cm	带嵌条	带艺术型嵌条分色	2×12（10m）	1.5×12（10m）
预算基价	总价（元）			370.72	68.33	1078.79	1239.78	810.30	810.30
	人工费（元）			175.15	29.38	803.52	870.48	11.16	11.16
	材料费（元）			181.81	36.85	167.70	255.60	797.99	797.99
	机械费（元）			1.75	0.08	34.09	34.09	0.13	0.13
	管理费（元）			12.01	2.02	73.48	79.61	1.02	1.02
组成内容		单位	单价	数				量	
人工	综合工	工日	113.00	1.55	0.26				
	综合工	工日	124.00			6.48	7.02	0.09	0.09
材料	预拌混凝土 AC20	m^3	353.38	0.404	0.101				
	水泥	kg	0.37	59.47		111.78	17.67		
	白水泥	kg	0.66				94.11		
	砂子	t	87.58	0.055					
	白石子	kg	0.19			314.69			
	彩色石子	kg	0.32				314.69		
	玻璃 3.0	m^2	22.74			0.52	0.52		
	铜条	m	36.74					10.60	10.60
	铜条	m	36.74					10.60	10.60
	松木锯材 三类	m^3	1546.08					0.001	0.001
	色粉	kg	5.17				3.46		
	金刚石 三角形	块	9.60			3.00	3.00		

续表

单位：10 m^2

编号				5-56	5-57	5-58	5-59	5-60	5-61
项目				细石混凝土地面		水磨石地面厚度1.5 cm		水磨石地面嵌铜条	
				厚度4 cm	每增减1 cm	带嵌条	带艺术型嵌条分色	2×12 (10m)	1.5×12 (10m)
组成内容		单位	单价	数量					
材料	金刚石 200×75×50	块	14.25			0.30	0.30		
	硬白蜡	kg	21.33			0.27	0.27		
	煤油	kg	7.60			0.40	0.40		
	清油	kg	17.08			0.06	0.06		
	油漆溶剂油 #200	kg	7.05			0.05	0.05		
	草酸	kg	12.38			0.10	0.10		
	棉纱	kg	18.62			0.11	0.11		
	合金钢钻头 *D*10	个	9.49					0.05	0.05
	镀锌钢丝 *D*0.7	kg	8.35					0.08	0.08
	锯末	m^3	67.55	0.060					
	水	m^3	7.85	0.565	0.051	0.604	0.604		
	材料采管费	元		3.74	0.76	3.45	5.26	16.41	16.41
	素水泥浆	m^3		(0.010)		(0.010)	(0.010)		
	水泥砂浆 1:1	m^3		(0.054)					
	水泥白石子浆 1:2.5	m^3				(0.173)			
	白水泥彩色石子浆 1:2.5	m^3					(0.173)		
机械	灰浆搅拌机 200L	台班	180.11	0.008		0.034	0.034		
	平面水磨石机 3kW	台班	23.58			1.186	1.186		
	小型机具	元		0.31	0.08			0.13	0.13

六、块 料 面 层

单位：10 m²

编号				5-62	5-63	5-64	5-65	5-66	5-67
项目				大理石地面					
				周长 320 cm 以内		周长 320 cm 以外		拼花	碎拼大理石
				单色	多色	单色	多色		
预算基价	总价（元）			4022.58	4037.47	4036.11	4049.65	7974.37	1561.13
	人工费（元）			324.88	338.52	337.28	349.68	395.56	407.96
	材料费（元）			3657.01	3657.01	3657.01	3657.01	7532.37	1107.03
	机械费（元）			10.98	10.98	10.98	10.98	10.27	8.83
	管理费（元）			29.71	30.96	30.84	31.98	36.17	37.31
组成内容		单位	单价	数量					
人工	综合工	工日	124.00	2.62	2.73	2.72	2.82	3.19	3.29
材料	大理石板 500×500	m²	340.69	10.20	10.20				
	大理石板 1000×1000	m²	340.69			10.20	10.20		
	大理石板拼花 成品	m²	720.00					10.10	
	碎大理石板	m²	99.50						9.60
	白水泥	kg	0.66	1.03	1.03	1.03	1.03	1.03	75.10
	水泥	kg	0.37	145.28	145.28	145.28	145.28	145.28	101.86
	砂子	t	87.58	0.482	0.482	0.482	0.482	0.482	0.321
	石料切割锯片	片	33.00	0.04	0.04	0.04	0.04		
	金刚石 200×75×50	块	14.25						0.50
	棉纱	kg	18.62	0.10	0.10	0.10	0.10	0.10	0.20
	锯末	m³	67.55	0.060	0.060	0.060	0.060	0.060	
	水	m³	7.85	0.366	0.366	0.366	0.366	0.366	0.362
	材料采管费	元		75.22	75.22	75.22	75.22	154.93	22.77
	素水泥浆	m³		(0.010)	(0.010)	(0.010)	(0.010)	(0.010)	(0.010)
	白水泥浆	m³							(0.050)
	水泥砂浆 1∶3	m³		(0.303)	(0.303)	(0.303)	(0.303)	(0.303)	(0.202)
机械	灰浆搅拌机 200L	台班	180.11	0.057	0.057	0.057	0.057	0.057	0.049
	小型机具	元		0.71	0.71	0.71	0.71		

单位：10 m^2

编号				5-68	5-69	5-70	5-71	5-72	5-73
项目				花岗岩地面					
				周长 320 cm 以内		周长 320 cm 以外		拼花	碎拼花岗岩
				单色	多色	单色	多色		
预算基价	总价（元）			4086.32	4098.36	4315.29	4328.67	10106.19	1103.43
	人工费（元）			329.84	341.00	341.00	353.40	416.64	429.04
	材料费（元）			3719.29	3719.29	3936.22	3936.22	9646.35	631.65
	机械费（元）			11.12	11.12	11.12	11.12	10.27	8.83
	管理费（元）			26.07	26.95	26.95	27.93	32.93	33.91
组成内容		单位	单价	数量					
人工	综合工	工日	124.00	2.66	2.75	2.75	2.85	3.36	3.46
材料	花岗岩板 500×500	m^2	346.67	10.20	10.20				
	花岗岩板 1000×1000	m^2	367.50			10.20	10.20		
	花岗岩板拼花 成品	m^2	925.00					10.10	
	碎花岗岩板	m^2	51.00						9.60
	白水泥	kg	0.66	1.03	1.03	1.03	1.03	1.03	75.10
	水泥	kg	0.37	145.28	145.28	145.28	145.28	145.28	101.86
	砂子	t	87.58	0.482	0.482	0.482	0.482	0.482	0.321
	石料切割锯片	片	33.00	0.04	0.04	0.04	0.04		
	金刚石 200×75×50	块	14.25						0.50
	棉纱	kg	18.62	0.10	0.10	0.10	0.10	0.10	0.20
	锯末	m^3	67.55	0.060	0.060	0.060	0.060	0.060	
	水	m^3	7.85	0.366	0.366	0.366	0.366	0.366	0.362
	材料采管费	元		76.50	76.50	80.96	80.96	198.41	12.99
	素水泥浆	m^3		(0.010)	(0.010)	(0.010)	(0.010)	(0.010)	(0.010)
	白水泥浆	m^3							(0.050)
	水泥砂浆 1:3	m^3		(0.303)	(0.303)	(0.303)	(0.303)	(0.303)	(0.202)
机械	灰浆搅拌机 200L	台班	180.11	0.057	0.057	0.057	0.057	0.057	0.049
	小型机具	元		0.85	0.85	0.85	0.85		

单位：10 m²

编号					5-74	5-75	5-76	5-77	5-78	5-79
项目					石材地面零星项目					
					大理石		花岗岩		碎拼大理石	碎拼花岗岩
					水泥砂浆	胶粘剂	水泥砂浆	胶粘剂	水泥砂浆	
预算基价	总价（元）				4623.34	4555.98	5399.48	5332.10	2146.89	1645.00
	人工费（元）				767.56	735.32	784.92	752.68	881.64	902.72
	材料费（元）				3775.54	3750.20	4532.08	4506.73	1176.88	651.98
	机械费（元）				10.05	3.21	10.70	3.86	7.74	7.74
	管理费（元）				70.19	67.25	71.78	68.83	80.63	82.56
组成内容			单位	单价	数量					
人工	综合工		工日	124.00	6.19	5.93	6.33	6.07	7.11	7.28
材料	大理石板	综合	m^2	340.69	10.60	10.60				
	花岗岩板	综合	m^2	410.50			10.60	10.60		
	碎大理石板		m^2	99.50					10.60	
	碎花岗岩板		m^2	51.00						10.60
	白水泥		kg	0.66	1.13	1.13	1.13	1.13	1.30	1.30
	水泥		kg	0.37	115.14		115.14		132.79	132.79
	砂子		t	87.58	0.304		0.304		0.349	0.349
	903胶		kg	11.25		4.00		4.00		
	石料切割锯片		片	33.00	0.16	0.16	0.19	0.19		
	金刚石	200×75×50	块	14.25					0.69	0.69
	棉纱		kg	18.62	0.20	0.20	0.20	0.20	0.23	0.23
	锯末		m^3	67.55	0.07	0.07	0.07	0.07		
	水		m^3	7.85	0.365	0.290	0.365	0.290	0.420	0.420
	材料采管费		元		77.66	77.13	93.22	92.69	24.21	13.41
	素水泥浆		m^3		(0.011)		(0.011)		(0.013)	(0.013)
	水泥砂浆	1:2.5	m^3		(0.202)		(0.202)		(0.232)	(0.232)
机械	灰浆搅拌机	200L	台班	180.11	0.038		0.038		0.043	0.043
	小型机具		元		3.21	3.21	3.86	3.86		

单位：10 m^2

编号				5-80	5-81	5-82	5-83	5-84	5-85
项目				人造大理石板地面		波打线（嵌边）		水泥花砖地面	凹凸假麻石块地面
				水泥砂浆	胶粘剂	大理石	花岗岩		
预算基价	总价（元）			2888.16	2911.45	4127.34	4890.60	838.02	1472.64
	人工费（元）			324.88	292.64	357.12	376.96	285.20	405.48
	材料费（元）			2525.84	2591.34	3726.58	4468.19	470.56	1026.13
	机械费（元）			7.73	0.71	10.98	10.98	56.18	3.95
	管理费（元）			29.71	26.76	32.66	34.47	26.08	37.08
组成内容		单位	单价	数量					
人工	综合工	工日	124.00	2.62	2.36	2.88	3.04	2.30	3.27
材料	人造大理石板 500×500	m^2	235.00	10.20	10.20				
	大理石板 综合	m^2	340.69			10.40			
	花岗岩板 综合	m^2	410.50				10.40		
	水泥花砖 200×200	m^2	38.25					10.20	
	凹凸假麻石块 197×76	m^2	93.73						10.20
	白水泥	kg	0.66	1.03	1.03	1.03	1.03	1.03	1.00
	水泥	kg	0.37	103.37		145.28	145.28	86.84	72.07
	砂子	t	87.58	0.321		0.482	0.482	0.321	0.141
	大理石胶	kg	23.50		3.75				
	903 胶	kg	11.25		4.00				
	石料切割锯片	片	33.00	0.04	0.04	0.04	0.05	0.04	0.03
	棉纱	kg	18.62	0.10	0.10	0.10	0.10	0.10	0.10
	锯末	m^3	67.55	0.060	0.060	0.060	0.060	0.060	0.060
	水	m^3	7.85	0.333		0.366	0.366	0.327	0.305
	材料采管费	元		51.95	53.30	76.65	91.90	9.68	21.11
	素水泥浆	m^3		(0.011)		(0.010)	(0.010)		(0.010)
	水泥砂浆 1:2	m^3							(0.101)
	水泥砂浆 1:3	m^3		(0.202)		(0.303)	(0.303)	(0.202)	
机械	灰浆搅拌机 200L	台班	180.11	0.039		0.057	0.057	0.308	0.019
	小型机具	元		0.71	0.71	0.71	0.71	0.71	0.53

单位：10 m^2

编号				5-86	5-87	5-88	5-89	5-90	5-91
项目				陶瓷地砖地面（周长 cm 以内）					
				80	120	160	200	240	320
预算基价	总价（元）			1254.81	1243.69	1281.61	1333.06	1478.87	1617.48
	人工费（元）			420.36	372.00	344.72	329.84	363.32	378.20
	材料费（元）			788.35	830.01	897.70	965.40	1074.66	1197.03
	机械费（元）			7.66	7.66	7.66	7.66	7.66	7.66
	管理费（元）			38.44	34.02	31.53	30.16	33.23	34.59
组成内容		单位	单价	数量					
人工	综合工	工日	124.00	3.39	3.00	2.78	2.66	2.93	3.05
材料	陶瓷地面砖 200×200	m^2	68.25	10.20					
	陶瓷地面砖 300×300	m^2	72.25		10.20				
	陶瓷地面砖 400×400	m^2	78.75			10.20			
	陶瓷地面砖 500×500	m^2	85.25				10.20		
	陶瓷地面砖 600×600	m^2	95.75					10.20	
	陶瓷地面砖 800×800	m^2	107.50						10.20
	白水泥	kg	0.66	1.03	1.03	1.03	1.03	1.03	1.03
	水泥	kg	0.37	101.86	101.86	101.86	101.86	101.86	101.86
	砂子	t	87.58	0.321	0.321	0.321	0.321	0.321	0.321
	石料切割锯片	片	33.00	0.03	0.03	0.03	0.03	0.03	0.03
	棉纱	kg	18.62	0.10	0.10	0.10	0.10	0.10	0.10
	锯末	m^3	67.55	0.060	0.060	0.060	0.060	0.060	0.060
	水	m^3	7.85	0.332	0.332	0.332	0.332	0.322	0.322
	材料采管费	元		16.21	17.07	18.46	19.86	22.10	24.62
	素水泥浆	m^3		(0.010)	(0.010)	(0.010)	(0.010)	(0.010)	(0.010)
	水泥砂浆 1:3	m^3		(0.202)	(0.202)	(0.202)	(0.202)	(0.202)	(0.202)
机械	灰浆搅拌机 200L	台班	180.11	0.039	0.039	0.039	0.039	0.039	0.039
	小型机具	元		0.64	0.64	0.64	0.64	0.64	0.64

单位：10 m^2

编号				5-92	5-93	5-94	5-95	5-96	5-97
项目				缸砖地面		陶瓷锦砖地面		块料地面零星项目	
				勾缝	不勾缝	不拼花	拼花	缸砖	陶瓷地砖
预算基价	总价（元）			796.82	779.30	1207.83	1362.95	1245.16	2028.97
	人工费（元）			367.04	321.16	597.68	729.12	725.40	1092.44
	材料费（元）			388.55	421.29	548.32	559.98	443.51	829.28
	机械费（元）			7.66	7.48	7.17	7.17	9.91	7.34
	管理费（元）			33.57	29.37	54.66	66.68	66.34	99.91
组成内容		单位	单价	数量					
人工	综合工	工日	124.00	2.96	2.59	4.82	5.88	5.85	8.81
材料	缸砖 150×150	m^2	33.78	9.15	10.15			10.60	
	陶瓷锦砖	m^2	45.67			10.15	10.40		
	陶瓷地砖	m^2	68.75						10.60
	白水泥	kg	0.66			2.06	2.06	1.13	1.10
	水泥	kg	0.37	95.07	86.94	101.86	101.86	86.84	103.37
	砂子	t	87.58	0.331	0.321	0.321	0.321	0.321	0.321
	石料切割锯片	片	33.00	0.03	0.03			0.13	0.16
	棉纱	kg	18.62	0.20	0.10	0.20	0.20	0.20	0.20
	锯末	m^3	67.55		0.060			0.067	0.067
	水	m^3	7.85	0.331	0.327	0.332	0.332	0.356	0.363
	材料采管费	元		7.99	8.67	11.28	11.52	9.12	17.06
	素水泥浆	m^3				(0.010)	(0.010)		(0.011)
	水泥砂浆 1:3	m^3		(0.202)	(0.202)	(0.202)	(0.202)	(0.202)	(0.202)
	水泥砂浆 1:1	m^3		(0.010)					
机械	灰浆搅拌机 200L	台班	180.11	0.039	0.038	0.039	0.039	0.039	0.039
	小型机具	元		0.64	0.64	0.15	0.15	2.89	0.32

单位：10 m²

<table>
<tr><td colspan="4">编号</td><td>5-98</td><td>5-99</td><td>5-100</td><td>5-101</td><td>5-102</td><td>5-103</td></tr>
<tr><td colspan="4" rowspan="4">项目</td><td colspan="6">石材底面刷养护液</td></tr>
<tr><td colspan="4">光面石材</td><td colspan="2">亚光石材</td></tr>
<tr><td colspan="2">大理石</td><td colspan="2">花岗岩</td><td rowspan="2">大理石</td><td rowspan="2">花岗岩</td></tr>
<tr><td>深色</td><td>浅色</td><td>深色</td><td>浅色</td></tr>
<tr><td rowspan="4">预算基价</td><td colspan="3">总价（元）</td><td>144.26</td><td>151.17</td><td>129.45</td><td>131.43</td><td>177.82</td><td>144.26</td></tr>
<tr><td colspan="3">人工费（元）</td><td>75.64</td><td>75.64</td><td>75.64</td><td>75.64</td><td>75.64</td><td>75.64</td></tr>
<tr><td colspan="3">材料费（元）</td><td>63.17</td><td>70.08</td><td>48.36</td><td>50.34</td><td>96.73</td><td>63.17</td></tr>
<tr><td colspan="3">管理费（元）</td><td>5.45</td><td>5.45</td><td>5.45</td><td>5.45</td><td>5.45</td><td>5.45</td></tr>
<tr><td colspan="2">组成内容</td><td>单位</td><td>单价</td><td colspan="6">数量</td></tr>
<tr><td>人工</td><td>综合工</td><td>工日</td><td>124.00</td><td>0.61</td><td>0.61</td><td>0.61</td><td>0.61</td><td>0.61</td><td>0.61</td></tr>
<tr><td rowspan="2">材料</td><td>石材养护液</td><td>kg</td><td>96.67</td><td>0.64</td><td>0.71</td><td>0.49</td><td>0.51</td><td>0.98</td><td>0.64</td></tr>
<tr><td>材料采管费</td><td>元</td><td></td><td>1.30</td><td>1.44</td><td>0.99</td><td>1.04</td><td>1.99</td><td>1.30</td></tr>
</table>

单位：10 m²

编号				5-104	5-105	5-106	5-107	5-108	5-109
项目				石材底面刷养护液			石材表面刷保护液	块料地面铜分隔条	
				粗面石材			光面石材	3×12 (10m)	T形 5×10 (10m)
				剁斧面	火烧板	蘑菇石			
预算基价	总价（元）			221.24	195.58	239.01	89.43	412.96	220.96
	人工费（元）			75.64	75.64	75.64	75.64	12.40	12.40
	材料费（元）			140.15	114.49	157.92	8.34	398.11	206.11
	机械费（元）							1.32	1.32
	管理费（元）			5.45	5.45	5.45	5.45	1.13	1.13
组成内容		单位	单价	数量					
人工	综合工	工日	124.00	0.61	0.61	0.61	0.61	0.10	0.10
材料	石材养护液	kg	96.67	1.42	1.16	1.60			
	石材保护液	kg	32.67				0.25		
	铜条	m	36.74					10.60	
	铜条 T形5×10	m	19.00						10.60
	合金钢钻头 $D10$	个	9.49					0.05	0.05
	材料采管费	元		2.88	2.35	3.25	0.17	8.19	4.24
机械	小型机具	元						1.32	1.32

七、橡、塑、木 面 层

单位：10 m²

编号				5-110	5-111	5-112	5-113
项目				橡胶板楼地面	塑料板楼地面		塑料卷材楼地面
					平口板	企口装配板	
预算基价	总价（元）			723.91	1767.20	2542.63	615.32
	人工费（元）			235.60	401.76	399.28	200.88
	材料费（元）			466.76	1328.70	2101.86	396.07
	机械费（元）					4.98	
	管理费（元）			21.55	36.74	36.51	18.37
组成内容		单位	单价	数量			
人工	综合工	工日	124.00	1.90	3.24	3.22	1.62
材料	橡胶板 3.0	m²	38.00	10.20			
	塑料地板 平口	m²	121.33		10.20		
	塑料地板 企口	m²	150.00			10.20	
	塑料卷材	m²	29.52				11.00
	杉木锯材	m³	2465.00			0.151	
	铁件	kg	7.69			15.83	
	木螺钉 M3.5×25	个	0.08			340.00	
	塑料胶粘剂	kg	11.25	5.46	4.50		4.50
	聚醋酸乙烯乳液	kg	10.59	0.17	0.17		0.17
	羧甲基纤维素	kg	13.00	0.04	0.04		0.04
	大白粉	kg	1.05	0.15	0.15		0.15
	石膏粉	kg	1.05	0.21	0.21		0.21
	滑石粉	kg	0.67	1.39	1.39		1.39
	上光蜡	kg	22.72		0.23	0.19	0.23
	棉纱	kg	18.62	0.21	0.20	0.17	0.20
	砂纸	张	1.00	0.60	0.60		
	材料采管费	元		9.60	27.33	43.23	8.15
机械	木工圆锯机 $D500$	台班	30.72			0.162	

单位：10 m^2

编号				5-114	5-115	5-116	5-117	5-118	5-119
项目				硬木不拼花地板					
				铺在水泥地面上		铺在木楞上（单层）		铺在毛地板上（双层）	
				平口	企口	平口	企口	平口	企口
预算基价	总价（元）			4188.93	4080.70	4404.71	4254.52	5027.24	4877.73
	人工费（元）			525.76	629.92	536.92	602.64	644.80	710.52
	材料费（元）			3615.09	3393.17	3817.98	3596.06	4318.68	4096.76
	机械费（元）					0.71	0.71	4.79	5.47
	管理费（元）			48.08	57.61	49.10	55.11	58.97	64.98
组成内容		单位	单价	数量					
人工	综合工	工日	124.00	4.24	5.08	4.33	4.86	5.20	5.73
材料	硬木地板 平口(成品)	m^2	315.00	10.50		10.50		10.50	
	硬木地板 企口(成品)	m^2	294.30		10.50		10.50		10.50
	杉木锯材	m^3	2465.00			0.142	0.142	0.142	0.142
	松木锯材 三类	m^3	1546.08					0.263	0.263
	油毡	m^2	4.38					10.80	10.80
	水胶粉	kg	21.00	1.60	1.60				
	XY-401胶	kg	27.67	7.00	7.00				
	铁件	kg	7.69			5.00	5.00	5.00	5.00
	铁钉	kg	7.81			1.59	1.59	2.68	2.68
	镀锌钢丝 *D*3.5	kg	7.93			3.02	3.02	3.02	3.02
	煤油	kg	7.60			0.32	0.32	0.56	0.56
	氟化钠	kg	10.67					2.45	2.45
	臭油水	kg	0.99			2.84	2.84	2.84	2.84
	棉纱	kg	18.62	0.10	0.10	0.10	0.10	0.10	0.10
	水	m^3	7.85	0.520	0.520				
	材料采管费	元		74.36	69.79	78.53	73.96	88.83	84.26
机械	木工圆锯机 *D*500	台班	30.72			0.023	0.023	0.027	0.027
	小型机具	元						3.96	4.64

单位：10 m²

编号				5-120	5-121	5-122	5-123	5-124	5-125
项目				硬木拼花地板					
				铺在水泥地面上		铺在木楞上（单层）		铺在毛地板上（双层）	
				平口	企口	平口	企口	平口	企口
预算基价	总价（元）			4159.62	4597.89	4633.56	5074.54	5258.24	5700.59
	人工费（元）			665.88	797.32	876.68	1010.60	983.32	1117.24
	材料费（元）			3432.84	3727.65	3676.00	3970.81	4176.70	4471.51
	机械费（元）					0.71	0.71	8.29	9.67
	管理费（元）			60.90	72.92	80.17	92.42	89.93	102.17
组成内容		单位	单价	数量					
人工	综合工	工日	124.00	5.37	6.43	7.07	8.15	7.93	9.01
材料	硬木拼花地板 平口(成品)	m²	298.00	10.50		10.50		10.50	
	硬木拼花地板 企口(成品)	m²	325.50		10.50		10.50		10.50
	杉木锯材	m³	2465.00			0.158	0.158	0.158	0.158
	松木锯材 三类	m³	1546.08					0.263	0.263
	油毡	m²	4.38					10.80	10.80
	水胶粉	kg	21.00	1.60	1.60				
	XY-401胶	kg	27.67	7.00	7.00				
	铁件	kg	7.69			5.00	5.00	5.00	5.00
	铁钉	kg	7.81			1.59	1.59	2.68	2.68
	镀锌钢丝 $D3.5$	kg	7.93			3.02	3.02	3.02	3.02
	煤油	kg	7.60			0.32	0.32	0.56	0.56
	氟化钠	kg	10.67					2.45	2.45
	臭油水	kg	0.99			2.84	2.84	2.84	2.84
	棉纱	kg	18.62	0.10	0.10	0.10	0.10	0.10	0.10
	水	m³	7.85	0.520	0.520				
	材料采管费	元		70.61	76.67	75.61	81.67	85.91	91.97
机械	木工圆锯机 $D500$	台班	30.72			0.023	0.023	0.027	0.027
	小型机具	元						7.46	8.84

单位：10 m²

编号				5-126	5-127	5-128	5-129	5-130	5-131
项目				硬木地板砖				长条复合地板	
				铺在水泥地面上		铺在毛地板上（双层）		铺在混凝土面上	铺在毛地板上（双层）
				平口	企口	平口	企口		
预算基价	总价（元）			3777.90	3876.70	4442.17	4552.82	2738.68	3787.68
	人工费（元）			458.80	549.32	648.52	748.96	600.16	706.80
	材料费（元）			3277.14	3277.14	3728.33	3728.33	2083.63	3010.77
	机械费（元）					6.01	7.04		5.47
	管理费（元）			41.96	50.24	59.31	68.49	54.89	64.64
组成内容		单位	单价	数量					
人工	综合工	工日	124.00	3.70	4.43	5.23	6.04	4.84	5.70
材料	硬木地板砖 平口(成品)	m²	294.30	10.50		10.50			
	硬木地板砖 企口(成品)	m²	294.30		10.50		10.50		
	复合地板 (成品)	m²	190.10					10.50	10.50
	杉木锯材	m³	2465.00						0.142
	松木锯材 三类	m³	1546.08			0.256	0.256		0.263
	油毡	m²	4.38			10.80	10.80		10.80
	水胶粉	kg	21.00	0.80	0.80				
	XY-401胶	kg	27.67	3.50	3.50			1.10	1.10
	铁件	kg	7.69			5.00	5.00		5.00
	铁钉	kg	7.81			2.68	2.68	1.59	2.68
	镀锌钢丝 *D*3.5	kg	7.93			3.02	3.02		3.02
	氟化钠	kg	10.67			2.45	2.45		2.45
	煤油	kg	7.60			0.56	0.56		0.56
	臭油水	kg	0.99			2.84	2.84		2.84
	棉纱	kg	18.62	0.10	0.10	0.10	0.10	0.10	0.10
	水	m³	7.85	0.520	0.520				
	材料采管费	元		67.40	67.40	76.68	76.68	42.86	61.93
机械	木工圆锯机 *D*500	台班	30.72			0.027	0.027		0.027
	小型机具	元				5.18	6.21		4.64

单位：10 m^2

编号				5-132	5-133	5-134	5-135	5-136	5-137
项目				长条杉木地板				长条松木地板	
				铺在木龙骨上（单层）		铺在毛地板上（双层）		铺在木龙骨上	
				平口	企口	平口	企口	平口	企口
预算基价	总价（元）			2380.87	2455.23	2965.70	3136.36	2290.52	2323.21
	人工费（元）			308.76	344.72	385.64	509.64	308.76	333.56
	材料费（元）			2041.84	2076.68	2542.54	2577.38	1951.49	1956.85
	机械费（元）			2.03	2.30	2.25	2.73	2.03	2.30
	管理费（元）			28.24	31.53	35.27	46.61	28.24	30.50
组成内容		单位	单价	数量					
人工	综合工	工日	124.00	2.49	2.78	3.11	4.11	2.49	2.69
材料	杉木地板 平口	m^2	149.50	10.50		10.50			
	杉木地板 企口	m^2	152.75		10.50		10.50		
	松木地板 平口	m^2	153.50					10.50	
	松木地板 企口	m^2	154.00						10.50
	杉木锯材	m^3	2465.00	0.142	0.142	0.142	0.142		
	松木锯材 三类	m^3	1546.08			0.263	0.263	0.142	0.142
	油毡	m^2	4.38			10.80	10.80		
	铁件	kg	7.69	5.00	5.00	5.00	5.00	5.00	5.00
	铁钉	kg	7.81	1.59	1.59	2.68	2.68	1.59	1.59
	镀锌钢丝 $D3.5$	kg	7.93	3.02	3.02	3.02	3.02	3.02	3.02
	煤油	kg	7.60	0.32	0.32	0.56	0.56	0.32	0.32
	氟化钠	kg	10.67			2.45	2.45		
	臭油水	kg	0.99	2.84	2.84	2.84	2.84	2.84	2.84
	材料采管费	元		42.00	42.71	52.30	53.01	40.14	40.25
机械	木工圆锯机 $D500$	台班	30.72	0.023	0.023	0.023	0.023	0.023	0.023
	小型机具	元		1.32	1.59	1.54	2.02	1.32	1.59

八、踢脚线

单位：10 m^2

编号					5-138	5-139	5-140	5-141	5-142
项目					水泥砂浆踢脚线(10m)	现浇水磨石踢脚线	块料踢脚线		
							陶瓷地砖	陶瓷锦砖	缸砖
预算基价	总价（元）				83.09	3864.35	1383.20	1444.08	1349.16
	人工费（元）				64.41	3323.20	558.00	839.48	859.32
	材料费（元）				13.13	229.86	769.32	523.51	406.83
	机械费（元）				1.13	7.38	4.85	4.32	4.42
	管理费（元）				4.42	303.91	51.03	76.77	78.59
组成内容			单位	单价	数量				
人工	综合工		工日	113.00	0.57				
	综合工		工日	124.00		26.80	4.50	6.77	6.93
材料	陶瓷地砖		m^2	68.75			10.20		
	陶瓷锦砖		m^2	45.67				10.15	
	缸砖	150×150	m^2	33.78					10.50
	白水泥		kg	0.66		66.37	1.40	2.06	
	水泥		kg	0.37	19.79	73.09	67.04	67.04	67.24
	砂子		t	87.58	0.062	0.270	0.193	0.193	0.193
	彩色石子		kg	0.32		221.92			
	色粉		kg	5.17		2.44			
	硬白蜡		kg	21.33		0.27			

续表

单位：10 m^2

编号				5-138	5-139	5-140	5-141	5-142
项目				水泥砂浆踢脚线（10m）	现浇水磨石踢脚线	块料踢脚线		
						陶瓷地砖	陶瓷锦砖	缸砖
组成内容		单位	单价	数				量
材料	煤油	kg	7.60		0.40			
	清油	kg	17.08		0.05			
	油漆溶剂油 #200	kg	7.05		0.05			
	草酸	kg	12.38		0.10			
	金刚石 200×75×50	块	14.25		2.00			
	石料切割锯片	片	33.00			0.03		0.01
	棉纱	kg	18.62		0.11	0.10	0.20	0.02
	锯末	m^3	67.55			0.060		0.009
	水	m^3	7.85	0.014	0.664	0.346	0.306	0.086
	材料采管费	元		0.27	4.73	15.82	10.77	8.37
	素水泥浆	m^3				(0.010)	(0.010)	(0.010)
	水泥砂浆 1:2	m^3		(0.016)				
	水泥砂浆 1:3	m^3		(0.025)	(0.170)	(0.121)	(0.121)	(0.121)
	白水泥彩色石子浆 1:2.5	m^3			(0.122)			
机械	灰浆搅拌机 400L	台班	187.73	0.006				
	灰浆搅拌机 200L	台班	180.11		0.041	0.024	0.024	0.024
	小型机具	元				0.53		0.10

单位：10 m²

编号				5-143	5-144	5-145	5-146	5-147	5-148
项目				石材踢脚线（水泥砂浆）					
				直形		弧形		成品大理石（10m）	成品花岗岩（10m）
				大理石	花岗岩	大理石	花岗岩		
预算基价	总价（元）			4240.10	4397.60	4223.51	1858.16	472.49	611.41
	人工费（元）			576.60	600.16	663.40	690.68	105.40	110.36
	材料费（元）			3605.74	3737.38	3494.41	1099.15	356.55	490.06
	机械费（元）			5.03	5.17	5.03	5.17	0.90	0.90
	管理费（元）			52.73	54.89	60.67	63.16	9.64	10.09
组成内容		单位	单价	数量					
人工	综合工	工日	124.00	4.65	4.84	5.35	5.57	0.85	0.89
材料	大理石板 400×150	m²	340.69	10.20					
	花岗岩板 400×150	m²	353.33		10.20				
	大理石弧形踢脚线	m²	330.00			10.20			
	花岗岩弧形踢脚线	m²	100.00				10.20		
	大理石踢脚线 宽15cm	m	33.18					10.20	
	花岗岩踢脚线 宽15cm	m	46.00						10.20
	白水泥	kg	0.66	1.40	1.40	1.40	1.40	0.13	0.13
	水泥	kg	0.37	83.36	83.36	83.36	83.36	22.08	22.08
	砂子	t	87.58	0.169	0.169	0.169	0.169	0.025	0.025
	石料切割锯片	片	33.00	0.04	0.04	0.04	0.04		
	棉纱	kg	18.62	0.10	0.10	0.10	0.10		
	锯末	m³	67.55	0.060	0.060	0.060	0.060		
	水	m³	7.85	0.349	0.349	0.349	0.349	0.043	0.043
	材料采管费	元		74.16	76.87	71.87	22.61	7.33	10.08
	素水泥浆	m³		(0.010)	(0.010)	(0.010)	(0.010)	(0.001)	(0.001)
	水泥砂浆 1:1	m³						(0.025)	(0.025)
	水泥砂浆 1:2	m³		(0.121)	(0.121)	(0.121)	(0.121)		
机械	灰浆搅拌机 200L	台班	180.11	0.024	0.024	0.024	0.024	0.005	0.005
	小型机具	元		0.71	0.85	0.71	0.85		

单位：10 m^2

编号				5-149	5-150	5-151	5-152	5-153	5-154
项目				石材踢脚线（胶粘剂）					
				直形		弧形		成品大理石（10m）	成品花岗岩（10m）
				大理石	花岗岩	大理石	花岗岩		
预算基价	总价（元）			4290.88	4448.37	4268.87	1903.53	471.77	609.34
	人工费（元）			545.60	569.16	627.44	654.72	100.44	104.16
	材料费（元）			3694.67	3826.31	3583.34	1188.08	362.14	495.65
	机械费（元）			0.71	0.85	0.71	0.85		
	管理费（元）			49.90	52.05	57.38	59.88	9.19	9.53
组成内容		单位	单价	数量					
人工	综合工	工日	124.00	4.40	4.59	5.06	5.28	0.81	0.84
材料	大理石板 400×150	m^2	340.69	10.20					
	花岗岩板 400×150	m^2	353.33		10.20				
	大理石弧形踢脚线	m^2	330.00			10.20			
	花岗岩弧形踢脚线	m^2	100.00				10.20		
	大理石踢脚线 宽15cm	m	33.18					10.20	
	花岗岩踢脚线 宽15cm	m	46.00						10.20
	白水泥	kg	0.66	1.40	1.40	1.40	1.40		
	大理石胶	kg	23.50	3.75	3.75	3.75	3.75	0.45	0.45
	903胶	kg	11.25	4.00	4.00	4.00	4.00	0.48	0.48
	石料切割锯片	片	33.00	0.04	0.04	0.04	0.04		
	棉纱	kg	18.62	0.10	0.10	0.10	0.10		
	锯末	m^3	67.55	0.060	0.060	0.060	0.060		
	水	m^3	7.85	0.300	0.300	0.300	0.300	0.036	0.036
	材料采管费	元		75.99	78.70	73.70	24.44	7.45	10.19
机械	小型机具	元		0.71	0.85	0.71	0.85		

单位：10 m²

编号				5-155	5-156	5-157	5-158	5-159
项目				塑料板踢脚线		直线形木踢脚线		
				装配式	粘贴	杉板	榉木夹板	橡木夹板
预算基价	总价（元）			1304.26	881.00	3315.79	1907.64	2115.09
	人工费（元）			399.28	442.68	467.48	467.48	467.48
	材料费（元）			863.49	397.84	2803.72	1395.57	1603.02
	机械费（元）			4.98		1.84	1.84	1.84
	管理费（元）			36.51	40.48	42.75	42.75	42.75
组成内容		单位	单价	数量				
人工	综合工	工日	124.00	3.22	3.57	3.77	3.77	3.77
材料	塑料踢脚线	m^2	31.33	10.20	10.20			
	杉木踢脚线 直形	m^2	158.50			10.50		
	榉木夹板 3.0	m^2	27.15				10.50	
	橡木夹板 3.0	m^2	46.50					10.50
	杉木锯材	m^3	2465.00	0.150		0.208	0.208	0.208
	胶合板 9mm厚	m^2	52.20			10.50	10.50	10.50
	铁件	kg	7.69	15.83				
	木螺钉 M3.5×25	个	0.08	340.00				

续表

单位：10 m^2

编号				5-155	5-156	5-157	5-158	5-159
项目				塑料板踢脚线		直线形木踢脚线		
				装配式	粘贴	杉板	榉木夹板	橡木夹板
组成内容		单位	单价	数量				
材料	铁钉	kg	7.81			0.86	0.86	0.86
	聚醋酸乙烯乳液	kg	10.59		0.19			
	羧甲基纤维素	kg	13.00		0.04			
	塑料胶粘剂	kg	11.25		4.95			
	胶粘剂	kg	3.61			1.70	1.70	1.70
	上光蜡	kg	22.72	0.19	0.25			
	石膏粉	kg	1.05		0.23			
	大白粉	kg	1.05		0.16			
	滑石粉	kg	0.67		1.53			
	煤油	kg	7.60			0.26	0.26	0.26
	臭油水	kg	0.99			2.45	2.45	2.45
	棉纱	kg	18.62	0.17	0.22	0.20	0.20	0.20
	砂纸	张	1.00		0.66			
	材料采管费	元		17.76	8.18	57.67	28.70	32.97
机械	木工圆锯机 *D*500	台班	30.72	0.162		0.060	0.060	0.060

单位：10 m^2

编号				5-160	5-161	5-162	5-163
项目				直线形榉木实木踢脚线	弧线形木踢脚线		成品木踢脚线（10m）
					榉木夹板	橡木夹板	
预算基价	总价（元）			3838.04	1953.66	2161.11	871.30
	人工费（元）			467.48	509.64	509.64	47.12
	材料费（元）			3325.97	1395.57	1603.02	819.69
	机械费（元）			1.84	1.84	1.84	0.18
	管理费（元）			42.75	46.61	46.61	4.31
组成内容		单位	单价	数量			
人工	综合工	工日	124.00	3.77	4.11	4.11	0.38
材料	榉木实木踢脚线 直形	m^2	260.00	10.50			
	榉木夹板 3.0	m^2	27.15		10.50		
	橡木夹板 3.0	m^2	46.50			10.50	
	木踢脚线 （成品）	m	18.65				10.50
	杉木锯材	m^3	2465.00	0.208	0.208	0.208	0.208
	胶合板 9mm厚	m^2	52.20		10.50	10.50	1.56
	胶粘剂	kg	3.61		1.70	1.70	1.70
	铁钉	kg	7.81	0.86	0.86	0.86	0.86
	煤油	kg	7.60	0.26	0.26	0.26	
	棉纱	kg	18.62	0.20	0.20	0.20	
	臭油水	kg	0.99	2.45	2.45	2.45	
	材料采管费	元		68.41	28.70	32.97	16.86
机械	木工圆锯机 *D*500	台班	30.72	0.060	0.060	0.060	0.006

九、楼 梯 装 饰

单位：10 m²

编号				5-164	5-165	5-166	5-167
项目				水泥砂浆抹楼梯（带防滑条）	水泥豆石浆楼梯面厚度1.5 cm	现浇水磨石楼梯面	
						不分色	分色
预算基价	总价（元）			1848.79	1194.50	3541.11	3868.49
	人工费（元）			1467.87	870.10	2943.76	3123.56
	材料费（元）			265.98	221.59	314.09	445.23
	机械费（元）			14.27	15.49	14.05	14.05
	管理费（元）			100.67	87.32	269.21	285.65
组成内容		单位	单价	数量			
人工	综合工	工日	113.00	12.99	7.70		
	综合工	工日	124.00			23.74	25.19
材料	白水泥	kg	0.66				142.87
	水泥	kg	0.37	308.48	331.74	319.67	176.80
	砂子	t	87.58	0.807	0.484	0.415	0.415
	豆粒石	t	136.58		0.251		
	白石子	kg	0.19			465.67	
	彩色石子	kg	0.32				465.67
	金刚砂	kg	2.89	12.30			
	白灰	kg	0.31	45.14			
	大白粉	kg	1.05	3.00			
	纸筋	kg	4.03	1.37			
	羧甲基纤维素	kg	13.00	0.07			
	骨胶	kg	5.70	0.01			
	黑烟子	kg	16.40	0.26			
	金刚石 200×75×50	块	14.25			1.90	1.90

续表

单位：10 m^2

编号				5-164	5-165	5-166	5-167
项目				水泥砂浆抹楼梯（带防滑条）	水泥豆石浆楼梯面厚度1.5 cm	现浇水磨石楼梯面	
						不分色	分色
组成内容		单位	单价	数量			
材料	草酸	kg	12.38			0.14	0.14
	硬白蜡	kg	21.33			0.36	0.36
	煤油	kg	7.60			0.55	0.55
	清油	kg	17.08			0.07	0.07
	油漆溶剂油 #200	kg	7.05			0.07	0.07
	草袋 840×760	m^2	3.95		2.93	3.00	3.00
	棉纱	kg	18.62			0.15	0.15
	锯末	m^3	67.55	0.093			
	色粉	kg	5.17				5.12
	水	m^3	7.85	0.761	0.770	0.959	0.959
	材料采管费	元		5.47	4.56	6.46	9.16
	白灰膏	m^3		(0.065)			
	素水泥浆	m^3		(0.041)	(0.013)	(0.028)	(0.028)
	水泥砂浆 1:2	m^3		(0.343)			
	水泥砂浆 1:2.5	m^3			(0.296)	(0.276)	(0.276)
	水泥砂浆 1:3	m^3		(0.040)	(0.024)		
	小豆浆 1:1.25	m^3			(0.201)		
	水泥白石子浆 1:2.5	m^3				(0.256)	
	白水泥彩色石子浆 1:2.5	m^3					(0.256)
	混合砂浆 1:1:6	m^3		(0.173)			
	纸筋灰浆	m^3		(0.036)			
机械	灰浆搅拌机 400L	台班	187.73	0.076			
	灰浆搅拌机 200L	台班	180.11		0.086	0.078	0.078

单位：10 m^2

编号				5-168	5-169	5-170	5-171	5-172
项目				石材楼梯面层				
				大理石		花岗岩		大理石
				水泥砂浆	胶粘剂	水泥砂浆	胶粘剂	弧形楼梯
预算基价	总价（元）			6071.59	6111.83	7124.51	7159.35	7292.33
	人工费（元）			839.48	799.80	858.08	813.44	1008.12
	材料费（元）			5143.20	5235.94	6175.23	6267.98	6173.91
	机械费（元）			12.14	2.95	12.73	3.54	18.11
	管理费（元）			76.77	73.14	78.47	74.39	92.19
组成内容		单位	单价	数量				
人工	综合工	工日	124.00	6.77	6.45	6.92	6.56	8.13
材料	大理石板 综合	m^2	340.69	14.47	14.47			17.37
	花岗岩板 综合	m^2	410.50			14.47	14.47	
	白水泥	kg	0.66	1.41	1.41	1.41	1.41	1.69
	水泥	kg	0.37	139.68		139.68		167.84
	砂子	t	87.58	0.439		0.439		0.526
	大理石胶	kg	23.50		5.12		5.12	
	903 胶	kg	11.25		5.46		5.46	
	石料切割锯片	片	33.00	0.15	0.15	0.17	0.17	0.17
	棉纱	kg	18.62	0.14	0.14	0.14	0.14	0.17
	锯末	m^3	67.55	0.080	0.080	0.080	0.080	0.100
	水	m^3	7.85	0.459	0.360	0.459	0.360	0.551
	材料采管费	元		105.79	107.69	127.01	128.92	126.99
	素水泥浆	m^3		(0.014)		(0.014)		(0.017)
	水泥砂浆 1:3	m^3		(0.276)		(0.276)		(0.331)
机械	灰浆搅拌机 200L	台班	180.11	0.051		0.051		0.076
	小型机具	元		2.95	2.95	3.54	3.54	4.42

单位：10 m²

编号				5-173	5-174	5-175	5-176	5-177
项目				块料楼梯面层			酸洗打蜡	
				陶瓷地砖	缸砖	凹凸假麻石块	楼地面	楼梯台阶
预算基价	总价（元）			1981.40	1565.90	2625.66	75.66	108.34
	人工费（元）			775.00	874.20	1062.68	59.52	85.56
	材料费（元）			1125.25	599.91	1459.13	11.85	16.61
	机械费（元）			10.27	11.84	6.67		
	管理费（元）			70.88	79.95	97.18	4.29	6.17
组成内容		单位	单价	数量				
人工	综合工	工日	124.00	6.25	7.05	8.57	0.48	0.69
材料	陶瓷地砖	m²	68.75	14.47				
	缸砖 150×150	m²	33.78		14.47			
	凹凸假麻石块 197×76	m²	93.73			14.50		
	白水泥	kg	0.66	1.41		1.40		
	水泥	kg	0.37	139.68	120.07	98.97		
	砂子	t	87.58	0.439	0.439	0.192		
	石料切割锯片	片	33.00	0.14	0.13	0.13		
	棉纱	kg	18.62	0.14	0.14	0.14		
	锯末	m³	67.55	0.080	0.082	0.082		
	清油	kg	17.08				0.06	0.08
	煤油	kg	7.60				0.40	0.57
	松节油	kg	9.16				0.06	0.08
	草酸	kg	12.38				0.10	0.14
	硬白蜡	kg	21.33				0.27	0.38
	水	m³	7.85	0.459	0.441	0.413		
	材料采管费	元		23.14	12.34	30.01	0.24	0.34
	素水泥浆	m³		(0.014)		(0.014)		
	水泥砂浆 1:2	m³				(0.138)		
	水泥砂浆 1:3	m³		(0.276)	(0.276)			
机械	灰浆搅拌机 200L	台班	180.11	0.053	0.051	0.025		
	小型机具	元		0.72	2.65	2.17		

单位：10 m

编号				5-178	5-179	5-180	5-181	5-182	5-183
项目				楼梯、台阶踏步防滑条					
				铜嵌条		青铜板（直角）		铸铜条板	金刚砂
				4×6	4×10	5×50	4×50	6×110	
预算基价	总价（元）			479.28	558.79	1002.22	1002.22	2107.46	45.96
	人工费（元）			75.64	96.72	96.72	96.72	73.16	29.76
	材料费（元）			396.72	453.22	895.33	895.33	2026.29	13.48
	机械费（元）					1.32	1.32	1.32	
	管理费（元）			6.92	8.85	8.85	8.85	6.69	2.72
组成内容		单位	单价	数量					
人工	综合工	工日	124.00	0.61	0.78	0.78	0.78	0.59	0.24
材料	铜条 4×6	m	36.34	10.60					
	铜条 4×10	m	41.56		10.60				
	青铜板	m	82.41			10.60	10.60		
	铸铜条板 6×110	m	186.91					10.60	
	木螺钉 M3.5×25	个	0.08	42.00	42.00	42.00	42.00	42.00	
	水泥	kg	0.37						1.45
	金刚砂	kg	2.89						4.30
	水	m^3	7.85						0.030
	材料采管费	元		8.16	9.32	18.42	18.42	41.68	0.28
机械	小型机具	元				1.32	1.32	1.32	

十、台阶、明沟、坡道、散水

单位：10 m^2

编号				5-184	5-185	5-186	5-187
项目				砌砖台阶 (m^3)	现浇混凝土台阶	水泥砂浆台阶面厚度2 cm	剁斧石台阶面厚度1 cm
预算基价	总价（元）			584.95	1344.71	636.47	1983.19
	人工费（元）			171.76	783.09	453.13	1681.44
	材料费（元）			374.92	507.91	143.81	182.58
	机械费（元）			21.03		8.45	14.08
	管理费（元）			17.24	53.71	31.08	105.09
组成内容		单位	单价	数量			
人工	综合工	工日	113.00	1.52	6.93	4.01	
	综合工	工日	124.00				13.56
材料	预拌混凝土 AC20	m^3	353.38		1.341		
	页岩标砖 240×115×53	百块	57.88	5.52			
	水泥	kg	0.37	39.83		206.66	285.05
	白灰	kg	0.31	13.57			
	砂子	t	87.58	0.311		0.454	0.327
	石屑	t	83.27				0.295
	108胶	kg	4.98				1.46
	木脚手板	m^3	1833.33				0.001
	草袋 840×760	m^2	3.95		2.31	3.26	
	锯末	m^3	67.55			0.094	0.096
	水	m^3	7.85	0.195	1.338	0.688	0.581
	零星材料费	元			3.95		
	材料采管费	元		7.71	10.45	2.96	3.76
	白灰膏	m^3		(0.019)			
	混合砂浆 M5	m^3		(0.213)			
	素水泥浆	m^3				(0.015)	(0.050)
	水泥砂浆 1:2	m^3				(0.326)	
	水泥砂浆 1:3	m^3					(0.206)
	水泥石屑浆(剁斧石用) 1:2	m^3					(0.199)
机械	灰浆搅拌机 400L	台班	187.73	0.112		0.045	0.075

单位：10 m^2

编号				5-188	5-189	5-190	5-191	5-192	5-193
项目				石材台阶面					
				大理石		花岗岩		弧形	
				水泥砂浆	胶粘剂	水泥砂浆	胶粘剂	大理石	花岗岩
预算基价	总价（元）			6316.02	6354.76	7505.61	7515.93	8842.96	10509.43
	人工费（元）			665.88	618.76	729.12	655.96	931.24	1020.52
	材料费（元）			5576.12	5676.56	6695.45	6795.89	7808.17	9375.44
	机械费（元）			13.12	2.85	14.36	4.09	18.39	20.14
	管理费（元）			60.90	56.59	66.68	59.99	85.16	93.33
组成内容		单位	单价	数量					
人工	综合工	工日	124.00	5.37	4.99	5.88	5.29	7.51	8.23
材料	大理石板 综合	m^2	340.69	15.69	15.69			21.97	
	花岗岩板 综合	m^2	410.50			15.69	15.69		21.97
	白水泥	kg	0.66	1.55	1.55	1.55	1.55	2.17	2.17
	水泥	kg	0.37	151.07		151.07		211.68	211.68
	砂子	t	87.58	0.476		0.476		0.666	0.666
	大理石胶	kg	23.50		5.55		5.55		
	903 胶	kg	11.25		5.90		5.90		
	石料切割锯片	片	33.00	0.14	0.14	0.17	0.17	0.20	0.24
	棉纱	kg	18.62	0.15	0.15	0.15	0.15	0.21	0.21
	锯末	m^3	67.55	0.090	0.090	0.090	0.090	0.126	0.126
	水	m^3	7.85	0.498	0.390	0.498	0.390	0.701	0.701
	材料采管费	元		114.69	116.76	137.71	139.78	160.60	192.83
	素水泥浆	m^3		(0.015)		(0.015)		(0.021)	(0.021)
	水泥砂浆 1:3	m^3		(0.299)		(0.299)		(0.419)	(0.419)
机械	灰浆搅拌机 200L	台班	180.11	0.057		0.057		0.080	0.080
	小型机具	元		2.85	2.85	4.09	4.09	3.98	5.73

单位：10 m²

编号					5-194	5-195	5-196	5-197	5-198	5-199
项目					块料台阶面					
					预制水磨石	陶瓷地砖	缸砖	陶瓷锦砖	水泥花砖	凹凸假麻石块
预算基价	总价（元）				2128.49	1887.22	1350.02	2231.91	1412.03	2412.30
	人工费（元）				592.72	601.40	629.92	1275.96	620.00	756.40
	材料费（元）				1469.28	1219.75	650.02	828.99	722.57	1579.56
	机械费（元）				12.28	11.07	12.47	10.27	12.76	7.17
	管理费（元）				54.21	55.00	57.61	116.69	56.70	69.17
组成内容			单位	单价	数量					
人工	综合工		工日	124.00	4.78	4.85	5.08	10.29	5.00	6.10
材料	预制水磨石踏步板		m²	84.75	15.69					
	陶瓷地砖		m²	68.75		15.69				
	缸砖	150×150	m²	33.78			15.69			
	陶瓷锦砖		m²	45.67				15.39		
	水泥花砖	200×200	m²	38.25					15.69	
	凹凸假麻石块	197×76	m²	93.73						15.70
	白水泥		kg	0.66	1.50	1.55		3.09	1.55	1.50
	水泥		kg	0.37	145.98	151.07	130.06	151.07	128.54	106.69
	砂子		t	87.58	0.450	0.476	0.476	0.476	0.476	0.208
	石料切割锯片		片	33.00	0.06	0.14	0.13		0.14	0.13
	棉纱		kg	18.62	0.15	0.15	0.15	0.30	0.15	0.15
	锯末		m³	67.55	0.089	0.090	0.088		0.090	0.090
	水		m³	7.85	0.526	0.493	0.484	0.493	0.484	0.467
	材料采管费		元		30.22	25.09	13.37	17.05	14.86	32.49
	素水泥浆		m³			(0.015)		(0.015)		(0.015)
	水泥砂浆	1:2	m³							(0.149)
	水泥砂浆	1:2.5	m³		(0.299)					
	水泥砂浆	1:3	m³			(0.299)	(0.299)	(0.299)	(0.299)	
机械	灰浆搅拌机	200L	台班	180.11	0.055	0.057	0.055	0.057	0.055	0.028
	小型机具		元		2.37	0.80	2.56		2.85	2.13

单位：m^3

编号				5-200	5-201	5-202	5-203	5-204	5-205
项目				砌砖明沟	现浇混凝土明沟	现浇混凝土坡道	水泥砂浆抹明沟		水泥砂浆抹坡道姜磋（$10m^2$）
							砖面（$10m^2$）	混凝土面（$10m^2$）	
预算基价	总价（元）			565.04	795.37	673.50	331.51	327.58	762.22
	人工费（元）			167.40	384.40	256.68	224.44	223.20	602.64
	材料费（元）			371.07	385.40	398.06	74.83	70.34	114.21
	机械费（元）			11.26	1.54	2.72	18.21	20.09	7.70
	管理费（元）			15.31	24.03	16.04	14.03	13.95	37.67
组成内容		单位	单价	数量					
人工	综合工	工日	124.00	1.35	3.10	2.07	1.81	1.80	4.86
材料	预拌混凝土 AC20	m^3	353.38		1.020	1.015			
	页岩标砖 240×115×53	百块	57.88	5.39					
	水泥	kg	0.37	43.01			107.24	115.56	182.58
	白灰	kg	0.31	14.65					
	砂子	t	87.58	0.336			0.373	0.290	0.409
	木模板	m^3	1842.20			0.010			
	铁钉	kg	7.81			0.20			
	草袋 840×760	m^2	3.95		1.68	2.20			
	锯末	m^3	67.55						0.065
	水	m^3	7.85	0.202	1.323	0.320	0.120	0.094	0.522
	材料采管费	元		7.63	7.93	8.19	1.54	1.45	2.35
	白灰膏	m^3		(0.021)					
	混合砂浆 M5	m^3		(0.230)					
	素水泥浆	m^3						(0.020)	(0.011)
	水泥砂浆 1:2	m^3							(0.294)
	水泥砂浆 1:2.5	m^3					(0.077)	(0.088)	
	水泥砂浆 1:3	m^3					(0.162)	(0.099)	
机械	灰浆搅拌机 400L	台班	187.73	0.060			0.097	0.107	0.041
	载货汽车 6t	台班	427.71			0.005			
	木工圆锯机 *D*500	台班	30.72			0.019			
	小型机具	元			1.54				

单位：10 m²

编号				5-206	5-207	5-208	5-209	5-210	5-211
项目				散					水
				平墁砖（水泥砂浆灌缝）	水泥砂浆面层（厚2cm）		随打随抹面层		沥青砂浆嵌缝（10m）
					1:2:3豆石混凝土（厚5cm）	混凝土（厚5cm）	1:2:3豆石混凝土（厚6cm）	混凝土（厚6cm）	
预算基价	总价（元）			345.04	636.00	619.33	533.01	518.77	94.52
	人工费（元）			98.31	335.61	315.27	261.03	239.56	79.10
	材料费（元）			238.11	255.88	274.28	232.59	254.62	9.99
	机械费（元）			1.88	21.49	8.16	21.49	8.16	
	管理费（元）			6.74	23.02	21.62	17.90	16.43	5.43
组成内容		单位	单价	数					量
人工	综合工	工日	113.00	0.87	2.97	2.79	2.31	2.12	0.70
材料	预拌混凝土 AC20	m^3	353.38			0.470		0.564	
	页岩标砖 240×115×53	百块	57.88	3.71					
	水泥	kg	0.37	14.49	256.77	127.05	196.82	41.16	
	砂子	t	87.58	0.109	0.594	0.280	0.428	0.051	0.011
	豆粒石	t	136.58		0.521		0.625		
	石油沥青 #10	kg	4.55						1.44
	木模板	m^3	1842.20		0.008	0.008	0.008	0.008	
	铁钉	kg	7.81		0.16	0.16	0.16	0.16	
	滑石粉	kg	0.67						2.75

续表

单位：10 m^2

编号			5-206	5-207	5-208	5-209	5-210	5-211
项目			散					水
			平墁砖（水泥砂浆灌缝）	水泥砂浆面层（厚2cm）		随打随抹面层		沥青砂浆嵌缝（10m）
				1:2:3豆石混凝土（厚5cm）	混凝土（厚5cm）	1:2:3豆石混凝土（厚6cm）	混凝土（厚6cm）	
组成内容	单位	单价	数					量
材料 草袋 840×760	m^2	3.95		1.72	1.72	1.72	1.72	
水	m^3	7.85	0.015	0.819	0.677	0.791	0.622	
零星材料费	元		3.45	3.22	2.92	3.15	2.71	0.42
材料采管费	元		4.90	5.26	5.64	4.78	5.24	0.21
水泥砂浆 M5	m^3		(0.068)					
素水泥浆	m^3			(0.009)	(0.009)			
水泥砂浆 1:1	m^3					(0.050)	(0.050)	
水泥砂浆 1:2	m^3			(0.201)	(0.201)			
豆粒石混凝土 1:2:3	m^3			(0.470)		(0.564)		
石油沥青砂浆 1:2:7	m^3							(0.006)
机械 灰浆搅拌机 400L	台班	187.73	0.010	0.028	0.028	0.028	0.028	
滚筒式混凝土搅拌机 500L	台班	256.36		0.052		0.052		
载货汽车 6t	台班	427.71		0.004	0.004	0.004	0.004	
木工圆锯机 *D*500	台班	30.72		0.032	0.032	0.032	0.032	
小型机具	元			0.21	0.21	0.21	0.21	

十一、栏杆、栏板、扶手装饰

单位：10 m

编号				5-212	5-213	5-214	5-215	5-216
项目				铝合金栏杆				铝合金栏杆
				有机玻璃栏板		钢化玻璃栏板		
				半玻	全玻	半玻	全玻	
预算基价	总价（元）			2716.96	3338.21	2745.71	3070.20	1776.84
	人工费（元）			1340.44	1618.20	1626.88	1707.48	663.40
	材料费（元）			1224.42	1542.51	940.54	1177.06	1038.47
	机械费（元）			29.51	29.51	29.51	29.51	14.30
	管理费（元）			122.59	147.99	148.78	156.15	60.67
组成内容		单位	单价	数量				
人工	综合工	工日	124.00	10.81	13.05	13.12	13.77	5.35
材料	铝合金型材 L形 30×12×1	m	10.03	0.50	0.50	0.50	0.50	
	铝合金型材 U形 80×13×1.2	m	18.15	1.17	1.17	1.17	1.17	
	铝合金方管 25×25×1.2	m	9.64	8.17	9.26	8.17	9.26	1.41
	铝合金方管 20×20	m	8.55					70.67
	方钢 20×20	t	2772.60	0.016	0.016	0.016	0.016	
	有机玻璃 10.0	m^2	163.57	6.37	8.20			
	钢化玻璃 10.0	m^2	119.92			6.37	8.20	
	铝拉铆钉 4×10	个	0.04	50.00	50.00	50.00	50.00	100.00
	玻璃胶 350g	支	28.25	0.21	0.27	0.21	0.27	
	膨胀螺栓	套	0.95					40.00
	自攻螺钉 M4×25	百个	7.00					50.00
	钢钉	kg	12.15					0.60
	材料采管费	元		25.18	31.73	19.35	24.21	21.36
机械	管子切断机 *DN*150	台班	38.33	0.770	0.770	0.770	0.770	
	管子切断机 *DN*60	台班	18.57					0.770

单位：10 m

编号				5-217	5-218	5-219	5-220	5-221	5-222
项目				不锈钢栏杆有机玻璃栏板				不锈钢管栏杆	
				半玻		全玻		直线形	
				37×37 方钢	D50 圆管	37×37 方钢	D50 圆管	竖条式	其他
预算基价	总价（元）			5251.88	4117.67	5640.45	4503.51	6234.91	7797.89
	人工费（元）			1504.12	1428.48	1578.52	1500.40	633.64	684.48
	材料费（元）			3531.87	2480.21	3839.23	2787.56	5506.12	6994.32
	机械费（元）			78.34	78.34	78.34	78.34	37.20	56.49
	管理费（元）			137.55	130.64	144.36	137.21	57.95	62.60
组成内容		单位	单价	数量					
人工	综合工	工日	124.00	12.13	11.52	12.73	12.10	5.11	5.52
材料	不锈钢方管 37×37	m	157.75	10.29		10.29			
	不锈钢钢管 DN50	m	57.65		10.29		10.29		
	不锈钢钢管 D32×1.5	m	46.20					56.93	85.50
	不锈钢法兰盘 DN60	个	43.63	11.54	11.54	11.54	11.54	57.71	57.71
	有机玻璃 10.0	m^2	163.57	6.37	6.37	8.20	8.20		
	不锈钢管U形卡 3mm	只	1.92	34.98	34.98	34.98	34.98		
	不锈钢带帽螺栓 M6×25	个	4.60	34.98	34.98	34.98	34.98		
	不锈钢焊丝	kg	77.75	0.37	0.37	0.37	0.37	1.27	2.00
	钨棒	kg	36.33	0.02	0.02	0.02	0.02	0.57	1.00
	环氧树脂 6101	kg	32.41	0.03	0.03	0.03	0.03	1.50	2.30
	氩气	m^3	21.50	1.040	1.040	1.040	1.040	3.570	5.400
	玻璃胶 350g	支	28.25	0.21	0.21	0.27	0.27		
	棉纱	kg	18.62	0.20	0.20	0.20	0.20		
	材料采管费	元		72.64	51.01	78.97	57.33	113.25	143.86
机械	管子切断机 DN60	台班	18.57	0.770	0.770	0.770	0.770	1.045	1.573
	交流弧焊机 32kVA	台班	103.98	0.594	0.594	0.594	0.594	0.165	0.253
	抛光机	台班	3.84	0.594	0.594	0.594	0.594	0.165	0.253

单位：10 m

编号				5-223	5-224	5-225	5-226	5-227	5-228
项目				不锈钢栏杆钢化玻璃栏板				不锈钢管栏杆	
				半玻		全玻		圆弧形	
				37×37 方钢	*D*50 圆管	37×37 方钢	*D*50 圆管	竖条式	其他
预算基价	总价（元）			5066.62	3928.34	5379.03	4236.69	6427.09	8022.55
	人工费（元）			1587.20	1507.84	1666.56	1583.48	809.72	890.32
	材料费（元）			3255.93	2204.27	3481.72	2430.06	5506.12	6994.32
	机械费（元）			78.34	78.34	78.34	78.34	37.20	56.49
	管理费（元）			145.15	137.89	152.41	144.81	74.05	81.42
组成内容		单位	单价	数量					
人工	综合工	工日	124.00	12.80	12.16	13.44	12.77	6.53	7.18
材料	不锈钢方管 37×37	m	157.75	10.29		10.29			
	不锈钢钢管 *DN*50	m	57.65		10.29		10.29		
	不锈钢钢管 *D*32×1.5	m	46.20					56.93	85.50
	不锈钢法兰盘 *DN*60	个	43.63	11.54	11.54	11.54	11.54	57.71	57.71
	钢化玻璃 10.0	m^2	119.92	6.37	6.37	8.20	8.20		
	不锈钢管U形卡 3mm	只	1.92	34.98	34.98	34.98	34.98		
	不锈钢带帽螺栓 M6×25	个	4.60	34.98	34.98	34.98	34.98		
	不锈钢焊丝	kg	77.75	0.37	0.37	0.37	0.37	1.27	2.00
	钨棒	kg	36.33	0.02	0.02	0.02	0.02	0.57	1.00
	环氧树脂 6101	kg	32.41	0.27	0.27	0.27	0.27	1.50	2.30
	氩气	m^3	21.50	1.040	1.040	1.040	1.040	3.570	5.400
	玻璃胶 350g	支	28.25	0.21	0.21	0.27	0.27		
	棉纱	kg	18.62	0.20	0.20	0.20	0.20		
	材料采管费	元		66.97	45.34	71.61	49.98	113.25	143.86
机械	管子切断机 *DN*60	台班	18.57	0.770	0.770	0.770	0.770	1.045	1.573
	交流弧焊机 32kVA	台班	103.98	0.594	0.594	0.594	0.594	0.165	0.253
	抛光机	台班	3.84	0.594	0.594	0.594	0.594	0.165	0.253

单位：10 m

编号				5-229	5-230	5-231	5-232	5-233	5-234
项目				铁花栏杆		木栏杆		钢管扶手	
				圆钢	铸铁	车花	不车花	*DN*50 圆管	100×60 方管
预算基价	总价（元）			1037.93	4409.14	1580.17	1301.53	316.45	281.69
	人工费（元）			497.24	560.48	622.48	591.48	135.16	142.60
	材料费（元）			495.22	3797.40	900.76	655.96	147.31	107.91
	机械费（元）							21.62	18.14
	管理费（元）			45.47	51.26	56.93	54.09	12.36	13.04
组成内容		单位	单价	数量					
人工	综合工	工日	124.00	4.01	4.52	5.02	4.77	1.09	1.15
材料	圆钢 *D*18	kg	2.63	54.39					
	圆钢 *D*20	kg	2.63	118.00					
	铁花带铁框	m^2	366.67		10.00				
	车花木栏杆 *D*40	m	24.33			36.00			
	不车花木栏杆 *D*40	m	17.67				36.00		
	焊接钢管 *DN*50	m	13.11					9.39	
	方钢管 100×60	m	9.00						9.39
	铁件	kg	7.69		4.78				
	电焊条	kg	8.47	2.50	1.25			2.50	2.50
	乙炔气 5.5～6.5kg	m^3	18.53	0.565	0.283				
	铁钉	kg	7.81			0.57	0.57		
	乳胶	kg	9.50			0.20	0.20		
	材料采管费	元		10.19	78.11	18.53	13.49	3.03	2.22
机械	管子切断机 *DN*150	台班	38.33					0.176	
	管子切断机 *DN*60	台班	18.57						0.176
	交流弧焊机 32kVA	台班	103.98					0.143	0.143

单位：10 m

编号				5-235	5-236	5-237	5-238	5-239
项目				铝合金扶手 100×44	不锈钢扶手			
					直形		弧形	
					D60	D75	D60	D75
预算基价	总价（元）			497.82	563.05	639.85	701.33	816.31
	人工费（元）			135.16	135.16	142.60	202.12	212.04
	材料费（元）			343.55	397.39	462.59	462.59	563.26
	机械费（元）			6.75	18.14	21.62	18.14	21.62
	管理费（元）			12.36	12.36	13.04	18.48	19.39
组成内容		单位	单价	数量				
人工	综合工	工日	124.00	1.09	1.09	1.15	1.63	1.71
材料	铝合金扁管 100×44×1.8	m	31.25	10.60				
	铝合金型材 U形 80×13×1.2	m	18.15	0.20				
	不锈钢扶手	m			9.39 ×38.95	9.39 ×45.75	9.39 ×45.75	9.39 ×56.25
	铝拉铆钉 4×10	个	0.04	40.00				
	不锈钢焊丝	kg	77.75		0.20	0.20	0.20	0.20
	钨棒	kg	36.33		0.10	0.10	0.10	0.10
	氩气	m^3	21.50		0.20	0.20	0.20	0.20
	材料采管费	元		7.07	8.17	9.51	9.51	11.59
机械	管子切断机 DN60	台班	18.57		0.176		0.176	
	管子切断机 DN150	台班	38.33	0.176		0.176		0.176
	交流弧焊机 32kVA	台班	103.98		0.143	0.143	0.143	0.143

单位：10 m

编号				5-240	5-241	5-242	5-243	5-244	5-245
项目				硬木扶手					
				直形			弧形		
				60×60	100×60	150×60	60×60	100×60	150×60
预算基价	总价（元）			927.79	1420.69	2149.19	2806.21	4316.02	7297.30
	人工费（元）			234.36	246.76	223.20	286.44	352.16	272.80
	材料费（元）			672.00	1151.36	1905.58	2493.57	3931.65	6999.55
	管理费（元）			21.43	22.57	20.41	26.20	32.21	24.95
组成内容		单位	单价	数量					
人工	综合工	工日	124.00	1.89	1.99	1.80	2.31	2.84	2.20
材料	硬木扶手	m		9.39 ×70.00	9.39 ×120.00	9.39 ×198.67	9.39 ×260.00	9.39 ×410.00	9.39 ×730.00
	木螺钉 M3.5×25	个	0.08	11.00	11.00	11.00	11.00	11.00	11.00
	材料采管费	元		13.82	23.68	39.19	51.29	80.87	143.97

单位：10 m

编号				5-246	5-247	5-248	5-249	5-250	5-251
项目				靠墙扶手				不锈钢弯头	
				铝合金	钢管	硬木	不锈钢管	*DN*60 （十个）	*DN*75 （十个）
预算基价	总价（元）			1513.05	1343.35	1222.61	2697.05	634.65	666.39
	人工费（元）			499.72	499.72	586.52	815.92	250.48	261.64
	材料费（元）			960.88	791.18	582.45	1799.72	182.76	182.76
	机械费（元）			6.75	6.75		6.79	178.50	198.06
	管理费（元）			45.70	45.70	53.64	74.62	22.91	23.93
组成内容		单位	单价	数量					
人工	综合工	工日	124.00	4.03	4.03	4.73	6.58	2.02	2.11
材料	预拌混凝土 AC20	m^3	353.38	0.010	0.010	0.010	0.010		
	铝合金扁管 100×44×1.8	m	31.25	10.60					
	铝合金方管 25×25×1.2	m	9.64	3.03					
	焊接钢管 *DN*50	m	13.11		10.60				
	硬木锯材	m^3	6625.00			0.075			
	不锈钢管扶手 直形 *DN*75	m	45.75				10.60		
	不锈钢管扶手 直形 *DN*50	m	38.95				3.03		
	不锈钢弯头 *DN*60	个	12.23					10.10	
	不锈钢弯头 *DN*75	个	12.23						10.10
	镀锌法兰盘 *DN*50	个	51.25	11.10	11.10				

续表

单位：10 m

编号				5-246	5-247	5-248	5-249	5-250	5-251
项目				靠墙扶手				不锈钢弯头	
				铝合金	钢管	硬木	不锈钢管	DN60（十个）	DN75（十个）
组成内容		单位	单价	数量					
材料	不锈钢法兰盘 DN75	个	101.75				11.10		
	铁件	kg	7.69		7.48	7.08			
	木螺钉 M4×40	个	0.08			120.00			
	膨胀螺栓 M6×22	套	0.58				11.20		
	铝焊条	kg	43.25	0.04					
	电焊条	kg	8.47		0.11	0.11			
	不锈钢焊丝	kg	77.75				0.12	0.40	0.40
	铝焊粉	kg	47.75	0.04					
	钨棒	kg	36.33				0.10	0.02	0.02
	乙炔气 5.5~6.5kg	m^3	18.53	0.21	0.23	0.23			
	氧气 $6m^3$	m^3	3.27	0.22	0.25	0.25			
	氩气	m^3	21.50				0.34	1.10	1.10
	材料采管费	元		19.76	16.27	11.98	37.02	3.76	3.76
机械	管子切断机 DN60	台班	18.57					0.990	
	管子切断机 DN150	台班	38.33	0.176	0.176		0.176		0.990
	交流弧焊机 32kVA	台班	103.98					1.485	1.485
	抛光机	台班	3.84				0.011	1.485	1.485

单位：十个

编号				5-252	5-253	5-254	5-255	5-256
项目				钢管弯头		硬木弯头		
				*DN*50 圆管	100×60 方管	60×65	100×60	150×60
预算基价	总价（元）			550.69	1132.62	1083.60	1660.61	2308.40
	人工费（元）			250.48	275.28	286.44	311.24	300.08
	材料费（元）			104.51	639.81	770.96	1320.91	1980.88
	机械费（元）			172.79	192.36			
	管理费（元）			22.91	25.17	26.20	28.46	27.44
组成内容		单位	单价	数量				
人工	综合工	工日	124.00	2.02	2.22	2.31	2.51	2.42
材料	钢管弯头 *DN*50	个	9.03	10.10				
	方钢弯头 100×60	个	60.94		10.10			
	硬木弯头 60×65	个	74.67			10.10		
	硬木弯头 100×60	个	128.00				10.10	
	硬木弯头 150×60	个	192.00					10.10
	电焊条	kg	8.47	0.42	0.42			
	乙炔气 5.5～6.5kg	m^3	18.53	0.410	0.410			
	铁钉	kg	7.81			0.12	0.12	0.12
	材料采管费	元		2.15	13.16	15.86	27.17	40.74
机械	管子切断机 *DN*60	台班	18.57	0.990				
	管子切断机 *DN*150	台班	38.33		0.990			
	交流弧焊机 32kVA	台班	103.98	1.485	1.485			

第六章　墙、柱 面 工 程

说　　明

一、本章包括墙面抹灰，柱面抹灰，零星抹灰，墙面镶贴块料，柱面镶贴块料，零星镶贴块料，水池、花坛壁镶贴块料，墙、柱面装饰等8节；共265条基价子目。

二、本章基价子目中砂浆配合比如与设计要求不同时，允许调整，但人工费、砂浆消耗量、机械费及管理费不变。

三、本章基价子目中当主料品种不同时，可按设计要求对主要材料进行补充、换算，但人工费、机械费及管理费不变。

四、如设计要求在水泥砂浆中掺防水粉时，可按设计比例增加防水粉，其他工料不变。

五、护角线的工、料已包括在基价内，不另行计算。

六、凡室内净高3.3 m以外的内檐装饰，其所需脚手架，应按施工技术措施费中的相应子目计算。

七、设计要求抹灰厚度与预算基价不同时，砂浆消耗量按下表计算，人工、机械及管理费不变。

一般抹灰砂浆厚度调整表

项　　　　目	10 m^2 抹灰面积每增减1 mm厚度增减砂浆消耗量（m^3）
水　泥　砂　浆	0.012
混　合　砂　浆	0.012
TG　胶　水　泥　砂　浆	0.012

八、内檐墙面抹灰不包括抹水泥窗台板，如设计要求应另行计算，套用相应基价。

九、室外腰线、栏杆、扶手、门窗套、窗台板、压顶等一般抹灰项目按外檐装饰线子目执行。

十、本章中抹水泥砂浆及混合砂浆，均系中级抹灰水平。当设计要求抹灰不压光时，其人工费和管理费均乘以系数0.87。

十一、圆弧形、锯齿形等不规则墙面抹灰，镶贴块料，按相应项目人工费和管理费乘以系数1.15，材料费乘以系数1.05。

十二、离缝镶贴面砖子目，面砖消耗量分别按缝宽5 mm、10 mm和20 mm考虑的，如灰缝不同或灰缝超过20 mm者，其块料及灰缝材料用量允许调整，但人工费、机械费及管理费不变。

十三、零星装饰抹灰和零星镶贴块料适用于挑檐、天沟、腰线、窗台线、门窗套、压顶、扶手等。

十四、墙裙高度在150 cm以外者，按墙面基价子目执行。

十五、本章基价的木材种类除注明者外，均以一、二类木种为准，如采用三、四类木种者，其人工费、机械费及管理费乘以系数1.30。

十六、墙、柱面装饰基价内木龙骨基层是按双向计算的，如设计为单向时，人工费、材料费、机械费及管理费均乘以系数0.55。

十七、面层，隔断基价内，除注明者外均未包括压条、收边、装饰线（板），如设计要求时，按相应子目执行。

工 作 内 容

一、墙面、柱面及零星一般抹灰项目包括:清理、修补基层、堵墙眼、调运砂浆、清扫落地灰、抹灰、找平、罩面、压光等。

1. 内墙面项目还包括:做护角、阴阳条、贴木条。

2. 外墙面项目还包括:贴木条。

3. 柱面项目还包括:做护角、贴木条。

二、墙面、柱面及零星装饰抹灰项目包括:清理、修补、湿润墙面、堵墙眼、调运砂浆、清扫落地灰、翻移脚手板、分层抹灰、刷浆、找平等。

1. 水刷石、干粘石项目还包括:起线、拍平、刷面。

2. 剁斧石项目还包括:起线、拍平、压实、斩面。

3. 拉条、甩毛项目还包括:罩面、分格、拉条、甩毛。

三、装饰抹灰分格嵌缝项目包括:玻璃条制作安装,画线分格。

四、墙面、柱面及零星挂贴石材块料项目包括:清理基层、打底刷浆、预埋铁件、制作安装钢筋网、电焊固定;选料湿水、钻孔成槽、镶贴面层、穿丝固定;调运砂浆、磨光打蜡、擦缝、养护。

五、墙面、柱面及零星粘贴石材块料项目包括:清理基层、调运砂浆、打底刷浆;镶贴块料面层、刷胶粘剂、切割面料;磨光、擦缝、打蜡养护。

六、墙面、柱面干挂石材块料项目包括:清理基层、清洗石材、钻孔成槽、安装铁件(螺栓)、挂石材块料;刷胶、打胶、清洁面层。

七、墙面、柱面钢骨架上干挂石材块料项目包括:铁件加工安装、龙骨安装、焊接、石材安装、勾缝打胶等。

八、墙面、柱面及零星粘贴其他块料项目包括:清理基层、打底抹灰、砂浆找平;选料、抹结合层砂浆(刷胶粘剂),贴面层、擦缝、清洁面层。

九、墙、柱面装饰龙骨基层项目包括:定位下料、打眼、安膨胀螺栓,安装龙骨、刷防腐油。

十、墙、柱面装饰夹板、卷材基层项目包括:龙骨上钉隔离层。

十一、墙、柱面装饰玻璃面层项目包括:清理基层、安装玻璃面层、钉压条等。

十二、墙、柱面装饰其他面层项目包括:清理基层、打胶、粘贴或钉面层、钉压条、清理净面。

十三、木骨架玻璃隔断、花式木隔断项目包括:定位弹线、下料、安装龙骨、安装玻璃、嵌缝清理。

十四、塑钢隔断项目包括:定位安装、校正、周边塞口、清理。

十五、铝合金玻璃、板条隔断项目包括:定位弹线、下料、安装龙骨、安装玻璃或板条、嵌缝清理。

十六、铝板幕墙项目包括:骨架制作安装、面层安装、嵌缝、塞口、清洗。

工 程 量 计 算 规 则

一、墙面抹灰

1. 内墙面抹灰

(1)内墙面抹灰面积,扣除门窗洞口和空圈所占的面积,不扣除踢脚线、挂镜线、0.3 m^2 以内的孔洞和墙与构件交接处的面积。洞口侧壁和顶面不增加，但垛的侧面抹灰应与内墙面抹灰工程量合并计算。

内墙面抹灰的长度以主墙间的净长计算，其高度确定如下：

①抹灰高度不扣除踢脚线高度。

②有墙裙者，其高度自墙裙顶点算至天棚底面另增加 10 cm 计算。

③有吊顶者，其高度算至天棚下皮另增加 10 cm 计算。

(2)墙中的梁、柱等的抹灰，按墙面抹灰基价子目计算；其突出墙面的梁、柱抹灰工程量按展开面积计算，并入墙面抹灰工程量内。

(3)内墙裙抹灰面积以长度乘以高度计算。扣除门窗洞口和空圈所占面积，并增加门窗洞口和空圈的侧壁面积，垛的侧壁面积，并入墙裙内计算。

2. 外墙面抹灰

(1)外墙面抹灰，扣除门窗洞口和空圈所占的面积，不扣除 0.3 m^2 以内的孔洞面积，门窗洞口及空圈的侧壁(不带线者)、顶面积，垛的侧面抹灰均并入相应的墙面抹灰中计算。

(2)外墙窗间墙抹灰，以展开面积按外墙抹灰相应基价子目计算。

(3)外墙裙抹灰，按展开面积计算，门口和空圈所占面积应予扣除，侧壁并入相应项目计算。

二、柱面抹灰

柱面抹灰按结构设计断面尺寸以展开面积计算。但柱脚，柱帽抹线角者，另按装饰线子目计算。

三、零星抹灰

1. 零星一般抹灰

(1)零星项目抹灰按设计图示尺寸以展开面积计算。

(2)挑檐、天沟按结构设计断面尺寸以展开面积计算。

(3)外檐装饰线以展开面积计算。外窗台抹灰长度如设计图纸无规定时，可按窗外围宽度两边共加 20 cm 计算，窗台展开宽度按 36 cm 计算，墙厚 49 cm 者，宽度按 48 cm 计算。

(4)栏板抹灰以展开面积计算。

2. 零星装饰抹灰按设计图示尺寸以展开面积计算。

3. 装饰抹灰厚度增减及分格、嵌缝按装饰抹灰面面积计算。

四、墙面镶贴块料

墙面镶贴块料面层，按外围饰面净长乘以净高以面积计算，应扣除门窗洞口和单个 0.3 m^2 以外的孔洞所占的面积，增加门窗洞口侧壁面积。

五、柱面镶贴块料

1. 柱面镶贴块料面层，按外围饰面周长乘以高度以面积计算。

2. 挂贴大理石、花岗岩柱墩、柱帽按最大外径周长以长度计算。

3. 除基价已列有柱墩、柱帽的项目外，其他项目的柱墩、柱帽按设计图示尺寸以展开面积计算，并入相应柱面积内，柱墩、柱帽加工按数量计算。

六、零星镶贴块料

1. 零星镶贴块料面层按设计图示尺寸以展开面积计算。

2. 柱面粘贴大理石、花岗岩按零星项目执行。

七、墙、柱面装饰

1. 龙骨基层、夹板基层、卷材隔离层按设计图示尺寸以面积计算，扣除门窗洞口和单个 0.3 m^2 以外的孔洞所占的面积。

2. 墙饰面按外围饰面净长乘以净高以面积计算，扣除门窗洞口和单个 0.3 m^2 以外的孔洞所占面积，增加门窗洞口侧壁面积。

3. 柱饰面按外围饰面周长乘以高度以面积计算，柱墩、柱帽按设计图示尺寸以展开面积计算，并入相应柱面积内。

4. 隔断按设计图示净长乘以净高以面积计算，扣除门窗洞口和单个 0.3 m^2 以外的孔洞所占的面积。

5. 幕墙按框外围面积计算。

一、墙 面 抹 灰

单位：10 m^2

编号					6-1	6-2	6-3	6-4
项目					砖内墙面		砖弧形内墙面	
					1:3水泥砂浆 13 mm 1:2.5水泥砂浆 7 mm	1:1:6混合砂浆 14 mm 1:1:4混合砂浆 6 mm	1:3水泥砂浆 13 mm 1:2.5水泥砂浆 7 mm	1:1:6混合砂浆 14 mm 1:1:4混合砂浆 6 mm
预算基价	总价（元）				318.30	290.87	342.29	319.56
	人工费（元）				209.05	194.36	230.52	220.35
	材料费（元）				76.70	64.78	77.75	65.70
	机械费（元）				18.21	18.40	18.21	18.40
	管理费（元）				14.34	13.33	15.81	15.11
组成内容			单位	单价	数量			
人工	综合工		工日	113.00	1.85	1.72	2.04	1.95
材料	水泥		kg	0.37	107.24	55.62	108.59	56.45
	砂子		t	87.58	0.373	0.352	0.379	0.357
	白灰		kg	0.31		29.93		30.42
	木脚手板		m^3	1833.33	0.001	0.001	0.001	0.001
	水		m^3	7.85	0.120	0.118	0.121	0.119
	材料采管费		元		1.58	1.33	1.60	1.35
	白灰膏		m^3			(0.043)		(0.043)
	水泥砂浆	1:3	m^3		(0.162)	(0.010)	(0.165)	(0.010)
	水泥砂浆	1:2.5	m^3		(0.077)		(0.077)	
	混合砂浆	1:1:6	m^3			(0.161)		(0.165)
	混合砂浆	1:1:4	m^3			(0.066)		(0.066)
机械	灰浆搅拌机	400L	台班	187.73	0.097	0.098	0.097	0.098

单位：10 m^2

编号				6-5	6-6	6-7	6-8
项目				砖内墙裙	砖弧形内墙裙	空心砖内墙面	空心砖内墙裙
				1:3水泥砂浆 20 mm 1:2.5水泥砂浆 5 mm	1:3水泥砂浆 20 mm 1:2.5水泥砂浆 5 mm	1:1:6混合砂浆 7 mm 1:1:4混合砂浆 13 mm	1:1:6混合砂浆 13 mm 1:2.5水泥砂浆 12 mm
预算基价	总价（元）			339.59	372.19	305.41	345.08
	人工费（元）			216.96	247.47	196.62	219.22
	材料费（元）			90.10	90.10	72.21	87.54
	机械费（元）			17.65	17.65	23.09	23.28
	管理费（元）			14.88	16.97	13.49	15.04
组成内容		单位	单价	数量			
人工	综合工	工日	113.00	1.92	2.19	1.74	1.94
材料	水泥	kg	0.37	125.33	125.33	63.77	99.44
	砂子	t	87.58	0.447	0.447	0.360	0.455
	白灰	kg	0.31			34.68	20.13
	108胶	kg	4.98			0.40	
	木脚手板	m^3	1833.33	0.001	0.001	0.001	0.001
	水	m^3	7.85	0.114	0.114	0.130	0.131
	材料采管费	元		1.85	1.85	1.49	1.80
	白灰膏	m^3				(0.049)	(0.029)
	水泥砂浆 1:3	m^3		(0.229)	(0.229)	(0.010)	
	水泥砂浆 1:2.5	m^3		(0.055)	(0.055)		(0.133)
	混合砂浆 1:1:6	m^3				(0.100)	(0.166)
	混合砂浆 1:1:4	m^3				(0.143)	
机械	灰浆搅拌机 400L	台班	187.73	0.094	0.094	0.123	0.124

单位：10 m^2

编号				6-9	6-10	6-11	6-12
项目				砌块内墙面 涂TG胶浆、TG砂浆 7 mm 1:1:6混合砂浆 13 mm 1:2.5水泥砂浆 5 mm	砌块内墙裙 涂TG胶浆、TG砂浆 7 mm 1:1:6混合砂浆 14 mm 1:2.5水泥砂浆 5 mm	混凝土内墙面 素水泥浆 2 mm 1:3水泥砂浆 8 mm 1:2.5水泥砂浆 8 mm	混凝土内墙面 素水泥浆 2 mm 1:1:6混合砂浆 8 mm 1:1:4混合砂浆 8 mm
预算基价	总价（元）			366.00	367.38	313.09	288.81
	人工费（元）			214.70	219.22	207.92	193.23
	材料费（元）			113.29	109.84	70.82	62.06
	机械费（元）			23.28	23.28	20.09	20.27
	管理费（元）			14.73	15.04	14.26	13.25
组成内容		单位	单价	数量			
人工	综合工	工日	113.00	1.90	1.94	1.84	1.71
材料	水泥	kg	0.37	83.30	78.87	117.07	77.93
	砂子	t	87.58	0.466	0.449	0.289	0.268
	白灰	kg	0.31	17.34	18.68		24.55
	108胶	kg	4.98		0.40		
	TG胶	kg	5.10	6.10	5.58		
	木脚手板	m^3	1833.33	0.001	0.001		
	水	m^3	7.85	0.129	0.128	0.094	0.110
	材料采管费	元		2.33	2.26	1.46	1.28
	白灰膏	m^3		(0.025)	(0.027)		(0.035)
	素水泥浆	m^3				(0.021)	(0.021)
	水泥砂浆 1:3	m^3		(0.010)		(0.099)	(0.010)
	水泥砂浆 1:2.5	m^3		(0.055)	(0.055)	(0.088)	
	混合砂浆 1:1:6	m^3		(0.143)	(0.154)		(0.088)
	混合砂浆 1:1:4	m^3					(0.088)
	水泥TG胶砂浆	m^3		(0.084)	(0.074)		
	水泥TG胶浆	m^3		(0.010)	(0.010)		
机械	灰浆搅拌机 400L	台班	187.73	0.124	0.124	0.107	0.108

单位：10 m^2

编号					6-13	6-14	6-15	6-16
项目					混凝土内墙裙		混凝土弧形内墙裙	
					素水泥浆 2 mm 1∶3水泥砂浆 12 mm 1∶2.5水泥砂浆 11 mm	素水泥浆 2 mm 1∶3水泥砂浆 14 mm 1∶2.5水泥砂浆 9 mm	素水泥浆 2 mm 1∶3水泥砂浆 12 mm 1∶2.5水泥砂浆 11 mm	素水泥浆 2 mm 1∶3水泥砂浆 14 mm 1∶2.5水泥砂浆 9 mm
预算基价	总价（元）				341.54	341.25	374.15	373.86
	人工费（元）				215.83	215.83	246.34	246.34
	材料费（元）				93.26	92.97	93.26	92.97
	机械费（元）				17.65	17.65	17.65	17.65
	管理费（元）				14.80	14.80	16.90	16.90
组成内容			单位	单价	数量			
人工	综合工		工日	113.00	1.91	1.91	2.18	2.18
材料	水泥		kg	0.37	146.40	145.16	146.40	145.16
	砂子		t	87.58	0.393	0.395	0.393	0.395
	木脚手板		m^3	1833.33	0.001	0.001	0.001	0.001
	水		m^3	7.85	0.117	0.117	0.117	0.117
	材料采管费		元		1.92	1.91	1.92	1.91
	素水泥浆		m^3		(0.020)	(0.020)	(0.020)	(0.020)
	水泥砂浆	1∶3	m^3		(0.133)	(0.155)	(0.133)	(0.155)
	水泥砂浆	1∶2.5	m^3		(0.121)	(0.099)	(0.121)	(0.099)
机械	灰浆搅拌机	400L	台班	187.73	0.094	0.094	0.094	0.094

单位：10 m^2

编号					6-17	6-18	6-19	6-20
项目					砖外墙面		砖弧形外墙面	
					1:3水泥砂浆 13 mm 1:2.5水泥砂浆 7 mm	1:1:6混合砂浆 14 mm 1:1:4混合砂浆 6 mm	1:3水泥砂浆 13 mm 1:2.5水泥砂浆 7 mm	1:1:6混合砂浆 14 mm 1:1:4混合砂浆 6 mm
预算基价	总价（元）				324.34	316.27	351.84	348.54
	人工费（元）				214.70	218.09	239.56	247.47
	材料费（元）				76.70	64.82	77.64	65.70
	机械费（元）				18.21	18.40	18.21	18.40
	管理费（元）				14.73	14.96	16.43	16.97
组成内容			单位	单价	数量			
人工	综合工		工日	113.00	1.90	1.93	2.12	2.19
材料	水泥		kg	0.37	107.24	55.73	108.53	56.45
	砂子		t	87.58	0.373	0.352	0.378	0.357
	白灰		kg	0.31		29.93		30.42
	木脚手板		m^3	1833.33	0.001	0.001	0.001	0.001
	水		m^3	7.85	0.120	0.118	0.121	0.119
	材料采管费		元		1.58	1.33	1.60	1.35
	白灰膏		m^3			(0.043)		(0.043)
	水泥砂浆	1:3	m^3		(0.162)	(0.010)	(0.165)	(0.010)
	水泥砂浆	1:2.5	m^3		(0.077)		(0.077)	
	混合砂浆	1:1:6	m^3			(0.161)		(0.165)
	混合砂浆	1:1:4	m^3			(0.066)		(0.066)
机械	灰浆搅拌机	400L	台班	187.73	0.097	0.098	0.097	0.098

单位：10 m²

编号					6-21	6-22	6-23	6-24
项目					砖外墙裙	砖弧形外墙裙	空心砖外墙面	空心砖外墙裙
					1:3水泥砂浆 20 mm 1:2.5水泥砂浆 5 mm	1:3水泥砂浆 20 mm 1:2.5水泥砂浆 5 mm	1:1:6混合砂浆 7 mm 1:1:4混合砂浆 13 mm	1:1:6混合砂浆 13 mm 1:2.5水泥砂浆 12 mm
预算基价	总价（元）				382.30	414.46	329.54	380.09
	人工费（元）				249.73	287.02	219.22	251.99
	材料费（元）				90.10	90.10	72.19	87.54
	机械费（元）				25.34	17.65	23.09	23.28
	管理费（元）				17.13	19.69	15.04	17.28
组成内容			单位	单价	数量			
人工	综合工		工日	113.00	2.21	2.54	1.94	2.23
材料	水泥		kg	0.37	125.33	125.33	63.75	99.44
	砂子		t	87.58	0.447	0.447	0.360	0.455
	白灰		kg	0.31			34.68	20.13
	108胶		kg	4.98			0.40	
	木脚手板		m³	1833.33	0.001	0.001	0.001	0.001
	水		m³	7.85	0.114	0.114	0.130	0.131
	材料采管费		元		1.85	1.85	1.48	1.80
	白灰膏		m³				(0.049)	(0.029)
	水泥砂浆	1:3	m³		(0.229)	(0.229)	(0.010)	
	水泥砂浆	1:2.5	m³		(0.055)	(0.055)		(0.133)
	混合砂浆	1:1:6	m³				(0.100)	(0.166)
	混合砂浆	1:1:4	m³				(0.143)	
机械	灰浆搅拌机	400L	台班	187.73	0.135	0.094	0.123	0.124

单位：10 m^2

编号				6-25	6-26	6-27	6-28
项目				砌块外墙面 涂TG胶浆、TG砂浆 7 mm 1:1:6混合砂浆 13 mm 1:2.5水泥砂浆 5 mm	砌块外墙裙 涂TG胶浆、TG砂浆 7 mm 1:1:6混合砂浆 14 mm 1:2.5水泥砂浆 5 mm	混凝土外墙面 素水泥浆 2 mm 1:3水泥砂浆 8 mm 1:2.5水泥砂浆 8 mm	混凝土外墙面 素水泥浆 2 mm 1:1:6混合砂浆 8 mm 1:1:4混合砂浆 8 mm
预算基价	总价（元）			372.03	402.41	320.59	314.37
	人工费（元）			220.35	251.99	213.57	215.83
	材料费（元）			113.29	109.86	72.28	63.47
	机械费（元）			23.28	23.28	20.09	20.27
	管理费（元）			15.11	17.28	14.65	14.80
组成内容		单位	单价	数量			
人工	综合工	工日	113.00	1.95	2.23	1.89	1.91
材料	水泥	kg	0.37	83.30	78.87	115.72	76.71
	砂子	t	87.58	0.466	0.449	0.290	0.268
	白灰	kg	0.31	17.34	18.68		24.55
	108胶	kg	4.98		0.40		
	TG胶	kg	5.10	6.10	5.58		
	木脚手板	m^3	1833.33	0.001	0.001	0.001	0.001
	水	m^3	7.85	0.129	0.130	0.094	0.110
	材料采管费	元		2.33	2.26	1.49	1.31
	白灰膏	m^3		(0.025)	(0.027)		(0.035)
	素水泥浆	m^3				(0.020)	(0.020)
	水泥砂浆 1:3	m^3		(0.010)		(0.099)	(0.010)
	水泥砂浆 1:2.5	m^3		(0.055)	(0.055)	(0.088)	
	混合砂浆 1:1:6	m^3		(0.143)	(0.154)		(0.088)
	混合砂浆 1:1:4	m^3					(0.088)
	水泥TG胶砂浆	m^3		(0.084)	(0.074)		
	水泥TG胶浆	m^3		(0.010)	(0.010)		
机械	灰浆搅拌机 400L	台班	187.73	0.124	0.124	0.107	0.108

单位：10 m²

编号				6-29	6-30	6-31	6-32
项目				混凝土外墙裙		混凝土弧形外墙裙	
				素水泥浆 2 mm 1:3水泥砂浆 12 mm 1:2.5水泥砂浆 11 mm	素水泥浆 2 mm 1:3水泥砂浆 14 mm 1:2.5水泥砂浆 9 mm	素水泥浆 2 mm 1:3水泥砂浆 12 mm 1:2.5水泥砂浆 11 mm	素水泥浆 2 mm 1:3水泥砂浆 14 mm 1:2.5水泥砂浆 9 mm
预算基价	总价（元）			376.56	376.27	416.41	416.12
	人工费（元）			248.60	248.60	285.89	285.89
	材料费（元）			93.26	92.97	93.26	92.97
	机械费（元）			17.65	17.65	17.65	17.65
	管理费（元）			17.05	17.05	19.61	19.61
组成内容		单位	单价	数量			
人工	综合工	工日	113.00	2.20	2.20	2.53	2.53
材料	水泥	kg	0.37	146.40	145.16	146.40	145.16
	砂子	t	87.58	0.393	0.395	0.393	0.395
	木脚手板	m³	1833.33	0.001	0.001	0.001	0.001
	水	m³	7.85	0.117	0.117	0.117	0.117
	材料采管费	元		1.92	1.91	1.92	1.91
	素水泥浆	m³		(0.020)	(0.020)	(0.020)	(0.020)
	水泥砂浆 1:3	m³		(0.133)	(0.155)	(0.133)	(0.155)
	水泥砂浆 1:2.5	m³		(0.121)	(0.099)	(0.121)	(0.099)
机械	灰浆搅拌机 400L	台班	187.73	0.094	0.094	0.094	0.094

单位：10 m²

编号				6-33	6-34	6-35	6-36
项目				水刷豆石		水刷白石子	
				砖、混凝土墙面	毛石墙面	砖、混凝土墙面	毛石墙面
				1∶3水泥砂浆 12 mm 1∶1.25水泥豆石浆 12 mm	1∶3水泥砂浆 18 mm 1∶1.25水泥豆石浆 12 mm	1∶3水泥砂浆 12 mm 1∶1.5水泥白石子浆 10 mm	1∶3水泥砂浆 20 mm 1∶1.5水泥白石子浆 10 mm
预算基价	总价（元）			652.44	698.55	646.31	699.92
	人工费（元）			481.12	502.20	477.40	497.24
	材料费（元）			117.95	139.25	116.96	145.68
	机械费（元）			9.37	11.17	8.29	11.53
	管理费（元）			44.00	45.93	43.66	45.47
组成内容		单位	单价	数量			
人工	综合工	工日	124.00	3.88	4.05	3.85	4.01
材料	水泥	kg	0.37	184.09	213.75	159.26	199.25
	砂子	t	87.58	0.221	0.331	0.221	0.369
	豆粒石	t	136.58	0.175	0.175		
	白石子	kg	0.19			169.94	169.94
	108胶	kg	4.98	0.22	0.22	0.22	0.22
	水	m³	7.85	0.389	0.423	0.367	0.415
	材料采管费	元		2.43	2.86	2.41	3.00
	水泥砂浆 1∶3	m³		(0.139)	(0.208)	(0.139)	(0.232)
	小豆浆 1∶1.25	m³		(0.140)	(0.140)		
	水泥白石子浆 1∶1.5	m³				(0.116)	(0.116)
	108胶素水泥砂浆	m³		(0.010)	(0.010)	(0.010)	(0.010)
机械	灰浆搅拌机 200L	台班	180.11	0.052	0.062	0.046	0.064

单位：10 m²

编　号				6-37	6-38	6-39	6-40
项　目				水刷玻璃碴		剁斧石	
				砖、混凝土墙面	毛石墙面	砖、混凝土墙面	毛石墙面
				1:3水泥砂浆 12 mm 1:1.25水泥玻璃碴浆 12 mm	1:3水泥砂浆 18 mm 1:1.25水泥玻璃碴浆 12 mm	1:3水泥砂浆 12 mm 1:1.25水泥豆石浆 10 mm	1:3水泥砂浆 18 mm 1:1.25水泥豆石浆 10 mm
预算基价	总价（元）			916.79	941.63	1370.30	1394.34
	人工费（元）			613.80	615.04	1142.04	1142.04
	材料费（元）			237.49	258.81	115.35	136.69
	机械费（元）			9.37	11.53	8.47	11.17
	管理费（元）			56.13	56.25	104.44	104.44
组成内容		单位	单价	数量			
人工	综合工	工日	124.00	4.95	4.96	9.21	9.21
材料	水泥	kg	0.37	186.33	215.99	159.26	188.93
	砂子	t	87.58	0.221	0.331	0.221	0.331
	玻璃碴	kg	0.75	186.90	186.90		
	白石子	kg	0.19			169.94	169.94
	108胶	kg	4.98	0.22	0.22	0.22	0.22
	水	m³	7.85	0.387	0.422	0.168	0.204
	材料采管费	元		4.88	5.32	2.37	2.81
	水泥砂浆 1:3	m³		(0.139)	(0.208)	(0.139)	(0.208)
	水泥玻璃碴浆 1:1.25	m³		(0.140)	(0.140)		
	水泥白石子浆 1:1.5	m³				(0.116)	(0.116)
	108胶素水泥砂浆	m³		(0.010)	(0.010)	(0.010)	(0.010)
机械	灰浆搅拌机 200L	台班	180.11	0.052	0.064	0.047	0.062

单位：10 m²

编号				6-41	6-42	6-43	6-44
项目				干粘白石子		干粘玻璃碴	
				砖、混凝土墙面	毛石墙面	砖、混凝土墙面	毛石墙面
				1:3水泥砂浆 18 mm	1:3水泥砂浆 30 mm	1:3水泥砂浆 18 mm	1:3水泥砂浆 30 mm
预算基价	总价（元）			488.12	538.24	615.17	667.98
	人工费（元）			362.08	364.56	440.20	445.16
	材料费（元）			85.91	128.81	127.69	170.58
	机械费（元）			7.02	11.53	7.02	11.53
	管理费（元）			33.11	33.34	40.26	40.71
组成内容		单位	单价	数量			
人工	综合工	工日	124.00	2.92	2.94	3.55	3.59
材料	水泥	kg	0.37	104.13	163.89	104.13	163.89
	砂子	t	87.58	0.331	0.552	0.331	0.552
	白石子	kg	0.19	75.54	75.53		
	玻璃碴	kg	0.75			73.69	73.69
	108胶	kg	4.98	0.22	0.22	0.22	0.22
	水	m³	7.85	0.150	0.220	0.150	0.220
	材料采管费	元		1.77	2.65	2.63	3.51
	水泥砂浆 1:3	m³		(0.208)	(0.347)	(0.208)	(0.347)
	108胶素水泥砂浆	m³		(0.010)	(0.010)	(0.010)	(0.010)
机械	灰浆搅拌机 200L	台班	180.11	0.039	0.064	0.039	0.064

单位：10 m²

编号					6-45	6-46	6-47	6-48
项目					墙、柱面拉条		墙、柱面甩毛	
					砖墙面	混凝土墙面	砖墙面	混凝土墙面
					1:0.5:2混合砂浆 14 mm 1:0.5:1混合砂浆 10 mm	1:3水泥砂浆 14 mm 1:0.5:1混合砂浆 10 mm	1:1:6混合砂浆 12 mm 1:1:4混合砂浆 6 mm	1:3水泥砂浆 10 mm 1:2.5水泥砂浆 6 mm
预算基价	总价（元）				407.08	428.24	387.80	409.34
	人工费（元）				271.56	286.44	271.56	282.72
	材料费（元）				101.50	106.41	83.49	93.56
	机械费（元）				9.19	9.19	7.92	7.20
	管理费（元）				24.83	26.20	24.83	25.86
组成内容			单位	单价	数量			
人工	综合工		工日	124.00	2.19	2.31	2.19	2.28
材料	水泥		kg	0.37	159.89	171.37	88.61	140.36
	砂子		t	87.58	0.271	0.345	0.338	0.319
	白灰		kg	0.31	42.35	20.66	27.74	
	红土粉		kg	6.85			1.20	1.20
	108胶		kg	4.98	0.22	0.45	0.22	0.45
	水		m^3	7.85	0.292	0.249	0.187	0.167
	材料采管费		元		2.09	2.19	1.72	1.92
	白灰膏		m^3		(0.061)	(0.030)	(0.040)	
	水泥砂浆	1:3	m^3			(0.162)		(0.115)
	水泥砂浆	1:2.5	m^3					(0.069)
	水泥砂浆	1:1	m^3				(0.032)	(0.032)
	混合砂浆	1:1:6	m^3				(0.139)	
	混合砂浆	1:1:4	m^3				(0.069)	
	混合砂浆	1:0.5:2	m^3		(0.162)			
	混合砂浆	1:0.5:1	m^3		(0.115)	(0.115)		
	108胶素水泥砂浆		m^3		(0.010)	(0.021)	(0.010)	(0.021)
机械	灰浆搅拌机	200L	台班	180.11	0.051	0.051	0.044	0.040

单位：10 m²

编号				6-49	6-50	6-51	6-52	6-53
项目				墙			面	
				水泥豆石浆	水泥白石子浆	水泥玻璃碴浆	每增减一道素水泥浆	
				每增减厚度 1 mm			有 108 胶	无 108 胶
预算基价	总价（元）			12.81	13.88	21.69	23.81	22.54
	人工费（元）			6.20	6.20	4.96	14.88	14.88
	材料费（元）			5.68	6.75	15.92	7.57	6.30
	机械费（元）			0.36	0.36	0.36		
	管理费（元）			0.57	0.57	0.45	1.36	1.36
组成内容		单位	单价	数			量	
人工	综合工	工日	124.00	0.05	0.05	0.04	0.12	0.12
材料	水泥	kg	0.37	9.40	8.77	9.59	16.52	16.52
	豆粒石	t	136.58	0.015				
	白石子	kg	0.19		17.58			
	玻璃碴	kg	0.75			16.02		
	108 胶	kg	4.98				0.25	
	水	m³	7.85	0.004	0.003	0.004	0.007	0.007
	材料采管费	元		0.12	0.14	0.33	0.16	0.13
	小豆浆 1:1.25	m³		(0.012)				
	水泥白石子浆 1:1.5	m³			(0.012)			
	水泥玻璃碴浆 1:1.25	m³				(0.012)		
	素水泥浆	m³					(0.011)	(0.011)
机械	灰浆搅拌机 200L	台班	180.11	0.002	0.002	0.002		

二、柱 面 抹 灰

单位：10 m²

编号				6-54	6-55	6-56	6-57
项目				矩形砖柱 1:3水泥砂浆 13 mm 1:2水泥砂浆 7 mm	异形砖柱 1:3水泥砂浆 13 mm 1:2水泥砂浆 7 mm	混凝土矩形柱 素水泥浆 2 mm 1:3水泥砂浆 11 mm 1:2水泥砂浆 7 mm	混凝土异形柱 素水泥浆 2 mm 1:3水泥砂浆 11 mm 1:2水泥砂浆 7 mm
预算基价	总价（元）			360.00	745.29	362.21	746.38
	人工费（元）			244.08	595.51	242.95	594.38
	材料费（元）			78.53	78.53	80.82	80.82
	机械费（元）			20.65	30.41	21.78	30.41
	管理费（元）			16.74	40.84	16.66	40.77
组成内容		单位	单价	数量			
人工	综合工	工日	113.00	2.16	5.27	2.15	5.26
材料	水泥	kg	0.37	114.11	114.11	132.40	132.40
	砂子	t	87.58	0.366	0.366	0.316	0.316
	木脚手板	m^3	1833.33	0.001	0.001	0.001	0.001
	水	m^3	7.85	0.102	0.102	0.084	0.084
	材料采管费	元		1.62	1.62	1.66	1.66
	素水泥浆	m^3				(0.021)	(0.021)
	水泥砂浆 1:3	m^3		(0.159)	(0.159)	(0.128)	(0.128)
	水泥砂浆 1:2	m^3		(0.081)	(0.081)	(0.081)	(0.081)
机械	灰浆搅拌机 400L	台班	187.73	0.110	0.162	0.116	0.162

单位：10 m^2

编号				6-58	6-59	6-60	6-61	6-62	6-63
项目				柱					
				水刷豆石	水刷白石子	水刷玻璃碴	干粘白石子	干粘玻璃碴	剁斧石
预算基价	总价（元）			821.77	816.66	1100.02	650.43	825.04	1712.35
	人工费（元）			641.08	637.36	791.12	513.36	632.40	1459.48
	材料费（元）			113.23	112.91	227.72	83.64	128.33	111.30
	机械费（元）			8.83	8.10	8.83	6.48	6.48	8.10
	管理费（元）			58.63	58.29	72.35	46.95	57.83	133.47
组成内容		单位	单价	数量					
人工	综合工	工日	124.00	5.17	5.14	6.38	4.14	5.10	11.77
材料	水泥	kg	0.37	176.81	153.76	178.96	100.69	100.69	153.76
	砂子	t	87.58	0.212	0.212	0.212	0.318	0.318	0.212
	豆粒石	t	136.58	0.167					
	白石子	kg	0.19		164.08		76.67		164.08
	玻璃碴	kg	0.75			178.89		77.78	
	108胶	kg	4.98	0.22	0.22	0.22	0.22	0.22	0.22
	水	m^3	7.85	0.383	0.364	0.381	0.147	0.147	0.163
	材料采管费	元		2.33	2.32	4.68	1.72	2.64	2.29
	水泥砂浆 1:3	m^3		(0.133)	(0.133)	(0.133)	(0.200)	(0.200)	(0.133)
	小豆浆 1:1.25	m^3		(0.134)					
	水泥白石子浆 1:1.5	m^3			(0.112)				(0.112)
	水泥玻璃碴浆 1:1.25	m^3				(0.134)			
	108胶素水泥砂浆	m^3		(0.010)	(0.010)	(0.010)	(0.010)	(0.010)	(0.010)
机械	灰浆搅拌机 200L	台班	180.11	0.049	0.045	0.049	0.036	0.036	0.045

三、零 星 抹 灰

单位：10 m²

编号				6-64	6-65	6-66	6-67
项目				零星项目		挑檐天沟	外檐装饰线
				素水泥浆 2 mm 1:3水泥砂浆 12 mm 1:2水泥砂浆 8 mm	1:1:6混合砂浆 12 mm 1:1:4混合砂浆 8 mm	素水泥浆 2 mm 1:3水泥砂浆 13 mm 1:2.5水泥砂浆 10 mm	素水泥浆 2 mm 1:3水泥砂浆 13 mm 1:2.5水泥砂浆 10 mm
预算基价	总价（元）			524.36	504.85	725.46	1462.68
	人工费（元）			385.64	388.12	569.16	1256.12
	材料费（元）			82.33	59.99	105.90	105.90
	机械费（元）			32.29	32.48	14.83	22.15
	管理费（元）			24.10	24.26	35.57	78.51
组成内容		单位	单价	数量			
人工	综合工	工日	124.00	3.11	3.13	4.59	10.13
材料	水泥	kg	0.37	137.05	52.69	172.24	172.24
	砂子	t	87.58	0.334	0.331	0.424	0.424
	白灰	kg	0.31		30.73		
	木脚手板	m³	1833.33			0.001	0.001
	水	m³	7.85	0.087	0.095	0.130	0.130
	材料采管费	元		1.69	1.23	2.18	2.18
	白灰膏	m³			(0.044)		
	素水泥浆	m³		(0.020)		(0.023)	(0.023)
	水泥砂浆 1:3	m³		(0.133)		(0.160)	(0.160)
	水泥砂浆 1:2	m³		(0.088)		(0.122)	(0.122)
	混合砂浆 1:1:6	m³			(0.139)		
	混合砂浆 1:1:4	m³			(0.088)		
机械	灰浆搅拌机 400L	台班	187.73	0.172	0.173	0.079	0.118

单位：10 m^2

编号					6-68	6-69	6-70	6-71
项目					栏板	池槽	室内窗台	室外单独窗台碹脸
					素水泥浆 2 mm 1:3水泥砂浆 12 mm 1:2.5水泥砂浆 8 mm	素水泥浆 2 mm 1:3水泥砂浆 12 mm 1:2.5水泥砂浆 8 mm	1:3水泥砂浆 12 mm 1:2水泥砂浆 8 mm	1:3水泥砂浆 14 mm 1:2水泥砂浆 11 mm
预算基价	总价（元）				517.03	442.84	637.80	677.17
	人工费（元）				377.42	311.88	515.28	536.75
	材料费（元）				82.56	80.85	76.10	91.41
	机械费（元）				31.16	28.72	11.08	12.20
	管理费（元）				25.89	21.39	35.34	36.81
组成内容			单位	单价	数量			
人工	综合工		工日	113.00	3.34	2.76	4.56	4.75
材料	水泥		kg	0.37	130.34	130.34	114.30	138.42
	砂子		t	87.58	0.344	0.344	0.359	0.427
	木脚手板		m^3	1833.33	0.001			
	水		m^3	7.85	0.086	0.106	0.101	0.117
	材料采管费		元		1.70	1.66	1.57	1.88
	素水泥浆		m^3		(0.020)	(0.020)		
	水泥砂浆	1:3	m^3		(0.133)	(0.133)	(0.145)	(0.163)
	水泥砂浆	1:2.5	m^3		(0.088)	(0.088)		
	水泥砂浆	1:2	m^3				(0.092)	(0.121)
机械	灰浆搅拌机	400L	台班	187.73	0.166	0.153	0.059	0.065

单位：10 m²

编号				6-72	6-73	6-74	6-75	6-76	6-77
项目				零星项目					
				水刷豆石	水刷白石子	水刷玻璃碴	干粘白石子	干粘玻璃碴	剁斧石
预算基价	总价（元）			1411.85	1452.78	1843.04	1183.28	1489.08	1859.87
	人工费（元）			1181.72	1178.00	1471.88	1001.92	1242.48	1594.64
	材料费（元）			113.23	158.95	227.72	83.25	126.49	111.30
	机械费（元）			8.83	8.10	8.83	6.48	6.48	8.10
	管理费（元）			108.07	107.73	134.61	91.63	113.63	145.83
组成内容		单位	单价	数量					
人工	综合工	工日	124.00	9.53	9.50	11.87	8.08	10.02	12.86
材料	水泥	kg	0.37	176.81	218.25	178.96	100.96	100.96	153.76
	砂子	t	87.58	0.212	0.450	0.212	0.318	0.318	0.212
	豆粒石	t	136.58	0.167					
	白石子	kg	0.19		164.08		74.20		164.08
	玻璃碴	kg	0.75			178.89		75.27	
	108胶	kg	4.98	0.22	0.22	0.22	0.22	0.22	0.22
	水	m³	7.85	0.383	0.414	0.381	0.145	0.145	0.163
	材料采管费	元		2.33	3.27	4.68	1.71	2.60	2.29
	水泥砂浆 1:3	m³		(0.133)	(0.283)	(0.133)	(0.200)	(0.200)	(0.133)
	小豆浆 1:1.25	m³		(0.134)					
	水泥白石子浆 1:1.5	m³			(0.112)				(0.112)
	水泥玻璃碴浆 1:1.25	m³				(0.134)			
	108胶素水泥砂浆	m³		(0.010)	(0.010)	(0.010)	(0.010)	(0.010)	(0.010)
机械	灰浆搅拌机 200L	台班	180.11	0.049	0.045	0.049	0.036	0.036	0.045

单位：10 m^2

编号				6-78	6-79	6-80	6-81
项目				其他	装饰抹灰分格嵌缝		做字（600mm以内）
				1∶2.5水泥砂浆 14 mm 1∶2.5水泥砂浆 6 mm	玻璃嵌缝	分格	1∶2水泥砂浆 30 mm （十个）
预算基价	总价（元）			486.80	120.85	85.26	683.22
	人工费（元）			355.95	105.40	78.12	500.59
	材料费（元）			73.77	5.81		115.82
	机械费（元）			32.67			32.48
	管理费（元）			24.41	9.64	7.14	34.33
组成内容		单位	单价	数量			
人工	综合工	工日	113.00	3.15			4.43
	综合工	工日	124.00		0.85	0.63	
材料	水泥	kg	0.37	111.95			192.04
	砂子	t	87.58	0.345			0.473
	玻璃 3.0	m^2	22.74		0.25		
	水	m^3	7.85	0.078			0.122
	材料采管费	元		1.52	0.12		2.38
	水泥砂浆 1∶2.5	m^3		（0.229）			
	水泥砂浆 1∶2	m^3					（0.340）
机械	灰浆搅拌机 400L	台班	187.73	0.174			0.173

四、墙面镶贴块料

单位：10 m²

编号				6-82	6-83	6-84	6-85	6-86
项目				挂贴大理石		粘贴大理石		
				砖墙面	混凝土墙面	砖墙面	混凝土墙面	墙面
						水泥砂浆粘贴		干粉型胶粘剂粘贴
预算基价	总价（元）			5110.25	5187.25	4545.88	4644.43	4925.23
	人工费（元）			1155.68	1176.76	744.00	796.08	768.80
	材料费（元）			3831.52	3882.74	3725.64	3767.71	4077.92
	机械费（元）			17.36	20.13	8.20	7.84	8.20
	管理费（元）			105.69	107.62	68.04	72.80	70.31
组成内容		单位	单价	数量				
人工	综合工	工日	124.00	9.32	9.49	6.00	6.42	6.20
材料	大理石板 综合	m^2	340.69	10.20	10.20	10.20	10.20	10.20
	白水泥	kg	0.66	1.55	1.55	1.55	1.55	1.55
	水泥	kg	0.37	206.89	206.89	90.75	80.86	57.61
	砂子	t	87.58	0.591	0.591	0.316	0.279	0.213
	铁件	kg	7.69	3.49				
	膨胀螺栓	套	0.95		52.40			
	合金钢钻头 *D*20	个	41.25		0.66			
	钢筋 *D*10 以内	t	2700.29	0.011	0.011			
	铜丝	kg	76.83	0.78	0.78			
	电焊条	kg	8.47	0.15	0.15			
	塑料薄膜	m^2	2.20	2.81	2.81			
	石料切割锯片	片	33.00	0.27	0.27	0.27	0.27	0.27

续表

单位：10 m^2

编号				6-82	6-83	6-84	6-85	6-86
项目				挂贴大理石		粘贴大理石		
				砖墙面	混凝土墙面	砖墙面	混凝土墙面	墙面
						水泥砂浆粘贴		干粉型胶粘剂粘贴
组成内容		单位	单价	数量				
材料	YJ-Ⅲ胶粘剂	kg	21.00			4.21	4.21	
	YJ-302胶粘剂	kg	30.50				1.58	
	干粉型胶粘剂	kg	6.65					68.42
	清油	kg	17.08	0.05	0.05	0.05	0.05	0.05
	煤油	kg	7.60	0.40	0.40	0.40	0.40	0.40
	松节油	kg	9.16	0.06	0.06	0.06	0.06	0.06
	草酸	kg	12.38	0.10	0.10	0.10	0.10	0.10
	硬白蜡	kg	21.33	0.27	0.27	0.27	0.27	0.27
	棉纱	kg	18.62	0.10	0.10	0.10	0.10	0.10
	水	m^3	7.85	0.281	0.281	0.137	0.126	0.103
	材料采管费	元		78.81	79.86	76.63	77.49	83.87
	素水泥浆	m^3		(0.010)	(0.010)			
	水泥砂浆 1:3	m^3				(0.135)	(0.112)	(0.134)
	水泥砂浆 1:2.5	m^3		(0.393)	(0.393)	(0.067)	(0.067)	
机械	灰浆搅拌机 200L	台班	180.11	0.074	0.074	0.036	0.034	0.036
	钢筋调直机 $D14$	台班	41.66	0.006	0.006			
	钢筋切断机 $D40$	台班	49.13	0.006	0.006			
	交流弧焊机 32kVA	台班	103.98	0.017	0.017			
	小型机具	元		1.72	4.49	1.72	1.72	1.72

单位：10 m²

编号				6-87	6-88	6-89	6-90
项目				墙面干挂大理石		碎拼大理石	
				密缝	勾缝	砖墙面	混凝土墙面
预算基价	总价（元）			5050.52	5767.95	2740.82	2736.91
	人工费（元）			1088.72	1375.16	1395.00	1395.00
	材料费（元）			3857.05	4262.01	1208.87	1206.41
	机械费（元）			5.18	5.02	9.37	7.92
	管理费（元）			99.57	125.76	127.58	127.58
组成内容		单位	单价	数量			
人工	综合工	工日	124.00	8.78	11.09	11.25	11.25
材料	大理石板 综合	m²	340.69	10.20	9.90		
	碎大理石板	m²	99.50			10.20	10.20
	水泥	kg	0.37			156.14	154.49
	砂子	t	87.58			0.375	0.311
	白灰	kg	0.31			7.97	14.12
	不锈钢连接件	个	2.60	66.10	64.20		
	膨胀螺栓	套	0.95	66.10	64.20		
	合金钢钻头 *D*20	个	41.25	0.83	0.81		
	石料切割锯片	片	33.00	0.27	0.26		
	石材(云石)胶	kg	22.75	0.46	0.45		
	密封胶	kg	36.87		13.75		
	108胶	kg	4.98			4.40	4.77

续表

单位：10 m²

编号				6-87	6-88	6-89	6-90
项目				墙面干挂大理石		碎拼大理石	
				密缝	勾缝	砖墙面	混凝土墙面
组成内容		单位	单价	数		量	
材料	金刚石 三角形	块	9.60			2.10	2.10
	锡纸	kg	70.50			0.03	0.03
	清油	kg	17.08	0.05	0.05		
	煤油	kg	7.60	0.40	0.40		
	松节油	kg	9.16	0.06	0.06	1.50	1.50
	草酸	kg	12.38	0.10	0.10	0.30	0.30
	硬白蜡	kg	21.33	0.27	0.27	0.50	0.50
	棉纱	kg	18.62	0.10	0.10	0.10	0.10
	水	m³	7.85	0.142	0.142	0.236	0.244
	材料采管费	元		79.33	87.66	24.86	24.81
	白灰膏	m³				(0.012)	(0.020)
	素水泥浆	m³				(0.010)	(0.020)
	水泥砂浆 1:3	m³				(0.090)	
	水泥砂浆 1:1.5	m³				(0.051)	(0.051)
	混合砂浆 1:0.5:3	m³					(0.056)
	混合砂浆 1:0.2:2	m³				(0.132)	(0.135)
机械	灰浆搅拌机 200L	台班	180.11			0.052	0.044
	小型机具	元		5.18	5.02		

单位：10 m^2

编号				6-91	6-92	6-93	6-94	6-95
项目				挂贴花岗岩		粘贴花岗岩		
				砖墙面	混凝土墙面	砖墙面	混凝土墙面	墙面
						水泥砂浆粘贴		干粉型胶粘剂粘贴
预算基价	总价（元）			5842.74	5919.75	5272.89	5371.27	5652.25
	人工费（元）			1155.68	1176.76	744.00	796.08	768.80
	材料费（元）			4563.58	4614.81	4452.65	4494.73	4804.94
	机械费（元）			17.79	20.56	8.20	7.66	8.20
	管理费（元）			105.69	107.62	68.04	72.80	70.31
组成内容		单位	单价	数量				
人工	综合工	工日	124.00	9.32	9.49	6.00	6.42	6.20
材料	花岗岩板 综合	m^2	410.50	10.20	10.20	10.20	10.20	10.20
	白水泥	kg	0.66	1.55	1.55	1.55	1.55	1.55
	水泥	kg	0.37	206.89	206.89	90.75	80.86	57.61
	砂子	t	87.58	0.591	0.591	0.316	0.279	0.213
	铁件	kg	7.69	3.49				
	膨胀螺栓	套	0.95		52.40			
	合金钢钻头 *D*20	个	41.25		0.66			
	钢筋 *D*10以内	t	2700.29	0.011	0.011			
	铜丝	kg	76.83	0.78	0.78			
	电焊条	kg	8.47	0.15	0.15			
	塑料薄膜	m^2	2.20	2.81	2.81			
	石料切割锯片	片	33.00	0.42	0.42	0.27	0.27	0.27

续表

单位：10 m^2

编号				6-91	6-92	6-93	6-94	6-95
项目				挂贴花岗岩		粘贴花岗岩		
				砖墙面	混凝土墙面	砖墙面	混凝土墙面	墙面
						水泥砂浆粘贴		干粉型胶粘剂粘贴
组成内容		单位	单价	数量				
材料	YJ-Ⅲ胶粘剂	kg	21.00			4.21	4.21	
	YJ-302胶粘剂	kg	30.50				1.58	
	干粉型胶粘剂	kg	6.65					68.42
	清油	kg	17.08	0.05	0.05	0.05	0.05	0.05
	煤油	kg	7.60	0.40	0.40	0.40	0.40	0.40
	松节油	kg	9.16	0.06	0.06	0.06	0.06	0.06
	草酸	kg	12.38	0.10	0.10	0.10	0.10	0.10
	硬白蜡	kg	21.33	0.27	0.27	0.27	0.27	0.27
	棉纱	kg	18.62	0.10	0.10	0.10	0.10	0.10
	水	m^3	7.85	0.281	0.281	0.137	0.126	0.103
	材料采管费	元		93.86	94.92	91.58	92.45	98.83
	素水泥浆	m^3		(0.010)	(0.010)			
	水泥砂浆 1:3	m^3				(0.135)	(0.112)	(0.134)
	水泥砂浆 1:2.5	m^3		(0.393)	(0.393)	(0.067)	(0.067)	
机械	灰浆搅拌机 200L	台班	180.11	0.074	0.074	0.036	0.033	0.036
	钢筋调直机 $D14$	台班	41.66	0.006	0.006			
	钢筋切断机 $D40$	台班	49.13	0.006	0.006			
	交流弧焊机 32kVA	台班	103.98	0.017	0.017			
	小型机具	元		2.15	4.92	1.72	1.72	1.72

单位：10 m²

编号				6-96	6-97	6-98	6-99
项目				墙面干挂花岗岩		碎拼花岗岩	
				密缝	勾缝	砖墙面	混凝土墙面
预算基价	总价（元）			5799.26	6493.53	2235.33	2231.82
	人工费（元）			1103.60	1388.80	1395.00	1395.00
	材料费（元）			4589.12	4972.70	703.38	701.32
	机械费（元）			5.61	5.02	9.37	7.92
	管理费（元）			100.93	127.01	127.58	127.58
组成内容		单位	单价	数量			
人工	综合工	工日	124.00	8.90	11.20	11.25	11.25
材料	花岗岩板 综合	m²	410.50	10.20	9.90		
	碎花岗岩板	m²	51.00			10.20	10.20
	水泥	kg	0.37			155.62	154.49
	砂子	t	87.58			0.373	0.311
	白灰	kg	0.31			7.90	14.12
	不锈钢连接件	个	2.60	66.10	64.20		
	膨胀螺栓	套	0.95	66.10	64.20		
	合金钢钻头 *D*20	个	41.25	0.83	0.81		
	石料切割锯片	片	33.00	0.42	0.41		
	石材(云石)胶	kg	22.75	0.46	0.45		
	密封胶	kg	36.87		13.75		
	108胶	kg	4.98			4.40	4.77

续表

单位：10 m^2

编号				6-96	6-97	6-98	6-99
项目				墙面干挂花岗岩		碎拼花岗岩	
				密缝	勾缝	砖墙面	混凝土墙面
组成内容		单位	单价	数量			
材料	金刚石 三角形	块	9.60			2.10	2.10
	锡纸	kg	70.50			0.03	0.03
	清油	kg	17.08	0.05	0.05		
	煤油	kg	7.60	0.40	0.40		
	松节油	kg	9.16	0.06	0.06	1.50	1.50
	草酸	kg	12.38	0.10	0.10	0.30	0.30
	硬白蜡	kg	21.33	0.27	0.27	0.50	0.50
	棉纱	kg	18.62	0.10	0.10	0.10	0.10
	水	m^3	7.85	0.142	0.142	0.235	0.244
	材料采管费	元		94.39	102.28	14.47	14.42
	白灰膏	m^3				(0.011)	(0.020)
	素水泥浆	m^3				(0.010)	(0.020)
	水泥砂浆 1:3	m^3				(0.090)	
	水泥砂浆 1:1.5	m^3				(0.051)	(0.051)
	混合砂浆 1:0.5:3	m^3					(0.056)
	混合砂浆 1:0.2:2	m^3				(0.131)	(0.135)
机械	灰浆搅拌机 200L	台班	180.11			0.052	0.044
	小型机具	元		5.61	5.02		

单位：10 m²

编号				6-100	6-101	6-102	6-103	6-104	6-105
项目				挂贴汉白玉		墙面钢骨架上干挂大理石板	墙面钢骨架上干挂花岗岩板	钢骨架 (t)	不锈钢骨架 (t)
				砖墙面	混凝土墙面				
				1:2.5水泥砂浆	50 mm				
预算基价	总价（元）			4815.89	5040.53	5303.88	6030.89	14120.74	30564.31
	人工费（元）			952.32	982.08	1173.04	1173.04	3274.84	3480.68
	材料费（元）			3754.08	3942.12	4023.56	4750.57	9802.55	25847.70
	机械费（元）			22.40	26.52			743.86	917.62
	管理费（元）			87.09	89.81	107.28	107.28	299.49	318.31
组成内容		单位	单价	数量					
人工	综合工	工日	124.00	7.68	7.92	9.46	9.46	26.41	28.07
材料	汉白玉 400×400	m²	326.60	10.20	10.20				
	大理石板 综合	m²	340.69			10.20			
	花岗岩板 综合	m²	410.50				10.20		
	钢骨架 含制作费	t	6010.67					1.060	
	不锈钢型材骨架	t	18000.00						1.060
	白水泥	kg	0.66	1.50	1.50				
	水泥	kg	0.37	285.98	285.98				
	砂子	t	87.58	0.835	0.835				
	松木锯材 三类	m³	1546.08	0.001	0.001				
	膨胀螺栓 M8×80	套	1.34		77.80				
	不锈钢干挂件	套	4.13			56.10	56.10		
	穿墙螺栓 M16	套	5.00					400.00	530.00
	钢筋 *D*10以内	t	2700.29	0.013	0.013				
	铜丝	kg	76.83	1.22	1.22				
	不锈钢焊丝	kg	77.75						23.84
	电焊条	kg	8.47	0.23	0.23			23.42	

续表

单位：10 m^2

编号				6-100	6-101	6-102	6-103	6-104	6-105
项目				挂贴汉白玉		墙面钢骨架上干挂大理石板	墙面钢骨架上干挂花岗岩板	钢骨架（t）	不锈钢骨架（t）
				砖墙面	混凝土墙面				
				1:2.5水泥砂浆 50 mm					
组成内容		单位	单价	数量					
材料	合金钢钻头 D20	个	41.25		0.97			25.00	42.00
	石料切割锯片	片	33.00	0.27	0.27	0.27	0.27		
	铁件	kg	7.69		5.19				
	结构胶	kg	50.50			2.00	2.00		
	密封胶	kg	36.87			3.00	3.00		
	塑料薄膜	m^2	2.20	2.81	2.81				
	清油	kg	17.08	0.05	0.05				
	煤油	kg	7.60	0.40	0.40	0.40	0.40		
	松节油	kg	9.16	0.06	0.06	0.06	0.06		
	草酸	kg	12.38	0.10	0.10	0.10	0.10		
	硬白蜡	kg	21.33	0.27	0.27	0.27	0.27		
	棉纱	kg	18.62	0.10	0.10	0.10	0.10		
	水	m^3	7.85	0.623	0.623	0.140	0.140		
	材料采管费	元		77.21	81.08	82.76	97.71	201.62	531.64
	素水泥浆	m^3		(0.010)	(0.010)				
	水泥砂浆 1:2.5	m^3		(0.555)	(0.555)				
机械	交流弧焊机 32kVA	台班	103.98	0.017	0.017			6.699	8.184
	灰浆搅拌机 200L	台班	180.11	0.102	0.102				
	钢筋调直机 D14	台班	41.66	0.006	0.006				
	钢筋切断机 D40	台班	49.13	0.006	0.006				
	小型机具	元		1.72	5.84			47.30	66.65

单位：10 m²

编号				6-106	6-107	6-108	6-109	6-110	6-111
项目				凹凸假麻石块	陶瓷锦砖	玻璃陶瓷锦砖	瓷板 152×152	文化石	卵石
				水泥砂浆粘贴					
预算基价	总价（元）			1750.39	1510.27	1587.07	1460.86	2364.48	1996.23
	人工费（元）			629.92	880.40	865.52	828.32	786.16	1567.36
	材料费（元）			1055.84	543.96	634.30	549.86	1497.64	279.59
	机械费（元）			7.02	5.40	8.10	6.93	8.78	5.94
	管理费（元）			57.61	80.51	79.15	75.75	71.90	143.34
组成内容		单位	单价	数量					
人工	综合工	工日	124.00	5.08	7.10	6.98	6.68	6.34	12.64
材料	凹凸假麻石墙面砖	m²	93.73	10.20					
	陶瓷锦砖	m²	45.67		10.15				
	玻璃陶瓷锦砖	m²	51.67			10.15			
	瓷板 152×152	m²	44.33				10.35		
	文化石	m²	133.50					10.35	
	卵石 20～40	t	350.00						0.420
	白水泥	kg	0.66	1.55	2.58	15.02	1.55		
	水泥	kg	0.37	125.92	85.04	109.90	130.66	124.39	251.04
	砂子	t	87.58	0.308	0.244	0.354	0.261	0.375	0.309
	白灰	kg	0.31		6.99	4.95			

续表

单位：10 m^2

编号				6-106	6-107	6-108	6-109	6-110	6-111
项目				凹凸假麻石块	陶瓷锦砖	玻璃陶瓷锦砖	瓷板 152×152	文化石	卵石
				水泥砂浆粘贴					
组成内容		单位	单价	数量					
材料	108 胶	kg	4.98		1.91	2.06	0.22		
	石料切割锯片	片	33.00				0.10	0.08	
	棉纱	kg	18.62	0.10	0.10	0.10	0.10	0.10	0.30
	水	m^3	7.85	0.207	0.146	0.199	0.159	0.222	0.166
	材料采管费	元		21.72	11.19	13.05	11.31	30.80	5.75
	白灰膏	m^3			(0.010)	(0.007)			
	白水泥浆	m^3				(0.010)			
	素水泥浆	m^3		(0.020)	(0.010)		(0.010)		
	水泥砂浆 1:3	m^3		(0.135)	(0.135)	(0.157)	(0.112)	(0.169)	
	水泥砂浆 1:2	m^3		(0.067)				(0.061)	
	水泥砂浆 1:1	m^3					(0.082)	(0.021)	(0.305)
	混合砂浆 1:1:2	m^3			(0.031)				
	混合砂浆 1:0.2:2	m^3				(0.082)			
机械	灰浆搅拌机 200L	台班	180.11	0.039	0.030	0.045	0.035	0.046	0.033
	小型机具	元					0.63	0.49	

单位：10 m^2

编号				6-112	6-113	6-114	6-115	6-116
项目				凹凸假麻石块	陶瓷锦砖	玻璃陶瓷锦砖	瓷板 152×152	文化石
				干粉型胶粘剂粘贴				
预算基价	总价（元）			2120.84	1886.28	1933.44	1806.62	2728.06
	人工费（元）			708.04	979.60	963.48	916.36	879.16
	材料费（元）			1341.57	811.69	873.75	802.05	1762.43
	机械费（元）			6.48	5.40	8.10	4.41	6.07
	管理费（元）			64.75	89.59	88.11	83.80	80.40
组成内容		单位	单价	数量				
人工	综合工	工日	124.00	5.71	7.90	7.77	7.39	7.09
材料	凹凸假麻石墙面砖	m^2	93.73	10.20				
	陶瓷锦砖	m^2	45.67		10.15			
	玻璃陶瓷锦砖	m^2	51.67			10.15		
	瓷板 152×152	m^2	44.33				10.35	
	文化石	m^2	133.50					10.35
	白水泥	kg	0.66	1.55	2.58	2.58	1.55	
	水泥	kg	0.37	125.92	73.06	67.50	62.74	89.94
	砂子	t	87.58	0.308	0.215	0.250	0.176	0.290
	108胶	kg	4.98		0.22		0.22	
	干粉型胶粘剂	kg	6.65	42.10	42.10	42.10	42.10	42.10
	石料切割锯片	片	33.00				0.10	0.08
	棉纱	kg	18.62	0.10	0.10	0.10	0.10	0.10
	水	m^3	7.85	0.193	0.122	0.118	0.110	0.167
	材料采管费	元		27.59	16.69	17.97	16.50	36.25
	素水泥浆	m^3		(0.020)	(0.010)		(0.010)	
	水泥砂浆 1:3	m^3		(0.135)	(0.135)	(0.157)	(0.111)	(0.169)
	水泥砂浆 1:2	m^3		(0.067)				
	水泥砂浆 1:1	m^3						(0.021)
机械	灰浆搅拌机 200L	台班	180.11	0.036	0.030	0.045	0.021	0.031
	小型机具	元					0.63	0.49

单位：10 m^2

编号				6-117	6-118	6-119	6-120	6-121	6-122
项目				面砖 150×75					
				水泥砂浆粘贴			干粉型胶粘剂粘贴		
				面砖灰缝（mm）					
				5	10 以内	20 以内	5	10 以内	20 以内
预算基价	总价（元）			1393.85	1372.46	1328.77	1756.26	1790.34	1785.75
	人工费（元）			799.80	798.56	794.84	897.76	896.52	892.80
	材料费（元）			512.86	492.46	452.28	771.05	806.12	805.05
	机械费（元）			8.05	8.41	8.96	5.35	5.71	6.25
	管理费（元）			73.14	73.03	72.69	82.10	81.99	81.65
组成内容		单位	单价	数量					
人工	综合工	工日	124.00	6.45	6.44	6.41	7.24	7.23	7.20
材料	墙面砖 150×75	m^2	45.50	9.31	8.81	7.78	9.31	8.81	7.78
	水泥	kg	0.37	113.38	119.14	134.78	70.39	76.15	91.79
	砂子	t	87.58	0.354	0.361	0.380	0.230	0.237	0.256
	干粉型胶粘剂	kg	6.65				42.10	50.27	56.03
	石料切割锯片	片	33.00	0.08	0.08	0.08	0.08	0.08	0.08
	棉纱	kg	18.62	0.10	0.10	0.10	0.10	0.10	0.10
	水	m^3	7.85	0.159	0.162	0.170	0.119	0.122	0.130
	材料采管费	元		10.55	10.13	9.30	15.86	16.58	16.56
	水泥砂浆 1:3	m^3		(0.168)	(0.168)	(0.168)	(0.135)	(0.135)	(0.135)
	水泥砂浆 1:2	m^3		(0.051)	(0.051)	(0.051)			
	水泥砂浆 1:1	m^3		(0.015)	(0.022)	(0.041)	(0.015)	(0.022)	(0.041)
机械	灰浆搅拌机 200L	台班	180.11	0.042	0.044	0.047	0.027	0.029	0.032
	小型机具	元		0.49	0.49	0.49	0.49	0.49	0.49

单位：10 m^2

编号				6-123	6-124	6-125	6-126	6-127	6-128
项目				面砖 194×94					
				水泥砂浆粘贴			干粉型胶粘剂粘贴		
				面砖灰缝（mm）					
				5	10 以内	20 以内	5	10 以内	20 以内
预算基价	总价（元）			1420.66	1396.26	1344.33	1764.18	1795.17	1782.34
	人工费（元）			673.32	672.08	669.60	753.92	752.68	750.20
	材料费（元）			677.71	654.31	604.53	935.96	967.95	957.28
	机械费（元）			8.05	8.41	8.96	5.35	5.71	6.25
	管理费（元）			61.58	61.46	61.24	68.95	68.83	68.61
组成内容		单位	单价	数量					
人工	综合工	工日	124.00	5.43	5.42	5.40	6.08	6.07	6.05
材料	面砖 194×94	m^2	61.75	9.50	9.07	8.21	9.50	9.07	8.21
	水泥	kg	0.37	110.09	117.49	126.55	67.09	74.50	83.55
	砂子	t	87.58	0.349	0.359	0.370	0.226	0.235	0.246
	干粉型胶粘剂	kg	6.65				42.10	50.27	56.03
	石料切割锯片	片	33.00	0.08	0.08	0.08	0.08	0.08	0.08
	棉纱	kg	18.62	0.10	0.10	0.10	0.10	0.10	0.10
	水	m^3	7.85	0.171	0.174	0.179	0.127	0.131	0.136
	材料采管费	元		13.94	13.46	12.43	19.25	19.91	19.69
	水泥砂浆 1:3	m^3		(0.168)	(0.168)	(0.168)	(0.135)	(0.135)	(0.135)
	水泥砂浆 1:2	m^3		(0.051)	(0.051)	(0.051)			
	水泥砂浆 1:1	m^3		(0.011)	(0.020)	(0.031)	(0.011)	(0.020)	(0.031)
机械	灰浆搅拌机 200L	台班	180.11	0.042	0.044	0.047	0.027	0.029	0.032
	小型机具	元		0.49	0.49	0.49	0.49	0.49	0.49

单位：10 m²

编号				6-129	6-130	6-131	6-132	6-133	6-134
项目				面砖 240×60					
				水泥砂浆粘贴			干粉型胶粘剂粘贴		
				面砖灰缝（mm）					
				5	10 以内	20 以内	5	10 以内	20 以内
预算基价	总价（元）			1358.70	1338.03	1275.27	1702.17	1740.02	1713.31
	人工费（元）			673.32	672.08	668.36	753.92	752.68	748.96
	材料费（元）			615.75	596.08	536.83	873.95	912.80	889.61
	机械费（元）			8.05	8.41	8.96	5.35	5.71	6.25
	管理费（元）			61.58	61.46	61.12	68.95	68.83	68.49
组成内容		单位	单价	数量					
人工	综合工	工日	124.00	5.43	5.42	5.39	6.08	6.07	6.04
材料	面砖 240×60	m²	56.50	9.28	8.89	7.73	9.28	8.89	7.73
	水泥	kg	0.37	113.38	119.14	134.78	70.39	76.15	91.79
	砂子	t	87.58	0.354	0.361	0.380	0.230	0.237	0.256
	干粉型胶粘剂	kg	6.65				42.10	50.72	56.03
	石料切割锯片	片	33.00	0.08	0.08	0.08	0.08	0.08	0.08
	棉纱	kg	18.62	0.10	0.10	0.10	0.10	0.10	0.10
	水	m³	7.85	0.167	0.170	0.178	0.127	0.130	0.138
	材料采管费	元		12.66	12.26	11.04	17.98	18.77	18.30
	水泥砂浆 1:3	m³		(0.168)	(0.168)	(0.168)	(0.135)	(0.135)	(0.135)
	水泥砂浆 1:2	m³		(0.051)	(0.051)	(0.051)			
	水泥砂浆 1:1	m³		(0.015)	(0.022)	(0.041)	(0.015)	(0.022)	(0.041)
机械	灰浆搅拌机 200L	台班	180.11	0.042	0.044	0.047	0.027	0.029	0.032
	小型机具	元		0.49	0.49	0.49	0.49	0.49	0.49

五、柱面镶贴块料

单位：10 m^2

编号					6-135	6-136	6-137	6-138	6-139
项目					挂贴大理石		柱面干挂大理石	碎拼大理石	
					砖柱面	混凝土柱面		砖柱面	混凝土柱面
预算基价	总价（元）				5390.77	5697.57	5786.19	3070.34	3066.82
	人工费（元）				1278.44	1448.32	1480.56	1659.12	1659.12
	材料费（元）				3978.18	4093.15	4163.85	1250.12	1247.87
	机械费（元）				17.23	23.65	6.38	9.37	8.10
	管理费（元）				116.92	132.45	135.40	151.73	151.73
组成内容			单位	单价	数量				
人工	综合工		工日	124.00	10.31	11.68	11.94	13.38	13.38
材料	大理石板	综合	m^2	340.69	10.60	10.60	10.60		
	碎大理石板		m^2	99.50				10.60	10.60
	白水泥		kg	0.66	1.55	1.55			
	水泥		kg	0.37	206.89	206.89		157.17	155.38
	砂子		t	87.58	0.591	0.591		0.377	0.314
	白灰		kg	0.31				8.09	14.29
	铁件		kg	7.69	3.06				
	不锈钢连接件		个	2.60			79.32		
	膨胀螺栓		套	0.95		92.00			
	膨胀螺栓	M8×75	套	1.74			79.32		
	合金钢钻头	*D*20	个	41.25		1.15	2.09		
	钢筋	*D*10以内	t	2700.29	0.015	0.015			
	铜丝		kg	76.83	0.78	0.78			
	电焊条		kg	8.47	0.14	0.28			
	塑料薄膜		m^2	2.20	2.81	2.81			
	石料切割锯片		片	33.00	0.27	0.27	0.35		

续表

单位：10 m²

编号				6-135	6-136	6-137	6-138	6-139
项目				挂贴大理石		柱面干挂大理石	碎拼大理石	
				砖柱面	混凝土柱面		砖柱面	混凝土柱面
组成内容		单位	单价	数			量	
材料	石材(云石)胶	kg	22.75			0.46		
	108 胶	kg	4.98				4.40	4.80
	金刚石 三角形	块	9.60				2.10	2.10
	锡纸	kg	70.50				0.03	0.03
	清油	kg	17.08	0.05	0.05	0.05		
	煤油	kg	7.60	0.40	0.40	0.40		
	松节油	kg	9.16	0.06	0.06	0.06	1.50	1.50
	草酸	kg	12.38	0.10	0.10	0.10	0.30	0.30
	硬白蜡	kg	21.33	0.27	0.27	0.27	0.50	0.50
	棉纱	kg	18.62	0.10	0.10	0.10	0.10	0.10
	水	m³	7.85	0.277	0.290	0.142	0.238	0.245
	材料采管费	元		81.82	84.19	85.64	25.71	25.67
	白灰膏	m³					(0.012)	(0.021)
	素水泥浆	m³		(0.010)	(0.010)		(0.010)	(0.020)
	水泥砂浆 1:3	m³					(0.090)	
	水泥砂浆 1:2.5	m³		(0.393)	(0.393)			
	水泥砂浆 1:1.5	m³					(0.051)	(0.051)
	混合砂浆 1:0.5:3	m³						(0.057)
	混合砂浆 1:0.2:2	m³					(0.134)	(0.136)
机械	灰浆搅拌机 200L	台班	180.11	0.074	0.074		0.052	0.045
	钢筋调直机 $D14$	台班	41.66	0.008	0.008			
	钢筋切断机 $D40$	台班	49.13	0.008	0.008			
	交流弧焊机 32kVA	台班	103.98	0.014	0.029			
	小型机具	元		1.72	6.58	6.38		

单位：10 m^2

编号					6-140	6-141	6-142	6-143	6-144
项目					挂贴花岗岩		柱面干挂花岗岩	碎拼花岗岩	
					砖柱面	混凝土柱面		砖柱面	混凝土柱面
预算基价	总价（元）				6151.79	6458.57	6575.31	2545.45	2541.92
	人工费（元）				1278.44	1448.32	1500.40	1659.12	1659.12
	材料费（元）				4738.77	4853.72	4926.11	725.23	722.97
	机械费（元）				17.66	24.08	11.59	9.37	8.10
	管理费（元）				116.92	132.45	137.21	151.73	151.73
组成内容			单位	单价	数量				
人工	综合工		工日	124.00	10.31	11.68	12.10	13.38	13.38
材料	花岗岩板	综合	m^2	410.50	10.60	10.60	10.60		
	碎花岗岩板		m^2	51.00				10.60	10.60
	白水泥		kg	0.66	1.55	1.55			
	水泥		kg	0.37	206.89	206.89		157.17	155.38
	砂子		t	87.58	0.591	0.591		0.377	0.314
	白灰		kg	0.31				8.09	14.29
	铁件		kg	7.69	3.06				
	不锈钢连接件		个	2.60			79.32		
	膨胀螺栓		套	0.95		92.00			
	膨胀螺栓	M8×75	套	1.74			79.32		
	合金钢钻头	*D*20	个	41.25		1.15	2.09		
	钢筋	*D*10以内	t	2700.29	0.015	0.015			
	铜丝		kg	76.83	0.78	0.78			
	电焊条		kg	8.47	0.14	0.28			
	塑料薄膜		m^2	2.20	2.81	2.81			
	石料切割锯片		片	33.00	0.42	0.42	0.55		
	石材（云石）胶		kg	22.75			0.46		

续表

单位：10 m^2

编号			6-140	6-141	6-142	6-143	6-144
项目			挂贴花岗岩		柱面干挂花岗岩	碎拼花岗岩	
			砖柱面	混凝土柱面		砖柱面	混凝土柱面
组成内容	单位	单价	数量				
材料 108胶	kg	4.98				4.40	4.80
金刚石 三角形	块	9.60				2.10	2.10
锡纸	kg	70.50				0.03	0.03
清油	kg	17.08	0.05	0.05	0.05		
煤油	kg	7.60	0.40	0.40	0.40		
松节油	kg	9.16	0.06	0.06	0.06	1.50	1.50
草酸	kg	12.38	0.10	0.10	0.10	0.30	0.30
硬白蜡	kg	21.33	0.27	0.27	0.27	0.50	0.50
棉纱	kg	18.62	0.10	0.10	0.10	0.10	0.10
水	m^3	7.85	0.277	0.290	0.142	0.238	0.245
材料采管费	元		97.47	99.83	101.32	14.92	14.87
白灰膏	m^3					(0.012)	(0.021)
素水泥浆	m^3		(0.010)	(0.010)		(0.010)	(0.020)
水泥砂浆 1:3	m^3					(0.090)	
水泥砂浆 1:2.5	m^3		(0.393)	(0.393)			
水泥砂浆 1:1.5	m^3					(0.051)	(0.051)
混合砂浆 1:0.5:3	m^3						(0.057)
混合砂浆 1:0.2:2	m^3					(0.134)	(0.136)
机械 灰浆搅拌机 200L	台班	180.11	0.074	0.074		0.052	0.045
钢筋调直机 $D14$	台班	41.66	0.008	0.008			
钢筋切断机 $D40$	台班	49.13	0.008	0.008			
交流弧焊机 32kVA	台班	103.98	0.014	0.029			
小型机具	元		2.15	7.01	11.59		

单位：10 m²

编号				6-145	6-146	6-147	6-148	6-149	6-150
项目				大理石		花岗岩		挂贴汉白玉	
				包圆柱	方柱包圆柱	包圆柱	方柱包圆柱	砖柱面	混凝土柱面
								1:2.5水泥砂浆	50 mm
预算基价	总价（元）			10654.88	11450.61	12433.72	13229.45	5158.57	5779.38
	人工费（元）			1520.24	1910.84	1520.24	1910.84	1204.04	1494.20
	材料费（元）			8976.92	9340.10	10755.76	11118.94	3822.61	4117.21
	机械费（元）			18.69	24.92	18.69	24.92	21.81	31.32
	管理费（元）			139.03	174.75	139.03	174.75	110.11	136.65
组成内容		单位	单价	数量					
人工	综合工	工日	124.00	12.26	15.41	12.26	15.41	9.71	12.05
材料	大理石板弧形 成品	m²	827.50	10.10	10.10				
	花岗岩板弧形 成品	m²	1000.00			10.10	10.10		
	汉白玉 400×400	m²	326.60					10.20	10.20
	白水泥	kg	0.66	2.99	2.99	2.99	2.99	1.90	1.90
	水泥	kg	0.37	167.72	190.17	167.72	190.17	304.04	312.34
	砂子	t	87.58	0.424	0.493	0.424	0.493	0.891	0.916
	热轧扁钢 20×3	t	2745.00		0.012		0.012		
	热轧等边角钢 45×4	t	2693.67		0.125		0.125		
	铁件	kg	7.69					4.68	
	膨胀螺栓	套	0.95	80.80	80.80	80.80	80.80		
	膨胀螺栓 M8×75	套	1.74						140.30
	合金钢钻头 *D*20	个	41.25	3.20	3.20	3.20	3.20		1.76
	钢筋 *D*10以内	t	2700.29	0.022	0.008	0.022	0.008	0.018	0.018
	铜丝	kg	76.83	0.71	0.70	0.71	0.70	1.22	1.22

续表

单位：10 m^2

编号				6-145	6-146	6-147	6-148	6-149	6-150
项目				大理石		花岗岩		挂贴汉白玉	
				包圆柱	方柱包圆柱	包圆柱	方柱包圆柱	砖柱面	混凝土柱面
								1:2.5水泥砂浆	50 mm
组成内容		单位	单价	数量					
材料	电焊条	kg	8.47	0.30	1.50	0.30	1.50	0.20	0.41
	塑料薄膜	m^2	2.20	0.13	0.13	0.13	0.13	2.81	2.81
	石料切割锯片	片	33.00					0.34	0.35
	松木锯材 三类	m^3	1546.08					0.001	0.001
	清油	kg	17.08	0.07	0.07	0.07	0.07	0.07	0.07
	煤油	kg	7.60	0.50	0.50	0.50	0.50	0.50	0.52
	松节油	kg	9.16	0.08	0.08	0.08	0.08	0.08	0.08
	草酸	kg	12.38					0.13	0.13
	硬白蜡	kg	21.33					0.33	0.34
	棉纱	kg	18.62					0.13	0.13
	水	m^3	7.85	0.267	0.282	0.267	0.282	0.652	0.661
	材料采管费	元		184.64	192.11	221.23	228.70	78.62	84.68
	素水泥浆	m^3		(0.020)	(0.020)	(0.020)	(0.020)	(0.010)	(0.010)
	水泥砂浆 1:2.5	m^3		(0.282)	(0.328)	(0.282)	(0.328)	(0.592)	(0.609)
机械	灰浆搅拌机 200L	台班	180.11	0.064	0.075	0.064	0.075	0.109	0.112
	交流弧焊机 32kVA	台班	103.98	0.017	0.057	0.017	0.057	0.014	0.029
	钢筋调直机 *D*14	台班	41.66	0.008	0.009	0.008	0.009	0.008	0.008
	钢筋切断机 *D*40	台班	49.13	0.008	0.009	0.008	0.009	0.008	0.008
	小型机具	元		4.67	4.67	4.67	4.67		7.41

单位：10 m

编号				6-151	6-152	6-153	6-154	6-155	6-156
项目				挂贴大理石				柱面钢骨架上干挂	
				圆柱腰线	阴角线	柱墩	柱帽	大理石板（$10m^2$）	花岗岩板（$10m^2$）
预算基价	总价（元）			1994.20	3359.72	6868.15	7357.46	5513.78	6269.30
	人工费（元）			262.88	267.84	1545.04	1602.08	1274.72	1274.72
	材料费（元）			1702.09	3061.89	5154.50	5585.29	4120.76	4876.28
	机械费（元）			5.19	5.50	27.31	23.58	1.72	1.72
	管理费（元）			24.04	24.49	141.30	146.51	116.58	116.58
组成内容		单位	单价	数量					
人工	综合工	工日	124.00	2.12	2.16	12.46	12.92	10.28	10.28
材料	大理石圆弧腰线 80mm	m	150.00	10.10					
	大理石圆弧阴角线 180mm	m	280.00		10.10				
	大理石柱墩 高度400mm	m	437.50			10.10			
	大理石柱帽 高度250mm	m	477.50				10.10		
	大理石板 综合	m^2	340.69					10.60	
	花岗岩板 综合	m^2	410.50						10.60
	白水泥	kg	0.66	0.12	0.25	2.32	2.32		
	水泥	kg	0.37	91.78	172.34	325.03	370.65		
	砂子	t	87.58	0.283	0.531	0.955	0.767		
	铁件	kg	7.69	2.55	0.57	4.12	3.57		
	不锈钢干挂件	套	4.13					47.20	47.20
	膨胀螺栓	套	0.95			122.20	122.20		
	钢筋 $D10$以内	t	2700.29	0.002	0.004	0.029	0.027		
	铜丝	kg	76.83	0.62	0.15	1.02	1.40		

续表 单位：10 m

编号				6-151	6-152	6-153	6-154	6-155	6-156
项目				挂贴大理石				柱面钢骨架上干挂	
				圆柱腰线	阴角线	柱墩	柱帽	大理石板（$10m^2$）	花岗岩板（$10m^2$）
组成内容		单位	单价	数量					
材料	电焊条	kg	8.47	0.01	0.05	0.32	0.35		
	合金钢钻头 *D*20	个	41.25	0.15	0.22	1.52	1.52		
	石料切割锯片	片	33.00	0.22	0.10	0.72	0.65	0.27	0.27
	泡沫塑料密封条	m	1.05					31.00	31.00
	结构胶	kg	50.50					2.00	2.00
	密封胶	kg	36.87					2.00	2.00
	清油	kg	17.08	0.08	0.18	0.18	0.18		
	煤油	kg	7.60					0.40	0.40
	松节油	kg	9.16	0.32	0.72			0.06	0.06
	草酸	kg	12.38	0.01	0.02	0.26	0.26	0.10	0.10
	硬白蜡	kg	21.33	0.02	0.11	0.78	0.78	0.27	0.27
	棉纱	kg	18.62	0.08	0.40	0.26	0.26	0.10	0.10
	水	m^3	7.85	0.094	0.160	0.371	0.371	0.140	0.140
	材料采管费	元		35.01	62.98	106.02	114.88	84.76	100.30
	素水泥浆	m^3				(0.010)	(0.081)		
	水泥砂浆 1:2.5	m^3		(0.188)	(0.353)	(0.635)	(0.510)		
机械	灰浆搅拌机 200L	台班	180.11	0.013	0.017	0.101	0.083		
	钢筋调直机 *D*14	台班	41.66	0.001	0.001	0.009	0.010		
	钢筋切断机 *D*40	台班	49.13	0.001	0.001	0.009	0.010		
	交流弧焊机 32kVA	台班	103.98	0.006	0.008	0.030	0.035		
	小型机具	元		2.13	1.52	5.18	4.08	1.72	1.72

单位：10 m^2

编号				6-157	6-158	6-159	6-160	6-161	6-162
项目				凹凸假麻石块	陶瓷锦砖	玻璃陶瓷锦砖	瓷板 152×152	文化石	卵石
				柱面水泥砂浆粘贴					
预算基价	总价（元）			2205.62	1644.26	1731.40	1607.51	2497.35	2243.43
	人工费（元）			1011.84	1003.16	998.20	952.32	864.28	1723.60
	材料费（元）			1094.23	543.96	633.81	561.17	1543.93	355.18
	机械费（元）			7.02	5.40	8.10	6.93	10.10	7.02
	管理费（元）			92.53	91.74	91.29	87.09	79.04	157.63
组成内容		单位	单价	数量					
人工	综合工	工日	124.00	8.16	8.09	8.05	7.68	6.97	13.90
材料	凹凸假麻石墙面砖	m^2	93.73	10.60					
	陶瓷锦砖	m^2	45.67		10.15				
	玻璃陶瓷锦砖	m^2	51.67			10.15			
	瓷板 152×152	m^2	44.33				10.60		
	文化石	m^2	133.50					10.60	
	卵石 20～40	t	350.00						0.530
	白水泥	kg	0.66	1.55	2.58	15.02	1.55		
	水泥	kg	0.37	125.92	85.04	109.90	130.66	144.28	321.00
	砂子	t	87.58	0.308	0.244	0.354	0.261	0.426	0.395
	白灰	kg	0.31		6.99	4.95			

续表

单位：10 m^2

编号				6-157	6-158	6-159	6-160	6-161	6-162
项目				凹凸假麻石块	陶瓷锦砖	玻璃陶瓷锦砖	瓷板 152×152	文化石	卵石
				柱面水泥砂浆粘贴					
组成内容		单位	单价	数量					
材料	108 胶	kg	4.98		1.92	1.96	0.22		
	石料切割锯片	片	33.00				0.10	0.08	
	棉纱	kg	18.62	0.10	0.10	0.10	0.10	0.10	0.40
	水	m^3	7.85	0.221	0.139	0.201	0.159	0.239	0.198
	材料采管费	元		22.51	11.19	13.04	11.54	31.76	7.31
	白灰膏	m^3			(0.010)	(0.007)			
	白水泥浆	m^3				(0.010)			
	素水泥浆	m^3		(0.020)	(0.010)		(0.010)		
	水泥砂浆 1:3	m^3		(0.135)	(0.135)	(0.157)	(0.112)	(0.180)	
	水泥砂浆 1:2	m^3		(0.067)				(0.082)	
	水泥砂浆 1:1	m^3					(0.082)	(0.025)	(0.390)
	混合砂浆 1:1:2	m^3			(0.031)				
	混合砂浆 1:0.2:2	m^3				(0.082)			
机械	灰浆搅拌机 200L	台班	180.11	0.039	0.030	0.045	0.035	0.053	0.039
	小型机具	元					0.63	0.55	

单位：10 m²

编号				6-163	6-164	6-165	6-166	6-167
项目				凹凸假麻石块	陶瓷锦砖	玻璃陶瓷锦砖	瓷砖 152×152	文化石
				柱面干粉型胶粘剂粘贴				
预算基价	总价（元）			2598.98	2037.91	2095.98	1968.25	2862.03
	人工费（元）			1137.08	1118.48	1112.28	1054.00	967.20
	材料费（元）			1351.43	811.74	873.88	813.45	1799.89
	机械费（元）			6.48	5.40	8.10	4.41	6.49
	管理费（元）			103.99	102.29	101.72	96.39	88.45
组成内容		单位	单价	数量				
人工	综合工	工日	124.00	9.17	9.02	8.97	8.50	7.80
材料	凹凸假麻石墙面砖	m²	93.73	10.60				
	陶瓷锦砖	m²	45.67		10.15			
	玻璃陶瓷锦砖	m²	51.67			10.15		
	瓷板 152×152	m²	44.33				10.60	
	文化石	m²	133.50					10.60
	白水泥	kg	0.66	1.55	2.58	2.58	1.55	
	水泥	kg	0.37	73.06	73.06	67.50	62.74	94.67
	砂子	t	87.58	0.215	0.215	0.250	0.177	0.307
	108胶	kg	4.98		0.23		0.22	
	干粉型胶粘剂	kg	6.65	42.10	42.10	42.10	42.10	42.10
	石料切割锯片	片	33.00				0.10	0.08
	棉纱	kg	18.62	0.10	0.10	0.10	0.10	0.10
	水	m³	7.85	0.176	0.121	0.135	0.110	0.177
	材料采管费	元		27.80	16.70	17.97	16.73	37.02
	素水泥浆	m³		(0.010)	(0.010)		(0.010)	
	水泥砂浆 1:3	m³		(0.135)	(0.135)	(0.157)	(0.111)	(0.180)
	水泥砂浆 1:1	m³						(0.021)
机械	灰浆搅拌机 200L	台班	180.11	0.036	0.030	0.045	0.021	0.033
	小型机具	元					0.63	0.55

六、零星镶贴块料

单位：10 m^2

编号				6-168	6-169	6-170	6-171
项目				石材零星项目			
				挂贴大理石	粘贴大理石		碎拼大理石
					水泥砂浆粘贴	干粉型胶粘剂粘贴	
预算基价	总价（元）			5789.45	4830.05	5271.39	3338.31
	人工费（元）			1556.20	824.60	851.88	1904.64
	材料费（元）			4066.71	3920.76	4332.32	1250.12
	机械费（元）			24.22	9.28	9.28	9.37
	管理费（元）			142.32	75.41	77.91	174.18
组成内容		单位	单价	数量			
人工	综合工	工日	124.00	12.55	6.65	6.87	15.36
材料	大理石板 综合	m^2	340.69	10.60	10.60	10.60	
	碎大理石板	m^2	99.50				10.60
	白水泥	kg	0.66	1.55	1.75	1.75	
	水泥	kg	0.37	206.89	100.67	64.06	157.17
	砂子	t	87.58	0.591	0.350	0.237	0.377
	白灰	kg	0.31				8.09
	膨胀螺栓	套	0.95	60.60			
	钢筋 *D*10以内	t	2700.29	0.016			
	铜丝	kg	76.83	0.78			
	电焊条	kg	8.47	0.27			
	合金钢钻头 *D*20	个	41.25	1.15			
	石料切割锯片	片	33.00	0.35	0.30	0.30	
	YJ-302胶粘剂	kg	30.50		1.17		
	YJ-III胶粘剂	kg	21.00		4.67		
	干粉型胶粘剂	kg	6.65			84.30	

续表

单位：10 m^2

编号				6-168	6-169	6-170	6-171
项目				石材零星项目			
				挂贴大理石	粘贴大理石		碎拼大理石
					水泥砂浆粘贴	干粉型胶粘剂粘贴	
组成内容		单位	单价	数量			
材料	108 胶	kg	4.98				4.40
	金刚石 三角形	块	9.60				2.10
	锡纸	kg	70.50				0.03
	清油	kg	17.08	0.07	0.06	0.06	
	煤油	kg	7.60	0.52	0.45	0.45	
	松节油	kg	9.16	0.08	0.07	0.07	1.50
	草酸	kg	12.38	0.12	0.11	0.11	0.30
	硬白蜡	kg	21.33	0.39	0.30	0.30	0.50
	棉纱	kg	18.62	0.13	0.11	0.11	0.10
	水	m^3	7.85	0.299	0.153	0.114	0.238
	材料采管费	元		83.64	80.64	89.11	25.71
	白灰膏	m^3					(0.012)
	素水泥浆	m^3		(0.010)			(0.010)
	水泥砂浆 1:3	m^3			(0.149)	(0.149)	(0.090)
	水泥砂浆 1:2.5	m^3		(0.393)	(0.075)		
	水泥砂浆 1:1.5	m^3					(0.051)
	混合砂浆 1:0.2:2	m^3					(0.134)
机械	灰浆搅拌机 200L	台班	180.11	0.079	0.041	0.041	0.052
	钢筋调直机 $D14$	台班	41.66	0.008			
	钢筋切断机 $D40$	台班	49.13	0.008			
	交流弧焊机 32kVA	台班	103.98	0.024			
	小型机具	元		6.77	1.90	1.90	

单位：10 m²

编号				6-172	6-173	6-174	6-175
项目				石材零星项目			
				挂贴花岗岩	粘贴花岗岩		碎拼花岗岩
					水泥砂浆粘贴	干粉型胶粘剂粘贴	
预算基价	总价（元）			6558.58	5578.81	6026.92	2813.42
	人工费（元）			1556.20	818.40	851.88	1904.64
	材料费（元）			4835.60	4676.29	5087.85	725.23
	机械费（元）			24.46	9.28	9.28	9.37
	管理费（元）			142.32	74.84	77.91	174.18
组成内容		单位	单价	数量			
人工	综合工	工日	124.00	12.55	6.60	6.87	15.36
材料	花岗岩板 综合	m²	410.50	10.60	10.60	10.60	
	碎花岗岩板	m²	51.00				10.60
	白水泥	kg	0.66	1.55	1.75	1.75	
	水泥	kg	0.37	206.89	100.67	64.06	157.17
	砂子	t	87.58	0.591	0.350	0.237	0.377
	白灰	kg	0.31				8.09
	膨胀螺栓	套	0.95	60.60			
	钢筋 *D*10 以内	t	2700.29	0.016			
	铜丝	kg	76.83	0.90			
	电焊条	kg	8.47	0.27			
	合金钢钻头 *D*20	个	41.25	1.15			
	石料切割锯片	片	33.00	0.45	0.30	0.30	
	YJ-302胶粘剂	kg	30.50		1.17		
	YJ-III胶粘剂	kg	21.00		4.67		
	干粉型胶粘剂	kg	6.65			84.30	
	108胶	kg	4.98				4.40

续表

单位：10 m^2

编号				6-172	6-173	6-174	6-175
项目				石材零星项目			
				挂贴花岗岩	粘贴花岗岩		碎拼花岗岩
					水泥砂浆粘贴	干粉型胶粘剂粘贴	
组成内容		单位	单价	数量			
材料	金刚石 三角形	块	9.60				2.10
	锡纸	kg	70.50				0.03
	清油	kg	17.08	0.07	0.06	0.06	
	煤油	kg	7.60	0.52	0.45	0.45	
	松节油	kg	9.16	0.08	0.07	0.07	1.50
	草酸	kg	12.38	0.12	0.11	0.11	0.30
	硬白蜡	kg	21.33	0.39	0.30	0.30	0.50
	棉纱	kg	18.62	0.16	0.11	0.11	0.10
	水	m^3	7.85	0.299	0.153	0.114	0.238
	材料采管费	元		99.46	96.18	104.65	14.92
	白灰膏	m^3					(0.012)
	素水泥浆	m^3		(0.010)			(0.010)
	水泥砂浆 1:3	m^3			(0.149)	(0.149)	(0.090)
	水泥砂浆 1:2.5	m^3		(0.393)	(0.075)		
	水泥砂浆 1:1.5	m^3					(0.051)
	混合砂浆 1:0.2:2	m^3					(0.134)
机械	灰浆搅拌机 200L	台班	180.11	0.074	0.041	0.041	0.052
	钢筋调直机 *D*14	台班	41.66	0.008			
	钢筋切断机 *D*40	台班	49.13	0.008			
	交流弧焊机 32kVA	台班	103.98	0.029			
	小型机具	元		7.39	1.90	1.90	

单位：10 m^2

编号			6-176	6-177	6-178	6-179	6-180	6-181
项目			块料零星项目					
			凹凸假麻石块	陶瓷锦砖	玻璃陶瓷锦砖	瓷板 152×152	文化石	卵石
			水泥砂浆粘贴					
预算基价	总价（元）		2283.96	2134.42	2219.58	1735.28	2501.94	2494.77
	人工费（元）		1068.88	1434.68	1419.80	1060.20	868.00	1895.96
	材料费（元）		1109.41	562.60	660.75	570.22	1544.46	355.18
	机械费（元）		7.92	5.94	9.19	7.90	10.10	70.24
	管理费（元）		97.75	131.20	129.84	96.96	79.38	173.39
组成内容	单位	单价	数量					
人工 综合工	工日	124.00	8.62	11.57	11.45	8.55	7.00	15.29
材料 凹凸假麻石墙面砖	m^2	93.73	10.60					
陶瓷锦砖	m^2	45.67		10.40				
玻璃陶瓷锦砖	m^2	51.67			10.40			
瓷板 152×152	m^2	44.33				10.60		
文化石	m^2	133.50					10.60	
卵石 20～40	t	350.00						0.530
白水泥	kg	0.66	1.86	2.89	19.41	1.75		
水泥	kg	0.37	150.45	94.15	122.29	145.16	144.28	321.00
砂子	t	87.58	0.368	0.271	0.395	0.291	0.426	0.395
白灰	kg	0.31		7.67	5.49			

续表

单位：10 m^2

编号				6-176	6-177	6-178	6-179	6-180	6-181
项目				块料零星项目					
				凹凸假麻石块	陶瓷锦砖	玻璃陶瓷锦砖	瓷板 152×152	文化石	卵石
				水泥砂浆粘贴					
组成内容		单位	单价	数量					
材料	108 胶	kg	4.98		2.01	2.29	0.25		
	石料切割锯片	片	33.00				0.11	0.09	
	棉纱	kg	18.62	0.11	0.11	0.11	0.11	0.11	0.40
	水	m^3	7.85	0.240	0.147	0.253	0.168	0.239	0.198
	材料采管费	元		22.82	11.57	13.59	11.73	31.77	7.31
	白灰膏	m^3			(0.011)	(0.008)			
	白水泥浆	m^3				(0.011)			
	素水泥浆	m^3		(0.024)	(0.011)		(0.011)		
	水泥砂浆 1:3	m^3		(0.161)	(0.150)	(0.175)	(0.125)	(0.180)	
	水泥砂浆 1:2	m^3		(0.080)				(0.082)	
	水泥砂浆 1:1	m^3					(0.091)	(0.025)	(0.390)
	混合砂浆 1:1:2	m^3			(0.034)				
	混合砂浆 1:0.2:2	m^3				(0.091)			
机械	灰浆搅拌机 200L	台班	180.11	0.044	0.033	0.051	0.040	0.053	0.390
	小型机具	元					0.70	0.55	

单位：10 m²

编号				6-182	6-183	6-184	6-185	6-186
项目				块料零星项目				
				凹凸假麻石块	陶瓷锦砖	玻璃陶瓷锦砖	瓷板 152×152	文化石
				干粉型胶粘剂粘贴				
预算基价	总价（元）			2744.92	2611.69	2662.08	2137.72	2899.25
	人工费（元）			1202.80	1599.60	1583.48	1175.52	972.16
	材料费（元）			1424.74	859.86	924.60	849.86	1831.69
	机械费（元）			7.38	5.94	9.19	4.84	6.49
	管理费（元）			110.00	146.29	144.81	107.50	88.91
组成内容		单位	单价	数量				
人工	综合工	工日	124.00	9.70	12.90	12.77	9.48	7.84
材料	凹凸假麻石墙面砖	m^2	93.73	10.60				
	陶瓷锦砖	m^2	45.67		10.40			
	玻璃陶瓷锦砖	m^2	51.67			10.40		
	瓷板 152×152	m^2	44.33				10.60	
	文化石	m^2	133.50					10.60
	白水泥	kg	0.66	1.86	2.89	2.86	1.75	
	水泥	kg	0.37	87.24	80.15	75.24	69.40	94.67
	砂子	t	87.58	0.368	0.235	0.278	0.196	0.308
	108胶	kg	4.98		0.25		0.25	
	干粉型胶粘剂	kg	6.65	50.02	46.74	46.74	46.70	46.70
	石料切割锯片	片	33.00				0.11	0.09
	棉纱	kg	18.62	0.11	0.11	0.11	0.11	0.11
	水	m^3	7.85	0.189	0.120	0.162	0.128	0.171
	材料采管费	元		29.30	17.69	19.02	17.48	37.67
	素水泥浆	m^3		(0.012)	(0.011)		(0.011)	
	水泥砂浆 1:3	m^3		(0.161)	(0.148)	(0.175)	(0.123)	(0.180)
	水泥砂浆 1:1	m^3						(0.021)
机械	灰浆搅拌机 200L	台班	180.11	0.041	0.033	0.051	0.023	0.033
	小型机具	元					0.70	0.55

七、水池、花坛壁镶贴块料

单位：10 m²

编号				6-187	6-188	6-189	6-190	6-191	6-192
项目				挂贴大理石		粘贴大理石		碎拼大理石	
				砖面	混凝土面	砖面	混凝土面	砖面	混凝土面
预算基价	总价（元）			5305.69	5448.99	4737.26	4843.93	2989.86	2985.95
	人工费（元）			1271.00	1352.84	855.60	915.12	1604.56	1604.56
	材料费（元）			3901.09	3952.30	3795.21	3837.28	1229.19	1226.73
	机械费（元）			17.36	20.13	8.20	7.84	9.37	7.92
	管理费（元）			116.24	123.72	78.25	83.69	146.74	146.74
组成内容		单位	单价	数量					
人工	综合工	工日	124.00	10.25	10.91	6.90	7.38	12.94	12.94
材料	大理石板 综合	m²	340.69	10.40	10.40	10.40	10.40		
	碎大理石板	m²	99.50					10.40	10.40
	白水泥	kg	0.66	1.55	1.55	1.55	1.55		
	水泥	kg	0.37	206.89	206.89	90.75	80.86	156.14	154.49
	砂子	t	87.58	0.591	0.591	0.316	0.279	0.375	0.311
	白灰	kg	0.31					7.97	14.12
	铁件	kg	7.69	3.49					
	膨胀螺栓	套	0.95		52.40				
	合金钢钻头 *D*20	个	41.25		0.66				
	钢筋 *D*10以内	t	2700.29	0.011	0.011				
	铜丝	kg	76.83	0.78	0.78				
	电焊条	kg	8.47	0.15	0.15				
	塑料薄膜	m²	2.20	2.81	2.81				
	石料切割锯片	片	33.00	0.27	0.27	0.27	0.27		
	YJ-Ⅲ胶粘剂	kg	21.00			4.21	4.21		
	YJ-302胶粘剂	kg	30.50				1.58		

续表

单位：10 m²

编号				6-187	6-188	6-189	6-190	6-191	6-192
项目				挂贴大理石		粘贴大理石		碎拼大理石	
				砖面	混凝土面	砖面	混凝土面	砖面	混凝土面
组成内容		单位	单价	数量					
材料	108胶	kg	4.98					4.40	4.77
	金刚石　三角形	块	9.60					2.10	2.10
	锡纸	kg	70.50					0.03	0.03
	清油	kg	17.08	0.05	0.05	0.05	0.05		
	煤油	kg	7.60	0.40	0.40	0.40	0.40		
	松节油	kg	9.16	0.06	0.06	0.06	0.06	1.50	1.50
	草酸	kg	12.38	0.10	0.10	0.10	0.10	0.30	0.30
	硬白蜡	kg	21.33	0.27	0.27	0.27	0.27	0.50	0.50
	棉纱	kg	18.62	0.10	0.10	0.10	0.10	0.10	0.10
	水	m³	7.85	0.281	0.281	0.137	0.126	0.236	0.244
	材料采管费	元		80.24	81.29	78.06	78.93	25.28	25.23
	白灰膏	m³						(0.012)	(0.020)
	素水泥浆	m³		(0.010)	(0.010)			(0.010)	(0.020)
	水泥砂浆　1:3	m³				(0.135)	(0.112)	(0.090)	
	水泥砂浆　1:2.5	m³		(0.393)	(0.393)	(0.067)	(0.067)		
	水泥砂浆　1:1.5	m³						(0.051)	(0.051)
	混合砂浆　1:0.5:3	m³							(0.056)
	混合砂浆　1:0.2:2	m³						(0.132)	(0.135)
机械	灰浆搅拌机　200L	台班	180.11	0.074	0.074	0.036	0.034	0.052	0.044
	钢筋调直机　*D*14	台班	41.66	0.006	0.006				
	钢筋切断机　*D*40	台班	49.13	0.006	0.006				
	交流弧焊机　32kVA	台班	103.98	0.017	0.017				
	小型机具	元		1.72	4.49	1.72	1.72		

单位：10 m²

编号				6-193	6-194	6-195	6-196	6-197	6-198
项目				挂贴花岗岩		粘贴花岗岩		碎拼花岗岩	
				砖面	混凝土面	砖面	混凝土面	砖面	混凝土面
预算基价	总价（元）			6052.44	6195.75	5478.53	5585.02	2474.46	2470.96
	人工费（元）			1271.00	1352.84	855.60	915.12	1604.56	1604.56
	材料费（元）			4647.41	4698.63	4536.48	4578.55	713.79	711.74
	机械费（元）			17.79	20.56	8.20	7.66	9.37	7.92
	管理费（元）			116.24	123.72	78.25	83.69	146.74	146.74
组成内容		单位	单价	数量					
人工	综合工	工日	124.00	10.25	10.91	6.90	7.38	12.94	12.94
材料	花岗岩板 综合	m²	410.50	10.40	10.40	10.40	10.40		
	碎花岗岩板	m²	51.00					10.40	10.40
	白水泥	kg	0.66	1.55	1.55	1.55	1.55		
	水泥	kg	0.37	206.89	206.89	90.75	80.86	155.62	154.49
	砂子	t	87.58	0.591	0.591	0.316	0.279	0.373	0.311
	白灰	kg	0.31					7.90	14.12
	铁件	kg	7.69	3.49					
	膨胀螺栓	套	0.95		52.40				
	合金钢钻头 *D*20	个	41.25		0.66				
	钢筋 *D*10以内	t	2700.29	0.011	0.011				
	铜丝	kg	76.83	0.78	0.78				
	电焊条	kg	8.47	0.15	0.15				
	塑料薄膜	m²	2.20	2.81	2.81				
	石料切割锯片	片	33.00	0.42	0.42	0.27	0.27		
	YJ-Ⅲ胶粘剂	kg	21.00			4.21	4.21		
	YJ-302胶粘剂	kg	30.50				1.58		

续表

单位：10 m^2

编号				6-193	6-194	6-195	6-196	6-197	6-198
项目				挂贴花岗岩		粘贴花岗岩		碎拼花岗岩	
				砖面	混凝土面	砖面	混凝土面	砖面	混凝土面
组成内容		单位	单价	数量					
材料	108 胶	kg	4.98					4.40	4.77
材料	金刚石 三角形	块	9.60					2.10	2.10
材料	锡纸	kg	70.50					0.03	0.03
材料	清油	kg	17.08	0.05	0.05	0.05	0.05		
材料	煤油	kg	7.60	0.40	0.40	0.40	0.40		
材料	松节油	kg	9.16	0.06	0.06	0.06	0.06	1.50	1.50
材料	草酸	kg	12.38	0.10	0.10	0.10	0.10	0.30	0.30
材料	硬白蜡	kg	21.33	0.27	0.27	0.27	0.27	0.50	0.50
材料	棉纱	kg	18.62	0.10	0.10	0.10	0.10	0.10	0.10
材料	水	m^3	7.85	0.281	0.281	0.137	0.126	0.235	0.244
材料	材料采管费	元		95.59	96.64	93.31	94.17	14.68	14.64
材料	白灰膏	m^3						(0.011)	(0.020)
材料	素水泥浆	m^3		(0.010)	(0.010)			(0.010)	(0.020)
材料	水泥砂浆 1:3	m^3				(0.135)	(0.112)	(0.090)	
材料	水泥砂浆 1:2.5	m^3		(0.393)	(0.393)	(0.067)	(0.067)		
材料	水泥砂浆 1:1.5	m^3						(0.051)	(0.051)
材料	混合砂浆 1:0.5:3	m^3							(0.056)
材料	混合砂浆 1:0.2:2	m^3						(0.131)	(0.135)
机械	灰浆搅拌机 200L	台班	180.11	0.074	0.074	0.036	0.033	0.052	0.044
机械	钢筋调直机 *D*14	台班	41.66	0.006	0.006				
机械	钢筋切断机 *D*40	台班	49.13	0.006	0.006				
机械	交流弧焊机 32kVA	台班	103.98	0.017	0.017				
机械	小型机具	元		2.15	4.92	1.72	1.72		

单位：10 m^2

编号				6-199	6-200	6-201	6-202
项目				水泥砂浆粘贴			
				凹凸假麻石块	面砖 150×75		
					灰缝 5 mm	灰缝 10 mm 以内	灰缝 20 mm 以内
预算基价	总价（元）			1907.57	1568.44	1547.05	1502.00
	人工费（元）			756.40	959.76	958.52	953.56
	材料费（元）			1074.98	512.86	492.46	452.28
	机械费（元）			7.02	8.05	8.41	8.96
	管理费（元）			69.17	87.77	87.66	87.20
组成内容		单位	单价	数量			
人工	综合工	工日	124.00	6.10	7.74	7.73	7.69
材料	凹凸假麻石墙面砖	m^2	93.73	10.40			
	墙面砖 150×75	m^2	45.50		9.31	8.81	7.78
	白水泥	kg	0.66	1.55			
	水泥	kg	0.37	125.92	113.38	119.14	134.78
	砂子	t	87.58	0.308	0.354	0.361	0.380
	石料切割锯片	片	33.00		0.08	0.08	0.08
	棉纱	kg	18.62	0.10	0.10	0.10	0.10
	水	m^3	7.85	0.207	0.159	0.162	0.170
	材料采管费	元		22.11	10.55	10.13	9.30
	素水泥浆	m^3		(0.020)			
	水泥砂浆 1:3	m^3		(0.135)	(0.168)	(0.168)	(0.168)
	水泥砂浆 1:2	m^3		(0.067)	(0.051)	(0.051)	(0.051)
	水泥砂浆 1:1	m^3			(0.015)	(0.022)	(0.041)
机械	灰浆搅拌机 200L	台班	180.11	0.039	0.042	0.044	0.047
	小型机具	元			0.49	0.49	0.49

八、墙、柱面装饰

单位：10 m^2

编号				6-203	6-204	6-205	6-206	6-207
项目				木龙骨断面 7.5 cm^2 以内		木龙骨断面 13 cm^2 以内		
				平均中距（cm以内）				
				30	40	30	40	45
预算基价	总价（元）			425.61	351.83	531.31	439.29	415.89
	人工费（元）			152.52	130.20	152.52	131.44	131.44
	材料费（元）			256.60	207.60	362.30	293.70	270.40
	机械费（元）			2.54	2.12	2.54	2.13	2.03
	管理费（元）			13.95	11.91	13.95	12.02	12.02
组成内容		单位	单价	数量				
人工	综合工	工日	124.00	1.23	1.05	1.23	1.06	1.06
材料	杉木锯材	m^3	2465.00	0.079	0.063	0.121	0.097	0.088
	膨胀螺栓	套	0.95	31.59	26.99	31.59	27.23	27.23
	合金钢钻头	个	30.00	0.78	0.67	0.78	0.68	0.68
	铁钉	kg	7.81	0.39	0.28	0.39	0.28	0.20
	防腐油	kg	0.58	0.22	0.18	0.22	0.18	0.16
	材料采管费	元		5.28	4.27	7.45	6.04	5.56
机械	木工圆锯机 D500	台班	30.72	0.029	0.023	0.029	0.023	0.020
	小型机具	元		1.65	1.41	1.65	1.42	1.42

单位：10 m^2

编号				6-208	6-209	6-210	6-211
项目				木龙骨断面 20 cm^2 以内			
				平均中距（cm 以内）			
				30	40	45	50
预算基价	总价（元）			675.07	555.07	516.56	467.36
	人工费（元）			156.24	135.16	131.44	115.32
	材料费（元）			501.96	405.38	371.07	339.63
	机械费（元）			2.58	2.17	2.03	1.86
	管理费（元）			14.29	12.36	12.02	10.55
组成内容		单位	单价	数量			
人工	综合工	工日	124.00	1.26	1.09	1.06	0.93
材料	杉木锯材	m^3	2465.00	0.176	0.141	0.128	0.118
	膨胀螺栓	套	0.95	32.24	27.88	27.23	23.84
	合金钢钻头	个	30.00	0.80	0.69	0.68	0.59
	铁钉	kg	7.81	0.39	0.28	0.20	0.17
	防腐油	kg	0.58	0.22	0.18	0.16	0.16
	材料采管费	元		10.32	8.34	7.63	6.99
机械	木工圆锯机 D500	台班	30.72	0.029	0.023	0.020	0.020
	小型机具	元		1.69	1.46	1.42	1.25

单位：10 m^2

编号				6-212	6-213	6-214	6-215	6-216	6-217	6-218
项目				木龙骨断面 30 cm^2 以内				木龙骨断面 45 cm^2 以内		
				平均中距（cm 以内）						
				40	45	50	55	50	60	80
预算基价	总价（元）			728.19	680.16	626.20	568.00	794.31	707.27	592.50
	人工费（元）			136.40	135.16	119.04	119.04	120.28	109.12	80.60
	材料费（元）			577.14	530.57	494.38	436.24	661.12	586.44	503.22
	机械费（元）			2.18	2.07	1.89	1.83	1.91	1.73	1.31
	管理费（元）			12.47	12.36	10.89	10.89	11.00	9.98	7.37
组成内容		单位	单价	数量						
人工	综合工	工日	124.00	1.10	1.09	0.96	0.96	0.97	0.88	0.65
材料	杉木锯材	m^3	2465.00	0.209	0.191	0.179	0.156	0.245	0.217	0.188
	膨胀螺栓	套	0.95	28.20	27.88	24.48	24.48	24.81	22.62	16.73
	合金钢钻头	个	30.00	0.70	0.69	0.61	0.61	0.62	0.56	0.42
	铁钉	kg	7.81	0.28	0.20	0.17	0.14	0.17	0.14	0.11
	防腐油	kg	0.58	0.18	0.16	0.16	0.14	0.16	0.16	0.16
	材料采管费	元		11.87	10.91	10.17	8.97	13.60	12.06	10.35
机械	木工圆锯机 $D500$	台班	30.72	0.023	0.020	0.020	0.018	0.020	0.018	0.014
	小型机具	元		1.47	1.46	1.28	1.28	1.30	1.18	0.88

单位：10 m^2

编号				6-219	6-220	6-221	6-222
项目				轻钢龙骨			
				中距（cm以内）			石膏龙骨
				竖 60.3 横 150	单向 50	单向 150	
预算基价	总价（元）			400.77	517.79	348.81	1315.35
	人工费（元）			114.08	131.44	152.52	114.08
	材料费（元）			274.10	370.37	164.28	1189.70
	机械费（元）			2.16	3.96	18.06	1.14
	管理费（元）			10.43	12.02	13.95	10.43
组成内容		单位	单价	数量			
人工	综合工	工日	124.00	0.92	1.06	1.23	0.92
材料	轻钢龙骨 75×40×0.63	m	5.14	10.64			
	轻钢龙骨 75×50×0.63	m	6.30	19.95			
	铝合金龙骨 60×30×1.5	m	10.79		24.82		
	热轧等边角钢 45×4	t	2693.67			0.043	
	石膏龙骨 50×70	m	13.35				46.27
	热轧槽钢 60	t	2472.50				0.009
	膨胀螺栓	套	0.95	22.68	59.52	27.21	21.02
	铆钉	个	0.51	94.00			
	合金钢钻头	个	30.00	0.62	1.28	0.62	0.54
	电焊条	kg	8.47			0.02	
	铁钉	kg	7.81				51.02
	乙炔气 5.5~6.5kg	m^3	18.53			0.016	
	氧气 6m^3	m^3	3.27			0.048	
	石膏粉	kg	1.05				31.30
	791胶粘剂	kg	7.50				7.63
	792胶粘剂	kg	18.25				0.03
	材料采管费	元		5.64	7.62	3.38	24.47
机械	交流弧焊机 32kVA	台班	103.98			0.154	
	小型机具	元		2.16	3.96	2.05	1.14

单位：10 m²

编号				6-223	6-224	6-225	6-226	6-227	6-228
项目				胶合板基层		石膏板基层	细木工板基层	玻璃棉毡隔离层	油毡隔离层
				5 mm	9 mm				
预算基价	总价（元）			419.57	696.51	227.97	1391.60	423.32	116.82
	人工费（元）			79.36	93.00	88.04	107.88	42.16	49.60
	材料费（元）			323.49	580.79	131.88	1259.64	377.30	62.68
	机械费（元）			9.46	14.21		14.21		
	管理费（元）			7.26	8.51	8.05	9.87	3.86	4.54
组成内容		单位	单价	数量					
人工	综合工	工日	124.00	0.64	0.75	0.71	0.87	0.34	0.40
材料	胶合板 5mm 厚	m²	28.32	10.50					
	胶合板 9mm 厚	m²	52.20		10.50				
	石膏板	m²	10.88			10.50			
	大芯板（细木工板）	m²	115.50				10.50		
	玻璃棉毡	m²	35.15					10.50	
	油毡	m²	4.38						10.50
	射钉(枪钉)	个	0.42	6.00	9.00		9.00		
	铁钉	kg	7.81	0.26	0.26		0.29	0.06	0.06
	聚醋酸乙烯乳液	kg	10.59	1.41	1.41	1.41	1.41		1.41
	材料采管费	元		6.65	11.95	2.71	25.91	7.76	1.29
机械	电动空气压缩机 0.3m³	台班	34.40	0.275	0.413		0.413		

单位：10 m^2

编号				6-229	6-230	6-231	6-232	6-233	6-234
项目				镜面玻璃墙面		镭射玻璃墙面		不锈钢面板墙面	不锈钢卡口槽（10m）
				在胶合板上粘贴	在砂浆面上粘贴	在胶合板上粘贴	在砂浆面上粘贴		
预算基价	总价（元）			1749.70	2171.52	3981.10	4397.49	5047.83	492.09
	人工费（元）			209.56	292.64	195.92	274.04	510.88	188.48
	材料费（元）			1520.98	1849.59	3767.26	4095.86	4490.23	286.37
	机械费（元）				2.53		2.53		
	管理费（元）			19.16	26.76	17.92	25.06	46.72	17.24
组成内容		单位	单价	数量					
人工	综合工	工日	124.00	1.69	2.36	1.58	2.21	4.12	1.52
材料	镜面玻璃 6.0	m^2	71.42	12.10	12.10				
	镭射玻璃 成品	m^2	297.50			10.30	10.30		
	镜面不锈钢板 8K成型	m^2	357.50					11.57	
	不锈钢卡口槽	m	21.13						10.60
	杉木锯材	m^3	2465.00		0.008		0.008		
	镀锌螺钉 M7.5带垫	套	1.27	117.90	81.63	117.90	81.63		
	不锈钢钉	kg	35.30	0.25		0.25			
	不锈钢压条 6.5×15	m	12.98	12.47		12.47			
	合金钢钻头	个	30.00		0.60		0.60		
	双面强力弹性胶带 7.0	m	2.40		50.53		50.53		
	铝收口条压条	m	9.98		68.09		68.09		
	玻璃胶 350g	支	28.25	10.80		10.80		9.26	2.00
	XY—518胶	kg	20.67		0.25		0.25		
	材料采管费	元		31.28	38.04	77.49	84.24	92.36	5.89
机械	小型机具	元			2.53		2.53		

单位：10 m^2

编号				6-235	6-236	6-237	6-238	6-239
项目				胶合板墙面	硬木板条墙面	杉木薄板墙面	柚木皮墙面	木制饰面板拼色、拼花墙面
预算基价	总价（元）			503.87	1813.59	1205.69	959.05	987.07
	人工费（元）			194.68	336.04	539.40	300.08	520.80
	材料费（元）			272.47	1425.50	616.96	631.53	397.17
	机械费（元）			18.92	21.32			21.47
	管理费（元）			17.80	30.73	49.33	27.44	47.63
组成内容		单位	单价	数量				
人工	综合工	工日	124.00	1.57	2.71	4.35	2.42	4.20
材料	胶合板 3mm厚	m^2	19.75	11.00				
	硬杂木锯材 一类	m^3	5685.00		0.245			
	杉木锯材	m^3	2465.00			0.244		
	柚木皮	m^2	50.27				11.00	
	榉木夹板 3.0	m^2	27.15					12.50
	聚醋酸乙烯乳液	kg	10.59	4.21				4.21
	万能胶	kg	20.75				3.16	
	铁钉	kg	7.81		0.43	0.36		
	射钉(枪钉)	个	0.42	12.00				12.00
	材料采管费	元		5.60	29.32	12.69	12.99	8.17
机械	电动空气压缩机 0.3m^3	台班	34.40	0.550				0.624
	木工圆锯机 D500	台班	30.72		0.190			
	木工压刨床 双面600	台班	60.71		0.255			

单位：10 m²

编号				6-240	6-241	6-242	6-243	6-244
项目				石膏板墙面	电化铝板墙面	铝合金装饰板墙面	铝合金复合板墙面	
							胶合板基层上	木龙骨基层上
预算基价	总价（元）			262.77	1030.05	1171.72	2597.88	2432.33
	人工费（元）			127.72	271.56	218.24	419.12	419.12
	材料费（元）			123.37	733.66	933.52	2140.43	1974.88
	管理费（元）			11.68	24.83	19.96	38.33	38.33
组成内容		单位	单价	数量				
人工	综合工	工日	124.00	1.03	2.19	1.76	3.38	3.38
材料	石膏板	m²	10.88	10.50				
	电化铝装饰板 宽100	m²	56.70		10.60			
	电化角铝 25.4×2	m	6.15		17.77			
	铝合金条板 宽100	m²	72.03			10.60		
	铝收口条压条	m	9.98			10.59		
	铝塑板	m²	157.88				11.49	11.49
	嵌缝膏	kg	1.75	0.20				
	铁钉	kg	7.81	0.51				
	铝拉铆钉 4×10	个	0.04		206.63			
	镀锌螺钉	个	0.18			250.61		
	SY-19粘胶	kg	20.50	0.11				
	玻璃胶 350g	支	28.25				8.61	2.87
	密封胶	支	7.75				5.05	5.05
	材料采管费	元		2.54	15.09	19.20	44.02	40.62

单位：10 m^2

编号				6-245	6-246	6-247	6-248	6-249	6-250
项目				镜面玻璃柱(梁)面		镭射玻璃柱(梁)面		不锈钢面板	
				在胶合板上粘贴	在砂浆面上粘贴	在胶合板上粘贴	在砂浆面上粘贴	方形梁、柱面	圆形梁、柱面
预算基价	总价（元）			1707.97	2328.16	3943.41	4563.61	4927.02	4844.02
	人工费（元）			218.24	388.12	208.32	378.20	491.04	489.80
	材料费（元）			1469.77	1902.51	3716.04	4148.78	4391.07	4309.43
	机械费（元）				2.04		2.04		
	管理费（元）			19.96	35.49	19.05	34.59	44.91	44.79
组成内容		单位	单价	数量					
人工	综合工	工日	124.00	1.76	3.13	1.68	3.05	3.96	3.95
材料	镜面玻璃 6.0	m^2	71.42	12.10	12.10				
	镭射玻璃 成品	m^2	297.50			10.30	10.30		
	镜面不锈钢板 8K成型	m^2	357.50					11.39	11.16
	镀锌螺钉	个	0.18	96.42	65.65	96.42	65.65		
	不锈钢钉	kg	35.30	0.45		0.45			
	不锈钢压条 6.5×15	m	12.98	18.26		18.26			
	合金钢钻头	个	30.00		0.48		0.48		
	双面强力弹性胶带	m	6.38		57.58		57.58		
	杉木锯材	m^3	2465.00		0.008		0.008		
	铝收口条压条	m	9.98		58.19		58.19		
	玻璃胶 350g	支	28.25	10.80		10.80		8.10	8.18
	XY—518胶	kg	20.67		0.25		0.25		
	材料采管费	元		30.23	39.13	76.43	85.33	90.32	88.64
机械	小型机具	元			2.04		2.04		

单位：10 m^2

编号				6-251	6-252	6-253	6-254	6-255
项目				木龙骨玻璃隔断		花式木隔断		
				半玻	全玻	直栅漏空	井格	
							100×100	200×200
预算基价	总价（元）			1508.10	1496.40	1371.88	2620.12	1986.93
	人工费（元）			487.32	505.92	582.80	1032.92	756.40
	材料费（元）			967.50	935.73	642.32	1327.59	1040.33
	机械费（元）			8.71	8.48	93.46	165.15	121.03
	管理费（元）			44.57	46.27	53.30	94.46	69.17
组成内容		单位	单价	数量				
人工	综合工	工日	124.00	3.93	4.08	4.70	8.33	6.10
材料	杉木锯材	m^3	2465.00	0.232	0.226	0.241	0.489	0.402
	松木锯材 三类	m^3	1546.08	0.018	0.016			
	玻璃 5.0	m^2	32.15	10.55	10.14			
	铁钉	kg	7.81	0.57	0.53			
	射钉(枪钉)	个	0.42			45.30	145.20	38.60
	木螺钉	个	0.19				53.01	
	防腐油	kg	0.58	0.33	0.22			
	聚醋酸乙烯乳液	kg	10.59			1.27	1.75	0.72
	零星材料费	元		4.06	4.38	2.57	5.31	4.16
	材料采管费	元		19.90	19.25	13.21	27.31	21.40
机械	木工圆锯机 $D500$	台班	30.72	0.025	0.025	0.165	0.289	0.212
	木工压刨床 单面600	台班	38.76	0.205	0.199	0.825	1.449	1.064
	电动空气压缩机 $0.3m^3$	台班	34.40			1.640	2.910	2.130

单位：10 m²

编号					6-256	6-257	6-258	6-259	6-260
项目					塑钢隔断			铝合金玻璃隔断	铝合金板条隔断
					全玻	半玻	全塑钢板		
预算基价	总价（元）				3897.69	4379.12	4954.51	2959.55	3479.45
	人工费（元）				494.76	450.12	390.60	488.56	384.40
	材料费（元）				3353.71	3885.79	4526.38	2386.60	3058.09
	机械费（元）				3.97	2.05	1.81	39.71	1.81
	管理费（元）				45.25	41.16	35.72	44.68	35.15
组成内容			单位	单价	数量				
人工	综合工		工日	124.00	3.99	3.63	3.15	3.94	3.10
材料	全玻塑钢隔断		m²	285.50	10.20				
	半玻塑钢隔断		m²	336.50		10.20			
	全塑钢板隔断		m²	397.90			10.20		
	铝合金型材		kg	22.35				41.18	39.38
	铝合金条板	宽100	m²	72.03					9.73
	槽铝		m	17.67					62.82
	电化角铝		m	6.15					27.73
	铁件		kg	7.69					9.56

续表

单位：10 m^2

编号				6-256	6-257	6-258	6-259	6-260
项目				塑钢隔断			铝合金玻璃隔断	铝合金板条隔断
				全玻	半玻	全塑钢板		
组成内容		单位	单价	数量				
材料	膨胀螺栓	套	0.95	21.83	21.83	21.83	34.90	25.98
	自攻螺钉	个	0.07	137.66	137.66	137.66		
	玻璃 5.0	m^2	32.15				12.10	
	不锈钢螺钉 4×12	个	4.29				188.85	
	自攻螺钉 20mm	个	0.04					46.30
	自攻螺钉 30mm	个	0.06					469.91
	皮条	m	4.73	62.69	62.69	62.69		
	玻璃胶 350g	支	28.25	1.41	1.41	1.41	6.32	
	水泥	kg	0.37				3.39	
	砂子	t	87.58				0.009	
	水	m^3	7.85				0.002	
	零星材料费	元		5.90	6.84	7.97	4.20	5.38
	材料采管费	元		68.98	79.92	93.10	49.09	62.90
	水泥砂浆 1:2	m^3					(0.006)	
机械	小型机具	元		3.97	2.05	1.81	39.71	1.81

单位：10 m^2

编号					6-261	6-262	6-263	6-264	6-265
项目					铝板幕墙		板条墙上单面钉	砖墙、砌块墙上单面钉	墙面钉铁钉绕钢丝
					铝塑板	铝板	铅丝网		
预算基价	总价（元）				8178.94	11339.23	166.97	173.63	311.02
	人工费（元）				2695.76	2317.56	63.28	63.28	251.99
	材料费（元）				5142.96	8716.04	97.34	104.00	33.74
	机械费（元）				93.69	93.69			
	管理费（元）				246.53	211.94	6.35	6.35	25.29
组成内容			单位	单价	数量				
人工	综合工		工日	124.00	21.74	18.69			
	综合工		工日	113.00			0.56	0.56	2.23
材料	铝塑板		m^2	157.88	11.78				
	铝单板		m^2	530.10		10.20			
	铝合金型材	104 系列	kg	37.90	64.47	63.08			
	铁件		kg	7.69	20.29	20.36			
	镀锌薄钢板	1.2	m^2	37.10	2.40	2.40			
	镀锌拧花铅丝网		m^2	8.44			10.50	10.50	
	不锈钢带帽螺栓	M12×450	套	12.10	13.29	13.29			
	不锈钢螺栓	M12×110	套	5.00	13.29	13.29			
	自攻螺钉	M4×35	个	0.07	224.98	224.98			
	铁钉		kg	7.81			0.86		3.26
	镀锌钢丝	$D3.5$	kg	7.93				1.67	
	镀锌钢丝	$D1.2$	kg	8.16					0.93
	泡沫条		m	0.58	25.44	25.44			
	岩棉		m^2	9.20	0.91	0.91			
	结构胶	DC995	L	73.75	0.82	0.82			
	耐候胶	DC79HN	L	68.00	2.29	2.29			
	零星材料费		元		6.54	11.08			
	材料采管费		元		105.78	179.27	2.00	2.14	0.69
机械	交流弧焊机	32kVA	台班	103.98	0.880	0.880			
	小型机具		元		2.19	2.19			

第七章　天　棚　工　程

说　明

一、本章包括天棚抹灰，天棚龙骨，天棚基层，天棚面层，玻璃采光，木格栅天棚等5节；共116条基价子目。

二、本章基价子目中砂浆配合比如与设计要求不同时，允许调整，但人工费、砂浆消耗量、机械费及管理费不变。

三、本章基价子目中当主料品种不同时，可按设计要求对主要材料进行补充换算，但人工费、机械费及管理费不变。

四、如设计要求在水泥砂浆中掺防水粉时，可按设计比例增加防水粉，其他工料不变。

五、天棚抹小圆角因素均已考虑在基价内，不另行计算。

六、设计要求抹灰厚度与预算基价不同时，砂浆体积按第六章“墙、柱面工程”说明中“一般抹灰砂浆厚度调整表”计算，人工费、机械费及管理费不变。

七、本章基价中抹混合砂浆及水泥砂浆，均系中级抹灰水平。当设计要求抹灰不压光时，其人工费和管理费均乘以系数0.87。

八、本章龙骨如实际采用不同时允许换算。其中木质龙骨损耗率6%，轻钢龙骨损耗率6%，铝合金龙骨损耗率7%。

九、轻钢龙骨，铝合金龙骨基价中为双层结构（即中、小龙骨紧贴大龙骨底面吊挂）。如使用单层结构（大、中龙骨底面在同水平上），平面天棚的轻钢龙骨，铝合金龙骨人工费和管理费乘以系数0.83；跌级天棚的轻钢龙骨人工费和管理费乘以系数0.87，铝合金龙骨人工费和管理费乘以系数0.84。

十、天棚面层在同一标高者为平面天棚，天棚面层不在同一标高者为跌级天棚。跌级天棚面层人工费和管理费乘以系数1.10。

十一、天棚检查孔的工料已包括在基价子目中，不另计算。

工　作　内　容

一、天棚抹灰项目包括：清理，修补基层、调运砂浆、抹灰、找平、罩面、压光、小圆角抹光、清扫落地灰等。

二、对剖圆木天棚龙骨项目包括：定位、弹线、选料、下料、制作安装、刷防腐油。

三、方木天棚龙骨项目包括：制作安装木楞（包括检查孔）、刷防腐油。

四、轻钢天棚龙骨项目包括：吊件加工、安装，定位、弹线、射钉，选料、下料、定位杆控制高度、平整、安装龙骨及吊配附件、孔洞预留等，临时加固、调整、校正，灯箱风口封边，龙骨设置，预留位置，整体调整。

五、铝合金天棚龙骨项目包括：定位、弹线、射钉、膨胀螺栓及吊筋安装，选料、下料组装，安装龙骨及吊配附件、临时固定支撑，预留孔洞、安封边龙骨，调整、校正。

六、天棚基层项目包括：安装天棚基层。

七、天棚面层项目包括：安装天棚面层。

八、玻璃采光天棚项目包括：制作安装骨架、安装天棚面层。

九、木格栅天棚项目包括：定位、放线、下料、制作安装。

工 程 量 计 算 规 则

一、天棚抹灰面积按主墙间净空面积计算，不扣除柱、垛、附墙烟囱、间壁墙检查洞和管道所占的面积。带有钢筋混凝土梁的天棚，梁的两侧抹灰面积应并入天棚抹灰工程量内计算。

二、檐口天棚的抹灰并入相同的天棚抹灰工程量内计算。

三、有坡度及拱顶的天棚抹灰面按展开面积计算。计算方法：按水平投影面积乘以下表延长系数。

拱 顶 延 长 系 数 表

拱高：跨度	1:2	1:2.5	1:3	1:3.5	1:4	1:4.5	1:5	1:5.5	1:6	1:6.5	1:7	1:8	1:9	1:10
延长系数	1.571	1.383	1.274	1.205	1.159	1.127	1.103	1.086	1.073	1.062	1.054	1.041	1.033	1.026

注：此表即弓形弧长系数表。拱高及矢高，跨度即弦长。弧长等于弦长乘以系数。

四、各种吊顶天棚龙骨按主墙间净空面积计算，不扣除间壁墙、检查口、附墙烟囱、柱、垛和管道所占面积，但天棚中的折线、迭落的圆弧形、高低吊灯槽等面积也不展开。

五、天棚基层按展开面积计算。

六、天棚面层按主墙间实铺面积计算，不扣除间壁墙、检查口、附墙烟囱、附墙垛和管道所占面积，但应扣除0.3 m^2 以上的孔洞、独立柱、灯槽及与天棚相连的窗帘盒所占的面积。天棚中的折线、迭落等圆弧形、拱形、高低灯槽及其他艺术形式天棚面层均按展开面积计算。

七、龙骨、基层、面层合并列项的子目按主墙间净空面积计算，不扣除间壁墙、检查口、附墙烟囱、柱、垛和管道所占面积，但天棚中的折线，迭落等圆弧形、高低吊灯槽等面积也不展开。

一、天 棚 抹 灰

单位：10 m^2

编号					7-1	7-2	7-3	7-4
项目					混凝土天棚			
					素水泥浆 2 mm 1:1:6混合砂浆 8 mm 1:1:4混合砂浆 7.5 mm	素水泥浆 2 mm 1:0.3:3混合砂浆 16 mm	素水泥浆 2 mm 1:3:9混合砂浆 15.5 mm	素水泥浆 2 mm 1:3水泥砂浆 8 mm 1:2.5水泥砂浆 7.5 mm
预算基价	总价（元）				308.63	320.64	349.66	322.83
	人工费（元）				209.05	212.44	232.78	213.57
	材料费（元）				68.16	76.36	83.64	77.34
	机械费（元）				17.08	17.27	17.27	17.27
	管理费（元）				14.34	14.57	15.97	14.65
组成内容			单位	单价	数量			
人工	综合工		工日	113.00	1.85	1.88	2.06	1.89
材料	水泥		kg	0.37	80.96	111.17	68.95	123.09
	砂子		t	87.58	0.274	0.283	0.381	0.296
	白灰		kg	0.31	27.08	13.41	60.20	
	木脚手板		m^3	1833.33	0.002	0.002	0.002	0.002
	水		m^3	7.85	0.095	0.134	0.091	0.078
	材料采管费		元		1.40	1.57	1.72	1.59
	白灰膏		m^3		(0.039)	(0.019)	(0.086)	
	素水泥浆		m^3		(0.023)	(0.023)	(0.023)	(0.023)
	混合砂浆	1:1:6	m^3		(0.088)			
	混合砂浆	1:1:4	m^3		(0.104)			
	混合砂浆	1:0.3:3	m^3			(0.197)		
	混合砂浆	1:3:9	m^3				(0.279)	
	水泥砂浆	1:3	m^3					(0.089)
	水泥砂浆	1:2.5	m^3					(0.103)
机械	灰浆搅拌机	400L	台班	187.73	0.091	0.092	0.092	0.092

单位：10 m^2

编号					7-5	7-6	7-7	7-8
项目					金属网天棚			楼梯底面抹灰及刷浆
					1:5水泥白灰麻刀浆 6 mm 1:2.5白灰砂浆 7.5 mm 1:1:6混合砂浆 6.5 mm	1:1:2混合砂浆 6 mm 1:0.5:4混合砂浆 7 mm 1:3:9混合砂浆 7 mm	素水泥浆 2 mm 1:1:6混合砂浆 8 mm	
预算基价	总价（元）				342.25	354.05	248.89	394.70
	人工费（元）				226.00	226.00	181.93	311.88
	材料费（元）				83.48	96.41	39.65	61.43
	机械费（元）				17.27	16.14	14.83	
	管理费（元）				15.50	15.50	12.48	21.39
组成内容			单位	单价	数量			
人工	综合工		工日	113.00	2.00	2.00	1.61	2.76
材料	水泥		kg	0.37	43.35	95.39	52.84	36.54
	砂子		t	87.58	0.270	0.397	0.136	0.268
	白灰		kg	0.31	91.67	62.91	10.70	43.13
	麻刀		kg	4.53	1.96			
	纸筋		kg	4.03				1.26
	大白粉		kg	1.05				3.00
	羧甲基纤维素		kg	13.00				0.07
	木脚手板		m^3	1833.33	0.002	0.002	0.002	
	水		m^3	7.85	0.141	0.153	0.049	0.086
	材料采管费		元		1.72	1.98	0.82	1.26
	白灰膏		m^3		(0.130)	(0.090)	(0.015)	(0.062)
	素水泥浆		m^3				(0.023)	
	水泥白灰麻刀浆	1:5	m^3		(0.098)			
	白灰砂浆	1:2.5	m^3		(0.082)			
	混合砂浆	1:1:6	m^3		(0.093)		(0.088)	(0.173)
	混合砂浆	1:1:2	m^3			(0.155)		
	混合砂浆	1:0.5:4	m^3			(0.077)		
	混合砂浆	1:3:9	m^3			(0.098)		
	水泥砂浆	1:2	m^3					(0.001)
	纸筋灰浆		m^3					(0.033)
机械	灰浆搅拌机	400L	台班	187.73	0.092	0.086	0.079	

单位：10 m²

编号				7-9	7-10	7-11	7-12
项目				矩形梁		异形梁	
				素水泥浆 2 mm 1:3水泥砂浆 11 mm 1:2水泥砂浆 7 mm	素水泥浆 2 mm 1:1:6混合砂浆 9 mm 1:1:4混合砂浆 9 mm	素水泥浆 2 mm 1:3水泥砂浆 11 mm 1:2水泥砂浆 7 mm	素水泥浆 2 mm 1:1:6混合砂浆 9 mm 1:1:4混合砂浆 9 mm
预算基价	总价（元）			459.30	451.75	628.35	619.60
	人工费（元）			329.96	333.35	488.16	490.42
	材料费（元）			80.80	69.26	80.80	69.26
	机械费（元）			25.91	26.28	25.91	26.28
	管理费（元）			22.63	22.86	33.48	33.64
组成内容		单位	单价	数量			
人工	综合工	工日	113.00	2.92	2.95	4.32	4.34
材料	水泥	kg	0.37	132.35	81.39	132.35	81.39
	砂子	t	87.58	0.316	0.298	0.316	0.298
	白灰	kg	0.31		29.02		29.02
	木脚手板	m³	1833.33	0.001	0.001	0.001	0.001
	水	m³	7.85	0.084	0.101	0.084	0.101
	材料采管费	元		1.66	1.42	1.66	1.42
	白灰膏	m³			(0.041)		(0.041)
	素水泥浆	m³		(0.021)	(0.021)	(0.021)	(0.021)
	水泥砂浆 1:3	m³		(0.128)		(0.128)	
	水泥砂浆 1:2	m³		(0.081)		(0.081)	
	混合砂浆 1:1:6	m³			(0.104)		(0.104)
	混合砂浆 1:1:4	m³			(0.104)		(0.104)
机械	灰浆搅拌机 400L	台班	187.73	0.138	0.140	0.138	0.140

二、天棚龙骨

单位：10 m^2

<table>
<tr><td colspan="4">编号</td><td>7-13</td><td>7-14</td><td>7-15</td><td>7-16</td><td>7-17</td></tr>
<tr><td colspan="4" rowspan="4">项目</td><td colspan="5">对剖圆木天棚龙骨（搁在砖墙上）</td></tr>
<tr><td rowspan="3">单层楞</td><td colspan="4">双层楞</td></tr>
<tr><td colspan="4">面层规格（mm）</td></tr>
<tr><td>300×300</td><td>450×450</td><td>600×600</td><td>600×600 以上</td></tr>
<tr><td rowspan="4">预算基价</td><td colspan="3">总价（元）</td><td>476.76</td><td>836.13</td><td>717.42</td><td>652.47</td><td>610.00</td></tr>
<tr><td colspan="3">人工费（元）</td><td>265.36</td><td>317.44</td><td>291.40</td><td>279.00</td><td>265.36</td></tr>
<tr><td colspan="3">材料费（元）</td><td>187.12</td><td>489.64</td><td>399.35</td><td>347.94</td><td>320.36</td></tr>
<tr><td colspan="3">管理费（元）</td><td>24.28</td><td>29.05</td><td>26.67</td><td>25.53</td><td>24.28</td></tr>
<tr><td colspan="2">组成内容</td><td>单位</td><td>单价</td><td colspan="5">数量</td></tr>
<tr><td>人工</td><td>综合工</td><td>工日</td><td>124.00</td><td>2.14</td><td>2.56</td><td>2.35</td><td>2.25</td><td>2.14</td></tr>
<tr><td rowspan="5">材料</td><td>杉原木</td><td>m³</td><td>1413.33</td><td>0.125</td><td>0.127</td><td>0.127</td><td>0.127</td><td>0.127</td></tr>
<tr><td>松木锯材 三类</td><td>m³</td><td>1546.08</td><td></td><td>0.188</td><td>0.132</td><td>0.100</td><td>0.083</td></tr>
<tr><td>铁钉</td><td>kg</td><td>7.81</td><td>0.82</td><td>1.17</td><td>0.94</td><td>0.83</td><td>0.74</td></tr>
<tr><td>防腐油</td><td>kg</td><td>0.58</td><td>0.34</td><td>0.47</td><td>0.38</td><td>0.34</td><td>0.30</td></tr>
<tr><td>材料采管费</td><td>元</td><td></td><td>3.85</td><td>10.07</td><td>8.21</td><td>7.16</td><td>6.59</td></tr>
</table>

单位：10 m^2

<table>
<tr><td colspan="4">编号</td><td>7-18</td><td>7-19</td><td>7-20</td><td>7-21</td><td>7-22</td></tr>
<tr><td colspan="4" rowspan="4">项目</td><td colspan="5">对剖圆木天棚龙骨（吊在梁下或板下）</td></tr>
<tr><td rowspan="3">单层楞</td><td colspan="4">双层楞</td></tr>
<tr><td colspan="4">面层规格（mm）</td></tr>
<tr><td>300×300</td><td>450×450</td><td>600×600</td><td>600×600 以上</td></tr>
<tr><td rowspan="5">预算基价</td><td colspan="3">总价（元）</td><td>545.26</td><td>1036.27</td><td>898.54</td><td>823.70</td><td>774.56</td></tr>
<tr><td colspan="3">人工费（元）</td><td>260.40</td><td>312.48</td><td>286.44</td><td>274.04</td><td>260.40</td></tr>
<tr><td colspan="3">材料费（元）</td><td>260.41</td><td>694.57</td><td>585.27</td><td>523.96</td><td>489.71</td></tr>
<tr><td colspan="3">机械费（元）</td><td>0.62</td><td>0.62</td><td>0.62</td><td>0.62</td><td>0.62</td></tr>
<tr><td colspan="3">管理费（元）</td><td>23.83</td><td>28.60</td><td>26.21</td><td>25.08</td><td>23.83</td></tr>
<tr><td colspan="2">组成内容</td><td>单位</td><td>单价</td><td colspan="5">数量</td></tr>
<tr><td>人工</td><td>综合工</td><td>工日</td><td>124.00</td><td>2.10</td><td>2.52</td><td>2.31</td><td>2.21</td><td>2.10</td></tr>
<tr><td rowspan="7">材料</td><td>杉原木</td><td>m^3</td><td>1413.33</td><td>0.131</td><td>0.186</td><td>0.186</td><td>0.186</td><td>0.186</td></tr>
<tr><td>松木锯材 三类</td><td>m^3</td><td>1546.08</td><td></td><td>0.188</td><td>0.132</td><td>0.100</td><td>0.083</td></tr>
<tr><td>铁件</td><td>kg</td><td>7.69</td><td>8.26</td><td>14.98</td><td>12.57</td><td>11.32</td><td>10.46</td></tr>
<tr><td>电焊条</td><td>kg</td><td>8.47</td><td>0.05</td><td>0.08</td><td>0.07</td><td>0.06</td><td>0.06</td></tr>
<tr><td>铁钉</td><td>kg</td><td>7.81</td><td>0.74</td><td>1.35</td><td>1.12</td><td>1.01</td><td>0.93</td></tr>
<tr><td>防腐油</td><td>kg</td><td>0.58</td><td>0.32</td><td>0.56</td><td>0.46</td><td>0.43</td><td>0.39</td></tr>
<tr><td>材料采管费</td><td>元</td><td></td><td>5.36</td><td>14.29</td><td>12.04</td><td>10.78</td><td>10.07</td></tr>
<tr><td>机械</td><td>交流弧焊机 32kVA</td><td>台班</td><td>103.98</td><td>0.006</td><td>0.006</td><td>0.006</td><td>0.006</td><td>0.006</td></tr>
</table>

单位：10 m²

编号				7-23	7-24	7-25	7-26	7-27
项目				方木天棚龙骨（吊在人字架或搁在砖墙上）				
				单层楞	双层楞			
					面层规格（mm）			
					300×300	450×450	600×600	600×600 以上
预算基价	总价（元）			473.37	620.97	536.64	443.64	389.70
	人工费（元）			161.20	213.28	200.88	187.24	174.84
	材料费（元）			297.42	388.17	317.38	239.26	198.86
	管理费（元）			14.75	19.52	18.38	17.14	16.00
组成内容		单位	单价	数量				
人工	综合工	工日	124.00	1.30	1.72	1.62	1.51	1.41
材料	松木锯材 三类	m^3	1546.08	0.176	0.230	0.187	0.141	0.118
	铁件	kg	7.69	2.49	3.19	2.82	2.12	1.60
	防腐油	kg	0.58	0.08	0.11	0.09	0.07	0.05
	材料采管费	元		6.12	7.98	6.53	4.92	4.09

单位：10 m^2

编号				7-28	7-29	7-30	7-31	7-32
项目				方木天棚龙骨（吊在混凝土板下或梁下）				
				单层楞	双层楞			
					面层规格（mm）			
					300×300	450×450	600×600	600×600 以上
预算基价	总价（元）			570.25	742.11	643.59	527.83	454.01
	人工费（元）			169.88	221.96	208.32	195.92	182.28
	材料费（元）			384.20	499.22	415.59	313.36	254.43
	机械费（元）			0.62	0.62	0.62	0.62	0.62
	管理费（元）			15.55	20.31	19.06	17.93	16.68
组成内容		单位	单价	数量				
人工	综合工	工日	124.00	1.37	1.79	1.68	1.58	1.47
材料	松木锯材 三类	m^3	1546.08	0.176	0.230	0.187	0.141	0.118
	铁件	kg	7.69	12.07	15.46	13.66	10.29	7.73
	电焊条	kg	8.47	0.09	0.11	0.10	0.08	0.06
	铁钉	kg	7.81	0.84	1.07	0.95	0.72	0.54
	镀锌钢丝 $D1.8$	kg	8.03	0.50	0.64	0.57	0.43	0.32
	防腐油	kg	0.58	0.06	0.07	0.06	0.05	0.04
	材料采管费	元		7.90	10.27	8.55	6.45	5.23
机械	交流弧焊机 32kVA	台班	103.98	0.006	0.006	0.006	0.006	0.006

单位：10 m²

编号				7-33	7-34	7-35	7-36	7-37	7-38
项目				装配式U形轻钢天棚龙骨（不上人型）					
				面层规格（mm）					
				300×300		450×450		600×600	
				平面	跌面	平面	跌面	平面	跌面
预算基价	总价（元）			1300.56	1883.08	1275.00	1460.18	1158.04	1324.70
	人工费（元）			300.08	312.48	274.04	300.08	248.00	274.04
	材料费（元）			971.88	1540.86	974.74	1131.50	886.20	1024.44
	机械费（元）			1.14	1.14	1.14	1.14	1.14	1.14
	管理费（元）			27.46	28.60	25.08	27.46	22.70	25.08
组成内容		单位	单价	数量					
人工	综合工	工日	124.00	2.42	2.52	2.21	2.42	2.00	2.21
材料	轻钢龙骨不上人型(平面) 300×300	m²	60.50	10.15					
	轻钢龙骨不上人型(跌面) 300×300	m²	65.75		10.15				
	轻钢龙骨不上人型(平面) 450×450	m²	56.50			10.15			
	轻钢龙骨不上人型(跌面) 450×450	m²	61.75				10.15		
	轻钢龙骨不上人型(平面) 600×600	m²	46.00					10.15	
	轻钢龙骨不上人型(跌面) 600×600	m²	51.25						10.15
	松木锯材 三类	m³	1546.08		0.007		0.007		0.007
	吊筋	kg	2.67	2.40	3.30	2.80	8.60	2.75	3.57
	高强螺栓	kg	18.40	0.11	0.10	0.12	0.11	0.12	0.11
	螺母	百个	10.00	31.00	78.30	35.20	41.30	35.20	41.30
	射钉(枪钉)	个	0.42	15.30	15.50	15.30	15.50	15.30	15.50
	垫圈	个	0.07	15.50	39.20	17.60	20.70	17.60	20.70
	铁件	kg	7.69		1.14		0.70	4.00	4.07
	电焊条	kg	8.47	0.13	0.13	0.13	0.13	0.13	0.13
	热轧扁钢	t	2760.27		0.0002		0.0002		0.0002
	普碳钢板	t	2736.03		0.0001		0.0001		0.0001
	热轧等边角钢	t	2692.20	0.004	0.004	0.004	0.004		
	方钢管 25×25×2.5	m	10.85		0.61		0.61		0.61
	材料采管费	元		19.99	31.69	20.05	23.27	18.23	21.07
机械	交流弧焊机 32kVA	台班	103.98	0.011	0.011	0.011	0.011	0.011	0.011

单位：10 m^2

编号					7-39	7-40	7-41	7-42	7-43	7-44
项目					装配式U形轻钢天棚龙骨（上人型）					
					面层规格（mm）					
					300×300		450×450		600×600	
					平面	跌面	平面	跌面	平面	跌面
预算基价	总价（元）				1397.65	1494.97	1247.36	1404.36	1194.51	1292.88
	人工费（元）				300.08	326.12	234.36	312.48	260.40	286.44
	材料费（元）				1068.97	1137.86	990.41	1062.14	909.14	979.09
	机械费（元）				1.14	1.14	1.14	1.14	1.14	1.14
	管理费（元）				27.46	29.85	21.45	28.60	23.83	26.21
组成内容			单位	单价	数量					
人工	综合工		工日	124.00	2.42	2.63	1.89	2.52	2.10	2.31
材料	轻钢龙骨上人型(平面)	300×300	m^2	86.75	10.15					
	轻钢龙骨上人型(跌面)	300×300	m^2	90.90		10.15				
	轻钢龙骨上人型(平面)	450×450	m^2	78.75			10.15			
	轻钢龙骨上人型(跌面)	450×450	m^2	83.50				10.15		
	轻钢龙骨上人型(平面)	600×600	m^2	70.75					10.15	
	轻钢龙骨上人型(跌面)	600×600	m^2	75.50						10.15
	松木锯材	三类	m^3	1546.08	0.001	0.007	0.001	0.007	0.001	0.007
	吊筋		kg	2.67	8.70	10.00	10.00	10.00	10.00	9.95
	高强螺栓		kg	18.40	0.12	0.10	0.13	0.12	0.14	0.12
	螺母		个	0.10	31.60	31.90	36.10	36.10	36.10	36.10
	垫圈		个	0.07	15.80	16.00	18.10	18.10	18.10	18.10
	铁件		kg	7.69	17.44	18.19	17.44	18.19	17.44	18.19
	电焊条		kg	8.47	0.13	0.13	0.13	0.13	0.13	0.13
	热轧扁钢		t	2760.27		0.0002		0.0002		0.0002
	方钢管	25×25×2.5	m	10.85		0.61		0.61	0.13	0.61
	材料采管费		元		21.99	23.40	20.37	21.85	18.70	20.14
机械	交流弧焊机	32kVA	台班	103.98	0.011	0.011	0.011	0.011	0.011	0.011

单位：10 m^2

编号				7-45	7-46	7-47	7-48	7-49	7-50
项目				装配式U形轻钢天棚龙骨（不上人型）		装配式U形轻钢天棚龙骨（上人型）		轻钢天棚龙骨（弧形）	
				面层规格（mm）				不上人	上人
				600×600以上					
				平面	跌面	平面	跌面		
预算基价	总价（元）			789.86	891.55	1176.51	1275.52	1102.28	1244.35
	人工费（元）			234.36	260.40	248.00	274.04	482.36	508.40
	材料费（元）			532.91	606.18	904.67	975.26	574.72	688.36
	机械费（元）			1.14	1.14	1.14	1.14	1.06	1.06
	管理费（元）			21.45	23.83	22.70	25.08	44.14	46.53
组成内容		单位	单价	数量					
人工	综合工	工日	124.00	1.89	2.10	2.00	2.21	3.89	4.10
材料	轻钢龙骨不上人型（平面）600×600以上	m^2	46.00	10.15					
	轻钢龙骨不上人型（跌面）600×600以上	m^2	51.25		10.15				
	轻钢龙骨上人型（平面）600×600以上	m^2	70.75			10.15			
	轻钢龙骨上人型（跌面）600×600以上	m^2	75.50				10.15		
	轻钢龙骨不上人型（圆弧形）	m^2	47.25					10.60	
	轻钢龙骨上人型（圆弧形）	m^2	57.75						10.60
	松木锯材 三类	m^3	1546.08		0.007	0.001	0.007		
	吊筋	kg	2.67	3.63	3.39	8.71	8.84	15.00	15.00

续表

单位：10 m^2

编号			7-45	7-46	7-47	7-48	7-49	7-50
项目			装配式U形轻钢天棚龙骨（不上人型）		装配式U形轻钢天棚龙骨（上人型）		轻钢天棚龙骨（弧形）	
			面层规格（mm）				不上人	上人
			600×600以上					
			平面	跌面	平面	跌面		
组成内容	单位	单价	数量					
材料 高强螺栓	kg	18.40	0.11	0.09	0.12	0.10		
螺母	个	0.10	37.40	41.30	31.90	33.00		
射钉（枪钉）	个	0.42	15.30	15.50				
垫圈	个	0.07	18.70	21.50	16.00	16.50		
膨胀螺栓	套	0.95					20.00	20.00
合金钢钻头	个	30.00					0.10	0.10
铁件	kg	7.69	4.00	4.07	17.44	18.19		
电焊条	kg	8.47	0.13	0.13	0.13	0.13		
热轧扁钢	t	2760.27		0.0002		0.0002		
普碳钢板	t	2736.03		0.0001				
方钢管 25×25×2.5	m	10.85		0.61	0.13	0.61		
材料采管费	元		10.96	12.47	18.61	20.06	11.82	14.16
机械 交流弧焊机 32kVA	台班	103.98	0.011	0.011	0.011	0.011		
小型机具	元						1.06	1.06

单位：10 m²

编号				7-51	7-52	7-53	7-54	7-55	7-56
项目				装配式T形铝合金天棚龙骨（不上人型）					
				面层规格（mm）					
				300×300		450×450		600×600	
				平面	跌面	平面	跌面	平面	跌面
预算基价	总价（元）			898.01	1061.37	1085.23	1199.76	742.37	844.03
	人工费（元）			221.96	234.36	195.92	221.96	182.28	195.92
	材料费（元）			655.05	804.87	870.69	956.80	542.72	629.49
	机械费（元）			0.69	0.69	0.69	0.69	0.69	0.69
	管理费（元）			20.31	21.45	17.93	20.31	16.68	17.93
组成内容		单位	单价	数量					
人工	综合工	工日	124.00	1.79	1.89	1.58	1.79	1.47	1.58
材料	铝合金龙骨不上人型(平面) 300×300	m²	56.90	10.15					
	铝合金龙骨不上人型(跌面) 300×300	m²	67.00		10.15				
	铝合金龙骨不上人型(平面) 450×450	m²	77.50			10.15			
	铝合金龙骨不上人型(跌面) 450×450	m²	81.50				10.15		
	铝合金龙骨不上人型(平面) 600×600	m²	46.00					10.15	
	铝合金龙骨不上人型(跌面) 600×600	m²	50.00						10.15
	松木锯材 三类	m³	1546.08		0.004		0.004		0.004
	吊筋	kg	2.67	2.37	2.95	3.16	3.56	3.17	3.56
	膨胀螺栓	套	0.95	13.00	13.00	13.00	13.00	13.00	13.00
	高强螺栓	kg	18.40	0.11	0.10	0.11	0.10	0.14	0.14
	螺母	个	0.10	30.40	33.20	30.40	33.20	15.00	21.40
	射钉(枪钉)	个	0.42	15.20	14.80	15.20	14.80	15.20	14.80
	垫圈	个	0.07	15.20	16.60	15.20	16.60	7.50	10.70
	合金钢钻头	个	30.00	0.07	0.07	0.07	0.07	0.07	0.07
	铁件	kg	7.69	4.00	4.54	4.00	4.54	4.00	4.54
	热轧等边角钢	t	2692.20		0.012		0.012		0.012
	材料采管费	元		13.47	16.55	17.91	19.68	11.16	12.95
机械	小型机具	元		0.69	0.69	0.69	0.69	0.69	0.69

单位：10 m^2

编号			7-57	7-58	7-59	7-60	7-61	7-62
项目			装配式T形铝合金天棚龙骨（上人型）					
			面层规格（mm）					
			300×300		450×450		600×600	
			平面	跌面	平面	跌面	平面	跌面
预算基价	总价（元）		1265.30	1391.23	1209.16	1308.58	1085.07	1197.09
	人工费（元）		221.96	248.00	208.32	221.96	195.92	208.32
	材料费（元）		1021.20	1118.70	979.95	1064.48	869.39	967.88
	机械费（元）		1.83	1.83	1.83	1.83	1.83	1.83
	管理费（元）		20.31	22.70	19.06	20.31	17.93	19.06
组成内容	单位	单价	数量					
人工 综合工	工日	124.00	1.79	2.00	1.68	1.79	1.58	1.68
材料 铝合金龙骨上人型(平面) 300×300	m^2	81.50	10.15					
铝合金龙骨上人型(跌面) 300×300	m^2	86.75		10.15				
铝合金龙骨上人型(平面) 450×450	m^2	77.50			10.15			
铝合金龙骨上人型(跌面) 450×450	m^2	81.50				10.15		
铝合金龙骨上人型(平面) 600×600	m^2	67.00					10.15	
铝合金龙骨上人型(跌面) 600×600	m^2	72.25						10.15
松木锯材 三类	m^3	1546.08	0.001	0.005	0.001	0.005	0.001	0.005
吊筋	kg	2.67	5.77	6.68	5.77	6.68	5.77	6.68
膨胀螺栓	套	0.95	13.00	13.00	13.00	13.00	13.00	13.00
高强螺栓	kg	18.40	0.11	0.10	0.12	0.11	0.14	0.14
螺母	个	0.10	32.10	35.00	32.10	35.00	16.80	23.20
垫圈	个	0.07	16.10	17.50	16.10	17.50	8.40	16.10
合金钢钻头	个	30.00	0.07	0.07	0.07	0.07	0.07	0.07
铁件	kg	7.69	17.44	17.58	17.44	17.58	17.44	17.58
电焊条	kg	8.47	0.13	0.13	0.13	0.13	0.13	0.13
热轧等边角钢	t	2692.20		0.012		0.012		0.012
材料采管费	元		21.00	23.01	20.16	21.89	17.88	19.91
机械 交流弧焊机 32kVA	台班	103.98	0.011	0.011	0.011	0.011	0.011	0.011
小型机具	元		0.69	0.69	0.69	0.69	0.69	0.69

单位：10 m^2

编号				7-63	7-64	7-65	7-66
项目				装配式T形铝合金天棚龙骨（不上人型）		装配式T形铝合金天棚龙骨（上人型）	
				面层规格（mm）			
				600×600以上			
				平面	跌面	平面	跌面
预算基价	总价（元）			728.88	829.32	1126.70	1184.86
	人工费（元）			169.88	182.28	182.28	195.92
	材料费（元）			542.76	629.67	925.91	969.18
	机械费（元）			0.69	0.69	1.83	1.83
	管理费（元）			15.55	16.68	16.68	17.93
组成内容		单位	单价	数量			
人工	综合工	工日	124.00	1.37	1.47	1.47	1.58
材料	铝合金龙骨不上人型(平面) 600×600以上	m^2	46.00	10.15			
	铝合金龙骨不上人型(跌面) 600×600以上	m^2	50.00		10.15		
	铝合金龙骨上人型(平面) 600×600以上	m^2	72.25			10.15	
	铝合金龙骨上人型(跌面) 600×600以上	m^2	72.25				10.15
	松木锯材 三类	m^3	1546.08		0.004	0.001	0.005
	吊筋	kg	2.67	2.37	3.01	5.77	6.68
	膨胀螺栓	套	0.95	13.00	13.00	13.00	13.00
	高强螺栓	kg	18.40	0.14	0.14	0.14	0.14
	螺母	个	0.10	31.40	33.60	32.10	35.00
	射钉(枪钉)	个	0.42	15.20	14.80		
	垫圈	个	0.07	15.20	16.80	16.10	17.50
	合金钢钻头	个	30.00	0.07	0.07	0.07	0.07
	铁件	kg	7.69	4.00	4.54	17.44	17.58
	电焊条	kg	8.47			0.13	0.13
	热轧等边角钢	t	2692.20		0.012		0.012
	材料采管费	元		11.16	12.95	19.04	19.93
机械	交流弧焊机 32kVA	台班	103.98			0.011	0.011
	小型机具	元		0.69	0.69	0.69	0.69

三、天 棚 基 层

单位：10 m^2

编号				7-67	7-68	7-69	7-70
项目				胶合板天棚基层			石膏板天棚基层
				3 mm	5 mm	9 mm	
预算基价	总价（元）			326.85	418.73	674.74	290.08
	人工费（元）			104.16	104.16	104.16	143.84
	材料费（元）			213.16	305.04	561.05	133.08
	管理费（元）			9.53	9.53	9.53	13.16
组成内容		单位	单价	数量			
人工	综合工	工日	124.00	0.84	0.84	0.84	1.16
材料	胶合板 3mm 厚	m^2	19.75	10.50			
	胶合板 5mm 厚	m^2	28.32		10.50		
	胶合板 9mm 厚	m^2	52.20			10.50	
	石膏板	m^2	10.88				10.50
	铁钉	kg	7.81	0.18	0.18	0.18	
	自攻螺钉	个	0.07				230.000
	材料采管费	元		4.38	6.27	11.54	2.74

四、天 棚 面 层

单位：10 m^2

编号				7-71	7-72	7-73	7-74	7-75	7-76
项目				天棚面层					
				板条	漏风条	胶合板	水泥木丝板	薄板	竹片
预算基价	总价（元）			1334.38	373.08	421.48	620.72	444.93	416.37
	人工费（元）			78.12	182.28	104.16	104.16	130.20	274.04
	材料费（元）			1249.11	174.12	307.79	507.03	302.81	117.25
	管理费（元）			7.15	16.68	9.53	9.53	11.92	25.08
组成内容		单位	单价	数量					
人工	综合工	工日	124.00	0.63	1.47	0.84	0.84	1.05	2.21
材料	松木锯材 三类	m^3	1546.08	0.002	0.107			0.189	
	板条 1000×30×8	百根	433.10	2.74					
	胶合板 5mm厚	m^2	28.32			10.50			
	水泥压木丝板	m^2	46.75				10.35		
	半圆竹片 *D*24	m^2	10.00						10.50
	镀锌薄钢板 0.552	m^2	16.95				0.04		
	铁钉	kg	7.81	0.56	0.47	0.18	0.42	0.37	0.81
	零星材料费	元		29.26	1.44	2.69	8.78	1.48	3.51
	材料采管费	元		25.69	3.58	6.33	10.43	6.23	2.41

单位：10 m²

编号				7-77	7-78	7-79	7-80	7-81	7-82
项目				天棚面层					
				胶压刨花木屑板	埃特板	玻璃纤维板(搁放式)	宝丽板	塑料板	钢板网
预算基价	总价（元）			414.10	587.47	628.68	718.66	587.88	1137.11
	人工费（元）			104.16	156.24	260.40	209.56	156.24	208.32
	材料费（元）			300.41	416.93	344.45	489.92	417.34	909.73
	管理费（元）			9.53	14.30	23.83	19.18	14.30	19.06
组成内容		单位	单价	数量					
人工	综合工	工日	124.00	0.84	1.26	2.10	1.69	1.26	1.68
材料	胶压刨花木屑板	m^2	27.05	10.35					
	埃特板	m^2	37.30		10.50				
	玻璃纤维板 600×600×15	m^2	31.50			10.50			
	宝丽板	m^2	44.06				10.50		
	硬塑料板	m^2	35.30					10.50	
	钢板网 0.8	m^2	17.83						10.50
	板条 1000×30×8	百根	433.10						1.60
	镀锌薄钢板 0.552	m^2	16.95	0.17					
	铁钉	kg	7.81	1.14			0.18		0.13
	自攻螺钉	个	0.07		226.80				
	扣钉	kg	6.05						0.31
	胶粘剂	kg	3.61				3.26		
	塑料胶粘剂	kg	11.25					3.26	
	零星材料费	元		2.48	0.82	6.62	4.04	1.43	7.95
	材料采管费	元		6.18	8.58	7.08	10.08	8.58	18.71

单位：10 m²

编号				7-83	7-84	7-85	7-86	7-87	7-88
项目				天棚面层					
				铝板网		铝塑板		矿棉板	
				搁在龙骨上	钉在龙骨上	贴在混凝土板下	贴在龙骨底	贴在混凝土板下	搁放在龙骨上
预算基价	总价（元）			337.20	352.67	1951.10	1912.77	642.01	529.99
	人工费（元）			143.84	156.24	221.96	195.92	221.96	130.20
	材料费（元）			180.20	182.13	1708.83	1698.92	399.74	387.87
	管理费（元）			13.16	14.30	20.31	17.93	20.31	11.92
组成内容		单位	单价	数量					
人工	综合工	工日	124.00	1.16	1.26	1.79	1.58	1.79	1.05
材料	铝板网	m²	16.65	10.50	10.50				
	铝塑板	m²	157.88			10.50	10.50		
	矿棉板	m²	36.00					10.50	10.50
	扣钉	kg	6.05		0.31				
	胶粘剂	kg	3.61			3.26	0.58	3.26	
	零星材料费	元		1.66	1.68	4.17	4.15	1.75	1.89
	材料采管费	元		3.71	3.75	35.15	34.94	8.22	7.98

单位：10 m^2

编号				7-89	7-90	7-91	7-92	7-93	7-94
项目				天棚面层					
				钙塑板		石膏板		矿棉吸声板	石膏吸声板
				安在U形轻钢龙骨上	安在T形轻钢龙骨上	安在U形轻钢龙骨上	安在T形轻钢龙骨上		
预算基价	总价（元）			407.43	280.20	313.04	214.23	611.89	413.53
	人工费（元）			182.28	65.72	156.24	65.72	195.92	195.92
	材料费（元）			208.47	208.47	142.50	142.50	398.04	199.68
	管理费（元）			16.68	6.01	14.30	6.01	17.93	17.93
组成内容		单位	单价	数量					
人工	综合工	工日	124.00	1.47	0.53	1.26	0.53	1.58	1.58
材料	钙塑板 6.0	m^2	17.01	10.50	10.50				
	石膏板	m^2	10.88			10.50	10.50		
	矿棉吸声板	m^2	36.58					10.50	
	石膏吸声板	m^2	18.35						10.50
	自攻螺钉	个	0.07	345.00	345.00	345.00	345.00		
	零星材料费	元		1.42	1.42	1.18	1.18	5.76	2.89
	材料采管费	元		4.29	4.29	2.93	2.93	8.19	4.11

单位：10 m^2

编号					7-95	7-96	7-97	7-98	7-99	7-100
项目					天棚面层					
					胶合装饰板			防火板（贴在木龙骨上）	不锈钢板	镜面玲珑胶板
					方格式		花式			
					密铺	分缝				
预算基价	总价（元）				519.93	548.35	616.09	452.05	2725.35	1971.45
	人工费（元）				130.20	156.24	156.24	156.24	287.68	560.48
	材料费（元）				377.81	377.81	445.55	281.51	2411.34	1359.68
	管理费（元）				11.92	14.30	14.30	14.30	26.33	51.29
组成内容			单位	单价	数量					
人工	综合工		工日	124.00	1.05	1.26	1.26	1.26	2.32	4.52
材料	硬木锯材		m^3	6625.00			0.010			
	胶合板	5mm厚	m^2	28.32	11.00	11.00	11.00			
	防火胶板	12.0	m^2	26.00				10.50		
	镜面不锈钢板	0.8	m^2	223.50					10.50	
	镜面玲珑胶板	1mm	m^2	125.50						10.50
	射钉(枪钉)		个	0.42	110.00	110.00	110.00			
	铁钉		kg	7.81					0.11	0.11
	胶粘剂		kg	3.61	3.26	3.26	3.26	0.11	3.26	3.26
	零星材料费		元		0.55	0.55	0.65	2.32	2.36	1.33
	材料采管费		元		7.77	7.77	9.16	5.79	49.60	27.97

五、玻璃采光、木格栅天棚

单位：10 m^2

编号			7-101	7-102	7-103	7-104
项目			中空玻璃采光天棚		钢化玻璃采光天棚	
			铝骨架	钢骨架	铝骨架	钢骨架
预算基价	总价（元）		5865.08	4620.06	4651.86	3228.75
	人工费（元）		1302.00	1615.72	977.12	1160.64
	材料费（元）		4443.93	2856.48	3585.32	1961.89
	管理费（元）		119.15	147.86	89.42	106.22
组成内容	单位	单价	数量			
人工 综合工	工日	124.00	10.50	13.03	7.88	9.36
材料 中空玻璃 16.0	m^2	151.50	10.00	10.00		
钢化玻璃 6.0	m^2	115.00			10.00	10.00
铝骨架	kg	38.14	50.24		37.68	
热轧型钢	kg	2.70		196.63		112.04
镀锌螺栓	套	2.62	110.00		110.00	
螺栓 M12	kg	12.35		0.45		0.33
铁钉	kg	7.81		0.14		
铁件	kg	7.69		7.47		
耐热胶垫	m	20.50	17.00		17.00	
橡胶垫条	m	4.20		32.00		13.77
橡胶垫片	m	8.40		16.00		4.59
镀锌薄钢板 0.552	m^2	16.95		0.10		0.10
调合漆	kg	15.87		3.80		1.33
建筑油膏	kg	5.65		9.00		9.00
玻璃胶 350g	支	28.25	10.00	10.00	10.00	10.00
零星材料费	元		2.18	23.58	5.26	12.41
材料采管费	元		91.40	58.75	73.74	40.35

单位：10 m^2

编号				7-105	7-106	7-107	7-108
项目				夹丝玻璃采光天棚		夹层玻璃采光天棚	
				铝骨架	钢骨架	铝骨架	钢骨架
预算基价	总价（元）			4523.22	3099.25	4899.18	3084.26
	人工费（元）			977.12	1160.64	977.12	638.60
	材料费（元）			3456.68	1832.39	3832.64	2387.22
	管理费（元）			89.42	106.22	89.42	58.44
组成内容		单位	单价	数量			
人工	综合工	工日	124.00	7.88	9.36	7.88	5.15
材料	夹丝玻璃	m^2	102.25	10.00	10.00		
	夹层玻璃	m^2	139.00			10.00	10.00
	铝骨架	kg	38.14	37.68		37.68	
	热轧型钢	kg	2.70		112.04		112.04
	镀锌螺栓	套	2.62	110.00		110.00	
	螺栓 M12	kg	12.35		0.45		0.45
	耐热胶垫	m	20.50	17.00		17.00	
	橡胶垫条	m	4.20		13.77		32.00
	橡胶垫片	m	8.40		4.59		16.00
	镀锌薄钢板 0.552	m^2	16.95		0.10		0.10
	调合漆	kg	15.87		1.33		1.33
	建筑油膏	kg	5.65		9.00		9.00
	玻璃胶 350g	支	28.25	10.00	10.00	10.00	10.00
	零星材料费	元		6.76	11.59	7.49	15.10
	材料采管费	元		71.10	37.69	78.83	49.10

单位：10 m²

编号				7-109	7-110	7-111	7-112
项目				木格栅天棚（井格规格）			
				100×100×55	150×150×80	200×200×100	250×250×120
预算基价	总价（元）			2032.82	1887.78	1732.60	1561.71
	人工费（元）			638.60	572.88	494.76	404.24
	材料费（元）			1334.99	1261.73	1191.82	1119.74
	机械费（元）			0.79	0.74	0.74	0.74
	管理费（元）			58.44	52.43	45.28	36.99
组成内容		单位	单价	数量			
人工	综合工	工日	124.00	5.15	4.62	3.99	3.26
材料	硬木锯材	m³	6625.00	0.180	0.170	0.160	0.150
	38吊件	件	0.88	12.00	12.00	12.00	12.00
	膨胀螺栓	套	0.95	14.90	14.00	14.00	14.00
	热轧扁钢 20×3	t	2745.00	0.022	0.022	0.022	0.022
	合金钢钻头	个	30.00	0.08	0.07	0.07	0.07
	铁钉	kg	7.81	0.29	0.29	0.29	0.29
	聚醋酸乙烯乳液	kg	10.59	2.20	1.80	1.60	1.20
	零星材料费	元		1.96	1.85	1.75	1.64
	材料采管费	元		27.46	25.95	24.51	23.03
机械	小型机具	元		0.79	0.74	0.74	0.74

单位：10 m^2

编号				7-113	7-114	7-115	7-116
项目				胶合板格栅天棚（井格规格）			
				100×100×55	150×150×80	200×200×100	250×250×120
预算基价	总价（元）			1464.63	1401.99	1270.50	1186.96
	人工费（元）			404.24	364.56	300.08	260.40
	材料费（元）			1022.66	1003.33	942.22	901.99
	机械费（元）			0.74	0.74	0.74	0.74
	管理费（元）			36.99	33.36	27.46	23.83
组成内容		单位	单价	数量			
人工	综合工	工日	124.00	3.26	2.94	2.42	2.10
材料	胶合板 12mm厚	m^2	68.08	13.00	12.80	12.00	11.50
	38吊件	件	0.88	12.00	12.00	12.00	12.00
	膨胀螺栓	套	0.95	14.00	14.00	14.00	14.00
	热轧扁钢 20×3	t	2745.00	0.022	0.022	0.022	0.022
	合金钢钻头	个	30.00	0.07	0.07	0.07	0.07
	铁钉	kg	7.81	0.29	0.29	0.29	0.29
	聚醋酸乙烯乳液	kg	10.59	2.50	2.00	1.50	1.00
	零星材料费	元		1.50	1.47	1.38	1.32
	材料采管费	元		21.03	20.64	19.38	18.55
机械	小型机具	元		0.74	0.74	0.74	0.74

第八章　油 漆、涂 料 工 程

说　明

一、本章包括木材面油漆,混凝土构件面油漆,抹灰面油漆,喷刷涂料,刷浆等5节;共123条基价子目。

二、本基价中刷油漆、刷涂料采用手工操作,喷塑、喷涂、喷油采用机械操作,如采用操作方法不同时均按基价子目执行。

三、油漆工、料已综合浅、中、深等各种颜色在内,不论采用何种颜色,均按本基价执行。

四、本基价已综合考虑了在同一平面上的分色。如需做美术图案者另行计算。

五、预算基价中规定的喷、涂、刷遍数如与设计要求不同时,可按每增加一遍子目进行调整。

六、喷塑(一塑三油)底油、装饰漆、面漆,其规格划分如下:

1. 大压花:喷点压平,点面积在 1.2 cm^2 以外。

2. 中压花:喷点压平,点面积在 1.0 ~ 1.2 cm^2。

3. 喷中点、幼点:喷点面积在 1.0 cm^2 以内。

七、本章基价子目中当主料品种不同时,可按设计要求对主要材料进行补充、换算,但人工费、机械费及管理费不变。

工　作　内　容

一、木材面油漆项目包括:基层清扫、磨砂纸、刷底油、刷润油粉、刮腻子、油色、刷油漆;木地板项目还包括擦蜡。

二、混凝土构件面油漆项目包括:基层清扫、刮腻子、磨砂纸、刷底油、刷油漆或乳胶漆。

三、抹灰面刷乳胶漆项目包括:基层清扫、配浆、刮腻子、磨砂纸、刷乳胶漆等。

四、油漆画石纹,抹灰面做假木纹、抹灰面过氯乙烯漆项目包括:基层清扫、涂熟桐油、刮腻子、磨光、刷底油、做花纹、刷漆等。

五、外墙真石漆项目包括:清除墙面杂物、浮灰、油污,刮胶、刮腻子、滚(刷)底涂、放线分格、喷涂真石主骨料一至二遍、液涂配套罩面漆二度。

六、墙、柱、梁面,天棚一塑三油项目包括:基层清扫、清铲、执补墙面、门窗框贴粘合带遮盖门窗口、调制、刷底油、喷塑、胶辘、压平、刷面油等。

七、刷涂料项目包括:基层清扫、刮腻子磨砂纸、刷涂料等。

八、喷涂料项目包括:基层清扫、补小孔洞、调配料、刮腻子、遮盖不应喷处、喷涂料、压平、清理喷污处等。

九、刷浆项目包括:基层清扫、配浆、刷浆等;刷可塞银浆项目还包括刮腻子、磨砂纸。

工 程 量 计 算 规 则

一、木柱、梁、檩条油漆,按设计图示尺寸以油漆部分展开面积计算。

二、木板类油漆,按设计图示尺寸以面积计算。

三、木栅栏、木栏杆(带扶手)油漆,按设计图示尺寸以单面外围面积计算。

四、木扶手(不带托板)油漆,按设计图示尺寸以长度计算。
五、混凝土柱、梁、檩条油漆,按设计图示尺寸以油漆部分展开面积计算。
六、抹灰面油漆,按设计图示尺寸以面积计算。
七、混凝土花格窗、栏杆、花饰油漆,按设计图示尺寸以单面外围面积计算。
八、抹灰面线条油漆,按设计图示尺寸以长度计算。
九、喷、刷涂料,按设计图示尺寸以面积计算。
十、抹灰面刷浆,按设计图示尺寸以面积计算。
十一、混凝土栏杆、花饰刷浆,按设计图示尺寸以单面外围面积计算。
十二、线条刷浆,按设计图示尺寸以展开面积计算。

一、木材面油漆

单位：10 m^2

编号				8-1	8-2	8-3	8-4	8-5
项目				柱、梁、檩条				
				底油、刮腻子调合漆二遍	底油、刮腻子调合漆三遍	润油粉、刮腻子调合漆三遍	底油、油色清漆二遍	润油粉、刮腻子、油色、清漆三遍
预算基价	总价（元）			330.87	405.33	669.80	324.42	650.67
	人工费（元）			251.72	296.36	531.96	264.12	546.84
	材料费（元）			57.34	83.29	91.75	37.42	56.45
	管理费（元）			21.81	25.68	46.09	22.88	47.38
组成内容		单位	单价	数量				
人工	综合工	工日	124.00	2.03	2.39	4.29	2.13	4.41
材料	调合漆	kg	15.87	1.17	1.17	1.17		
	无光调合漆	kg	18.18	1.32	2.65	2.65		
	清油	kg	17.08	0.09	0.09	0.19	0.14	0.15
	熟桐油	kg	16.80	0.23	0.23	0.37	0.23	0.32
	色调合漆	kg	20.34				0.05	0.18
	酚醛清漆	kg	16.17				1.23	1.75
	油漆溶剂油 #200	kg	7.05	0.59	0.66	0.59	0.88	0.90
	石膏粉	kg	1.05	0.27	0.27	0.28	0.27	0.28
	大白粉	kg	1.05			0.99		0.99
	漆片	kg	48.46	0.01	0.01			
	乙醇	kg	11.20	0.02	0.02	0.01	0.01	0.01
	催干剂	kg	14.75	0.05	0.08	0.08	0.04	0.05
	棉纱	kg	18.62			0.19		0.19
	砂纸	张	1.00	2.21	2.52	3.15	2.21	3.15
	豆包布 宽0.9m	m	4.48	0.02	0.02	0.04	0.02	0.04
	材料采管费	元		1.18	1.71	1.89	0.77	1.16

单位：10 m^2

编号				8-6	8-7	8-8	8-9
项目				柱、梁、檩条			
				熟桐油二遍	底油、熟桐油二遍	调合漆	清漆
						每增加一遍	
预算基价	总价（元）			245.39	275.61	105.07	70.24
	人工费（元）			203.36	223.20	73.16	55.80
	材料费（元）			24.41	33.07	25.57	9.61
	管理费（元）			17.62	19.34	6.34	4.83
组成内容		单位	单价	数量			
人工	综合工	工日	124.00	1.64	1.80	0.59	0.45
材料	熟桐油	kg	16.80	1.19	1.28		
	清　油	kg	17.08		0.09		
	无光调合漆	kg	18.18			1.32	
	酚醛清漆	kg	16.17				0.54
	油漆溶剂油 #200	kg	7.05	0.48	0.95	0.06	0.06
	漆　片	kg	48.46		0.01		
	乙　醇	kg	11.20		0.02		
	催干剂	kg	14.75	0.03	0.04	0.02	0.01
	砂　纸	张	1.00		1.26	0.32	0.11
	豆包布 宽0.9m	m	4.48	0.02	0.02		
	材料采管费	元		0.50	0.68	0.53	0.20

单位：10 m²

编号				8-10	8-11	8-12	8-13	8-14
项目				木板类				
				底油、刮腻子调合漆二遍	底油、刮腻子调合漆三遍	润油粉、刮腻子、调合漆三遍	底油、油色清漆二遍	润油粉、刮腻子、油色、清漆三遍
预算基价	总价（元）			243.38	301.72	480.67	233.74	463.33
	人工费（元）			173.60	204.60	362.08	182.28	376.96
	材料费（元）			54.74	79.39	87.22	35.67	53.71
	管理费（元）			15.04	17.73	31.37	15.79	32.66
组成内容		单位	单价	数量				
人工	综合工	工日	124.00	1.40	1.65	2.92	1.47	3.04
材料	调合漆	kg	15.87	1.11	1.11	1.11		
	无光调合漆	kg	18.18	1.26	2.52	2.52		
	清油	kg	17.08	0.09	0.09	0.18	0.13	0.14
	熟桐油	kg	16.80	0.22	0.22	0.35	0.22	0.30
	色调合漆	kg	20.34				0.05	0.17
	酚醛清漆	kg	16.17				1.17	1.67
	油漆溶剂油 #200	kg	7.05	0.56	0.63	0.56	0.84	0.86
	石膏粉	kg	1.05	0.26	0.26	0.27	0.26	0.27
	大白粉	kg	1.05			0.94		0.94
	漆片	kg	48.46	0.01	0.01			
	乙醇	kg	11.20	0.02	0.02	0.01	0.01	0.01
	催干剂	kg	14.75	0.05	0.08	0.08	0.04	0.05
	棉纱	kg	18.62			0.18		0.18
	砂纸	张	1.00	2.10	2.40	3.00	2.10	3.00
	豆包布 宽0.9m	m	4.48	0.02	0.02	0.04	0.02	0.04
	材料采管费	元		1.13	1.63	1.79	0.73	1.10

单位：10 m²

编号			8-15	8-16	8-17	8-18
项目			木板类			
			熟桐油二遍	底油、熟桐油二遍	调合漆	清漆
					每增加一遍	
预算基价	总价（元）		175.50	198.70	79.66	50.88
	人工费（元）		140.12	153.76	50.84	38.44
	材料费（元）		23.24	31.62	24.42	9.11
	管理费（元）		12.14	13.32	4.40	3.33
组成内容	单位	单价	数量			
人工 综合工	工日	124.00	1.13	1.24	0.41	0.31
材料 熟桐油	kg	16.80	1.13	1.22		
清油	kg	17.08		0.09		
无光调合漆	kg	18.18			1.26	
酚醛清漆	kg	16.17				0.51
油漆溶剂油 #200	kg	7.05	0.46	0.90	0.06	0.06
漆片	kg	48.46		0.01		
乙醇	kg	11.20		0.02		
催干剂	kg	14.75	0.03	0.04	0.02	0.01
砂纸	张	1.00		1.20	0.30	0.10
豆包布 宽0.9m	m	4.48	0.02	0.02		
材料采管费	元		0.48	0.65	0.50	0.19

单位：10 m^2

编号				8-19	8-20	8-21	8-22	8-23
项目				木栅栏、木栏杆（带扶手）				
				底油、刮腻子调合漆二遍	底油、刮腻子调合漆三遍	润油粉、刮腻子调合漆三遍	底油、油色清漆二遍	润油粉、刮腻子、油色、清漆三遍
预算基价	总价（元）			443.21	548.95	874.50	426.08	842.96
	人工费（元）			316.20	372.00	658.44	332.32	685.72
	材料费（元）			99.62	144.72	159.02	64.97	97.83
	管理费（元）			27.39	32.23	57.04	28.79	59.41
组成内容		单位	单价	数量				
人工	综合工	工日	124.00	2.55	3.00	5.31	2.68	5.53
材料	调合漆	kg	15.87	2.02	2.02	2.02		
	无光调合漆	kg	18.18	2.29	4.59	4.59		
	清油	kg	17.08	0.16	0.16	0.33	0.24	0.25
	熟桐油	kg	16.80	0.40	0.40	0.64	0.40	0.55
	色调合漆	kg	20.34				0.09	0.31
	酚醛清漆	kg	16.17				2.13	3.04
	油漆溶剂油 #200	kg	7.05	1.02	1.15	1.02	1.53	1.57
	石膏粉	kg	1.05	0.47	0.47	0.49	0.47	0.49
	大白粉	kg	1.05			1.71		1.71
	漆片	kg	48.46	0.02	0.02			
	乙醇	kg	11.20	0.04	0.04	0.02	0.02	0.02
	催干剂	kg	14.75	0.09	0.15	0.15	0.07	0.09
	棉纱	kg	18.62			0.33		0.33
	砂纸	张	1.00	3.82	4.37	5.46	3.82	5.46
	豆包布 宽0.9m	m	4.48	0.04	0.04	0.07	0.04	0.07
	材料采管费	元		2.05	2.98	3.27	1.34	2.01

单位：10 m²

编号				8-24	8-25	8-26	8-27
项目				木栅栏、木栏杆（带扶手）			
				熟桐油二遍	底油、熟桐油二遍	调合漆	清漆
						每增加一遍	
预算基价	总价（元）			319.89	362.10	145.52	92.09
	人工费（元）			255.44	280.24	93.00	69.44
	材料费（元）			42.32	57.58	44.46	16.63
	管理费（元）			22.13	24.28	8.06	6.02
组成内容		单位	单价	数量			
人工	综合工	工日	124.00	2.06	2.26	0.75	0.56
材料	熟桐油	kg	16.80	2.06	2.22		
	清油	kg	17.08		0.16		
	无光调合漆	kg	18.18			2.29	
	酚醛清漆	kg	16.17				0.93
	油漆溶剂油 #200	kg	7.05	0.84	1.64	0.11	0.11
	漆片	kg	48.46		0.02		
	乙醇	kg	11.20		0.04		
	催干剂	kg	14.75	0.05	0.07	0.04	0.02
	砂纸	张	1.00		2.18	0.55	0.18
	豆包布 宽0.9m	m	4.48	0.04	0.04		
	材料采管费	元		0.87	1.18	0.91	0.34

单位：10 m

编号				8-28	8-29	8-30	8-31	8-32
项目				木扶手（不带托板）				
				底油、刮腻子调合漆二遍	底油、刮腻子调合漆三遍	润油粉、刮腻子调合漆三遍	底油、油色清漆二遍	润油粉、刮腻子、油色、清漆三遍
预算基价	总价（元）			77.80	97.40	169.29	79.63	162.82
	人工费（元）			62.00	75.64	140.12	66.96	140.12
	材料费（元）			10.43	15.21	17.03	6.87	10.56
	管理费（元）			5.37	6.55	12.14	5.80	12.14
组成内容		单位	单价	数量				
人工	综合工	工日	124.00	0.50	0.61	1.13	0.54	1.13
材料	调合漆	kg	15.87	0.21	0.21	0.21		
	无光调合漆	kg	18.18	0.24	0.48	0.48		
	清油	kg	17.08	0.02	0.02	0.04	0.03	0.03
	熟桐油	kg	16.80	0.04	0.04	0.07	0.04	0.06
	色调合漆	kg	20.34				0.01	0.03
	酚醛清漆	kg	16.17				0.22	0.32
	油漆溶剂油 #200	kg	7.05	0.11	0.12	0.11	0.16	0.17
	石膏粉	kg	1.05	0.05	0.05	0.05	0.05	0.05
	大白粉	kg	1.05			0.18		0.18
	漆片	kg	48.46	0.001	0.001			
	乙醇	kg	11.20	0.004	0.004	0.001	0.001	0.001
	催干剂	kg	14.75	0.01	0.02	0.02	0.01	0.01
	棉纱	kg	18.62			0.04		0.04
	砂纸	张	1.00	0.40	0.50	0.60	0.40	0.60
	豆包布 宽0.9m	m	4.48	0.01	0.01	0.02	0.01	0.02
	材料采管费	元		0.21	0.31	0.35	0.14	0.22

单位：10 m

编号				8-33	8-34	8-35	8-36
项目				木扶手（不带托板）			
				熟桐油二遍	底油、熟桐油二遍	调合漆	清漆
						每增加一遍	
预算基价	总价（元）			58.51	65.36	24.99	14.53
	人工费（元）			49.60	54.56	18.60	11.16
	材料费（元）			4.61	6.07	4.78	2.40
	管理费（元）			4.30	4.73	1.61	0.97
组成内容		单位	单价	数量			
人工	综合工	工日	124.00	0.40	0.44	0.15	0.09
材料	熟桐油	kg	16.80	0.22	0.23		
	清油	kg	17.08		0.02		
	无光调合漆	kg	18.18			0.24	
	酚醛清漆	kg	16.17				0.10
	油漆溶剂油 #200	kg	7.05	0.09	0.18	0.01	0.04
	漆片	kg	48.46		0.001		
	乙醇	kg	11.20		0.003		
	催干剂	kg	14.75	0.01	0.01	0.01	0.01
	砂纸	张	1.00		0.20	0.10	0.30
	豆包布 宽0.9m	m	4.48	0.01	0.01		
	材料采管费	元		0.09	0.12	0.10	0.05

单位：10 m^2

编号				8-37	8-38	8-39	8-40
项目				木地板			
				满刮腻子、地板漆三遍	底油、地板漆三遍	润油粉	本色
						烫硬蜡	
预算基价	总价（元）			113.53	118.76	266.90	317.39
	人工费（元）			68.20	68.20	203.36	203.36
	材料费（元）			39.42	44.65	45.92	96.41
	管理费（元）			5.91	5.91	17.62	17.62
组成内容		单位	单价	数量			
人工	综合工	工日	124.00	0.55	0.55	1.64	1.64
材料	地板漆	kg	21.49	1.50	1.50		
	清油	kg	17.08		0.07		
	熟桐油	kg	16.80	0.19	0.26		
	油漆溶剂油 #200	kg	7.05	0.15	0.52	0.03	0.07
	石膏粉	kg	1.05	0.22	0.22		
	大白粉	kg	1.05			1.17	
	色粉	kg	5.17			0.100	0.002
	乙醇	kg	11.20	0.004	0.004		
	硬白蜡	kg	21.33			0.97	2.36
	骨胶	kg	5.70			0.04	
	催干剂	kg	14.75		0.01		
	木炭	kg	5.50			3.08	7.45
	棉纱	kg	18.62			0.17	0.06
	砂纸	张	1.00	1.80	1.80	2.00	1.50
	豆包布 宽0.9m	m	4.48	0.01	0.01		
	材料采管费	元		0.81	0.92	0.94	1.98

单位：10 m^2

编号				8-41	8-42	8-43	8-44
项目				木地板			
				润油粉一遍、漆片二遍、擦腊	润油粉一遍、油色、漆片二遍、擦软蜡	润油粉一遍、油色、清漆二遍	底油、油色、清漆二遍
预算基价	总价（元）			165.04	223.03	175.26	131.67
	人工费（元）			119.04	159.96	122.76	94.24
	材料费（元）			35.69	49.21	41.86	29.27
	管理费（元）			10.31	13.86	10.64	8.16
组成内容		单位	单价	数量			
人工	综合工	工日	124.00	0.96	1.29	0.99	0.76
材料	漆片	kg	48.46	0.14	0.14		
	清油	kg	17.08	0.09	0.21	0.12	0.11
	色调合漆	kg	20.34	0.10	0.23	0.14	0.04
	酚醛清漆	kg	16.17			0.96	0.96
	熟桐油	kg	16.80	0.06	0.13	0.26	0.18
	油漆溶剂油 #200	kg	7.05	0.34	0.89	0.64	0.70
	石膏粉	kg	1.05			0.22	0.21
	大白粉	kg	1.05	0.78	1.56	0.78	
	乙醇	kg	11.20	0.85	0.84	0.04	0.04
	地板蜡	kg	23.51	0.25			
	软蜡	kg	10.67		0.25		
	催干剂	kg	14.75	0.010	0.170	0.340	0.002
	棉纱	kg	18.62	0.15	0.30	0.15	
	砂纸	张	1.00	2.00	2.80	2.30	1.80
	豆包布 宽0.9m	m	4.48	0.01	0.02	0.02	
	材料采管费	元		0.73	1.01	0.86	0.60

二、混凝土构件面油漆

单位：10 m^2

编号				8-45	8-46	8-47
项目				混凝土柱、梁、檩条		
				底油、刮腻子、调合漆二遍	底油、刮腻子、调合漆三遍	刮腻子、乳胶漆三遍
预算基价	总价（元）			458.97	500.68	495.61
	人工费（元）			378.20	403.00	409.20
	材料费（元）			48.00	62.77	50.96
	管理费（元）			32.77	34.91	35.45
组成内容		单位	单价	数量		
人工	综合工	工日	124.00	3.05	3.25	3.30
材料	调合漆	kg	15.87	0.93	0.93	
	无光调合漆	kg	18.18	0.93	1.71	
	乳胶漆	kg	10.49			4.33
	熟桐油	kg	16.80	0.24	0.24	
	清油	kg	17.08	0.16	0.16	
	油漆溶剂油 #200	kg	7.05	0.61	0.61	
	聚醋酸乙烯乳液	kg	10.59	0.16	0.16	0.17
	羧甲基纤维素	kg	13.00	0.03	0.03	0.03
	滑石粉	kg	0.67	1.39	1.39	1.39
	石膏粉	kg	1.05	0.33	0.33	0.23
	大白粉	kg	1.05			0.14
	零星材料费	元		0.92	1.21	0.98
	材料采管费	元		0.99	1.29	1.05

三、抹灰面油漆

单位：10 m^2

编号				8-48	8-49	8-50	8-51	8-52	8-53
项目				抹灰面		拉毛面	砖墙面	混凝土花格窗、栏杆、花饰	零星项目、小品
				乳胶漆二遍	乳胶漆三遍	乳胶漆二遍			
预算基价	总价（元）			196.95	226.59	132.14	82.64	211.77	120.77
	人工费（元）			138.88	151.28	65.72	39.68	117.80	66.96
	材料费（元）			46.04	62.20	60.73	39.52	83.76	48.01
	管理费（元）			12.03	13.11	5.69	3.44	10.21	5.80
组成内容		单位	单价	数量					
人工	综合工	工日	124.00	1.12	1.22	0.53	0.32	0.95	0.54
材料	乳胶漆	kg	10.49	2.84	4.33	5.67	3.69	7.74	4.43
	聚醋酸乙烯乳液	kg	10.59	0.60	0.60				
	羧甲基纤维素	kg	13.00	0.12	0.12				
	滑石粉	kg	0.67	1.39	1.39				
	石膏粉	kg	1.05	0.21	0.21				
	大白粉	kg	1.05	5.28	5.28				
	砂纸	张	1.00	0.60	0.80			0.80	0.50
	豆包布 宽0.9m	m	4.48	0.02	0.02			0.01	0.01
	材料采管费	元		0.95	1.28	1.25	0.81	1.72	0.99

单位：10 m

编号				8-54	8-55	8-56	8-57
项目				清水墙腰线、檐口线、门窗套、窗台板、乳胶漆二遍	线条乳胶漆		
					8 cm 以内	12 cm 以内	18 cm 以内
预算基价	总价（元）			66.54	38.94	46.11	52.40
	人工费（元）			44.64	33.48	39.68	44.64
	材料费（元）			18.03	2.56	2.99	3.89
	管理费（元）			3.87	2.90	3.44	3.87
组成内容		单位	单价	数量			
人工	综合工	工日	124.00	0.36	0.27	0.32	0.36
材料	乳胶漆	kg	10.49	1.66	0.10	0.14	0.20
	清油	kg	17.08		0.01	0.01	0.01
	腻子	kg	2.47		0.50	0.50	0.60
	砂纸	张	1.00	0.20	0.06	0.06	0.06
	豆包布 宽0.9m	m	4.48	0.01			
	材料采管费	元		0.37	0.05	0.06	0.08

单位：10 m²

编号				8-58	8-59	8-60	8-61	8-62
项目				水性水泥漆二遍	油漆画石纹	抹灰面做假木纹	外墙真石漆	
							胶带条分格	木嵌条分格
预算基价	总价（元）			135.63	267.39	374.47	2015.74	2095.86
	人工费（元）			52.08	195.92	285.20	105.40	167.40
	材料费（元）			79.04	54.50	64.56	1894.25	1907.00
	机械费（元）						6.96	6.96
	管理费（元）			4.51	16.97	24.71	9.13	14.50
组成内容		单位	单价	数量				
人工	综合工	工日	124.00	0.42	1.58	2.30	0.85	1.35
材料	水性水泥漆	kg	19.12	3.94				
	调合漆	kg	15.87		1.75	1.75		
	无光调合漆	kg	18.18		0.43	0.43		
	醇酸清漆	kg	15.44			0.52		
	清油	kg	17.08		0.31	0.31		
	熟桐油	kg	16.80		0.23	0.23		
	H型真石涂料	kg	27.00				50.00	50.00
	透明底漆	kg	61.25				3.50	3.50
	防水漆（配套罩面漆）	kg	63.00				4.00	4.00
	白水泥	kg	0.66				5.00	5.00

续表

单位：10 m²

编号				8-58	8-59	8-60	8-61	8-62
项目				水性水泥漆二遍	油漆画石纹	抹灰面做假木纹	外墙真石漆	
							胶带条分格	木嵌条分格
组成内容		单位	单价	数量				
材料	松木锯材 三类	m^3	1546.08					0.008
	色粉	kg	5.17			0.15		
	油漆溶剂油 #200	kg	7.05		0.50	0.50		
	聚醋酸乙烯乳液	kg	10.59		0.02	0.02		
	羧甲基纤维素	kg	13.00		0.01	0.01		
	醇酸漆稀释剂	kg	9.45		0.22	0.33		
	二甲苯稀释剂	kg	12.56				0.58	0.58
	108 胶	kg	4.98				2.00	2.00
	石膏粉	kg	1.05	1.36	0.21	0.21		
	大白粉	kg	1.05		2.35	2.35		
	砂纸	张	1.00	0.60				
	豆包布 宽0.9m	m	4.48	0.01				
	零星材料费	元					18.37	18.49
	材料采管费	元		1.63	1.12	1.33	38.96	39.22
机械	电动空气压缩机 $1m^3$	台班	59.43				0.110	0.110
	小型机具	元					0.42	0.42

单位：10 m^2

编号				8-63	8-64	8-65	8-66
项目				抹灰面过氯乙烯漆			
				五遍成活	每增减一遍		
					底漆	磁漆	清漆
预算基价	总价（元）			494.57	89.39	76.32	94.13
	人工费（元）			173.60	24.80	23.56	23.56
	材料费（元）			305.93	62.44	50.72	68.53
	管理费（元）			15.04	2.15	2.04	2.04
组成内容		单位	单价	数量			
人工	综合工	工日	124.00	1.40	0.20	0.19	0.19
材料	过氯乙烯底漆	kg	15.69	2.90	2.90		
	过氯乙烯磁漆	kg	20.66	3.90		1.95	
	过氯乙烯清漆	kg	17.90	5.25			2.63
	过氯乙烯漆稀释剂	kg	15.66	4.75	1.00	0.60	1.28
	过氯乙烯腻子	kg	10.00	0.11			
	聚醋酸乙烯乳液	kg	10.59	0.16			
	羧甲基纤维素	kg	13.00	0.03			
	滑石粉	kg	0.67	1.39			
	砂纸	张	1.00	1.00			
	豆包布 宽0.9m	m	4.48	0.02			
	材料采管费	元		6.29	1.28	1.04	1.41

四、喷 刷 涂 料

单位：10 m^2

编号				8-67	8-68	8-69	8-70
项目				墙、柱、梁面一塑三油			
				大压花	中压花	喷中点、幼点	平面
预算基价	总价（元）			712.65	560.95	473.61	210.63
	人工费（元）			148.80	133.92	121.52	69.44
	材料费（元）			522.45	389.79	318.28	135.17
	机械费（元）			28.51	25.64	23.28	
	管理费（元）			12.89	11.60	10.53	6.02
组成内容		单位	单价	数量			
人工	综合工	工日	124.00	1.20	1.08	0.98	0.56
材料	底层巩固剂	kg	13.15	2.18	1.71	1.51	0.87
	中层涂料	kg	23.42	14.25	9.31	6.56	
	面层高光面油	kg	34.17	4.32	4.09	4.00	3.52
	水	m^3	7.85	0.020	0.020	0.020	0.010
	零星材料费	元		1.53	1.33	1.40	0.59
	材料采管费	元		10.75	8.02	6.55	2.78
机械	灰浆输送泵 3m^3/h	台班	202.16	0.109	0.098	0.089	
	电动空气压缩机 1m^3	台班	59.43	0.109	0.098	0.089	

单位：10 m^2

编号				8-71	8-72	8-73	8-74
项目				天棚一塑三油			
				大压花	中压花	喷中点、幼点	平面
预算基价	总价（元）			733.57	580.57	490.17	218.78
	人工费（元）			164.92	148.80	133.92	76.88
	材料费（元）			522.71	390.37	318.75	135.24
	机械费（元）			31.65	28.51	25.90	
	管理费（元）			14.29	12.89	11.60	6.66
组成内容		单位	单价	数量			
人工	综合工	工日	124.00	1.33	1.20	1.08	0.62
材料	底层巩固剂	kg	13.15	2.18	1.71	1.51	0.87
	中层涂料	kg	23.42	14.25	9.31	6.56	
	面层高光面油	kg	34.17	4.32	4.09	4.00	3.52
	水	m^3	7.85	0.020	0.020	0.020	0.010
	零星材料费	元		1.79	1.90	1.86	0.66
	材料采管费	元		10.75	8.03	6.56	2.78
机械	灰浆输送泵 $3m^3/h$	台班	202.16	0.121	0.109	0.099	
	电动空气压缩机 $1m^3$	台班	59.43	0.121	0.109	0.099	

单位：10 m^2

编号				8-75	8-76	8-77	8-78	8-79
项目				墙面抗碱封底涂料	墙面钙塑涂料（成品）		内墙	
					内墙及天棚面	外墙面	多彩花纹涂料	彩绒涂料
预算基价	总价（元）			130.86	239.85	274.78	336.24	698.02
	人工费（元）			38.44	38.44	40.92	76.88	76.88
	材料费（元）			89.09	198.08	230.31	245.05	606.83
	机械费（元）						7.65	7.65
	管理费（元）			3.33	3.33	3.55	6.66	6.66
组成内容		单位	单价	数量				
人工	综合工	工日	124.00	0.31	0.31	0.33	0.62	0.62
材料	水泥	kg	0.37	30.00				
	抗碱底涂料	kg	9.45	3.00				
	钙塑涂料	kg	15.75		12.00	14.00		
	多彩花纹涂料	kg	24.20				6.00	
	封闭乳胶底涂料	kg	10.50				2.50	2.00
	罩光乳胶涂料	kg	21.50				2.50	
	水性绒面涂料面漆	kg	38.35					12.00
	水性绒面涂料中涂层	kg	10.50					10.00
	聚醋酸乙烯乳液	kg	10.59				0.60	
	羧甲基纤维素	kg	13.00				0.12	0.12
	108胶	kg	4.98	9.60				
	砂纸	张	1.00				0.90	0.60
	大白粉	kg	1.05				5.28	5.28
	豆包布 宽0.9m	m	4.48				0.10	0.10
	零星材料费	元			5.01	5.07		
	材料采管费	元		1.83	4.07	4.74	5.04	12.48
机械	电动空气压缩机 1m^3	台班	59.43				0.121	0.121
	小型机具	元					0.46	0.46

单位：10 m^2

编号				8-80	8-81	8-82	8-83
项目				外墙多彩花纹涂料		外墙喷硬质复层凹凸花纹涂料（浮雕型）	
				清水墙	抹灰墙	清水墙	抹灰墙
预算基价	总价（元）			386.68	356.40	349.92	285.68
	人工费（元）			91.76	76.88	111.60	88.04
	材料费（元）			278.62	265.90	220.30	183.05
	机械费（元）			8.35	6.96	8.35	6.96
	管理费（元）			7.95	6.66	9.67	7.63
组成内容		单位	单价	数量			
人工	综合工	工日	124.00	0.74	0.62	0.90	0.71
材料	白水泥	kg	0.66	28.80	25.00	30.00	25.00
	封闭乳胶底涂料	kg	10.50	2.30	2.00		
	罩光乳胶涂料	kg	21.50	2.50	2.50		
	多彩外墙乳胶涂料	kg	21.00	6.00	6.00		
	抗碱底涂料	kg	9.45			3.00	2.50
	复层罩面涂料	kg	13.00			8.40	7.00
	二甲苯稀释剂	kg	12.56			0.60	0.50
	108 胶	kg	4.98	9.20	8.00	9.60	8.00
	零星材料费	元		4.17	3.34	3.08	2.04
	材料采管费	元		5.73	5.47	4.53	3.76
机械	电动空气压缩机 1m^3	台班	59.43	0.132	0.110	0.132	0.110
	小型机具	元		0.51	0.42	0.51	0.42

单位：10 m^2

编号				8-84	8-85	8-86	8-87
项目				外墙喷银光涂料		外墙喷丙烯酸有光外用乳胶漆	
				清水墙	抹灰墙	清水墙	抹灰墙
预算基价	总价（元）			288.24	229.55	365.38	306.56
	人工费（元）			93.00	54.56	93.00	54.56
	材料费（元）			178.83	162.61	255.97	239.62
	机械费（元）			8.35	7.65	8.35	7.65
	管理费（元）			8.06	4.73	8.06	4.73
组成内容		单位	单价	数量			
人工	综合工	工日	124.00	0.75	0.44	0.75	0.44
材料	白水泥	kg	0.66	30.00	25.00	30.00	25.00
	封闭乳胶底涂料	kg	10.50	2.40	2.00	2.40	2.00
	外墙银光涂料	kg	21.00	3.83	3.83		
	丙烯酸有光外墙乳胶漆	kg	19.35			8.00	8.00
	108 胶	kg	4.98	9.60	8.00	9.60	8.00
	零星材料费	元		1.91	1.50	3.10	2.55
	材料采管费	元		3.68	3.34	5.26	4.93
机械	电动空气压缩机 1m^3	台班	59.43	0.132	0.121	0.132	0.121
	小型机具	元		0.51	0.46	0.51	0.46

单位：10 m^2

编号				8-88	8-89	8-90	8-91
项目				外墙喷丙烯酸无光外用乳胶漆		外墙喷丙烯酸凹凸复层装饰涂料	
				清水墙	抹灰墙	清水墙	抹灰墙
预算基价	总价（元）			322.62	263.86	317.96	259.29
	人工费（元）			93.00	54.56	111.60	88.04
	材料费（元）			213.21	196.92	188.85	157.08
	机械费（元）			8.35	7.65	7.84	6.54
	管理费（元）			8.06	4.73	9.67	7.63
组成内容		单位	单价	数量			
人工	综合工	工日	124.00	0.75	0.44	0.90	0.71
材料	白水泥	kg	0.66	30.00	25.00	30.00	25.00
	封闭乳胶底涂料	kg	10.50	2.40	2.00		
	丙烯酸无光外墙乳胶漆	kg	19.90	5.70	5.70		
	抗碱底涂料	kg	9.45			3.00	2.50
	凹凸复层涂料	kg	9.45			8.40	7.00
	二甲苯稀释剂	kg	12.56			0.60	0.50
	108 胶	kg	4.98	9.60	8.00	9.60	8.00
	零星材料费	元		2.58	2.10	2.10	1.45
	材料采管费	元		4.39	4.05	3.88	3.23
机械	电动空气压缩机 1m^3	台班	59.43	0.132	0.121	0.132	0.110
	小型机具	元		0.51	0.46		

单位：10 m²

编号				8-92	8-93	8-94	8-95
项目				彩砂喷涂		砂胶涂料	
				抹灰面	混凝土墙面	墙柱面	天棚
预算基价	总价（元）			595.20	780.20	266.45	288.01
	人工费（元）			156.24	172.36	176.08	195.92
	材料费（元）			420.78	586.61	67.28	67.28
	机械费（元）			4.64	6.30	7.84	7.84
	管理费（元）			13.54	14.93	15.25	16.97
组成内容		单位	单价	数量			
人工	综合工	工日	124.00	1.26	1.39	1.42	1.58
材料	水泥	kg	0.37	3.00	19.70		
	丙烯酸彩砂涂料	kg	10.76	38.00	51.00		
	砂胶料	kg	5.78			11.00	11.00
	108胶	kg	4.98		3.28		
	水	m^3	7.85	0.064	0.020		
	零星材料费	元		1.64	2.00	2.32	2.32
	材料采管费	元		8.65	12.07	1.38	1.38
机械	电动空气压缩机 $1m^3$	台班	59.43	0.078	0.106	0.132	0.132

单位：10 m^2

编号				8-96	8-97	8-98	8-99	8-100	8-101
项目				外墙AC-97弹性涂料		外墙 JH801 涂料		仿瓷涂料二遍	花格手工刮仿瓷涂料
				清水墙	抹灰墙	清水墙	抹灰墙		
预算基价	总价（元）			437.62	362.68	177.38	196.51	261.50	355.75
	人工费（元）			93.00	54.56	89.28	89.28	152.52	218.24
	材料费（元）			336.05	302.97	76.74	95.87	95.77	118.60
	机械费（元）			0.51	0.42	3.63	3.63		
	管理费（元）			8.06	4.73	7.73	7.73	13.21	18.91
组成内容		单位	单价	数量					
人工	综合工	工日	124.00	0.75	0.44	0.72	0.72	1.23	1.76
材料	白水泥	kg	0.66	4.03	3.36				
	封闭乳胶底涂料	kg	10.50	2.10	1.75				
	AC-97弹性外墙涂料	kg	54.70	5.50	5.00				
	JH801涂料	kg	7.35			10.00	10.00		
	117 胶	kg	9.75					8.00	9.60
	双(白)灰粉	kg	0.79					20.00	24.00
	色粉	kg	5.17				0.34		
	108 胶	kg	4.98				3.46		
	水	m^3	7.85			0.070	0.014		
	零星材料费	元		3.58	2.65	1.11	1.30		3.60
	材料采管费	元		6.91	6.23	1.58	1.97	1.97	2.44
机械	电动空气压缩机 1m^3	台班	59.43			0.061	0.061		
	小型机具	元		0.51	0.42				

单位：10 m²

编号				8-102	8-103	8-104	8-105	8-106	8-107
项目				抹灰面				楼地面	
				106涂料		803涂料		777涂料席纹地面	177涂料乳液罩面
				二遍	三遍	二遍	三遍		
预算基价	总价（元）			75.46	98.35	68.98	88.40	403.95	197.65
	人工费（元）			52.08	65.72	52.08	65.72	217.00	122.76
	材料费（元）			18.87	26.94	12.39	16.99	168.15	64.25
	管理费（元）			4.51	5.69	4.51	5.69	18.80	10.64
组成内容		单位	单价	数量					
人工	综合工	工日	124.00	0.42	0.53	0.42	0.53	1.75	0.99
材料	白水泥	kg	0.66					21.40	10.60
	106涂料	kg	3.67	3.89	5.99				
	803涂料	kg	2.15			3.69	5.69		
	777乳液涂料	kg	18.96					5.98	
	177乳液涂料	kg	17.58						0.73
	熟桐油	kg	16.80	0.07	0.07	0.07	0.07		
	血料	kg	6.07	0.33	0.33	0.33	0.33		
	色粉	kg	5.17					1.52	0.11
	107氯偏乳液	kg	7.35						1.32
	108胶	kg	4.98					4.45	5.28
	石膏粉	kg	1.05	0.21	0.21	0.21	0.21		
	大白粉	kg	1.05	0.15	0.15	0.15	0.15		
	软蜡	kg	10.67					0.42	0.42
	砂纸	张	1.00	0.60	0.80	0.60	0.80		
	豆包布 宽0.9m	m	4.48	0.01	0.01	0.01	0.01		
	水	m³	7.85					0.032	0.028
	零星材料费	元						2.43	1.83
	材料采管费	元		0.39	0.55	0.25	0.35	3.46	1.32

五、刷　　浆

单位：10 m²

编号				8-108	8-109	8-110	8-111
项目				白水泥浆二遍			
				抹灰面		混凝土栏杆、花饰	窗间墙、隔板、栏板等小面积
				光面	毛面		
预算基价	总价（元）			35.91	45.48	125.09	50.46
	人工费（元）			27.28	34.72	104.16	39.68
	材料费（元）			6.92	8.59	14.42	8.30
	管理费（元）			1.71	2.17	6.51	2.48
组成内容		单位	单价	数量			
人工	综合工	工日	124.00	0.22	0.28	0.84	0.32
材料	白水泥	kg	0.66	3.76	4.70	7.90	4.51
	色粉	kg	5.17	0.13	0.16	0.27	0.16
	108胶	kg	4.98	0.72	0.89	1.50	0.86
	豆包布　宽0.9m	m	4.48	0.01	0.01	0.01	0.01
	材料采管费	元		0.14	0.18	0.30	0.17

单位：10 m²

编号				8-112	8-113	8-114	8-115
项目				石灰油浆二遍			
				抹灰面		混凝土栏杆、花饰	窗间墙、隔板、栏板等小面积
				光面	毛面		
预算基价	总价（元）			34.30	42.50	123.82	47.90
	人工费（元）			27.28	34.72	104.16	39.68
	材料费（元）			5.31	5.61	13.15	5.74
	管理费（元）			1.71	2.17	6.51	2.48
组成内容		单位	单价	数量			
人工	综合工	工日	124.00	0.22	0.28	0.84	0.32
材料	白灰	kg	0.31	0.74	0.93	2.18	0.89
	清油	kg	17.08	0.24	0.29	0.70	0.28
	色粉	kg	5.17	0.16	0.04	0.04	0.10
	豆包布 宽0.9m	m	4.48	0.01	0.01	0.01	0.01
	材料采管费	元		0.11	0.12	0.27	0.12

单位：10 m²

编号				8-116	8-117	8-118	8-119
项目				清水墙腰线、檐口线、门窗套、窗台板			抹灰面
				刷白水泥浆二遍	刷石灰油浆二遍	刷红土子浆二遍	刷石灰浆三遍
预算基价	总价（元）			47.88	46.93	29.56	28.26
	人工费（元）			42.16	42.16	22.32	26.04
	材料费（元）			3.08	2.13	5.84	0.59
	管理费（元）			2.64	2.64	1.40	1.63
组成内容		单位	单价	数量			
人工	综合工	工日	124.00	0.34	0.34	0.18	0.21
材料	白水泥	kg	0.66	1.69			
	白灰	kg	0.31		0.34		1.72
	红土粉	kg	6.85			0.72	
	色粉	kg	5.17	0.06	0.02		
	108 胶	kg	4.98	0.32			
	清油	kg	17.08		0.11		
	血料	kg	6.07			0.13	
	工业盐	kg	1.05				0.04
	材料采管费	元		0.06	0.04	0.12	0.01

单位：10 m²

编号					8-120	8-121	8-122	8-123
项目					抹灰面		刮腻子二遍	
					刷普通水泥浆	刮腻子、刷可塞银浆一遍	水泥砂浆、混合砂浆墙面	石灰砂浆、石膏、砂浆墙面
预算基价	总价（元）				31.27	88.24	73.19	54.58
	人工费（元）				26.04	73.16	57.04	45.88
	材料费（元）				3.60	10.51	12.58	5.83
	管理费（元）				1.63	4.57	3.57	2.87
组成内容			单位	单价	数量			
人工	综合工		工日	124.00	0.21	0.59	0.46	0.37
材料	水泥		kg	0.37	2.10			
	可赛银		kg	2.90		2.37		
	腻子膏		kg	1.54			8.00	3.71
	白灰		kg	0.31	0.25			
	血料		kg	6.07	0.44			
	大白粉		kg	1.05		1.39		
	聚醋酸乙烯乳液		kg	10.59		0.06		
	羧甲基纤维素		kg	13.00		0.05		
	骨胶		kg	5.70		0.03		
	砂纸		张	1.00		0.50		
	材料采管费		元		0.07	0.22	0.26	0.12

天津市仿古建筑及园林工程预算基价

第二册　营造则例做法项目

DBD29-502-2016

天津市城乡建设委员会

中国建筑工业出版社

总 说 明

一、天津市仿古建筑及园林工程预算基价(以下简称“本基价”)是根据国家和本市有关法规、标准、规范等相关依据,按正常的施工工期和生产条件,考虑常规的施工工艺、合理的施工组织设计,结合本市实际编制的。本基价是完成单位合格产品所需人工、材料、机械台班及相应管理费用的基本标准,反映了社会平均水平。

二、本基价适用于天津市行政区域内新建与扩建的仿古建筑、园林绿化与园林景观工程。

三、本基价是编制估算指标、概算定额和初步设计概算、施工图预算、竣工结算、招标控制价、工程量清单的基础;是建设项目投标报价的参考。

四、本基价各子目的预算基价由人工费、材料费、机械费和管理费组成。基价中的工作内容仅说明了主要施工工序,次要施工工序虽未作说明,但基价中已予考虑。

五、本基价共分三册:

第一册 通用项目;

第二册 营造则例做法项目;

第三册 园林绿化景观及施工措施费项目。

六、本基价人工费的规定和说明:

1. 人工消耗量是以现行的《建设工程劳动定额》、《全国统一仿古建筑及园林工程预算定额》为基础,结合本市实际,考虑了施工操作的基本用工、辅助用工、材料在施工现场超运距用工及人工幅度差。人工效率按八小时工作制考虑。

2. 人工单价是根据《中华人民共和国劳动法》有关规定,参照编制期天津市劳动力价格水平综合测算的。按技术含量分为三类:一类工每工日124元;二类工每工日113元;三类工每工日96元。

3. 人工费是支付给从事建筑安装工程施工的生产工人和附属生产单位工人的各项费用以及生产工具用具使用费。其中包括按照国家和本市有关规定,职工个人缴纳的养老保险、失业保险、医疗保险及住房公积金。

七、本基价材料费的规定和说明:

1. 材料费包括主要材料、零星材料和材料采购保管费。主要材料为构成工程实体且能够计量的材料、成品、半成品,按品种、规格列出消耗量;零星材料费为不构成工程实体且用量较小的材料,以“元”为单位列出;材料采购保管费是指施工单位在组织采购、供应和保管材料过程中所需各项费用,包括工地仓库的储存损耗。

2. 材料消耗量均按合格的标准规格产品编制。包括按国家消耗量定额标准规定的正常施工消耗和材料从工地仓库、现场集中堆放或加工地点运至施工操作、安装地点的堆放和运输损耗及不可避免的施工操作损耗。

3. 当设计要求采用的材料、成品或半成品的品种、规格型号与基价中不同时,可按各章规定调整。

4. 材料价格按本基价编制期建筑市场材料价格综合取定,包括由材料供应地点运至工地仓库或施工现场堆放地点的费用。

5. 材料采购保管费按照材料价格的 2. 1% 计取。由建设单位供料至现场或施工单位指定地点,并由施工单位负责保管的,退还建设单位 0. 875% ,施工单位留 1. 225% ;由建设单位供料至现场或施工单位指定地点,并由建设单位负责保管的,退还建设单位 1. 68% ,施工单位留 0. 42% 。

6. 工程建设中部分材料由建设单位供料,结算时退还建设单位所购材料的材料款(包括材料采购保管费),材料单价以施工合同中约定的材料价格为准,材料数量按实际领用量确定。

7. 周转材料费中的周转材料按摊销量编制,且已包括回库维修等相关费用。

8. 本基价部分材料或成品、半成品的消耗量带有括号,并列于无括号材料消耗量之前,表示该材料未计价,基价总价未包括其价值,计价时应以括号中的消耗量乘以其价格,同时计算其采购保管费,分别计入本基价的材料费和总价中;列于无括号材料消耗量之后,表示基价总价和材料费中已经包括了该材料的价值,括号内的材料不再计价。

9. 材料消耗量带有“ × ”号的,“ × ”号前为材料消耗量,“ × ”号后为该材料的单价。数字后带“( )” ,“( )”内为规格型号。

八、本基价机械费的规定和说明:

1. 机械台班消耗量是按照正常的施工程序、合理的机械配置确定的。

2. 机械台班单价按照《建设工程施工机械台班费用编制规则》及《天津市施工机械台班参考基价》确定。

3. 本基价中的机械费,按各册说明规定执行。

4. 本基价未考虑使用大型机械,如果使用大型机械,可按《天津市建筑工程预算基价》中对使用大型机械的说明及规定进行计算。

九、本基价除注明者以外,均按建筑物檐高 20 m 以内考虑,当建筑物檐高超过 20 m 时,因施工降效所增加的人工、机械及有关费用按《天津市建筑工程预算基价》超高工程附加费有关规定执行。

十、施工用水、电已包括在本基价材料费和机械费中,不另计算。施工现场应由建设单位安装水、电表,交施工单位保管和使用,施工单位按表计量,按相应单价计算后退还建设单位。

十一、本基价凡注明“ × × 以内”或“ × × 以下”者,均包括 × × 本身,注明“ × × 以外”或“ × × 以上”者,均不包括 × × 本身。

十二、本基价材料、机械和构件的规格,用数值表示而未说明单位的,其计量单位为毫米;工程量计算规则中,凡未说明计量单位的,按长度计算的以米为计量单位,按面积计算的以平方米为计量单位,按体积计算的以立方米为计量单位,按质量计算的以吨为计量单位。

十三、仿古建筑工程基价与一般建筑工程基价使用界限:

1. 独立建筑的单位仿古建筑工程应全部执行仿古建筑工程基价。

2. 在大型公共建筑的厅堂内建造仿古建筑工程,不需要单独挖土方做基础时,其基础部分与整个建筑的地下部分合并一起,执行一般建筑工程基价,地上部分包括台基在内执行仿古建筑工程基价。若基础与整个建筑不相连,需单独挖土方做基础时,则全部执行仿古建筑工程基价。

3. 在大型公共建筑屋顶、平台上建造仿古建筑工程时,则屋顶、平台结构上皮为执行基价的分界线。

4. 一般建筑工程的台基、外墙、屋顶、装饰为仿古建筑项目时,执行仿古建筑工程的相应基价子目,其他属现代做法的,执行一般建筑工程基价。

十四、设备安装工程，执行《天津市安装工程预算基价》。

十五、本基价适用于简易计税方法计取增值税的仿古建筑及园林工程，对适用一般计税方法计取增值税的仿古建筑及园林工程，按附录六进行调整。

仿古建筑面积计算规则

一、计算建筑面积的范围：

1. 单层建筑不论其出檐层数及高度如何，均按一层计算面积。其中有台明者按台明外围水平面积计算建筑面积；无台明有围护结构的，以围护结构水平面积计算建筑面积；围护结构外有檐廊柱的，按檐廊柱外边线水平面积计算建筑面积；围护结构外边未及构架柱外边线的，按构架柱外边线计算建筑面积；无围护结构的按构架柱外边线计算建筑面积。

2. 有楼层分界的两层或多层建筑，不论其出檐层数如何，按自然结构层的分层水平面积总和计算建筑面积。其首层的建筑面积计算方法分有、无台明两种，按上述单层建筑物的建筑面积计算方法计算；二层及二层以上各层建筑面积计算方法，按上述单层无台明建筑的建筑面积计算方法执行。

3. 单层建筑中或多层建筑的两自然结构楼层间局部有楼层者，按其水平投影面积计算建筑面积。

4. 碉楼式建筑物的碉台内无楼层分界的，按一层计算建筑面积；碉台内有楼层分界的，按分层累计计算建筑面积；单层碉台及多层碉台的首层有台明的，按台明外围水平面积计算建筑面积；无台明的，按围护结构底面外围水平面积计算建筑面积；多层碉台的二层及二层以上均按各层围护结构底面外围水平面积计算建筑面积。

5. 两层或多层建筑构架柱外有围护装饰或围栏的挑台部分，按构架柱外边线至挑台外围线间的水平投影面积的二分之一计算建筑面积。

6. 坡地建筑、临水建筑或跨越水面建筑的首层构架柱外有围栏的挑台部分，按构架柱外边线至挑台外围线间的水平投影面积的二分之一计算建筑面积。

二、不计算建筑面积的范围：

1. 有台明的单层或多层建筑中的无柱门罩、窗罩、雨篷、挑檐、无围护的挑台、台阶等。

2. 无台明建筑或多层建筑的二层或二层以上突出墙面或构架外边线以外的部分，如墀头、垛、窗罩等。

3. 牌楼、实心或半实心的砖、石塔。

4. 构筑物：月台、环丘台、城台、院墙及随墙门、花架等。

5. 碉台的平台。

目　　录

第十二章　斗　拱

第十三章　木　装　修

第十四章　屋　面　工　程

第十五章　地　面　工　程

第十六章　抹　灰　工　程

第十七章　油漆彩画工程

第十八章　玻璃裱糊工程

第十九章　加工后的砖件、石制品、木构件场外运输

册 说 明

一、本册基价系《天津市仿古建筑及园林工程预算基价》的第二册，适用于以“明清官式做法”为主设计、建造的仿古建筑工程及其他建筑工程的仿古部分。

二、本册基价的编制主要依据明清官式建筑的有关技术文献资料，并结合近年来兴建的仿古建筑工程设计、施工情况，参考了现行的设计、施工及验收规范，技术、安全操作规程，质量评定标准等有关文件。

三、本册基价中的机械费(除第十九章的基价子目外)是指中、小型机械费，采取以系数综合计费的方法计取。其计算方法以预算基价中的人工费合计为基数乘以系数10%计算；其中电费占机械费的15%。

四、本基价的制作加工项目，均以施工现场内制作加工为准，如必须在加工场(厂)制作后运到工地安装、砌筑的，其运费按第十九章的说明规定另行计算。

五、本册基价是以在自然地平以上建造为准编制的，如在月台、高台、城台上建造，按下列规定执行：

1. 台高在2.50 m以上的台上建筑，预算基价增加2.00%。

2. 台高在6.00 m以上的台上建筑，预算基价增加3.50%。

3. 月台、高台、城台本身及其附属工程项目，预算基价不得增加。

六、本册基价中的施工用水费(除第十九章的基价子目外)以预算基价中的人工费和材料费合计为基数，乘以系数0.10%。

第九章　砌 筑 工 程

说　　明

一、本章包括大城样砖、停泥砖、开条砖、方砖、蓝四丁砖、机砖等砌筑，琉璃砌筑等2节；共221条基价子目。

二、各种墙所需八字砖、转头砖的砍制已综合在基价内，不得另行计算。梢子、冰盘檐、挂落、方砖心、博缝头等均以不带雕饰的一般做法为准，如带雕饰应另行计算。

三、基价中的各种砖件用量均已包括了砍制及砌筑的损耗在内。

四、本基价综合了砌筑弧形墙、云墙等因素在内，砌筑弧形墙或云墙时基价不得调整。

五、大城样砖、停泥砖、开条砖、方砖、蓝四丁砖、机砖及琉璃砖砌筑的山花、象眼、花坛等零星砌体按相应基价子目人工费、材料费及管理费乘以系数1.30。

六、墙身砌筑均不包括砖檐在内，砌砖檐另按相应基价执行。

七、第一节中的干摆梢子如设计要求使用石挑檐者，则应扣减相应的材料费，石挑檐部分另执行相应基价子目。琉璃山墙上摆砌琉璃梢子、圈挑檐及点砌腮帮的工程量与墙身合并计算，其他山墙用琉璃砖圈挑檐、点砌腮帮，按琉璃砖砌筑的相应基价子目人工费、材料费及管理费乘以系数1.30。

八、墙帽以双面出檐为准，若遇单面出檐时，按墙帽相应基价子目人工费、材料费及管理费乘以系数0.65。

九、本章基价中仅包括了必要的机砖砌筑基价，其他机砖砌筑应执行第一册《通用项目》相应基价子目。

工　作　内　容

本章各子目除另有说明外均包括：准备工、器具，现场材料运输，调制各种灰浆，清扫场地等全部操作过程。其中：

一、第一节大城样砖、停泥砖、开条砖、方砖、蓝四丁砖、机砖等砌筑项目包括砖件的砍制加工及墙面透空的一般雕刻、摆砌、灌浆、打点等，丝缝、淌白墙砌筑项目还包括勾缝或描缝。墙帽砌筑项目包括衬砌胎砖。博缝摆砌项目包括两层直檐或托山混及衬砌金刚墙。机砖墙砌筑项目包括校正皮数杆，机砖墙勾缝项目还包括刻瞎缝，堵脚手眼。

二、第二节琉璃砌筑项目包括样活、打琉璃珠、摆砌、灌浆、勾缝打点等。摆砌琉璃博缝项目包括两层托山混及衬砌金刚墙，琉璃斗拱摆砌项目包括平板枋至挑檐桁下皮的全部部件。

三、摆砌梢子项目包括荷叶墩、混、炉口、枭、盘头；其中干摆梢子项目包括圈挑檐、点砌腮帮，琉璃梢子项目不包括圈挑檐、点砌腮帮。

工　程　量　计　算　规　则

一、第一节的干摆、丝缝、淌白墙身、方砖心及第二节的砌琉璃砖、拼砌花心、贴砌琉璃面砖均以图示露明面积计算，砖檐不得并入墙体之内。琉璃花墙以一砖厚为准，按垂直投影面积计量，不扣除孔洞面积。

二、糙砌砖墙按实砌体积计算，砖檐不得并入在内。

三、机砖墙砌筑按实砌体积计算，空花墙不扣除空花部分，按体积计算。混凝土透花墙以垂直投影面积计算。凸出墙面的半圆形砖柱等异型砖柱按实砌体积计算。

四、糙砌墙面勾抹灰缝按墙面展开面积计算，各种檐子、墙帽勾缝按垂直投影面积计算。

五、机砖墙面勾缝按墙面垂直投影面积计算，扣除墙面抹灰面积，不扣除门窗洞口、门窗套等面积，但门、窗、垛的侧壁也不增加。

六、檐子砌筑按长度计算。

七、摆砌博缝按正脊中至最外端的长度计算。

八、摆砌梢子按数量计算。

九、木梳背碹、平碹、圆光碹、异型碹均以露明面积计量。车棚碹按实砌体积计算。

十、干摆门窗套分不同宽度按中线长度计算。

十一、摆砌墙帽按中线长度计算。

十二、须弥座的土衬、上枭、下枭、上混、下混、上枋、下枋等分别按外皮长度计算。

十三、线枋子、琉璃线砖、影壁及看面墙的箍头枋子、廊心墙的上下槛、琉璃梁、板、枋、柱子等均以中线长度计算。

十四、廊心墙的小脊子、穿插档不分长短按份计算。

十五、挂檐板、滴珠板按外皮长度计算。

十六、三岔头、霸王拳、耳子、马蹄磉、琉璃方圆柱顶、雀替、琉璃坠山花板按份计算。

十七、琉璃斗拱分高度按攒计算。

一、大城样砖、停泥砖、开条砖、方砖、蓝四丁砖、机砖等砌筑

1. 墙　身

单位：10 m^2

编号				9-1	9-2	9-3	9-4
项目				干摆墙			
				大城样砖	大停泥砖	小停泥砖	贴砌斧刃陡板
预算基价	总价（元）			14959.04	12606.36	12548.92	5345.72
	人工费（元）			8657.68	9115.24	8060.00	3630.72
	材料费（元）			5821.75	2986.16	4042.42	1513.87
	管理费（元）			479.61	504.96	446.50	201.13
组成内容		单位	单价	数量			
人工	综合工	工日	124.00	69.82	73.51	65.00	29.28
材料	大城样砖	块	21.13	265.70			
	大停泥砖	块	6.32		450.67		
	小停泥砖	块	4.56			850.00	
	斧刃砖	块	3.34				429.00
	白灰	kg	0.31	217.600	204.000	183.600	81.600
	水	m^3	7.85	0.416	0.390	0.351	0.156
	零星材料费	元		17.05	10.20	23.61	23.35
	材料采管费	元		119.74	61.42	83.14	31.14
	白灰浆	m^3		（0.32）	（0.30）	（0.27）	（0.12）

单位：10 m^2

编号				9-5	9-6	9-7	9-8	9-9	9-10
项目				丝缝墙			淌白墙		
				大停泥砖	小停泥砖	贴砌斧刃陡板	大城样砖	大停泥砖	小停泥砖
预算基价	总价（元）			12345.98	11646.90	4943.06	8726.44	7760.11	7708.13
	人工费（元）			8925.52	7302.36	3317.00	3546.40	4894.28	4266.84
	材料费（元）			2926.01	3940.01	1442.31	4983.58	2594.70	3204.92
	管理费（元）			494.45	404.53	183.75	196.46	271.13	236.37
组成内容		单位	单价	数量					
人工	综合工	工日	124.00	71.98	58.89	26.75	28.60	39.47	34.41
材料	大停泥砖	块	6.32	435.82				383.67	
	小停泥砖	块	4.56		820.60				659.75
	斧刃砖	块	3.34			407.00			
	大城样砖	块	21.13				225.00		
	白灰	kg	0.31	286.960	248.200	78.200	163.200	163.200	149.600
	水	m^3	7.85	0.549	0.475	0.150	0.312	0.312	0.286
	青灰	kg	2.00	4.088	5.723	2.453	23.544	23.544	21.582
	零星材料费	元		10.00	24.92	22.93	26.70	16.41	38.75
	材料采管费	元		60.18	81.04	29.67	102.50	53.37	65.92
	白灰浆	m^3		(0.397)	(0.330)	(0.100)			
	月白灰 深	m^3					(0.24)	(0.24)	(0.22)
	老浆灰	m^3		(0.025)	(0.035)	(0.015)			

单位：10 m³

编号				9-11	9-12	9-13
项目				糙砌砖墙		
				大城样砖	蓝四丁砖	墙面勾抹灰缝（10m²）
预算基价	总价（元）			17392.45	15270.03	508.80
	人工费（元）			1232.83	2260.00	466.69
	材料费（元）			16084.68	12872.64	13.74
	管理费（元）			74.94	137.39	28.37
组成内容		单位	单价	数量		
人工	综合工	工日	113.00	10.91	20.00	4.13
材料	大城样砖	块	21.13	715.00		
	蓝四丁砖	块	2.32		5200.00	
	白灰	kg	0.31	720.900	165.620	14.824
	砂子	t	87.58	4.479	3.973	
	水	m³	7.85	1.836	1.560	0.028
	水泥	kg	0.37		340.600	
	青灰	kg	2.00			3.564
	零星材料费	元		15.74	6.30	1.52
	材料采管费	元		330.83	264.77	0.28
	白灰膏	m³		(1.029)	(0.237)	
	混合砂浆 M2.5	m³			(2.60)	
	老浆灰	m³				(0.0218)
	白灰砂浆 1:3	m³		(2.70)		

单位：10 m^3

编号				9-14	9-15	9-16	9-17
项目				砌筑虎皮石			
				基础	墙身		
					混水	单面清水	双面清水
预算基价	总价（元）			4467.54	4563.43	4883.48	5745.34
	人工费（元）			1766.19	1856.59	2158.30	2970.77
	材料费（元）			2593.98	2593.98	2593.98	2593.98
	管理费（元）			107.37	112.86	131.20	180.59
组成内容		单位	单价	数量			
人工	综合工	工日	113.00	15.63	16.43	19.10	26.29
材料	毛石	t	88.39	19.11	19.11	19.11	19.11
	水泥	kg	0.37	537.100	537.100	537.100	537.100
	白灰	kg	0.31	261.170	261.170	261.170	261.170
	砂子	t	87.58	6.265	6.265	6.265	6.265
	水	m^3	7.85	2.460	2.460	2.460	2.460
	零星材料费	元		3.81	3.81	3.81	3.81
	材料采管费	元		53.35	53.35	53.35	53.35
	白灰膏	m^3		(0.373)	(0.373)	(0.373)	(0.373)
	混合砂浆 M2.5	m^3		(4.10)	(4.10)	(4.10)	(4.10)

单位：10 m³

编号				9-18	9-19	9-20	9-21
项目				虎皮石墙			
				干背山		虎皮石墙勾缝	
				双面	单面	凸缝 (10m²)	平缝 (10m²)
预算基价	总价（元）			5388.21	6491.00	411.43	243.62
	人工费（元）			2734.60	3774.20	316.40	158.20
	材料费（元）			2487.37	2487.37	75.80	75.80
	管理费（元）			166.24	229.43	19.23	9.62
组成内容		单位	单价	数量			
人工	综合工	工日	113.00	24.20	33.40	2.80	1.40
材料	毛石	t	88.39	19.11	19.11		
	水泥	kg	0.37	1152.176	1152.176		
	砂子	t	87.58	3.549	3.549		
	水	m³	7.85	0.802	0.802	0.195	0.195
	白灰	kg	0.31			88.400	88.400
	青灰	kg	2.00			12.753	12.753
	麻刀	kg	4.53			3.864	3.864
	零星材料费	元		3.65	3.65	2.30	2.30
	材料采管费	元		51.16	51.16	1.56	1.56
	水泥砂浆 1:2.5	m³		(2.36)	(2.36)		
	深月白麻刀灰 中麻刀	m³				(0.13)	(0.13)

单位：10 m^3

编号				9-22	9-23	9-24	9-25	9-26	9-27
项目				机砖清水墙	里皮衬砌机砖	砌机砖异型砖柱	机砖围墙		砌混凝土透花墙（10m^2）
							不带透花	带透花	
预算基价	总价（元）			5931.50	5715.74	7917.11	6036.01	6134.21	994.10
	人工费（元）			2169.60	1966.20	3078.12	2271.30	2513.12	720.94
	材料费（元）			3630.01	3630.01	4651.87	3626.64	3468.32	229.33
	管理费（元）			131.89	119.53	187.12	138.07	152.77	43.83
组成内容		单位	单价	数量					
人工	综合工	工日	113.00	19.20	17.40	27.24	20.10	22.24	6.38
材料	预制混凝土透花块	m^2							(10.40)
	机砖	块	0.58	5200	5200	7210	5230	5141	
	水泥	kg	0.37	340.600	340.600	235.800	327.500	262.000	141.480
	白灰	kg	0.31	165.620	165.620	114.660	159.250	127.400	68.796
	砂子	t	87.58	3.973	3.973	2.750	3.820	3.056	1.650
	水	m^3	7.85	1.560	1.560	1.080	1.500	1.200	0.648
	零星材料费	元		1.78	1.78	2.28	1.78	1.70	1.34
	材料采管费	元		74.66	74.66	95.68	74.59	71.34	4.72
	白灰膏	m^3		(0.237)	(0.237)	(0.164)	(0.228)	(0.182)	(0.098)
	混合砂浆 M2.5	m^3		(2.60)	(2.60)	(1.80)	(2.50)	(2.00)	(1.08)

单位：10 m²

编号					9-28
项目					机砖墙勾缝
预算基价	总价（元）				226.61
	人工费（元）				203.40
	材料费（元）				10.85
	管理费（元）				12.36
组成内容			单位	单价	数量
人工	综合工		工日	113.00	1.80
材料	水泥		kg	0.37	19.754
	砂子		t	87.58	0.024
	水		m^3	7.85	0.010
	零星材料费		元		1.14
	材料采管费		元		0.22
	水泥砂浆	1:1	m^3		(0.024)

2. 砖　　檐

单位：10 m

编号				9-29	9-30	9-31	9-32	9-33	9-34
项目				细砌冰盘檐					
				四层无砖椽					
				尺二方砖	尺四方砖	大城样砖	大停泥砖	小停泥砖	蓝四丁砖
预算基价	总价（元）			5362.82	5851.60	10096.04	5599.12	4008.46	3878.45
	人工费（元）			3472.00	3752.24	6293.00	4186.24	2649.88	2972.28
	材料费（元）			1698.48	1891.49	3454.42	1180.97	1211.78	741.51
	管理费（元）			192.34	207.87	348.62	231.91	146.80	164.66
组成内容		单位	单价	数量					
人工	综合工	工日	124.00	28.00	30.26	50.75	33.76	21.37	23.97
材料	尺二方砖	块	17.04	94.38					
	尺四方砖	块	22.61		79.09				
	大城样砖	块	21.13			158.07			
	大停泥砖	块	6.32				178.42		
	小停泥砖	块	4.56					251.78	
	蓝四丁砖	块	2.32						295.57
	白灰	kg	0.31	102.000	136.000	81.600	61.200	47.600	54.400
	水	m^3	7.85	0.195	0.260	0.156	0.117	0.091	0.104
	零星材料费	元		22.16	20.16	16.83	9.18	23.27	22.86
	材料采管费	元		34.93	38.90	71.05	24.29	24.92	15.25
	白灰浆	m^3		(0.15)	(0.20)	(0.12)	(0.09)	(0.07)	(0.08)

单位：10 m

编号				9-35	9-36	9-37	9-38
项目				细砌冰盘檐			
				五层无砖椽			
				尺二方砖	尺四方砖	大城样砖	大停泥砖
预算基价	总价（元）			7172.92	8161.05	12562.65	5143.42
	人工费（元）			4667.36	5190.64	8193.92	3628.24
	材料费（元）			2247.00	2682.86	3914.81	1314.18
	管理费（元）			258.56	287.55	453.92	201.00
组成内容		单位	单价	数量			
人工	综合工	工日	124.00	37.64	41.86	66.08	29.26
材料	尺二方砖	块	17.04	125.80			
	尺四方砖	块	22.61		113.30		
	大城样砖	块	21.13			179.08	
	大停泥砖	块	6.32				198.30
	白灰	kg	0.31	108.800	142.800	102.000	74.800
	水	m^3	7.85	0.208	0.273	0.195	0.143
	零星材料费	元		21.79	19.56	17.18	9.58
	材料采管费	元		46.22	55.18	80.52	27.03
	白灰浆	m^3		(0.16)	(0.21)	(0.15)	(0.11)

单位：10 m

编号				9-39	9-40	9-41	9-42	9-43	9-44
项目				细砌冰盘檐					
				五层无砖椽		五层有砖椽			六层无砖椽
				小停泥砖	蓝四丁砖	尺二方砖	尺四方砖	小停泥砖	尺二方砖
预算基价	总价（元）			4764.88	4901.39	7561.99	8628.98	5152.06	8931.76
	人工费（元）			3365.36	3816.72	4781.44	5292.32	3553.84	6064.84
	材料费（元）			1213.09	873.23	2515.67	3043.48	1401.35	2530.94
	管理费（元）			186.43	211.44	264.88	293.18	196.87	335.98
组成内容		单位	单价	数量					
人工	综合工	工日	124.00	27.14	30.78	38.56	42.68	28.66	48.91
材料	小停泥砖	块	4.56	251.57				289.13	
	蓝四丁砖	块	2.32		344.85				
	尺二方砖	块	17.04			141.09			141.57
	尺四方砖	块	22.61				128.87		
	白灰	kg	0.31	54.400	74.800	108.800	142.800	102.000	129.200
	水	m^3	7.85	0.104	0.143	0.208	0.273	0.195	0.247
	零星材料费	元		23.30	30.91	24.40	20.72	20.95	24.54
	材料采管费	元		24.95	17.96	51.74	62.60	28.82	52.06
	白灰浆	m^3		(0.08)	(0.11)	(0.16)	(0.21)	(0.15)	(0.19)

单位：10 m

<table>
<tr><td colspan="4">编号</td><td>9-45</td><td>9-46</td><td>9-47</td><td>9-48</td><td>9-49</td><td>9-50</td></tr>
<tr><td colspan="4" rowspan="3">项目</td><td colspan="6">细砌冰盘檐</td></tr>
<tr><td colspan="4">六层无砖椽</td><td colspan="2">六层有砖椽</td></tr>
<tr><td>尺四方砖</td><td>大停泥砖</td><td>小停泥砖</td><td>蓝四丁砖</td><td>尺二方砖</td><td>尺四方砖</td></tr>
<tr><td rowspan="4">预算基价</td><td colspan="3">总价（元）</td><td>10043.28</td><td>7460.44</td><td>5843.57</td><td>5771.51</td><td>9389.82</td><td>10588.15</td></tr>
<tr><td colspan="3">人工费（元）</td><td>6656.32</td><td>5469.64</td><td>3835.32</td><td>4411.92</td><td>6243.40</td><td>6955.16</td></tr>
<tr><td colspan="3">材料费（元）</td><td>3018.22</td><td>1687.80</td><td>1795.78</td><td>1115.18</td><td>2800.55</td><td>3247.69</td></tr>
<tr><td colspan="3">管理费（元）</td><td>368.74</td><td>303.00</td><td>212.47</td><td>244.41</td><td>345.87</td><td>385.30</td></tr>
<tr><td colspan="2">组成内容</td><td>单位</td><td>单价</td><td colspan="6">数量</td></tr>
<tr><td>人工</td><td>综合工</td><td>工日</td><td>124.00</td><td>53.68</td><td>44.11</td><td>30.93</td><td>35.58</td><td>50.35</td><td>56.09</td></tr>
<tr><td rowspan="10">材料</td><td>尺二方砖</td><td>块</td><td>17.04</td><td></td><td></td><td></td><td></td><td>157.15</td><td></td></tr>
<tr><td>尺四方砖</td><td>块</td><td>22.61</td><td>127.49</td><td></td><td></td><td></td><td></td><td>137.50</td></tr>
<tr><td>大停泥砖</td><td>块</td><td>6.32</td><td></td><td>254.98</td><td></td><td></td><td></td><td></td></tr>
<tr><td>小停泥砖</td><td>块</td><td>4.56</td><td></td><td></td><td>375.43</td><td></td><td></td><td></td></tr>
<tr><td>蓝四丁砖</td><td>块</td><td>2.32</td><td></td><td></td><td></td><td>443.30</td><td></td><td></td></tr>
<tr><td>白灰</td><td>kg</td><td>0.31</td><td>163.200</td><td>95.200</td><td>74.800</td><td>95.200</td><td>129.200</td><td>163.200</td></tr>
<tr><td>水</td><td>m^3</td><td>7.85</td><td>0.312</td><td>0.182</td><td>0.143</td><td>0.182</td><td>0.247</td><td>0.312</td></tr>
<tr><td>零星材料费</td><td>元</td><td></td><td>20.55</td><td>10.68</td><td>22.57</td><td>32.84</td><td>23.12</td><td>18.97</td></tr>
<tr><td>材料采管费</td><td>元</td><td></td><td>62.08</td><td>34.71</td><td>36.94</td><td>22.94</td><td>57.60</td><td>66.80</td></tr>
<tr><td>白灰浆</td><td>m^3</td><td></td><td>(0.24)</td><td>(0.14)</td><td>(0.11)</td><td>(0.14)</td><td>(0.19)</td><td>(0.24)</td></tr>
</table>

单位：10 m

编号				9-51	9-52	9-53	9-54	9-55	9-56
项目				细砌冰盘檐					
				六层有砖椽	七层有砖椽				
				小停泥砖	尺二方砖	尺四方砖	大停泥砖	小停泥砖	蓝四丁砖
预算基价	总价（元）			6077.20	10677.91	11992.16	8501.89	6755.39	5976.21
	人工费（元）			3772.08	7194.48	7878.96	6276.88	4499.96	4499.96
	材料费（元）			2096.16	3084.87	3676.72	1877.29	2006.14	1226.96
	管理费（元）			208.96	398.56	436.48	347.72	249.29	249.29
组成内容		单位	单价	数量					
人工	综合工	工日	124.00	30.42	58.02	63.54	50.62	36.29	36.29
材料	尺二方砖	块	17.04		173.14				
	尺四方砖	块	22.61			155.76			
	大停泥砖	块	6.32				283.25		
	小停泥砖	块	4.56	440.00				419.21	
	蓝四丁砖	块	2.32						487.19
	白灰	kg	0.31	74.800	149.600	183.600	115.600	95.200	115.600
	水	m^3	7.85	0.143	0.286	0.351	0.221	0.182	0.221
	零星材料费	元		22.34	22.49	19.70	10.97	22.34	33.87
	材料采管费	元		43.11	63.45	75.62	38.61	41.26	25.24
	白灰浆	m^3		(0.11)	(0.22)	(0.27)	(0.17)	(0.14)	(0.17)

单位：10 m

编号				9-57	9-58	9-59	9-60	9-61	9-62
项目				糙砌四层冰盘檐					
				尺二方砖	尺四方砖	大城样砖	大停泥砖	小停泥砖	蓝四丁砖
预算基价	总价（元）			4288.51	4832.45	8221.26	4791.07	3234.88	3414.14
	人工费（元）			2527.12	2801.16	4766.56	3417.44	1982.76	2518.44
	材料费（元）			1621.39	1876.11	3190.64	1184.31	1142.28	756.18
	管理费（元）			140.00	155.18	264.06	189.32	109.84	139.52
组成内容		单位	单价	数量					
人工	综合工	工日	124.00	20.38	22.59	38.44	27.56	15.99	20.31
材料	尺二方砖	块	17.04	86.48					
	尺四方砖	块	22.61		75.67				
	大城样砖	块	21.13			141.25			
	大停泥砖	块	6.32				165.37		
	小停泥砖	块	4.56					223.02	
	蓝四丁砖	块	2.32						282.50
	白灰	kg	0.31	125.120	142.120	159.120	133.280	108.800	82.960
	青灰	kg	2.00	18.050	20.503	22.955	19.228	15.696	11.968
	麻刀	kg	4.53	5.468	6.211	6.954	5.825	4.755	3.626
	水	m^3	7.85	0.276	0.314	0.351	0.294	0.240	0.183
	零星材料费	元		12.60	10.96	10.90	6.34	13.27	17.71
	材料采管费	元		33.35	38.59	65.63	24.36	23.49	15.55
	深月白麻刀灰 中麻刀	m^3		(0.184)	(0.209)	(0.234)	(0.196)	(0.160)	(0.122)

单位：10 m

编号					9-63	9-64	9-65	9-66	9-67	9-68
项目					糙砌冰盘檐					
					五层					
					尺二方砖	尺四方砖	大城样砖	大停泥砖	小停泥砖	蓝四丁砖
预算基价	总价（元）				5515.63	6052.29	9602.00	6235.04	3790.64	4018.15
	人工费（元）				3190.52	3377.76	5562.64	4591.72	2323.76	2969.80
	材料费（元）				2148.36	2487.41	3731.20	1388.95	1338.15	883.83
	管理费（元）				176.75	187.12	308.16	254.37	128.73	164.52
组成内容			单位	单价	数量					
人工	综合工		工日	124.00	25.73	27.24	44.86	37.03	18.74	23.95
材料	尺二方砖		块	17.04	115.31					
	尺四方砖		块	22.61		100.88				
	大城样砖		块	21.13			164.76			
	大停泥砖		块	6.32				192.92		
	小停泥砖		块	4.56					260.16	
	蓝四丁砖		块	2.32						329.61
	白灰		kg	0.31	155.720	177.480	199.240	165.920	136.000	102.680
	青灰		kg	2.00	22.465	25.604	28.743	23.936	19.620	14.813
	麻刀		kg	4.53	6.806	7.757	8.708	7.252	5.944	4.488
	水		m^3	7.85	0.344	0.392	0.440	0.366	0.300	0.227
	零星材料费		元		12.55	10.91	10.93	6.09	13.62	17.39
	材料采管费		元		44.19	51.16	76.74	28.57	27.52	18.18
	深月白麻刀灰	中麻刀	m^3		(0.229)	(0.261)	(0.293)	(0.244)	(0.200)	(0.151)

单位：10 m

编号				9-69	9-70	9-71	9-72	9-73
项目				细砌小停泥直檐		糙砌小停泥直檐		砖瓦檐
				一层	二层	一层	二层	
预算基价	总价（元）			605.59	1673.96	282.14	667.71	749.78
	人工费（元）			363.32	825.84	78.12	140.12	462.52
	材料费（元）			222.14	802.37	199.69	519.83	261.64
	管理费（元）			20.13	45.75	4.33	7.76	25.62
组成内容		单位	单价	数量				
人工	综合工	工日	124.00	2.93	6.66	0.63	1.13	3.73
材料	小停泥砖	块	4.56	42.00	164.82	36.18	98.63	
	蓝四丁砖	块	2.32					44.00
	板瓦 3号	块	1.57					68.75
	白灰	kg	0.31	20.400	40.800	27.880	70.040	54.400
	水	m^3	7.85	0.039	0.078	0.053	0.134	0.104
	青灰	kg	2.00			3.486	8.757	6.802
	零星材料费	元		19.42	21.03	14.57	19.11	14.96
	材料采管费	元		4.57	16.50	4.11	10.69	5.38
	白灰浆	m^3		(0.03)	(0.06)			
	月白灰 浅	m^3				(0.041)	(0.103)	(0.080)

单位：10 m

编号				9-74	9-75	9-76	9-77	9-78
项目				菱角檐		鸡素檐		蓝四丁砖抽屉檐
				蓝四丁砖	大城样砖	小停泥砖	大城样砖	
预算基价	总价（元）			674.71	1914.86	1638.89	3333.72	752.48
	人工费（元）			254.20	241.80	762.60	1240.00	267.84
	材料费（元）			406.43	1659.66	834.04	2025.03	469.80
	管理费（元）			14.08	13.40	42.25	68.69	14.84
组成内容		单位	单价	数量				
人工	综合工	工日	124.00	2.05	1.95	6.15	10.00	2.16
材料	蓝四丁砖	块	2.32	149.26				174.96
	大城样砖	块	21.13		74.62		91.64	
	小停泥砖	块	4.56			168.00		
	白灰	kg	0.31	61.200	68.000	61.200	61.200	68.000
	青灰	kg	2.00	7.652	8.502	7.652	7.652	8.502
	水	m^3	7.85	0.117	0.130	0.117	0.117	0.130
	零星材料费	元		16.59	9.69	15.62	11.83	15.13
	材料采管费	元		8.36	34.14	17.15	41.65	9.66
	月白灰浅	m^3		(0.09)	(0.10)	(0.09)	(0.09)	(0.10)

3. 博缝、挂落

单位：10 m

编号				9-79	9-80	9-81	9-82
项目				方砖干摆博缝			
				尺七方砖	尺四方砖	尺二方砖	三才
预算基价	总价（元）			8981.76	7040.53	6685.85	4945.19
	人工费（元）			5087.72	4472.68	4423.08	3443.48
	材料费（元）			3612.19	2320.07	2017.74	1310.95
	管理费（元）			281.85	247.78	245.03	190.76
组成内容		单位	单价	数量			
人工	综合工	工日	124.00	41.03	36.07	35.67	27.77
材料	尺七方砖	块	66.27	25.60			
	尺四方砖	块	22.61		34.00		18.60
	尺二方砖	块	17.04			35.20	
	小停泥砖	块	4.56	92.40	92.40	92.40	92.40
	机砖	块	0.58	1872	1404	1248	532
	白灰	kg	0.31	243.223	200.990	161.894	98.799
	青灰	kg	2.00	16.677	14.715	11.772	7.848
	麻刀	kg	4.53	5.052	4.458	3.566	2.378
	水	m^3	7.85	0.947	0.749	0.630	0.334
	水泥	kg	0.37	122.616	91.700	81.220	35.370
	砂子	t	87.58	1.430	1.070	0.947	0.413
	零星材料费	元		24.59	22.50	23.43	24.56
	材料采管费	元		74.30	47.72	41.50	26.96
	白灰膏	m^3		(0.085)	(0.064)	(0.056)	(0.025)
	深月白麻刀灰 中麻刀	m^3		(0.17)	(0.15)	(0.12)	(0.08)
	白灰浆	m^3		(0.10)	(0.08)	(0.06)	(0.04)
	混合砂浆 M2.5	m^3		(0.936)	(0.700)	(0.620)	(0.270)

单位：10 m

编号				9-83	9-84	9-85
项目				灰砌散装博缝		
				三层	五层	七层
预算基价	总价（元）			4298.03	5675.40	7800.07
	人工费（元）			2434.12	3121.08	4120.52
	材料费（元）			1729.07	2381.42	3451.28
	管理费（元）			134.84	172.90	228.27
组成内容		单位	单价	数量		
人工	综合工	工日	124.00	19.63	25.17	33.23
材料	尺七方砖	块	66.27			3.00
	尺四方砖	块	22.61		3.00	
	尺二方砖	块	17.04	4.00		
	小停泥砖	块	4.56	230.00	320.00	410.00
	机砖	块	0.58	655.20	942.76	1670.76
	白灰	kg	0.31	191.021	247.539	277.271
	青灰	kg	2.00	24.525	31.392	32.373
	麻刀	kg	4.53	2.675	3.566	4.755
	水	m^3	7.85	0.541	0.722	0.959
	水泥	kg	0.37	43.230	61.570	108.730
	砂子	t	87.58	0.504	0.718	1.268
	零星材料费	元		11.77	11.60	11.79
	材料采管费	元		35.56	48.98	70.99
	白灰膏	m^3		（0.030）	（0.043）	（0.076）
	深月白麻刀灰 中麻刀	m^3		（0.09）	（0.12）	（0.16）
	月白灰 深	m^3		（0.16）	（0.20）	（0.17）
	混合砂浆 M2.5	m^3		（0.33）	（0.47）	（0.83）

单位：10 m

编号				9-86	9-87	9-88	9-89
项目				挂落			
				尺七方砖	尺四方砖	尺二方砖	三才
预算基价	总价（元）			4295.63	3875.18	3542.24	1718.81
	人工费（元）			2362.20	2850.76	2703.20	1163.12
	材料费（元）			1802.57	866.49	689.29	491.26
	管理费（元）			130.86	157.93	149.75	64.43
组成内容		单位	单价	数量			
人工	综合工	工日	124.00	19.05	22.99	21.80	9.38
材料	尺七方砖	块	66.27	25.00			
	尺四方砖	块	22.61		33.00		20.00
	尺二方砖	块	17.04			35.00	
	铁件	kg	7.69	5.00	5.00	4.00	
	白灰	kg	0.31	136.000	136.000	108.800	54.400
	水	m^3	7.85	0.260	0.260	0.208	0.104
	零星材料费	元		26.09	19.89	12.59	11.28
	材料采管费	元		37.08	17.82	14.18	10.10
	白灰浆	m^3		(0.20)	(0.20)	(0.16)	(0.08)

4. 墙　　帽

单位：10 m

编号				9-90	9-91	9-92	9-93	9-94
项目				大城样砖蓑衣顶				
				三层	四层	五层	六层	七层
预算基价	总价（元）			2259.60	3435.79	4908.15	6725.59	8623.31
	人工费（元）			216.96	257.64	311.88	379.68	447.48
	材料费（元）			2029.45	3162.49	4577.31	6322.83	8148.63
	管理费（元）			13.19	15.66	18.96	23.08	27.20
组成内容		单位	单价	数量				
人工	综合工	工日	113.00	1.92	2.28	2.76	3.36	3.96
材料	大城样砖	块	21.13	93.00	145.00	210.00	290.00	374.00
	水泥	kg	0.37	11.790	18.340	26.200	39.300	47.160
	白灰	kg	0.31	5.733	8.918	12.740	19.110	22.932
	砂子	t	87.58	0.138	0.214	0.306	0.458	0.550
	水	m^3	7.85	0.054	0.084	0.120	0.180	0.216
	零星材料费	元		3.97	4.64	4.48	3.09	3.99
	材料采管费	元		41.74	65.05	94.15	130.05	167.60
	白灰膏	m^3		(0.008)	(0.013)	(0.018)	(0.027)	(0.033)
	混合砂浆 M2.5	m^3		(0.09)	(0.14)	(0.20)	(0.30)	(0.36)

单位：10 m

编号				9-95	9-96	9-97	9-98	9-99
项目				蓝四丁砖蓑衣顶				
				三层	四层	五层	六层	七层
预算基价	总价（元）			715.74	990.35	1333.15	1744.58	2206.81
	人工费（元）			271.20	322.05	384.20	463.30	536.75
	材料费（元）			428.05	648.72	925.59	1253.12	1637.43
	管理费（元）			16.49	19.58	23.36	28.16	32.63
组成内容		单位	单价	数量				
人工	综合工	工日	113.00	2.40	2.85	3.40	4.10	4.75
材料	蓝四丁砖	块	2.32	170.00	262.00	372.00	505.00	660.00
	水泥	kg	0.37	11.790	17.030	23.580	31.440	41.920
	白灰	kg	0.31	5.733	8.281	11.466	15.288	20.384
	砂子	t	87.58	0.138	0.199	0.275	0.367	0.489
	水	m^3	7.85	0.054	0.078	0.108	0.144	0.192
	零星材料费	元		6.20	0.63	6.30	6.11	6.39
	材料采管费	元		8.80	13.34	19.04	25.77	33.68
	白灰膏	m^3		(0.008)	(0.012)	(0.016)	(0.022)	(0.029)
	混合砂浆 M2.5	m^3		(0.09)	(0.13)	(0.18)	(0.24)	(0.32)

单位：10 m

编号					9-100	9-101	9-102	9-103	9-104	9-105
项目					真		硬			顶
					大城样砖		蓝四丁砖			方砖
					一顺出	褥子面	八锦方	一顺出	褥子面	
预算基价	总价（元）				2854.03	3938.37	1802.28	960.94	1328.60	2626.14
	人工费（元）				271.20	361.60	565.00	339.00	452.00	339.00
	材料费（元）				2566.34	3554.79	1202.93	601.33	849.12	2266.53
	管理费（元）				16.49	21.98	34.35	20.61	27.48	20.61
组成内容			单位	单价	数量					
人工	综合工		工日	113.00	2.40	3.20	5.00	3.00	4.00	3.00
材料	大城样砖		块	21.13	110.00	150.00				
	蓝四丁砖		块	2.32			390.00	215.00	301.00	
	尺四方砖		块	22.61						90.00
	机砖		块	0.58	220	354	310	100	150	240
	水泥		kg	0.37	36.680	65.500	56.330	17.030	26.200	26.200
	白灰		kg	0.31	17.836	31.850	27.391	8.281	12.740	12.740
	砂子		t	87.58	0.428	0.764	0.657	0.199	0.306	0.306
	水		m^3	7.85	0.168	0.300	0.258	0.078	0.120	0.120
	零星材料费		元		3.76	3.48	4.69	5.25	4.96	4.43
	材料采管费		元		52.78	73.12	24.74	12.37	17.46	46.62
	白灰膏		m^3		(0.025)	(0.046)	(0.039)	(0.012)	(0.018)	(0.018)
	混合砂浆	M2.5	m^3		(0.28)	(0.50)	(0.43)	(0.13)	(0.20)	(0.20)

单位：10 m

编号				9-106	9-107	9-108	9-109
项目				馒头顶、宝盒顶	假硬顶		鹰不落顶
					宽 0.4 m 以内	宽 0.6 m 以内	
预算基价	总价（元）			604.58	998.19	1625.13	968.24
	人工费（元）			361.60	452.00	723.20	570.65
	材料费（元）			221.00	518.71	857.97	362.90
	管理费（元）			21.98	27.48	43.96	34.69
组成内容		单位	单价	数量			
人工	综合工	工日	113.00	3.20	4.00	6.40	5.05
材料	机砖	块	0.58	150	190	350	310
	白灰	kg	0.31	141.096	463.244	730.562	180.829
	青灰	kg	2.00	19.620	65.727	103.005	24.525
	麻刀	kg	4.53	5.944	19.912	31.206	7.430
	水	m^3	7.85	0.348	1.077	1.731	0.477
	水泥	kg	0.37	10.480	15.720	34.060	22.270
	砂子	t	87.58	0.122	0.183	0.397	0.260
	零星材料费	元		2.25	2.28	2.51	2.12
	材料采管费	元		4.55	10.67	17.65	7.46
	白灰膏	m^3		(0.007)	(0.011)	(0.024)	(0.015)
	深月白麻刀灰 中麻刀	m^3		(0.20)	(0.67)	(1.05)	(0.25)
	混合砂浆 M2.5	m^3		(0.08)	(0.12)	(0.26)	(0.17)

单位：10 m^2

编号				9-110	9-111	9-112	9-113	9-114	9-115
项目				花瓦墙帽					
				板瓦			筒瓦		
				2号	3号	10号	2号	3号	10号
预算基价	总价（元）			6507.83	8078.93	12259.97	10550.13	12982.47	19255.97
	人工费（元）			4339.20	5466.94	8817.39	6599.20	8121.31	13051.50
	材料费（元）			1904.85	2279.65	2906.57	3549.76	4367.46	5411.07
	管理费（元）			263.78	332.34	536.01	401.17	493.70	793.40
组成内容		单位	单价	数量					
人工	综合工	工日	113.00	38.40	48.38	78.03	58.40	71.87	115.50
材料	板瓦	块		1029 ×1.71	1344 ×1.57	3188 ×0.84			
	筒瓦	块					1701 ×1.94	2541 ×1.60	4354 ×1.15
	白灰	kg	0.31	61.200	68.000	102.000	88.400	102.000	163.200
	青灰	kg	2.00	8.829	9.810	14.715	12.753	14.715	23.544
	麻刀	kg	4.53	2.675	2.972	4.458	3.864	4.458	7.133
	水	m^3	7.85	0.135	0.150	0.225	0.195	0.225	0.360
	零星材料费	元		56.27	67.34	85.86	104.87	129.02	159.85
	材料采管费	元		39.18	46.89	59.78	73.01	89.83	111.30
	深月白麻刀灰 中麻刀	m^3		(0.09)	(0.10)	(0.15)	(0.13)	(0.15)	(0.24)

单位：10 m^2

编号				9-116	9-117	9-118
项目				花瓦墙帽		
				筒瓦、板瓦混用		
				2 号	3 号	10 号
预算基价	总价（元）			9013.09	11044.96	16423.68
	人工费（元）			5990.13	7356.30	11660.47
	材料费（元）			2658.82	3241.47	4054.37
	管理费（元）			364.14	447.19	708.84
组成内容		单位	单价	数量		
人工	综合工	工日	113.00	53.01	65.10	103.19
材料	板瓦	块		515 ×1.71	672 ×1.57	1594 ×0.84
	筒瓦	块		851 ×1.94	1271 ×1.60	2177 ×1.15
	白灰	kg	0.31	74.800	88.400	136.000
	青灰	kg	2.00	10.791	12.753	19.620
	麻刀	kg	4.53	3.269	3.864	5.944
	水	m^3	7.85	0.165	0.195	0.300
	零星材料费	元		11.67	14.22	17.79
	材料采管费	元		54.69	66.67	83.39
	深月白麻刀灰 中麻刀	m^3		(0.11)	(0.13)	(0.20)

5. 梢　　子

单位：份

编号				9-119	9-120	9-121	9-122	9-123	9-124	9-125
项目				干摆			灰砌			蓝四丁砖盘头
				尺七方砖	尺四方砖	尺二方砖	尺七方砖	尺四方砖	尺二方砖	
预算基价	总价（元）			2357.54	1995.68	1381.78	1641.40	1233.22	988.23	219.93
	人工费（元）			1422.28	1325.56	871.72	855.60	716.72	612.56	78.12
	材料费（元）			856.47	596.69	461.77	738.40	476.80	341.74	137.48
	管理费（元）			78.79	73.43	48.29	47.40	39.70	33.93	4.33
组成内容		单位	单价	数量						
人工	综合工	工日	124.00	11.47	10.69	7.03	6.90	5.78	4.94	0.63
材料	尺七方砖	块	66.27	6.30	1.65		6.30	1.65		
	尺四方砖	块	22.61	5.20	9.30	6.85		4.10	1.65	
	尺二方砖	块	17.04			4.10			4.10	
	小停泥砖	块	4.56	49.50	44.00	38.50	49.50	44.00	38.50	
	蓝四丁砖	块	2.32	30.00	25.00	20.00	30.00	25.00	20.00	54.50
	白灰	kg	0.31	17.000	10.880	9.520	12.240	6.120	4.760	1.911
	水	m^3	7.85	0.033	0.021	0.018	0.023	0.012	0.009	0.018
	青灰	kg	2.00				1.766	0.883	0.687	
	水泥	kg	0.37							3.930
	砂子	t	87.58							0.046
	零星材料费	元		2.93	2.62	2.47	2.88	2.55	2.66	1.99
	材料采管费	元		17.62	12.27	9.50	15.19	9.81	7.03	2.83
	白灰膏	m^3								(0.003)
	混合砂浆 M2.5	m^3								(0.03)
	白灰浆	m^3		(0.025)	(0.016)	(0.014)				
	月白灰 深	m^3					(0.018)	(0.009)	(0.007)	

6. 砖 碹 及 门 窗 套

单位：m^2

编号				9-126	9-127	9-128	9-129
项目				细砌砖碹			
				木梳背碹	平碹	圆光碹	异型碹
预算基价	总价（元）			1721.91	1540.00	2122.96	2088.93
	人工费（元）			1273.48	1101.12	1566.12	1533.88
	材料费（元）			377.88	377.88	470.08	470.08
	管理费（元）			70.55	61.00	86.76	84.97
组成内容		单位	单价	数量			
人工	综合工	工日	124.00	10.27	8.88	12.63	12.37
材料	小停泥砖	块	4.56	78.87	78.87	98.56	98.56
	白灰	kg	0.31	17.000	17.000	18.360	18.360
	水	m^3	7.85	0.033	0.033	0.035	0.035
	零星材料费	元		4.93	4.93	5.01	5.01
	材料采管费	元		7.77	7.77	9.67	9.67
	白灰浆	m^3		(0.025)	(0.025)	(0.027)	(0.027)

单位：m^2

编号				9-130	9-131	9-132	9-133	9-134
项目				糙砌砖碹				车棚碹（m^3）
				木梳背碹	平碹	圆光碹	异型碹	
预算基价	总价（元）			996.94	859.53	1312.59	1286.42	1986.03
	人工费（元）			637.36	507.16	861.80	837.00	312.48
	材料费（元）			324.27	324.27	403.05	403.05	1656.24
	管理费（元）			35.31	28.10	47.74	46.37	17.31
组成内容		单位	单价	数量				
人工	综合工	工日	124.00	5.14	4.09	6.95	6.75	2.52
材料	小停泥砖	块	4.56	67.04	67.04	83.78	83.78	
	大城样砖	块	21.13					72.00
	白灰	kg	0.31	14.280	14.280	15.640	15.640	156.400
	青灰	kg	2.00	2.060	2.060	2.256	2.256	22.563
	水	m^3	7.85	0.027	0.027	0.030	0.030	0.299
	零星材料费	元		3.14	3.14	3.13	3.13	4.85
	材料采管费	元		6.67	6.67	8.29	8.29	34.07
	月白灰 深	m^3		(0.021)	(0.021)	(0.023)	(0.023)	(0.230)

单位：m

编号				9-135	9-136	9-137	9-138
项目				干摆什锦门窗套			
				贴脸（宽在）		侧壁贴砌（宽在）	
				18 cm 以内	18 cm 以外	20 cm 以内	20 cm 以外
预算基价	总价（元）			285.37	392.80	285.37	392.80
	人工费（元）			226.92	301.32	226.92	301.32
	材料费（元）			45.88	74.79	45.88	74.79
	管理费（元）			12.57	16.69	12.57	16.69
组成内容		单位	单价	数量			
人工	综合工	工日	124.00	1.83	2.43	1.83	2.43
材料	尺四方砖	块	22.61	1.80		1.80	
	尺二方砖	块	17.04		4.00		4.00
	白灰	kg	0.31	2.040	2.720	2.040	2.720
	水	m^3	7.85	0.004	0.005	0.004	0.005
	零星材料费	元		3.58	4.21	3.58	4.21
	材料采管费	元		0.94	1.54	0.94	1.54
	白灰浆	m^3		(0.003)	(0.004)	(0.003)	(0.004)

7. 其　　他(影壁、廊心墙、须弥座等)

单位：m^2

编号				9-139	9-140	9-141	9-142	9-143	9-144
项目				方砖心		影壁、看面墙			
				尺四	尺二	柱子(m)	箍头枋子(m)	三岔头(对)	马蹄磉(对)
预算基价	总价(元)			862.29	921.99	256.23	160.70	158.85	320.87
	人工费(元)			631.16	685.72	188.48	97.96	127.72	282.72
	材料费(元)			196.17	198.28	57.31	57.31	24.05	22.49
	管理费(元)			34.96	37.99	10.44	5.43	7.08	15.66
组成内容		单位	单价	数量					
人工	综合工	工日	124.00	5.09	5.53	1.52	0.79	1.03	2.28
材料	尺四方砖	块	22.61	8.25				1.00	
	尺二方砖	块	17.04		11.00				
	大城样砖	块	21.13			2.60	2.60		1.00
	白灰	kg	0.31	6.800	6.800	2.040	2.040	1.360	1.360
	水	m^3	7.85	0.013	0.013	0.004	0.004	0.003	0.003
	零星材料费	元		3.40	4.55	0.53	0.53	0.50	0.45
	材料采管费	元		4.03	4.08	1.18	1.18	0.49	0.46
	白灰浆	m^3		(0.010)	(0.010)	(0.003)	(0.003)	(0.002)	(0.002)

单位：m

编号				9-145	9-146	9-147	9-148	9-149	9-150
项目				线枋子	廊心墙、槛墙等		廊心墙		影壁、看画墙耳子（对）
					上、下槛	立八字	小脊子（份）	穿插档（份）	
预算基价	总价（元）			110.99	296.82	240.55	378.45	402.36	140.53
	人工费（元）			85.56	261.64	208.32	336.04	337.28	127.72
	材料费（元）			20.69	20.69	20.69	23.79	46.40	5.73
	管理费（元）			4.74	14.49	11.54	18.62	18.68	7.08
组成内容		单位	单价	数量					
人工	综合工	工日	124.00	0.69	2.11	1.68	2.71	2.72	1.03
材料	小停泥砖	块	4.56	4.25	4.25	4.25	5.00		1.00
	尺四方砖	块	22.61					2.00	
	白灰	kg	0.31	0.680	0.680	0.680	0.680		1.360
	水	m^3	7.85	0.001	0.001	0.001	0.001		0.003
	零星材料费	元		0.66	0.66	0.66	0.28	0.23	0.60
	材料采管费	元		0.43	0.43	0.43	0.49	0.95	0.12
	白灰浆	m^3		(0.001)	(0.001)	(0.001)	(0.001)		(0.002)

单位：m

编号				9-151	9-152	9-153	9-154	9-155	9-156
项目				须弥座					
				土衬	圭角	直檐	混砖	枭	炉口
预算基价	总价（元）			156.40	161.64	161.64	213.98	248.01	189.12
	人工费（元）			83.08	88.04	88.04	137.64	169.88	114.08
	材料费（元）			68.72	68.72	68.72	68.72	68.72	68.72
	管理费（元）			4.60	4.88	4.88	7.62	9.41	6.32
组成内容		单位	单价	数量					
人工	综合工	工日	124.00	0.67	0.71	0.71	1.11	1.37	0.92
材料	尺四方砖	块	22.61	2.90	2.90	2.90	2.90	2.90	2.90
	白灰	kg	0.31	2.720	2.720	2.720	2.720	2.720	2.720
	水	m^3	7.85	0.005	0.005	0.005	0.005	0.005	0.005
	零星材料费	元		0.86	0.86	0.86	0.86	0.86	0.86
	材料采管费	元		1.41	1.41	1.41	1.41	1.41	1.41
	白灰浆	m^3		(0.004)	(0.004)	(0.004)	(0.004)	(0.004)	(0.004)

单位：m

编号				9-157	9-158	9-159	9-160
项目				须弥座			
				连珠混	盖板	束腰（高在）	
						25 cm 以内	25 cm 以外
预算基价	总价（元）			491.08	161.54	211.27	215.38
	人工费（元）			352.16	88.04	135.16	130.20
	材料费（元）			119.41	68.62	68.62	77.97
	管理费（元）			19.51	4.88	7.49	7.21
组成内容		单位	单价	数量			
人工	综合工	工日	124.00	2.84	0.71	1.09	1.05
材料	尺四方砖	块	22.61	5.10	2.90	2.90	3.30
	白灰	kg	0.31	2.720	2.720	2.720	2.720
	水	m^3	7.85	0.005	0.005	0.005	0.005
	零星材料费	元		0.76	0.76	0.76	0.87
	材料采管费	元		2.46	1.41	1.41	1.60
	白灰浆	m^3		(0.004)	(0.004)	(0.004)	(0.004)

二、琉 璃 砌 筑

1. 墙 身

单位：10 m²

编号				9-161	9-162	9-163	9-164	9-165	9-166
项目				平砌琉璃砖	陡砌琉璃砖	贴砌面砖	拼砌花心	琉璃花墙	琉璃砖墙帽（10m）
预算基价	总价（元）			1660.13	1338.10	2217.54	2853.57	1389.87	1266.15
	人工费（元）			1413.60	1175.52	2008.80	2611.44	1264.80	678.28
	材料费（元）			168.22	97.46	97.46	97.46	55.00	550.29
	管理费（元）			78.31	65.12	111.28	144.67	70.07	37.58
组成内容		单位	单价	数量					
人工	综合工	工日	124.00	11.40	9.48	16.20	21.06	10.20	5.47
材料	琉璃砖	件		(378.30)	(189.20)			(546.00)	(72.10)
	琉璃素面砖	m²				(10.30)			
	琉璃花心	m²					(10.30)		
	扣脊瓦 六样	件	14.44						35.00
	白灰	kg	0.31	203.320	114.920	114.920	114.920	61.880	35.360
	氧化铁红	kg	7.30	12.710	7.184	7.184	7.184	3.868	2.211
	水	m³	7.85	0.449	0.254	0.254	0.254	0.137	0.078
	零星材料费	元		5.42	5.40	5.40	5.40	5.38	5.86
	材料采管费	元		3.46	2.00	2.00	2.00	1.13	11.32
	红麻刀灰 素灰	m³		(0.299)	(0.169)	(0.169)	(0.169)	(0.091)	(0.052)

单位：10 m

编号				9-167	9-168	9-169
项目				四层冰盘檐	五层冰盘檐	梢子（份）
预算基价	总价（元）			618.91	656.09	300.85
	人工费（元）			536.92	565.44	267.84
	材料费（元）			52.25	59.33	18.17
	管理费（元）			29.74	31.32	14.84
组成内容		单位	单价	数量		
人工	综合工	工日	124.00	4.33	4.56	2.16
材料	琉璃直檐	件		(55.00)	(55.00)	
	琉璃半混	件		(27.50)	(27.50)	
	琉璃枭	件		(27.50)	(27.50)	
	琉璃炉口	件			(27.50)	
	琉璃梢子	份				(1.00)
	白灰	kg	0.31	61.880	70.720	22.440
	氧化铁红	kg	7.30	3.868	4.421	1.403
	水	m^3	7.85	0.137	0.156	0.050
	零星材料费	元		2.69	2.69	0.21
	材料采管费	元		1.07	1.22	0.37
	红麻刀灰 素灰	m^3		(0.091)	(0.104)	(0.033)

2. 琉璃博缝、挂落、滴珠板

单位：10 m

编号				9-170	9-171	9-172	9-173	9-174	9-175
项目				琉璃悬山博缝			硬山博缝		
				高			在		
				30 cm 以下	30～60 cm 以下	60 cm 以上	30 cm 以下	30～60 cm 以下	60 cm 以上
预算基价	总价（元）			689.80	635.15	821.22	1938.35	2546.88	4619.83
	人工费（元）			550.56	543.12	726.64	1054.00	1444.60	2605.24
	材料费（元）			108.74	61.94	54.33	825.96	1022.25	1870.27
	管理费（元）			30.50	30.09	40.25	58.39	80.03	144.32
组成内容		单位	单价	数量					
人工	综合工	工日	124.00	4.44	4.38	5.86	8.50	11.65	21.01
材料	琉璃博缝	件		(27.00)	(22.00)	(20.00)	(28.00)	(23.00)	(20.00)
	托山混	件					(40.00)	(33.00)	(26.00)
	博缝头	件		(6.67)	(3.33)	(2.50)	(6.67)	(3.33)	(2.50)
	机砖	块	0.58				917	1300	2548
	白灰	kg	0.31	126.480	68.000	58.480	250.302	174.005	186.979
	氧化铁红	kg	7.30	7.907	4.251	3.656	13.816	8.289	6.632
	水	m^3	7.85	0.279	0.150	0.129	0.764	0.683	0.996
	水泥	kg	0.37				60.260	85.150	166.370
	砂子	t	87.58				0.703	0.993	1.941
	零星材料费	元		7.38	7.38	7.38	8.80	8.93	8.21
	材料采管费	元		2.24	1.27	1.12	16.99	21.03	38.47
	白灰膏	m^3					(0.042)	(0.059)	(0.116)
	红麻刀灰 素灰	m^3		(0.186)	(0.100)	(0.086)	(0.325)	(0.195)	(0.156)
	混合砂浆 M2.5	m^3					(0.46)	(0.65)	(1.27)

单位：10 m

编号				9-176	9-177	9-178	9-179
项目				琉璃挂落		滴珠板	
				高在			
				50 cm 以下	50 cm 以上	50 cm 以下	50 cm 以上
预算基价	总价（元）			1720.28	2779.43	913.01	1113.94
	人工费（元）			1557.44	2517.20	791.12	934.96
	材料费（元）			76.56	122.78	78.06	127.19
	管理费（元）			86.28	139.45	43.83	51.79
组成内容		单位	单价	数量			
人工	综合工	工日	124.00	12.56	20.30	6.38	7.54
材料	琉璃挂落	m^2		(10.30)	(10.30)		
	滴珠板	m				(10.30)	(10.30)
	铁件	kg	7.69	5.00	10.00	5.00	10.00
	白灰	kg	0.31	44.200	53.040	44.200	53.040
	氧化铁红	kg	7.30	2.763	3.316	2.763	3.316
	水	m^3	7.85	0.098	0.117	0.098	0.117
	零星材料费	元		1.90	1.78	3.36	6.10
	材料采管费	元		1.57	2.53	1.61	2.62
	红麻刀灰 素灰	m^3		(0.065)	(0.078)	(0.065)	(0.078)

3. 其　　他

单位：m

编号				9-180	9-181	9-182	9-183	9-184	9-185
项目				琉璃须弥座					
				土衬	圭角	直檐	上、下枭	上、下混	束腰
预算基价	总价（元）			63.96	79.66	79.66	79.66	79.66	94.06
	人工费（元）			58.28	73.16	73.16	73.16	73.16	86.80
	材料费（元）			2.45	2.45	2.45	2.45	2.45	2.45
	管理费（元）			3.23	4.05	4.05	4.05	4.05	4.81
组成内容		单位	单价	数量					
人工	综合工	工日	124.00	0.47	0.59	0.59	0.59	0.59	0.70
材料	土衬	件		( )					
	圭角	件			( )				
	直檐	件				( )			
	枭	件					( )		
	混	件						( )	
	束腰	件							( )
	白灰	kg	0.31	2.720	2.720	2.720	2.720	2.720	2.720
	氧化铁红	kg	7.30	0.170	0.170	0.170	0.170	0.170	0.170
	水	m^3	7.85	0.006	0.006	0.006	0.006	0.006	0.006
	零星材料费	元		0.27	0.27	0.27	0.27	0.27	0.27
	材料采管费	元		0.05	0.05	0.05	0.05	0.05	0.05
	红麻刀灰　素灰	m^3		(0.004)	(0.004)	(0.004)	(0.004)	(0.004)	(0.004)

单位：m

编号				9-186	9-187	9-188	9-189	9-190	9-191
项目				线砖	琉璃梁枋(高在)			琉璃垫板(高在)	
					20 cm 以内	30 cm 以内	30 cm 以外	12 cm 以内	12 cm 以外
预算基价	总价 (元)			63.96	63.96	94.06	139.86	49.43	58.59
	人工费 (元)			58.28	58.28	86.80	130.20	34.72	43.40
	材料费 (元)			2.45	2.45	2.45	2.45	12.79	12.79
	管理费 (元)			3.23	3.23	4.81	7.21	1.92	2.40
组成内容		单位	单价	数量					
人工	综合工	工日	124.00	0.47	0.47	0.70	1.05	0.28	0.35
材料	线砖	件		( )					
	梁枋	件			( )	( )	( )		
	垫板	件						( )	( )
	白灰	kg	0.31	2.720	2.720	2.720	2.720	15.640	15.640
	氧化铁红	kg	7.30	0.170	0.170	0.170	0.170	0.978	0.978
	水	m^3	7.85	0.006	0.006	0.006	0.006	0.035	0.035
	零星材料费	元		0.27	0.27	0.27	0.27	0.27	0.27
	材料采管费	元		0.05	0.05	0.05	0.05	0.26	0.26
	红麻刀灰 素灰	m^3		(0.004)	(0.004)	(0.004)	(0.004)	(0.023)	(0.023)

单位：m

编号				9-192	9-193	9-194	9-195	9-196	9-197
项目				琉璃方、圆柱子(高在)			方、圆柱顶（对）	耳子（对）	雀替（对）
				20 cm 以内	30 cm 以内	30 cm 以外			
预算基价	总价（元）			99.16	113.56	135.81	45.63	45.63	74.42
	人工费（元）			81.84	95.48	116.56	29.76	29.76	57.04
	材料费（元）			12.79	12.79	12.79	14.22	14.22	14.22
	管理费（元）			4.53	5.29	6.46	1.65	1.65	3.16
组成内容		单位	单价	数量					
人工	综合工	工日	124.00	0.66	0.77	0.94	0.24	0.24	0.46
材料	方、圆柱子	件		( )	( )	( )			
	方、圆柱顶	块					(2)		
	耳子	块						(2)	
	雀替	块							(2)
	白灰	kg	0.31	15.640	15.640	15.640	17.680	17.680	17.680
	氧化铁红	kg	7.30	0.978	0.978	0.978	1.105	1.105	1.105
	水	m^3	7.85	0.035	0.035	0.035	0.039	0.039	0.039
	零星材料费	元		0.27	0.27	0.27	0.08	0.08	0.08
	材料采管费	元		0.26	0.26	0.26	0.29	0.29	0.29
	红麻刀灰 素灰	m^3		(0.023)	(0.023)	(0.023)	(0.026)	(0.026)	(0.026)

编号				9-198	9-199
项目				霸王拳 （对）	坠山花 （份）
预算基价	总价（元）			75.71	313.99
	人工费（元）			57.04	290.16
	材料费（元）			15.51	7.76
	管理费（元）			3.16	16.07
组成内容		单位	单价	数量	
人工	综合工	工日	124.00	0.46	2.34
材料	霸王拳	块		（2.00）	
	坠山花	份			（1.00）
	白灰	kg	0.31	17.680	8.840
	氧化铁红	kg	7.30	1.105	0.553
	水	m^3	7.85	0.039	0.020
	零星材料费	元		1.34	0.67
	材料采管费	元		0.32	0.16
	红麻刀灰 素灰	m^3		（0.026）	（0.013）

单位：攒

编号				9-200	9-201	9-202	9-203	9-204	9-205	9-206
项目				平身科斗拱						
				三踩（高在）		五踩（高在）		七踩（高在）		
				30 cm 以下	30 cm 以上	50 cm 以下	50 cm 以上	50 cm 以下	70 cm 以下	70 cm 以上
预算基价	总价（元）			113.62	127.49	130.84	170.89	133.89	173.93	225.72
	人工费（元）			95.48	107.88	107.88	145.08	107.88	145.08	190.96
	材料费（元）			12.85	13.63	16.98	17.77	20.03	20.81	24.18
	管理费（元）			5.29	5.98	5.98	8.04	5.98	8.04	10.58
组成内容		单位	单价	数量						
人工	综合工	工日	124.00	0.77	0.87	0.87	1.17	0.87	1.17	1.54
材料	平身科斗拱 三踩	攒		(1.00)	(1.00)					
	平身科斗拱 五踩	攒				(1.00)	(1.00)			
	平身科斗拱 七踩	攒						(1.00)	(1.00)	(1.00)
	铁件	kg	7.69	0.50	0.60	0.75	0.85	1.00	1.10	1.25
	白灰	kg	0.31	10.880	10.880	13.600	13.600	14.960	14.960	17.680
	氧化铁红	kg	7.30	0.680	0.680	0.850	0.850	0.935	0.935	1.105
	水	m^3	7.85	0.024	0.024	0.030	0.030	0.033	0.033	0.039
	零星材料费	元		0.22	0.21	0.21	0.21	0.21	0.20	0.21
	材料采管费	元		0.26	0.28	0.35	0.37	0.41	0.43	0.50
	红麻刀灰 素灰	m^3		(0.016)	(0.016)	(0.020)	(0.020)	(0.022)	(0.022)	(0.026)

单位：攒

编号				9-207	9-208	9-209	9-210
项目				角科斗拱			
				三踩（高在）		五踩（高在）	
				30 cm 以下	30 cm 以上	50 cm 以下	50 cm 以上
预算基价	总价（元）			126.71	166.75	140.00	186.59
	人工费（元）			107.88	145.08	116.56	159.96
	材料费（元）			12.85	13.63	16.98	17.77
	管理费（元）			5.98	8.04	6.46	8.86
组成内容		单位	单价	数量			
人工	综合工	工日	124.00	0.87	1.17	0.94	1.29
材料	角科斗拱 三踩	攒		(1.00)	(1.00)		
	角科斗拱 五踩	攒				(1.00)	(1.00)
	铁件	kg	7.69	0.50	0.60	0.75	0.85
	白灰	kg	0.31	10.880	10.880	13.600	13.600
	氧化铁红	kg	7.30	0.680	0.680	0.850	0.850
	水	m^3	7.85	0.024	0.024	0.030	0.030
	零星材料费	元		0.22	0.21	0.21	0.21
	材料采管费	元		0.26	0.28	0.35	0.37
	红麻刀灰 素灰	m^3		(0.016)	(0.016)	(0.020)	(0.020)

单位：攒

编号				9-211	9-212	9-213	9-214	9-215	9-216
项目				角科斗拱 七踩（高在）50 cm 以内	角科斗拱 七踩（高在）70 cm 以内	角科斗拱 七踩（高在）70 cm 以外	枕头木（件）	宝瓶（个）	角梁（根）
预算基价	总价（元）			143.05	222.35	330.41	31.27	31.27	97.44
	人工费（元）			116.56	190.96	290.16	28.52	28.52	73.16
	材料费（元）			20.03	20.81	24.18	1.17	1.17	20.23
	管理费（元）			6.46	10.58	16.07	1.58	1.58	4.05
组成内容		单位	单价	数量					
人工	综合工	工日	124.00	0.94	1.54	2.34	0.23	0.23	0.59
材料	角科斗拱 七踩	攒		(1.00)	(1.00)	(1.00)			
	枕头木	件					(1.00)		
	宝瓶	个						(1.00)	
	角梁	根							(1.00)
	铁件	kg	7.69	1.00	1.10	1.25			2.00
	白灰	kg	0.31	14.960	14.960	17.680	1.360	1.360	5.440
	氧化铁红	kg	7.30	0.935	0.935	1.105	0.085	0.085	0.340
	水	m^3	7.85	0.033	0.033	0.039	0.003	0.003	0.012
	零星材料费	元		0.21	0.20	0.21	0.08	0.08	0.17
	材料采管费	元		0.41	0.43	0.50	0.02	0.02	0.42
	红麻刀灰 素灰	m^3		(0.022)	(0.022)	(0.026)	(0.002)	(0.002)	(0.008)

单位：m

编号				9-217	9-218	9-219	9-220	9-221
项目				套兽（个）	挑檐桁（径在）		正身椽飞	翼角椽飞
					12 cm 以下	16 cm 以下		
预算基价	总价（元）			259.29	44.97	54.13	92.97	168.88
	人工费（元）			23.56	37.20	45.88	73.16	145.08
	材料费（元）			234.42	5.71	5.71	15.76	15.76
	管理费（元）			1.31	2.06	2.54	4.05	8.04
组成内容		单位	单价	数量				
人工	综合工	工日	124.00	0.19	0.30	0.37	0.59	1.17
材料	挑檐桁	根			( )	( )		
	正身椽飞	件					( )	
	翼角椽飞	件						( )
	套兽 八样	件	228.42	1.00				
	铁件	kg	7.69				1.50	1.50
	白灰	kg	0.31	1.360	5.440	5.440	4.760	4.760
	氧化铁红	kg	7.30	0.085	0.340	0.340	0.298	0.298
	水	m^3	7.85	0.003	0.012	0.012	0.011	0.011
	零星材料费	元		0.11	1.33	1.33	0.17	0.17
	材料采管费	元		4.82	0.12	0.12	0.32	0.32
	红麻刀灰 素灰	m^3		(0.002)	(0.008)	(0.008)	(0.007)	(0.007)

第十章　石　作　工　程

说　　明

一、本章包括制作,安装等 2 节;共 175 条基价子目。

二、石活制作以使用汉白玉、青白石等普坚石为准,基价中石料耗用量已包括了长、宽、高均在 5 cm 以内的加荒量和 5% 的损耗率。使用花岗岩者人工费和管理费乘以系数 1.50。建设单位提供的荒料加荒尺寸超过 5 cm 以上者另行计取荒料加工费。

三、不带雕刻的石活制作基价已综合了剁斧、砸花锤、打道等做法,无论设计要求用上述何种做法及剁几遍斧基价均不调整,但设计要求磨光时另按相应基价子目执行。

四、石活安装以一般安装方法为准,如使用铁锔子、铁银锭另按相应基价子目执行。

五、栏板、望柱制作以常见规格为准,其中包括了必要雕刻,如为斜形或异型者按相应基价子目人工费、材料费及管理费乘以系数 1.25。

六、柱顶制作已综合了普通和异型等不同规格;阶条制作综合了掏柱顶卡口用工。

七、角柱、埋头制作安装不分其所处部位和规格形状,基价均不调整。

八、门碹石在腰线石(或压砖板)以下部分执行角柱基价。

九、方形门鼓石(幞头鼓)制作以正面做浅浮雕为准,圆形门鼓石及滚墩石以大鼓中做转角莲为准,其他做法另行计算。

十、安装碹石不包括支搭碹胎。

工　作　内　容

一、制作项目包括准备工具、搭拆烘炉、运料、做样板、制作、剁斧成活(或砸花锤、打道),带雕饰的石活项目还包括画样子、雕凿花饰及扁光。

二、安装项目包括调制灰浆、运料、搭拆烘炉、截一个头、打拼缝头、稳安垫塞、灌浆、净面剁斧、搭拆小型起重架、挂倒链等。

工 程 量 计 算 规 则

一、本章各项基价子目的工程量均以成品净尺寸为准,有图示者按图示尺寸计算,图示尺寸不详时参考下列尺寸计算。施工实作尺寸与表中尺寸相

差在 ±3 cm 以上者，竣工结算时应予调整。

石活工程量计算参考表

项目		厚	宽	埋深
土衬	砖砌陡板	宽的4/10	按细砖宽的2倍	
	石陡板	同阶条石厚	陡板厚加2倍金边宽	
埋头（侧面不露明）		同阶条厚		带埋身的，埋身按露明高
陡板		高的1/3		
柱顶石		宽的1/2		
象眼		高的1/3		
腰线石			高的1.5倍	
槛垫石		宽的1/3		
须弥座	各层		同上枋宽	
	土衬	同圭角厚	同上枋宽	
夹杆石、镶杆石				按露明高

二、砚窝石、踏跺、甬路、牙子石、海墁地面等制作、安装，均以水平投影面积计算。

三、阶条石计算体积时不扣除柱顶石卡口所占体积。

四、柱顶如为异型规格应以最大矩形面积乘以厚度计算体积。

五、垂带、姜蹉均以上面的长度乘以宽度按面积计算，垂带的侧面不得计算在内，姜蹉不得按展开面积计算。

六、台基须弥座束腰做金刚柱子、碗花结带，按花饰所占长度乘以束腰高度计算面积。

七、夹杆石、镶杆石以截面面积乘以高度计算体积，不扣除柱子所占体积。

八、门窗碹石制作、安装以外弧长乘以图示宽、厚计算体积，碹脸雕刻面以碹脸石面的中线长度乘以宽度计算面积。

九、菱花窗制作、安装计算工程量时不扣除隐蔽部分所占体积，菱花窗雕刻计算工程量时扣除其被遮蔽部分所占面积。

十、墙帽制作、安装均以最大矩形截面积乘以长度计算体积。

一、制　　作

1. 台基、台阶、柱顶制作

单位：m^3

编号				10-1	10-2	10-3	10-4
项目				土衬（垂直厚度在） 15 cm 以内	20 cm 以内	20 cm 以外	埋头
预算基价	总价（元）			6435.49	5553.12	4607.52	8643.03
	人工费（元）			3392.64	2711.88	1988.96	5345.64
	材料费（元）			2791.15	2640.05	2471.00	2900.80
	管理费（元）			251.70	201.19	147.56	396.59
组成内容		单位	单价	数量			
人工	综合工	工日	124.00	27.36	21.87	16.04	43.11
材料	青白石	m^3	1815.00	1.481	1.404	1.318	1.533
	煤	kg	0.61	66.00	53.00	38.00	87.00
	零星材料费	元		5.46	5.16	4.83	5.67
	材料采管费	元		57.41	54.30	50.82	59.66

单位：m^3

编号			10-5	10-6	10-7	10-8	10-9
项目			陡板（高在）		阶条石（厚在）		
			50 cm 以内	50 cm 以外	15 cm 以内	20 cm 以内	20 cm 以外
预算基价	总价（元）		7132.34	6168.71	10039.09	8425.12	6695.56
	人工费（元）		3961.80	3437.28	6171.48	4977.36	3646.84
	材料费（元）		2876.62	2476.42	3409.76	3078.50	2778.17
	管理费（元）		293.92	255.01	457.85	369.26	270.55
组成内容	单位	单价	数量				
人工 综合工	工日	124.00	31.95	27.72	49.77	40.14	29.41
材料 青白石	m^3	1815.00	1.523	1.311	1.795	1.625	1.472
材料 煤	kg	0.61	78.00	67.50	123.00	98.00	72.00
材料 零星材料费	元		5.62	4.84	6.67	6.02	5.43
材料 材料采管费	元		59.17	50.94	70.13	63.32	57.14

单位：m^2

编号				10-10	10-11	10-12	10-13	10-14	10-15
项目				垂带		踏跺			姜蹉石
				踏跺用	姜蹉用	砚窝石	垂带踏跺	如意踏跺	
预算基价	总价（元）			1593.38	1048.90	1083.91	1230.99	1424.68	1393.95
	人工费（元）			1133.36	632.40	664.64	799.80	978.36	967.20
	材料费（元）			375.94	369.58	369.96	371.85	373.74	354.99
	管理费（元）			84.08	46.92	49.31	59.34	72.58	71.76
组成内容		单位	单价	数量					
人工	综合工	工日	124.00	9.14	5.10	5.36	6.45	7.89	7.80
材料	青白石	m^3	1815.00	0.193	0.193	0.193	0.193	0.193	0.183
	煤	kg	0.61	22.50	12.40	13.00	16.00	19.00	19.00
	零星材料费	元		4.19	4.12	4.12	4.14	4.16	3.95
	材料采管费	元		7.73	7.60	7.61	7.65	7.69	7.30

单位：m³

编号				10-16	10-17	10-18	10-19	10-20	10-21
项目				象眼（高在）		柱顶石			
				50 cm 以内	50 cm 以外	无鼓径	方鼓径（柱顶宽在）		
							40 cm 以内	50 cm 以内	60 cm 以内
预算基价	总价（元）			8069.42	6959.05	6109.13	9076.99	7324.73	6208.56
	人工费（元）			4564.44	3940.72	3459.60	5691.60	4347.44	3448.44
	材料费（元）			3166.35	2725.97	2392.87	2963.14	2654.76	2504.28
	管理费（元）			338.63	292.36	256.66	422.25	322.53	255.84
组成内容		单位	单价	数量					
人工	综合工	工日	124.00	36.81	31.78	27.90	45.90	35.06	27.81
材料	青白石	m^3	1815.00	1.675	1.442	1.266	1.558	1.401	1.326
	煤	kg	0.61	90.00	77.60	67.50	112.50	85.50	67.50
	零星材料费	元		6.19	5.33	4.68	5.79	5.19	4.90
	材料采管费	元		65.13	56.07	49.22	60.95	54.60	51.51

单位：m^3

编号				10-22	10-23	10-24	10-25	10-26	10-27
项目				柱顶石					
				方鼓径	圆鼓径				
				柱顶宽在					
				60 cm 以外	50 cm 以内	60 cm 以内	80 cm 以内	100 cm 以内	100 cm 以外
预算基价	总价（元）			5497.06	6878.53	6030.37	5157.50	4412.41	3887.74
	人工费（元）			2885.48	3934.52	3282.28	2573.00	2008.80	1594.64
	材料费（元）			2397.51	2652.11	2504.58	2393.61	2254.58	2174.80
	管理费（元）			214.07	291.90	243.51	190.89	149.03	118.30
组成内容		单位	单价	数量					
人工	综合工	工日	124.00	23.27	31.73	26.47	20.75	16.20	12.86
材料	青白石	m^3	1815.00	1.271	1.401	1.326	1.271	1.200	1.160
	煤	kg	0.61	56.25	77.00	64.00	50.00	38.70	30.00
	零星材料费	元		7.02	7.77	7.34	7.01	6.60	6.37
	材料采管费	元		49.31	54.55	51.51	49.23	46.37	44.73

单位：m^3

编号				10-28	10-29	10-30	10-31
项目				带莲瓣柱顶			
				柱顶宽在			
				60 cm 以内	80 cm 以内	100 cm 以内	100 cm 以外
预算基价	总价（元）			26466.03	21058.51	16818.90	13844.55
	人工费（元）			22215.84	17305.44	13503.60	10819.00
	材料费（元）			2602.03	2469.20	2313.49	2222.90
	管理费（元）			1648.16	1283.87	1001.81	802.65
组成内容		单位	单价	数量			
人工	综合工	工日	124.00	179.16	139.56	108.90	87.25
材料	青白石	m^3	1815.00	1.326	1.271	1.200	1.160
	煤	kg	0.61	220.00	171.00	133.00	107.00
	零星材料费	元		7.62	7.23	6.78	6.51
	材料采管费	元		53.52	50.79	47.58	45.72

单位：个

编号				10-32	10-33	10-34
项目				柱顶打套顶榫眼（透榫眼）		
				柱顶宽在		
				45 cm 以内	65 cm 以内	100 cm 以内
预算基价	总价（元）			186.72	551.48	917.62
	人工费（元）			169.88	508.40	848.16
	材料费（元）			4.24	5.36	6.54
	管理费（元）			12.60	37.72	62.92
组成内容		单位	单价	数量		
人工	综合工	工日	124.00	1.37	4.10	6.84
材料	煤	kg	0.61	5.00	5.00	5.00
	零星材料费	元		1.10	2.20	3.36
	材料采管费	元		0.09	0.11	0.13

2. 墙身石活及门石、槛石制作

单位：m^3

编号				10-35	10-36	10-37	10-38
项目				角柱	压砖板	腰线石	挑檐石
预算基价	总价（元）			10010.73	6958.19	10507.71	13879.93
	人工费（元）			6774.12	3858.88	6983.68	10228.76
	材料费（元）			2734.05	2813.02	3005.92	2892.31
	管理费（元）			502.56	286.29	518.11	758.86
组成内容		单位	单价	数量			
人工	综合工	工日	124.00	54.63	31.12	56.32	82.49
材料	青白石	m^3	1815.00	1.427	1.489	1.572	1.489
	煤	kg	0.61	133.00	75.00	137.00	202.00
	零星材料费	元		6.68	6.87	7.34	7.06
	材料采管费	元		56.23	57.86	61.83	59.49

单位：m^2

编号				10-39	10-40	10-41	10-42	10-43	10-44
项目				门窗碹石				菱花窗	
				碹石 (m^3)	碹脸石 (m^3)	碹脸雕刻		制作成型 (m^3)	雕刻
						卷草、卷云带子	莲花、龙凤		
预算基价	总价（元）			11166.46	15526.48	3495.94	4658.64	6763.10	3141.63
	人工费（元）			7657.00	11641.12	3197.96	4274.28	3783.24	2868.12
	材料费（元）			2941.40	3021.72	60.73	67.26	2699.19	60.73
	管理费（元）			568.06	863.64	237.25	317.10	280.67	212.78
组成内容		单位	单价	数量					
人工	综合工	工日	124.00	61.75	93.88	25.79	34.47	30.51	23.13
材料	青白石	m^3	1815.00	1.533	1.533			1.427	
	煤	kg	0.61	145.00	207.00	50.00	60.00	75.00	50.00
	零星材料费	元		10.05	50.90	28.98	29.28	7.91	28.98
	材料采管费	元		60.50	62.15	1.25	1.38	55.52	1.25

单位：m³

编号				10-45	10-46	10-47	10-48	10-49
项目				墙帽（压顶）		墙帽与角柱联做	槛垫石、过门石、分心石	月洞门元宝石长在100 cm以内（块）
				不出檐带八子	出檐带扣脊瓦			
预算基价	总价（元）			10655.76	13044.19	11331.24	5083.02	1396.38
	人工费（元）			7373.04	9571.56	7991.80	2596.56	987.04
	材料费（元）			2735.72	2762.53	2746.54	2293.82	336.11
	管理费（元）			547.00	710.10	592.90	192.64	73.23
组成内容		单位	单价	数量				
人工	综合工	工日	124.00	59.46	77.19	64.45	20.94	7.96
材料	青白石	m^3	1815.00	1.427	1.427	1.427	1.220	0.173
	煤	kg	0.61	133.50	172.00	153.00	42.00	16.00
	零星材料费	元		8.01	10.78	6.71	6.72	5.44
	材料采管费	元		56.27	56.82	56.49	47.18	6.91

单位：块

编号				10-50	10-51	10-52	10-53
项目				门枕石（长在）			
				60 cm 以内	80 cm 以内	100 cm 以内	120 cm 以内
预算基价	总价（元）			558.98	995.37	1453.83	2200.27
	人工费（元）			448.88	786.16	1123.44	1675.24
	材料费（元）			76.80	150.89	247.04	400.75
	管理费（元）			33.30	58.32	83.35	124.28
组成内容		单位	单价	数量			
人工	综合工	工日	124.00	3.62	6.34	9.06	13.51
材料	青白石	m^3	1815.00	0.0365	0.0748	0.1247	0.2046
	煤	kg	0.61	8.00	13.00	19.00	28.00
	零星材料费	元		4.09	4.10	4.04	4.08
	材料采管费	元		1.58	3.10	5.08	8.24

单位：块

编号				10-54	10-55	10-56	10-57	10-58	10-59
项目				门鼓石					
				圆鼓（长在）			幞头鼓（长在）		
				80 cm 以内	100 cm 以内	120 cm 以内	60 cm 以内	80 cm 以内	100 cm 以内
预算基价	总价（元）			6276.88	8868.36	11527.35	3748.78	5548.51	7654.35
	人工费（元）			5586.20	7823.16	10061.36	3354.20	4916.60	6705.92
	材料费（元）			276.25	464.81	719.55	145.74	267.15	450.93
	管理费（元）			414.43	580.39	746.44	248.84	364.76	497.50
组成内容		单位	单价	数量					
人工	综合工	工日	124.00	45.05	63.09	81.14	27.05	39.65	54.08
材料	青白石	m^3	1815.00	0.1114	0.2009	0.3284	0.0541	0.1114	0.2009
	煤	kg	0.61	93.00	130.00	160.00	56.00	81.00	110.00
	零星材料费	元		11.65	11.32	11.10	10.39	10.06	9.93
	材料采管费	元		5.68	9.56	14.80	3.00	5.49	9.27

3. 须弥座、栏板、望柱制作

单位：m^3

编号				10-60	10-61	10-62	10-63	10-64
项目				台基无雕饰须弥座（高在）				
				50 cm 以内	100 cm 以内	120 cm 以内	150 cm 以内	150 cm 以外
预算基价	总价（元）			18058.24	15090.74	12838.21	11339.14	9834.27
	人工费（元）			11157.52	9302.48	7492.08	6255.80	5022.00
	材料费（元）			6072.96	5098.12	4790.30	4619.23	4439.69
	管理费（元）			827.76	690.14	555.83	464.11	372.58
组成内容		单位	单价	数量				
人工	综合工	工日	124.00	89.98	75.02	60.42	50.45	40.50
材料	汉白玉	m^3	3435.00	1.694	1.422	1.340	1.295	1.249
	煤	kg	0.61	202.00	170.00	138.00	117.00	88.06
	零星材料费	元		5.94	4.99	4.69	4.52	4.34
	材料采管费	元		124.91	104.86	98.53	95.01	91.32

单位：m³

编号					10-65	10-66	10-67	10-68	10-69
项目					台基有雕饰须弥座（高在）				
					80 cm 以内	100 cm 以内	120 cm 以内	150 cm 以内	150 cm 以外
预算基价	总价（元）				42248.60	35208.90	28926.91	24921.59	20866.00
	人工费（元）				33141.48	27627.20	22156.32	18566.52	14842.80
	材料费（元）				6648.40	5532.07	5126.84	4977.64	4922.03
	管理费（元）				2458.72	2049.63	1643.75	1377.43	1101.17
组成内容			单位	单价	数量				
人工	综合工		工日	124.00	267.27	222.80	178.68	149.73	119.70
材料	汉白玉		m³	3435.00	1.797	1.495	1.395	1.363	1.358
	煤		kg	0.61	545.00	455.00	364.00	305.00	244.00
	零星材料费		元		6.51	5.41	7.52	7.30	7.22
	材料采管费		元		136.74	113.78	105.45	102.38	101.24

单位：m^3

编号				10-70	10-71	10-72
项目				束腰做金刚柱子碗花结带（m^2）	独立须弥座（带雕饰）	地伏
预算基价	总价（元）			3660.69	44104.39	15030.10
	人工费（元）			3348.00	36410.12	8872.20
	材料费（元）			64.31	4993.05	5499.68
	管理费（元）			248.38	2701.22	658.22
组成内容		单位	单价	数量		
人工	综合工	工日	124.00	27.00	293.63	71.55
材料	汉白玉	m^3	3435.00		1.315	1.541
	煤	kg	0.61	55.00	600.00	144.00
	零星材料费	元		29.44	7.32	5.38
	材料采管费	元		1.32	102.70	113.12

单位：个

编号				10-73	10-74	10-75	10-76	10-77	10-78	10-79
项目				须弥座龙头(明长在)			须弥座四角龙头(明长在)			须弥座龙头打透眼
				50 cm 以内	60 cm 以内	60 cm 以外	100 cm 以内	120 cm 以内	120 cm 以外	
预算基价	总价（元）			4378.01	5998.99	7665.57	9252.81	13523.22	18162.27	586.63
	人工费（元）			3691.48	4931.48	6155.36	6274.40	8403.48	10420.96	545.60
	材料费（元）			412.66	701.65	1053.55	2512.92	4496.30	6968.19	0.55
	管理费（元）			273.87	365.86	456.66	465.49	623.44	773.12	40.48
组成内容		单位	单价	数量						
人工	综合工	工日	124.00	29.77	39.77	49.64	50.60	67.77	84.04	4.40
材料	汉白玉	m^3	3435.00	0.1055	0.1838	0.2801	0.6959	1.2541	1.9526	
	煤	kg	0.61	55.50	74.93	93.43	96.02	128.58	159.47	0.50
	零星材料费	元		7.92	10.16	12.74	12.24	17.55	20.41	0.23
	材料采管费	元		8.49	14.43	21.67	51.69	92.48	143.32	0.01

单位：块

编号				10-80	10-81	10-82	10-83	10-84
项目				寻杖栏板（高在）				
				50 cm 以内	55 cm 以内	65 cm 以内	75 cm 以内	85 cm 以内
预算基价	总价（元）			4410.29	5231.51	6066.99	7174.06	8159.22
	人工费（元）			3696.44	4369.76	4933.96	5608.52	6171.48
	材料费（元）			439.62	537.56	766.99	1149.45	1529.89
	管理费（元）			274.23	324.19	366.04	416.09	457.85
组成内容		单位	单价	数量				
人工	综合工	工日	124.00	29.81	35.24	39.79	45.23	49.77
材料	汉白玉	m^3	3435.00	0.112	0.138	0.202	0.309	0.415
	煤	kg	0.61	61.00	72.00	80.00	90.00	100.00
	零星材料费	元		8.65	8.55	8.54	9.49	11.89
	材料采管费	元		9.04	11.06	15.78	23.64	31.47

单位：块

编号				10-85	10-86	10-87	10-88	10-89	10-90
项目				罗汉栏板		抱鼓（高在）			
				50 cm 以内	60 cm 以内	50 cm 以内	55 cm 以内	65 cm 以内	85 cm 以内
预算基价	总价（元）			3012.94	3569.35	4044.50	4865.07	5825.98	7190.02
	人工费（元）			2580.44	3030.56	3361.64	4034.96	4710.76	5278.68
	材料费（元）			241.06	313.96	433.46	530.76	765.73	1519.72
	管理费（元）			191.44	224.83	249.40	299.35	349.49	391.62
组成内容		单位	单价	数量					
人工	综合工	工日	124.00	20.81	24.44	27.11	32.54	37.99	42.57
材料	汉白玉	m^3	3435.00			0.112	0.138	0.202	0.415
	青白石	m^3	1815.00	0.112	0.148				
	煤	kg	0.61	40.00	50.00	55.00	65.00	78.00	85.00
	零星材料费	元		8.42	8.38	6.27	6.16	8.53	11.08
	材料采管费	元		4.96	6.46	8.92	10.92	15.75	31.26

单位：根

编号				10-91	10-92	10-93	10-94	10-95	10-96
项目				望			柱		
				龙凤头（高在）			莲花头（高在）		
				100 cm 以内	120 cm 以内	150 cm 以内	90 cm 以内	100 cm 以内	120 cm 以内
预算基价	总价（元）			3095.45	4654.26	6920.45	2813.15	3169.39	4289.28
	人工费（元）			2673.44	4031.24	5875.12	2465.12	2746.60	3696.44
	材料费（元）			223.67	323.95	609.46	165.15	219.02	318.61
	管理费（元）			198.34	299.07	435.87	182.88	203.77	274.23
组成内容		单位	单价	数量					
人工	综合工	工日	124.00	21.56	32.51	47.38	19.88	22.15	29.81
材料	汉白玉	m^3	3435.00	0.052	0.078	0.154	0.038	0.052	0.078
	煤	kg	0.61	55.00	67.00	95.00	40.00	45.00	56.00
	零星材料费	元		6.90	8.49	9.98	6.82	8.45	9.97
	材料采管费	元		4.60	6.66	12.54	3.40	4.50	6.55

单位：根

编号				10-97	10-98	10-99	10-100	10-101
项目				望柱				
				素方头（高在）		狮子头（高在）		
				80 cm 以内	100 cm 以内	100 cm 以内	120 cm 以内	150 cm 以内
预算基价	总价（元）			2023.60	2446.68	4647.22	5794.45	8417.61
	人工费（元）			1795.52	2131.56	4118.04	5092.68	7268.88
	材料费（元）			94.87	156.98	223.67	323.95	609.46
	管理费（元）			133.21	158.14	305.51	377.82	539.27
组成内容		单位	单价	数量				
人工	综合工	工日	124.00	14.48	17.19	33.21	41.07	58.62
材料	汉白玉	m^3	3435.00			0.052	0.078	0.154
	青白石	m^3	1815.00	0.036	0.068			
	煤	kg	0.61	30.00	35.00	55.00	67.00	95.00
	零星材料费	元		9.28	8.98	6.90	8.49	9.98
	材料采管费	元		1.95	3.23	4.60	6.66	12.54

4. 地面及其他石活制作

单位：m^2

编号				10-102	10-103	10-104	10-105	10-106	10-107
项目				滚墩石（长在）		木牌楼夹杆石、镶杆石		甬路海墁地面	
				120 cm 以内（个）	150 cm 以内（个）	制作（m^3）	雕刻	13 cm 厚	每增厚 2 cm
预算基价	总价（元）			10315.42	14325.26	5691.95	5492.04	812.34	89.51
	人工费（元）			8939.16	12290.88	3236.40	5044.32	457.56	42.16
	材料费（元）			713.08	1122.54	2215.45	73.49	320.83	44.22
	管理费（元）			663.18	911.84	240.10	374.23	33.95	3.13
组成内容		单位	单价	数量					
人工	综合工	工日	124.00	72.09	99.12	26.10	40.68	3.69	0.34
材料	青白石	m^3	1815.00	0.325	0.529	1.176		0.170	0.023
	煤	kg	0.61	150.00	200.00	51.00	80.00	7.00	2.00
	零星材料费	元		17.03	17.31	4.33	23.18	1.41	0.34
	材料采管费	元		14.67	23.09	45.57	1.51	6.60	0.91

单位：m^2

编号				10-108	10-109	10-110	10-111
项目				牙子石（垂直厚度在）13 cm 以内	牙子石（垂直厚度在）每增 2 cm	沟门、沟漏（块）	带水槽沟盖厚在 15 cm 以内
预算基价	总价（元）			1044.30	91.36	671.60	1348.33
	人工费（元）			633.64	42.16	560.48	899.00
	材料费（元）			363.65	46.07	69.54	382.63
	管理费（元）			47.01	3.13	41.58	66.70
组成内容		单位	单价	数量			
人工	综合工	工日	124.00	5.11	0.34	4.52	7.25
材料	青白石	m^3	1815.00	0.193	0.024	0.033	0.200
	煤	kg	0.61	7.00	2.00	10.00	15.00
	零星材料费	元		1.60	0.34	2.11	2.61
	材料采管费	元		7.48	0.95	1.43	7.87

单位：m

编号				10-112	10-113	10-114
项目				石沟嘴子（宽在）		石角梁带兽头厚在15 cm以内（个）
				40 cm以内	50 cm以内	
预算基价	总价（元）			1020.01	1470.48	498.18
	人工费（元）			686.96	999.44	374.48
	材料费（元）			282.09	396.89	95.92
	管理费（元）			50.96	74.15	27.78
组成内容		单位	单价	数		量
人工	综合工	工日	124.00	5.54	8.06	3.02
材料	青白石	m^3	1815.00	0.142	0.202	0.042
	煤	kg	0.61	24.60	29.30	12.30
	零星材料费	元		3.55	4.23	10.22
	材料采管费	元		5.80	8.16	1.97

二、安　　装

1. 台基、台阶、柱顶安装

单位：m^3

编号				10-115	10-116	10-117	10-118	10-119
项目				土衬	埋头	陡板	阶条石	垂带 (m^2)
预算基价	总价（元）			1534.07	1587.34	1572.15	1777.17	290.65
	人工费（元）			1290.84	1362.76	1321.84	1522.72	248.00
	材料费（元）			147.46	123.48	152.24	141.48	24.25
	管理费（元）			95.77	101.10	98.07	112.97	18.40
组成内容		单位	单价	数量				
人工	综合工	工日	124.00	10.41	10.99	10.66	12.28	2.00
材料	煤	kg	0.61	19.80	26.00	23.00	37.00	6.75
	铅板 5.0	kg	17.22		0.35	0.35		
	水泥	kg	0.37	180.562	133.272	176.263	170.874	24.411
	砂子	t	87.58	0.668	0.493	0.652	0.526	0.075
	水	m^3	7.85	0.139	0.102	0.135	0.119	0.017
	零星材料费	元		5.95	5.76	5.67	5.78	3.90
	材料采管费	元		3.03	2.54	3.13	2.91	0.50
	水泥砂浆 1:3	m^3		(0.42)	(0.31)	(0.41)		
	水泥砂浆 1:2.5	m^3					(0.35)	(0.05)

单位：m^3

编号					10-120	10-121	10-122	10-123	10-124
项目					踏跺、砚窝（m^2）	姜蹉（m^2）	象眼	柱顶（见方在）	
								50 cm 以内	50 cm 以外
预算基价	总价（元）				305.30	276.75	1595.55	1743.35	1516.41
	人工费（元）				261.64	234.36	1339.20	1506.60	1316.88
	材料费（元）				24.25	25.00	157.00	124.98	101.83
	管理费（元）				19.41	17.39	99.35	111.77	97.70
组成内容			单位	单价	数量				
人工	综合工		工日	124.00	2.11	1.89	10.80	12.15	10.62
材料	煤		kg	0.61	6.75	6.75	30.00	33.00	25.00
	铅板	5.0	kg	17.22			0.35		
	水泥		kg	0.37	24.411	21.496	176.263	151.345	122.053
	砂子		t	87.58	0.075	0.080	0.652	0.466	0.376
	水		m^3	7.85	0.017	0.017	0.135	0.105	0.085
	零星材料费		元		3.90	5.28	6.06	4.65	5.73
	材料采管费		元		0.50	0.51	3.23	2.57	2.09
	水泥砂浆	1:3	m^3			(0.05)	(0.41)		
	水泥砂浆	1:2.5	m^3		(0.05)			(0.31)	(0.25)

2. 墙身石活及门石、槛石安装

单位：m^3

编号					10-125	10-126	10-127	10-128	10-129	10-130
项目					角柱	压砖板腰线石	挑檐石	门窗碹石	菱花窗	墙帽（压顶）
预算基价	总价（元）				1913.70	1968.25	2134.55	3231.66	1541.59	1806.02
	人工费（元）				1638.04	1702.52	1819.08	2946.24	1372.68	1613.24
	材料费（元）				154.14	139.42	180.51	66.84	67.07	73.10
	管理费（元）				121.52	126.31	134.96	218.58	101.84	119.68
组成内容			单位	单价	数量					
人工	综合工		工日	124.00	13.21	13.73	14.67	23.76	11.07	13.01
材料	煤		kg	0.61	40.00	65.00	40.00	72.50	55.70	66.70
	铅板	5.0	kg	17.22	0.35					
	水泥		kg	0.37	163.366	128.973	208.936	13.992	35.151	25.387
	砂子		t	87.58	0.604	0.477	0.773	0.017	0.108	0.078
	水		m^3	7.85	0.125	0.099	0.160	0.007	0.024	0.018
	零星材料费		元		6.22	6.63	6.14	14.52	9.06	14.55
	材料采管费		元		3.17	2.87	3.71	1.37	1.38	1.50
	水泥砂浆	1:3	m^3		(0.380)	(0.300)	(0.486)			
	水泥砂浆	1:2.5	m^3						(0.072)	(0.052)
	水泥砂浆	1:1	m^3					(0.017)		

单位：块

编号				10-131	10-132	10-133	10-134
项目				槛垫石、过门石、分心石（m^3）	月洞门元宝石长在100 cm以内	门枕石（长在）80 cm以内	门枕石（长在）80 cm以外
预算基价	总价（元）			1234.49	239.98	140.91	225.71
	人工费（元）			1078.80	209.56	121.52	198.40
	材料费（元）			75.66	14.87	10.37	12.59
	管理费（元）			80.03	15.55	9.02	14.72
组成内容		单位	单价	数量			
人工	综合工	工日	124.00	8.70	1.69	0.98	1.60
材料	煤	kg	0.61	13.00	4.80	5.70	8.40
	水泥	kg	0.37	85.982	8.598	1.953	2.441
	砂子	t	87.58	0.318	0.032	0.006	0.008
	水	m^3	7.85	0.066	0.007	0.001	0.002
	零星材料费	元		5.99	5.59	5.43	5.59
	材料采管费	元		1.56	0.31	0.21	0.26
	水泥砂浆 1:3	m^3		(0.20)	(0.02)		
	水泥砂浆 1:2.5	m^3				(0.004)	(0.005)

单位：块

编号				10-135	10-136	10-137	10-138
项目				门		鼓	
				圆	鼓（长在）	幞头	鼓（长在）
				100 cm 以内	100 cm 以外	80 cm 以内	80 cm 以外
预算基价	总价（元）			184.16	322.83	113.30	182.39
	人工费（元）			153.76	281.48	89.28	153.76
	材料费（元）			18.99	20.47	17.40	17.22
	管理费（元）			11.41	20.88	6.62	11.41
组成内容		单位	单价	数量			
人工	综合工	工日	124.00	1.24	2.27	0.72	1.24
材料	煤	kg	0.61	5.20	6.60	5.00	5.20
	水泥	kg	0.37	1.953	2.441	1.465	1.953
	砂子	t	87.58	0.006	0.008	0.005	0.006
	水	m^3	7.85	0.001	0.002	0.001	0.001
	零星材料费	元		14.17	14.40	13.00	12.44
	材料采管费	元		0.39	0.42	0.36	0.35
	水泥砂浆 1:2.5	m^3		(0.004)	(0.005)	(0.003)	(0.004)

3. 须弥座、栏板、望柱安装

单位：m^3

编号				10-139	10-140	10-141	10-142	10-143	10-144
项目				台基须弥座					
				无雕饰（高在）			有雕饰（高在）		
				100 cm 以内	150 cm 以内	150 cm 以外	100 cm 以内	150 cm 以内	150 cm 以外
预算基价	总价（元）			2036.56	1840.13	1548.62	2200.29	2020.71	1730.20
	人工费（元）			1754.60	1578.52	1334.24	1903.40	1740.96	1499.16
	材料费（元）			151.79	144.50	115.39	155.68	150.59	119.82
	管理费（元）			130.17	117.11	98.99	141.21	129.16	111.22
组成内容		单位	单价	数量					
人工	综合工	工日	124.00	14.15	12.73	10.76	15.35	14.04	12.09
材料	白水泥	kg	0.66	3.00	3.00	3.00	3.00	3.00	3.00
	煤	kg	0.61	40.40	34.00	23.40	42.00	39.00	26.00
	铅板 5.0	kg	17.22	0.35	0.35	0.35	0.35	0.35	0.35
	水泥	kg	0.37	170.874	165.991	131.817	170.874	165.991	131.817
	砂子	t	87.58	0.526	0.511	0.406	0.526	0.511	0.406
	水	m^3	7.85	0.119	0.116	0.092	0.119	0.116	0.092
	零星材料费	元		5.79	5.70	5.69	8.63	8.61	8.44
	材料采管费	元		3.12	2.97	2.37	3.20	3.10	2.46
	水泥砂浆 1:2.5	m^3		(0.35)	(0.34)	(0.27)	(0.35)	(0.34)	(0.27)

单位：m^3

编号				10-145	10-146	10-147	10-148
项目				独立须弥座	地伏	须弥座龙头（明长在）	
						60 cm 以内（个）	60 cm 以外（个）
预算基价	总价（元）			1727.06	1811.00	182.20	249.97
	人工费（元）			1576.04	1634.32	152.52	200.88
	材料费（元）			34.10	55.43	18.36	34.19
	管理费（元）			116.92	121.25	11.32	14.90
组成内容		单位	单价	数量			
人工	综合工	工日	124.00	12.71	13.18	1.23	1.62
材料	白水泥	kg	0.66		4.50	1.00	1.00
	煤	kg	0.61	30.00	37.00	7.50	9.34
	水泥	kg	0.37		60.080	28.538	28.538
	水	m^3	7.85		0.024	0.011	0.011
	零星材料费	元		15.10	6.33	2.10	16.49
	材料采管费	元		0.70	1.14	0.38	0.70
	素水泥浆	m^3			(0.040)	(0.019)	(0.019)

单位：块

编号				10-149	10-150	10-151	10-152	10-153	10-154
项目				须弥座四角龙头(明长在)		栏板（高在）			
				120 cm 以内（个）	120 cm 以外（个）	60 cm 以内	65 cm 以内	75 cm 以内	85 cm 以内
预算基价	总价（元）			468.52	578.49	222.50	293.60	360.45	408.53
	人工费（元）			374.48	467.48	188.48	252.96	312.48	352.16
	材料费（元）			66.26	76.33	20.04	21.87	24.79	30.24
	管理费（元）			27.78	34.68	13.98	18.77	23.18	26.13
组成内容		单位	单价	数量					
人工	综合工	工日	124.00	3.02	3.77	1.52	2.04	2.52	2.84
材料	白水泥	kg	0.66	1.50	1.50	0.20	0.20	0.20	0.20
	煤	kg	0.61	12.86	15.94	6.10	8.00	9.00	10.00
	水泥	kg	0.37	96.128	103.638	3.004	3.004	3.004	3.004
	水	m^3	7.85	0.038	0.041	0.001	0.001	0.001	0.001
	零星材料费	元		20.20	25.38	14.66	15.29	17.54	22.27
	材料采管费	元		1.36	1.57	0.41	0.45	0.51	0.62
	素水泥浆	m^3		(0.064)	(0.069)	(0.002)	(0.002)	(0.002)	(0.002)

单位：块

编号				10-155	10-156	10-157	10-158	10-159	10-160
项目				抱鼓（高在）			望柱（高在）		
				55 cm 以内	65 cm 以内	85 cm 以内	100 cm 以内（根）	120 cm 以内（根）	150 cm 以内（根）
预算基价	总价（元）			214.46	290.56	394.53	160.07	187.07	227.19
	人工费（元）			184.76	250.48	342.24	135.16	156.24	188.48
	材料费（元）			15.99	21.50	26.90	14.88	19.24	24.73
	管理费（元）			13.71	18.58	25.39	10.03	11.59	13.98
组成内容		单位	单价	数量					
人工	综合工	工日	124.00	1.49	2.02	2.76	1.09	1.26	1.52
材料	白水泥	kg	0.66	0.20	0.20	0.20	1.50	1.50	1.50
	煤	kg	0.61	6.10	7.80	8.50	5.00	6.70	9.50
	水泥	kg	0.37	3.004	3.004	3.004	1.502	1.502	1.502
	水	m^3	7.85	0.001	0.001	0.001			
	零星材料费	元		10.69	15.05	19.91	9.97	13.21	16.88
	材料采管费	元		0.33	0.44	0.55	0.31	0.40	0.51
	素水泥浆	m^3		(0.002)	(0.002)	(0.002)	(0.001)	(0.001)	(0.001)

4. 地面及其他石活安装

单位：个

编号				10-161	10-162	10-163	10-164	10-165
项目				滚墩石（长在）		木牌楼夹杆石镶杆石（m^3）	甬路、海墁地面	
				120 cm 以内	150 cm 以内		13 cm 厚（m^2）	每增厚 2 cm（m^2）
预算基价	总价（元）			219.29	288.18	1643.07	167.10	21.31
	人工费（元）			178.56	240.56	1370.20	138.88	19.84
	材料费（元）			27.48	29.77	171.22	17.92	
	管理费（元）			13.25	17.85	101.65	10.30	1.47
组成内容		单位	单价	数量				
人工	综合工	工日	124.00	1.44	1.94	11.05	1.12	0.16
材料	煤	kg	0.61	7.50	10.00	5.00	0.70	
	铁件	kg	7.69			11.17		
	水泥	kg	0.37	6.008	9.012	122.053	24.411	
	水	m^3	7.85	0.002	0.004	0.085	0.017	
	砂子	t	87.58			0.376	0.075	
	零星材料费	元		20.10	19.69		1.39	
	材料采管费	元		0.57	0.61	3.52	0.37	
	水泥砂浆 1:2.5	m^3				(0.25)	(0.05)	
	素水泥浆	m^3		(0.004)	(0.006)			

单位：m^2

编号				10-166	10-167	10-168	10-169
项目				牙子石（垂直厚在）		沟嘴子（宽在）	
				13 cm 以内	每增厚 2 cm	40 cm 以内 (m)	50 cm 以内 (m)
预算基价	总价（元）			**197.58**	**21.31**	**151.85**	**181.11**
	人工费（元）			167.40	19.84	135.16	161.20
	材料费（元）			17.76		6.66	7.95
	管理费（元）			12.42	1.47	10.03	11.96
组成内容		单位	单价	数量			
人工	综合工	工日	124.00	1.35	0.16	1.09	1.30
材料	煤	kg	0.61	1.00		3.60	4.08
	水泥	kg	0.37	24.411		1.953	2.441
	砂子	t	87.58	0.075		0.006	0.008
	水	m^3	7.85	0.017		0.001	0.002
	零星材料费	元		1.05		3.07	3.68
	材料采管费	元		0.37		0.14	0.16
	水泥砂浆 1:2.5	m^3		(0.050)		(0.004)	(0.005)

单位：个

编号					10-170	10-171	10-172	10-173	10-174	10-175
项目					沟门、沟漏（块）	带水槽沟盖厚在15 cm以内（m^2）	石角梁带兽头厚在15 cm以内	凿锅眼下扒锅子	凿银锭槽下铁银锭	单磨光增加工料费（m^2）
预算基价	总价（元）				35.76	99.30	310.53	40.53	52.14	159.84
	人工费（元）				27.28	75.64	269.08	34.72	39.68	148.80
	材料费（元）				6.46	18.05	21.49	3.23	9.52	
	管理费（元）				2.02	5.61	19.96	2.58	2.94	11.04
组成内容			单位	单价	数量					
人工	综合工		工日	124.00	0.22	0.61	2.17	0.28	0.32	1.20
材料	煤		kg	0.61	1.00	1.50	3.60	1.20	1.20	
	铁件		kg	7.69				0.126	0.940	
	水泥		kg	0.37	0.488	24.411	0.488	0.488	0.488	
	砂子		t	87.58	0.002	0.075	0.002	0.002	0.002	
	水		m^3	7.85		0.017				
	零星材料费		元		5.36	1.03	18.50	1.10	1.00	
	材料采管费		元		0.13	0.37	0.44	0.07	0.20	
	水泥砂浆	1:2.5	m^3		(0.001)	(0.050)	(0.001)	(0.001)	(0.001)	

第十一章　木构架及木基层

说　　明

一、本章包括木构件制作，木构件吊装，木基层、板类及其他部件制作安装，垂花门及牌楼特殊构、部件等4节；共658条基价子目。

二、各种柱制作、安装基价已综合考虑了其角柱的不同情况，执行时不做调整。棂星门柱执行擎檐柱、戗柱基价。牌楼明柱与边柱均执行牌楼柱基价，牌楼边柱及高拱柱均包括与其相连的通天斗。

三、下端带有垂头悬挑童柱，执行攒尖雷公柱、交金灯笼柱基价。

四、凡一端或两端榫头交在柱头卯口中的枋及随梁均执行大额枋、单额枋、桁檩枋基价；凡两端榫头均需插入柱身卯眼中的枋及随梁均执行小额枋、跨空枋、穿插枋基价。

五、递角梁、斜抱头梁与各架梁、抱头梁执行同一基价。

六、三至九架梁、月梁、单步梁、双步梁、三步梁、抱头梁均以普通梁头为准，设计要求挖翘拱者执行带麻叶头梁的基价。

七、采步金两端不论做成梁头或檩头，基价均不得调整。

八、扣金、插金仔角梁的翘头以贴做为准。

九、荷叶柁墩及在梁下柱头上单独使用承托梁的通雀替执行角云、捧梁云、麻叶假梁头基价。

十、桁檩垫板与燕尾枋连做者，应分别执行桁檩垫板和燕尾枋基价。

十一、建筑物(不包括牌楼)木构件吊装基价，均以单檐建筑使用人工或抱杆、卷扬机吊装为准；重檐、三层檐及多层檐建筑木构件吊装，按相应基价子目人工费、周转性材料费及管理费乘以系数1.10。

十二、翼角翘飞部分的望板、连檐制作、安装，按相应基价子目人工费、材料费及管理费乘以系数1.30；屋面同一坡面的望板(连檐)正身部分小于翼角翘飞部分的面积(长度)时，正身部分与翼角翘飞部分的工程量合并计算，其相应基价子目人工费、材料费及管理乘以系数1.20；同一屋顶望板做法不同时应分别套用相应基价子目。

十三、挂檐板和挂落板，凡露明者执行挂檐板基价子目，其外装有砖挂落者执行挂落板基价子目。

十四、木楼板安装后净面磨平基价，只适用于其上无砖铺装直接油饰的做法。

十五、雀替以单翘为准，不包括三幅云拱、麻叶云拱，不带翘者工料不调，重翘者与第十二章“斗拱”第一节中丁头拱基价子目合并执行。三幅云拱、麻叶云拱另按相应基价子目执行，其规格与基价规定不相符时，按第十二章“斗拱”说明中规定的系数换算(注：8 cm厚等于8 cm斗口)。

十六、除另有注明者外，木构架制作、安装均不包括安铁件。设计要求加铁件者另按铁件制作、安装基价子目执行。

十七、牌楼高拱柱(包括通天斗)，云牌博缝板规格与基价规定不符时，按第十二章“斗拱”说明中规定的系数换算。

工　作　内　容

一、本章中凡未分制作与安装的项目除另有规定者外，均包括制作与安装。

二、木构件、木基层、板类及其他部件制作均包括排制分杖杆、样板、选配料、截料、刨光、画线制作及雕凿成型、弹安装线、标写安装号、试装等；圆形截面的构件还包括砍节子、剥刮树皮、砍圆；板类构、部件还包括企口拼缝、穿带、制作边缝压条。

三、木构件吊装项目包括垂直起重、翻身就位、修整榫卯、入位、栽销、安替木或丁头拱、校正绑戗、钉拉杆、挪移抱杆及总装完成后的拆戗、拆拉杆等。

四、木基层、板类及其他部件安装项目包括挂线、找规矩、找平、栽销、钉牢、钉边缝压条；山花板安装还包括挖桁檩窝；檐椽、飞椽安装包括齐头。

工 程 量 计 算 规 则

一、按体积计算工程量的各种构、部件均按长度乘以最大圆形或矩形截面积计算，其中攒尖雷公柱截面积按其外接圆的面积计算，扶脊木截面积按脊檩截面积计算。长度计算方法如下：

1. 柱类按图示长度，即由柱顶石（或墩斗）上皮量至梁、平板枋或檩下皮，套顶下埋部分按实长计入，带通天斗的牌楼边柱柱高量至檩（桁）上皮，通天斗包括在内不另行计算。

2. 枋、梁、角梁、承重等端头为半榫或银锭榫的量至柱中，透榫或箍头榫的量至榫头外端（无图示者按《营造算例》加榫规则计算），仔角梁套兽榫不计入，承重出挑部分量至挂檐（落）板外皮。

3. 瓜柱、太平梁上雷公柱长度及柁墩高度按图示尺寸；攒尖雷公柱长度无图示者按其本身直径的 7 倍计算。

4. 桁檩长度按梁架轴线至轴线间距计算，搭角出头部分应计算在内，悬山出挑、歇山收山者山面量至博缝板外皮，硬山建筑量至排山梁架外皮，硬山搁檩者量至山墙中心线。

5. 由额垫板、桁檩垫板由柱中量至柱中。

6. 楞木、沿边木长度按梁架轴线至轴线间距计算，挑出部分量至挂檐（落）板外皮。

7. 踏脚木长度按外皮尺寸，两端量至角梁中线。

二、按长度计算工程量的构、部件，长度计量方法如下：

1. 直椽按檩中至檩中斜长计算，檐椽出挑量至端头外皮，后尾与承椽枋相交者量至枋中线，翼角椽单根长度按其正身檐椽单根长度计算。

2. 大连檐：硬、悬山建筑两端量至博缝外皮，带角梁的建筑按仔角梁端头中点连线分段计算。

3. 闸档板、小连檐：硬山建筑两端量至排山梁架中线，悬山建筑量至博缝外皮，带角梁的建筑按老角梁端头中点连线分段计算；闸档板不扣除椽子所占长度。

4. 椽椀、隔椽板、机枋条长度计算方法与檩长计算方法相同。

三、按面积计算工程量的构、部件计算方法如下：

1. 博脊板、棋枋板、镶嵌柁档板、挂檐板、挂落板、牌楼云龙花板、山花板、镶嵌象眼山花板按垂直投影面积计算，其中山花板、镶嵌象眼山花板不扣除檩窝所占面积。

2. 滴珠板以长度乘以凸尖处竖直宽度计算面积。

3. 木楼板按木构架轴线间面积计算，应扣除楼梯井所占面积，不扣柱所占面积，挑台部分量至挂檐（落）板外皮。

四、望板按屋面不同几何形状的斜面积计算，飞椽、翘飞椽椽尾重叠部分应计算在内，不扣除连檐、扶脊木、角梁所占面积，屋角冲出部分亦不增加，同一屋顶望板做法不同时应分别计量。

五、翘飞椽制作、安装以每一檐角算一攒。

六、铁件制作、安装工程量按质量计算，铁钉、倒刺钉、螺栓的质量不计算在内。

一、木构件制作

1. 柱类

单位：m^3

编号				11-1	11-2	11-3	11-4	11-5	11-6
项目				檐柱、单檐金柱（柱径在）				重檐金柱、通柱、牌楼柱（柱径在）	
				20 cm 以下	25 cm 以下	30 cm 以下	30 cm 以上	25 cm 以下	30 cm 以下
预算基价	总价（元）			7088.98	6463.77	5691.70	5182.37	7006.79	6052.81
	人工费（元）			3403.80	2828.44	2117.92	1649.20	3328.16	2450.24
	材料费（元）			3390.29	3390.29	3390.29	3390.29	3390.29	3390.29
	管理费（元）			294.89	245.04	183.49	142.88	288.34	212.28
组成内容		单位	单价	数量					
人工	综合工	工日	124.00	27.45	22.81	17.08	13.30	26.84	19.76
材料	红白松原木 一类	m^3	2695.00	1.210	1.210	1.210	1.210	1.210	1.210
	样板料	m^3	3619.00	0.011	0.011	0.011	0.011	0.011	0.011
	零星材料费	元		19.80	19.80	19.80	19.80	19.80	19.80
	材料采管费	元		69.73	69.73	69.73	69.73	69.73	69.73

单位：m³

编号				11-7	11-8	11-9	11-10	11-11	11-12
项目				重檐金柱、通柱、牌楼柱（柱径在）		中柱、山柱（柱径在）			
				40 cm 以下	40 cm 以上	25 cm 以下	30 cm 以下	40 cm 以下	40 cm 以上
预算基价	总价（元）			5280.73	4968.13	6135.00	5773.89	5248.39	4803.74
	人工费（元）			1739.72	1452.04	2525.88	2193.56	1709.96	1300.76
	材料费（元）			3390.29	3390.29	3390.29	3390.29	3390.29	3390.29
	管理费（元）			150.72	125.80	218.83	190.04	148.14	112.69
组成内容		单位	单价	数量					
人工	综合工	工日	124.00	14.03	11.71	20.37	17.69	13.79	10.49
材料	红白松原木 一类	m³	2695.00	1.210	1.210	1.210	1.210	1.210	1.210
	样板料	m³	3619.00	0.011	0.011	0.011	0.011	0.011	0.011
	零星材料费	元		19.80	19.80	19.80	19.80	19.80	19.80
	材料采管费	元		69.73	69.73	69.73	69.73	69.73	69.73

单位：m³

编号				11-13	11-14	11-15	11-16
项目				童		柱（柱径在）	
				20 cm 以 下	30 cm 以 下	40 cm 以 下	40 cm 以 上
预算基价	总价（元）			6645.68	5954.45	5412.78	4935.79
	人工费（元）			2995.84	2359.72	1861.24	1422.28
	材料费（元）			3390.29	3390.29	3390.29	3390.29
	管理费（元）			259.55	204.44	161.25	123.22
组成内容		单位	单价	数		量	
人工	综合工	工日	124.00	24.16	19.03	15.01	11.47
材料	红白松原木 一类	m³	2695.00	1.210	1.210	1.210	1.210
	样板料	m³	3619.00	0.011	0.011	0.011	0.011
	零星材料费	元		19.80	19.80	19.80	19.80
	材料采管费	元		69.73	69.73	69.73	69.73

单位：m^3

编号				11-17	11-18	11-19	11-20
项目				圆擎檐柱、牌楼戗柱（柱径在）			
				20 cm 以下	25 cm 以下	30 cm 以下	30 cm 以上
预算基价	总价（元）			6052.81	5100.18	4639.36	4360.44
	人工费（元）			2450.24	1573.56	1149.48	892.80
	材料费（元）			3390.29	3390.29	3390.29	3390.29
	管理费（元）			212.28	136.33	99.59	77.35
组成内容		单位	单价	数量			
人工	综合工	工日	124.00	19.76	12.69	9.27	7.20
材料	红白松原木 一类	m^3	2695.00	1.210	1.210	1.210	1.210
	样板料	m^3	3619.00	0.011	0.011	0.011	0.011
	零星材料费	元		19.80	19.80	19.80	19.80
	材料采管费	元		69.73	69.73	69.73	69.73

单位：m³

编号				11-21	11-22	11-23	11-24
项目				梅花柱、风廊柱（柱径在）			
				20 cm 以下	25 cm 以下	30 cm 以下	30 cm 以上
预算基价	总价（元）			6832.38	6010.45	5599.48	5385.24
	人工费（元）			2088.16	1331.76	953.56	756.40
	材料费（元）			4563.31	4563.31	4563.31	4563.31
	管理费（元）			180.91	115.38	82.61	65.53
组成内容		单位	单价	数量			
人工	综合工	工日	124.00	16.84	10.74	7.69	6.10
材料	红白松锯材 一类	m^3	3767.01	1.17	1.17	1.17	1.17
	样板料	m^3	3619.00	0.011	0.011	0.011	0.011
	零星材料费	元		22.24	22.24	22.24	22.24
	材料采管费	元		93.86	93.86	93.86	93.86

单位：m³

编号				11-25	11-26	11-27	11-28
项目				方擎檐柱、抱柱（柱径在）			
				20 cm 以下	25 cm 以下	30 cm 以下	30 cm 以上
预算基价	总价（元）			6042.79	5417.58	5253.19	5106.32
	人工费（元）			1361.52	786.16	634.88	499.72
	材料费（元）			4563.31	4563.31	4563.31	4563.31
	管理费（元）			117.96	68.11	55.00	43.29
组成内容		单位	单价	数量			
人工	综合工	工日	124.00	10.98	6.34	5.12	4.03
材料	红白松锯材 一类	m³	3767.01	1.17	1.17	1.17	1.17
	样板料	m³	3619.00	0.011	0.011	0.011	0.011
	零星材料费	元		22.24	22.24	22.24	22.24
	材料采管费	元		93.86	93.86	93.86	93.86

2. 枋　　类

单位：m^3

编号				11-29	11-30	11-31	11-32
项目				普通大额枋、单额枋、桁檩枋（枋高在）			
				20 cm 以下	25 cm 以下	30 cm 以下	30 cm 以上
预算基价	总价（元）			5831.92	5240.40	5009.99	4845.60
	人工费（元）			1452.04	907.68	695.64	544.36
	材料费（元）			4254.08	4254.08	4254.08	4254.08
	管理费（元）			125.80	78.64	60.27	47.16
组成内容		单位	单价	数量			
人工	综合工	工日	124.00	11.71	7.32	5.61	4.39
材料	红白松锯材 一类	m^3	3767.01	1.090	1.090	1.090	1.090
	样板料	m^3	3619.00	0.011	0.011	0.011	0.011
	零星材料费	元		20.73	20.73	20.73	20.73
	材料采管费	元		87.50	87.50	87.50	87.50

单位：m^3

编号				11-33	11-34	11-35	11-36
项目				一端带三岔头箍头的大额枋、单额枋（枋高在）			
				20 cm 以下	25 cm 以下	30 cm 以下	30 cm 以上
预算基价	总价（元）			6457.12	5620.37	5431.73	4993.82
	人工费（元）			2027.40	1257.36	1083.76	680.76
	材料费（元）			4254.08	4254.08	4254.08	4254.08
	管理费（元）			175.64	108.93	93.89	58.98
组成内容		单位	单价	数量			
人工	综合工	工日	124.00	16.35	10.14	8.74	5.49
材料	红白松锯材 一类	m^3	3767.01	1.090	1.090	1.090	1.090
	样板料	m^3	3619.00	0.011	0.011	0.011	0.011
	零星材料费	元		20.73	20.73	20.73	20.73
	材料采管费	元		87.50	87.50	87.50	87.50

单位：m^3

编号				11-37	11-38	11-39	11-40
项目				两端带三岔头箍头的大额枋、单额枋（枋高在）			
				20 cm 以下	25 cm 以下	30 cm 以下	30 cm 以上
预算基价	总价（元）			7064.81	6029.99	5437.12	5224.23
	人工费（元）			2586.64	1634.32	1088.72	892.80
	材料费（元）			4254.08	4254.08	4254.08	4254.08
	管理费（元）			224.09	141.59	94.32	77.35
组成内容		单位	单价	数量			
人工	综合工	工日	124.00	20.86	13.18	8.78	7.20
材料	红白松锯材 一类	m^3	3767.01	1.090	1.090	1.090	1.090
	样板料	m^3	3619.00	0.011	0.011	0.011	0.011
	零星材料费	元		20.73	20.73	20.73	20.73
	材料采管费	元		87.50	87.50	87.50	87.50

单位：m^3

编号				11-41	11-42	11-43	11-44
项目				一端带霸王拳箍头的大额枋、单额枋(枋高在)		两端带霸王拳箍头的大额枋、单额枋(枋高在)	
				40 cm 以下	40 cm 以上	30 cm 以下	30 cm 以上
预算基价	总价（元）			5208.06	4961.48	5470.81	5208.06
	人工费（元）			877.92	651.00	1119.72	877.92
	材料费（元）			4254.08	4254.08	4254.08	4254.08
	管理费（元）			76.06	56.40	97.01	76.06
组成内容		单位	单价	数量			
人工	综合工	工日	124.00	7.08	5.25	9.03	7.08
材料	红白松锯材 一类	m^3	3767.01	1.090	1.090	1.090	1.090
	样板料	m^3	3619.00	0.011	0.011	0.011	0.011
	零星材料费	元		20.73	20.73	20.73	20.73
	材料采管费	元		87.50	87.50	87.50	87.50

单位：m^3

编号				11-45	11-46	11-47	11-48
项目				普通小额枋、跨空枋、棋枋、博脊枋、穿插枋、间枋、天花枋(枋高在)			
				20 cm 以下	30 cm 以下	40 cm 以下	40 cm 以上
预算基价	总价（元）			6176.86	5437.12	5142.04	4927.79
	人工费（元）			1769.48	1088.72	817.16	620.00
	材料费（元）			4254.08	4254.08	4254.08	4254.08
	管理费（元）			153.30	94.32	70.80	53.71
组成内容		单位	单价	数量			
人工	综合工	工日	124.00	14.27	8.78	6.59	5.00
材料	红白松锯材 一类	m^3	3767.01	1.090	1.090	1.090	1.090
	样板料	m^3	3619.00	0.011	0.011	0.011	0.011
	零星材料费	元		20.73	20.73	20.73	20.73
	材料采管费	元		87.50	87.50	87.50	87.50

单位：m^3

编号				11-49	11-50	11-51
项目				带麻叶头的小额枋、穿插枋（枋高在）		
				20 cm 以下	30 cm 以下	30 cm 以上
预算基价	总价（元）			7032.48	5996.30	5585.34
	人工费（元）			2556.88	1603.32	1225.12
	材料费（元）			4254.08	4254.08	4254.08
	管理费（元）			221.52	138.90	106.14
组成内容		单位	单价	数量		
人工	综合工	工日	124.00	20.62	12.93	9.88
材料	红白松锯材 一类	m^3	3767.01	1.090	1.090	1.090
	样板料	m^3	3619.00	0.011	0.011	0.011
	零星材料费	元		20.73	20.73	20.73
	材料采管费	元		87.50	87.50	87.50

单位：m^3

编号				11-52	11-53	11-54	11-55	11-56	11-57
项目				承椽枋（枋高在）			平板枋（枋高在）		
				30 cm 以下	40 cm 以下	40 cm 以上	10 cm 以下	15 cm 以下	15 cm 以上
预算基价	总价（元）			5996.30	5635.19	5290.25	6884.26	5897.94	5437.12
	人工费（元）			1603.32	1271.00	953.56	2420.48	1512.80	1088.72
	材料费（元）			4254.08	4254.08	4254.08	4254.08	4254.08	4254.08
	管理费（元）			138.90	110.11	82.61	209.70	131.06	94.32
组成内容		单位	单价	数量					
人工	综合工	工日	124.00	12.93	10.25	7.69	19.52	12.20	8.78
材料	红白松锯材 一类	m^3	3767.01	1.090	1.090	1.090	1.090	1.090	1.090
	样板料	m^3	3619.00	0.011	0.011	0.011	0.011	0.011	0.011
	零星材料费	元		20.73	20.73	20.73	20.73	20.73	20.73
	材料采管费	元		87.50	87.50	87.50	87.50	87.50	87.50

3. 梁　　类

单位：m^3

编号				11-58	11-59	11-60	11-61	11-62	11-63
项目				带桃尖头的梁（梁宽在）				桃尖假梁头（梁宽在）	
				25 cm 以下	30 cm 以下	40 cm 以下	40 cm 以上	25 cm 以下	30 cm 以下
预算基价	总价（元）			6900.43	6555.49	5848.09	5454.64	8375.96	7109.37
	人工费（元）			2435.36	2117.92	1466.92	1104.84	3752.24	2586.64
	材料费（元）			4254.08	4254.08	4254.08	4254.08	4298.64	4298.64
	管理费（元）			210.99	183.49	127.09	95.72	325.08	224.09
组成内容		单位	单价	数量					
人工	综合工	工日	124.00	19.64	17.08	11.83	8.91	30.26	20.86
材料	红白松锯材　一类	m^3	3767.01	1.090	1.090	1.090	1.090	1.090	1.090
	样板料	m^3	3619.00	0.011	0.011	0.011	0.011	0.023	0.023
	零星材料费	元		20.73	20.73	20.73	20.73	20.95	20.95
	材料采管费	元		87.50	87.50	87.50	87.50	88.41	88.41

单位：m^3

编号				11-64	11-65	11-66	11-67	11-68
项目				桃尖假梁头（梁宽在）		一端带麻叶头的梁（梁宽在）		
				40 cm 以下	40 cm 以上	25 cm 以下	30 cm 以下	30 cm 以上
预算基价	总价（元）			6583.88	5942.50	7370.68	6585.13	6127.00
	人工费（元）			2103.04	1512.80	2868.12	2145.20	1723.60
	材料费（元）			4298.64	4298.64	4254.08	4254.08	4254.08
	管理费（元）			182.20	131.06	248.48	185.85	149.32
组成内容		单位	单价	数量				
人工	综合工	工日	124.00	16.96	12.20	23.13	17.30	13.90
材料	红白松锯材 一类	m^3	3767.01	1.090	1.090	1.090	1.090	1.090
	样板料	m^3	3619.00	0.023	0.023	0.011	0.011	0.011
	零星材料费	元		20.95	20.95	20.73	20.73	20.73
	材料采管费	元		88.41	88.41	87.50	87.50	87.50

单位：m^3

编号				11-69	11-70	11-71	11-72	11-73	11-74
项目				两端带麻叶头的梁（梁宽在）			角云、捧梁云、麻叶假梁头（宽在）		
				25 cm 以下	30 cm 以下	30 cm 以上	25 cm 以下	30 cm 以下	30 cm 以上
预算基价	总价（元）			6982.62	6528.54	6056.94	9975.35	8627.93	7532.47
	人工费（元）			2511.00	2093.12	1659.12	5224.12	3984.12	2976.00
	材料费（元）			4254.08	4254.08	4254.08	4298.64	4298.64	4298.64
	管理费（元）			217.54	181.34	143.74	452.59	345.17	257.83
组成内容		单位	单价	数量					
人工	综合工	工日	124.00	20.25	16.88	13.38	42.13	32.13	24.00
材料	红白松锯材 一类	m^3	3767.01	1.090	1.090	1.090	1.090	1.090	1.090
	样板料	m^3	3619.00	0.011	0.011	0.011	0.023	0.023	0.023
	零星材料费	元		20.73	20.73	20.73	20.95	20.95	20.95
	材料采管费	元		87.50	87.50	87.50	88.41	88.41	88.41

单位：m^3

编号				11-75	11-76	11-77	11-78	11-79	11-80	11-81
项目				九架梁（梁宽在）		七架梁、卷棚八架梁（梁宽在）		五架梁、卷棚六架梁（梁宽在）		
				50 cm 以下	50 cm 以上	40 cm 以下	40 cm 以上	30 cm 以下	40 cm 以下	40 cm 以上
预算基价	总价（元）			4632.71	4550.51	4813.26	4681.21	5142.04	4943.96	4779.58
	人工费（元）			348.44	272.80	514.60	393.08	817.16	634.88	483.60
	材料费（元）			4254.08	4254.08	4254.08	4254.08	4254.08	4254.08	4254.08
	管理费（元）			30.19	23.63	44.58	34.05	70.80	55.00	41.90
组成内容		单位	单价	数量						
人工	综合工	工日	124.00	2.81	2.20	4.15	3.17	6.59	5.12	3.90
材料	红白松锯材 一类	m^3	3767.01	1.090	1.090	1.090	1.090	1.090	1.090	1.090
	样板料	m^3	3619.00	0.011	0.011	0.011	0.011	0.011	0.011	0.011
	零星材料费	元		20.73	20.73	20.73	20.73	20.73	20.73	20.73
	材料采管费	元		87.50	87.50	87.50	87.50	87.50	87.50	87.50

单位：m^3

编号				11-82	11-83	11-84	11-85	11-86	11-87
项目				卷棚四架梁（梁宽在）			三架梁（梁宽在）		
				25 cm 以下	30 cm 以下	30 cm 以上	25 cm 以下	30 cm 以下	30 cm 以上
预算基价	总价（元）			6094.67	5354.93	5108.35	5881.77	5454.64	5208.06
	人工费（元）			1693.84	1013.08	786.16	1497.92	1104.84	877.92
	材料费（元）			4254.08	4254.08	4254.08	4254.08	4254.08	4254.08
	管理费（元）			146.75	87.77	68.11	129.77	95.72	76.06
组成内容		单位	单价	数量					
人工	综合工	工日	124.00	13.66	8.17	6.34	12.08	8.91	7.08
材料	红白松锯材 一类	m^3	3767.01	1.090	1.090	1.090	1.090	1.090	1.090
	样板料	m^3	3619.00	0.011	0.011	0.011	0.011	0.011	0.011
	零星材料费	元		20.73	20.73	20.73	20.73	20.73	20.73
	材料采管费	元		87.50	87.50	87.50	87.50	87.50	87.50

单位：m^3

编号					11-88	11-89	11-90	11-91	11-92	11-93
项目					月梁（梁宽在）			三步梁（梁宽在）		
					20 cm 以下	25 cm 以下	25 cm 以上	35 cm 以下	40 cm 以下	40 cm 以上
预算基价	总价（元）				7541.80	6505.63	5930.28	5009.99	4879.29	4779.58
	人工费（元）				3025.60	2072.04	1542.56	695.64	575.36	483.60
	材料费（元）				4254.08	4254.08	4254.08	4254.08	4254.08	4254.08
	管理费（元）				262.12	179.51	133.64	60.27	49.85	41.90
组成内容			单位	单价	数量					
人工	综合工		工日	124.00	24.40	16.71	12.44	5.61	4.64	3.90
材料	红白松锯材	一类	m^3	3767.01	1.090	1.090	1.090	1.090	1.090	1.090
	样板料		m^3	3619.00	0.011	0.011	0.011	0.011	0.011	0.011
	零星材料费		元		20.73	20.73	20.73	20.73	20.73	20.73
	材料采管费		元		87.50	87.50	87.50	87.50	87.50	87.50

单位：m³

编号				11-94	11-95	11-96	11-97
项目				双步梁（梁宽在）			
				25 cm 以下	30 cm 以下	40 cm 以下	40 cm 以上
预算基价	总价（元）			5486.98	5322.59	5092.18	4895.46
	人工费（元）			1134.60	983.32	771.28	590.24
	材料费（元）			4254.08	4254.08	4254.08	4254.08
	管理费（元）			98.30	85.19	66.82	51.14
组成内容		单位	单价	数量			
人工	综合工	工日	124.00	9.15	7.93	6.22	4.76
材料	红白松锯材 一类	m³	3767.01	1.090	1.090	1.090	1.090
	样板料	m³	3619.00	0.011	0.011	0.011	0.011
	零星材料费	元		20.73	20.73	20.73	20.73
	材料采管费	元		87.50	87.50	87.50	87.50

单位：m^3

编号				11-98	11-99	11-100	11-101
项目				单步梁、抱头梁、斜抱头梁（梁宽在）			
				25 cm 以下	30 cm 以下	40 cm 以下	40 cm 以上
预算基价	总价（元）			6160.69	5667.53	5372.45	5092.18
	人工费（元）			1754.60	1300.76	1029.20	771.28
	材料费（元）			4254.08	4254.08	4254.08	4254.08
	管理费（元）			152.01	112.69	89.17	66.82
组成内容		单位	单价	数量			
人工	综合工	工日	124.00	14.15	10.49	8.30	6.22
材料	红白松锯材 一类	m^3	3767.01	1.090	1.090	1.090	1.090
	样板料	m^3	3619.00	0.011	0.011	0.011	0.011
	零星材料费	元		20.73	20.73	20.73	20.73
	材料采管费	元		87.50	87.50	87.50	87.50

单位：m³

编号				11-102	11-103	11-104	11-105
项目				抱头假梁头（梁宽在）			
				25 cm 以下	30 cm 以下	40 cm 以下	40 cm 以上
预算基价	总价（元）			6505.63	5996.30	5651.36	5306.42
	人工费（元）			2072.04	1603.32	1285.88	968.44
	材料费（元）			4254.08	4254.08	4254.08	4254.08
	管理费（元）			179.51	138.90	111.40	83.90
组成内容		单位	单价	数量			
人工	综合工	工日	124.00	16.71	12.93	10.37	7.81
材料	红白松锯材 一类	m³	3767.01	1.090	1.090	1.090	1.090
	样板料	m³	3619.00	0.011	0.011	0.011	0.011
	零星材料费	元		20.73	20.73	20.73	20.73
	材料采管费	元		87.50	87.50	87.50	87.50

单位：m^3

编号				11-106	11-107	11-108	11-109
项目				采步金（宽在）			
				25 cm 以下	30 cm 以下	40 cm 以下	40 cm 以上
预算基价	总价（元）			6226.71	5683.70	5372.45	5108.35
	人工费（元）			1815.36	1315.64	1029.20	786.16
	材料费（元）			4254.08	4254.08	4254.08	4254.08
	管理费（元）			157.27	113.98	89.17	68.11
组成内容		单位	单价	数量			
人工	综合工	工日	124.00	14.64	10.61	8.30	6.34
材料	红白松锯材 一类	m^3	3767.01	1.090	1.090	1.090	1.090
	样板料	m^3	3619.00	0.011	0.011	0.011	0.011
	零星材料费	元		20.73	20.73	20.73	20.73
	材料采管费	元		87.50	87.50	87.50	87.50

单位：m^3

编号				11-110	11-111	11-112	11-113
项目				扒梁、抹角梁、太平梁（梁宽在）			
				25 cm 以下	30 cm 以下	40 cm 以下	40 cm 以上
预算基价	总价（元）			5272.74	4993.82	4845.60	4697.38
	人工费（元）			937.44	680.76	544.36	407.96
	材料费（元）			4254.08	4254.08	4254.08	4254.08
	管理费（元）			81.22	58.98	47.16	35.34
组成内容		单位	单价	数量			
人工	综合工	工日	124.00	7.56	5.49	4.39	3.29
材料	红白松锯材 一类	m^3	3767.01	1.090	1.090	1.090	1.090
	样板料	m^3	3619.00	0.011	0.011	0.011	0.011
	零星材料费	元		20.73	20.73	20.73	20.73
	材料采管费	元		87.50	87.50	87.50	87.50

4. 瓜柱、柁墩、角背、雷公柱

单位：m^3

编号				11-114	11-115	11-116	11-117
项目				金瓜柱（不带角背口）（柱径在）			
				20 cm 以下	25 cm 以下	30 cm 以下	30 cm 以上
预算基价	总价（元）			10459.74	8076.14	6959.12	6350.08
	人工费（元）			5385.32	3191.76	2163.80	1603.32
	材料费（元）			4607.86	4607.86	4607.86	4607.86
	管理费（元）			466.56	276.52	187.46	138.90
组成内容		单位	单价	数量			
人工	综合工	工日	124.00	43.43	25.74	17.45	12.93
材料	红白松锯材 一类	m^3	3767.01	1.17	1.17	1.17	1.17
	样板料	m^3	3619.00	0.023	0.023	0.023	0.023
	零星材料费	元		22.45	22.45	22.45	22.45
	材料采管费	元		94.77	94.77	94.77	94.77

单位：m^3

编号				11-118	11-119	11-120	11-121
项目				金瓜柱（带角背口）（柱径在）			
				20 cm 以下	25 cm 以下	30 cm 以下	30 cm 以上
预算基价	总价（元）			12201.96	9342.72	7665.17	6876.93
	人工费（元）			6988.64	4357.36	2813.56	2088.16
	材料费（元）			4607.86	4607.86	4607.86	4607.86
	管理费（元）			605.46	377.50	243.75	180.91
组成内容		单位	单价	数量			
人工	综合工	工日	124.00	56.36	35.14	22.69	16.84
材料	红白松锯材 一类	m^3	3767.01	1.17	1.17	1.17	1.17
	样板料	m^3	3619.00	0.023	0.023	0.023	0.023
	零星材料费	元		22.45	22.45	22.45	22.45
	材料采管费	元		94.77	94.77	94.77	94.77

单位：m^3

编号				11-122	11-123	11-124	11-125
项目				脊瓜柱（不带角背口）（柱径在）			
				20 cm 以下	25 cm 以下	30 cm 以下	30 cm 以上
预算基价	总价（元）			9966.58	7649.00	6678.86	6169.53
	人工费（元）			4931.48	2798.68	1905.88	1437.16
	材料费（元）			4607.86	4607.86	4607.86	4607.86
	管理费（元）			427.24	242.46	165.12	124.51
组成内容		单位	单价	数量			
人工	综合工	工日	124.00	39.77	22.57	15.37	11.59
材料	红白松锯材 一类	m^3	3767.01	1.17	1.17	1.17	1.17
	样板料	m^3	3619.00	0.023	0.023	0.023	0.023
	零星材料费	元		22.45	22.45	22.45	22.45
	材料采管费	元		94.77	94.77	94.77	94.77

单位：m^3

编号				11-126	11-127	11-128	11-129
项目				脊瓜柱（带角背口）（柱径在）			
				20 cm 以下	25 cm 以下	30 cm 以下	30 cm 以上
预算基价	总价（元）			11578.11	8569.30	7304.06	6630.35
	人工费（元）			6414.52	3645.60	2481.24	1861.24
	材料费（元）			4607.86	4607.86	4607.86	4607.86
	管理费（元）			555.73	315.84	214.96	161.25
组成内容		单位	单价	数量			
人工	综合工	工日	124.00	51.73	29.40	20.01	15.01
材料	红白松锯材 一类	m^3	3767.01	1.17	1.17	1.17	1.17
	样板料	m^3	3619.00	0.023	0.023	0.023	0.023
	零星材料费	元		22.45	22.45	22.45	22.45
	材料采管费	元		94.77	94.77	94.77	94.77

单位：m^3

编号				11-130	11-131	11-132	11-133
项目				交金瓜柱（柱径在）			
				20 cm 以下	25 cm 以下	30 cm 以下	30 cm 以上
预算基价	总价（元）			14832.14	10575.62	8667.66	7632.84
	人工费（元）			9409.12	5491.96	3736.12	2783.80
	材料费（元）			4607.86	4607.86	4607.86	4607.86
	管理费（元）			815.16	475.80	323.68	241.18
组成内容		单位	单价	数量			
人工	综合工	工日	124.00	75.88	44.29	30.13	22.45
材料	红白松锯材 一类	m^3	3767.01	1.17	1.17	1.17	1.17
	样板料	m^3	3619.00	0.023	0.023	0.023	0.023
	零星材料费	元		22.45	22.45	22.45	22.45
	材料采管费	元		94.77	94.77	94.77	94.77

单位：m^3

编号				11-134	11-135	11-136	11-137
项目				太平梁上雷公柱（柱径在）			
				20 cm 以下	25 cm 以下	30 cm 以下	30 cm 以上
预算基价	总价（元）			11407.64	7971.70	6525.91	5736.32
	人工费（元）			7337.08	4175.08	2844.56	2117.92
	材料费（元）			3434.91	3434.91	3434.91	3434.91
	管理费（元）			635.65	361.71	246.44	183.49
组成内容		单位	单价	数量			
人工	综合工	工日	124.00	59.17	33.67	22.94	17.08
材料	红白松原木 一类	m^3	2695.00	1.210	1.210	1.210	1.210
	样板料	m^3	3619.00	0.023	0.023	0.023	0.023
	零星材料费	元		20.07	20.07	20.07	20.07
	材料采管费	元		70.65	70.65	70.65	70.65

单位：m³

编号				11-138	11-139	11-140	11-141	11-142	11-143
项目				带风摆柳垂头的攒尖雷公柱、交金灯笼柱(柱径在)			带莲瓣芙蓉垂头的攒尖雷公柱、交金灯笼柱(柱径在)		
				25 cm 以 下	30 cm 以 下	30 cm 以 上	25 cm 以 下	30 cm 以 下	30 cm 以 上
预算基价	总价（元）			14132.14	12854.78	10980.51	20000.19	15583.32	13148.52
	人工费（元）			9844.36	8668.84	6944.00	15244.56	11179.84	8939.16
	材料费（元）			3434.91	3434.91	3434.91	3434.91	3434.91	3434.91
	管理费（元）			852.87	751.03	601.60	1320.72	968.57	774.45
组成内容		单位	单价	数量					
人工	综合工	工日	124.00	79.39	69.91	56.00	122.94	90.16	72.09
材料	红白松原木 一类	m³	2695.00	1.210	1.210	1.210	1.210	1.210	1.210
	样板料	m³	3619.00	0.023	0.023	0.023	0.023	0.023	0.023
	零星材料费	元		20.07	20.07	20.07	20.07	20.07	20.07
	材料采管费	元		70.65	70.65	70.65	70.65	70.65	70.65

单位：m^3

编号				11-144	11-145	11-146	11-147	11-148	11-149
项目				柁墩（长度在）			交金墩（长度在）		
				40 cm 以下	50 cm 以下	50 cm 以上	40 cm 以下	50 cm 以下	50 cm 以上
预算基价	总价（元）			9626.94	7456.24	6469.92	12157.41	8935.71	7440.07
	人工费（元）			4659.92	2662.28	1754.60	6988.64	4023.80	2647.40
	材料费（元）			4563.31	4563.31	4563.31	4563.31	4563.31	4563.31
	管理费（元）			403.71	230.65	152.01	605.46	348.60	229.36
组成内容		单位	单价	数量					
人工	综合工	工日	124.00	37.58	21.47	14.15	56.36	32.45	21.35
材料	红白松锯材　一类	m^3	3767.01	1.17	1.17	1.17	1.17	1.17	1.17
	样板料	m^3	3619.00	0.011	0.011	0.011	0.011	0.011	0.011
	零星材料费	元		22.24	22.24	22.24	22.24	22.24	22.24
	材料采管费	元		93.86	93.86	93.86	93.86	93.86	93.86

单位：m³

编号				11-150	11-151	11-152	11-153	11-154	11-155
项目				角背（厚在）		荷叶角背（厚在）		童柱下墩斗(包括铁箍)（见方在）	
				15 cm 以下	15 cm 以上	15 cm 以下	15 cm 以上	40 cm 以下	40 cm 以上
预算基价	总价（元）			11718.64	8727.35	29375.48	19159.28	8962.22	7770.75
	人工费（元）			6580.68	3827.88	22788.72	13387.04	3025.60	2117.92
	材料费（元）			4567.84	4567.84	4612.45	4612.45	5674.50	5469.34
	管理费（元）			570.12	331.63	1974.31	1159.79	262.12	183.49
组成内容		单位	单价	数量					
人工	综合工	工日	124.00	53.07	30.87	183.78	107.96	24.40	17.08
材料	红白松锯材 一类	m³	3767.01	1.17	1.17	1.17	1.17	1.17	1.17
	样板料	m³	3619.00	0.011	0.011	0.023	0.023		
	铁件	kg	7.69					146.00	120.00
	零星材料费	元		26.68	26.68	26.94	26.94	27.65	26.65
	材料采管费	元		93.95	93.95	94.87	94.87	116.71	112.49

5. 桁檩、角梁、由戗

单位：m^3

编号				11-156	11-157	11-158	11-159
项目				圆檩（径在）			
				20 cm 以下	25 cm 以下	30 cm 以下	30 cm 以上
预算基价	总价（元）			6316.90	5313.07	4803.74	4508.66
	人工费（元）			2693.28	1769.48	1300.76	1029.20
	材料费（元）			3390.29	3390.29	3390.29	3390.29
	管理费（元）			233.33	153.30	112.69	89.17
组成内容		单位	单价	数量			
人工	综合工	工日	124.00	21.72	14.27	10.49	8.30
材料	红白松原木 一类	m^3	2695.00	1.210	1.210	1.210	1.210
	样板料	m^3	3619.00	0.011	0.011	0.011	0.011
	零星材料费	元		19.80	19.80	19.80	19.80
	材料采管费	元		69.73	69.73	69.73	69.73

单位：m^3

编号				11-160	11-161	11-162	11-163
项目				一端带搭交檩头的圆檩（径在）			
				20 cm 以下	25 cm 以下	30 cm 以下	30 cm 以上
预算基价	总价（元）			6661.85	5494.97	4935.79	4607.02
	人工费（元）			3010.72	1936.88	1422.28	1119.72
	材料费（元）			3390.29	3390.29	3390.29	3390.29
	管理费（元）			260.84	167.80	123.22	97.01
组成内容		单位	单价	数量			
人工	综合工	工日	124.00	24.28	15.62	11.47	9.03
材料	红白松原木 一类	m^3	2695.00	1.210	1.210	1.210	1.210
	样板料	m^3	3619.00	0.011	0.011	0.011	0.011
	零星材料费	元		19.80	19.80	19.80	19.80
	材料采管费	元		69.73	69.73	69.73	69.73

单位：m³

编号				11-164	11-165	11-166	11-167
项目				两端带搭交檩头的圆檩（径在）			
				20 cm 以下	25 cm 以下	30 cm 以下	30 cm 以上
预算基价	总价（元）			6990.62	5659.36	5050.32	4673.04
	人工费（元）			3313.28	2088.16	1527.68	1180.48
	材料费（元）			3390.29	3390.29	3390.29	3390.29
	管理费（元）			287.05	180.91	132.35	102.27
组成内容		单位	单价	数量			
人工	综合工	工日	124.00	26.72	16.84	12.32	9.52
材料	红白松原木 一类	m³	2695.00	1.210	1.210	1.210	1.210
	样板料	m³	3619.00	0.011	0.011	0.011	0.011
	零星材料费	元		19.80	19.80	19.80	19.80
	材料采管费	元		69.73	69.73	69.73	69.73

单位：m³

编号				11-168	11-169	11-170	11-171	11-172	11-173
项目				扶脊木（径在）			老角梁（宽在）		
				25 cm 以下	30 cm 以下	30 cm 以上	15 cm 以下	20 cm 以下	20 cm 以上
预算基价	总价（元）			8502.43	6513.63	5856.08	7323.62	6008.53	5695.92
	人工费（元）			4704.56	2874.32	2269.20	2783.80	1573.56	1285.88
	材料费（元）			3390.29	3390.29	3390.29	4298.64	4298.64	4298.64
	管理费（元）			407.58	249.02	196.59	241.18	136.33	111.40
组成内容		单位	单价	数量					
人工	综合工	工日	124.00	37.94	23.18	18.30	22.45	12.69	10.37
材料	红白松原木 一类	m³	2695.00	1.210	1.210	1.210			
	样板料	m³	3619.00	0.011	0.011	0.011	0.023	0.023	0.023
	红白松锯材 一类	m³	3767.01				1.090	1.090	1.090
	零星材料费	元		19.80	19.80	19.80	20.95	20.95	20.95
	材料采管费	元		69.73	69.73	69.73	88.41	88.41	88.41

单位：m^3

编号				11-174	11-175	11-176
项目				扣金、插金仔角梁（宽在）		
				15 cm 以下	20 cm 以下	20 cm 以上
预算基价	总价（元）			7190.03	5957.13	5660.70
	人工费（元）			2647.40	1512.80	1240.00
	材料费（元）			4313.27	4313.27	4313.27
	管理费（元）			229.36	131.06	107.43
组成内容		单位	单价	数量		
人工	综合工	工日	124.00	21.35	12.20	10.00
材料	红白松锯材 一类	m^3	3767.01	1.090	1.090	1.090
	样板料	m^3	3619.00	0.023	0.023	0.023
	乳胶	kg	9.50	1.50	1.50	1.50
	零星材料费	元		21.02	21.02	21.02
	材料采管费	元		88.72	88.72	88.72

单位：根

编号				11-177	11-178	11-179	11-180	11-181	11-182	11-183
项目				压金仔角梁（刀把角梁）（宽 在）						
				12 cm 以下	15 cm 以下	18 cm 以下	21 cm 以下	24 cm 以下	27 cm 以下	30 cm 以下
预算基价	总价（元）			304.20	515.96	809.75	1204.68	1712.69	2352.16	3137.28
	人工费（元）			122.76	171.12	225.68	286.44	353.40	429.04	510.88
	材料费（元）			170.80	330.01	564.52	893.42	1328.67	1885.95	2582.14
	管理费（元）			10.64	14.83	19.55	24.82	30.62	37.17	44.26
组成内容		单位	单价	数量						
人工	综合工	工日	124.00	0.99	1.38	1.82	2.31	2.85	3.46	4.12
材料	红白松锯材 一类	m^3	3767.01	0.0410	0.0802	0.1385	0.2200	0.3283	0.4675	0.6413
	样板料	m^3	3619.00	0.0015	0.0029	0.0048	0.0078	0.0115	0.0163	0.0224
	乳胶	kg	9.50	0.30	0.45	0.65	0.90	1.20	1.50	1.80
	零星材料费	元		4.56	6.34	7.63	9.52	11.61	12.84	15.08
	材料采管费	元		3.51	6.79	11.61	18.38	27.33	38.79	53.11

单位：根

编号				11-184	11-185	11-186	11-187	11-188	11-189	11-190
项目				窝角仔角梁（宽在）						
				12 cm 以下	15 cm 以下	18 cm 以下	21 cm 以下	24 cm 以下	27 cm 以下	30 cm 以下
预算基价	总价（元）			136.61	227.54	356.46	525.28	740.75	1013.26	1345.43
	人工费（元）			54.56	75.64	101.68	128.96	157.48	190.96	225.68
	材料费（元）			77.32	145.35	245.97	385.15	569.63	805.76	1100.20
	管理费（元）			4.73	6.55	8.81	11.17	13.64	16.54	19.55
组成内容		单位	单价	数量						
人工	综合工	工日	124.00	0.44	0.61	0.82	1.04	1.27	1.54	1.82
材料	红白松锯材 一类	m^3	3767.01	0.0184	0.0353	0.0604	0.0952	0.1414	0.2004	0.2740
	样板料	m^3	3619.00	0.0007	0.0013	0.0022	0.0034	0.0050	0.0071	0.0096
	零星材料费	元		3.88	4.68	5.42	6.31	7.16	8.59	10.67
	材料采管费	元		1.59	2.99	5.06	7.92	11.72	16.57	22.63

单位：m³

编号				11-191	11-192	11-193
项目				由		戗（宽在）
				15 cm 以下	20 cm 以下	20 cm 以上
预算基价	总价（元）			6621.51	5585.34	5322.59
	人工费（元）			2178.68	1225.12	983.32
	材料费（元）			4254.08	4254.08	4254.08
	管理费（元）			188.75	106.14	85.19
组成内容		单位	单价	数		量
人工	综合工	工日	124.00	17.57	9.88	7.93
材料	红白松锯材 一类	m³	3767.01	1.090	1.090	1.090
	样板料	m³	3619.00	0.011	0.011	0.011
	零星材料费	元		20.73	20.73	20.73
	材料采管费	元		87.50	87.50	87.50

6. 垫　板　类

单位：m^3

编号				11-194	11-195	11-196	11-197	11-198	11-199
项目				由额垫板（高在）		桁檩垫板（高在）			
				15 cm 以下	15 cm 以上	15 cm 以下	20 cm 以下	25 cm 以下	25 cm 以上
预算基价	总价（元）			5673.16	5047.96	5458.92	5097.81	5015.62	4901.09
	人工费（元）			1058.96	483.60	861.80	529.48	453.84	348.44
	材料费（元）			4522.46	4522.46	4522.46	4522.46	4522.46	4522.46
	管理费（元）			91.74	41.90	74.66	45.87	39.32	30.19
组成内容		单位	单价	数量					
人工	综合工	工日	124.00	8.54	3.90	6.95	4.27	3.66	2.81
材料	红白松锯材　一类	m^3	3767.01	1.17	1.17	1.17	1.17	1.17	1.17
	零星材料费	元		22.04	22.04	22.04	22.04	22.04	22.04
	材料采管费	元		93.02	93.02	93.02	93.02	93.02	93.02

7. 承　　重

单位：m^3

编号				11-200	11-201	11-202
项目				承重（宽在）		
				25 cm 以下	30 cm 以下	30 cm 以上
预算基价	总价（元）			5437.12	5290.25	5076.01
	人工费（元）			1088.72	953.56	756.40
	材料费（元）			4254.08	4254.08	4254.08
	管理费（元）			94.32	82.61	65.53
组成内容		单位	单价	数量		
人工	综合工	工日	124.00	8.78	7.69	6.10
材料	红白松锯材　一类	m^3	3767.01	1.090	1.090	1.090
	样板料	m^3	3619.00	0.011	0.011	0.011
	零星材料费	元		20.73	20.73	20.73
	材料采管费	元		87.50	87.50	87.50

二、木构件吊装

1. 柱类

单位：m^3

编号				11-203	11-204	11-205	11-206
项目				檐柱单檐金柱（柱径在）			
				20 cm 以下	25 cm 以下	30 cm 以下	30 cm 以上
预算基价	总价（元）			1037.23	979.21	866.58	810.54
	人工费（元）			724.16	675.80	576.60	528.24
	材料费（元）			250.33	244.86	240.03	236.54
	管理费（元）			62.74	58.55	49.95	45.76
组成内容		单位	单价	数量			
人工	综合工	工日	124.00	5.84	5.45	4.65	4.26
材料	红白松锯材 一类	m^3	3767.01	0.04	0.04	0.04	0.04
	周转性材料费	元		70.20	65.37	61.11	58.03
	零星材料费	元		24.30	23.77	23.30	22.96
	材料采管费	元		5.15	5.04	4.94	4.87

单位：m^3

编号				11-207	11-208	11-209	11-210
项目				重檐金柱、通柱、牌楼柱（柱径在）			
				25 cm 以下	30 cm 以下	40 cm 以下	40 cm 以上
预算基价	总价（元）			1124.52	1011.79	901.75	871.34
	人工费（元）			786.16	686.96	589.00	564.20
	材料费（元）			270.25	265.31	261.72	258.26
	管理费（元）			68.11	59.52	51.03	48.88
组成内容		单位	单价	数量			
人工	综合工	工日	124.00	6.34	5.54	4.75	4.55
材料	红白松锯材 一类	m^3	3767.01	0.046	0.046	0.046	0.046
	周转性材料费	元		67.35	62.95	59.76	56.67
	零星材料费	元		24.06	23.62	23.30	23.00
	材料采管费	元		5.56	5.46	5.38	5.31

单位：m^3

编号				11-211	11-212	11-213	11-214
项目				中柱、山柱（柱径在）			
				25 cm 以下	30 cm 以下	40 cm 以下	40 cm 以上
预算基价	总价（元）			1070.62	1011.79	928.70	872.69
	人工费（元）			736.56	686.96	613.80	565.44
	材料费（元）			270.25	265.31	261.72	258.26
	管理费（元）			63.81	59.52	53.18	48.99
组成内容		单位	单价	数量			
人工	综合工	工日	124.00	5.94	5.54	4.95	4.56
材料	红白松锯材 一类	m^3	3767.01	0.046	0.046	0.046	0.046
	周转性材料费	元		67.35	62.95	59.76	56.67
	零星材料费	元		24.06	23.62	23.30	23.00
	材料采管费	元		5.56	5.46	5.38	5.31

单位：m^3

编号					11-215	11-216	11-217	11-218
项目					童柱（柱径在）			
					25 cm 以下	30 cm 以下	40 cm 以下	40 cm 以上
预算基价	总价（元）				1368.01	1269.17	1198.77	1129.03
	人工费（元）				1006.88	921.32	859.32	798.56
	材料费（元）				273.90	268.03	265.00	261.29
	管理费（元）				87.23	79.82	74.45	69.18
组成内容			单位	单价	数量			
人工	综合工		工日	124.00	8.12	7.43	6.93	6.44
材料	红白松锯材	一类	m^3	3767.01	0.046	0.046	0.046	0.046
	周转性材料费		元		70.60	65.37	62.67	59.37
	零星材料费		元		24.39	23.87	23.60	23.27
	材料采管费		元		5.63	5.51	5.45	5.37

单位：m^3

编号				11-219	11-220	11-221	11-222
项目				圆擎檐柱、牌楼戗柱（柱径在）			
				20 cm 以下	25 cm 以下	30 cm 以下	30 cm 以上
预算基价	总价（元）			938.44	788.31	705.93	649.95
	人工费（元）			699.36	564.20	491.04	441.44
	材料费（元）			178.49	175.23	172.35	170.27
	管理费（元）			60.59	48.88	42.54	38.24
组成内容		单位	单价	数量			
人工	综合工	工日	124.00	5.64	4.55	3.96	3.56
材料	红白松锯材 一类	m^3	3767.01	0.031	0.031	0.031	0.031
	周转性材料费	元		42.15	39.25	36.68	34.83
	零星材料费	元		15.89	15.60	15.35	15.16
	材料采管费	元		3.67	3.60	3.54	3.50

单位：m^3

编号				11-223	11-224	11-225	11-226
项目				梅花柱、风廊柱（柱径在）			
				20 cm 以下	25 cm 以下	30 cm 以下	30 cm 以上
预算基价	总价（元）			1082.49	840.48	745.51	676.78
	人工费（元）			809.72	589.00	503.44	441.44
	材料费（元）			202.62	200.45	198.45	197.10
	管理费（元）			70.15	51.03	43.62	38.24
组成内容		单位	单价	数量			
人工	综合工	工日	124.00	6.53	4.75	4.06	3.56
材料	红白松锯材 一类	m^3	3767.01	0.04	0.04	0.04	0.04
	周转性材料费	元		28.10	26.19	24.43	23.24
	零星材料费	元		19.67	19.46	19.26	19.13
	材料采管费	元		4.17	4.12	4.08	4.05

单位：m^3

编号				11-227	11-228	11-229	11-230
项目				方擎檐柱、抱柱（柱径在）			
				20 cm 以下	25 cm 以下	30 cm 以下	30 cm 以上
预算基价	总价（元）			832.05	684.46	628.64	586.93
	人工费（元）			564.20	430.28	380.68	343.48
	材料费（元）			218.97	216.90	214.98	213.69
	管理费（元）			48.88	37.28	32.98	29.76
组成内容		单位	单价	数量			
人工	综合工	工日	124.00	4.55	3.47	3.07	2.77
材料	红白松锯材 一类	m^3	3767.01	0.046	0.046	0.046	0.046
	周转性材料费	元		28.10	26.19	24.43	23.24
	零星材料费	元		13.09	12.97	12.85	12.77
	材料采管费	元		4.50	4.46	4.42	4.40

2. 枋　　类

单位：m^3

编号				11-231	11-232	11-233	11-234
项目				大额枋、单额枋、桁檩枋（枋高在）			
				20 cm 以下	30 cm 以下	40 cm 以下	40 cm 以上
预算基价	总价（元）			491.36	390.98	361.05	344.88
	人工费（元）			393.08	307.52	282.72	270.32
	材料费（元）			64.23	56.82	53.84	51.14
	管理费（元）			34.05	26.64	24.49	23.42
组成内容		单位	单价	数量			
人工	综合工	工日	124.00	3.17	2.48	2.28	2.18
材料	周转性材料费	元		62.91	55.65	52.73	50.09
	材料采管费	元		1.32	1.17	1.11	1.05

单位：m³

编号					11-235	11-236	11-237	11-238
项目					小额枋、跨空枋、棋枋、博脊枋、穿插枋、间枋、天花枋、承椽枋（枋高在）			
					20 cm 以下	25 cm 以下	30 cm 以下	30 cm 以上
预算基价	总价（元）				622.13	513.11	483.25	454.16
	人工费（元）				528.24	430.28	405.48	380.68
	材料费（元）				48.13	45.55	42.64	40.50
	管理费（元）				45.76	37.28	35.13	32.98
组成内容			单位	单价	数量			
人工	综合工		工日	124.00	4.26	3.47	3.27	3.07
材料	周转性材料费		元		47.14	44.61	41.76	39.67
	材料采管费		元		0.99	0.94	0.88	0.83

单位：m^3

编号				11-239	11-240	11-241
项目				平板枋（枋高在）		
				10 cm 以下	15 cm 以下	15 cm 以上
预算基价	总价（元）			626.64	449.56	379.02
	人工费（元）			553.04	393.08	331.08
	材料费（元）			25.69	22.43	19.26
	管理费（元）			47.91	34.05	28.68
组成内容		单位	单价	数量		
人工	综合工	工日	124.00	4.46	3.17	2.67
材料	周转性材料费	元		25.16	21.97	18.86
	材料采管费	元		0.53	0.46	0.40

3. 梁　　类

单位：m^3

编号				11-242	11-243	11-244	11-245
项目				带桃尖头的梁（梁宽在）			
				25 cm 以下	30 cm 以下	40 cm 以下	40 cm 以上
预算基价	总价（元）			783.71	767.80	682.66	639.16
	人工费（元）			564.20	553.04	478.64	441.44
	材料费（元）			170.63	166.85	162.55	159.48
	管理费（元）			48.88	47.91	41.47	38.24
组成内容		单位	单价	数量			
人工	综合工	工日	124.00	4.55	4.46	3.86	3.56
材料	红白松锯材　一类	m^3	3767.01	0.024	0.024	0.024	0.024
	周转性材料费	元		62.91	59.52	55.65	52.89
	零星材料费	元		13.80	13.49	13.15	12.90
	材料采管费	元		3.51	3.43	3.34	3.28

单位：m^3

编号				11-246	11-247	11-248	11-249
项目				桃尖假梁头（梁宽在）			
				25 cm 以下	30 cm 以下	40 cm 以下	40 cm 以上
预算基价	总价（元）			1047.16	1019.98	992.10	910.15
	人工费（元）			711.76	688.20	663.40	589.00
	材料费（元）			273.74	272.16	271.23	270.12
	管理费（元）			61.66	59.62	57.47	51.03
组成内容		单位	单价	数量			
人工	综合工	工日	124.00	5.74	5.55	5.35	4.75
材料	红白松锯材 一类	m^3	3767.01	0.06	0.06	0.06	0.06
	周转性材料费	元		19.95	18.53	17.70	16.70
	零星材料费	元		22.14	22.01	21.93	21.84
	材料采管费	元		5.63	5.60	5.58	5.56

单位：m^3

编号				11-250	11-251	11-252
项目				带麻叶头的梁（梁宽在）		
				25 cm 以下	30 cm 以下	30 cm 以上
预算基价	总价（元）			697.32	667.21	637.93
	人工费（元）			503.44	478.64	453.84
	材料费（元）			150.26	147.10	144.77
	管理费（元）			43.62	41.47	39.32
组成内容		单位	单价	数量		
人工	综合工	工日	124.00	4.06	3.86	3.66
材料	红白松锯材 一类	m^3	3767.01	0.024	0.024	0.024
	周转性材料费	元		44.61	41.76	39.67
	零星材料费	元		12.15	11.90	11.71
	材料采管费	元		3.09	3.03	2.98

单位：m^3

编号				11-253	11-254	11-255	11-256	11-257
项目				角云、捧梁云（宽在）			九架梁（梁宽在）	
				25 cm 以下	30 cm 以下	30 cm 以上	50 cm 以下	50 cm 以上
预算基价	总价（元）			657.13	643.25	629.33	371.58	361.23
	人工费（元）			355.88	343.48	331.08	208.32	203.36
	材料费（元）			270.42	270.01	269.57	145.21	140.25
	管理费（元）			30.83	29.76	28.68	18.05	17.62
组成内容		单位	单价	数量				
人工	综合工	工日	124.00	2.87	2.77	2.67	1.68	1.64
材料	红白松锯材 一类	m^3	3767.01	0.060	0.060	0.060	0.024	0.024
	周转性材料费	元		16.97	16.60	16.21	40.07	35.62
	零星材料费	元		21.87	21.84	21.80	11.74	11.34
	材料采管费	元		5.56	5.55	5.54	2.99	2.88

单位：m³

编号				11-258	11-259	11-260	11-261	11-262
项目				七架梁、卷棚八架梁（梁宽在）		五架梁、卷棚六架梁（梁宽在）		
				40 cm 以下	40 cm 以上	30 cm 以下	40 cm 以下	40 cm 以上
预算基价	总价（元）			427.95	412.00	509.92	481.84	452.42
	人工费（元）			257.92	245.52	331.08	307.52	282.72
	材料费（元）			147.68	145.21	150.16	147.68	145.21
	管理费（元）			22.35	21.27	28.68	26.64	24.49
组成内容		单位	单价	数量				
人工	综合工	工日	124.00	2.08	1.98	2.67	2.48	2.28
材料	红白松锯材 一类	m³	3767.01	0.024	0.024	0.024	0.024	0.024
	周转性材料费	元		42.29	40.07	44.52	42.29	40.07
	零星材料费	元		11.94	11.74	12.14	11.94	11.74
	材料采管费	元		3.04	2.99	3.09	3.04	2.99

单位：m^3

编号				11-263	11-264	11-265	11-266	11-267	11-268
项目				卷棚四架梁（梁宽在）			三架梁（梁宽在）		
				25 cm 以下	30 cm 以下	30 cm 以上	25 cm 以下	30 cm 以下	30 cm 以上
预算基价	总价（元）			633.60	563.82	520.92	621.48	577.29	547.87
	人工费（元）			441.44	380.68	343.48	430.28	393.08	368.28
	材料费（元）			153.92	150.16	147.68	153.92	150.16	147.68
	管理费（元）			38.24	32.98	29.76	37.28	34.05	31.91
组成内容		单位	单价	数量					
人工	综合工	工日	124.00	3.56	3.07	2.77	3.47	3.17	2.97
材料	红白松锯材 一类	m^3	3767.01	0.024	0.024	0.024	0.024	0.024	0.024
	周转性材料费	元		47.89	44.52	42.29	47.89	44.52	42.29
	零星材料费	元		12.45	12.14	11.94	12.45	12.14	11.94
	材料采管费	元		3.17	3.09	3.04	3.17	3.09	3.04

单位：m^3

编号				11-269	11-270	11-271	11-272	11-273	11-274
项目				月梁（梁宽在）			三步梁（梁宽在）		
				20 cm 以下	25 cm 以下	25 cm 以上	35 cm 以下	40 cm 以下	40 cm 以上
预算基价	总价（元）			**690.18**	**581.05**	**509.92**	**507.51**	**481.91**	**465.90**
	人工费（元）			491.04	393.08	331.08	331.08	307.52	295.12
	材料费（元）			156.60	153.92	150.16	147.75	147.75	145.21
	管理费（元）			42.54	34.05	28.68	28.68	26.64	25.57
组成内容		单位	单价	数量					
人工	综合工	工日	124.00	3.96	3.17	2.67	2.67	2.48	2.38
材料	红白松锯材 一类	m^3	3767.01	0.024	0.024	0.024	0.024	0.024	0.024
	周转性材料费	元		50.31	47.89	44.52	42.35	42.35	40.07
	零星材料费	元		12.66	12.45	12.14	11.95	11.95	11.74
	材料采管费	元		3.22	3.17	3.09	3.04	3.04	2.99

单位：m³

编号				11-275	11-276	11-277	11-278	11-279	11-280	11-281
项目				双步梁（梁宽在）			单步梁、抱头梁、斜抱头梁（梁宽在）			
				30 cm 以下	40 cm 以下	40 cm 以上	25 cm 以下	30 cm 以下	40 cm 以下	40 cm 以上
预算基价	总价（元）			631.19	574.81	545.40	741.40	683.74	640.84	612.77
	人工费（元）			442.68	393.08	368.28	540.64	491.04	453.84	430.28
	材料费（元）			150.16	147.68	145.21	153.92	150.16	147.68	145.21
	管理费（元）			38.35	34.05	31.91	46.84	42.54	39.32	37.28
组成内容		单位	单价	数量						
人工	综合工	工日	124.00	3.57	3.17	2.97	4.36	3.96	3.66	3.47
材料	红白松锯材 一类	m³	3767.01	0.024	0.024	0.024	0.024	0.024	0.024	0.024
	周转性材料费	元		44.52	42.29	40.07	47.89	44.52	42.29	40.07
	零星材料费	元		12.14	11.94	11.74	12.45	12.14	11.94	11.74
	材料采管费	元		3.09	3.04	2.99	3.17	3.09	3.04	2.99

单位：m³

编号				11-282	11-283	11-284	11-285	11-286	11-287
项目				抱头假梁头（梁宽在）		采步金（宽在）			
				30 cm 以下	30 cm 以上	25 cm 以下	30 cm 以下	40 cm 以下	40 cm 以上
预算基价	总价（元）			738.05	684.07	554.11	509.92	481.84	452.42
	人工费（元）			576.60	528.24	368.28	331.08	307.52	282.72
	材料费（元）			111.50	110.07	153.92	150.16	147.68	145.21
	管理费（元）			49.95	45.76	31.91	28.68	26.64	24.49
组成内容		单位	单价	数量					
人工	综合工	工日	124.00	4.65	4.26	2.97	2.67	2.48	2.28
材料	红白松锯材 一类	m³	3767.01	0.024	0.024	0.024	0.024	0.024	0.024
	周转性材料费	元		9.78	8.50	47.89	44.52	42.29	40.07
	零星材料费	元		9.02	8.90	12.45	12.14	11.94	11.74
	材料采管费	元		2.29	2.26	3.17	3.09	3.04	2.99

单位：m^3

编号				11-288	11-289	11-290	11-291
项目				扒梁、抹角梁、太平梁（梁宽在）			
				25 cm 以下	30 cm 以下	40 cm 以下	40 cm 以上
预算基价	总价（元）			608.00	577.29	534.39	518.45
	人工费（元）			417.88	393.08	355.88	343.48
	材料费（元）			153.92	150.16	147.68	145.21
	管理费（元）			36.20	34.05	30.83	29.76
组成内容		单位	单价	数量			
人工	综合工	工日	124.00	3.37	3.17	2.87	2.77
材料	红白松锯材 一类	m^3	3767.01	0.024	0.024	0.024	0.024
	周转性材料费	元		47.89	44.52	42.29	40.07
	零星材料费	元		12.45	12.14	11.94	11.74
	材料采管费	元		3.17	3.09	3.04	2.99

4. 瓜柱、柁墩、角背、雷公柱

单位：m^3

编号				11-292	11-293	11-294	11-295
项目				瓜柱（柱径在）			
				20 cm 以下	25 cm 以下	30 cm 以下	30 cm 以上
预算基价	总价（元）			1580.36	1072.80	818.88	684.75
	人工费（元）			1215.20	748.96	515.84	393.08
	材料费（元）			259.88	258.95	258.35	257.62
	管理费（元）			105.28	64.89	44.69	34.05
组成内容		单位	单价	数量			
人工	综合工	工日	124.00	9.80	6.04	4.16	3.17
材料	红白松锯材 一类	m^3	3767.01	0.06	0.06	0.06	0.06
	周转性材料费	元		7.49	6.66	6.13	5.47
	零星材料费	元		21.02	20.94	20.89	20.83
	材料采管费	元		5.35	5.33	5.31	5.30

单位：m^3

编号				11-296	11-297	11-298	11-299
项目				交金瓜柱、太平梁上雷公柱（柱径在）			
				20 cm 以下	25 cm 以下	30 cm 以下	30 cm 以上
预算基价	总价（元）			2133.35	1370.93	1008.57	821.40
	人工费（元）			1718.64	1019.28	686.96	515.84
	材料费（元）			265.81	263.34	262.09	260.87
	管理费（元）			148.90	88.31	59.52	44.69
组成内容		单位	单价	数量			
人工	综合工	工日	124.00	13.86	8.22	5.54	4.16
材料	红白松锯材 一类	m^3	3767.01	0.06	0.06	0.06	0.06
	周转性材料费	元		12.82	10.60	9.48	8.38
	零星材料费	元		21.50	21.30	21.20	21.10
	材料采管费	元		5.47	5.42	5.39	5.37

单位：m^3

编号				11-300	11-301	11-302	11-303	11-304	11-305
项目				攒尖雷公柱（柱径在）			柁墩、交金墩（长度在）		
				25 cm 以下	30 cm 以下	30 cm 以上	40 cm 以下	50 cm 以下	50 cm 以上
预算基价	总价（元）			788.78	667.44	505.27	2072.16	1284.62	895.68
	人工费（元）			711.76	601.40	453.84	1891.00	1166.84	809.72
	材料费（元）			15.36	13.94	12.11	17.33	16.69	15.81
	管理费（元）			61.66	52.10	39.32	163.83	101.09	70.15
组成内容		单位	单价	数量					
人工	综合工	工日	124.00	5.74	4.85	3.66	15.25	9.41	6.53
材料	周转性材料费	元		15.04	13.65	11.86	16.97	16.35	15.48
	材料采管费	元		0.32	0.29	0.25	0.36	0.34	0.33

单位：m^3

编号				11-306	11-307	11-308	11-309
项目				角背、荷叶角背（厚在）		童柱下墩斗（见方在）	
				15 cm 以下	15 cm 以上	40 cm 以下	40 cm 以上
预算基价	总价（元）			835.05	635.63	1037.43	794.71
	人工费（元）			736.56	553.04	932.48	711.76
	材料费（元）			34.68	34.68	24.16	21.29
	管理费（元）			63.81	47.91	80.79	61.66
组成内容		单位	单价	数量			
人工	综合工	工日	124.00	5.94	4.46	7.52	5.74
材料	周转性材料费	元		33.97	33.97	23.66	20.85
	材料采管费	元		0.71	0.71	0.50	0.44

5. 桁 檩、角 梁、由 戗

单位：m^3

编号				11-310	11-311	11-312	11-313
项目				圆檩、扶脊木（径在）			
				20 cm 以下	25 cm 以下	30 cm 以下	30 cm 以上
预算基价	总价（元）			487.45	415.85	371.34	350.99
	人工费（元）			417.88	355.88	318.68	301.32
	材料费（元）			33.37	29.14	25.05	23.56
	管理费（元）			36.20	30.83	27.61	26.11
组成内容		单位	单价	数量			
人工	综合工	工日	124.00	3.37	2.87	2.57	2.43
材料	周转性材料费	元		32.68	28.54	24.53	23.08
	材料采管费	元		0.69	0.60	0.52	0.48

单位：m^3

编号				11-314	11-315	11-316	11-317	11-318	11-319
项目				由戗（宽在）			老角梁（宽在）		
				15 cm 以下	20 cm 以下	20 cm 以上	15 cm 以下	20 cm 以下	20 cm 以上
预算基价	总价（元）			1210.20	687.19	550.91	1266.67	956.20	873.53
	人工费（元）			1092.44	613.80	491.04	1142.04	859.32	786.16
	材料费（元）			23.12	20.21	17.33	25.69	22.43	19.26
	管理费（元）			94.64	53.18	42.54	98.94	74.45	68.11
组成内容		单位	单价	数量					
人工	综合工	工日	124.00	8.81	4.95	3.96	9.21	6.93	6.34
材料	周转性材料费	元		22.64	19.79	16.97	25.16	21.97	18.86
	材料采管费	元		0.48	0.42	0.36	0.53	0.46	0.40

单位：m^3

编号				11-320	11-321	11-322
项目				扣金、插金仔角梁（宽在）		
				15 cm 以下	20 cm 以下	20 cm 以上
预算基价	总价（元）			1877.18	1421.54	1285.26
	人工费（元）			1706.24	1289.60	1166.84
	材料费（元）			23.12	20.21	17.33
	管理费（元）			147.82	111.73	101.09
组成内容		单位	单价	数量		
人工	综合工	工日	124.00	13.76	10.40	9.41
材料	周转性材料费	元		22.64	19.79	16.97
	材料采管费	元		0.48	0.42	0.36

单位：根

编号				11-323	11-324	11-325	11-326	11-327	11-328	11-329
项目				压金仔角梁（刀把角梁）（宽在）						
				12 cm 以下	15 cm 以下	18 cm 以下	21 cm 以下	24 cm 以下	27 cm 以下	30 cm 以下
预算基价	总价（元）			104.06	141.08	182.14	229.20	278.80	335.47	398.84
	人工费（元）			83.08	116.56	153.76	195.92	240.56	291.40	348.44
	材料费（元）			13.78	14.42	15.06	16.31	17.40	18.82	20.21
	管理费（元）			7.20	10.10	13.32	16.97	20.84	25.25	30.19
组成内容		单位	单价	数量						
人工	综合工	工日	124.00	0.67	0.94	1.24	1.58	1.94	2.35	2.81
材料	周转性材料费	元		13.50	14.12	14.75	15.97	17.04	18.43	19.79
	材料采管费	元		0.28	0.30	0.31	0.34	0.36	0.39	0.42

单位：根

编号					11-330	11-331	11-332	11-333	11-334	11-335	11-336
项目					窝角仔角梁（宽在）						
					12 cm 以下	15 cm 以下	18 cm 以下	21 cm 以下	24 cm 以下	27 cm 以下	30 cm 以下
预算基价	总价（元）				54.20	71.01	89.17	110.63	133.28	160.30	187.29
	人工费（元）				37.20	52.08	68.20	86.80	106.64	130.20	153.76
	材料费（元）				13.78	14.42	15.06	16.31	17.40	18.82	20.21
	管理费（元）				3.22	4.51	5.91	7.52	9.24	11.28	13.32
组成内容			单位	单价	数量						
人工	综合工		工日	124.00	0.30	0.42	0.55	0.70	0.86	1.05	1.24
材料	周转性材料费		元		13.50	14.12	14.75	15.97	17.04	18.43	19.79
	材料采管费		元		0.28	0.30	0.31	0.34	0.36	0.39	0.42

6. 垫　板　类

单位：m^3

编号				11-337	11-338	11-339	11-340	11-341	11-342
项目				由额垫板（高在）		桁檩垫板（高在）			
				15 cm 以下	15 cm 以上	15 cm 以下	20 cm 以下	25 cm 以下	25 cm 以上
预算基价	总价（元）			615.60	320.23	362.28	213.78	180.16	169.60
	人工费（元）			540.64	270.32	307.52	172.36	143.84	135.16
	材料费（元）			28.12	26.49	28.12	26.49	23.86	22.73
	管理费（元）			46.84	23.42	26.64	14.93	12.46	11.71
组成内容		单位	单价	数量					
人工	综合工	工日	124.00	4.36	2.18	2.48	1.39	1.16	1.09
材料	周转性材料费	元		27.54	25.95	27.54	25.95	23.37	22.26
	材料采管费	元		0.58	0.54	0.58	0.54	0.49	0.47

7. 承　　重

单位：m³

编号				11-343	11-344	11-345
项目				承重吊装（宽在）		
				25 cm 以下	30 cm 以下	30 cm 以上
预算基价	总价（元）			487.51	452.26	435.30
	人工费（元）			406.72	376.96	363.32
	材料费（元）			45.55	42.64	40.50
	管理费（元）			35.24	32.66	31.48
组成内容		单位	单价	数量		
人工	综合工	工日	124.00	3.28	3.04	2.93
材料	周转性材料费	元		44.61	41.76	39.67
	材料采管费	元		0.94	0.88	0.83

8. 铁 件 安 装

单位：kg

编号				11-346	11-347	11-348	11-349	11-350	11-351
项目				圆形构件剔槽加铁箍			圆形构件明加铁箍		
				圆钉紧固	倒刺钉紧固	螺栓紧固	圆钉紧固	倒刺钉紧固	螺栓紧固
预算基价	总价（元）			36.20	40.75	28.38	22.58	24.67	18.48
	人工费（元）			23.73	29.38	18.08	11.30	14.69	9.04
	材料费（元）			10.21	8.58	8.58	10.21	8.58	8.58
	管理费（元）			2.26	2.79	1.72	1.07	1.40	0.86
组成内容		单位	单价	数量					
人工	综合工	工日	113.00	0.21	0.26	0.16	0.10	0.13	0.08
材料	螺栓	kg				( )			( )
	铁件	kg	7.69	1.03	1.03	1.03	1.03	1.03	1.03
	铁钉	kg	7.81	0.2			0.2		
	零星材料费	元		0.52	0.48	0.48	0.52	0.48	0.48
	材料采管费	元		0.21	0.18	0.18	0.21	0.18	0.18

单位：kg

编号				11-352	11-353	11-354	11-355	11-356	11-357
项目				方形构件剔槽加铁箍			方形构件明加铁箍		
				圆钉紧固	倒刺钉紧固	螺栓紧固	圆钉紧固	倒刺钉紧固	螺栓紧固
预算基价	总价（元）			27.53	32.37	33.33	20.11	23.70	24.67
	人工费（元）			15.82	19.21	22.60	9.04	11.30	14.69
	材料费（元）			10.21	11.33	8.58	10.21	11.33	8.58
	管理费（元）			1.50	1.83	2.15	0.86	1.07	1.40
组成内容		单位	单价	数量					
人工	综合工	工日	113.00	0.14	0.17	0.20	0.08	0.10	0.13
材料	螺栓	kg				( )			( )
	铁件	kg	7.69	1.03	1.03	1.03	1.03	1.03	1.03
	铁钉	kg	7.81	0.2			0.2		
	自制倒刺钉	kg	8.82		0.3			0.3	
	零星材料费	元		0.52	0.53	0.48	0.52	0.53	0.48
	材料采管费	元		0.21	0.23	0.18	0.21	0.23	0.18

单位：kg

编号				11-358	11-359	11-360	11-361	11-362	11-363	11-364
项目				剔槽加拉接扁铁			明加拉接扁铁			钉铁扒锔
				圆钉紧固	倒刺钉紧固	螺栓紧固	圆钉紧固	倒刺钉紧固	螺栓紧固	
预算基价	总价（元）			26.30	31.13	45.71	18.87	22.47	38.29	24.67
	人工费（元）			14.69	18.08	29.38	7.91	10.17	22.60	14.69
	材料费（元）			10.21	11.33	13.54	10.21	11.33	13.54	8.58
	管理费（元）			1.40	1.72	2.79	0.75	0.97	2.15	1.40
组成内容		单位	单价	数量						
人工	综合工	工日	113.00	0.13	0.16	0.26	0.07	0.09	0.20	0.13
材料	螺栓	kg				( )			( )	
	铁件	kg	7.69	1.03	1.03	1.03	1.03	1.03	1.03	1.03
	铁钉	kg	7.81	0.2			0.2			
	自制倒刺钉	kg	8.82		0.3			0.3		
	自制螺栓	kg	8.82			0.52			0.52	
	零星材料费	元		0.52	0.53	0.75	0.52	0.53	0.75	0.48
	材料采管费	元		0.21	0.23	0.28	0.21	0.23	0.28	0.18

三、木基层、板类及其他部件制作安装

1. 木 基 层

单位：10 m

编号				11-365	11-366	11-367	11-368	11-369
项目				圆直椽制作安装（径在）				
				6 cm 以内	7 cm 以内	8 cm 以内	9 cm 以内	10 cm 以内
预算基价	总价（元）			282.52	346.79	420.28	502.35	593.17
	人工费（元）			99.20	105.40	112.84	120.28	127.72
	材料费（元）			174.73	232.26	297.66	371.65	454.38
	管理费（元）			8.59	9.13	9.78	10.42	11.07
组成内容		单位	单价	数量				
人工	综合工	工日	124.00	0.80	0.85	0.91	0.97	1.03
材料	红白松锯材 一类	m^3	3767.01	0.0444	0.0591	0.0759	0.0948	0.1158
	铁钉	kg	7.81	0.42	0.52	0.59	0.72	0.93
	零星材料费	元		0.60	0.79	1.02	1.27	1.55
	材料采管费	元		3.59	4.78	6.12	7.64	9.35

单位：10 m

编号				11-370	11-371	11-372	11-373	11-374
项目				圆直椽制作安装（径在）				
				11 cm 以内	12 cm 以内	13 cm 以内	14 cm 以内	15 cm 以内
预算基价	总价（元）			693.80	799.15	912.61	1032.80	1162.47
	人工费（元）			136.40	143.84	151.28	157.48	164.92
	材料费（元）			545.58	642.85	748.22	861.68	983.26
	管理费（元）			11.82	12.46	13.11	13.64	14.29
组成内容		单位	单价	数量				
人工	综合工	工日	124.00	1.10	1.16	1.22	1.27	1.33
材料	红白松锯材 一类	m^3	3767.01	0.1389	0.1641	0.1914	0.2208	0.2523
	自制铁钉	kg	8.82	1.05	1.05	1.05	1.05	1.05
	零星材料费	元		1.86	2.20	2.56	2.94	3.36
	材料采管费	元		11.22	13.22	15.39	17.72	20.22

单位：10 m

编号				11-375	11-376	11-377	11-378	11-379
项目				圆翼角椽制作安装（径在）				
				6 cm 以内	7 cm 以内	8 cm 以内	9 cm 以内	10 cm 以内
预算基价	总价（元）			436.65	509.17	590.94	679.98	779.11
	人工费（元）			240.56	254.20	269.08	282.72	297.60
	材料费（元）			175.25	232.95	298.55	372.77	455.73
	管理费（元）			20.84	22.02	23.31	24.49	25.78
组成内容		单位	单价	数量				
人工	综合工	工日	124.00	1.94	2.05	2.17	2.28	2.40
材料	红白松锯材 一类	m^3	3767.01	0.0444	0.0591	0.0759	0.0948	0.1158
	铁钉	kg	7.81	0.42	0.52	0.59	0.72	0.93
	零星材料费	元		1.11	1.47	1.89	2.36	2.88
	材料采管费	元		3.60	4.79	6.14	7.67	9.37

单位：10 m

编号				11-380	11-381	11-382	11-383	11-384
项目				圆翼角椽制作安装（径在）				
				11 cm 以内	12 cm 以内	13 cm 以内	14 cm 以内	15 cm 以内
预算基价	总价（元）			885.42	999.14	1119.66	1249.63	1390.48
	人工费（元）			311.24	326.12	339.76	354.64	367.04
	材料费（元）			547.22	644.77	750.46	864.27	991.64
	管理费（元）			26.96	28.25	29.44	30.72	31.80
组成内容		单位	单价	数量				
人工	综合工	工日	124.00	2.51	2.63	2.74	2.86	2.96
材料	红白松锯材 一类	m^3	3767.01	0.1389	0.1641	0.1914	0.2208	0.2523
	自制铁钉	kg	8.82	1.05	1.05	1.05	1.05	1.65
	零星材料费	元		3.46	4.08	4.75	5.47	6.27
	材料采管费	元		11.26	13.26	15.44	17.783	20.40

单位：10 m

编号				11-385	11-386	11-387	11-388	11-389	11-390
项目				方直椽刨光顺接铺钉（径在）					
				5 cm 以内	6 cm 以内	7 cm 以内	8 cm 以内	9 cm 以内	10 cm 以内
预算基价	总价（元）			184.75	239.41	302.33	371.77	449.80	536.57
	人工费（元）			54.56	59.52	64.48	68.20	71.92	75.64
	材料费（元）			125.46	174.73	232.26	297.66	371.65	454.38
	管理费（元）			4.73	5.16	5.59	5.91	6.23	6.55
组成内容		单位	单价	数量					
人工	综合工	工日	124.00	0.44	0.48	0.52	0.55	0.58	0.61
材料	红白松锯材　一类	m^3	3767.01	0.0318	0.0444	0.0591	0.0759	0.0948	0.1158
	铁钉	kg	7.81	0.34	0.42	0.52	0.59	0.72	0.93
	零星材料费	元		0.43	0.60	0.79	1.02	1.27	1.55
	材料采管费	元		2.58	3.59	4.78	6.12	7.64	9.35

单位：10 m

编号				11-391	11-392	11-393	11-394	11-395	11-396
项目				方直椽不刨光乱插头花钉（径在）					
				5 cm 以内	6 cm 以内	7 cm 以内	8 cm 以内	9 cm 以内	10 cm 以内
预算基价	总价（元）			143.31	188.33	242.00	303.16	373.29	451.78
	人工费（元）			35.96	35.96	35.96	35.96	35.96	35.96
	材料费（元）			104.23	149.25	202.92	264.08	334.21	412.70
	管理费（元）			3.12	3.12	3.12	3.12	3.12	3.12
组成内容		单位	单价	数量					
人工	综合工	工日	124.00	0.29	0.29	0.29	0.29	0.29	0.29
材料	红白松锯材 一类	m^3	3767.01	0.0263	0.0378	0.0515	0.0672	0.0851	0.1050
	铁钉	kg	7.81	0.34	0.42	0.52	0.59	0.72	0.93
	零星材料费	元		0.36	0.51	0.69	0.90	1.14	1.41
	材料采管费	元		2.14	3.07	4.17	5.43	6.87	8.49

单位：10 m

编号				11-397	11-398	11-399	11-400	11-401	11-402
项目				方翼角椽制作安装（径在）					
				5 cm 以内	6 cm 以内	7 cm 以内	8 cm 以内	9 cm 以内	10 cm 以内
预算基价	总价（元）			378.19	458.49	546.71	648.22	758.92	882.46
	人工费（元）			198.40	213.28	225.68	240.56	254.20	269.08
	材料费（元）			162.60	226.73	301.48	386.82	482.70	590.07
	管理费（元）			17.19	18.48	19.55	20.84	22.02	23.31
组成内容		单位	单价	数量					
人工	综合工	工日	124.00	1.60	1.72	1.82	1.94	2.05	2.17
材料	红白松锯材 一类	m^3	3767.01	0.0413	0.0577	0.0768	0.0987	0.1232	0.1505
	铁钉	kg	7.81	0.34	0.42	0.52	0.59	0.72	0.93
	零星材料费	元		1.03	1.43	1.91	2.45	3.05	3.73
	材料采管费	元		3.34	4.66	6.20	7.96	9.93	12.14

单位：十根

编号				11-403	11-404	11-405	11-406	11-407	11-408
项目				飞椽制作安装（径在）					
				5 cm 以内	6 cm 以内	7 cm 以内	8 cm 以内	9 cm 以内	10 cm 以内
预算基价	总价（元）			177.54	231.19	292.22	425.68	518.97	738.19
	人工费（元）			79.36	96.72	116.56	132.68	153.76	184.76
	材料费（元）			91.30	126.09	165.56	281.51	351.89	537.42
	管理费（元）			6.88	8.38	10.10	11.49	13.32	16.01
组成内容		单位	单价	数量					
人工	综合工	工日	124.00	0.64	0.78	0.94	1.07	1.24	1.49
材料	红白松锯材 一类	m^3	3767.01	0.023	0.032	0.042	0.072	0.090	0.138
	铁钉	kg	7.81	0.30	0.30	0.40	0.40	0.50	0.50
	零星材料费	元		0.44	0.61	0.81	1.37	1.71	2.62
	材料采管费	元		1.88	2.59	3.41	5.79	7.24	11.05

单位：十根

编号				11-409	11-410	11-411	11-412	11-413
项目				飞椽制作安装（径在）				
				11 cm 以内	12 cm 以内	13 cm 以内	14 cm 以内	15 cm 以内
预算基价	总价（元）			893.00	1197.48	1384.16	1788.65	2041.31
	人工费（元）			220.72	252.96	285.20	318.68	364.56
	材料费（元）			653.16	922.60	1074.25	1442.36	1645.17
	管理费（元）			19.12	21.92	24.71	27.61	31.58
组成内容		单位	单价	数量				
人工	综合工	工日	124.00	1.78	2.04	2.30	2.57	2.94
材料	红白松锯材 一类	m^3	3767.01	0.165	0.234	0.273	0.368	0.420
	自制铁钉	kg	8.82	1.70	2.00	2.10	2.20	2.40
	零星材料费	元		3.18	4.50	5.23	7.03	8.02
	材料采管费	元		13.43	18.98	22.10	29.67	33.84

单位：攒

编号				11-414	11-415	11-416	11-417	11-418	11-419
项目				翘飞椽制作安装（径在5cm以内）					
				五翘	七翘	九翘	十一翘	十三翘	十五翘
预算基价	总价（元）			476.94	667.75	866.49	1045.17	1240.02	1434.86
	人工费（元）			212.04	297.60	386.88	461.28	550.56	639.84
	材料费（元）			246.53	344.37	446.09	543.93	641.76	739.59
	管理费（元）			18.37	25.78	33.52	39.96	47.70	55.43
组成内容		单位	单价	数量					
人工	综合工	工日	124.00	1.71	2.40	3.12	3.72	4.44	5.16
材料	红白松锯材 一类	m^3	3767.01	0.063	0.088	0.114	0.139	0.164	0.189
	铁钉	kg	7.81	0.30	0.42	0.54	0.66	0.78	0.90
	零星材料费	元		1.80	2.51	3.25	3.97	4.68	5.39
	材料采管费	元		5.07	7.08	9.18	11.19	13.20	15.21

单位：攒

编号				11-420	11-421	11-422	11-423	11-424	11-425
项目				翘飞椽制作安装（径在6cm以内）					
				五翘	七翘	九翘	十一翘	十三翘	十五翘
预算基价	总价（元）			620.97	868.05	1117.82	1367.60	1617.37	1867.14
	人工费（元）			255.44	357.12	461.28	565.44	669.60	773.76
	材料费（元）			343.40	479.99	616.58	753.17	889.76	1026.34
	管理费（元）			22.13	30.94	39.96	48.99	58.01	67.04
组成内容		单位	单价	数量					
人工	综合工	工日	124.00	2.06	2.88	3.72	4.56	5.40	6.24
材料	红白松锯材 一类	m^3	3767.01	0.088	0.123	0.158	0.193	0.228	0.263
	铁钉	kg	7.81	0.30	0.42	0.54	0.66	0.78	0.90
	零星材料费	元		2.50	3.50	4.50	5.49	6.49	7.48
	材料采管费	元		7.06	9.87	12.68	15.49	18.30	21.11

单位：攒

编号				11-426	11-427	11-428	11-429	11-430	11-431	11-432
项目				翘飞椽制作安装（径在7cm以内）						
				五翘	七翘	九翘	十一翘	十三翘	十五翘	十七翘
预算基价	总价（元）			792.09	1110.24	1421.66	1750.59	2063.35	2376.12	2705.05
	人工费（元）			308.76	432.76	550.56	684.48	803.52	922.56	1056.48
	材料费（元）			456.58	639.99	823.40	1006.81	1190.22	1373.63	1557.04
	管理费（元）			26.75	37.49	47.70	59.30	69.61	79.93	91.53
组成内容		单位	单价	数量						
人工	综合工	工日	124.00	2.49	3.49	4.44	5.52	6.48	7.44	8.52
材料	红白松锯材 一类	m^3	3767.01	0.117	0.164	0.211	0.258	0.305	0.352	0.399
	铁钉	kg	7.81	0.40	0.56	0.72	0.88	1.04	1.20	1.36
	零星材料费	元		3.33	4.67	6.00	7.34	8.68	10.02	11.35
	材料采管费	元		9.39	13.16	16.94	20.71	24.48	28.25	32.03

单位：攒

编号				11-433	11-434	11-435	11-436	11-437	11-438
项目				翘飞椽制作安装（径在8cm以内）					
				七翘	九翘	十一翘	十三翘	十五翘	十七翘
预算基价	总价（元）			1586.50	2038.59	2496.06	2949.65	3407.14	3864.61
	人工费（元）			510.88	654.72	803.52	952.32	1101.12	1249.92
	材料费（元）			1031.36	1327.15	1622.93	1914.83	2210.62	2506.40
	管理费（元）			44.26	56.72	69.61	82.50	95.40	108.29
组成内容		单位	单价	数量					
人工	综合工	工日	124.00	4.12	5.28	6.48	7.68	8.88	10.08
材料	红白松锯材 一类	m^3	3767.01	0.265	0.341	0.417	0.492	0.568	0.644
	铁钉	kg	7.81	0.56	0.72	0.88	1.04	1.20	1.36
	零星材料费	元		7.52	9.68	11.83	13.96	16.12	18.27
	材料采管费	元		21.21	27.30	33.38	39.38	45.47	51.55

单位：攒

编号				11-439	11-440	11-441	11-442	11-443	11-444
项目				翘飞椽制作安装（径在9cm以内）					
				七翘	九翘	十一翘	十三翘	十五翘	十七翘
预算基价	总价（元）			1948.15	2510.39	3057.97	3621.73	4189.36	4736.96
	人工费（元）			600.16	773.76	937.44	1116.00	1294.56	1458.24
	材料费（元）			1295.99	1669.59	2039.31	2409.04	2782.65	3152.38
	管理费（元）			52.00	67.04	81.22	96.69	112.15	126.34
组成内容		单位	单价	数量					
人工	综合工	工日	124.00	4.84	6.24	7.56	9.00	10.44	11.76
材料	红白松锯材 一类	m^3	3767.01	0.333	0.429	0.524	0.619	0.715	0.810
	铁钉	kg	7.81	0.70	0.90	1.10	1.30	1.50	1.70
	零星材料费	元		9.45	12.17	14.87	17.56	20.29	22.98
	材料采管费	元		26.66	34.34	41.94	49.55	57.23	64.84

单位：攒

编号				11-445	11-446	11-447	11-448	11-449
项目				翘飞椽制作安装（径在10cm以内）				
				十一翘	十三翘	十五翘	十七翘	十九翘
预算基价	总价（元）			4338.60	5120.01	5901.44	6699.03	7480.46
	人工费（元）			1101.12	1294.56	1488.00	1696.32	1889.76
	材料费（元）			3142.08	3713.30	4284.53	4855.75	5426.98
	管理费（元）			95.40	112.15	128.91	146.96	163.72
组成内容		单位	单价	数量				
人工	综合工	工日	124.00	8.88	10.44	12.00	13.68	15.24
材料	红白松锯材 一类	m^3	3767.01	0.809	0.956	1.103	1.250	1.397
	铁钉	kg	7.81	0.90	1.10	1.30	1.50	1.70
	零星材料费	元		22.91	27.07	31.24	35.40	39.57
	材料采管费	元		64.63	76.38	88.12	99.87	111.62

单位：攒

编号				11-450	11-451	11-452	11-453	11-454
项目				翘飞椽制作安装（径在11cm以内）				
				十一翘	十三翘	十五翘	十七翘	十九翘
预算基价	总价（元）			5283.28	6237.22	7187.30	8157.42	9111.36
	人工费（元）			1264.80	1488.00	1711.20	1949.28	2172.48
	材料费（元）			3908.90	4620.31	5327.85	6039.26	6750.67
	管理费（元）			109.58	128.91	148.25	168.88	188.21
组成内容		单位	单价	数量				
人工	综合工	工日	124.00	10.20	12.00	13.80	15.72	17.52
材料	红白松锯材 一类	m^3	3767.01	1.000	1.182	1.363	1.545	1.727
	自制铁钉	kg	8.82	3.74	4.42	5.10	5.78	6.46
	零星材料费	元		28.50	33.69	38.85	44.03	49.22
	材料采管费	元		80.40	95.03	109.58	124.22	138.85

单位：攒

编号				11-455	11-456	11-457	11-458	11-459
项目				翘飞椽制作安装（径在12cm以内）				
				十一翘	十三翘	十五翘	十七翘	十九翘
预算基价	总价（元）			7071.36	8365.52	9659.70	10937.68	12231.87
	人工费（元）			1428.48	1696.32	1964.16	2217.12	2484.96
	材料费（元）			5519.12	6522.24	7525.37	8528.48	9531.62
	管理费（元）			123.76	146.96	170.17	192.08	215.29
组成内容		单位	单价	数量				
人工	综合工	工日	124.00	11.52	13.68	15.84	17.88	20.04
材料	红白松锯材 一类	m^3	3767.01	1.414	1.671	1.928	2.185	2.442
	自制铁钉	kg	8.82	4.4	5.2	6.0	6.8	7.6
	零星材料费	元		40.24	47.55	54.87	62.18	69.50
	材料采管费	元		113.52	134.15	154.78	175.41	196.05

单位：攒

编号				11-460	11-461	11-462	11-463	11-464
项目				翘飞椽制作安装（径在13cm以内）				
				十三翘	十五翘	十七翘	十九翘	二十一翘
预算基价	总价（元）			9548.17	11022.27	12492.51	13966.64	15420.71
	人工费（元）			1919.52	2217.12	2514.72	2812.32	3095.04
	材料费（元）			7462.35	8613.07	9759.93	10910.67	12057.53
	管理费（元）			166.30	192.08	217.86	243.65	268.14
组成内容		单位	单价	数量				
人工	综合工	工日	124.00	15.48	17.88	20.28	22.68	24.96
材料	红白松锯材 一类	m^3	3767.01	1.913	2.208	2.502	2.797	3.091
	自制铁钉	kg	8.82	5.46	6.30	7.14	7.98	8.82
	零星材料费	元		54.41	62.80	71.16	79.55	87.91
	材料采管费	元		153.49	177.15	200.74	224.41	248.00

单位：攒

编号				11-465	11-466	11-467	11-468	11-469
项目				翘飞椽制作安装（径在14cm以内）				
				十三翘	十五翘	十七翘	十九翘	二十一翘
预算基价	总价（元）			12393.82	14292.02	16210.26	18112.32	20014.39
	人工费（元）			2157.60	2484.96	2827.20	3154.56	3481.92
	材料费（元）			10049.30	11591.77	13138.12	14684.46	16230.81
	管理费（元）			186.92	215.29	244.94	273.30	301.66
组成内容		单位	单价	数量				
人工	综合工	工日	124.00	17.40	20.04	22.80	25.44	28.08
材料	红白松锯材 一类	m^3	3767.01	2.580	2.976	3.373	3.770	4.167
	自制铁钉	kg	8.82	5.72	6.60	7.48	8.36	9.24
	零星材料费	元		73.27	84.52	95.79	107.07	118.34
	材料采管费	元		206.69	238.42	270.23	302.03	333.84

单位：攒

编号				11-470	11-471	11-472	11-473	11-474
项目				翘飞椽制作安装（径在15cm以内）				
				十三翘	十五翘	十七翘	十九翘	二十一翘
预算基价	总价（元）			14080.03	16248.33	18412.76	20581.05	22749.34
	人工费（元）			2410.56	2782.56	3154.56	3526.56	3898.56
	材料费（元）			11460.63	13224.70	14984.90	16748.96	18513.03
	管理费（元）			208.84	241.07	273.30	305.53	337.75
组成内容		单位	单价	数量				
人工	综合工	工日	124.00	19.44	22.44	25.44	28.44	31.44
材料	红白松锯材 一类	m^3	3767.01	2.943	3.396	3.848	4.301	4.754
	自制铁钉	kg	8.82	6.24	7.20	8.16	9.12	10.08
	零星材料费	元		83.56	96.42	109.26	122.12	134.98
	材料采管费	元		235.72	272.01	308.21	344.49	380.78

单位：十根

编号				11-475	11-476	11-477	11-478	11-479	11-480
项目				罗锅椽制作安装（径在）					
				5 cm 以内	6 cm 以内	7 cm 以内	8 cm 以内	9 cm 以内	10 cm 以内
预算基价	总价（元）			233.62	353.89	514.17	717.15	974.97	1285.83
	人工费（元）			99.20	127.72	157.48	187.24	231.88	275.28
	材料费（元）			125.83	215.10	343.05	513.69	723.00	986.70
	管理费（元）			8.59	11.07	13.64	16.22	20.09	23.85
组成内容		单位	单价	数量					
人工	综合工	工日	124.00	0.80	1.03	1.27	1.51	1.87	2.22
材料	红白松锯材 一类	m^3	3767.01	0.032	0.055	0.088	0.132	0.186	0.254
	铁钉	kg	7.81	0.26	0.30	0.34	0.40	0.46	0.55
	零星材料费	元		0.67	1.15	1.84	2.75	3.87	5.29
	材料采管费	元		2.59	4.42	7.06	10.57	14.87	20.29

单位：十块

编号				11-481	11-482	11-483	11-484	11-485	11-486
项目				枕头木制作安装（厚在）					
				5 cm 以内	6 cm 以内	7 cm 以内	8 cm 以内	9 cm 以内	10 cm 以内
预算基价	总价（元）			234.80	354.11	502.21	678.16	899.74	1162.14
	人工费（元）			127.72	169.88	213.28	254.20	297.60	339.76
	材料费（元）			96.01	169.51	270.45	401.94	576.36	792.94
	管理费（元）			11.07	14.72	18.48	22.02	25.78	29.44
组成内容		单位	单价	数量					
人工	综合工	工日	124.00	1.03	1.37	1.72	2.05	2.40	2.74
材料	红白松锯材 一类	m^3	3767.01	0.024	0.043	0.069	0.103	0.148	0.204
	铁钉	kg	7.81	0.40	0.40	0.45	0.45	0.50	0.50
	零星材料费	元		0.51	0.91	1.45	2.15	3.09	4.25
	材料采管费	元		1.97	3.49	5.56	8.27	11.85	16.31

单位：十块

编号				11-487	11-488	11-489	11-490	11-491
项目				枕头木制作安装（厚在）				
				11 cm 以内	12 cm 以内	13 cm 以内	14 cm 以内	15 cm 以内
预算基价	总价（元）			1471.32	1834.25	2260.79	2742.27	3296.45
	人工费（元）			381.92	424.08	467.48	508.40	551.80
	材料费（元）			1056.31	1373.43	1752.81	2189.82	2696.84
	管理费（元）			33.09	36.74	40.50	44.05	47.81
组成内容		单位	单价	数量				
人工	综合工	工日	124.00	3.08	3.42	3.77	4.10	4.45
材料	红白松锯材 一类	m^3	3767.01	0.272	0.354	0.452	0.565	0.696
	铁钉	kg	7.81	0.55	0.55	0.60	0.60	0.65
	零星材料费	元		5.66	7.36	9.39	11.73	14.45
	材料采管费	元		21.73	28.25	36.05	45.04	55.47

单位：10 m

编号				11-492	11-493	11-494	11-495	11-496	11-497
项目				机枋条制作安装（椽径在）					
				5 cm 以内	6 cm 以内	7 cm 以内	8 cm 以内	9 cm 以内	10 cm 以内
预算基价	总价（元）			98.21	126.44	159.90	196.24	236.50	281.92
	人工费（元）			28.52	31.00	34.72	37.20	39.68	43.40
	材料费（元）			67.22	92.75	122.17	155.82	193.38	234.76
	管理费（元）			2.47	2.69	3.01	3.22	3.44	3.76
组成内容		单位	单价	数量					
人工	综合工	工日	124.00	0.23	0.25	0.28	0.30	0.32	0.35
材料	红白松锯材 一类	m^3	3767.01	0.0173	0.0239	0.0315	0.0402	0.0499	0.0606
	铁钉	kg	7.81	0.040	0.040	0.045	0.045	0.050	0.050
	零星材料费	元		0.36	0.50	0.65	0.83	1.04	1.26
	材料采管费	元		1.38	1.91	2.51	3.20	3.98	4.83

单位：10 m

编号				11-498	11-499	11-500	11-501	11-502	11-503
项目				大连檐制作安装（高在）					
				5 cm 以内	6 cm 以内	7 cm 以内	8 cm 以内	9 cm 以内	10 cm 以内
预算基价	总价（元）			175.21	217.66	269.79	326.76	388.19	457.15
	人工费（元）			69.44	76.88	86.80	95.48	102.92	111.60
	材料费（元）			99.75	134.12	175.47	223.01	276.35	335.88
	管理费（元）			6.02	6.66	7.52	8.27	8.92	9.67
组成内容		单位	单价	数量					
人工	综合工	工日	124.00	0.56	0.62	0.70	0.77	0.83	0.90
材料	红白松锯材 一类	m^3	3767.01	0.0231	0.0324	0.0433	0.0558	0.0698	0.0854
	铁钉	kg	7.81	1.30	1.10	1.00	0.90	0.80	0.70
	零星材料费	元		0.53	0.72	0.94	1.19	1.48	1.80
	材料采管费	元		2.05	2.76	3.61	4.59	5.68	6.91

单位：10 m

编号				11-504	11-505	11-506	11-507	11-508
项目				大连檐制作安装（高在）				
				11 cm 以内	12 cm 以内	13 cm 以内	14 cm 以内	15 cm 以内
预算基价	总价（元）			532.91	617.33	704.75	800.23	899.63
	人工费（元）			120.28	127.72	136.40	146.32	155.00
	材料费（元）			402.21	478.54	556.53	641.23	731.20
	管理费（元）			10.42	11.07	11.82	12.68	13.43
组成内容		单位	单价	数量				
人工	综合工	工日	124.00	0.97	1.03	1.10	1.18	1.25
材料	红白松锯材 一类	m^3	3767.01	0.1026	0.1214	0.1418	0.1637	0.1872
	自制铁钉	kg	8.82	0.60	1.00	0.90	0.90	0.80
	零星材料费	元		2.15	2.56	2.98	3.44	3.92
	材料采管费	元		8.27	9.84	11.45	13.19	15.04

单位：10 m

编号					11-509	11-510	11-511	11-512	11-513	11-514
项目					小连檐制作安装（高在）					
					2 cm 以内	2.5 cm 以内	3 cm 以内	3.5 cm 以内	4 cm 以内	4.5 cm 以内
预算基价	总价（元）				109.60	136.26	164.31	193.88	226.94	262.50
	人工费（元）				31.00	35.96	39.68	43.40	47.12	52.08
	材料费（元）				75.91	97.18	121.19	146.72	175.74	205.91
	管理费（元）				2.69	3.12	3.44	3.76	4.08	4.51
组成内容			单位	单价	数量					
人工	综合工		工日	124.00	0.25	0.29	0.32	0.35	0.38	0.42
材料	红白松锯材	一类	m^3	3767.01	0.0188	0.0243	0.0303	0.0369	0.0442	0.0520
	铁钉		kg	7.81	0.40	0.40	0.50	0.50	0.60	0.60
	零星材料费		元		0.41	0.52	0.65	0.79	0.94	1.10
	材料采管费		元		1.56	2.00	2.49	3.02	3.61	4.24

单位：10 m

编号				11-515	11-516	11-517	11-518	11-519
项目				圆椽椽椀制作安装（椽径在）				
				8 cm 以内	10 cm 以内	12 cm 以内	14 cm 以内	16 cm 以内
预算基价	总价（元）			258.74	325.94	409.30	503.23	611.23
	人工费（元）			143.84	161.20	178.56	194.68	213.28
	材料费（元）			102.44	150.77	215.27	291.68	379.47
	管理费（元）			12.46	13.97	15.47	16.87	18.48
组成内容		单位	单价	数量				
人工	综合工	工日	124.00	1.16	1.30	1.44	1.57	1.72
材料	红白松锯材 一类	m^3	3767.01	0.0263	0.0388	0.0555	0.0753	0.0980
	铁钉	kg	7.81	0.09	0.09	0.08	0.06	0.06
	零星材料费	元		0.55	0.81	1.15	1.56	2.03
	材料采管费	元		2.11	3.10	4.43	6.00	7.80

单位：10 m

编号					11-520	11-521	11-522	11-523	11-524	11-525
项目					方椽椽椀制作安装(径在)			闸档板制作安装(椽径在)		
					6 cm 以内	8 cm 以内	10 cm 以内	6 cm 以内	8 cm 以内	10 cm 以内
预算基价	总价（元）				114.10	167.12	232.96	104.50	114.66	141.54
	人工费（元）				43.40	59.52	75.64	66.96	68.20	69.44
	材料费（元）				66.94	102.44	150.77	31.74	40.55	66.08
	管理费（元）				3.76	5.16	6.55	5.80	5.91	6.02
组成内容			单位	单价	数量					
人工	综合工		工日	124.00	0.35	0.48	0.61	0.54	0.55	0.56
材料	红白松锯材	一类	m^3	3767.01	0.0171	0.0263	0.0388	0.0080	0.0103	0.0169
	铁钉		kg	7.81	0.10	0.09	0.09	0.10	0.09	0.09
	零星材料费		元		0.36	0.55	0.81	0.17	0.22	0.35
	材料采管费		元		1.38	2.11	3.10	0.65	0.83	1.36

单位：10 m

编号				11-526	11-527	11-528	11-529	11-530
项目				闸档板制作安装(椽径在)			隔档板制作安装(椽径在)	
				12 cm 以内	14 cm 以内	16 cm 以内	8 cm 以内	12 cm 以内
预算基价	总价（元）			156.91	169.51	209.15	98.11	155.72
	人工费（元）			71.92	71.92	73.16	27.28	29.76
	材料费（元）			78.76	91.36	129.65	68.47	123.38
	管理费（元）			6.23	6.23	6.34	2.36	2.58
组成内容		单位	单价	数量				
人工	综合工	工日	124.00	0.58	0.58	0.59	0.22	0.24
材料	红白松锯材 一类	m^3	3767.01	0.0202	0.0235	0.0334	0.0176	0.0318
	铁钉	kg	7.81	0.08	0.06	0.06	0.05	0.05
	零星材料费	元		0.42	0.49	0.69	0.37	0.66
	材料采管费	元		1.62	1.88	2.67	1.41	2.54

单位：10 m^2

编号				11-531	11-532	11-533	11-534
项目				顺望板制作安装			
				厚 2.1(1.8)cm	厚 2.5(2.2)cm	板厚每增 0.5 cm	刨光
预算基价	总价（元）			1575.12	1855.73	356.78	78.15
	人工费（元）			127.72	131.44	4.96	71.92
	材料费（元）			1436.33	1712.90	351.39	
	管理费（元）			11.07	11.39	0.43	6.23
组成内容		单位	单价	数量			
人工	综合工	工日	124.00	1.03	1.06	0.04	0.58
材料	红白松锯材 一类	m^3	3767.01	0.368	0.438	0.087	
	铁钉	kg	7.81	2.00	2.80	1.95	
	零星材料费	元		4.91	5.85	1.20	
	材料采管费	元		29.54	35.23	7.23	

单位：10 m^2

编号				11-535	11-536	11-537	11-538
项目				带柳叶缝望板制作安装			
				厚 2.1（1.8）cm	厚 2.5（2.2）cm	板厚每增 0.5 cm	刨光
预算基价	总价（元）			1331.56	1570.38	300.46	78.15
	人工费（元）			99.20	102.92	4.96	71.92
	材料费（元）			1223.77	1458.54	295.07	
	管理费（元）			8.59	8.92	0.43	6.23
组成内容		单位	单价	数量			
人工	综合工	工日	124.00	0.80	0.83	0.04	0.58
材料	红白松锯材 一类	m^3	3767.01	0.315	0.375	0.075	
	铁钉	kg	7.81	1.00	1.40	0.70	
	零星材料费	元		4.18	4.98	1.01	
	材料采管费	元		25.17	30.00	6.07	

单位：10 m²

编号				11-539	11-540	11-541	11-542
项目				毛望板铺钉			
				厚 1.8 cm	厚 2.1 cm	厚 2.5 cm	板厚每增 0.5 cm
预算基价	总价（元）			946.84	1089.64	1287.18	248.08
	人工费（元）			71.92	71.92	73.16	3.72
	材料费（元）			868.69	1011.49	1207.68	244.04
	管理费（元）			6.23	6.23	6.34	0.32
组成内容		单位	单价	数量			
人工	综合工	工日	124.00	0.58	0.58	0.59	0.03
材料	红白松锯材 一类	m^3	3767.01	0.223	0.260	0.310	0.062
	铁钉	kg	7.81	1.00	1.00	1.40	0.70
	零星材料费	元		2.97	3.46	4.13	
	材料采管费	元		17.87	20.80	24.84	5.02

单位：10 m

编号				11-543	11-544	11-545	11-546
项目				瓦口制作			
				6样琉璃瓦	7、8、9样琉璃瓦及1、2、3号筒瓦	10号筒瓦	特1、2、3号板瓦
预算基价	总价（元）			179.36	144.75	133.16	209.01
	人工费（元）			57.04	57.04	57.04	84.32
	材料费（元）			117.38	82.77	71.18	117.38
	管理费（元）			4.94	4.94	4.94	7.31
组成内容		单位	单价	数量			
人工	综合工	工日	124.00	0.46	0.46	0.46	0.68
材料	红白松锯材 一类	m^3	3767.01	0.030	0.021	0.018	0.030
	铁钉	kg	7.81	0.20	0.20	0.20	0.20
	零星材料费	元		0.40	0.40	0.35	0.40
	材料采管费	元		2.41	1.70	1.46	2.41

2. 板　类(附梅花钉)

单位：10 m^2

编号				11-547	11-548	11-549	11-550	11-551	11-552
项目				博脊板、棋枋板、镶嵌柁档板制作安装		立闸山花板制作安装无雕饰		镶嵌象眼山花板制作安装	
				厚 3 cm	板厚每增1 cm	厚 5 cm	板厚每增1 cm	厚 3 cm	板厚每增1 cm
预算基价	总价（元）			2531.57	581.55	3822.82	601.69	2775.87	596.11
	人工费（元）			608.84	43.40	819.64	57.04	834.52	57.04
	材料费（元）			1869.98	534.39	2932.17	539.71	1869.05	534.13
	管理费（元）			52.75	3.76	71.01	4.94	72.30	4.94
组成内容		单位	单价	数量					
人工	综合工	工日	124.00	4.91	0.35	6.61	0.46	6.73	0.46
材料	红白松锯材　一类	m^3	3767.01	0.476	0.136	0.748	0.136	0.476	0.136
	乳胶	kg	9.50	1.80	0.40	3.00	1.00	1.80	0.40
	铁钉	kg	7.81	1.10	0.50	2.00	0.50	1.10	0.50
	零星材料费	元		12.73	3.38	10.02	2.89	11.82	3.12
	材料采管费	元		38.46	10.99	60.31	11.10	38.44	10.99

单位：10 m^2

编号				11-553	11-554	11-555	11-556	11-557	11-558
项目				博缝板制作安装				立闸山花板制作安装（包括雕刻绶带）	
				悬山		歇山			
				厚 5 cm	板厚每增1 cm	厚 5 cm	板厚每增1 cm	厚 5 cm	板厚每增1 cm
预算基价	总价（元）			4577.42	587.17	4278.29	587.17	31474.96	1924.58
	人工费（元）			1619.44	71.92	1344.16	71.92	26264.44	481.12
	材料费（元）			2817.68	509.02	2817.68	509.02	2935.09	1401.78
	管理费（元）			140.30	6.23	116.45	6.23	2275.43	41.68
组成内容		单位	单价	数量					
人工	综合工	工日	124.00	13.06	0.58	10.84	0.58	211.81	3.88
材料	红白松锯材 一类	m^3	3767.01	0.704	0.128	0.704	0.128	0.748	0.360
	乳胶	kg	9.50	7.00	1.00	7.00	1.00	3.00	1.00
	铁钉	kg	7.81	3.00	0.50	3.00	0.50	2.00	0.50
	零星材料费	元		17.82	2.97	17.82	2.97	12.88	3.42
	材料采管费	元		57.95	10.47	57.95	10.47	60.37	28.83

单位：十个

编号				11-559	11-560	11-561	11-562
项目				梅花钉安装（直径在）			
				6 cm 以内	8 cm 以内	10 cm 以内	10 cm 以外
预算基价	总价（元）			46.09	63.30	90.83	140.58
	人工费（元）			28.52	31.00	35.96	43.40
	材料费（元）			15.10	29.61	51.75	93.42
	管理费（元）			2.47	2.69	3.12	3.76
组成内容		单位	单价	数量			
人工	综合工	工日	124.00	0.23	0.25	0.29	0.35
材料	红白松锯材 一类	m^3	3767.01	0.0028	0.0062	0.0116	0.0220
	铁钉	kg	7.81	0.30	0.40	0.50	0.60
	零星材料费	元		1.90	2.52	3.09	3.94
	材料采管费	元		0.31	0.61	1.06	1.92

单位：10 m²

编号				11-563	11-564	11-565	11-566	11-567	11-568
项目				挂檐板制作安装					
				无雕饰		带雕饰（板厚5cm）			
				板厚 3 cm	板厚每增1 cm	云盘线纹	落地起万字	贴做博古花卉	板厚每增1 cm
预算基价	总价（元）			2556.23	548.45	22038.76	28183.03	34754.10	563.27
	人工费（元）			721.68	43.40	17727.04	23381.44	29035.84	57.04
	材料费（元）			1772.03	501.29	2775.93	2775.93	3202.73	501.29
	管理费（元）			62.52	3.76	1535.79	2025.66	2515.53	4.94
组成内容		单位	单价	数量					
人工	综合工	工日	124.00	5.82	0.35	142.96	188.56	234.16	0.46
材料	红白松锯材 一类	m^3	3767.01	0.441	0.126	0.695	0.695	0.819	0.126
	铁钉	kg	7.81	2.00	0.50	3.00	3.00	4.00	0.50
	乳胶	kg	9.50	5.00	1.00	7.00	7.00	1.00	1.00
	零星材料费	元		11.21	2.93	10.83	10.83	10.94	2.93
	材料采管费	元		36.45	10.31	57.10	57.10	65.87	10.31

单位：10 m^2

编号				11-569	11-570	11-571	11-572
项目				挂落板制作安装		滴珠板制作安装	
				厚 5 cm	板厚每增 1 cm	厚 4 cm	板厚每增 1 cm
预算基价	总价（元）			3810.89	548.45	21789.90	567.14
	人工费（元）			947.36	43.40	17939.08	57.04
	材料费（元）			2781.46	501.29	2296.66	505.16
	管理费（元）			82.07	3.76	1554.16	4.94
组成内容		单位	单价	数			量
人工	综合工	工日	124.00	7.64	0.35	144.67	0.46
材料	红白松锯材 一类	m^3	3767.01	0.695	0.126	0.572	0.127
	乳胶	kg	9.50	7.00	1.00	6.50	1.00
	铁钉	kg	7.81	3.00	0.50	2.50	0.50
	零星材料费	元		16.25	2.93	13.42	2.95
	材料采管费	元		57.21	10.31	47.24	10.39

单位：10 m²

编号				11-573	11-574	11-575
项目				木楼板制作安装		
				厚 4 cm	板厚每增 1 cm	安装后净面磨平
预算基价	总价（元）			3059.92	611.84	175.17
	人工费（元）			564.20	99.20	161.20
	材料费（元）			2446.84	504.05	
	管理费（元）			48.88	8.59	13.97
组成内容		单位	单价	数量		
人工	综合工	工日	124.00	4.55	0.80	1.30
材料	红白松锯材 一类	m³	3767.01	0.63	0.13	
	铁钉	kg	7.81	1.00	0.10	
	零星材料费	元		15.48	3.19	
	材料采管费	元		50.33	10.37	

3. 其 他 部 件

单位：m^3

编号				11-576	11-577	11-578	11-579	11-580	11-581	11-582
项目				楞木、沿边木制作安装（高在）			踏脚木制作安装（高在）			草架柱及穿梁制作安装
				20 cm 以内	25 cm 以内	25 cm 以外	20 cm 以内	25 cm 以内	25 cm 以外	
预算基价	总价（元）			5074.41	4919.75	4720.71	6822.45	6431.69	5962.79	14195.57
	人工费（元）			789.88	649.76	467.48	2403.12	2043.52	1612.00	9188.40
	材料费（元）			4216.10	4213.70	4212.73	4211.13	4211.13	4211.13	4211.13
	管理费（元）			68.43	56.29	40.50	208.20	177.04	139.66	796.04
组成内容		单位	单价	数量						
人工	综合工	工日	124.00	6.37	5.24	3.77	19.38	16.48	13.00	74.10
材料	红白松锯材 一类	m^3	3767.01	1.09	1.09	1.09	1.09	1.09	1.09	1.09
	铁钉	kg	7.81	0.62	0.32	0.20				
	零星材料费	元		18.50	18.49	18.48	18.48	18.48	18.48	18.48
	材料采管费	元		86.72	86.67	86.65	86.61	86.61	86.61	86.61

单位：块

编号				11-583	11-584	11-585	11-586	11-587	11-588
项目				云龙大雀替制作安装（长在）			卷草大雀替制作安装（长在）		
				80 cm 以内	100 cm 以内	120 cm 以内	60 cm 以内	80 cm 以内	100 cm 以内
预算基价	总价（元）			1868.04	2788.42	3981.96	1035.98	1531.18	2283.14
	人工费（元）			1532.64	2202.24	3036.76	874.20	1222.64	1737.24
	材料费（元）			202.62	395.39	682.11	86.04	202.62	395.39
	管理费（元）			132.78	190.79	263.09	75.74	105.92	150.51
组成内容		单位	单价	数量					
人工	综合工	工日	124.00	12.36	17.76	24.49	7.05	9.86	14.01
材料	红白松锯材 一类	m^3	3767.01	0.0524	0.1024	0.1769	0.0221	0.0524	0.1024
	乳胶	kg	9.50	0.02	0.03	0.03	0.02	0.02	0.03
	铁钉	kg	7.81	0.01	0.01	0.01	0.01	0.01	0.01
	零星材料费	元		0.79	1.16	1.33	0.75	0.79	1.16
	材料采管费	元		4.17	8.13	14.03	1.77	4.17	8.13

单位：块

编号				11-589	11-590	11-591	11-592	11-593	11-594
项目				卷草骑马雀替（长在）				三幅云拱（厚8cm）（个）	麻叶云拱（厚8cm）（个）
				60 cm 以内	90 cm 以内	120 cm 以内	150 cm 以内		
预算基价	总价（元）			1182.71	1577.35	2324.07	3448.49	745.65	211.84
	人工费（元）			1052.76	1333.00	1858.76	2627.56	620.00	155.00
	材料费（元）			38.74	128.86	304.28	593.29	71.94	43.41
	管理费（元）			91.21	115.49	161.03	227.64	53.71	13.43
组成内容		单位	单价	数量					
人工	综合工	工日	124.00	8.49	10.75	14.99	21.19	5.00	1.25
材料	红白松锯材 一类	m^3	3767.01	0.0099	0.0332	0.0787	0.1537	0.0179	0.0105
	乳胶	kg	9.50	0.02	0.02	0.03	0.03		
	铁钉	kg	7.81	0.01	0.01	0.01	0.01		
	零星材料费	元		0.38	0.88	1.19	1.74	3.03	2.97
	材料采管费	元		0.80	2.65	6.26	12.20	1.48	0.89

单位：块

编号				11-595	11-596	11-597	11-598	11-599	11-600
项目				雀替下云墩制作安装	菱角木制作安装（厚在）				
					6 cm 以内	7 cm 以内	8 cm 以内	9 cm 以内	10 cm 以内
预算基价	总价（元）			2447.79	330.85	375.06	474.57	528.33	663.42
	人工费（元）			1779.40	187.24	208.32	229.40	252.96	277.76
	材料费（元）			514.23	127.39	148.69	225.30	253.45	361.60
	管理费（元）			154.16	16.22	18.05	19.87	21.92	24.06
组成内容		单位	单价	数量					
人工	综合工	工日	124.00	14.35	1.51	1.68	1.85	2.04	2.24
材料	红白松锯材 一类	m^3	3767.01	0.1331	0.0328	0.0382	0.0582	0.0655	0.0936
	乳胶	kg	9.50		0.05	0.06	0.07	0.08	0.09
	零星材料费	元		2.26	0.74	1.16	0.77	0.74	0.71
	材料采管费	元		10.58	2.62	3.06	4.63	5.21	7.44

单位：块

编号				11-601	11-602	11-603	11-604	11-605	11-606
项目				燕尾枋制作安装（厚在）				替木制作安装（长在）	
				3 cm 以内	4 cm 以内	5 cm 以内	6 cm 以内	100 cm 以内	150 cm 以内
预算基价	总价（元）			34.93	48.20	67.34	95.74	126.15	227.35
	人工费（元）			24.80	28.52	32.24	38.44	74.40	119.04
	材料费（元）			7.98	17.21	32.31	53.97	45.30	98.00
	管理费（元）			2.15	2.47	2.79	3.33	6.45	10.31
组成内容		单位	单价	数量					
人工	综合工	工日	124.00	0.20	0.23	0.26	0.31	0.60	0.96
材料	红白松锯材 一类	m^3	3767.01	0.0020	0.0044	0.0083	0.0139	0.0116	0.0252
	乳胶	kg	9.50	0.01	0.01	0.02	0.03		
	铁钉	kg	7.81					0.06	0.11
	零星材料费	元		0.19	0.19	0.19	0.21	0.20	0.19
	材料采管费	元		0.16	0.35	0.66	1.11	0.93	2.02

四、垂花门及牌楼特殊构、部件

1. 垂 花 门

单位：m^3

编号				11-607	11-608	11-609	11-610	11-611	11-612
项目				垂柱制作安装			中柱制作安装(径在)		
				风摆柳垂头	莲瓣、芙蓉垂头	四季花草贴脸垂头	20 cm 以内	25 cm 以内	25 cm 以外
预算基价	总价（元）			36290.47	45223.91	51327.74	8101.73	7227.78	6777.02
	人工费（元）			29049.48	37270.68	42406.76	3293.44	2494.88	2104.28
	材料费（元）			4724.27	4724.27	5247.05	4522.96	4516.75	4490.43
	管理费（元）			2516.72	3228.96	3673.93	285.33	216.15	182.31
组成内容		单位	单价	数量					
人工	综合工	工日	124.00	234.27	300.57	341.99	26.56	20.12	16.97
材料	红白松锯材 一类	m^3	3767.01	1.17	1.17	1.17	1.13	1.13	1.13
	样板料	m^3	3619.00	0.036	0.036	0.036	0.023	0.023	0.023
	红白松锯材 一类烘干	m^3	4334.22			0.12			
	铁钉	kg	7.81	2.60	2.60	2.60	2.10	2.10	2.10
	周转性材料费	元		27.84	27.84	27.84	53.72	47.67	22.01
	零星材料费	元		41.27	41.27	33.19	19.85	19.82	19.70
	材料采管费	元		97.17	97.17	107.92	93.03	92.90	92.36

单位：m^3

编号				11-613	11-614	11-615	11-616	11-617	11-618
项目				麻叶穿插枋制作安装					
				独立柱式(枋高在)		廊罩式(枋高在)		一殿一卷式(枋高在)	
				20 cm 以内	20 cm 以外	20 cm 以内	20 cm 以外	20 cm 以内	20 cm 以外
预算基价	总价(元)			14525.80	10604.30	12150.28	9184.11	10429.62	8188.36
	人工费(元)			9393.00	5787.08	7206.88	4480.12	5623.40	3563.76
	材料费(元)			4319.03	4315.85	4319.03	4315.85	4319.03	4315.85
	管理费(元)			813.77	501.37	624.37	388.14	487.19	308.75
组成内容		单位	单价	数量					
人工	综合工	工日	124.00	75.75	46.67	58.12	36.13	45.35	28.74
材料	红白松锯材 一类	m^3	3767.01	1.09	1.09	1.09	1.09	1.09	1.09
	样板料	m^3	3619.00	0.023	0.023	0.023	0.023	0.023	0.023
	周转性材料费	元		21.97	18.86	21.97	18.86	21.97	18.86
	零星材料费	元		18.95	18.94	18.95	18.94	18.95	18.94
	材料采管费	元		88.83	88.77	88.83	88.77	88.83	88.77

单位：m^3

编号				11-619	11-620	11-621	11-622	11-623	11-624
项目				帘栊枋制作安装（枋高在）		摺柱制作安装		花板制作安装	
				20 cm 以内	20 cm 以外	不落海棠池（根）	落海棠池（根）	起鼓镂雕（块）	不起鼓镂雕（块）
预算基价	总价（元）			7891.06	6633.43	55.85	86.84	277.41	245.26
	人工费（元）			3287.24	2132.80	29.76	58.28	236.84	210.80
	材料费（元）			4319.03	4315.85	23.51	23.51	20.05	16.20
	管理费（元）			284.79	184.78	2.58	5.05	20.52	18.26
组成内容		单位	单价	数量					
人工	综合工	工日	124.00	26.51	17.20	0.24	0.47	1.91	1.70
材料	红白松锯材 一类	m^3	3767.01	1.0900	1.0900	0.0035	0.0035	0.0050	0.0040
	样板料	m^3	3619.00	0.0230	0.0230	0.0025	0.0025		
	周转性材料费	元		21.97	18.86	0.67	0.67	0.67	0.67
	零星材料费	元		18.95	18.94	0.13	0.13	0.13	0.13
	材料采管费	元		88.83	88.77	0.48	0.48	0.41	0.33

单位：m³

编号				11-625	11-626	11-627	11-628	11-629	11-630
项目				麻叶抱头梁制作安装					
				独立柱式(梁宽在)		廊罩式(梁宽在)		一殿一卷式(梁宽在)	
				25 cm 以内	25 cm 以外	25 cm 以内	25 cm 以外	25 cm 以内	25 cm 以外
预算基价	总价（元）			**10538.82**	**8567.56**	**8990.89**	**7023.38**	**7830.49**	**6895.40**
	人工费（元）			5651.92	3848.96	4168.88	2382.04	3159.52	2310.12
	材料费（元）			4397.24	4385.14	4460.84	4434.97	4397.24	4385.14
	管理费（元）			489.66	333.46	361.17	206.37	273.73	200.14
组成内容		单位	单价	数量					
人工	综合工	工日	124.00	45.58	31.04	33.62	19.21	25.48	18.63
材料	红白松锯材 一类	m³	3767.01	1.09	1.09	1.09	1.09	1.09	1.09
	样板料	m³	3619.00	0.023	0.023	0.023	0.023	0.023	0.023
	乳胶	kg	9.50	7.00	6.25	12.50	10.50	7.00	6.25
	铁钉	kg	7.81	1.25	1.05	2.50	2.10	1.25	1.05
	周转性材料费	元		21.97	18.86	21.97	18.86	21.97	18.86
	零星材料费	元		19.29	19.24	19.57	19.46	19.29	19.24
	材料采管费	元		90.44	90.19	91.75	91.22	90.44	90.19

单位：块

编号				11-631	11-632	11-633
项目				荷叶墩制作安装	独立柱式垂花门	
					通雀替制作安装	壶瓶抱牙制作安装
预算基价	总价（元）			112.62	1043.63	272.12
	人工费（元）			95.48	892.80	161.20
	材料费（元）			8.87	73.48	96.95
	管理费（元）			8.27	77.35	13.97
组成内容		单位	单价	数量		
人工	综合工	工日	124.00	0.77	7.20	1.30
材料	红白松锯材 一类	m^3	3767.01	0.0020	0.0188	0.0250
	铁钉	kg	7.81	0.01		
	周转性材料费	元		0.67	0.40	0.40
	零星材料费	元		0.41	0.75	0.38
	材料采管费	元		0.18	1.51	1.99

2. 牌　　楼

单位：根

编号				11-634	11-635	11-636	11-637
项目				摺柱制作（长在）		摺柱安装（长在）	
				60 cm 以下	60 cm 以上	60 cm 以下	60 cm 以上
预算基价	总价（元）			128.09	254.09	11.19	16.58
	人工费（元）			43.40	65.72	9.92	14.88
	材料费（元）			80.93	182.68	0.41	0.41
	管理费（元）			3.76	5.69	0.86	1.29
组成内容		单位	单价	数量			
人工	综合工	工日	124.00	0.35	0.53	0.08	0.12
材料	红白松锯材　一类	m^3	3767.01	0.0210	0.0474		
	周转性材料费	元				0.40	0.40
	零星材料费	元		0.16	0.36		
	材料采管费	元		1.66	3.76	0.01	0.01

单位：根

编号				11-638	11-639	11-640	11-641
项目				高拱柱（包括通天斗）制作（5cm 斗口）			
				五踩	七踩	九踩	十一踩
预算基价	总价（元）			1861.82	1943.04	2028.69	2113.39
	人工费（元）			493.52	522.04	551.80	580.32
	材料费（元）			1325.54	1375.77	1429.08	1482.79
	管理费（元）			42.76	45.23	47.81	50.28
组成内容		单位	单价	数量			
人工	综合工	工日	124.00	3.98	4.21	4.45	4.68
材料	红白松锯材 一类	m^3	3767.01	0.3431	0.3561	0.3699	0.3838
	零星材料费	元		5.82	6.04	6.27	6.51
	材料采管费	元		27.26	28.30	29.39	30.50

单位：根

编号					11-642	11-643	11-644	11-645
项目					高拱柱（包括通天柱）安装（5cm 斗口）			
					五踩	七踩	九踩	十一踩
预算基价	总价（元）				83.36	91.45	101.52	108.26
	人工费（元）				65.72	73.16	80.60	86.80
	材料费（元）				11.95	11.95	13.94	13.94
	管理费（元）				5.69	6.34	6.98	7.52
组成内容			单位	单价	数量			
人工	综合工		工日	124.00	0.53	0.59	0.65	0.70
材料	周转性材料费		元		11.70	11.70	13.65	13.65
	材料采管费		元		0.25	0.25	0.29	0.29

单位：份

编号				11-646	11-647	11-648	11-649
项目				云牌博缝板制作（5cm 斗口）			
				五踩	七踩	九踩	十一踩
预算基价	总价（元）			860.09	1029.23	1249.95	1490.15
	人工费（元）			435.24	508.40	580.32	653.48
	材料费（元）			387.14	476.78	619.35	780.06
	管理费（元）			37.71	44.05	50.28	56.61
组成内容		单位	单价	数量			
人工	综合工	工日	124.00	3.51	4.10	4.68	5.27
材料	红白松锯材 一类	m^3	3767.01	0.1000	0.1232	0.1600	0.2016
	铁钉	kg	7.81	0.10	0.10	0.15	0.15
	零星材料费	元		1.70	2.09	2.72	3.42
	材料采管费	元		7.96	9.81	12.74	16.04

单位：份

编号				11-650	11-651	11-652	11-653
项目				云牌博缝板安装（5cm 斗口）			
				五踩	七踩	九踩	十一踩
预算基价	总价（元）			127.74	135.82	142.66	152.09
	人工费（元）			116.56	124.00	130.20	138.88
	材料费（元）			1.08	1.08	1.18	1.18
	管理费（元）			10.10	10.74	11.28	12.03
组成内容		单位	单价	数量			
人工	综合工	工日	124.00	0.94	1.00	1.05	1.12
材料	周转性材料费	元		1.06	1.06	1.16	1.16
	材料采管费	元		0.02	0.02	0.02	0.02

单位：m^2

编号				11-654	11-655	11-656	11-657	11-658
项目				云龙花板制作		云龙花板安装		霸王杠安装(kg)
				厚 4 cm	每增厚 1 cm	厚 4 cm	每增厚 1 cm	
预算基价	总价（元）			6700.51	856.33	34.23	7.78	25.25
	人工费（元）			5976.80	746.48	28.52	6.20	14.88
	材料费（元）			205.91	45.18	3.24	1.04	9.08
	管理费（元）			517.80	64.67	2.47	0.54	1.29
组成内容		单位	单价	数量				
人工	综合工	工日	124.00	48.20	6.02	0.23	0.05	0.12
材料	红白松锯材 一类	m^3	3767.01	0.0518	0.0115			
	铁钉	kg	7.81			0.33	0.10	
	铁件	kg	7.69					1.03
	周转性材料费	元				0.59	0.24	0.49
	零星材料费	元		6.54	0.93			0.48
	材料采管费	元		4.24	0.93	0.07	0.02	0.19

第十二章　斗　拱

说　　明

一、本章包括斗拱及附件制作，斗拱安装等 2 节；共 136 条基价子目。

二、除牌楼斗拱以 5 cm 斗口为准外，其他斗拱及附件均以 8 cm 斗口为准，斗口尺寸变动按下表调整工料及基价。

一斗三升斗拱、麻叶斗拱、隔架斗拱、昂翘斗拱、平座斗拱、品字斗拱、溜金斗拱、斗拱附件

斗口	5 cm	6 cm	7 cm	8 cm	9 cm	10 cm
综合工调整系数	0.70	0.78	0.88	1.00	1.13	1.28
材料消耗量调整系数	0.25	0.43	0.67	1.00	1.42	1.95

牌　楼　斗　拱

斗口	4 cm	5 cm	6 cm	7 cm
综合工调整系数	0.83	1.00	1.13	1.28
材料消耗量调整系数	0.52	1.00	1.72	2.73

三、昂翘、平座斗拱里拽及品字科两拽不论使用单材拱或麻叶拱、三幅云拱，基价均不调整。

四、垫拱板镘雕金钱眼，牌楼斗拱雕刻如意云昂嘴头按相应基价子目计算。

五、每相邻两攒斗拱的科中至科中以 11 斗口为准，若超过 12 斗口或不足 10 斗口应相应调整附件的材料用量，人工费及管理费不变。

六、斗拱安装基价（不包括牌楼斗拱）以头层檐为准，二层檐斗拱安装按相应基价子目人工费、材料费及管理费乘以系数 1.10，二层檐以上斗拱安装按相应基价子目人工费、材料费及管理费乘以系数 1.20。

七、各种斗拱角科带枋的分部件，以科中为界，外拽的工料包括在角科斗拱之内。

工　作　内　容

一、斗拱制作包括翘、昂、耍头、撑头、桁椀、正心拱、单才拱及斗、升、销等全部部件制作，挖翘、拱眼，雕刻麻叶云、三幅云及草架摆脸。

二、附件制作所包括范围见各有关基价子目。

三、斗拱安装项目包括斗拱本身各部件及所有附件安装。

四、斗拱保护网包括裁网、用铅丝缝接口、刷油漆、钉牢。

工 程 量 计 算 规 则

一、斗拱制作、安装按攒计算,角科斗拱与平身科斗拱连做者应分别计算;附件制作按档计算,角科斗拱与平身科斗拱连做者其档不计算。

二、斗拱保护网按网的面积计算。

一、斗拱及附件制作

单位：攒

编号					12-1	12-2	12-3	12-4	12-5	12-6
项目					一斗三升斗拱制作			一斗二升麻叶斗拱制作		
					平身科	柱头科	角科	平身科	柱头科	角科
预算基价	总价（元）				362.09	430.79	1839.49	996.64	428.07	1762.01
	人工费（元）				214.52	248.00	1026.72	575.36	245.52	956.04
	材料费（元）				126.93	158.93	713.99	365.92	158.93	713.99
	管理费（元）				20.64	23.86	98.78	55.36	23.62	91.98
组成内容			单位	单价	数量					
人工	综合工		工日	124.00	1.73	2.00	8.28	4.64	1.98	7.71
材料	红白松锯材	一类	m^3	3767.01	0.0312	0.0392	0.1784	0.0911	0.0392	0.1784
	样板料		m^3	3619.00	0.0011	0.0014	0.0062	0.0032	0.0014	0.0062
	乳胶		kg	9.50	0.05	0.05	0.05	0.05	0.05	0.05
	铁钉		kg	7.81	0.01	0.01	0.01	0.01	0.01	0.01
	连绳		kg	18.30	0.10	0.10	0.10	0.10	0.10	0.10
	零星材料费		元		0.43	0.54	2.44	1.25	0.54	2.44
	材料采管费		元		2.61	3.27	14.69	7.53	3.27	14.69

单位：攒

编号				12-7	12-8	12-9	12-10	12-11
项目				单翘云拱麻叶斗拱制作	一斗二升重拱荷叶雀替隔架斗拱制作	一斗三升单拱荷叶雀替隔架斗拱制作	十字隔架斗拱制作	丁斗拱制作（包括小斗）（份）
预算基价	总价（元）			2608.74	2813.21	2550.46	3357.89	122.49
	人工费（元）			2019.96	1693.84	1567.36	865.52	62.00
	材料费（元）			394.44	956.41	832.30	2409.10	54.52
	管理费（元）			194.34	162.96	150.80	83.27	5.97
组成内容		单位	单价	数量				
人工	综合工	工日	124.00	16.29	13.66	12.64	6.98	0.50
材料	红白松锯材 一类	m^3	3767.01	0.0983	0.2391	0.2080	0.6230	0.0135
	样板料	m^3	3619.00	0.0034	0.0084	0.0073	0.0022	0.0005
	乳胶	kg	9.50	0.05	0.05	0.05	0.05	
	铁钉	kg	7.81	0.01	0.01	0.01	0.01	
	连绳	kg	18.30	0.10	0.10	0.10	0.10	
	零星材料费	元		1.35	3.27	2.84	2.36	0.74
	材料采管费	元		8.11	19.67	17.12	49.55	1.12

单位：攒

编号				12-12	12-13	12-14	12-15	12-16	12-17
项目				三踩单昂斗拱制作			五踩单翘单昂斗拱制作		
				平身科	柱头科	角科	平身科	柱头科	角科
预算基价	总价（元）			1637.85	1431.31	3555.00	2758.85	2808.03	7442.15
	人工费（元）			970.92	822.12	2008.80	1536.36	1383.84	4173.84
	材料费（元）			573.52	530.09	1352.93	1074.68	1291.05	2866.75
	管理费（元）			93.41	79.10	193.27	147.81	133.14	401.56
组成内容		单位	单价	数量					
人工	综合工	工日	124.00	7.83	6.63	16.20	12.39	11.16	33.66
材料	红白松锯材 一类	m^3	3767.01	0.1424	0.1320	0.3360	0.2677	0.3224	0.7146
	样板料	m^3	3619.00	0.0050	0.0046	0.0118	0.0094	0.0113	0.0250
	乳胶	kg	9.50	0.15	0.15	0.45	0.27	0.27	0.80
	铁钉	kg	7.81	0.02	0.03	0.06	0.03	0.04	0.09
	连绳	kg	18.30	0.20	0.10	0.40	0.20	0.10	0.40
	零星材料费	元		1.96	1.81	4.62	3.67	4.41	9.79
	材料采管费	元		11.80	10.90	27.83	22.10	26.55	58.96

单位：攒

编号					12-18	12-19	12-20	12-21	12-22	12-23
项目					五踩重昂斗拱制作			七踩单翘重昂斗拱制作		
					平身科	柱头科	角科	平身科	柱头科	角科
预算基价	总价（元）				2866.17	2974.53	7535.80	4283.82	4122.12	13501.88
	人工费（元）				1603.32	1475.60	4194.92	2156.36	2093.12	6620.36
	材料费（元）				1108.60	1356.96	2937.29	1920.00	1827.62	6244.58
	管理费（元）				154.25	141.97	403.59	207.46	201.38	636.94
组成内容			单位	单价	数量					
人工	综合工		工日	124.00	12.93	11.90	33.83	17.39	16.88	53.39
材料	红白松锯材	一类	m^3	3767.01	0.2762	0.3389	0.7323	0.4788	0.4561	1.5593
	样板料		m^3	3619.00	0.0097	0.0119	0.0256	0.0168	0.0160	0.0546
	乳胶		kg	9.50	0.27	0.27	0.80	0.39	0.39	1.20
	铁钉		kg	7.81	0.03	0.04	0.09	0.04	0.05	0.12
	连绳		kg	18.30	0.20	0.10	0.40	0.30	0.20	0.60
	零星材料费		元		3.79	4.64	10.03	6.56	6.24	21.33
	材料采管费		元		22.80	27.91	60.41	39.49	37.59	128.44

单位：攒

编号				12-24	12-25	12-26	12-27	12-28	12-29
项目				九踩重翘重昂斗拱制作			三踩平座斗拱制作		
				平身科	柱头科	角科	平身科	柱头科	角科
预算基价	总价（元）			5206.62	5583.03	20089.68	1503.16	1348.67	3593.29
	人工费（元）			2540.76	2666.00	9324.80	892.80	806.00	2047.24
	材料费（元）			2421.41	2660.53	9867.74	524.46	465.12	1349.09
	管理费（元）			244.45	256.50	897.14	85.90	77.55	196.96
组成内容		单位	单价	数量					
人工	综合工	工日	124.00	20.49	21.50	75.20	7.20	6.50	16.51
材料	红白松锯材 一类	m^3	3767.01	0.6038	0.6642	2.4658	0.1302	0.1154	0.3360
	样板料	m^3	3619.00	0.0211	0.0232	0.0863	0.0046	0.0040	0.0112
	乳胶	kg	9.50	0.50	0.50	1.50	0.10	0.10	0.30
	铁钉	kg	7.81	0.05	0.06	0.15	0.02	0.02	0.04
	连绳	kg	18.30	0.40	0.30	0.80	0.20	0.20	0.40
	零星材料费	元		8.27	9.09	33.71	1.79	1.59	4.61
	材料采管费	元		49.80	54.72	202.96	10.79	9.57	27.75

单位：攒

编号				12-30	12-31	12-32	12-33	12-34	12-35
项目				五踩平座斗拱制作			七踩平座斗拱制作		
				平身科	柱头科	角科	平身科	柱头科	角科
预算基价	总价（元）			2457.72	2175.10	6721.15	3698.34	3595.78	11525.50
	人工费（元）			1349.12	1268.52	3571.20	2013.76	1977.80	5400.20
	材料费（元）			978.80	784.54	2806.37	1490.84	1427.70	5605.75
	管理费（元）			129.80	122.04	343.58	193.74	190.28	519.55
组成内容		单位	单价	数量					
人工	综合工	工日	124.00	10.88	10.23	28.80	16.24	15.95	43.55
材料	红白松锯材 一类	m^3	3767.01	0.2439	0.1952	0.7000	0.3710	0.3557	1.4000
	样板料	m^3	3619.00	0.0085	0.0068	0.0245	0.0130	0.0124	0.0490
	乳胶	kg	9.50	0.20	0.20	0.60	0.30	0.30	0.90
	铁钉	kg	7.81	0.03	0.03	0.06	0.04	0.04	0.08
	连绳	kg	18.30	0.20	0.20	0.40	0.40	0.30	0.60
	零星材料费	元		3.34	2.68	9.59	5.09	4.88	19.15
	材料采管费	元		20.13	16.14	57.72	30.66	29.37	115.30

单位：攒

编号				12-36	12-37	12-38	12-39	12-40
项目				九踩平座斗拱制作			三踩品字斗拱制作	
				平身科	柱头科	角科	平身科	柱头科
预算基价	总价（元）			4790.87	4760.60	16620.74	1481.64	1150.07
	人工费（元）			2535.80	2301.44	7494.56	900.24	612.56
	材料费（元）			2011.10	2237.74	8405.13	494.79	478.58
	管理费（元）			243.97	221.42	721.05	86.61	58.93
组成内容		单位	单价	数量				
人工	综合工	工日	124.00	20.45	18.56	60.44	7.26	4.94
材料	红白松锯材 一类	m^3	3767.01	0.5012	0.5580	2.1000	0.1228	0.1187
	样板料	m^3	3619.00	0.0175	0.0195	0.0735	0.0043	0.0042
	乳胶	kg	9.50	0.40	0.40	1.20	0.10	0.10
	铁钉	kg	7.81	0.05	0.05	0.10	0.02	0.02
	连绳	kg	18.30	0.40	0.40	0.80	0.20	0.20
	零星材料费	元		6.87	7.64	28.71	1.69	1.63
	材料采管费	元		41.36	46.03	172.88	10.18	9.84

单位：攒

编号				12-41	12-42	12-43	12-44
项目				五踩品字斗拱制作		七踩品字斗拱制作	
				平身科	柱头科	平身科	柱头科
预算基价	总价（元）			2610.09	2824.70	3837.96	4182.09
	人工费（元）			1489.24	1445.84	2134.04	2194.80
	材料费（元）			977.57	1239.76	1498.60	1776.13
	管理费（元）			143.28	139.10	205.32	211.16
组成内容		单位	单价	数量			
人工	综合工	工日	124.00	12.01	11.66	17.21	17.70
材料	红白松锯材 一类	m^3	3767.01	0.2436	0.3093	0.3734	0.4430
	样板料	m^3	3619.00	0.0085	0.0108	0.0131	0.0155
	乳胶	kg	9.50	0.20	0.20	0.30	0.30
	铁钉	kg	7.81	0.02	0.03	0.04	0.04
	连绳	kg	18.30	0.20	0.20	0.30	0.30
	零星材料费	元		3.34	4.24	5.12	6.07
	材料采管费	元		20.11	25.50	30.82	36.53

单位：攒

编号				12-45	12-46	12-47	12-48	12-49	12-50
项目				九踩品字斗拱制作		三踩单昂溜金斗拱制作		五踩单昂溜金斗拱制作	
				平身科	柱头科	平身科	角科	平身科	角科
预算基价	总价（元）			4873.69	5861.33	3767.54	7333.58	5625.68	13297.92
	人工费（元）			2672.20	2967.32	2285.32	3875.00	3039.24	6064.84
	材料费（元）			1944.40	2608.53	1262.35	3085.77	2294.04	6649.58
	管理费（元）			257.09	285.48	219.87	372.81	292.40	583.50
组成内容		单位	单价	数量					
人工	综合工	工日	124.00	21.55	23.93	18.43	31.25	24.51	48.91
材料	红白松锯材 一类	m^3	3767.01	0.4844	0.6509	0.3137	0.7672	0.5712	1.6577
	样板料	m^3	3619.00	0.0170	0.0228	0.0110	0.0269	0.0200	0.0580
	乳胶	kg	9.50	0.40	0.40	0.30	0.90	0.55	1.65
	铁钉	kg	7.81	0.05	0.05	0.05	0.15	0.07	0.21
	连绳	kg	18.30	0.40	0.40	0.40	0.80	0.50	1.00
	零星材料费	元		6.64	8.91	4.31	10.54	7.84	22.72
	材料采管费	元		39.99	53.65	25.96	63.47	47.18	136.77

单位：攒

编号				12-51	12-52	12-53	12-54	12-55	12-56
项目				五踩重昂溜金斗拱制作		七踩单翘重昂溜金斗拱制作		九踩重翘重昂溜金斗拱制作	
				平身科	角科	平身科	角科	平身科	角科
预算基价	总价（元）			5979.15	14124.92	8468.24	24018.60	11007.45	31321.42
	人工费（元）			3180.60	6443.04	4442.92	9753.84	5717.64	12473.16
	材料费（元）			2492.55	7062.00	3597.87	13326.35	4739.72	17648.22
	管理费（元）			306.00	619.88	427.45	938.41	550.09	1200.04
组成内容		单位	单价	数量					
人工	综合工	工日	124.00	25.65	51.96	35.83	78.66	46.11	100.59
材料	红白松锯材 一类	m^3	3767.01	0.6210	1.7611	0.8964	3.3274	1.1812	4.4072
	样板料	m^3	3619.00	0.0217	0.0616	0.0314	0.1165	0.0413	0.1543
	乳胶	kg	9.50	0.55	1.65	0.80	2.40	1.00	3.00
	铁钉	kg	7.81	0.07	0.21	0.10	0.30	0.13	0.40
	连绳	kg	18.30	0.50	1.00	0.70	1.40	0.90	1.80
	零星材料费	元		8.51	24.12	12.29	45.52	16.19	60.29
	材料采管费	元		51.27	145.25	74.00	274.10	97.49	362.99

单位：攒

编号				12-57	12-58	12-59	12-60	12-61	12-62
项目				五踩单翘单昂牌楼斗拱制作		五踩重昂牌楼斗拱制作		七踩单翘重昂牌楼斗拱制作	
				平身科	角科	平身科	角科	平身科	角科
预算基价	总价（元）			1554.73	4851.98	1664.29	5033.13	2067.38	8302.26
	人工费（元）			1150.72	3520.36	1207.76	3612.12	1450.80	6085.92
	材料费（元）			293.30	992.93	340.33	1073.49	477.00	1630.82
	管理费（元）			110.71	338.69	116.20	347.52	139.58	585.52
组成内容		单位	单价	数量					
人工	综合工	工日	124.00	9.28	28.39	9.74	29.13	11.70	49.08
材料	红白松锯材　一类	m^3	3767.01	0.0722	0.2458	0.0840	0.2660	0.1175	0.4040
	样板料	m^3	3619.00	0.0025	0.0086	0.0029	0.0093	0.0041	0.0141
	乳胶	kg	9.50	0.15	0.45	0.15	0.45	0.25	0.75
	铁钉	kg	7.81	0.02	0.06	0.02	0.06	0.03	0.09
	连绳	kg	18.30	0.20	0.40	0.20	0.40	0.30	0.60
	零星材料费	元		1.00	3.39	1.16	3.67	1.63	5.57
	材料采管费	元		6.03	20.42	7.00	22.08	9.81	33.54

单位：攒

编号				12-63	12-64	12-65	12-66
项目				九踩单翘三昂牌楼斗拱制作		十一踩重翘三昂牌楼斗拱制作	
				平身科	角科	平身科	角科
预算基价	总价（元）			2602.40	13224.23	3424.27	18618.12
	人工费（元）			1892.24	9278.92	2272.92	12951.80
	材料费（元）			528.11	3052.59	932.67	4420.23
	管理费（元）			182.05	892.72	218.68	1246.09
组成内容		单位	单价	数量			
人工	综合工	工日	124.00	15.26	74.83	18.33	104.45
材料	红白松锯材 一类	m^3	3767.01	0.1296	0.7587	0.2302	1.0997
	样板料	m^3	3619.00	0.0045	0.0266	0.0081	0.0385
	乳胶	kg	9.50	0.35	1.00	0.45	1.35
	铁钉	kg	7.81	0.04	0.12	0.05	0.15
	连绳	kg	18.30	0.40	0.80	0.50	1.00
	零星材料费	元		1.80	10.43	3.19	15.10
	材料采管费	元		10.86	62.79	19.18	90.92

单位：档

编号				12-67	12-68	12-69	12-70	12-71	12-72
项目				垫拱板（8 cm斗口）		昂翘斗拱、平座斗拱、溜金斗拱正心及外拽附件（包括正心枋、外拽枋、挑檐枋及外拽斜盖斗板）（8 cm斗口）			
				单拱（十块）	重拱（十块）	三踩	五踩	七踩	九踩
预算基价	总价（元）			**502.68**	**718.56**	**217.08**	**535.82**	**851.83**	**1073.91**
	人工费（元）			109.12	140.12	40.92	96.72	150.04	190.96
	材料费（元）			383.06	564.96	172.22	429.79	687.35	864.58
	管理费（元）			10.50	13.48	3.94	9.31	14.44	18.37
组成内容		单位	单价	数量					
人工	综合工	工日	124.00	0.88	1.13	0.33	0.78	1.21	1.54
材料	红白松锯材 一类	m^3	3767.01	0.0992	0.1461	0.0446	0.1113	0.1780	0.2239
	铁钉	kg	7.81		0.10				
	零星材料费	元		1.49	2.20	0.67	1.68	2.68	3.37
	材料采管费	元		7.88	11.62	3.54	8.84	14.14	17.78

单位：档

编号					12-73	12-74	12-75	12-76	12-77
项目					一斗三升及麻叶斗拱正心枋（8 cm斗口）	昂翘斗拱、平座斗拱里拽附件（包括里拽枋、井口枋及里拽斜斗板）（8 cm斗口）			
						三踩	五踩	七踩	九踩
预算基价	总价（元）				97.98	169.36	293.48	420.90	541.51
	人工费（元）				16.12	37.20	62.00	90.52	112.84
	材料费（元）				80.31	128.58	225.51	321.67	417.81
	管理费（元）				1.55	3.58	5.97	8.71	10.86
组成内容			单位	单价	数量				
人工	综合工		工日	124.00	0.13	0.30	0.50	0.73	0.91
材料	红白松锯材	一类	m^3	3767.01	0.0208	0.0333	0.0584	0.0833	0.1082
	零星材料费		元		0.31	0.50	0.88	1.26	1.63
	材料采管费		元		1.65	2.64	4.64	6.62	8.59

单位：档

编号				12-78	12-79	12-80	12-81
项目				品字斗拱正心及两拽附件（包括正心枋、拽枋、井口枋）（8 cm斗口）			
				三踩	五踩	七踩	九踩
预算基价	总价（元）			434.01	779.25	1124.89	1470.15
	人工费（元）			88.04	155.00	221.96	288.92
	材料费（元）			337.50	609.34	881.58	1153.43
	管理费（元）			8.47	14.91	21.35	27.80
组成内容		单位	单价	数量			
人工	综合工	工日	124.00	0.71	1.25	1.79	2.33
材料	红白松锯材 一类	m^3	3767.01	0.0874	0.1578	0.2283	0.2987
	零星材料费	元		1.32	2.38	3.44	4.50
	材料采管费	元		6.94	12.53	18.13	23.72

单位：档

编号				12-82	12-83	12-84	12-85
项目				牌楼斗拱正心及两拽附件（包括正心枋、拽枋、挑檐枋、斜盖斗板）（5 cm 斗口）			
				五踩	七踩	九踩	十一踩
预算基价	总价（元）			284.11	422.05	532.34	640.29
	人工费（元）			78.12	121.52	158.72	193.44
	材料费（元）			198.47	288.84	358.35	428.24
	管理费（元）			7.52	11.69	15.27	18.61
组成内容		单位	单价	数量			
人工	综合工	工日	124.00	0.63	0.98	1.28	1.56
材料	红白松锯材 一类	m^3	3767.01	0.0514	0.0748	0.0928	0.1109
	零星材料费	元		0.77	1.13	1.40	1.67
	材料采管费	元		4.08	5.94	7.37	8.81

单位：十块

编号			12-86	12-87	12-88	12-89	12-90	12-91
项目			垫拱板镂雕金钱眼（斗口）					
			5 cm	6 cm	7 cm	8 cm	9 cm	10 cm
预算基价	总价（元）		19.03	21.75	24.47	27.19	29.90	33.98
	人工费（元）		17.36	19.84	22.32	24.80	27.28	31.00
	管理费（元）		1.67	1.91	2.15	2.39	2.62	2.98
组成内容	单位	单价	数量					
人工 综合工	工日	124.00	0.14	0.16	0.18	0.20	0.22	0.25

单位：个

编号				12-92	12-93	12-94	12-95	12-96	12-97
项目				如意云昂嘴头雕刻（斗口）					
				5 cm	6 cm	7 cm	8 cm	9 cm	10 cm
预算基价	总价（元）			24.47	27.19	29.90	33.98	38.06	43.50
	人工费（元）			22.32	24.80	27.28	31.00	34.72	39.68
	管理费（元）			2.15	2.39	2.62	2.98	3.34	3.82
组成内容		单位	单价	数量					
人工	综合工	工日	124.00	0.18	0.20	0.22	0.25	0.28	0.32

二、斗 拱 安 装

单位：攒

编号				12-98	12-99	12-100	12-101	12-102	12-103
项目				一斗三升斗拱安装			一斗二升交麻叶斗拱安装		
				平身科	柱头科	角科	平身科	柱头科	角科
预算基价	总价（元）			21.23	28.25	50.20	29.39	26.89	50.20
	人工费（元）			18.60	24.80	32.24	26.04	23.56	32.24
	材料费（元）			0.84	1.06	14.86	0.84	1.06	14.86
	管理费（元）			1.79	2.39	3.10	2.51	2.27	3.10
组成内容		单位	单价	数量					
人工	综合工	工日	124.00	0.15	0.20	0.26	0.21	0.19	0.26
材料	周转性材料费	元		0.82	1.04	14.55	0.82	1.04	14.55
	材料采管费	元		0.02	0.02	0.31	0.02	0.02	0.31

单位：攒

编号				12-104	12-105	12-106	12-107
项目				单翘云拱交麻叶斗拱安装	一斗二升重拱荷叶雀替隔架斗拱安装	一斗三升单拱荷叶雀替隔架斗拱安装	十字隔架斗拱安装
预算基价	总价（元）			39.26	60.37	53.85	60.51
	人工费（元）			34.72	54.56	48.36	54.56
	材料费（元）			1.20	0.56	0.84	0.70
	管理费（元）			3.34	5.25	4.65	5.25
组成内容		单位	单价	数量			
人工	综合工	工日	124.00	0.28	0.44	0.39	0.44
材料	周转性材料费	元		1.18	0.55	0.82	0.69
	材料采管费	元		0.02	0.01	0.02	0.01

单位：攒

编号				12-108	12-109	12-110	12-111	12-112	12-113
项目				三踩昂翘、平座、品字斗拱安装			五踩昂翘、平座、品字斗拱安装		
				平身科	柱头科	角科	平身科	柱头科	角科
预算基价	总价（元）			142.21	213.11	424.22	239.08	358.98	715.68
	人工费（元）			128.96	193.44	385.64	217.00	326.12	651.00
	材料费（元）			0.84	1.06	1.48	1.20	1.48	2.05
	管理费（元）			12.41	18.61	37.10	20.88	31.38	62.63
组成内容		单位	单价	数量					
人工	综合工	工日	124.00	1.04	1.56	3.11	1.75	2.63	5.25
材料	周转性材料费	元		0.82	1.04	1.45	1.18	1.45	2.01
	材料采管费	元		0.02	0.02	0.03	0.02	0.03	0.04

单位：攒

编号				12-114	12-115	12-116	12-117	12-118	12-119
项目				七踩昂翘、平座、品字斗拱安装			九踩昂翘、平座、品字斗拱安装		
				平身科	柱头科	角科	平身科	柱头科	角科
预算基价	总价（元）			341.31	511.79	1021.95	403.04	604.64	1205.79
	人工费（元）			310.00	465.00	930.00	365.80	549.32	1097.40
	材料费（元）			1.48	2.05	2.47	2.05	2.47	2.81
	管理费（元）			29.83	44.74	89.48	35.19	52.85	105.58
组成内容		单位	单价	数量					
人工	综合工	工日	124.00	2.50	3.75	7.50	2.95	4.43	8.85
材料	周转性材料费	元		1.45	2.01	2.42	2.01	2.42	2.75
	材料采管费	元		0.03	0.04	0.05	0.04	0.05	0.06

单位：攒

编号				12-120	12-121	12-122	12-123
项目				三踩溜金斗拱安装		五踩溜金斗拱安装	
				平身科	角科	平身科	角科
预算基价	总价（元）			177.69	222.77	299.17	893.54
	人工费（元）			161.20	202.12	271.56	813.44
	材料费（元）			0.98	1.20	1.48	1.84
	管理费（元）			15.51	19.45	26.13	78.26
组成内容		单位	单价	数量			
人工	综合工	工日	124.00	1.30	1.63	2.19	6.56
材料	周转性材料费	元		0.96	1.18	1.45	1.80
	材料采管费	元		0.02	0.02	0.03	0.04

单位：攒

编号				12-124	12-125	12-126	12-127
项目				七踩溜金斗拱安装		九踩溜金斗拱安装	
				平身科	角科	平身科	角科
预算基价	总价（元）			427.09	1277.12	504.05	1506.20
	人工费（元）			388.12	1163.12	457.56	1371.44
	材料费（元）			1.63	2.10	2.47	2.81
	管理费（元）			37.34	111.90	44.02	131.95
组成内容		单位	单价	数量			
人工	综合工	工日	124.00	3.13	9.38	3.69	11.06
材料	周转性材料费	元		1.60	2.06	2.42	2.75
	材料采管费	元		0.03	0.04	0.05	0.06

单位：攒

编号				12-128	12-129	12-130	12-131	12-132	12-133
项目				牌楼斗拱安装（5 cm 斗口）					
				五踩		七踩		九踩	
				平身科	角科	平身科	角科	平身科	角科
预算基价	总价（元）			168.31	501.77	239.51	715.47	282.07	843.67
	人工费（元）			152.52	456.32	217.00	651.00	255.44	767.56
	材料费（元）			1.12	1.55	1.63	1.84	2.05	2.26
	管理费（元）			14.67	43.90	20.88	62.63	24.58	73.85
组成内容		单位	单价	数量					
人工	综合工	工日	124.00	1.23	3.68	1.75	5.25	2.06	6.19
材料	周转性材料费	元		1.10	1.52	1.60	1.80	2.01	2.21
	材料采管费	元		0.02	0.03	0.03	0.04	0.04	0.05

单位：攒

编号				12-134	12-135	12-136
项目				牌楼斗拱安装		斗拱保护网（包括油漆）（m^2）
				十一踩		
				平身科	角科	
预算基价	总价（元）			339.58	1012.22	675.31
	人工费（元）			307.52	921.32	510.88
	材料费（元）			2.47	2.26	115.28
	管理费（元）			29.59	88.64	49.15
组成内容		单位	单价	数量		
人工	综合工	工日	124.00	2.48	7.43	4.12
材料	镀锌拧花铅丝网	m^2	8.44			11.00
	镀锌钢丝 *D*0.9	kg	8.25			0.30
	铁钉	kg	7.81			0.5
	防锈漆	kg	17.51			0.30
	调合漆	kg	15.87			0.30
	汽油	kg	7.34			0.20
	周转性材料费	元		2.42	2.21	
	零星材料费	元				2.21
	材料采管费	元		0.05	0.05	2.37

第十三章　木　装　修

说　　明

一、本章包括槛框类制作安装，各种门窗扇、隔扇制作安装，坐凳及倒挂楣子制作安装，栏杆、什锦窗，门窗装饰附件、特殊五金及匾额，木楼梯、墙、天棚等6节；共216条基价子目。

二、各种槛、框、腰枋、通连楹、门栊制作、安装已综合了隔扇、槛窗、支摘窗、屏门、大门及内檐装修等不同的情况，实际工程中一律按基价执行不得调整。通连楹与门栊，挖弯企边线者执行门栊基价子目，否则执行通连楹基价子目。

三、门簪截面不分六边形、八边形或带企梅花线，基价均不做调整；其端面以素面为准，带雕饰者按门簪端面雕刻的相应基价子目执行。

四、隔扇、槛窗基价已综合了边抹企线、起凸、打凹及裙板、绦环板单面起凸、双面起凸或贴作的不同情况，实际工程中不论遇何种情况，基价均不调整。裙板、绦环板需雕饰者，按隔扇、槛窗裙板、绦环板雕刻的相应基价子目执行。

五、隔扇、槛窗及帘架上的横披窗执行槛窗及心屉基价子目；支摘窗上的横披窗（包括夹门上亮窗）执行支摘窗基价子目。

六、各种心屉不论有无仔边，基价（包括隔扇槛窗等）均不调整。

七、隔扇、槛窗安装采用鹅项碰铁者执行合页铰接基价子目，并按实际换算材料费；支摘窗纱扇安装执行支摘窗扇安装基价子目。

八、大门门钹改用兽面者按实另增材料费。包叶、铁门栓、壶瓶形护口另按附件基价子目执行。

九、木栏杆已综合考虑了楼梯栏杆的情况。

十、什锦窗桶座已综合考虑了墙体不同的厚度；贴脸、仔屉均以单面为准，其中带棂条仔屉已综合考虑了各种花形。其洞口面积以水平长度乘以竖直高度计算。

十一、隔扇、槛窗、风门及帘架余塞腿子、支摘窗及夹门、楣子、花栏杆、什锦窗仔屉所用卡子花、团花、工字、握拳一律执行第五节相应基价子目。

十二、木楼梯基价以其与地面夹角小于45°为准，夹角大于45°小于60°者，按相应基价子目人工费和管理费乘以系数1.40。

十三、天棚木龙骨均按双层考虑，天棚检查孔、通风孔工料已包括在基价内，如用金属通风箅子应另行计算。

十四、不抹灰天棚的面层设计要求厚度与基价不同时，按实际厚度进行换算，人工费和管理费不变。

十五、门簪端面雕刻，隔扇、槛窗裙板、绦环板雕刻均以松木单面雕刻为准。松木双面雕刻按相应基价子目人工费和管理费乘以系数2.00；硬木单面雕刻按相应基价子目人工费和管理费乘以系数1.80，硬木双面雕刻按相应基价子目人工费和管理乘以系数3.60。

十六、帘架风门及余塞腿子，随支摘夹门的裙板，绦环板需雕饰者，按隔扇、槛窗裙板、绦环板雕刻的相应基价子目执行。

工　作　内　容

一、本章中凡未分制作与安装的项目，除另有规定者外均包括制作与安装。

二、各种槛、框、腰枋、通连楹制作均包括企口、起线，安装包括钉护口条。门栊制作包括挖锯成型、企雕边线。

三、窗榻板制作、安装包括刷防腐剂。

四、门头板、余塞板制作安装包括边缝压条。

五、帘架安装包括安铁卡子。

六、桶子板、包镶桶子口包括铺油毡，不包括钉贴脸；其中桶子板还包括刷防腐剂，包镶桶子板还包括排钉龙骨。

七、隔扇、槛窗、风门及帘架余塞腿子，随支摘窗夹门制作均包括边抹、裙板、绦环板，不包括心屉。

八、隔扇、槛窗各种心屉均包括制作、安装及安装铁（木）销、拉环（叶）、拉手、合页、插销等一般小五金，不包括工字、握拳、卡子花、团花等制雕，其中一玻一纱做法的包括钉铁纱。

九、支摘窗扇制作包括边抹及心屉，不包括工字、握拳、卡子花、团花等制雕。

十、支摘窗纱屉制作包括钉纱。

十一、实踏大门扇、撒带大门扇、屏门扇制作均包括穿带；攒边门制作包括做木插销。

十二、隔扇、槛窗、支摘窗、屏门扇安装转轴铰接的包括转轴、栓杆、楹斗的制作、安装及拉环（叶）安装，合页铰接的包括安装一般小五金。

十三、实踏大门、撒带大门、攒边门安装包括安套筒踩钉、门钹。

十四、各种坐凳及倒挂楣子制作、安装包括边抹、心屉及白菜头、楣子腿等框以外延伸部分，不包括工字、握拳、卡子花、团花及牙子的制雕。

十五、坐凳面制作、安装包括入口处膝盖腿制作安装，不包括安装拉接铁件。

十六、栏杆制作安装包括望柱制作、安装及雕饰，还包括望柱脚铁件安装及刷防腐油；鹅颈靠背制作、安装包括在坐凳面上凿卯眼及铁件安装。

十七、匾额制作不包括刻字及安装；匾托包括制、雕、安装。

十八、木楼梯制作、安装包括铁件安装及触地、触墙部分刷防腐油。

十九、栈板墙制作、安装包括引条及边缝压条制作、安装，但不包括圜门、圜窗牙子；其他各种墙及护墙包括剔洞、找补木砖，木龙骨制作、安装、刷防腐剂、裁板、钉面层、钉压条等。

二十、井口天花包括帽儿梁、支条、贴梁、井口板制作安装及安装铁件，其他天棚包括制作、安装大小龙骨、钉面层、钉压条、贴靠砖墙部位刷防腐油等，其中五合板天棚仿井口天花做法者包括压条的制作。

工 程 量 计 算 规 则

一、各种槛、框、腰枋、通连楹、门栊按长度计算。其中槛两端量至柱中，抱框、间框（柱）、腰枋按槛（框）里口净长计量，通连楹、门栊按实长。

二、窗榻板、坐凳面按柱中至柱中长度乘以宽度按面积计算，并扣除出入口处水平长度，但出入口处坐凳的膝盖腿应计算长度。

三、门头板、余塞板按垂直投影面积计算。

四、帘架大框以边框外围面积计算，下边以地面上皮为准。

五、桶子板、包镶桶子口按面积计算。

六、过木按图示尺寸以体积计算，长度无图示者，按洞口宽乘 1.40 计算。

七、隔扇、槛窗、风门及帘架腿子、支摘窗及夹门、屏门、大门、攒边门、坐凳及倒挂楣子、新式门窗扇均按边抹外围面积计算，门枢、坐凳楣子腿、白菜头等框外延伸部分已包括在基价内，均不得计算面积。

八、各种心屉(不包括什锦窗心屉)有仔边者按仔边外围面积计算,无仔边者按所接触的边抹里口面积计算。

九、栏杆以地面上皮至扶手上皮间高度乘以长度(不扣望柱)按面积计算。

十、鹅颈靠背(美人靠)按上口长度计算。

十一、普通匾额按面积计算。

十二、木楼梯按水平投影面积计算,不扣除宽在 30 cm 以内的楼梯井所占面积。

十三、栈板墙按垂直投影面积计算,并扣除门窗洞口所占面积。

十四、井口天花按井口枋里口(贴梁外口)面积计算,应扣除藻井所占面积,不扣除梁枋所占面积。

十五、天棚有斗拱者计量方法与井口天花相同,无斗拱者按主墙间面积计算,不扣除间壁墙、检查孔及梁枋所占面积。

一、槛框类制作安装

单位：m

编号				13-1	13-2	13-3	13-4	13-5	13-6
项目				上槛、中槛、下槛、风槛、抱框、间框(柱)腰枋、通连楹（厚在）					
				7 cm 以内	8 cm 以内	9 cm 以内	10 cm 以内	11 cm 以内	12 cm 以内
预算基价	总价（元）			90.91	106.62	128.64	152.05	177.95	209.04
	人工费（元）			26.04	29.76	32.24	35.96	38.44	42.16
	材料费（元）			62.11	73.71	92.99	112.29	135.44	162.42
	管理费（元）			2.76	3.15	3.41	3.80	4.07	4.46
组成内容		单位	单价	数量					
人工	综合工	工日	124.00	0.21	0.24	0.26	0.29	0.31	0.34
材料	红白松锯材 一类	m^3	3767.01	0.016	0.019	0.024	0.029	0.035	0.042
	铁钉	kg	7.81	0.01	0.01	0.01	0.01	0.01	0.01
	零星材料费	元		0.48	0.54	0.59	0.66	0.73	0.79
	材料采管费	元		1.28	1.52	1.91	2.31	2.79	3.34

单位：m

编号				13-7	13-8	13-9	13-10	13-11	13-12
项目				门			枕（厚在）		
				7 cm 以 内	8 cm 以 内	9 cm 以 内	10 cm 以 内	11 cm 以 内	12 cm 以 内
预算基价	总价（元）			237.88	257.74	285.27	312.80	345.50	382.06
	人工费（元）			158.72	166.16	173.60	181.04	189.72	198.40
	材料费（元）			62.37	74.00	93.30	112.60	135.71	162.67
	管理费（元）			16.79	17.58	18.37	19.16	20.07	20.99
组成内容		单位	单价	数				量	
人工	综合工	工日	124.00	1.28	1.34	1.40	1.46	1.53	1.60
材料	红白松锯材 一类	m^3	3767.01	0.016	0.019	0.024	0.029	0.035	0.042
	铁钉	kg	7.81	0.02	0.02	0.02	0.02	0.02	0.02
	零星材料费	元		0.66	0.75	0.82	0.88	0.92	0.95
	材料采管费	元		1.28	1.52	1.92	2.32	2.79	3.35

单位：m^2

编号				13-13	13-14	13-15	13-16	13-17	13-18
项目				窗榻板		门头板、余塞板		门簪（径在）	
				厚 6 cm	每增厚 1 cm	厚 2 cm	每增厚 1 cm	15 cm 以内（个）	15 cm 以外（个）
预算基价	总价（元）			365.67	49.32	212.48	29.75	224.67	360.82
	人工费（元）			74.40	6.20	53.32	2.48	155.00	202.12
	材料费（元）			283.40	42.46	153.52	27.01	53.27	137.31
	管理费（元）			7.87	0.66	5.64	0.26	16.40	21.39
组成内容		单位	单价	数量					
人工	综合工	工日	124.00	0.60	0.05	0.43	0.02	1.25	1.63
材料	红白松锯材 一类	m^3	3767.01	0.073	0.011				
	红白松锯材 一类烘干	m^3	4334.22			0.034	0.006	0.012	0.031
	乳胶	kg	9.50			0.25	0.03		
	铁钉	kg	7.81	0.25		0.06	0.01		
	氯化钠	kg	1.05	0.01					
	红土粉	kg	6.85	0.01					
	零星材料费	元		0.55	0.15	0.15	0.08	0.16	0.13
	材料采管费	元		5.83	0.87	3.16	0.56	1.10	2.82

单位：个

<table>
<tr><td colspan="4">编 号</td><td>13-19</td><td>13-20</td><td>13-21</td><td>13-22</td><td>13-23</td><td>13-24</td></tr>
<tr><td colspan="4" rowspan="3">项 目</td><td colspan="6">门 簪 端 面 雕 刻</td></tr>
<tr><td colspan="2">起 素 边（径在）</td><td colspan="2">起 边 刻 字（径在）</td><td colspan="2">雕刻四季花卉（径在）</td></tr>
<tr><td>15 cm 以内</td><td>15 cm 以外</td><td>15 cm 以内</td><td>15 cm 以外</td><td>15 cm 以内</td><td>15 cm 以外</td></tr>
<tr><td rowspan="3">预算基价</td><td colspan="3">总 价（元）</td><td>21.94</td><td>27.42</td><td>102.84</td><td>137.12</td><td>123.41</td><td>164.54</td></tr>
<tr><td colspan="3">人 工 费（元）</td><td>19.84</td><td>24.80</td><td>93.00</td><td>124.00</td><td>111.60</td><td>148.80</td></tr>
<tr><td colspan="3">管 理 费（元）</td><td>2.10</td><td>2.62</td><td>9.84</td><td>13.12</td><td>11.81</td><td>15.74</td></tr>
<tr><td colspan="2">组 成 内 容</td><td>单位</td><td>单价</td><td colspan="6">数 量</td></tr>
<tr><td>人工</td><td>综合工</td><td>工日</td><td>124.00</td><td>0.16</td><td>0.20</td><td>0.75</td><td>1.00</td><td>0.90</td><td>1.20</td></tr>
</table>

单位：m^2

编号				13-25	13-26	13-27	13-28	13-29	13-30
项目				木门枕 (m^3)	帘架		桶子板		包镶桶子口
					大框	荷叶墩荷花栓斗（套）	厚 4 cm	每增厚 1 cm	
预算基价	总价（元）			6471.42	101.68	416.68	401.59	75.80	161.95
	人工费（元）			1711.20	28.52	310.00	141.36	22.32	66.96
	材料费（元）			4579.16	70.14	73.88	245.27	51.12	87.91
	管理费（元）			181.06	3.02	32.80	14.96	2.36	7.08
组成内容		单位	单价	数量					
人工	综合工	工日	124.00	13.80	0.23	2.50	1.14	0.18	0.54
材料	红白松锯材 一类	m^3	3767.01	1.190			0.061	0.013	0.013
	红白松锯材 一类烘干	m^3	4334.22		0.015	0.016			
	胶合板 5mm 厚	m^2	28.32						1.07
	油毡	m^2	4.38				1.02		1.01
	乳胶	kg	9.50		0.02		0.50	0.10	0.21
	铁钉	kg	7.81		0.03	0.03	0.10	0.01	0.03
	铁件	kg	7.69		0.34				
	氯化钠	kg	1.05				0.01		
	红土粉	kg	6.85				0.01		
	零星材料费	元		2.24	0.65	2.78	0.36	0.07	0.17
	材料采管费	元		94.18	1.44	1.52	5.04	1.05	1.81

二、各种门窗扇、隔扇制作安装

单位：m^2

编号				13-31	13-32	13-33	13-34	13-35
项目				外檐隔扇制作（不含心屉）	内檐隔扇制作（不含心屉）	风门及帘架余塞腿子制作（不含心屉）	随支摘窗夹门制作（不含心屉）	槛窗制作（不含心屉）
预算基价	总价（元）			352.01	337.58	364.70	329.76	311.84
	人工费（元）			147.56	155.00	155.00	131.44	116.56
	材料费（元）			188.84	166.18	193.30	184.41	182.95
	管理费（元）			15.61	16.40	16.40	13.91	12.33
组成内容		单位	单价	数量				
人工	综合工	工日	124.00	1.19	1.25	1.25	1.06	0.94
材料	红白松锯材 一类烘干	m^3	4334.22	0.042	0.037	0.043	0.041	0.041
	乳胶	kg	9.50	0.25	0.20	0.25	0.25	0.10
	零星材料费	元		0.55	0.49	0.57	0.54	0.54
	材料采管费	元		3.88	3.42	3.98	3.79	3.76

单位：m^2

编号				13-36	13-37	13-38	13-39	13-40	13-41
项目				隔扇、槛窗、裙板、绦环板雕刻					
				浮雕龙凤		浮雕博古花卉 浮雕五幅捧寿		浮雕夔龙夔凤	
				隔扇	槛窗	隔扇	槛窗	隔扇	槛窗
预算基价	总价（元）			1974.53	507.34	1412.34	411.36	575.90	205.68
	人工费（元）			1785.60	458.80	1277.20	372.00	520.80	186.00
	管理费（元）			188.93	48.54	135.14	39.36	55.10	19.68
组成内容		单位	单价	数量					
人工	综合工	工日	124.00	14.40	3.70	10.30	3.00	4.20	1.50

单位：m^2

编号				13-42	13-43	13-44	13-45
项目				隔扇、槛窗、裙板、绦环板雕刻			
				浮雕素线响云 浮雕如意团线		阴纹博古花卉	
				隔扇	槛窗	隔扇	槛窗
预算基价	总价（元）			493.63	123.41	246.82	102.84
	人工费（元）			446.40	111.60	223.20	93.00
	管理费（元）			47.23	11.81	23.62	9.84
组成内容		单位	单价	数量			
人工	综合工	工日	124.00	3.60	0.90	1.80	0.75

单位：m^2

编号					13-46	13-47	13-48	13-49	13-50	13-51
项目					外檐隔扇、槛窗三交六碗菱花心屉(棂条厚在)			外檐隔扇、槛窗双交四碗菱花心屉(棂条厚在)		
					2.5 cm 以内	3 cm 以内	3 cm 以外	2.5 cm 以内	3 cm 以内	3 cm 以外
预算基价	总价（元）				2317.58	2262.62	2202.81	1640.32	1575.17	1506.45
	人工费（元）				1934.40	1853.80	1773.20	1370.20	1289.60	1209.00
	材料费（元）				178.51	212.68	241.99	125.14	149.12	169.53
	管理费（元）				204.67	196.14	187.62	144.98	136.45	127.92
组成内容			单位	单价	数量					
人工	综合工		工日	124.00	15.60	14.95	14.30	11.05	10.40	9.75
材料	菱花扣		个		(130)	(85)	(55)	(90)	(60)	(40)
	红白松锯材	一类烘干	m^3	4334.22	0.0396	0.0473	0.0539	0.0277	0.0331	0.0377
	乳胶		kg	9.50	0.20	0.20	0.20	0.16	0.16	0.16
	铁钉		kg	7.81	0.10	0.10	0.10	0.08	0.08	0.08
	零星材料费		元		0.52	0.62	0.71	0.37	0.44	0.50
	材料采管费		元		3.67	4.37	4.98	2.57	3.07	3.49

单位：m^2

编号					13-52	13-53	13-54	13-55	13-56
项目					外檐隔扇槛窗方格心屉制作安装			内檐隔扇方格心屉制作安装	
					单面	双面夹玻	一玻一纱	单面	双面夹玻(纱)
预算基价	总价（元）				476.85	727.35	625.88	447.33	672.54
	人工费（元）				322.40	483.60	419.12	306.28	451.36
	材料费（元）				120.34	192.58	162.41	108.64	173.42
	管理费（元）				34.11	51.17	44.35	32.41	47.76
组成内容			单位	单价	数量				
人工	综合工		工日	124.00	2.60	3.90	3.38	2.47	3.64
材料	红白松锯材	一类烘干	m^3	4334.22	0.0268	0.0428	0.0327	0.0242	0.0385
	乳胶		kg	9.50	0.06	0.10	0.08	0.06	0.10
	铁钉		kg	7.81	0.07	0.07	0.10	0.06	0.06
	铁窗纱		m^2	8.10			1.2		
	自制小五金		kg	8.82		0.12			0.12
	五金费		元				5.60		
	零星材料费		元		0.59	0.56	0.48	0.48	0.51
	材料采管费		元		2.48	3.96	3.34	2.23	3.57

单位：m^2

编号				13-57	13-58	13-59	13-60	13-61
项目				外檐灯笼锦心屉制作安装			内檐灯笼锦心屉制作安装	
				单面	双面夹玻	一玻一纱	单面	双面夹玻(纱)
预算基价	总价（元）			397.06	604.02	559.52	336.43	502.88
	人工费（元）			290.16	435.24	386.88	241.80	354.64
	材料费（元）			76.20	122.73	131.71	69.05	110.72
	管理费（元）			30.70	46.05	40.93	25.58	37.52
组成内容		单位	单价	数量				
人工	综合工	工日	124.00	2.34	3.51	3.12	1.95	2.86
材料	红白松锯材 一类烘干	m^3	4334.22	0.0169	0.0271	0.0258	0.0153	0.0244
	乳胶	kg	9.50	0.04	0.07	0.06	0.04	0.07
	铁钉	kg	7.81	0.07	0.07	0.10	0.06	0.06
	铁窗纱	m^2	8.10			1.20		
	自制小五金	kg	8.82		0.12			0.12
	五金费	元				5.60		
	零星材料费	元		0.45	0.48	0.51	0.47	0.49
	材料采管费	元		1.57	2.52	2.71	1.42	2.28

单位：m^2

编号				13-62	13-63	13-64	13-65	13-66
项目				外檐步步紧心屉制作安装			内檐步步紧心屉制作安装	
				单面	双面夹玻	一玻一纱	单面	双面夹玻(纱)
预算基价	总价（元）			484.88	736.87	642.42	458.11	686.47
	人工费（元）			354.64	531.96	451.36	338.52	499.72
	材料费（元）			92.72	148.63	143.30	83.77	133.88
	管理费（元）			37.52	56.28	47.76	35.82	52.87
组成内容		单位	单价	数量				
人工	综合工	工日	124.00	2.86	4.29	3.64	2.73	4.03
材料	红白松锯材 一类烘干	m^3	4334.22	0.0206	0.0329	0.0284	0.0186	0.0296
	乳胶	kg	9.50	0.05	0.09	0.07	0.05	0.09
	铁钉	kg	7.81	0.07	0.07	0.10	0.06	0.06
	铁窗纱	m^2	8.10			1.2		
	自制小五金	kg	8.82		0.12			0.12
	五金费	元				5.60		
	零星材料费	元		0.50	0.51	0.49	0.49	0.46
	材料采管费	元		1.91	3.06	2.95	1.72	2.75

单位：m^2

编号				13-67	13-68	13-69	13-70	13-71
项目				外檐盘肠心屉制作安装			内檐盘肠心屉制作安装	
				单面	双面夹玻	一玻一纱	单面	双面夹玻(纱)
预算基价	总价（元）			548.17	831.39	708.39	521.85	782.34
	人工费（元）			419.12	628.68	515.84	403.00	596.44
	材料费（元）			84.70	136.19	137.97	76.21	122.79
	管理费（元）			44.35	66.52	54.58	42.64	63.11
组成内容		单位	单价	数量				
人工	综合工	工日	124.00	3.38	5.07	4.16	3.25	4.81
材料	红白松锯材 一类烘干	m^3	4334.22	0.0188	0.0301	0.0272	0.0169	0.0271
	乳胶	kg	9.50	0.05	0.09	0.07	0.05	0.09
	铁钉	kg	7.81	0.07	0.07	0.10	0.06	0.06
	铁窗纱	m^2	8.10			1.2		
	自制小五金	kg	8.82		0.12			0.12
	五金费	元				5.60		
	零星材料费	元		0.45	0.47	0.47	0.45	0.42
	材料采管费	元		1.74	2.80	2.84	1.57	2.53

单位：m^2

编号				13-72	13-73	13-74	13-75	13-76
项目				外檐正万字拐子锦心屉制作安装			内檐正万字拐子锦心屉制作安装	
				单面	双面夹玻	一玻一纱	单面	双面夹玻(纱)
预算基价	总价（元）			599.88	910.19	755.17	554.42	841.10
	人工费（元）			451.36	677.04	548.08	419.12	628.68
	材料费（元）			100.76	161.51	149.10	90.95	145.90
	管理费（元）			47.76	71.64	57.99	44.35	66.52
组成内容		单位	单价	数量				
人工	综合工	工日	124.00	3.64	5.46	4.42	3.38	5.07
材料	红白松锯材 一类烘干	m^3	4334.22	0.0224	0.0358	0.0297	0.0202	0.0323
	乳胶	kg	9.50	0.06	0.10	0.08	0.06	0.10
	铁钉	kg	7.81	0.07	0.07	0.10	0.06	0.06
	铁窗纱	m^2	8.10			1.2		
	自制小五金	kg	8.82		0.12			0.12
	五金费	元				5.60		
	零星材料费	元		0.49	0.47	0.44	0.49	0.43
	材料采管费	元		2.07	3.32	3.07	1.87	3.00

单位：m^2

编号				13-77	13-78	13-79	13-80	13-81
项目				外檐斜万字心屉制作安装			内檐斜万字心屉制作安装	
				单面	双面夹玻	一玻一纱	单面	双面夹玻(纱)
预算基价	总价（元）			744.17	1127.10	898.56	698.65	1057.57
	人工费（元）			580.32	870.48	677.04	548.08	822.12
	材料费（元）			102.45	164.52	149.88	92.58	148.46
	管理费（元）			61.40	92.10	71.64	57.99	86.99
组成内容		单位	单价	数量				
人工	综合工	工日	124.00	4.68	7.02	5.46	4.42	6.63
材料	红白松锯材 一类烘干	m^3	4334.22	0.0228	0.0365	0.0299	0.0206	0.0329
	乳胶	kg	9.50	0.05	0.09	0.07	0.05	0.09
	铁钉	kg	7.81	0.07	0.07	0.10	0.06	0.06
	铁窗纱	m^2	8.10			1.2		
	自制小五金	kg	8.82		0.12			0.12
	五金费	元				5.60		
	零星材料费	元		0.50	0.48	0.44	0.45	0.43
	材料采管费	元		2.11	3.38	3.08	1.90	3.05

单位：m^2

编号				13-82	13-83	13-84	13-85	13-86
项目				外檐龟背锦心屉制作安装			内檐龟背锦心屉制作安装	
				单面	双面夹玻	一玻一纱	单面	双面夹玻(纱)
预算基价	总价（元）			655.65	995.82	804.67	608.36	923.62
	人工费（元）			483.60	725.40	580.32	451.36	677.04
	材料费（元）			120.88	193.67	162.95	109.24	174.94
	管理费（元）			51.17	76.75	61.40	47.76	71.64
组成内容		单位	单价	数量				
人工	综合工	工日	124.00	3.90	5.85	4.68	3.64	5.46
材料	红白松锯材 一类烘干	m^3	4334.22	0.0269	0.0430	0.0328	0.0243	0.0388
	乳胶	kg	9.50	0.07	0.12	0.09	0.07	0.12
	铁钉	kg	7.81	0.07	0.07	0.10	0.06	0.06
	铁窗纱	m^2	8.10			1.2		
	自制小五金	kg	8.82		0.12			0.12
	五金费	元				5.60		
	零星材料费	元		0.59	0.57	0.48	0.53	0.51
	材料采管费	元		2.49	3.98	3.35	2.25	3.60

单位：m^2

编号				13-87	13-88	13-89	13-90	13-91
项目				外檐冰裂纹心屉制作安装			内檐冰裂纹心屉制作安装	
				单面	双面夹玻	一玻一纱	单面	双面夹玻(纱)
预算基价	总价（元）			873.09	1144.29	1021.25	825.86	1249.56
	人工费（元）			677.04	854.36	773.76	644.80	967.20
	材料费（元）			124.41	199.53	165.62	112.84	180.02
	管理费（元）			71.64	90.40	81.87	68.22	102.34
组成内容		单位	单价	数量				
人工	综合工	工日	124.00	5.46	6.89	6.24	5.20	7.80
材料	红白松锯材 一类烘干	m^3	4334.22	0.0277	0.0443	0.0334	0.0251	0.0399
	乳胶	kg	9.50	0.08	0.14	0.10	0.08	0.14
	铁钉	kg	7.81	0.07	0.07	0.10	0.06	0.06
	铁窗纱	m^2	8.10			1.2		
	自制小五金	kg	8.82		0.12			0.12
	五金费	元				5.60		
	零星材料费	元		0.49	0.49	0.40	0.50	0.53
	材料采管费	元		2.56	4.10	3.41	2.32	3.70

单位：m^2

编号				13-92	13-93	13-94	13-95	13-96	13-97
项目				无心屉摘窗扇制作	玻璃心屉摘窗扇制作	方格心屉支摘窗扇制作	灯笼锦心屉支摘窗扇制作	步步紧心屉支摘窗扇制作	盘肠心屉支摘窗扇制作
预算基价	总价（元）			245.42	451.82	521.18	524.10	606.90	672.43
	人工费（元）			128.96	290.16	322.40	354.64	419.12	483.60
	材料费（元）			102.82	130.96	164.67	131.94	143.43	137.66
	管理费（元）			13.64	30.70	34.11	37.52	44.35	51.17
组成内容		单位	单价	数量					
人工	综合工	工日	124.00	1.04	2.34	2.60	2.86	3.38	3.90
材料	红白松锯材 一类烘干	m^3	4334.22	0.0228	0.0291	0.0367	0.0293	0.0319	0.0306
	乳胶	kg	9.50	0.08	0.09	0.10	0.10	0.10	0.10
	铁钉	kg	7.81	0.08	0.10	0.10	0.10	0.10	0.10
	零星材料费	元		0.50	0.51	0.48	0.51	0.49	0.47
	材料采管费	元		2.11	2.69	3.39	2.71	2.95	2.83

单位：m^2

编号				13-98	13-99	13-100	13-101	13-102
项目				套方、正万字拐子紧心屉支摘窗扇制作	斜万字心屉支摘窗扇制作	冰裂纹心屉支摘窗扇制作	龟背锦心屉支摘窗扇制作	支摘窗纱屉制作
预算基价	总价（元）			720.88	869.79	987.94	770.83	262.37
	人工费（元）			515.84	644.80	741.52	548.08	145.08
	材料费（元）			150.46	156.77	167.96	164.76	101.94
	管理费（元）			54.58	68.22	78.46	57.99	15.35
组成内容		单位	单价	数量				
人工	综合工	工日	124.00	4.16	5.20	5.98	4.42	1.17
材料	红白松锯材 一类烘干	m^3	4334.22	0.0335	0.0349	0.0374	0.0367	0.0203
	乳胶	kg	9.50	0.10	0.11	0.12	0.11	0.09
	铁钉	kg	7.81	0.10	0.10	0.10	0.10	0.10
	铁窗纱	m^2	8.10					1.20
	零星材料费	元		0.44	0.46	0.49	0.48	0.50
	材料采管费	元		3.09	3.22	3.45	3.39	2.10

单位：m^2

编号				13-103	13-104	13-105	13-106
项目				实踏大门扇制作(板厚在)		撒带大门制作(边厚在)	
				8 cm	每增厚 1 cm	8 cm	每增厚 1 cm
预算基价	总价（元）			1088.32	80.16	731.54	71.34
	人工费（元）			531.96	16.12	290.16	16.12
	材料费（元）			500.08	62.33	410.68	53.51
	管理费（元）			56.28	1.71	30.70	1.71
组成内容		单位	单价	数量			
人工	综合工	工日	124.00	4.29	0.13	2.34	0.13
材料	红白松锯材 一类烘干	m^3	4334.22	0.112	0.014	0.092	0.012
	乳胶	kg	9.50	0.30	0.02	0.20	0.02
	铁钉	kg	7.81	0.10		0.10	
	零星材料费	元		0.73	0.18	0.80	0.21
	材料采管费	元		10.29	1.28	8.45	1.10

单位：m^2

编号					13-107	13-108	13-109	13-110
项目					攒边门制作(边厚在)		屏门扇制作(板厚在)	
					6 cm	每增厚 1 cm	4 cm	每增厚 1 cm
预算基价	总价（元）				723.51	66.80	464.73	80.16
	人工费（元）				386.88	16.12	193.44	16.12
	材料费（元）				295.70	48.97	250.82	62.33
	管理费（元）				40.93	1.71	20.47	1.71
组成内容			单位	单价	数量			
人工	综合工		工日	124.00	3.12	0.13	1.56	0.13
材料	红白松锯材	一类烘干	m^3	4334.22	0.066	0.011	0.056	0.014
	乳胶		kg	9.50	0.25	0.01	0.20	0.02
	铁钉		kg	7.81	0.06		0.04	
	零星材料费		元		0.72	0.19	0.73	0.18
	材料采管费		元		6.08	1.01	5.16	1.28

单位：m^2

编号				13-111	13-112	13-113	13-114	13-115	13-116
项目				外檐隔扇安装			内檐隔扇安装		
				转轴铰接	合页铰接	铁钉固定	转轴铰接	合页铰接	销子固定
预算基价	总价（元）			259.54	36.22	20.29	224.58	40.34	25.13
	人工费（元）			148.80	23.56	17.36	133.92	27.28	21.08
	材料费（元）			95.00	10.17	1.09	76.49	10.17	1.82
	管理费（元）			15.74	2.49	1.84	14.17	2.89	2.23
组成内容		单位	单价	数量					
人工	综合工	工日	124.00	1.20	0.19	0.14	1.08	0.22	0.17
材料	红白松锯材 一类烘干	m^3	4334.22	0.020			0.017		
	木螺钉 M5	百个	9.00	0.12			0.08		
	铁钉	kg	7.81	0.03		0.05			
	自制小五金	kg	8.82	0.45					0.16
	乳胶	kg	9.50	0.06					
	五金费	元			9.40			9.40	
	零星材料费	元		0.51	0.56	0.68	0.52	0.56	0.37
	材料采管费	元		1.95	0.21	0.02	1.57	0.21	0.04

单位：m²

编号				13-117	13-118	13-119	13-120	13-121	13-122
项目				槛窗扇安装			支摘窗扇安装		
				转轴铰接	合页铰接	铁钉固定	合页铰接	销子固定	铁钉固定
预算基价	总价（元）			275.20	43.08	23.11	50.07	26.96	24.57
	人工费（元）			148.80	29.76	19.84	32.24	22.32	21.08
	材料费（元）			110.66	10.17	1.17	14.42	2.28	1.26
	管理费（元）			15.74	3.15	2.10	3.41	2.36	2.23
组成内容		单位	单价	数量					
人工	综合工	工日	124.00	1.20	0.24	0.16	0.26	0.18	0.17
材料	红白松锯材 一类烘干	m³	4334.22	0.023					
	木螺钉 M5	百个	9.00	0.18					
	铁钉	kg	7.81	0.03		0.06			0.07
	乳胶	kg	9.50	0.06					
	自制小五金	kg	8.82	0.65			0.48	0.21	
	五金费	元			9.40		9.40		
	零星材料费	元		0.54	0.56	0.68	0.49	0.38	0.68
	材料采管费	元		2.28	0.21	0.02	0.30	0.05	0.03

单位：m^2

编号				13-123	13-124	13-125	13-126	13-127	13-128
项目				屏门安装			实踏大门安装	撒带大门安装	攒边门安装
				转轴	鹅项碰铁	合页			
预算基价	总价（元）			181.74	72.45	45.82	165.66	103.96	130.09
	人工费（元）			112.84	32.24	32.24	128.96	73.16	96.72
	材料费（元）			56.96	36.80	10.17	23.06	23.06	23.14
	管理费（元）			11.94	3.41	3.41	13.64	7.74	10.23
组成内容		单位	单价	数量					
人工	综合工	工日	124.00	0.91	0.26	0.26	1.04	0.59	0.78
材料	红白松锯材 一类烘干	m^3	4334.22	0.011					
	木螺钉 M5	百个	9.00	0.12					
	铁钉	kg	7.81	0.03	0.05		0.02	0.02	0.03
	乳胶	kg	9.50	0.06					
	自制小五金	kg	8.82	0.65	4.00		2.50	2.50	2.50
	五金费	元				9.40			
	零星材料费	元		0.50	0.37	0.56	0.38	0.38	0.38
	材料采管费	元		1.17	0.76	0.21	0.47	0.47	0.48

三、坐凳及倒挂楣子制作安装

单位：m^2

编号				13-129	13-130	13-131	13-132	13-133	13-134
项目				步步紧		灯笼锦		盘肠紧	
				软樘	硬樘	软樘	硬樘	软樘	硬樘
预算基价	总价（元）			739.71	795.65	614.86	670.84	420.22	452.90
	人工费（元）			467.48	496.00	365.80	395.56	178.56	187.24
	材料费（元）			222.77	247.17	210.36	233.43	222.77	245.85
	管理费（元）			49.46	52.48	38.70	41.85	18.89	19.81
组成内容		单位	单价	数量					
人工	综合工	工日	124.00	3.77	4.00	2.95	3.19	1.44	1.51
材料	红白松锯材 一类烘干	m^3	4334.22	0.0498	0.0553	0.0470	0.0522	0.0498	0.0550
	乳胶	kg	9.50	0.10	0.10	0.10	0.10	0.10	0.10
	铁钉	kg	7.81	0.11	0.11	0.11	0.11	0.11	0.11
	零星材料费	元		0.54	0.60	0.51	0.57	0.54	0.60
	材料采管费	元		4.58	5.08	4.33	4.80	4.58	5.06

单位：m²

编号				13-135	13-136	13-137	13-138	13-139	13-140
项目				金线如意		万字拐子		斜万字	
				软樘	硬樘	软樘	硬樘	软樘	硬樘
预算基价	总价（元）			1075.74	1130.34	891.67	947.64	1136.64	1191.24
	人工费（元）			757.64	786.16	597.68	627.44	815.92	844.44
	材料费（元）			237.94	261.00	230.75	253.81	234.39	257.45
	管理费（元）			80.16	83.18	63.24	66.39	86.33	89.35
组成内容		单位	单价	数量					
人工	综合工	工日	124.00	6.11	6.34	4.82	5.06	6.58	6.81
材料	红白松锯材 一类烘干	m^3	4334.22	0.0532	0.0584	0.0516	0.0568	0.0524	0.0576
	乳胶	kg	9.50	0.12	0.12	0.11	0.11	0.12	0.12
	铁钉	kg	7.81	0.11	0.11	0.11	0.11	0.11	0.11
	零星材料费	元		0.47	0.51	0.45	0.50	0.46	0.50
	材料采管费	元		4.89	5.37	4.75	5.22	4.82	5.30

单位：m^2

编号				13-141	13-142	13-143	13-144	13-145	13-146
项目				龟背锦		冰裂纹		西洋瓶坐凳楣子	直棂条坐凳楣子
				软樘	硬樘	软樘	硬樘		
预算基价	总价（元）			957.94	1013.90	1251.09	1305.70	457.11	427.90
	人工费（元）			641.08	670.84	902.72	931.24	148.80	177.32
	材料费（元）			249.03	272.08	252.86	275.93	292.57	231.82
	管理费（元）			67.83	70.98	95.51	98.53	15.74	18.76
组成内容		单位	单价	数量					
人工	综合工	工日	124.00	5.17	5.41	7.28	7.51	1.20	1.43
材料	红白松锯材 一类烘干	m^3	4334.22	0.0557	0.0609	0.0565	0.0617	0.0656	0.0519
	乳胶	kg	9.50	0.12	0.12	0.15	0.15	0.10	0.10
	铁钉	kg	7.81	0.11	0.11	0.11	0.11	0.09	0.09
	零星材料费	元		0.49	0.53	0.49	0.54	0.57	0.45
	材料采管费	元		5.12	5.60	5.20	5.68	6.02	4.77

单位：十块

编号				13-147	13-148	13-149	13-150
项目				花牙子			
				卷草夔龙（长在）		四季花草（长在）	
				40 cm 以内	40 cm 以外	40 cm 以内	40 cm 以外
预算基价	总价（元）			2089.52	2970.18	2550.24	3743.54
	人工费（元）			1815.36	2395.68	2232.00	3095.04
	材料费（元）			82.08	321.02	82.08	321.02
	管理费（元）			192.08	253.48	236.16	327.48
组成内容		单位	单价	数量			
人工	综合工	工日	124.00	14.64	19.32	18.00	24.96
材料	红白松锯材 一类烘干	m^3	4334.22	0.018	0.072	0.018	0.072
	乳胶	kg	9.50	0.10	0.10	0.10	0.10
	铁钉	kg	7.81	0.10	0.10	0.10	0.10
	零星材料费	元		0.64	0.63	0.64	0.63
	材料采管费	元		1.69	6.60	1.69	6.60

单位：十块

编号				13-151	13-152	13-153	13-154	13-155	13-156
项目				骑马牙子				坐凳面	
				卷草夔龙（长在）		四季花草（长在）		厚 5 cm （m^2）	每增厚 1 cm （m^2）
				60 cm 以内	60 cm 以外	60 cm 以内	60 cm 以外		
预算基价	总价（元）			3291.94	4190.22	3672.90	5248.38	352.52	56.93
	人工费（元）			2633.76	3362.88	3199.20	4359.84	90.52	6.20
	材料费（元）			379.51	471.53	135.20	427.24	252.42	50.07
	管理费（元）			278.67	355.81	338.50	461.30	9.58	0.66
组成内容		单位	单价	数量					
人工	综合工	工日	124.00	21.24	27.12	25.80	35.16	0.73	0.05
材料	红白松锯材 一类烘干	m^3	4334.22	0.030	0.096	0.030	0.096		
	红白松锯材 一类	m^3	3767.01	0.0635	0.0115			0.0635	0.0130
	乳胶	kg	9.50	0.10	0.10	0.10	0.10	0.72	
	铁钉	kg	7.81	0.10	0.10	0.10	0.10	0.12	
	零星材料费	元		0.74	0.69	0.66	0.63	0.25	0.07
	材料采管费	元		7.81	9.70	2.78	8.79	5.19	1.03

四、栏 杆、什 锦 窗

单位：m^2

编号				13-157	13-158	13-159	13-160
项目				栏杆（包括望柱）			鹅颈靠背(美人靠)(m)
				寻杖栏杆	花栏杆	直挡栏杆	
预算基价	总价（元）			2380.39	999.91	544.74	829.64
	人工费（元）			1853.80	612.56	241.80	338.52
	材料费（元）			330.45	322.54	277.36	455.30
	管理费（元）			196.14	64.81	25.58	35.82
组成内容		单位	单价	数量			
人工	综合工	工日	124.00	14.95	4.94	1.95	2.73
材料	红白松锯材 一类烘干	m^3	4334.22	0.073	0.071	0.061	0.102
	乳胶	kg	9.50	0.20	0.30	0.20	0.05
	防腐油	kg	0.58	0.02	0.02	0.02	
	铁钉	kg	7.81	0.05	0.05	0.05	0.04
	木螺钉 M5	百个	9.00	0.05	0.05	0.05	
	铁件	kg	7.69	0.50	0.50	0.50	0.34
	零星材料费	元		0.65	0.63	0.68	0.45
	材料采管费	元		6.80	6.63	5.70	9.36

单位：十份

编号				13-161	13-162	13-163	13-164	13-165	13-166
项目				直折线形边框什锦窗					
				桶座（洞口面积在）			贴脸（洞口面积在）		
				0.5 m^2 以内	0.8 m^2 以内	0.8 m^2 以外	0.5 m^2 以内	0.8 m^2 以内	0.8 m^2 以外
预算基价	总价（元）			1875.90	2456.76	3346.22	1044.72	1371.47	1919.17
	人工费（元）			682.00	841.96	1160.64	696.88	870.48	1204.04
	材料费（元）			1121.74	1525.72	2062.78	274.11	408.89	587.73
	管理费（元）			72.16	89.08	122.80	73.73	92.10	127.40
组成内容		单位	单价	数量					
人工	综合工	工日	124.00	5.50	6.79	9.36	5.62	7.02	9.71
材料	红白松锯材 一类烘干	m^3	4334.22	0.25	0.34	0.46	0.06	0.09	0.13
	乳胶	kg	9.50	0.5	0.6	0.7	0.5	0.6	0.7
	铁钉	kg	7.81	1.0	1.5	2.0	0.4	0.5	0.6
	防腐油	kg	0.58	2.5	3.1	4.0			
	零星材料费	元		1.10	1.49	2.02	0.54	0.80	0.86
	材料采管费	元		23.07	31.38	42.43	5.64	8.41	12.09

单位：十扇

编号				13-167	13-168	13-169	13-170	13-171	13-172
项目				直折线形边框什锦窗					
				无棂条仔屉（洞口面积在）			带棂条仔屉（洞口面积在）		
				0.5 m^2 以内	0.8 m^2 以内	0.8 m^2 以外	0.5 m^2 以内	0.8 m^2 以内	0.8 m^2 以外
预算基价	总价（元）			831.42	1038.26	1493.94	3255.70	3951.03	5073.42
	人工费（元）			623.72	768.80	1058.96	2611.44	3075.20	3845.24
	材料费（元）			141.71	188.12	322.94	367.95	550.45	821.33
	管理费（元）			65.99	81.34	112.04	276.31	325.38	406.85
组成内容		单位	单价	数量					
人工	综合工	工日	124.00	5.03	6.20	8.54	21.06	24.80	31.01
材料	红白松锯材 一类烘干	m^3	4334.22	0.03	0.04	0.07	0.08	0.12	0.18
	乳胶	kg	9.50	0.5	0.6	0.7	0.5	0.6	0.7
	铁钉	kg	7.81	0.4	0.5	0.6	1.0	1.5	2.0
	零星材料费	元		0.90	1.28	1.57	1.08	1.61	2.01
	材料采管费	元		2.91	3.87	6.64	7.57	11.32	16.89

单位：十份

编号				13-173	13-174	13-175	13-176	13-177	13-178
项目				曲线形边框什锦窗					
				桶座（洞口面积在）			贴脸（洞口面积在）		
				0.5 m^2 以内	0.8 m^2 以内	0.8 m^2 以外	0.5 m^2 以内	0.8 m^2 以内	0.8 m^2 以外
预算基价	总价（元）			4754.11	5559.70	6994.77	1632.87	2174.07	2980.68
	人工费（元）			3075.20	3395.12	3873.76	987.04	1233.80	1639.28
	材料费（元）			1353.53	1805.35	2711.14	541.39	809.73	1167.95
	管理费（元）			325.38	359.23	409.87	104.44	130.54	173.45
组成内容		单位	单价	数量					
人工	综合工	工日	124.00	24.80	27.38	31.24	7.96	9.95	13.22
材料	红白松锯材 一类烘干	m^3	4334.22	0.30	0.40	0.60	0.12	0.18	0.26
	乳胶	kg	9.50	0.6	0.7	1.0	0.6	0.7	1.0
	铁钉	kg	7.81	2.0	3.0	5.0	0.4	0.5	0.6
	防腐油	kg	0.58	2.5	3.1	4.0			
	零星材料费	元		2.65	2.65	3.98	1.32	2.37	2.85
	材料采管费	元		27.84	37.13	55.76	11.14	16.65	24.02

单位：十扇

编号				13-179	13-180	13-181	13-182	13-183	13-184
项目				曲线形边框什锦窗					
				无棂条仔屉（洞口面积在）			带棂条仔屉（洞口面积在）		
				0.5 m^2 以内	0.8 m^2 以内	0.8 m^2 以外	0.5 m^2 以内	0.8 m^2 以内	0.8 m^2 以外
预算基价	总价（元）			1285.09	1613.41	2205.77	4237.08	4933.03	6059.40
	人工费（元）			913.88	1088.72	1422.28	3410.00	3873.76	4642.56
	材料费（元）			274.52	409.50	633.00	466.28	649.40	925.63
	管理费（元）			96.69	115.19	150.49	360.80	409.87	491.21
组成内容		单位	单价	数量					
人工	综合工	工日	124.00	7.37	8.78	11.47	27.50	31.24	37.44
材料	红白松锯材 一类烘干	m^3	4334.22	0.06	0.09	0.14	0.10	0.14	0.20
	乳胶	kg	9.50	0.5	0.6	0.7	2.0	2.5	3.5
	铁钉	kg	7.81	0.4	0.5	0.6	0.4	0.5	0.6
	零星材料费	元		0.94	1.40	1.85	1.14	1.59	1.81
	材料采管费	元		5.65	8.42	13.02	9.59	13.36	19.04

五、门窗装饰附件、特殊五金及匾额

单位：十个

编号				13-185	13-186	13-187	13-188	13-189	13-190
项目				卡		子		花	
				四季花草团花(径在)		四季花草卡子(宽在)		福寿团花(径在)	
				10 cm 以内	10 cm 以外	10 cm 以内	10 cm 以外	10 cm 以内	10 cm 以外
预算基价	总价（元）			676.36	863.03	845.34	1045.27	1005.44	1356.66
	人工费（元）			595.20	744.00	744.00	892.80	892.80	1190.40
	材料费（元）			18.18	40.31	22.62	58.01	18.18	40.31
	管理费（元）			62.98	78.72	78.72	94.46	94.46	125.95
组成内容		单位	单价	数			量		
人工	综合工	工日	124.00	4.80	6.00	6.00	7.20	7.20	9.60
材料	红白松锯材 一类烘干	m^3	4334.22	0.004	0.009	0.005	0.013	0.004	0.009
	乳胶	kg	9.50	0.05	0.05	0.05	0.05	0.05	0.05
	材料采管费	元		0.37	0.83	0.47	1.19	0.37	0.83

单位：十个

编号				13-191	13-192	13-193	13-194
项目				卡子花		工字	握拳
				福寿卡子（宽在）			
				10 cm 以内	10 cm 以外		
预算基价	总价（元）			1338.97	1703.45	170.08	65.49
	人工费（元）			1190.40	1488.00	141.36	57.04
	材料费（元）			22.62	58.01	13.76	2.41
	管理费（元）			125.95	157.44	14.96	6.04
组成内容		单位	单价	数量			
人工	综合工	工日	124.00	9.60	12.00	1.14	0.46
材料	红白松锯材 一类烘干	m^3	4334.22	0.0050	0.0130	0.0030	0.0005
	乳胶	kg	9.50	0.05	0.05	0.05	0.02
	材料采管费	元		0.47	1.19	0.28	0.05

编号				13-195	13-196	13-197	13-198
项目				隔扇、槛窗面叶 （十件）	大门包叶 （件）	壶瓶护口 （对）	铁门栓 （份）
预算基价	总价（元）			81.22	29.09	73.70	41.14
	人工费（元）			73.16	24.80	62.00	37.20
	材料费（元）			0.32	1.67	5.14	
	管理费（元）			7.74	2.62	6.56	3.94
组成内容		单位	单价	数量			
人工	综合工	工日	124.00	0.59	0.20	0.50	0.30
材料	面叶	块		（10.2）			
	包叶	块			（1）		
	壶瓶护口	对				（1）	
	铁门栓	份					（1）
	铁钉	kg	7.81	0.04	0.21		
	半圆图钉	kg	10.05			0.5	
	材料采管费	元		0.01	0.03	0.11	

单位：m^2

编号				13-199	13-200	13-201	13-202
项目				普通匾额		单匾托	
				厚 6 cm	每增厚 1 cm	素面（对）	带万字纹（对）
预算基价	总价（元）			915.38	88.75	169.10	525.61
	人工费（元）			483.60	32.24	80.60	403.00
	材料费（元）			380.61	53.10	79.97	79.97
	管理费（元）			51.17	3.41	8.53	42.64
组成内容		单位	单价	数量			
人工	综合工	工日	124.00	3.90	0.26	0.65	3.25
材料	红白松锯材 一类烘干	m^3	4334.22	0.085	0.012	0.018	0.018
	乳胶	kg	9.50	0.3			
	铁钉	kg	7.81	0.1			
	零星材料费	元		0.74		0.31	0.31
	材料采管费	元		7.83	1.09	1.64	1.64

单位：块

编号				13-203	13-204	13-205	13-206
项目				云龙纹通匾托		万字花草通匾托	
				长在1m以内	长在1m以外	长在1m以内	长在1m以外
预算基价	总价（元）			1837.53	2992.77	1035.38	1744.98
	人工费（元）			1531.40	2418.00	806.00	1289.60
	材料费（元）			144.10	318.93	144.10	318.93
	管理费（元）			162.03	255.84	85.28	136.45
组成内容		单位	单价	数量			
人工	综合工	工日	124.00	12.35	19.50	6.50	10.40
材料	红白松锯材 一类烘干	m^3	4334.22	0.0325	0.0720	0.0325	0.0720
	零星材料费	元		0.28	0.31	0.28	0.31
	材料采管费	元		2.96	6.56	2.96	6.56

六、木楼梯、墙、天棚

单位：m^2

编号				13-207	13-208	13-209	13-210
项目				木楼梯		栈板墙（罗汉板）	
				松木	硬木	板厚 2 cm（$10m^2$）	每增厚 0.5 cm（$10m^2$）
预算基价	总价（元）			894.20	1140.50	2530.14	412.40
	人工费（元）			199.64	238.08	848.16	29.76
	材料费（元）			673.44	877.23	1592.24	379.49
	管理费（元）			21.12	25.19	89.74	3.15
组成内容		单位	单价	数量			
人工	综合工	工日	124.00	1.61	1.92	6.84	0.24
材料	红白松锯材 一类烘干	m^3	4334.22	0.149			
	硬杂木锯材 一类	m^3	5685.00		0.149		
	铁钉	kg	7.81	0.50	0.50	2.00	0.80
	防腐油	kg	0.58	0.23	0.23		
	红白松锯材 一类	m^3	3767.01			0.384	0.096
	乳胶	kg	9.50			10.00	0.40
	零星材料费	元		9.75	8.09	2.34	
	材料采管费	元		13.85	18.04	32.75	7.81

单位：10 m^2

编号				13-211	13-212	13-213	13-214	13-215	13-216
项目				井口天花（井口板见方在）			五合板天棚		
				60 cm 以内	70 cm 以内	80 cm 以内	带压条（仿井口天花）	普通压条	不带压条
预算基价	总价（元）			5477.44	6226.25	7147.75	3019.87	1665.27	1696.61
	人工费（元）			1773.20	1853.80	1934.40	565.44	261.64	432.76
	材料费（元）			3516.62	4176.31	5008.68	2394.60	1375.95	1218.06
	管理费（元）			187.62	196.14	204.67	59.83	27.68	45.79
组成内容		单位	单价	数量					
人工	综合工	工日	124.00	14.30	14.95	15.60	4.56	2.11	3.49
材料	红白松锯材 一类	m^3	3767.01	0.070	0.070	0.070	0.298	0.224	0.224
	红白松锯材 一类烘干	m^3	4334.22	0.719	0.868	1.056	0.202		
	铁件	kg	7.69	6.70	6.70	6.70	3.02	2.89	2.89
	镀锌钢丝 $D4.0$	kg	7.92	1.10	1.10	1.10	1.10	0.91	0.91
	胶合板 5mm厚	m^2	28.32				10.71	10.71	10.71
	松木压条 12×34	m	3.20					47.1	
	铁钉	kg	7.81	0.300	0.300	0.300	1.220	0.967	0.500
	防腐油	kg	0.58				0.265	0.265	0.265
	零星材料费	元		1.72	2.04	2.45	2.34	12.68	12.40
	材料采管费	元		72.33	85.90	103.02	49.25	28.30	25.05

第十四章　屋　面　工　程

说　　明

一、本章包括苫背，布瓦屋面，琉璃屋面等3节；共249条基价子目。

二、屋面苫背的厚度以平均厚度计算。其中苫泥背以使用3∶7掺灰泥厚5 cm为准，不足5 cm的按5 cm计算。灰背以厚3 cm为准，不足3 cm按3 cm计算。

三、除硬山、悬山及竹节瓦（即圆形屋面）外，其他屋顶形式（如攒尖、庑殿、歇山等）单坡面积在5 m^2 以内者，布瓦屋面按相应基价子目人工费、材料费及管理费乘以系数1.14；琉璃瓦屋面按相应基价子目人工费、材料费及管理费乘以系数1.05；单坡面积在2 m^2 以内者，布瓦屋面按相应基价子目人工费、材料费及管理费乘以系数1.18；琉璃瓦屋面按相应基价子目人工费、材料费及管理费乘以系数1.06。

四、布瓦心、檐头或脊部琉璃瓦的剪边做法屋面（不包括同为琉璃瓦的变色剪边做法）其檐头的琉璃瓦剪边部分为“一勾一筒”或“一勾一筒”以上的执行琉璃瓦剪边基价；若只有一块勾头的琉璃剪边做法，则执行相应的檐头附件基价。屋脊的琉璃剪边部分执行宽琉璃瓦基价。

五、琉璃瓦剪边基价以“一勾二筒”做法为准，并已包括了檐头附件在内，因而不得再另执行檐头附件基价。“一勾一筒”做法的按相应基价子目人工费、材料费及管理费乘以系数0.60；“一勾三筒”做法的按相应基价子目人工费、材料费及管理费乘以系数1.40；“一勾四筒”做法的按相应基价子目人工费、材料费及管理费乘以系数1.73。

六、墙帽、牌楼、门罩等宽琉璃瓦，坡长在“一勾四筒”以内者执行宽琉璃瓦剪边基价。

七、屋面天沟、窝角沟的附件执行檐头附件基价。

八、琉璃檐头附件、琉璃瓦檐头剪边及琉璃铃铛排山脊均包括安钉帽，但因房高坡大需在中腰节加钉帽者，执行星星瓦，钉瓦钉、安钉帽基价子目。如需用筒瓦凿瓦钉眼代替星星瓦时，其工料亦不调整。

九、调脊综合了直形脊、弧形脊、拱形脊、不包括“闹龙脊”和布瓦屋面的“三砖五瓦”正脊等特殊做法，发生时应另行计算。换用木脊桩、吻桩，基价不做调整。

十、铃铛排山脊基价已包括安排山勾滴，不得再另执行檐头附件基价。披水排山脊包括披水檐在内。

十一、宝顶安装分底座和顶珠两部分，不分形状均执行本基价。

十二、本章第三节补价项目（包括补材料差价）系指增补异型瓦（脊）件与普通瓦（脊）件之价格差额。

工　作　内　容

本章各子目除另有说明外均包括：准备工具、材料运输、筛灰、调制灰浆、苫背、宽瓦、调脊等全部操作过程。其中：

一、屋面苫背项目包括：分层摊抹、拍麻刀、轧实、擀光；锡背包括：清理基层、平整、裁剪、焊接等全部操作过程。

二、宽瓦及檐头附件项目包括：分中、号垄、排钉（或砌抹）瓦口、宽瓦、安勾滴、安钉帽、宽窝角沟、安天沟附件、打点等全部操作过程。

三、调脊项目包括：安脊桩、扎尖、摆砌各种脊件，布瓦脊及宝顶项目还包括砍制各种砖件，清水脊的蝎子尾项目包括平草、跨草、落落草的雕刻。

四、正吻（兽）、合角吻（兽）的安装包括：安吻桩、拼装、镶扒锔，宝顶座、宝顶珠安装项目还包括分层砌抹、填馅等。

工 程 量 计 算 规 则

一、苫背、宽瓦按屋面图示不同的几何形状以面积计算,其各部位边线规定如下:

檐头以木基层或砖檐外边线为准;屋面剖面为曲线者,坡长按曲线长计算;硬山、悬山建筑两山以博缝外皮为准;歇山建筑拱山边线与硬山、悬山相同,撒头上边线以博缝外皮连线为准;重檐建筑下层檐上边线以重檐金柱(或重檐童柱)外皮连线为准;带角梁的建筑檐头长度以仔角梁端头中点连接直线为准,屋角飞檐冲出部分面积不增加。望板勾缝、护板灰、泥背、灰背不扣除连檐、扶脊木、角梁所占面积,锡背按图示铺作面积计算;宽瓦不扣除各种脊所占面积,做法不同时应分别计算。

二、檐头附件、宽檐头琉璃瓦剪边按长度计算,其中硬山、悬山建筑算至博缝外皮,带角梁的建筑按仔角梁端头中点连接直线计算。

三、各种脊均按长度计算,其中:

1. 带吻(兽)正脊、围脊及清水脊应扣除吻(兽)、平草、跨草、落落草所占长度。

2. 过垄脊、鞍子脊算至边垄外皮。

3. 歇山垂脊下端算至兽座或盘子外皮,上端有正吻(兽)的算至吻(兽)外皮,无正吻(兽)算至正脊中线。

4. 戗脊、角脊及庑殿、攒尖、硬山、悬山垂脊带垂(岔)兽者,按兽前(包括兽)、兽后分别计算。兽前部分由淌头外皮量至兽后口;兽后部分由兽后口起计算,戗脊量至垂脊外皮,角脊量至合角吻外皮,庑殿、攒尖建筑垂脊量至正吻或宝顶外皮,硬山、悬山建筑垂脊有正吻的量至正吻外皮,无正吻的量至正脊中线。

5. 布瓦屋面的无陡板垂脊由圭角盘子或勾头外皮量至正脊中线。

6. 披水梢垄由勾头外皮量至正脊中线。

7. 博脊量至挂尖头。

四、调脊附件不分尖山、圆山(卷棚)均以每一坡为单位,按条计算。

五、正吻、合角吻、宝顶座、宝顶珠按条计算,合角吻以每角算一份。

一、苫　背

单位：10 m^2

编号				14-1	14-2	14-3	14-4	14-5
项目				护板灰	泥背（每5cm厚）		灰背（每3cm厚）	
					滑秸泥	麻刀泥	月白灰背	白灰背
预算基价	总价（元）			157.82	220.29	255.41	619.21	480.71
	人工费（元）			45.20	113.00	113.00	350.30	282.50
	材料费（元）			107.14	93.58	128.70	226.41	163.93
	管理费（元）			5.48	13.71	13.71	42.50	34.28
组成内容		单位	单价	数量				
人工	综合工	工日	113.00	0.40	1.00	1.00	3.10	2.50
材料	白灰	kg	0.31	144.00	120.00	120.00	234.50	234.50
	青灰	kg	2.00	19.00			31.00	
	麻刀	kg	4.53	3.80		8.80	18.00	18.00
	滑秸	kg	1.50		4.40			
	黄土	m^3	79.00		0.55	0.55		
	零星材料费	元		5.09	4.41	5.54	5.51	6.32
	材料采管费	元		2.20	1.92	2.65	4.66	3.37

单位：10 m²

编号				14-6	14-7	14-8	14-9
项目				青灰背（每3cm厚）		望板勾缝	锡背
				平顶	坡顶		
预算基价	总价（元）			678.36	1058.49	50.60	7489.95
	人工费（元）			372.90	711.90	33.90	429.40
	材料费（元）			260.22	260.22	12.59	7008.45
	管理费（元）			45.24	86.37	4.11	52.10
组成内容		单位	单价	数量			
人工	综合工	工日	113.00	3.30	6.30	0.30	3.80
材料	白灰	kg	0.31	235.40	235.40	10.00	
	青灰	kg	2.00	47.50	47.50	1.30	
	麻刀	kg	4.53	18.00	18.00	0.33	
	铅板 5.0	kg	17.22				392.20
	焊锡	kg	69.17				1.50
	零星材料费	元		5.36	5.36	5.14	6.86
	材料采管费	元		5.35	5.35	0.26	144.15

二、布 瓦 屋 面

1. 瓦 面

单位：10 m^2

编号				14-10	14-11	14-12	14-13	14-14
项目				筒瓦裹垄				
				头 号	1 号	2 号	3 号	10 号
预算基价	总价（元）			3249.68	3511.12	4078.95	4673.81	6010.32
	人工费（元）			1395.00	1395.00	1674.00	1953.00	2232.00
	材料费（元）			1700.44	1961.88	2219.86	2504.88	3531.54
	管理费（元）			154.24	154.24	185.09	215.93	246.78
组成内容		单位	单价	数量				
人工	综合工	工日	124.00	11.25	11.25	13.50	15.75	18.00
材料	板瓦	块		409.73 ×2.48	654.46 ×1.84	816.06 ×1.71	1049.98 ×1.57	2626.19 ×0.84
	筒瓦	块		136.58 ×2.84	218.15 ×2.09	272.02 ×1.94	349.99 ×1.60	875.40 ×1.15
	白灰	kg	0.31	399.740	399.740	378.390	365.510	365.510
	黄土	m^3	79.00	0.612	0.612	0.557	0.525	0.525
	水	m^3	7.85	0.591	0.591	0.570	0.557	0.557
	青灰	kg	2.00	23.348	23.348	23.348	23.250	23.250
	麻刀	kg	4.53	7.073	7.073	7.073	7.044	7.044
	零星材料费	元		5.81	5.75	6.50	7.34	8.63
	材料采管费	元		34.97	40.35	45.66	51.52	72.64
	掺灰泥 4:6	m^3		(0.78)	(0.78)	(0.71)	(0.67)	(0.67)
	深月白麻刀灰 中麻刀	m^3		(0.238)	(0.238)	(0.238)	(0.237)	(0.237)

单位：10 m^2

编号				14-15	14-16	14-17	14-18	14-19
项目				筒瓦捉节夹垄				
				头号	1号	2号	3号	10号
预算基价	总价（元）			2996.04	3274.50	3661.97	4397.08	6079.66
	人工费（元）			1116.00	1116.00	1256.12	1674.00	2093.12
	材料费（元）			1756.65	2035.11	2266.97	2537.99	3755.12
	管理费（元）			123.39	123.39	138.88	185.09	231.42
组成内容		单位	单价	数量				
人工	综合工	工日	124.00	9.00	9.00	10.13	13.50	16.88
材料	板瓦	块		441.25 ×2.48	703.59 ×1.84	855.31 ×1.71	1079.03 ×1.57	2828.28 ×0.84
	筒瓦	块		147.08 ×2.84	234.53 ×2.09	285.10 ×1.94	359.68 ×1.60	942.76 ×1.15
	白灰	kg	0.31	334.460	334.460	321.270	330.150	330.150
	黄土	m^3	79.00	0.612	0.612	0.557	0.525	0.525
	水	m^3	7.85	0.447	0.447	0.444	0.479	0.479
	青灰	kg	2.00	13.930	13.930	15.107	18.149	18.149
	麻刀	kg	4.53	4.220	4.220	4.577	5.498	5.498
	零星材料费	元		6.00	5.96	6.64	7.44	9.17
	材料采管费	元		36.13	41.86	46.63	52.20	77.24
	掺灰泥 4:6	m^3		(0.78)	(0.78)	(0.71)	(0.67)	(0.67)
	深月白麻刀灰 中麻刀	m^3		(0.142)	(0.142)	(0.154)	(0.185)	(0.185)

单位：10 m

编号				14-20	14-21	14-22	14-23	14-24
项目				筒瓦檐头附件（裹垄）				
				头号	1号	2号	3号	10号
预算基价	总价（元）			811.88	810.75	792.38	939.71	994.56
	人工费（元）			376.96	416.64	416.64	558.00	627.44
	材料费（元）			393.24	348.04	329.67	320.01	297.75
	管理费（元）			41.68	46.07	46.07	61.70	69.37
组成内容		单位	单价	数量				
人工	综合工	工日	124.00	3.04	3.36	3.36	4.50	5.06
材料	勾头	块		37.50 ×3.30	41.71 ×2.44	47.30 ×2.18	54.80 ×1.92	74.30 ×1.56
	滴子	块		37.50 ×3.30	41.71 ×2.44	47.30 ×2.18	54.80 ×1.92	74.30 ×1.56
	松烟	kg	18.00	0.25	0.25	0.20	0.13	0.13
	骨胶	kg	5.70	0.10	0.10	0.08	0.05	0.05
	白灰	kg	0.31	157.760	157.760	133.280	117.640	63.240
	青灰	kg	2.00	22.759	22.759	19.228	16.971	9.123
	麻刀	kg	4.53	6.895	6.895	5.825	5.142	2.764
	水	m^3	7.85	0.348	0.348	0.294	0.260	0.140
	零星材料费	元		4.19	3.88	4.14	4.63	5.72
	材料采管费	元		8.09	7.16	6.78	6.58	6.12
	深月白麻刀灰 中麻刀	m^3		(0.232)	(0.232)	(0.196)	(0.173)	(0.093)

单位：10 m

编号				14-25	14-26	14-27	14-28	14-29
项目				筒瓦檐头附件（捉节夹垄）				
				头号	1 号	2 号	3 号	10 号
预算基价	总价（元）			772.81	760.54	740.37	775.56	927.33
	人工费（元）			348.44	376.96	376.96	419.12	558.00
	材料费（元）			385.84	341.90	321.73	310.10	307.63
	管理费（元）			38.53	41.68	41.68	46.34	61.70
组成内容		单位	单价	数量				
人工	综合工	工日	124.00	2.81	3.04	3.04	3.38	4.50
材料	勾头	块		39.60 ×3.30	44.80 ×2.44	49.60 ×2.18	56.20 ×1.92	80.00 ×1.56
	滴子	块		39.60 ×3.30	44.80 ×2.44	49.60 ×2.18	56.20 ×1.92	80.00 ×1.56
	松烟	kg	18.00	0.25	0.25	0.20	0.13	0.13
	骨胶	kg	5.70	0.10	0.10	0.08	0.05	0.05
	白灰	kg	0.31	131.920	131.920	111.520	99.280	53.040
	青灰	kg	2.00	19.031	19.031	16.088	14.323	7.652
	麻刀	kg	4.53	5.766	5.766	4.874	4.339	2.318
	水	m^3	7.85	0.291	0.291	0.246	0.219	0.117
	零星材料费	元		4.11	3.81	4.04	4.49	5.91
	材料采管费	元		7.94	7.03	6.62	6.38	6.33
	深月白麻刀灰 中麻刀	m^3		(0.194)	(0.194)	(0.164)	(0.146)	(0.078)

单位：10 m²

编号				14-30	14-31	14-32	14-33	14-34	14-35
项目				合瓦屋面			合瓦檐头附件		
				1号瓦	2号瓦	3号瓦	1号瓦（10m）	2号瓦（10m）	3号瓦（10m）
预算基价	总价（元）			4390.97	4511.27	5021.42	405.44	381.00	362.62
	人工费（元）			1535.12	1618.20	1687.64	106.64	106.64	106.64
	材料费（元）			2686.12	2714.15	3147.19	287.01	262.57	244.19
	管理费（元）			169.73	178.92	186.59	11.79	11.79	11.79
组成内容		单位	单价	数量					
人工	综合工	工日	124.00	12.38	13.05	13.61	0.86	0.86	0.86
材料	花边瓦	块					42.00 ×2.84	42.00 ×2.38	47.70 ×1.82
	板瓦 1号	块	1.84	1285.44	642.72				
	板瓦 2号	块	1.71		714.10	809.78			
	板瓦 3号	块	1.57			911.76			
	水泥	kg	0.37				2.00	2.00	2.00
	砂子	t	87.58				0.005	0.005	0.005
	白灰	kg	0.31	428.740	407.390	413.570	133.960	128.520	125.120
	黄土	m³	79.00	0.800	0.745	0.698			
	水	m³	7.85	0.566	0.545	0.581	0.296	0.284	0.276
	青灰	kg	2.00	16.971	16.971	20.503	19.326	18.541	18.050
	麻刀	kg	4.53	5.142	5.142	6.211	5.855	5.617	5.468
	零星材料费	元		7.87	7.95	9.22	51.63	51.43	49.35
	材料采管费	元		55.25	55.82	64.73	5.90	5.40	5.02
	掺灰泥 4:6	m³		(1.02)	(0.95)	(0.89)			
	深月白麻刀灰 中麻刀	m³		(0.173)	(0.173)	(0.209)	(0.197)	(0.189)	(0.184)

单位：10 m^2

编号				14-36	14-37	14-38	14-39
项目				干茬瓦屋面			
				1 号瓦	2 号瓦	3 号瓦	干茬瓦檐头每 10 m 增加材料
预算基价	总价（元）			3110.24	3528.11	6071.75	12.44
	人工费（元）			962.24	1018.04	1116.00	
	材料费（元）			2041.61	2397.51	4832.36	12.44
	管理费（元）			106.39	112.56	123.39	
组成内容		单位	单价	数量			
人工	综合工	工日	124.00	7.76	8.21	9.00	
材料	板瓦	块		1028.90 ×1.84	1317.60 ×1.71	2952.50 ×1.57	
	白灰	kg	0.31	189.100	164.700	164.700	14.960
	黄土	m^3	79.00	0.486	0.423	0.423	
	水	m^3	7.85	0.186	0.162	0.162	0.033
	青灰	kg	2.00				2.158
	麻刀	kg	4.53				0.654
	零星材料费	元		7.97	9.36	11.80	
	材料采管费	元		41.99	49.31	99.39	0.26
	深月白麻刀灰 中麻刀	m^3					(0.022)
	掺灰泥 4:6	m^3		(0.62)	(0.54)	(0.54)	

2. 正　　脊

单位：m

编号				14-40	14-41	14-42	14-43	14-44	14-45
项目				带吻(兽)正脊				筒瓦过垄脊(裹垄)	
				有陡板			无陡板正脊	1 号 瓦	2 号 瓦
				高在50 cm以下	高在70 cm以下	高在70 cm以上			
预算基价	总价(元)			776.60	834.12	894.39	389.63	216.22	228.51
	人工费(元)			455.08	491.04	513.36	249.24	100.44	115.32
	材料费(元)			271.20	288.79	324.27	112.83	104.67	100.44
	管理费(元)			50.32	54.29	56.76	27.56	11.11	12.75
组成内容		单位	单价	数量					
人工	综合工	工日	124.00	3.670	3.960	4.140	2.010	0.810	0.930
材料	罗锅瓦	块						4.70 ×2.39	5.33 ×2.14
	续罗锅瓦	块						9.40 ×2.39	10.67 ×2.14
	折腰瓦	块						4.70 ×2.34	5.33 ×2.11
	续折腰瓦	块						9.40 ×2.34	10.67 ×2.11
	地趴砖	块	13.31	8.68	8.68	8.68			
	大开条砖	块	4.36	8.40	8.40	8.40	3.79		
	小停泥砖	块	4.56				7.40		
	筒瓦 2号	块	1.94	6.00	6.00	6.00	6.00		
	板瓦 2号	块	1.71	12.00	12.00	12.00	11.55		
	尺二方砖	块	17.04	2.80		5.42			
	尺四方砖	块	22.61		2.80				
	松烟	kg	18.00	0.070	0.070	0.070	0.065		
	骨胶	kg	5.70	0.030	0.030	0.030	0.025		
	白灰	kg	0.31	34.680	36.720	43.520	29.240	43.520	36.720
	青灰	kg	2.00	5.003	5.297	6.278	4.218	6.278	5.297
	麻刀	kg	4.53	1.516	1.605	1.902	1.278	1.902	1.605
	水	m^3	7.85	0.077	0.081	0.096	0.065	0.096	0.081
	零星材料费	元		3.93	3.91	4.08	3.74	0.41	0.49
	材料采管费	元		5.58	5.94	6.67	2.32	2.15	2.07
	深月白麻刀灰 中麻刀	m^3		(0.051)	(0.054)	(0.064)	(0.043)	(0.064)	(0.054)

单位：m

编号				14-46	14-47	14-48	14-49	14-50	14-51
项目				筒瓦过垄脊（裹垄）		筒瓦过垄脊（抓节夹垄）			
				3号瓦	10号瓦	1号瓦	2号瓦	3号瓦	10号瓦
预算基价	总价（元）			243.17	254.03	189.31	199.05	211.37	227.78
	人工费（元）			130.20	143.84	73.16	86.80	100.44	115.32
	材料费（元）			98.57	94.29	108.06	102.65	99.82	99.71
	管理费（元）			14.40	15.90	8.09	9.60	11.11	12.75
组成内容		单位	单价	数量					
人工	综合工	工日	124.00	1.05	1.16	0.59	0.70	0.81	0.93
材料	罗锅瓦	块		6.18 ×1.90	8.40 ×1.55	5.05 ×2.39	5.59 ×2.14	6.35 ×1.90	9.04 ×1.55
	续罗锅瓦	块		12.40 ×1.90	16.80 ×1.55	10.10 ×2.39	11.19 ×2.14	12.70 ×1.90	18.08 ×1.55
	折腰瓦	块		6.18 ×1.87	8.40 ×1.54	5.05 ×2.34	5.59 ×2.11	6.35 ×1.87	9.04 ×1.54
	续折腰瓦	块		12.40 ×1.87	16.80 ×1.54	10.10 ×2.34	11.19 ×2.11	12.70 ×1.87	18.08 ×1.54
	白灰	kg	0.31	31.960	17.000	41.480	35.360	31.280	16.320
	青灰	kg	2.00	4.611	2.453	5.984	5.101	4.513	2.354
	麻刀	kg	4.53	1.397	0.743	1.813	1.545	1.367	0.713
	水	m^3	7.85	0.071	0.038	0.092	0.078	0.069	0.036
	零星材料费	元		0.48	0.64	0.42	0.45	0.49	0.58
	材料采管费	元		2.03	1.94	2.22	2.11	2.05	2.05
	深月白麻刀灰 中麻刀	m^3		(0.047)	(0.025)	(0.061)	(0.052)	(0.046)	(0.024)

单位：m

编号				14-52	14-53	14-54	14-55	14-56	14-57
项目				合瓦过垄脊			鞍子脊		
				1号瓦	2号瓦	3号瓦	1号瓦	2号瓦	3号瓦
预算基价	总价（元）			153.73	167.46	184.63	189.61	205.91	223.87
	人工费（元）			86.80	100.44	115.32	100.44	115.32	130.20
	材料费（元）			57.33	55.91	56.56	78.06	77.84	79.27
	管理费（元）			9.60	11.11	12.75	11.11	12.75	14.40
组成内容		单位	单价	数量					
人工	综合工	工日	124.00	0.70	0.81	0.93	0.81	0.93	1.05
材料	板瓦	块		4.70 ×1.84	5.33 ×1.71	6.18 ×1.57	4.70 ×1.84	5.33 ×1.71	6.18 ×1.57
	折腰瓦	块		4.70 ×2.34	5.33 ×2.11	6.18 ×1.87	4.70 ×2.34	5.33 ×2.11	6.18 ×1.87
	续折腰瓦	块					8.32 ×2.34	9.54 ×2.11	10.94 ×1.87
	蓝四丁砖	块	2.32				1.55	1.55	2.06
	白灰	kg	0.31	39.440	36.720	36.040	40.120	38.080	36.720
	青灰	kg	2.00	5.690	5.297	5.199	5.788	5.494	5.297
	麻刀	kg	4.53	1.724	1.605	1.575	1.753	1.664	1.605
	水	m^3	7.85	0.087	0.081	0.080	0.089	0.084	0.081
	零星材料费	元		4.40	4.52	4.81	1.09	1.16	1.26
	材料采管费	元		1.18	1.15	1.16	1.61	1.60	1.63
	深月白麻刀灰 中麻刀	m^3		(0.058)	(0.054)	(0.053)	(0.059)	(0.056)	(0.054)

单位：份

编号				14-58	14-59	14-60	14-61
项目				清水脊 (m)	平草蝎子尾	跨草蝎子尾	落落草蝎子尾
预算基价	总价（元）			329.45	3049.69	6490.50	6789.43
	人工费（元）			200.88	2604.00	5660.60	5908.60
	材料费（元）			106.36	157.78	204.04	227.55
	管理费（元）			22.21	287.91	625.86	653.28
组成内容		单位	单价	数量			
人工	综合工	工日	124.00	1.62	21.00	45.65	47.65
材料	蓝四丁砖	块	2.32	15.70	8.10	8.10	8.10
	小停泥砖	块	4.56	4.80	2.00	2.00	2.00
	板瓦 2号	块	1.71	15.60	14.00	14.00	14.00
	筒瓦 2号	块	1.94		3.09	3.09	3.09
	尺四方砖	块	22.61		3.00	5.00	6.00
	勾头 10号	块	1.56		1.04	1.04	1.04
	勾头 3号	块	1.92		1.04	1.04	1.04
	镀锌钢丝 *D*0.7	kg	8.35		0.06	0.06	0.06
	红白松锯材 一类	m^3	3767.01		0.001	0.001	0.001
	白灰	kg	0.31	16.320	10.880	10.880	10.880
	青灰	kg	2.00	2.354	1.570	1.570	1.570
	麻刀	kg	4.53	0.713	0.476	0.476	0.476
	水	m^3	7.85	0.036	0.024	0.024	0.024
	零星材料费	元		5.90	12.11	12.20	12.62
	材料采管费	元		2.19	3.25	4.20	4.68
	深月白麻刀灰 中麻刀	m^3		(0.024)	(0.016)	(0.016)	(0.016)

3. 垂　　脊

单位：m

编号				14-62	14-63	14-64	14-65	14-66	14-67
项目				带陡板垂脊					
				庑殿、攒尖建筑			悬山、硬山建筑		
				兽前	兽后		兽前	兽后	
					高在40 cm以外	高在40 cm以内		高在40 cm以外	高在40 cm以内
预算基价	总价（元）			335.67	666.16	606.80	420.16	727.54	669.38
	人工费（元）			246.76	465.00	421.60	290.16	493.52	451.36
	材料费（元）			61.63	149.75	138.59	97.92	179.45	168.12
	管理费（元）			27.28	51.41	46.61	32.08	54.57	49.90
组成内容		单位	单价	数量					
人工	综合工	工日	124.00	1.99	3.75	3.40	2.34	3.98	3.64
材料	蓝四丁砖	块	2.32	9.10	18.30	18.30	9.10	18.30	18.30
	尺二方砖	块	17.04		2.76			2.76	
	小停泥砖	块	4.56			8.00			8.00
	板瓦 2号	块	1.71	11.56	11.56	11.56	16.56	16.56	16.56
	筒瓦 2号	块	1.94	1.00	5.78	5.78	1.00	5.78	5.78
	滴子 2号	块	2.18				5.00	5.00	5.00
	勾头 2号	块	2.18				5.00	5.00	5.00
	骨胶	kg	5.70	0.025	0.025	0.025	0.020	0.020	0.020
	松烟	kg	18.00	0.063	0.063	0.063	0.050	0.050	0.050
	白灰	kg	0.31	12.240	23.120	22.440	21.080	23.120	22.440
	青灰	kg	2.00	1.766	3.335	3.237	3.041	3.335	3.237
	麻刀	kg	4.53	0.535	1.010	0.981	0.921	1.010	0.981
	水	m^3	7.85	0.027	0.051	0.050	0.047	0.051	0.050
	零星材料费	元		6.30	6.11	6.28	4.57	5.12	5.11
	材料采管费	元		1.27	3.08	2.85	2.01	3.69	3.46
	深月白麻刀灰 中麻刀	m^3		(0.018)	(0.034)	(0.033)	(0.031)	(0.034)	(0.033)

单位：m

编号				14-68	14-69	14-70	14-71	14-72	14-73
项目				带陡板垂脊		无陡板垂脊			
				歇山建筑		铃铛排山脊	攒尖建筑	披水排山脊	披水梢垄
				高在40 cm以外	高在40 cm以内				
预算基价	总价（元）			737.96	679.84	455.04	388.26	422.77	108.21
	人工费（元）			493.52	451.36	303.80	276.52	288.92	42.16
	材料费（元）			189.87	178.58	117.65	81.17	101.91	61.39
	管理费（元）			54.57	49.90	33.59	30.57	31.94	4.66
组成内容		单位	单价	数量					
人工	综合工	工日	124.00	3.98	3.64	2.45	2.23	2.33	0.34
材料	蓝四丁砖	块	2.32	18.30	18.30	13.40	13.40	13.40	8.58
	尺二方砖	块	17.04	2.76					
	小停泥砖	块	4.56		8.00			4.50	4.50
	板瓦 2号	块	1.71	16.56	16.56	16.56	11.56	11.56	
	筒瓦 2号	块	1.94	5.78	5.78	5.78	5.78	5.78	5.78
	滴子 2号	块	2.18	5.00	5.00	5.00			
	勾头 2号	块	2.18	5.00	5.00	5.00			
	松烟	kg	18.00	0.050	0.050	0.050	0.063	0.025	
	骨胶	kg	5.70	0.020	0.020	0.020	0.025	0.010	
	白灰	kg	0.31	36.040	35.360	21.080	12.240	15.640	7.480
	青灰	kg	2.00	5.199	5.101	3.041	1.766	2.256	1.079
	麻刀	kg	4.53	1.575	1.545	0.921	0.535	0.684	0.327
	水	m^3	7.85	0.080	0.078	0.047	0.027	0.035	0.017
	零星材料费	元		4.80	4.85	4.64	6.19	3.98	2.40
	材料采管费	元		3.91	3.67	2.42	1.67	2.10	1.26
	深月白麻刀灰 中麻刀	m^3		(0.053)	(0.052)	(0.031)	(0.018)	(0.023)	(0.011)

单位：条

编号				14-74	14-75	14-76	14-77	14-78	14-79
项目				带陡板垂脊附件					
				庑殿、攒尖建筑		硬山、悬山建筑		歇山建筑	
				高在40 cm以外	高在40 cm以内	高在40 cm以外	高在40 cm以内	高在40 cm以外	高在40 cm以内
预算基价	总价（元）			1196.52	905.97	1051.91	808.55	887.63	677.95
	人工费（元）			64.48	64.48	64.48	64.48		
	材料费（元）			1124.91	834.36	980.30	736.94	887.63	677.95
	管理费（元）			7.13	7.13	7.13	7.13		
组成内容		单位	单价	数量					
人工	综合工	工日	124.00	0.52	0.52	0.52	0.52		
材料	垂兽	份		1.00 ×862.50	1.00 ×657.66	1.00 ×862.50	1.00 ×657.66	1.00 ×862.50	1.00 ×657.66
	滴子	块		1.00 ×2.44	1.00 ×1.92	1.00 ×2.44	1.00 ×1.92		
	勾头	块		1.00 ×2.44	1.00 ×1.92	1.00 ×2.44	1.00 ×1.92	1.00 ×2.44	1.00 ×1.92
	抱头狮子	件		1.00 ×66.93	1.00 ×34.45	1.00 ×66.93	1.00 ×34.45		
	马	件		( ) ×66.93	( ) ×34.45	( ) ×66.93	( ) ×34.45		
	套兽	件		1.00 ×141.63	1.00 ×95.42				
	尺二方砖	块	17.04	1.00	1.00	1.00	1.00		
	大开条砖	块	4.36	1.00	1.00	1.00	1.00		
	白灰	kg	0.31	5.440	5.440	5.440	5.440	5.440	5.440
	青灰	kg	2.00	0.785	0.785	0.785	0.785	0.785	0.785
	麻刀	kg	4.53	0.238	0.238	0.238	0.238	0.238	0.238
	水	m^3	7.85	0.012	0.012	0.012	0.012	0.012	0.012
	材料采管费	元		23.14	17.16	20.16	15.16	18.26	13.94
	深月白麻刀灰 中麻刀	m^3		(0.008)	(0.008)	(0.008)	(0.008)	(0.008)	(0.008)

单位：条

编号				14-80	14-81	14-82
项目				无陡板垂脊附件		
				铃铛排山脊	披水排山脊	披水梢垄
预算基价	总价（元）			113.19	123.59	19.35
	人工费（元）			64.48	70.68	6.20
	材料费（元）			41.58	45.10	12.46
	管理费（元）			7.13	7.81	0.69
组成内容		单位	单价	数量		
人工	综合工	工日	124.00	0.52	0.57	0.05
材料	大城样砖	块	21.13	0.50	0.50	
	尺二方砖	块	17.04	1.00	1.00	
	大开条砖	块	4.36	1.00	1.00	
	小停泥砖	块	4.56		1.00	1.00
	滴子 2号	块	2.18	1.00	1.00	1.00
	勾头 2号	块	2.18	2.00	2.00	2.00
	白灰	kg	0.31	2.720	1.360	1.360
	青灰	kg	2.00	0.392	0.196	0.196
	麻刀	kg	4.53	0.119	0.059	0.059
	水	m^3	7.85	0.006	0.003	0.003
	材料采管费	元		0.86	0.93	0.26
	深月白麻刀灰 中麻刀	m^3		(0.004)	(0.002)	(0.002)

4. 戗脊、角脊、围脊、博脊、花瓦脊

单位：m

编号				14-83	14-84	14-85	14-86	14-87	14-88	14-89
项目				戗(岔)脊、角脊				戗脊、角脊附件		
				带陡板			无陡板	带陡板		无陡板（条）
				兽前	兽后			高在40 cm以上（条）	高在40 cm以下（条）	
					高在40 cm以上	高在40 cm以下				
预算基价	总价（元）			350.84	666.69	606.80	330.43	1193.17	897.91	85.76
	人工费（元）			260.40	465.00	421.60	224.44	74.40	64.48	64.48
	材料费（元）			61.65	150.28	138.59	81.17	1110.54	826.30	14.15
	管理费（元）			28.79	51.41	46.61	24.82	8.23	7.13	7.13
组成内容		单位	单价	数量						
人工	综合工	工日	124.00	2.10	3.75	3.40	1.81	0.60	0.52	0.52
材料	滴子	块						1.00 ×2.44	1.00 ×1.92	1.00 ×1.92
	勾头 3号	块	1.92						2.00	2.00
	岔兽 1号	份	862.50					1.00		
	抱头狮子	件						1.00 ×66.93	1.00 ×34.45	
	马	件						( ) ×66.93	( ) ×34.45	
	套兽	件						1.00 ×141.63	1.00 ×95.42	
	岔兽 3号	份	657.66						1.00	
	蓝四丁砖	块	2.32	9.10	18.30	18.30	13.40			

续表 **单位：m**

编号				14-83	14-84	14-85	14-86	14-87	14-88	14-89
项目				戗（岔）脊、角脊				戗脊、角脊附件		
				带陡板			无陡板	带陡板		无陡板（条）
				兽前	兽后			高在40 cm以上（条）	高在40 cm以下（条）	
					高在40 cm以上	高在40 cm以下				
组成内容		单位	单价	数量						
材料	尺二方砖	块	17.04		2.76					
	小停泥砖	块	4.56			8				
	板瓦 2号	块	1.71	11.56	11.56	11.56	11.56			
	筒瓦 2号	块	1.94	1.00	5.78	5.78	5.78			
	大开条砖	块	4.36					1.00	1.00	
	松烟	kg	18.00	0.063	0.063	0.063	0.063			
	骨胶	kg	5.70	0.025	0.025	0.025	0.025			
	白灰	kg	0.31	12.240	23.800	22.440	12.240	5.440	5.440	5.440
	青灰	kg	2.00	1.766	3.434	3.237	1.766	0.785	0.785	0.785
	麻刀	kg	4.53	0.535	1.040	0.981	0.535	0.238	0.238	0.238
	水	m^3	7.85	0.027	0.053	0.050	0.027	0.012	0.012	0.012
	零星材料费	元		6.32	6.07	6.28	6.19	5.41	7.22	3.67
	材料采管费	元		1.27	3.09	2.85	1.67	22.84	17.00	0.29
	深月白麻刀灰 中麻刀	m^3		(0.018)	(0.035)	(0.033)	(0.018)	(0.008)	(0.008)	(0.008)

单位：m

编号				14-90	14-91	14-92	14-93	14-94	14-95
项目				围脊			博脊	花瓦脊（高在）	
				有陡板（高在）		无陡板			
				40 cm 以上	40 cm 以下			30 cm 以上	30 cm 以下
预算基价	总价（元）			421.50	385.09	222.50	222.86	328.63	247.38
	人工费（元）			244.28	221.96	137.64	137.64	217.00	143.84
	材料费（元）			150.21	138.59	69.64	70.00	87.64	87.64
	管理费（元）			27.01	24.54	15.22	15.22	23.99	15.90
组成内容		单位	单价	数量					
人工	综合工	工日	124.00	1.97	1.79	1.11	1.11	1.75	1.16
材料	蓝四丁砖	块	2.32	18.30	18.30	9.10	9.10	32.96	32.96
	尺二方砖	块	17.04	2.76					
	小停泥砖	块	4.56		8				
	板瓦 2号	块	1.71	11.56	11.56	11.56	11.56	( )	( )
	筒瓦 2号	块	1.94	5.78	5.78	5.78	5.78	( )	( )
	松烟	kg	18.00	0.063	0.063	0.050	0.030		
	骨胶	kg	5.70	0.025	0.025	0.020	0.013		
	白灰	kg	0.31	23.800	22.440	12.240	12.240		
	青灰	kg	2.00	3.434	3.237	1.766	1.766		
	麻刀	kg	4.53	1.040	0.981	0.535	0.535		
	水	m^3	7.85	0.053	0.050	0.027	0.027		
	零星材料费	元		6.00	6.28	5.14	5.89	9.37	9.37
	材料采管费	元		3.09	2.85	1.43	1.44	1.80	1.80
	深月白麻刀灰 中麻刀	m^3		(0.035)	(0.033)	(0.018)	(0.018)	( )	( )

5. 吻、宝顶

单位：份

编号				14-96	14-97	14-98	14-99	14-100
项目				正吻（高在）			合角吻（高在）	
				70 cm 以下	100 cm 以下	100 cm 以上	60 cm 以下	60 cm 以上
预算基价	总价（元）			1760.62	2833.40	5271.66	1512.55	2806.16
	人工费（元）			260.40	618.76	1393.76	257.92	334.80
	材料费（元）			1471.43	2146.23	3723.80	1226.11	2434.34
	管理费（元）			28.79	68.41	154.10	28.52	37.02
组成内容		单位	单价	数量				
人工	综合工	工日	124.00	2.10	4.99	11.24	2.08	2.70
材料	正吻	份		1.00 ×1340.92	1.00 ×1929.03	1.00 ×3416.15		
	合角吻	份					1.00 ×1181.75	1.00 ×2366.26
	板瓦 2号	块	1.71	12.00	13.00	15.00	4.00	4.00
	大城样砖	块	21.13	1.00	1.00	1.00		
	尺四方砖	块	22.61	1.60	1.60	1.60		
	大开条砖	块	4.36	0.60	0.60	0.60		
	小停泥砖	块	4.56	1.20	2.30	2.30	1.20	1.20
	铁兽桩	kg	8.82		5.00	10.00		
	吻锯	kg	8.82		1.30	1.92		
	白灰	kg	0.31	14.960	29.240	35.360	5.440	4.080
	青灰	kg	2.00	2.158	4.218	5.101	0.785	0.589
	麻刀	kg	4.53	0.654	1.278	1.545	0.238	0.178
	水	m^3	7.85	0.033	0.065	0.078	0.012	0.009
	零星材料费	元		2.16	1.05	1.09	2.40	2.38
	材料采管费	元		30.26	44.14	76.59	25.22	50.07
	深月白麻刀灰 中麻刀	m^3		(0.022)	(0.043)	(0.052)	(0.008)	(0.006)

单位：份

编号				14-101	14-102	14-103	14-104	14-105	14-106
项目				宝顶安装					
				宝顶座（宽在）			宝顶珠（高在）		
				60 cm 以内	100 cm 以内	100 cm 以外	60 cm 以内	100 cm 以内	100 cm 以外
预算基价	总价（元）			1494.61	3082.17	7446.75	1596.36	3156.43	5787.98
	人工费（元）			1073.84	1920.76	4704.56	1139.56	2235.72	4295.36
	材料费（元）			302.04	949.04	2222.03	330.81	673.52	1017.71
	管理费（元）			118.73	212.37	520.16	125.99	247.19	474.91
组成内容		单位	单价	数量					
人工	综合工	工日	124.00	8.66	15.49	37.94	9.19	18.03	34.64
材料	尺二方砖	块	17.04	16.00			1.00		
	尺四方砖	块	22.61		37.20	87.60		1.00	1.00
	小停泥砖	块	4.56				60.00	115.00	171.00
	机砖	块	0.58	20	100	200	20	100	200
	白灰	kg	0.31	9.477	25.625	74.327	21.717	54.865	72.967
	青灰	kg	2.00	1.275	3.237	9.712	3.041	7.456	9.516
	麻刀	kg	4.53	0.386	0.981	2.942	0.921	2.259	2.883
	水	m^3	7.85	0.026	0.080	0.215	0.053	0.144	0.212
	水泥	kg	0.37	1.310	6.550	14.410	1.310	6.550	14.410
	砂子	t	87.58	0.015	0.076	0.168	0.015	0.076	0.168
	零星材料费	元		2.35	1.86	2.17	2.57	2.30	1.99
	材料采管费	元		6.21	19.52	45.70	6.80	13.85	20.93
	白灰膏	m^3		(0.001)	(0.005)	(0.010)		(0.005)	(0.010)
	深月白麻刀灰 中麻刀	m^3		(0.013)	(0.033)	(0.099)	(0.031)	(0.076)	(0.097)
	混合砂浆 M2.5	m^3		(0.01)	(0.05)	(0.11)	(0.01)	(0.05)	(0.11)

三、琉 璃 屋 面

1. 瓦 面

单位：10 m^2

编号					14-107	14-108	14-109	14-110	14-111
项目					宽琉璃瓦屋面				
					六样	七样	八样	九样	竹节瓦
预算基价	总价（元）				8355.11	8621.43	8941.27	8391.29	1885.10
	人工费（元）				1185.44	1200.32	1227.60	1283.40	1464.44
	材料费（元）				7038.60	7288.40	7577.94	6965.99	258.74
	管理费（元）				131.07	132.71	135.73	141.90	161.92
组成内容			单位	单价	数量				
人工	综合工		工日	124.00	9.56	9.68	9.90	10.35	11.81
材料	竹节筒瓦		件						( )
	竹节板瓦		件						( )
	筒瓦		件		137.30 ×14.44	163.60 ×12.68	184.10 ×11.71	209.90 ×9.58	
	板瓦		件		343.10 ×13.56	409.10 ×11.82	460.10 ×10.96	524.60 ×8.74	
	白灰		kg	0.31	453.440	394.000	374.060	372.380	453.440
	黄土		m^3	79.00	0.601	0.522	0.477	0.451	0.601
	水		m^3	7.85	0.501	0.435	0.429	0.447	0.501
	青灰		kg	2.00	8.829	5.886	5.886	7.848	8.829
	麻刀		kg	4.53	4.458	3.864	4.161	4.755	4.458
	氧化铁红		kg	7.30	2.551	2.976	3.401	3.401	2.551
	零星材料费		元		10.33	10.69	11.12	10.22	4.97
	材料采管费		元		144.77	149.91	155.86	143.28	5.32
	掺灰泥	5:5	m^3		(0.92)	(0.80)	(0.73)	(0.69)	(0.92)
	深月白麻刀灰	中麻刀	m^3		(0.09)	(0.06)	(0.06)	(0.08)	(0.09)
	红麻刀灰	中麻刀	m^3		(0.06)	(0.07)	(0.08)	(0.08)	(0.06)

单位：10 m

编号				14-112	14-113	14-114	14-115
项目				琉璃瓦檐头附件			
				六样	七样	八样	九样
预算基价	总价（元）			2680.47	2826.57	2602.64	2643.25
	人工费（元）			446.40	446.40	488.56	488.56
	材料费（元）			2184.71	2330.81	2060.06	2100.67
	管理费（元）			49.36	49.36	54.02	54.02
组成内容		单位	单价	数量			
人工	综合工	工日	124.00	3.60	3.60	3.94	3.94
材料	滴子	件		37.50 ×23.93	42.50 ×22.96	45.30 ×19.10	48.80 ×18.14
	勾头	件		37.50 ×23.93	42.50 ×22.96	45.30 ×19.10	48.80 ×18.14
	钉帽	件		37.50 ×3.90	42.50 ×3.90	45.30 ×3.07	48.80 ×3.07
	瓦钉	kg	8.82	3.10	3.10	3.10	3.10
	白灰	kg	0.31	204.000	163.200	142.800	129.200
	青灰	kg	2.00	28.449	22.857	20.111	18.149
	麻刀	kg	4.53	8.916	7.133	6.241	5.647
	水	m^3	7.85	0.450	0.360	0.315	0.285
	氧化铁红	kg	7.30	0.425	0.298	0.213	0.213
	零星材料费	元		4.27	4.56	4.03	4.11
	材料采管费	元		44.94	47.94	42.37	43.21
	深月白麻刀灰 中麻刀	m^3		(0.290)	(0.233)	(0.205)	(0.185)
	红麻刀灰 中麻刀	m^3		(0.010)	(0.007)	(0.005)	(0.005)

单位：10 m

编号				14-116	14-117	14-118	14-119
项目				檐头琉璃瓦剪边			
				六样	七样	八样	九样
预算基价	总价（元）			8538.00	8491.08	8131.39	7476.46
	人工费（元）			1144.52	1073.84	1073.84	1032.92
	材料费（元）			7266.94	7298.51	6938.82	6329.34
	管理费（元）			126.54	118.73	118.73	114.20
组成内容		单位	单价	数量			
人工	综合工	工日	124.00	9.23	8.66	8.66	8.33
材料	筒瓦	件		75.00 ×14.44	85.00 ×12.68	90.70 ×11.71	97.60 ×9.58
	板瓦	件		262.50 ×13.56	297.50 ×11.82	317.40 ×10.96	341.60 ×8.74
	滴子	件		37.50 ×23.93	42.50 ×22.96	45.30 ×19.10	48.80 ×18.14
	勾头	件		37.50 ×23.93	42.50 ×22.96	45.30 ×19.10	48.80 ×18.14
	钉帽	件		37.50 ×3.90	42.50 ×3.90	45.30 ×3.07	48.80 ×3.07
	瓦钉	kg	8.82	3.10	3.10	3.10	3.10
	白灰	kg	0.31	600.440	482.800	421.600	389.640
	青灰	kg	2.00	80.344	64.648	56.408	52.287
	麻刀	kg	4.53	26.243	21.101	18.426	17.030
	水	m^3	7.85	1.325	1.065	0.930	0.860
	氧化铁红	kg	7.30	2.721	2.168	1.913	1.700
	零星材料费	元		10.66	10.71	10.18	9.28
	材料采管费	元		149.47	150.12	142.72	130.18
	深月白麻刀灰 中麻刀	m^3		(0.819)	(0.659)	(0.575)	(0.533)
	红麻刀灰 中麻刀	m^3		(0.064)	(0.051)	(0.045)	(0.040)

单位：10 m

编号				14-120	14-121	14-122	14-123
项目				星星瓦、钉瓦钉、安钉帽			
				六样	七样	八样	九样
预算基价	总价（元）			338.50	354.28	322.91	331.13
	人工费（元）			140.12	136.40	132.68	130.20
	材料费（元）			182.89	202.80	175.56	186.53
	管理费（元）			15.49	15.08	14.67	14.40
组成内容		单位	单价	数量			
人工	综合工	工日	124.00	1.13	1.10	1.07	1.05
材料	钉帽	件		37.50 ×3.90	42.50 ×3.90	45.30 ×3.07	48.80 ×3.07
	瓦钉	kg	8.82	3.10	3.10	3.10	3.10
	白灰	kg	0.31	6.800	6.800	6.800	6.800
	青灰	kg	2.00	0.981	0.981	0.981	0.981
	麻刀	kg	4.53	0.297	0.297	0.297	0.297
	水	m^3	7.85	0.015	0.015	0.015	0.015
	材料采管费	元		3.76	4.17	3.61	3.84
	深月白麻刀灰　中麻刀	m^3		(0.01)	(0.01)	(0.01)	(0.01)

2. 正　　脊

单位：m

编号				14-124	14-125	14-126	14-127
项目				带吻(兽)正脊			
				六样	七样	八样	九样
预算基价	总价(元)			1286.41	1622.42	1653.44	1579.80
	人工费(元)			115.32	110.36	105.40	100.44
	材料费(元)			1158.34	1499.86	1536.39	1468.25
	管理费(元)			12.75	12.20	11.65	11.11
组成内容		单位	单价	数量			
人工	综合工	工日	124.00	0.93	0.89	0.85	0.81
材料	正脊筒子	件		1.49 ×520.25	1.63 ×450.05	1.80 ×422.83	2.02 ×362.63
	正当沟	件		7.60 ×11.68	8.70 ×11.68	9.30 ×10.84	10.00 ×9.54
	压当条	件		7.60 ×6.98	8.70 ×6.18	9.30 ×5.28	10.00 ×4.48
	群色条	件		5.20 ×11.33	5.40 ×78.71	6.00 ×78.59	6.40 ×69.97
	扣脊瓦	件		3.47 ×14.44	3.59 ×12.68	3.80 ×11.71	4.05 ×9.58
	铁兽桩	kg	8.82	7.45	8.15	5.40	6.06
	镀锌钢丝 *D*1.2	kg	8.16	0.08	0.08	0.08	0.08
	白灰	kg	0.31	47.600	40.800	31.960	26.520
	青灰	kg	2.00	4.905	3.924	2.943	2.453
	麻刀	kg	4.53	2.080	1.783	1.397	1.159
	水	m^3	7.85	0.105	0.090	0.071	0.059
	氧化铁红	kg	7.30	0.850	0.850	0.723	0.595
	零星材料费	元		1.13	1.47	1.50	1.44
	材料采管费	元		23.82	30.85	31.60	30.20
	深月白麻刀灰 中麻刀	m^3		(0.050)	(0.040)	(0.030)	(0.025)
	红麻刀灰 中麻刀	m^3		(0.020)	(0.020)	(0.017)	(0.014)

单位：份

编号					14-128	14-129	14-130	14-131
项目					正吻(兽)安装			
					六样		七样	
					吻	兽	吻	兽
预算基价	总价（元）				7657.39	1087.90	5731.20	624.58
	人工费（元）				720.44	720.44	288.92	288.92
	材料费（元）				6857.29	287.80	5410.34	303.72
	管理费（元）				79.66	79.66	31.94	31.94
组成内容			单位	单价	数量			
人工	综合工		工日	124.00	5.81	5.81	2.33	2.33
材料	正脊兽		份			(1.00)		(1.00)
	正吻		份		1.00 ×6301.01		1.00 ×4868.74	
	吻下当沟		件		1.00 ×132.97		1.00 ×132.91	
	正当沟		件	11.68	5.99	5.99	4.90	4.90
	压当条		件		8.24 ×6.98	8.24 ×6.98	6.85 ×6.18	6.85 ×6.18
	群色条		件		2.50 ×11.33	2.50 ×11.33	1.70 ×78.71	1.70 ×78.71
	吻(兽)桩、铁锯子		kg	8.82	9.80	9.80	5.00	5.00
	白灰		kg	0.31	45.560	45.560	22.440	22.440
	青灰		kg	2.00	4.611	4.611	2.256	2.256
	麻刀		kg	4.53	1.991	1.991	0.981	0.981
	水		m^3	7.85	0.101	0.101	0.050	0.050
	氧化铁红		kg	7.30	0.850	0.850	0.425	0.425
	零星材料费		元		0.67	0.28	0.53	0.59
	材料采管费		元		141.04	5.92	111.28	6.25
	深月白麻刀灰	中麻刀	m^3		(0.047)	(0.047)	(0.023)	(0.023)
	红麻刀灰	中麻刀	m^3		(0.02)	(0.02)	(0.01)	(0.01)

单位：份

编号				14-132	14-133	14-134	14-135
项目				正吻(兽)安装			
				八样		九样	
				吻	兽	吻	兽
预算基价	总价(元)			3570.50	415.55	2599.12	371.25
	人工费(元)			143.84	143.84	115.32	115.32
	材料费(元)			3410.76	255.81	2471.05	243.18
	管理费(元)			15.90	15.90	12.75	12.75
组成内容		单位	单价	数量			
人工	综合工	工日	124.00	1.16	1.16	0.93	0.93
材料	正脊兽	份			(1.00)		(1.00)
	正吻	份		1.00 ×2966.97		1.00 ×2059.25	
	吻下当沟	件		1.00 ×122.84		1.00 ×122.78	
	正当沟	件		4.15 ×10.84	4.15 ×10.84	4.15 ×9.54	4.15 ×9.54
	压当条	件		5.99 ×5.28	5.99 ×5.28	5.89 ×4.48	5.89 ×4.48
	群色条	件		1.50 ×78.59	1.50 ×78.59	1.70 ×69.97	1.70 ×69.97
	吻(兽)桩、铁锔子	kg	8.82	5.00	5.00	5.00	5.00
	白灰	kg	0.31	12.920	12.920	9.520	9.520
	青灰	kg	2.00	1.275	1.275	0.981	0.981
	麻刀	kg	4.53	0.565	0.565	0.416	0.416
	水	m^3	7.85	0.029	0.029	0.021	0.021
	氧化铁红	kg	7.30	0.255	0.255	0.170	0.170
	零星材料费	元		1.00	0.75	0.97	0.95
	材料采管费	元		70.15	5.26	50.82	5.00
	深月白麻刀灰 中麻刀	m^3		(0.013)	(0.013)	(0.010)	(0.010)
	红麻刀灰 中麻刀	m^3		(0.006)	(0.006)	(0.004)	(0.004)

单位：m

编号				14-136	14-137	14-138	14-139
项目				过垄脊			
				六样	七样	八样	九样
预算基价	总价（元）			1017.02	1036.36	1056.21	1010.68
	人工费（元）			124.00	125.24	127.72	130.20
	材料费（元）			879.31	897.27	914.37	866.08
	管理费（元）			13.71	13.85	14.12	14.40
组成内容		单位	单价	数量			
人工	综合工	工日	124.00	1.00	1.01	1.03	1.05
材料	罗锅瓦	件		3.47 ×27.88	4.08 ×26.93	4.49 ×25.16	4.88 ×22.50
	续罗锅瓦	件		7.94 ×27.88	8.16 ×26.93	8.98 ×25.16	9.76 ×22.50
	折腰瓦	件		3.47 ×26.86	4.08 ×25.92	4.49 ×24.16	4.88 ×21.64
	续折腰瓦	件		7.94 ×26.86	8.16 ×25.92	8.98 ×24.16	9.76 ×21.64
	板瓦	件		13.88 ×13.56	16.32 ×11.82	17.96 ×10.96	19.52 ×8.74
	白灰	kg	0.31	55.080	44.200	38.760	35.360
	青灰	kg	2.00	5.592	4.513	3.924	3.532
	麻刀	kg	4.53	2.407	1.932	1.694	1.545
	水	m^3	7.85	0.122	0.098	0.086	0.078
	氧化铁红	kg	7.30	1.020	0.808	0.723	0.680
	零星材料费	元		0.86	0.88	0.89	0.85
	材料采管费	元		18.09	18.46	18.81	17.81
	深月白麻刀灰　中麻刀	m^3		(0.057)	(0.046)	(0.040)	(0.036)
	红麻刀灰　中麻刀	m^3		(0.024)	(0.019)	(0.017)	(0.016)

单位：m

编号				14-140	14-141	14-142	14-143
项目				墙帽正脊			
				六样	七样	八样	九样
预算基价	总价（元）			612.00	604.44	604.20	572.01
	人工费（元）			93.00	86.80	79.36	73.16
	材料费（元）			508.72	508.04	516.07	490.76
	管理费（元）			10.28	9.60	8.77	8.09
组成内容		单位	单价	数量			
人工	综合工	工日	124.00	0.75	0.70	0.64	0.59
材料	正当沟	件		7.60 ×11.68	8.70 ×11.68	9.30 ×10.84	10.00 ×9.54
	压当条	件		7.60 ×6.98	8.70 ×6.18	9.30 ×5.28	10.00 ×4.48
	承奉连砖	件		2.60 ×101.81	2.80 ×93.19	3.10 ×91.27	3.20 ×86.95
	扣脊瓦	件		3.47 ×14.44	3.59 ×12.68	3.80 ×11.71	4.05 ×9.58
	白灰	kg	0.31	47.600	40.800	31.960	26.520
	青灰	kg	2.00	4.807	4.120	3.237	2.649
	麻刀	kg	4.53	2.080	1.783	1.397	1.159
	水	m^3	7.85	0.105	0.090	0.071	0.059
	氧化铁红	kg	7.30	0.893	0.765	0.595	0.510
	零星材料费	元		0.50	0.50	0.50	0.48
	材料采管费	元		10.46	10.45	10.61	10.09
	深月白麻刀灰　中麻刀	m^3		(0.049)	(0.042)	(0.033)	(0.027)
	红麻刀灰　中麻刀	m^3		(0.021)	(0.018)	(0.014)	(0.012)

3. 垂 脊

单位：m

编号				14-144	14-145	14-146	14-147
项目				庑殿、攒尖垂脊（兽后）			
				六样	七样	八样	九样
预算基价	总价（元）			922.59	899.64	829.35	782.46
	人工费（元）			133.92	115.32	109.12	100.44
	材料费（元）			773.86	771.57	708.17	670.91
	管理费（元）			14.81	12.75	12.06	11.11
组成内容		单位	单价	数量			
人工	综合工	工日	124.00	1.08	0.93	0.88	0.81
材料	斜当沟	件		5.46 ×21.86	6.20 ×19.36	6.62 ×17.80	7.14 ×15.30
	压当条	件		7.60 ×6.98	8.70 ×6.18	9.30 ×5.28	10.00 ×4.48
	扣脊瓦	件		3.47 ×14.44	3.59 ×12.68	3.80 ×11.71	4.05 ×9.58
	垂脊筒子	件		1.87 ×267.83	2.04 ×248.32	2.17 ×210.63	2.33 ×191.02
	镀锌钢丝 *D*1.2	kg	8.16	0.11	0.11	0.11	0.11
	白灰	kg	0.31	38.080	32.640	27.200	20.400
	青灰	kg	2.00	3.826	3.335	2.747	2.060
	麻刀	kg	4.53	1.664	1.427	1.189	0.892
	水	m^3	7.85	0.084	0.072	0.060	0.045
	氧化铁红	kg	7.30	0.723	0.595	0.510	0.383
	零星材料费	元		0.76	0.75	0.69	0.66
	材料采管费	元		15.92	15.87	14.57	13.80
	深月白麻刀灰 中麻刀	m^3		(0.039)	(0.034)	(0.028)	(0.021)
	红麻刀灰 中麻刀	m^3		(0.017)	(0.014)	(0.012)	(0.009)

单位：m

编号					14-148	14-149	14-150	14-151
项目					庑殿、攒尖垂脊（兽前）			
					六样	七样	八样	九样
预算基价	总价（元）				571.05	552.20	557.39	535.99
	人工费（元）				100.44	93.00	93.00	93.00
	材料费（元）				459.50	448.92	454.11	432.71
	管理费（元）				11.11	10.28	10.28	10.28
组成内容			单位	单价	数量			
人工	综合工		工日	124.00	0.81	0.75	0.75	0.75
材料	斜当沟		件		5.46 ×21.86	6.20 ×19.36	6.62 ×17.80	7.14 ×15.30
	压当条		件		7.60 ×6.98	8.70 ×6.18	9.30 ×5.28	10.00 ×4.48
	三连砖		件		2.59 ×95.81	2.73 ×87.69	3.06 ×83.47	3.21 ×78.35
	白灰		kg	0.31	33.320	29.920	25.160	20.400
	青灰		kg	2.00	3.335	3.041	2.551	2.060
	麻刀		kg	4.53	1.456	1.308	1.100	0.892
	水		m^3	7.85	0.074	0.066	0.056	0.045
	氧化铁红		kg	7.30	0.638	0.553	0.468	0.383
	零星材料费		元		0.67	0.66	0.67	0.63
	材料采管费		元		9.45	9.23	9.34	8.90
	深月白麻刀灰	中麻刀	m^3		(0.034)	(0.031)	(0.026)	(0.021)
	红麻刀灰	中麻刀	m^3		(0.015)	(0.013)	(0.011)	(0.009)

单位：条

编号				14-152	14-153	14-154	14-155
项目				庑殿、攒尖垂脊附件			
				六样	七样	八样	九样
预算基价	总价（元）			**2523.51**	**2227.40**	**1980.55**	**1798.38**
	材料费（元）			2523.51	2227.40	1980.55	1798.38
组成内容		单位	单价	数量			
材料	撺头	件		1.00 ×196.71	1.00 ×176.42	1.00 ×162.12	1.00 ×157.81
	淌头	件		1.00 ×163.42	1.00 ×152.17	1.00 ×143.93	1.00 ×139.69
	垂兽	份		1.00 ×1209.82	1.00 ×1088.82	1.00 ×964.70	1.00 ×866.10
	仙人	份		1.00 ×162.42	1.00 ×143.17	1.00 ×123.93	1.00 ×104.69
	小跑	件		( ) ×199.17	( ) ×161.73	( ) ×142.69	( ) ×123.65
	方眼勾头	件		1.00 ×66.41	1.00 ×61.65	1.00 ×56.88	1.00 ×52.53
	套兽	件		1.00 ×277.63	1.00 ×238.02	1.00 ×228.42	1.00 ×209.17
	遮朽瓦	件		1.00 ×24.95	1.00 ×22.35	1.00 ×20.93	1.00 ×18.33
	割角滴子	件		2.00 ×69.01	2.00 ×61.65	2.00 ×55.18	2.00 ×49.13
	螳螂勾头	件		1.00 ×66.41	1.00 ×61.65	1.00 ×56.88	1.00 ×52.53
	筒瓦	件		7.00 ×14.44	5.00 ×12.68	3.00 ×11.71	3.00 ×9.58
	补戗尖脊筒差价	件		1.00 ×19.00	1.00 ×14.00	1.00 ×9.00	1.00 ×9.00
	补搭头脊筒差价	件		1.00 ×19.00	1.00 ×14.00	1.00 ×9.00	1.00 ×9.00
	镀锌钢丝 D1.2	kg	8.16	0.110	0.110	0.110	0.110
	白灰	kg	0.31	29.920	25.160	20.400	17.000
	青灰	kg	2.00	3.041	2.551	2.060	1.766
	麻刀	kg	4.53	1.308	1.100	0.892	0.743
	水	m^3	7.85	0.066	0.056	0.045	0.038
	氧化铁红	kg	7.30	0.553	0.468	0.383	0.298
	材料采管费	元		51.90	45.81	40.74	36.99
	深月白麻刀灰 中麻刀	m^3		(0.031)	(0.026)	(0.021)	(0.018)
	红麻刀灰 中麻刀	m^3		(0.013)	(0.011)	(0.009)	(0.007)

单位：m

编号				14-156	14-157	14-158	14-159
项目				歇山铃铛排山脊			
				六样	七样	八样	九样
预算基价	总价（元）			1145.56	1116.79	1032.30	988.77
	人工费（元）			158.72	137.64	131.44	124.00
	材料费（元）			969.29	963.93	886.33	851.06
	管理费（元）			17.55	15.22	14.53	13.71
组成内容		单位	单价	数量			
人工	综合工	工日	124.00	1.28	1.11	1.06	1.00
材料	正当沟	件		3.80 ×11.68	4.35 ×11.68	4.65 ×10.84	5.00 ×9.54
	平口条	件		3.98 ×6.98	4.25 ×6.18	4.55 ×5.28	4.90 ×4.48
	压当条	件		7.60 ×6.98	8.60 ×6.18	9.30 ×5.28	10.00 ×4.48
	扣脊瓦	件		3.47 ×14.44	3.59 ×12.68	3.80 ×11.71	4.05 ×9.58
	垂脊筒子	件		1.85 ×267.83	1.92 ×248.32	2.08 ×210.63	2.22 ×191.02
	板瓦	件		3.75 ×13.56	4.25 ×11.82	4.53 ×10.96	4.88 ×8.74
	勾头	件		3.75 ×23.93	4.25 ×22.96	4.53 ×19.10	4.88 ×18.14
	滴子	件		3.75 ×23.93	4.25 ×22.96	4.53 ×19.10	4.88 ×18.14
	钉帽	件		3.75 ×3.90	4.25 ×3.90	4.53 ×3.07	4.88 ×3.07
	镀锌钢丝 *D*1.2	kg	8.16	0.11	0.11	0.11	0.11
	瓦钉	kg	8.82	0.33	0.22	0.21	0.25
	白灰	kg	0.31	33.320	29.920	25.160	20.400
	青灰	kg	2.00	3.335	3.041	2.551	2.060
	麻刀	kg	4.53	1.456	1.308	1.100	0.892
	水	m^3	7.85	0.074	0.066	0.056	0.045
	氧化铁红	kg	7.30	0.638	0.553	0.468	0.383
	零星材料费	元		0.95	0.94	0.87	0.83
	材料采管费	元		19.94	19.83	18.23	17.50
	深月白麻刀灰 中麻刀	m^3		(0.034)	(0.031)	(0.026)	(0.021)
	红麻刀灰 中麻刀	m^3		(0.015)	(0.013)	(0.011)	(0.009)

单位：条

编号				14-160	14-161	14-162	14-163
项目				歇山铃铛排山脊附件			
				六样	七样	八样	九样
预算基价	总价（元）			1572.94	1372.03	1158.31	1041.46
	材料费（元）			1572.94	1372.03	1158.31	1041.46
组成内容		单位	单价	数量			
材料	托泥当沟	件		1.00 ×151.08	1.00 ×133.02	1.00 ×113.77	1.00 ×104.31
	垂兽	份		1.00 ×1209.82	1.00 ×1088.82	1.00 ×964.70	1.00 ×866.10
	筒瓦	件		7.00 ×14.44	5.00 ×12.68	3.00 ×11.71	3.00 ×9.58
	补戗尖脊筒差价	件		1.00 ×19.00	1.00 ×14.00	1.00 ×9.00	1.00 ×9.00
	补搭头脊筒差价	件		1.00 ×19.00	1.00 ×14.00	1.00 ×9.00	1.00 ×9.00
	铁兽桩	kg	8.82	4.00	3.00		
	白灰	kg	0.31	6.120	4.760	3.400	3.400
	青灰	kg	2.00	0.589	0.491	0.392	0.392
	麻刀	kg	4.53	0.267	0.208	0.149	0.149
	水	m^3	7.85	0.014	0.011	0.008	0.008
	氧化铁红	kg	7.30	0.128	0.085	0.043	0.043
	材料采管费	元		32.35	28.22	23.82	21.42
	深月白麻刀灰　中麻刀	m^3		(0.006)	(0.005)	(0.004)	(0.004)
	红麻刀灰　中麻刀	m^3		(0.003)	(0.002)	(0.001)	(0.001)

单位：m

编号				14-164	14-165	14-166	14-167
项目				硬、悬山铃铛排山脊（兽前）			
				六样	七样	八样	九样
预算基价	总价（元）			827.34	801.62	779.93	759.36
	人工费（元）			115.32	100.44	100.44	100.44
	材料费（元）			699.27	690.07	668.38	647.81
	管理费（元）			12.75	11.11	11.11	11.11
组成内容		单位	单价	数量			
人工	综合工	工日	124.00	0.93	0.81	0.81	0.81
材料	正当沟	件		3.80 ×11.68	4.35 ×11.68	4.65 ×10.84	5.00 ×9.54
	压当条	件		7.60 ×6.98	8.70 ×6.18	9.30 ×5.28	10.00 ×4.48
	三连砖	件		2.56 ×95.81	2.70 ×87.69	3.03 ×83.47	3.17 ×78.35
	平口条	件		3.98 ×6.98	4.25 ×6.18	4.55 ×5.28	4.90 ×4.48
	勾头	件		3.75 ×23.93	4.25 ×22.96	4.53 ×19.10	4.88 ×18.14
	滴子	件		3.75 ×23.93	4.25 ×22.96	4.53 ×19.10	4.88 ×18.14
	板瓦	件		3.75 ×13.56	4.25 ×11.82	4.53 ×10.96	4.88 ×8.74
	钉帽	件		3.75 ×3.90	4.25 ×3.90	4.53 ×3.07	4.88 ×3.07
	瓦钉	kg	8.82	0.33	0.22	0.24	0.25
	白灰	kg	0.31	76.160	50.320	44.880	39.440
	青灰	kg	2.00	7.652	4.905	4.513	3.924
	麻刀	kg	4.53	3.329	2.199	1.962	1.724
	水	m^3	7.85	0.168	0.111	0.099	0.087
	氧化铁红	kg	7.30	1.445	1.020	0.850	0.765
	零星材料费	元		0.68	0.68	0.65	0.63
	材料采管费	元		14.38	14.19	13.75	13.32
	深月白麻刀灰 中麻刀	m^3		(0.078)	(0.050)	(0.046)	(0.040)
	红麻刀灰 中麻刀	m^3		(0.034)	(0.024)	(0.020)	(0.018)

单位：m

编号				14-168	14-169	14-170	14-171
项目				硬、悬山铃铛排山脊（兽后）			
				六样	七样	八样	九样
预算基价	总价（元）			1141.43	1114.66	1029.83	986.02
	人工费（元）			155.00	135.16	128.96	121.52
	材料费（元）			969.29	964.56	886.61	851.06
	管理费（元）			17.14	14.94	14.26	13.44
组成内容		单位	单价	数量			
人工	综合工	工日	124.00	1.25	1.09	1.04	0.98
材料	正当沟	件		3.80 ×11.68	4.35 ×11.68	4.65 ×10.84	5.00 ×9.54
	压当条	件		7.60 ×6.98	8.70 ×6.18	9.30 ×5.28	10.00 ×4.48
	平口条	件		3.98 ×6.98	4.25 ×6.18	4.55 ×5.28	4.90 ×4.48
	垂脊筒子	件		1.85 ×267.83	1.92 ×248.32	2.08 ×210.63	2.22 ×191.02
	扣脊瓦	件		3.47 ×14.44	3.59 ×12.68	3.80 ×11.71	4.05 ×9.58
	勾头	件		3.75 ×23.93	4.25 ×22.96	4.53 ×19.10	4.88 ×18.14
	滴子	件		3.75 ×23.93	4.25 ×22.96	4.53 ×19.10	4.88 ×18.14
	板瓦	件		3.75 ×13.56	4.25 ×11.82	4.53 ×10.96	4.88 ×8.74
	钉帽	件		3.75 ×3.90	4.25 ×3.90	4.53 ×3.07	4.88 ×3.07
	瓦钉	kg	8.82	0.33	0.22	0.24	0.25
	镀锌钢丝 D1.2	kg	8.16	0.11	0.11	0.11	0.11
	白灰	kg	0.31	33.320	29.920	25.160	20.400
	青灰	kg	2.00	3.335	3.041	2.551	2.060
	麻刀	kg	4.53	1.456	1.308	1.100	0.892
	水	m^3	7.85	0.074	0.066	0.056	0.045
	氧化铁红	kg	7.30	0.638	0.553	0.468	0.383
	零星材料费	元		0.95	0.94	0.87	0.83
	材料采管费	元		19.94	19.84	18.24	17.50
	深月白麻刀灰 中麻刀	m^3		(0.034)	(0.031)	(0.026)	(0.021)
	红麻刀灰 中麻刀	m^3		(0.015)	(0.013)	(0.011)	(0.009)

单位：条

编号				14-172	14-173	14-174	14-175
项目				硬、悬山铃铛排山脊附件			
				六样	七样	八样	九样
预算基价	总价（元）			2418.17	2147.08	1877.02	1703.94
	材料费（元）			2418.17	2147.08	1877.02	1703.94
组成内容		单位	单价	数量			
材料	割角滴子	件		2.00 ×69.01	2.00 ×61.65	2.00 ×55.18	2.00 ×49.13
	螳螂勾头	件		1.00 ×66.41	1.00 ×61.65	1.00 ×56.88	1.00 ×52.53
	列角撺头	件		1.00 ×276.88	1.00 ×247.52	1.00 ×229.16	1.00 ×218.42
	列角淌头	件		1.00 ×242.40	1.00 ×233.66	1.00 ×223.42	1.00 ×209.67
	方眼勾头	件		1.00 ×66.41	1.00 ×61.65	1.00 ×56.88	1.00 ×52.53
	仙人	份		1.00 ×162.42	1.00 ×143.17	1.00 ×123.93	1.00 ×104.69
	小跑	件		( ) ×199.17	( ) ×161.73	( ) ×142.69	( ) ×123.65
	筒瓦	件		7.00 ×14.44	5.00 ×12.68	3.00 ×11.71	3.00 ×9.58
	垂兽	份		1.00 ×1209.82	1.00 ×1088.82	1.00 ×964.70	1.00 ×866.10
	补戗尖脊筒差价	件		1.00 ×19.00	1.00 ×14.00	1.00 ×9.00	1.00 ×9.00
	补搭头脊筒差价	件		1.00 ×19.00	1.00 ×14.00	1.00 ×9.00	1.00 ×9.00
	铁兽桩	kg	8.82	4.00	3.00		
	白灰	kg	0.31	36.720	29.240	23.120	23.120
	青灰	kg	2.00	3.728	2.943	2.354	2.354
	麻刀	kg	4.53	1.605	1.278	1.010	1.010
	水	m^3	7.85	0.081	0.065	0.051	0.051
	氧化铁红	kg	7.30	0.680	0.553	0.425	0.425
	材料采管费	元		49.74	44.16	38.61	35.05
	深月白麻刀灰 中麻刀	m^3		(0.038)	(0.030)	(0.024)	(0.024)
	红麻刀灰 中麻刀	m^3		(0.016)	(0.013)	(0.010)	(0.010)

单位：份

编号				14-176	14-177	14-178	14-179
项目				歇山、硬山、悬山、铃铛排山脊卷棚罗锅部分 每份增价			
				六样	七样	八样	九样
预算基价	总价（元）			1192.70	1070.92	967.85	869.37
	材料费（元）			1192.70	1070.92	967.85	869.37
组成内容		单位	单价	数量			
材料	罗锅脊筒子	件		1.00 ×335.65	1.00 ×298.44	1.00 ×269.22	1.00 ×242.63
	续罗锅脊筒子	件		2.00 ×335.65	2.00 ×298.44	2.00 ×269.22	2.00 ×242.63
	罗锅当沟	件		1.00 ×11.86	1.00 ×11.86	1.00 ×11.00	1.00 ×9.70
	续罗锅当沟	件		2.00 ×11.86	2.00 ×11.86	2.00 ×11.00	2.00 ×9.70
	罗锅扣脊瓦	件		1.00 ×27.88	1.00 ×26.93	1.00 ×25.16	1.00 ×22.50
	续罗锅扣脊瓦	件		2.00 ×27.88	2.00 ×26.93	2.00 ×25.16	2.00 ×22.50
	罗锅压当条	件		1.00 ×7.00	1.00 ×6.20	1.00 ×5.30	1.00 ×4.50
	续罗锅压当条	件		2.00 ×7.00	2.00 ×6.20	2.00 ×5.30	2.00 ×4.50
	罗锅平口条	件		1.00 ×7.00	1.00 ×6.20	1.00 ×5.30	1.00 ×4.50
	续罗锅平口条	件		2.00 ×7.00	2.00 ×6.20	2.00 ×5.30	2.00 ×4.50
	材料采管费	元		24.53	22.03	19.91	17.88

单位：m

编号				14-180	14-181	14-182	14-183
项目				披水排山脊（硬、悬山兽前部分）			
				六样	七样	八样	九样
预算基价	总价（元）			529.60	504.16	508.81	214.51
	人工费（元）			93.00	86.80	79.36	73.16
	材料费（元）			426.32	407.76	420.68	133.26
	管理费（元）			10.28	9.60	8.77	8.09
组成内容		单位	单价	数量			
人工	综合工	工日	124.00	0.75	0.70	0.64	0.59
材料	平口条	件		7.97 ×6.98	8.50 ×6.18	9.11 ×5.28	9.81 ×4.48
	三连砖	件		2.56 ×95.81	2.70 ×87.69	3.23 ×83.47	
	披水	件		3.50 ×21.90	3.50 ×21.87	3.50 ×19.23	3.50 ×19.20
	白灰	kg	0.31	45.560	38.080	30.600	21.760
	青灰	kg	2.00	4.611	3.826	3.139	2.158
	麻刀	kg	4.53	1.991	1.664	1.337	0.951
	水	m^3	7.85	0.101	0.084	0.068	0.048
	氧化铁红	kg	7.30	0.850	0.723	0.553	0.425
	零星材料费	元		0.63	0.60	0.62	0.52
	材料采管费	元		8.77	8.39	8.65	2.74
	深月白麻刀灰 中麻刀	m^3		(0.047)	(0.039)	(0.032)	(0.022)
	红麻刀灰 中麻刀	m^3		(0.020)	(0.017)	(0.013)	(0.010)

单位：m

编号				14-184	14-185	14-186	14-187
项目				披水排山脊（歇山及硬、悬山兽后部分）			
				六样	七样	八样	九样
预算基价	总价（元）			869.37	858.09	533.22	555.95
	人工费（元）			122.76	110.36	102.92	94.24
	材料费（元）			733.04	735.53	418.92	451.29
	管理费（元）			13.57	12.20	11.38	10.42
组成内容		单位	单价	数量			
人工	综合工	工日	124.00	0.99	0.89	0.83	0.76
材料	承奉连砖 八样	件	91.27			2.44	
	三连砖 九样	件	78.35				3.47
	扣脊瓦	件		3.47 ×14.44	3.59 ×12.68	3.80 ×11.71	4.05 ×9.58
	平口条	件		7.97 ×6.98	8.50 ×6.18	9.11 ×5.28	9.81 ×4.48
	垂脊筒子	件		1.85 ×267.83	1.92 ×248.32		
	披水	件		3.50 ×21.90	3.50 ×21.87	3.50 ×19.23	3.50 ×19.20
	镀锌钢丝 *D*1.2	kg	8.16			0.11	0.11
	白灰	kg	0.31	45.560	74.120	30.600	21.760
	青灰	kg	2.00	4.611	3.826	3.139	2.158
	麻刀	kg	4.53	1.991	3.239	1.337	0.951
	水	m^3	7.85	0.101	0.164	0.068	0.048
	氧化铁红	kg	7.30	0.850	2.976	0.553	0.425
	零星材料费	元		0.72	0.72	0.41	0.44
	材料采管费	元		15.08	15.13	8.62	9.28
	深月白麻刀灰 中麻刀	m^3		(0.047)	(0.039)	(0.032)	(0.022)
	红麻刀灰 中麻刀	m^3		(0.020)	(0.070)	(0.013)	(0.010)

单位：条

编号				14-188	14-189	14-190	14-191
项目				硬、悬山披水排山脊附件			
				六样	七样	八样	九样
预算基价	总价（元）			2288.83	2004.84	1718.96	1152.93
	材料费（元）			2288.83	2004.84	1718.96	1152.93
组成内容		单位	单价	数			量
材料	列角撺头	件		1.00 ×276.88	1.00 ×247.52	1.00 ×229.16	
	列角淌头	件		1.00 ×242.40	1.00 ×233.66	1.00 ×223.42	
	九样列角盘子	件	33.39				1.00
	方眼勾头	件		1.00 ×66.41	1.00 ×61.65	1.00 ×56.88	1.00 ×52.53
	仙人	份		1.00 ×162.42	1.00 ×143.17	1.00 ×123.93	1.00 ×104.69
	小跑	件		( ) ×199.17	( ) ×161.73	( ) ×142.69	( ) ×123.65
	披水头	件		1.00 ×41.27	1.00 ×32.66	1.00 ×29.20	1.00 ×29.13
	垂兽	份		1.00 ×1209.82	1.00 ×1088.82	1.00 ×964.70	1.00 ×866.10
	补搭头脊筒差价	件		1.00 ×19.00	1.00 ×14.00		
	补戗尖脊筒差价	件		1.00 ×19.00	1.00 ×14.00		
	筒瓦	件		7.00 ×14.44	5.00 ×12.68	3.00 ×11.71	3.00 ×9.58
	铁兽桩	kg	8.82	4.00	3.00		
	白灰	kg	0.31	78.880	44.200	24.480	17.000
	青灰	kg	2.00	7.946	4.415	2.453	1.766
	麻刀	kg	4.53	3.448	1.932	1.070	0.743
	水	m^3	7.85	0.174	0.098	0.054	0.038
	氧化铁红	kg	7.30	1.488	0.850	0.468	0.298
	材料采管费	元		47.08	41.24	35.36	23.71
	深月白麻刀灰 中麻刀	m^3		(0.081)	(0.045)	(0.025)	(0.018)
	红麻刀灰 中麻刀	m^3		(0.035)	(0.020)	(0.011)	(0.007)

单位：条

编号				14-192	14-193	14-194	14-195
项目				歇山披水排山脊附件			
				六样	七样	八样	九样
预算基价	总价（元）			1901.61	1677.66	1435.22	1049.66
	材料费（元）			1901.61	1677.66	1435.22	1049.66
组成内容		单位	单价	数量			
材料	托泥当沟	件		1.00 ×151.08	1.00 ×133.02	1.00 ×113.77	1.00 ×104.31
	撺头	件		1.00 ×196.71	1.00 ×176.42	1.00 ×162.12	
	淌头	件		1.00 ×163.42	1.00 ×152.17	1.00 ×143.93	
	九样三仙盘子	件	43.02				1.00
	垂兽	份		1.00 ×1209.82	1.00 ×1088.82	1.00 ×964.70	1.00 ×866.10
	补戗尖脊筒差价	件		1.00 ×19.00	1.00 ×14.00		
	补搭头脊筒差价	件		1.00 ×19.00	1.00 ×14.00		
	铁兽桩	kg	8.82	4.00	3.00		
	白灰	kg	0.31	78.880	44.200	24.480	17.000
	青灰	kg	2.00	7.946	4.415	2.453	1.766
	麻刀	kg	4.53	3.448	1.932	1.070	0.743
	水	m^3	7.85	0.174	0.098	0.054	0.038
	氧化铁红	kg	7.30	1.488	0.850	0.468	0.298
	材料采管费	元		39.11	34.51	29.52	21.59
	深月白麻刀灰　中麻刀	m^3		(0.081)	(0.045)	(0.025)	(0.018)
	红麻刀灰　中麻刀	m^3		(0.035)	(0.020)	(0.011)	(0.007)

单位：份

编号				14-196	14-197	14-198	14-199
项目				卷棚披水排山脊罗锅部分 每份增价			
				六样	七样	八样	九样
预算基价	总价（元）			1281.26	1152.79	556.39	481.10
	材料费（元）			1281.26	1152.79	556.39	481.10
组成内容		单位	单价	数量			
材料	平口条	件		2.00 ×6.98	2.00 ×6.18	2.00 ×5.28	2.00 ×4.48
	罗锅脊筒子	件		1.00 ×335.65	1.00 ×298.44		
	续罗锅脊筒子	件		2.00 ×335.65	2.00 ×298.44		
	罗锅压当条	件		2.00 ×7.00	2.00 ×6.20	2.00 ×5.30	2.00 ×4.50
	续罗锅压当条	件		4.00 ×7.00	4.00 ×6.20	4.00 ×5.30	4.00 ×4.50
	罗锅平口条	件		2.00 ×7.00	2.00 ×6.20	2.00 ×5.30	2.00 ×4.50
	续罗锅平口条	件		4.00 ×7.00	4.00 ×6.20	4.00 ×5.30	4.00 ×4.50
	罗锅扣脊瓦	件		1.00 ×27.88	1.00 ×26.93	1.00 ×25.16	1.00 ×22.50
	续罗锅扣脊瓦	件		2.00 ×27.88	2.00 ×26.93	2.00 ×25.16	2.00 ×22.50
	罗锅披水	件		1.00 ×22.12	1.00 ×22.07	1.00 ×22.01	1.00 ×19.35
	续罗锅披水	件		2.00 ×22.12	2.00 ×22.07	2.00 ×22.01	2.00 ×19.35
	八样罗锅承奉连砖	件	109.76			1.00	
	八样续罗锅承奉连砖	件	109.76			2.00	
	九样罗锅三连砖	件	94.23				1.00
	九样续罗锅三连砖	件	94.23				2.00
	材料采管费	元		26.35	23.71	11.44	9.90

单位：m

编号				14-200	14-201	14-202	14-203	14-204	14-205
项目				披水梢垄				披水梢垄附件	
				六样	七样	八样	九样	六样（条）	七样（条）
预算基价	总价（元）			181.11	169.17	156.77	149.18	66.57	56.79
	人工费（元）			29.76	26.04	26.04	26.04		
	材料费（元）			148.06	140.25	127.85	120.26	66.57	56.79
	管理费（元）			3.29	2.88	2.88	2.88		
组成内容		单位	单价	数量					
人工	综合工	工日	124.00	0.24	0.21	0.21	0.21		
材料	披水	件		3.50 ×21.90	3.50 ×21.87	3.50 ×19.23	3.50 ×19.20		
	筒瓦	件		3.47 ×14.44	3.59 ×12.68	3.80 ×11.71	4.05 ×9.58		
	披水头	件						1.00 ×41.27	1.00 ×32.66
	勾头	件						1.00 ×23.93	1.00 ×22.96
	白灰	kg	0.31	20.400	17.000	14.960	12.920		
	青灰	kg	2.00	1.962	1.668	1.570	1.275		
	麻刀	kg	4.53	0.892	0.743	0.654	0.565		
	水	m^3	7.85	0.045	0.038	0.033	0.029		
	氧化铁红	kg	7.30	0.425	0.340	0.255	0.255		
	零星材料费	元		0.51	0.55	0.56	0.59		
	材料采管费	元		3.05	2.88	2.63	2.47	1.37	1.17
	深月白麻刀灰 中麻刀	m^3		(0.020)	(0.017)	(0.016)	(0.013)		
	红麻刀灰 中麻刀	m^3		(0.010)	(0.008)	(0.006)	(0.006)		

单位：份

编号				14-206	14-207	14-208	14-209	14-210	14-211
项目				披水梢垄附件		披水梢垄罗锅部分每份增价			
				八样（条）	九样（条）	六样	七样	八样	九样
预算基价	总价（元）			49.31	48.26	153.15	150.09	144.48	128.19
	材料费（元）			49.31	48.26	153.15	150.09	144.48	128.19
组成内容		单位	单价	数量					
材料	披水头	件		1.00 ×29.20	1.00 ×29.13				
	勾头	件		1.00 ×19.10	1.00 ×18.14				
	罗锅披水	件				1.00 ×22.12	1.00 ×22.07	1.00 ×22.01	1.00 ×19.35
	续罗锅披水	件				2.00 ×22.12	2.00 ×22.07	2.00 ×22.01	2.00 ×19.35
	罗锅瓦	件				1.00 ×27.88	1.00 ×26.93	1.00 ×25.16	1.00 ×22.50
	续罗锅瓦	件				2.00 ×27.88	2.00 ×26.93	2.00 ×25.16	2.00 ×22.50
	材料采管费	元		1.01	0.99	3.15	3.09	2.97	2.64

4. 戗脊、角脊、围脊、博脊

单位：m

编号				14-212	14-213	14-214	14-215
项目				戗(岔)、角脊兽前部分			
				六样	七样	八样	九样
预算基价	总价（元）			612.32	620.22	628.16	612.91
	人工费（元）			205.84	221.96	221.96	221.96
	材料费（元）			383.72	373.72	381.66	366.41
	管理费（元）			22.76	24.54	24.54	24.54
组成内容		单位	单价	数量			
人工	综合工	工日	124.00	1.66	1.79	1.79	1.79
材料	斜当沟	件		2.73 ×21.86	3.10 ×19.36	3.31 ×17.80	3.57 ×15.30
	压当条	件		7.60 ×6.98	8.70 ×6.18	9.30 ×5.28	10.00 ×4.48
	三连砖	件		2.56 ×95.81	2.70 ×87.69	3.03 ×83.47	3.17 ×78.35
	白灰	kg	0.31	19.720	17.000	14.280	12.240
	青灰	kg	2.00	1.962	1.668	1.472	1.275
	麻刀	kg	4.53	0.862	0.743	0.624	0.535
	水	m^3	7.85	0.044	0.038	0.032	0.027
	氧化铁红	kg	7.30	0.383	0.340	0.255	0.213
	零星材料费	元		0.75	0.73	0.56	0.54
	材料采管费	元		7.89	7.69	7.85	7.54
	深月白麻刀灰　中麻刀	m^3		(0.020)	(0.017)	(0.015)	(0.013)
	红麻刀灰　中麻刀	m^3		(0.009)	(0.008)	(0.006)	(0.005)

单位：m

编号					14-216	14-217	14-218	14-219
项目					戗(岔)、角脊兽后部分			
					六样	七样	八样	九样
预算基价	总价(元)				827.97	775.86	722.45	687.60
	人工费(元)				133.92	115.32	109.12	100.44
	材料费(元)				679.24	647.79	601.27	576.05
	管理费(元)				14.81	12.75	12.06	11.11
组成内容			单位	单价	数量			
人工	综合工		工日	124.00	1.08	0.93	0.88	0.81
材料	斜当沟		件		2.73 ×21.86	3.10 ×19.36	3.31 ×17.80	3.57 ×15.30
	压当条		件		7.60 ×6.98	8.70 ×6.18	9.30 ×5.28	10.00 ×4.48
	岔脊筒子		件		1.96 ×239.83	2.04 ×220.22	2.17 ×191.63	2.33 ×174.02
	扣脊瓦		件		3.47 ×14.44	3.59 ×12.68	3.80 ×11.71	4.05 ×9.58
	白灰		kg	0.31	36.720	29.240	23.120	23.120
	青灰		kg	2.00	3.728	2.943	2.354	2.354
	麻刀		kg	4.53	1.605	1.278	1.010	1.010
	水		m^3	7.85	0.081	0.065	0.051	0.051
	氧化铁红		kg	7.30	0.680	0.553	0.425	0.425
	零星材料费		元		0.66	0.63	0.59	0.56
	材料采管费		元		13.97	13.32	12.37	11.85
	深月白麻刀灰	中麻刀	m^3		(0.038)	(0.030)	(0.024)	(0.024)
	红麻刀灰	中麻刀	m^3		(0.016)	(0.013)	(0.010)	(0.010)

单位：条

编号				14-220	14-221	14-222	14-223
项目				戗(岔)、角脊附件			
				六样	七样	八样	九样
预算基价	总价（元）			2411.25	2102.16	1873.93	1692.89
	材料费（元）			2411.25	2102.16	1873.93	1692.89
组成内容		单位	单价	数量			
材料	套兽	件		1.00 ×277.63	1.00 ×238.02	1.00 ×228.42	1.00 ×209.17
	遮朽瓦	件		1.00 ×24.95	1.00 ×22.35	1.00 ×20.93	1.00 ×18.33
	割角滴子	件		2.00 ×69.01	2.00 ×61.65	2.00 ×55.18	2.00 ×49.13
	螳螂勾头	件		1.00 ×66.41	1.00 ×61.65	1.00 ×56.88	1.00 ×52.53
	撺头	件		1.00 ×196.71	1.00 ×176.42	1.00 ×162.12	1.00 ×157.81
	淌头	件		1.00 ×163.42	1.00 ×152.17	1.00 ×143.93	1.00 ×139.69
	方眼勾头	件		1.00 ×66.41	1.00 ×61.65	1.00 ×56.88	1.00 ×52.53
	仙人	份		1.00 ×162.42	1.00 ×143.17	1.00 ×123.93	1.00 ×104.69
	小跑	件		( ) ×199.17	( ) ×161.73	( ) ×142.69	( ) ×123.65
	筒瓦	件		7.00 ×14.44	5.00 ×12.68	3.00 ×11.71	3.00 ×9.58
	岔兽	份		1.00 ×1101.32	1.00 ×974.60	1.00 ×869.50	1.00 ×771.88
	补戗尖脊筒差价	件		1.00 ×19.00	1.00 ×14.00	1.00 ×9.00	1.00 ×9.00
	补搭头脊筒差价	件		1.00 ×19.00	1.00 ×14.00	1.00 ×9.00	1.00 ×9.00
	白灰	kg	0.31	29.240	16.320	10.880	7.480
	青灰	kg	2.00	2.943	1.570	1.177	0.785
	麻刀	kg	4.53	1.278	0.713	0.476	0.327
	水	m^3	7.85	0.065	0.036	0.024	0.017
	氧化铁红	kg	7.30	0.553	0.340	0.170	0.128
	材料采管费	元		49.59	43.24	38.54	34.82
	深月白麻刀灰 中麻刀	m^3		(0.030)	(0.016)	(0.012)	(0.008)
	红麻刀灰 中麻刀	m^3		(0.013)	(0.008)	(0.004)	(0.003)

单位：m

编号				14-224	14-225	14-226	14-227
项目				围脊			
				六样	七样	八样	九样
预算基价	总价（元）			880.87	917.55	868.42	865.47
	人工费（元）			109.12	100.44	93.00	93.00
	材料费（元）			759.69	806.00	765.14	762.19
	管理费（元）			12.06	11.11	10.28	10.28
组成内容		单位	单价	数量			
人工	综合工	工日	124.00	0.88	0.81	0.75	0.75
材料	正当沟	件		3.80 ×11.68	4.35 ×11.68	4.65 ×10.84	5.00 ×9.54
	压当条	件		3.80 ×6.98	4.35 ×6.18	4.65 ×5.28	5.00 ×4.48
	群色条 六样	件	11.33	2.59			
	六样围脊筒子	件	164.22	1.79			
	蹬脚瓦	件		3.36 ×17.53	3.75 ×15.36	4.25 ×14.40	5.00 ×12.64
	满面砖	件		2.66 ×86.33	2.90 ×80.22	3.19 ×72.40	3.54 ×62.04
	博脊连砖	件			2.72 ×145.17	2.98 ×121.15	3.30 ×113.33
	机砖	块	0.58	43.25			
	白灰	kg	0.31	37.378	29.920	23.800	21.760
	青灰	kg	2.00	3.630	3.041	2.453	2.158
	麻刀	kg	4.53	1.575	1.308	1.040	0.951
	水	m^3	7.85	0.092	0.066	0.053	0.048
	氧化铁红	kg	7.30	0.680	0.553	0.425	0.425
	水泥	kg	0.37	2.751			
	砂子	t	87.58	0.032			
	零星材料费	元		0.74	0.79	0.75	0.75
	材料采管费	元		15.63	16.58	15.74	15.68
	白灰膏	m^3		(0.002)			
	深月白麻刀灰 中麻刀	m^3		(0.037)	(0.031)	(0.025)	(0.022)
	红麻刀灰 中麻刀	m^3		(0.016)	(0.013)	(0.010)	(0.010)
	混合砂浆 M2.5	m^3		(0.021)			

单位：份

编号					14-228	14-229	14-230	14-231
项目					合角吻(兽)安装			
					六样		七样	
					吻	兽	吻	兽
预算基价	总价（元）				10575.70	421.96	7622.80	285.77
	人工费（元）				288.92	288.92	217.00	217.00
	材料费（元）				10254.84	101.10	7381.81	44.78
	管理费（元）				31.94	31.94	23.99	23.99
组成内容			单位	单价	数量			
人工	综合工		工日	124.00	2.33	2.33	1.75	1.75
材料	合角兽		份			(1.00)		(1.00)
	正当沟		件	11.68	3.18	3.18	1.90	1.90
	压当条		件		3.32 ×6.98	3.32 ×6.98	1.90 ×6.18	1.90 ×6.18
	群色条	六样	件	11.33	2.13	2.13		
	合角吻		份		1.00 ×9942.38		1.00 ×7184.28	
	白灰		kg	0.31	16.320	16.320	10.200	10.200
	青灰		kg	2.00	1.668	1.668	0.981	0.981
	麻刀		kg	4.53	0.713	0.713	0.446	0.446
	水		m^3	7.85	0.036	0.036	0.023	0.023
	氧化铁红		kg	7.30	0.298	0.298	0.213	0.213
	零星材料费		元		3.01	0.49	2.89	1.05
	材料采管费		元		210.92	2.08	151.83	0.92
	深月白麻刀灰	中麻刀	m^3		(0.017)	(0.017)	(0.010)	(0.010)
	红麻刀灰	中麻刀	m^3		(0.007)	(0.007)	(0.005)	(0.005)

单位：份

编号					14-232	14-233	14-234	14-235
项目					合角吻(兽)安装			
					八样		九样	
					吻	兽	吻	兽
预算基价	总价（元）				5111.42	193.60	3513.14	157.22
	人工费（元）				143.84	143.84	115.32	115.32
	材料费（元）				4951.68	33.86	3385.07	29.15
	管理费（元）				15.90	15.90	12.75	12.75
组成内容			单位	单价	数量			
人工	综合工		工日	124.00	1.16	1.16	0.93	0.93
材料	合角兽		份			(1.00)		(1.00)
	正当沟		件		1.45 ×10.84	1.45 ×10.84	1.34 ×9.54	1.34 ×9.54
	压当条		件		1.43 ×5.28	1.43 ×5.28	1.32 ×4.48	1.32 ×4.48
	合角吻		份		1.00 ×4815.26		1.00 ×3286.21	
	白灰		kg	0.31	10.200	10.200	10.200	10.200
	青灰		kg	2.00	0.981	0.981	0.981	0.981
	麻刀		kg	4.53	0.446	0.446	0.446	0.446
	水		m^3	7.85	0.023	0.023	0.023	0.023
	氧化铁红		kg	7.30	0.213	0.213	0.213	0.213
	零星材料费		元		2.42	1.01	1.66	0.97
	材料采管费		元		101.85	0.70	69.62	0.60
	深月白麻刀灰	中麻刀	m^3		(0.01)	(0.01)	(0.01)	(0.01)
	红麻刀灰	中麻刀	m^3		(0.005)	(0.005)	(0.005)	(0.005)

单位：m

编号				14-236	14-237	14-238	14-239
项目				博脊			
				六样	七样	八样	九样
预算基价	总价（元）			952.84	937.89	920.56	921.36
	人工费（元）			100.44	86.80	86.80	79.36
	材料费（元）			841.29	841.49	824.16	833.23
	管理费（元）			11.11	9.60	9.60	8.77
组成内容		单位	单价	数量			
人工	综合工	工日	124.00	0.81	0.70	0.70	0.64
材料	正当沟	件		3.80 ×11.68	4.35 ×11.68	4.65 ×10.84	5.00 ×9.54
	压当条	件		3.80 ×6.98	4.35 ×6.18	4.65 ×5.28	5.00 ×4.48
	博脊连砖	件		2.50 ×156.39	2.72 ×145.17	2.98 ×121.15	3.30 ×113.33
	博脊瓦	件		2.55 ×129.30	2.77 ×117.17	3.04 ×115.06	3.36 ×104.93
	白灰	kg	0.31	36.040	29.920	23.800	21.760
	青灰	kg	2.00	3.630	3.041	2.354	2.354
	麻刀	kg	4.53	1.575	1.308	1.040	0.951
	水	m^3	7.85	0.080	0.066	0.053	0.048
	氧化铁红	kg	7.30	0.680	0.553	0.468	0.340
	零星材料费	元		1.23	1.23	0.81	0.82
	材料采管费	元		17.30	17.31	16.95	17.14
	深月白麻刀灰 中麻刀	m^3		(0.037)	(0.031)	(0.024)	(0.024)
	红麻刀灰 中麻刀	m^3		(0.016)	(0.013)	(0.011)	(0.008)

单位：条

编号				14-240	14-241	14-242	14-243
项目				博脊附件			
				六样	七样	八样	九样
预算基价	总价（元）			371.71	340.34	300.81	271.73
	材料费（元）			371.71	340.34	300.81	271.73
组成内容		单位	单价	数量			
材料	挂尖	件		2.00 ×182.03	2.00 ×166.67	2.00 ×147.31	2.00 ×133.07
	材料采管费	元		7.65	7.00	6.19	5.59

5. 宝　　顶

单位：份

编号				14-244	14-245	14-246	14-247	14-248	14-249
项目				底座（宽在）			顶珠（高在）		
				60 cm 以内	100 cm 以内	100 cm 以外	60 cm 以内（个）	100 cm 以内（个）	100 cm 以外（个）
预算基价	总价（元）			5165.19	1687.56	7333.39	2815.25	3718.66	4133.03
	人工费（元）			576.60	865.52	1442.12	288.92	720.44	1009.36
	材料费（元）			4524.84	726.34	5731.82	2494.39	2918.56	3012.07
	管理费（元）			63.75	95.70	159.45	31.94	79.66	111.60
组成内容		单位	单价	数量					
人工	综合工	工日	124.00	4.65	6.98	11.63	2.33	5.81	8.14
材料	宝顶座	份		1 ×4402.92	1 ×622.15	1 ×5415.41			
	宝顶珠	件					1 ×2424.79	1 ×2782.92	1 ×2801.03
	机砖	块	0.58	20.00	100.00	200.00	20.00	100.00	200.00
	白灰	kg	0.31	16.277	26.985	74.327	4.717	9.985	17.207
	青灰	kg	2.00	1.275	2.256	6.867	0.491	0.687	0.981
	麻刀	kg	4.53	0.684	1.040	2.942	0.178	0.297	0.446
	水	m^3	7.85	0.041	0.083	0.215	0.015	0.045	0.089
	氧化铁红	kg	7.30	0.425	0.510	1.233	0.043	0.128	0.213
	水泥	kg	0.37	1.310	6.550	14.410	1.310	6.550	14.410
	砂子	t	87.58	0.015	0.076	0.168	0.015	0.076	0.168
	零星材料费	元		1.33	0.21	1.68	1.22	1.43	1.47
	材料采管费	元		93.07	14.94	117.89	51.30	60.03	61.95
	白灰膏	m^3		(0.001)	(0.005)	(0.010)		(0.005)	(0.010)
	深月白麻刀灰　中麻刀	m^3		(0.013)	(0.023)	(0.070)	(0.005)	(0.007)	(0.010)
	红麻刀灰　中麻刀	m^3		(0.010)	(0.012)	(0.029)	(0.001)	(0.003)	(0.005)
	混合砂浆　M2.5	m^3		(0.01)	(0.05)	(0.11)	(0.01)	(0.05)	(0.11)

第十五章　地　面　工　程

说　　明

一、本章包括细墁地面,糙墁地面,细墁散水,糙墁散水,墁石子地等5节;共66条基价子目。

二、铺墁块料面层的基价中已综合了掏柱顶卡口等工料,其中细墁地面及散水基价还包括了砖件的砍磨加工的材料损耗及人工消耗在内。糙墁地面及散水基价综合了守缝及勾缝做法。

三、檐廊细墁地面基价只适用于室内外分别铺墁的情况,敞轩或室内外通墁时不得执行檐廊细墁地面基价。

四、墁石子地所用石子的材料价格中已包括其筛选、清洗费用;基价中的拼花做法系指用石子拼花的做法,不包括用砖、瓦材料切磨加工、拼花摆铺,发生时所需工料另行计算;石子地中铺墁的方砖心另按有关基价子目人工费和管理费乘以系数1.5。

五、灰浆分层厚度配合比和砂浆虚实体积变化、损耗率表见本章附表1和附表2。

工　作　内　容

一、本章各子目除另有说明外均包括:调制灰浆及材料、成品的加工、运输、清理基层、浇水、成品的一般保护。

二、铺墁块料面层项目包括:弹线、选砖、套规格、砍磨砖件或切割块料、铺灰浆、铺块料。

三、墁石子地项目包括:选洗石子、摆石子、灌浆、清水冲刷等。

工 程 量 计 算 规 则

一、地面工程量计算除另有规定者外均按图示尺寸以面积计算。

二、室内地面以主墙间面积计算,不扣除柱顶石、垛、间壁墙所占面积;室外地面、散水不包括牙子所占面积,扣除0.5 m^2以上的树池、花坛等所占面积。

三、墁石子地不扣除砖、瓦条拼花所占面积,有方砖心的应扣除方砖心所占面积。

四、栽砖牙子按图示长度计算。

附表1 灰浆分层厚度配合比

单位:mm

项目			底层灰浆种类	底层厚度	砂浆总厚度	附注
细墁地面、散水、糙墁地面	尺二、尺四方砖、城砖	室内	3:7 掺灰泥	50	50	砖棱挂油灰
		室外	3:7 掺灰泥	50	50	砖棱挂油灰
	尺七、二尺以上方砖	室内	3:7 掺灰泥	60	60	砖棱挂油灰
		室外	3:7 掺灰泥	60	60	砖棱挂油灰
	金砖		纯白灰	60	60	砖棱挂油灰
	方砖、城砖		1:3 白灰砂浆	30	30	
	四丁砖、开条砖		1:3 白灰砂浆	30	30	
	石板路		M5.0混合砂浆	70	70	
	乱铺块石		M5.0混合砂浆	30	30	
	碎石墁地		1:3 白灰砂浆	30	30	

附表2 灰浆虚实体积变化、损耗率表

灰浆种类	砂浆	掺灰泥、纯白灰	水泥石碴浆
损耗率	7.8%	20.0%	8.5%

一、细墁地面

单位：10 m²

编号				15-1	15-2	15-3	15-4	15-5
项目				尺二方砖	尺四方砖	尺七方砖	进深在1.2 m以内的檐廊墁地 尺二方砖	进深在1.2 m以内的檐廊墁地 尺四方砖
预算基价	总价（元）			4684.05	5171.00	6713.39	6131.24	6699.75
	人工费（元）			2757.76	3197.96	3295.92	3749.76	4261.88
	材料费（元）			1780.40	1803.86	3243.11	2183.11	2212.40
	管理费（元）			145.89	169.18	174.36	198.37	225.47
组成内容		单位	单价	数量				
人工	综合工	工日	124.00	22.24	25.79	26.58	30.24	34.37
材料	尺二方砖	块	17.04	92.51			115.64	
	尺四方砖	块	22.61		70.84			88.55
	尺七方砖	块	66.27			45.32		
	生桐油	kg	14.43	1.50	1.50	1.20	1.50	1.50
	面粉	kg	2.20	3.00	3.00	2.40	3.00	3.00
	松烟	kg	18.00	1.50	1.50	1.20	1.50	1.50
	黄土	m³	79.00	0.55	0.55	0.66	0.55	0.55
	白灰	kg	0.31	157.70	157.70	181.30	157.70	157.70
	零星材料费	元		19.83	17.49	20.51	20.12	17.20
	材料采管费	元		36.62	37.10	66.70	44.90	45.50

单位：10 m²

编号				15-6	15-7	15-8	15-9	15-10	15-11
项目				进深在1.2m以外的檐廊墁地			车辋砖、龟背锦等异型地面		
							方砖		
				尺二方砖	尺四方砖	尺七方砖	尺二方砖	尺四方砖	尺七方砖
预算基价	总价（元）			5421.43	5974.32	7730.83	8156.37	9600.05	11800.79
	人工费（元）			3228.96	3727.44	3824.16	5738.72	7084.12	7536.72
	材料费（元）			2021.65	2049.69	3704.36	2114.05	2141.16	3865.35
	管理费（元）			170.82	197.19	202.31	303.60	374.77	398.72
组成内容		单位	单价	数量					
人工	综合工	工日	124.00	26.04	30.06	30.84	46.28	57.13	60.78
材料	尺二方砖	块	17.04	106.39			111.00		
	尺四方砖	块	22.61		81.47			85.00	
	尺七方砖	块	66.27			52.12			54.38
	生桐油	kg	14.43	1.50	1.50	1.20	1.80	1.80	1.44
	面粉	kg	2.20	3.00	3.00	2.40	3.60	3.60	2.88
	松烟	kg	18.00	1.50	1.50	1.20	1.80	1.80	1.44
	黄土	m^3	79.00	0.55	0.55	0.66	0.55	0.55	0.66
	白灰	kg	0.31	157.70	157.70	181.30	157.70	157.70	181.30
	零星材料费	元		19.60	17.91	21.64	20.50	16.64	20.71
	材料采管费	元		41.58	42.16	76.19	43.48	44.04	79.50

单位：10 m²

编号				15-12	15-13	15-14	15-15	15-16	15-17
项目				大城样砖墁地					
				陡板（平铺）		直柳叶		斜柳叶	
				异形	矩形	半砖	整砖	半砖	整砖
预算基价	总价（元）			14613.67	7726.11	11741.37	13909.77	13067.54	15627.68
	人工费（元）			10832.64	4781.44	8296.84	7841.76	9292.56	8823.84
	材料费（元）			3207.95	2691.72	3005.60	5653.16	3283.37	6337.03
	管理费（元）			573.08	252.95	438.93	414.85	491.61	466.81
组成内容		单位	单价	数量					
人工	综合工	工日	124.00	87.36	38.56	66.91	63.24	74.94	71.16
材料	大城样砖	块	21.13	140.45	117.04	128.81	251.51	141.69	283.26
	生桐油	kg	14.43	1.80	1.50	3.00	3.00	3.00	3.00
	面粉	kg	2.20	3.60	3.00	6.00	6.00	6.00	6.00
	松烟	kg	18.00	1.80	1.50	3.00	3.00	3.00	3.00
	黄土	m³	79.00	0.55	0.55	0.55	0.55	0.55	0.55
	白灰	kg	0.31	157.70	157.70	167.70	167.70	167.70	167.70
	零星材料费	元		15.63	15.72	16.10	16.56	16.00	15.48
	材料采管费	元		65.98	55.36	61.82	116.27	67.53	130.34

单位：10 m

编号				15-18	15-19	15-20	15-21	15-22	15-23
项目				甬路交叉部分		栽砖牙子			地面钻生（$10m^2$）
				龟背锦（份）	十字缝（份）	大城墙砖（顺栽）	蓝四丁砖（顺栽）	蓝四丁砖（立栽）	
预算基价	总价（元）			245.45	82.25	925.92	691.05	1257.04	514.00
	人工费（元）			233.12	78.12	794.84	498.48	920.08	208.32
	材料费（元）					89.03	166.20	288.28	294.66
	管理费（元）			12.33	4.13	42.05	26.37	48.68	11.02
组成内容		单位	单价	数量					
人工	综合工	工日	124.00	1.88	0.63	6.41	4.02	7.42	1.68
材料	大城样砖	块	21.13			2.75			
	蓝四丁砖	块	2.32				50.22	100.43	
	生桐油	kg	14.43			0.30	0.60	0.60	20.00
	面粉	kg	2.20			0.60	1.20	1.20	
	松烟	kg	18.00			0.30	0.60	0.60	
	黄土	m^3	79.00			0.05	0.05	0.05	
	白灰	kg	0.31			15.80	18.80	18.80	
	零星材料费	元				9.20	14.39	17.48	
	材料采管费	元				1.83	3.42	5.93	6.06

二、糙墁地面

单位：10 m^2

编号				15-24	15-25	15-26	15-27	15-28	15-29
项目				尺二方砖	尺四方砖	尺七方砖	大城样砖		
							陡板	直柳叶	
							平铺	半砖	整砖
预算基价	总价（元）			1643.39	1598.88	2727.61	2581.35	2818.53	5001.22
	人工费（元）			297.60	267.84	238.08	372.00	595.20	669.60
	材料费（元）			1330.05	1316.87	2476.93	2189.67	2191.84	4296.20
	管理费（元）			15.74	14.17	12.60	19.68	31.49	35.42
组成内容		单位	单价	数量					
人工	综合工	工日	124.00	2.40	2.16	1.92	3.00	4.80	5.40
材料	尺二方砖	块	17.04	71.40					
	尺四方砖	块	22.61		53.30				
	尺七方砖	块	66.27			35.30			
	大城样砖	块	21.13				97.50	97.60	195.10
	白灰	kg	0.31	88.110	88.110	88.110	88.110	88.110	88.110
	砂子	t	87.58	0.547	0.547	0.547	0.547	0.547	0.547
	水	m^3	7.85	0.224	0.224	0.224	0.224	0.224	0.224
	零星材料费	元		9.06	7.69	9.67	7.48	7.49	8.40
	材料采管费	元		27.36	27.09	50.95	45.04	45.08	88.36
	白灰膏	m^3		(0.126)	(0.126)	(0.126)	(0.126)	(0.126)	(0.126)
	白灰砂浆 1:3	m^3		(0.33)	(0.33)	(0.33)	(0.33)	(0.33)	(0.33)

单位：10 m²

<table>
<tr><td colspan="4">编号</td><td>15-30</td><td>15-31</td><td>15-32</td><td>15-33</td><td>15-34</td><td>15-35</td></tr>
<tr><td colspan="4" rowspan="3">项目</td><td colspan="3">大城样砖</td><td colspan="3">蓝四丁砖</td></tr>
<tr><td colspan="2">斜柳叶</td><td rowspan="2">姜蹉</td><td colspan="3">平铺</td></tr>
<tr><td>半砖</td><td>整砖</td><td>十字缝</td><td>八方锦</td><td>拐子锦</td></tr>
<tr><td rowspan="4">预算基价</td><td colspan="3">总价（元）</td><td>3153.97</td><td>5561.63</td><td>5096.87</td><td>1329.83</td><td>1345.50</td><td>1361.16</td></tr>
<tr><td colspan="3">人工费（元）</td><td>714.24</td><td>803.52</td><td>744.00</td><td>372.00</td><td>386.88</td><td>401.76</td></tr>
<tr><td colspan="3">材料费（元）</td><td>2401.94</td><td>4715.60</td><td>4313.51</td><td>938.15</td><td>938.15</td><td>938.15</td></tr>
<tr><td colspan="3">管理费（元）</td><td>37.79</td><td>42.51</td><td>39.36</td><td>19.68</td><td>20.47</td><td>21.25</td></tr>
<tr><td colspan="2">组成内容</td><td>单位</td><td>单价</td><td colspan="6">数量</td></tr>
<tr><td>人工</td><td>综合工</td><td>工日</td><td>124.00</td><td>5.76</td><td>6.48</td><td>6.00</td><td>3.00</td><td>3.12</td><td>3.24</td></tr>
<tr><td rowspan="9">材料</td><td>大城样砖</td><td>块</td><td>21.13</td><td>107.36</td><td>214.61</td><td>196.00</td><td></td><td></td><td></td></tr>
<tr><td>蓝四丁砖</td><td>块</td><td>2.32</td><td></td><td></td><td></td><td>357.60</td><td>357.60</td><td>357.60</td></tr>
<tr><td>白灰</td><td>kg</td><td>0.31</td><td>88.110</td><td>88.110</td><td>88.110</td><td>88.110</td><td>88.110</td><td>88.110</td></tr>
<tr><td>砂子</td><td>t</td><td>87.58</td><td>0.547</td><td>0.547</td><td>0.547</td><td>0.547</td><td>0.547</td><td>0.547</td></tr>
<tr><td>水</td><td>m³</td><td>7.85</td><td>0.224</td><td>0.224</td><td>0.224</td><td>0.224</td><td>0.224</td><td>0.224</td></tr>
<tr><td>零星材料费</td><td>元</td><td></td><td>7.04</td><td>6.92</td><td>6.33</td><td>12.24</td><td>12.24</td><td>12.24</td></tr>
<tr><td>材料采管费</td><td>元</td><td></td><td>49.40</td><td>96.99</td><td>88.72</td><td>19.30</td><td>19.30</td><td>19.30</td></tr>
<tr><td>白灰膏</td><td>m³</td><td></td><td>(0.126)</td><td>(0.126)</td><td>(0.126)</td><td>(0.126)</td><td>(0.126)</td><td>(0.126)</td></tr>
<tr><td>白灰砂浆 1:3</td><td>m³</td><td></td><td>(0.33)</td><td>(0.33)</td><td>(0.33)</td><td>(0.33)</td><td>(0.33)</td><td>(0.33)</td></tr>
</table>

单位：10 m²

编号				15-36	15-37	15-38	15-39	15-40
项目				蓝四丁砖			甬路交叉部分	
				直柳叶	斜柳叶	姜磋	龟背锦（份）	十字缝（份）
预算基价	总价（元）			2581.71	2927.42	2849.09	109.67	47.00
	人工费（元）			744.00	892.80	818.40	104.16	44.64
	材料费（元）			1798.35	1987.39	1987.39		
	管理费（元）			39.36	47.23	43.30	5.51	2.36
组成内容		单位	单价	数量				
人工	综合工	工日	124.00	6.00	7.20	6.60	0.84	0.36
材料	蓝四丁砖	块	2.32	720.00	800.00	800.00		
	白灰	kg	0.31	88.110	88.110	88.110		
	砂子	t	87.58	0.547	0.547	0.547		
	水	m³	7.85	0.224	0.224	0.224		
	零星材料费	元		13.98	13.53	13.53		
	材料采管费	元		36.99	40.88	40.88		
	白灰膏	m³		(0.126)	(0.126)	(0.126)		
	白灰砂浆 1:3	m³		(0.33)	(0.33)	(0.33)		

单位：10 m

编号				15-41	15-42	15-43	15-44
项目				栽牙子砖			
				大城样砖	蓝四丁砖		
					顺栽	立栽(宽$\frac{1}{4}$砖)	立栽(宽$\frac{1}{2}$砖)
预算基价	总价（元）			699.80	320.57	513.49	758.37
	人工费（元）			104.16	125.24	208.32	205.84
	材料费（元）			590.13	188.70	294.15	541.64
	管理费（元）			5.51	6.63	11.02	10.89
组成内容		单位	单价	数量			
人工	综合工	工日	124.00	0.84	1.01	1.68	1.66
材料	大城样砖	块	21.13	23.40			
	蓝四丁砖	块	2.32		43.75	87.50	191.00
	白灰	kg	0.31	88.110	88.110	88.110	88.110
	砂子	t	87.58	0.547	0.547	0.547	0.547
	水	m^3	7.85	0.224	0.224	0.224	0.224
	零星材料费	元		6.57	6.34	8.12	10.40
	材料采管费	元		12.14	3.88	6.05	11.14
	白灰膏	m^3		(0.126)	(0.126)	(0.126)	(0.126)
	白灰砂浆 1:3	m^3		(0.33)	(0.33)	(0.33)	(0.33)

单位：10 m^2

编号				15-45	15-46	15-47	15-48
项目				坡道		踏道	
				方砖	大城样砖	方砖	大城样砖
预算基价	总价（元）			1724.22	2691.02	1661.55	2612.68
	人工费（元）			386.88	476.16	327.36	401.76
	材料费（元）			1316.87	2189.67	1316.87	2189.67
	管理费（元）			20.47	25.19	17.32	21.25
组成内容		单位	单价	数量			
人工	综合工	工日	124.00	3.12	3.84	2.64	3.24
材料	尺四方砖	块	22.61	53.30		53.30	
	大城样砖	块	21.13		97.50		97.50
	白灰	kg	0.31	88.110	88.110	88.110	88.110
	砂子	t	87.58	0.547	0.547	0.547	0.547
	水	m^3	7.85	0.224	0.224	0.224	0.224
	零星材料费	元		7.69	7.48	7.69	7.48
	材料采管费	元		27.09	45.04	27.09	45.04
	白灰膏	m^3		(0.126)	(0.126)	(0.126)	(0.126)
	白灰砂浆 1:3	m^3		(0.33)	(0.33)	(0.33)	(0.33)

单位：10 m²

编号				15-49	15-50	15-51	15-52	15-53	15-54
项目				石板路					乱铺块石（10m³）
				整			碎		
				平道	坡道	踏道	平道	坡道	
预算基价	总价（元）			2050.07	2206.74	2128.40	1289.07	1492.74	3359.41
	人工费（元）			446.40	595.20	520.80	580.32	773.76	1049.04
	材料费（元）			1580.05	1580.05	1580.05	678.05	678.05	2254.87
	管理费（元）			23.62	31.49	27.55	30.70	40.93	55.50
组成内容		单位	单价	数量					
人工	综合工	工日	124.00	3.60	4.80	4.20	4.68	6.24	8.46
材料	整石板 100.0	m²	135.00	10.30	10.30	10.30			
	碎石板	m²	45.00				10.30	10.30	
	毛石	t	88.39						17.57
	水泥	kg	0.37	130.900	130.900	130.900	168.300	168.300	553.520
	白灰	kg	0.31	44.590	44.590	44.590	57.330	57.330	188.552
	砂子	t	87.58	1.022	1.022	1.022	1.314	1.314	4.322
	水	m³	7.85	0.280	0.280	0.280	0.360	0.360	1.184
	零星材料费	元		3.09	3.09	3.09	2.65	2.65	4.41
	材料采管费	元		32.50	32.50	32.50	13.95	13.95	46.38
	白灰膏	m³		(0.064)	(0.064)	(0.064)	(0.082)	(0.082)	(0.269)
	混合砂浆 M5	m³		(0.70)	(0.70)	(0.70)	(0.90)	(0.90)	(2.96)

三、细墁散水

单位：10 m²

编号				15-55	15-56	15-57	15-58
项目				大城样砖	方砖		出（窝）角（份）
					尺二方砖	尺四方砖	
预算基价	总价（元）			7641.28	4603.11	5090.06	245.45
	人工费（元）			4699.60	2680.88	3121.08	233.12
	材料费（元）			2693.06	1780.40	1803.86	
	管理费（元）			248.62	141.83	165.12	12.33
组成内容		单位	单价	数量			
人工	综合工	工日	124.00	37.90	21.62	25.17	1.88
材料	大城样砖	块	21.13	117.04			
	尺二方砖	块	17.04		92.51		
	尺四方砖	块	22.61			70.84	
	生桐油	kg	14.43	1.50	1.50	1.50	
	面粉	kg	2.20	3.00	3.00	3.00	
	松烟	kg	18.00	1.50	1.50	1.50	
	白灰	kg	0.31	157.70	157.70	157.70	
	黄土	m³	79.00	0.55	0.55	0.55	
	零星材料费	元		17.03	19.83	17.49	
	材料采管费	元		55.39	36.62	37.10	

四、糙墁散水

单位：10 m^2

编号				15-59	15-60	15-61	15-62	15-63
项目				大城样砖	方砖		大开条砖	出（窝）角（份）
					尺二方砖	尺四方砖		
预算基价	总价（元）			2550.02	1612.06	1567.55	1566.88	188.27
	人工费（元）			342.24	267.84	238.08	357.12	104.16
	材料费（元）			2189.67	1330.05	1316.87	1190.87	78.60
	管理费（元）			18.11	14.17	12.60	18.89	5.51
组成内容		单位	单价	数量				
人工	综合工	工日	124.00	2.76	2.16	1.92	2.88	0.84
材料	大城样砖	块	21.13	97.50				
	尺二方砖	块	17.04		71.40			
	尺四方砖	块	22.61			53.30		
	大开条砖	块	4.36				248.40	
	白灰	kg	0.31	88.110	88.110	88.110	88.110	88.110
	砂子	t	87.58	0.547	0.547	0.547	0.547	0.547
	水	m^3	7.85	0.224	0.224	0.224	0.224	0.224
	零星材料费	元		7.48	9.06	7.69	6.38	
	材料采管费	元		45.04	27.36	27.09	24.49	1.62
	白灰膏	m^3		(0.126)	(0.126)	(0.126)	(0.126)	(0.126)
	白灰砂浆 1:3	m^3		(0.33)	(0.33)	(0.33)	(0.33)	(0.33)

五、墁 石 子 地

单位：10 m^2

编号				15-64	15-65	15-66
项目				满铺		散铺
				拼花	不拼花	
预算基价	总价（元）			3084.94	1909.74	478.27
	人工费（元）			2604.00	1488.00	297.60
	材料费（元）			343.18	343.02	164.93
	管理费（元）			137.76	78.72	15.74
组成内容		单位	单价	数量		
人工	综合工	工日	124.00	21.00	12.00	2.40
材料	彩色卵石 粒径40～60	kg	0.60	180.00	108.00	
	本色卵石 粒径40～60	kg	0.30	360.00	504.00	150.00
	水泥	kg	0.37	175.756	175.756	175.756
	砂子	t	87.58	0.541	0.541	0.541
	水	m^3	7.85	0.122	0.122	0.122
	零星材料费	元		6.75	6.59	3.17
	材料采管费	元		7.06	7.06	3.39
	水泥砂浆 1:2.5	m^3		(0.36)	(0.36)	(0.36)

第十六章　抹　灰　工　程

说　　明

一、本章包括抹灰1节;共21条基价子目。

二、本章仅列了传统抹灰项目,通用抹灰项目执行第一册《通用项目》相应基价子目。

三、本章基价的分层厚度、材料耗用量除已注明者外,均以附表1砂浆分层厚度及配合比表为准;灰浆虚实体积变化及损耗率以附表2为准;嵌缝灰浆用量以附表3为准。基价子目中砂浆配合比如与设计要求不同时,允许调整,但人工费、砂浆消耗量及管理费不变。

工 作 内 容

本章各子目包括:材料加工、调制灰浆、材料运输、搭拆高度在3.3 m以内简单脚手架、处理底层(包括刷浆或胶)、抹灰、找平、罩面等,抹水泥砂浆和剁假石,并包括嵌条。

工 程 量 计 算 规 则

一、计算抹灰工程量除另有规定者外,均按结构尺寸计算。

二、内墙抹灰,以主墙间结构面净长乘以高度计算面积,扣除门、窗洞口(以框外围尺寸计算面积、下同)和空圈所占面积,但门窗洞口及空圈等的侧壁面积也不增加,垛的侧壁并入内墙工程量内;不扣除柱门、踢脚线、挂镜线、装饰线及0.3 m^2以内孔洞所占面积。高度由地(楼)面算起,有露明梁者算至梁底,吊顶抹灰的算至天棚底,吊顶不抹灰的算至天棚底另加20 cm计算,有墙裙者扣除墙裙高度。

三、外墙抹灰按长度乘以高度以面积计算,扣除门、窗洞口及空圈所占面积,不扣除柱门及0.3 m^2以内的孔洞面积,垛的侧壁并入墙体工程量计算。其高度由台明上皮(无台明的由散水上皮算起)算至墙出檐下皮,下肩不抹灰扣除其高度。

四、槛墙(或墙裙)抹灰以长度乘以高度以面积计算,不扣柱门、踢脚线所占面积。

五、门、窗口塞缝,按门、窗框外围面积计算,车棚碹抹灰按展开面积计算。

附表1 砂浆分层厚度及配合比

单位:mm

项目			底层		中层		面层		砂浆总厚度
			砂浆种类	厚度	砂浆种类	厚度	砂浆种类	厚度	
白灰砂浆（墙面）	砖墙	普通	1:3白灰砂浆	14			麻刀灰	4	18
		高级	1:3白灰砂浆	13	1:3白灰砂浆	8	麻刀灰	4	25
	板条、苇箔		麻刀灰	7	1:3白灰砂浆	6	麻刀灰	4	17
	钢丝网		1:3水泥砂浆	16			麻刀灰	4	20
水泥砂浆	须弥座、冰盘檐		1:3水泥砂浆	13			1:2.5水泥砂浆	5	18
剁石	须弥座、冰盘檐		1:3水泥砂浆	12	素水泥一道		1:2.5水泥砂浆	10	22
	花台、花坛等		1:3水泥砂浆	12	素水泥一道		1:2.5水泥砂浆	10	22

附表2 灰浆虚实体积变化损耗率

灰浆种类	水泥砂浆	白灰砂浆	混合砂浆	麻刀砂浆	纸筋砂浆	水泥石渣浆
墙面	9.1%	11.9%	9.1%	7.2%	17.0%	21.4%

附表3 嵌缝灰浆用量

单位:m^3

结构类型	砖墙	板条	苇箔	钢丝网	毛石
嵌缝量	0.007	0.031	0.034	0.080	0.030

抹　灰

单位：10 m^2

编号				16-1	16-2	16-3	16-4
项目				抹靠骨灰			
				1.5 cm 厚			每增厚 1 cm
				月白灰	青灰	红灰	
预算基价	总价（元）			285.66	343.83	335.81	109.63
	人工费（元）			178.56	223.20	208.32	44.64
	材料费（元）			95.94	106.68	114.47	62.20
	管理费（元）			11.16	13.95	13.02	2.79
组成内容		单位	单价	数量			
人工	综合工	工日	124.00	1.44	1.80	1.68	0.36
材料	白灰	kg	0.31	107.90	107.90	107.90	71.90
	麻刀	kg	4.53	5.40	5.40	5.40	3.60
	青灰	kg	2.00	16.20	21.50		9.30
	氧化铁红	kg	7.30			7.00	
	零星材料费	元		3.66	3.58	3.11	3.72
	材料采管费	元		1.97	2.19	2.35	1.28

单位：10 m^2

编号				16-5	16-6	16-7	16-8	16-9
项目				砂子灰底 1.8 cm 厚			麻面砂子灰 1.5 cm 厚	砂子灰 每增厚 1 cm
				月白灰	青灰	红灰		
预算基价	总价（元）			276.75	330.11	312.73	212.96	70.39
	人工费（元）			193.44	238.08	223.20	163.68	44.64
	材料费（元）			71.22	77.15	75.58	39.05	22.96
	管理费（元）			12.09	14.88	13.95	10.23	2.79
组成内容		单位	单价	数量				
人工	综合工	工日	124.00	1.56	1.92	1.80	1.32	0.36
材料	白灰	kg	0.31	61.70	61.70	61.70	36.05	21.80
	麻刀	kg	4.53	2.00	2.00	2.00		
	砂子	t	87.58	0.325	0.325	0.325	0.280	0.150
	青灰	kg	2.00	5.10	8.00			
	氧化铁红	kg	7.30			2.00		
	零星材料费	元		2.91	2.91	2.78	2.55	2.59
	材料采管费	元		1.46	1.59	1.55	0.80	0.47

单位：10 m^2

编号				16-10	16-11	16-12	16-13	16-14	16-15
项目				须弥座、冰盘檐、抹青灰	碹底抹青灰	零星抹灰	抹灰后		抹灰前做麻钉
							做假砖缝	轧竖向小抹子花	
预算基价	总价（元）			780.61	380.52	438.69	202.90	144.93	117.24
	人工费（元）			580.32	267.84	312.48	190.96	136.40	80.60
	材料费（元）			164.02	95.94	106.68			31.60
	管理费（元）			36.27	16.74	19.53	11.94	8.53	5.04
组成内容		单位	单价	数量					
人工	综合工	工日	124.00	4.68	2.16	2.52	1.54	1.10	0.65
材料	白灰	kg	0.31	179.27	107.90	107.90			
	麻刀	kg	4.53	8.91	5.40	5.40			
	青灰	kg	2.00	30.55	16.20	21.50			
	麻丝	kg	16.80						0.70
	铁钉	kg	7.81						2.10
	零星材料费	元		3.61	3.66	3.58			2.79
	材料采管费	元		3.37	1.97	2.19			0.65

注：零星抹灰系指山花、象眼、穿插档、什锦窗侧壁及面积不足 3 m^2 的廊心墙、匾心、小红山等处的抹灰。

单位：10 m²

编号				16-16	16-17	16-18	16-19	16-20	16-21
项目				白灰砂浆		水泥砂浆		剁假石	
				砖墙		须弥座、冰盘檐	木门窗塞缝	须弥座、冰盘檐	花台、花池等零星抹灰
				普通	高级				
预算基价	总价（元）			260.84	338.79	1109.64	47.54	2944.87	1470.66
	人工费（元）			193.44	252.96	967.20	43.40	2606.48	1256.12
	材料费（元）			55.31	70.02	81.99	1.43	175.48	136.03
	管理费（元）			12.09	15.81	60.45	2.71	162.91	78.51
组成内容		单位	单价	数量					
人工	综合工	工日	124.00	1.56	2.04	7.80	0.35	21.02	10.13
材料	水泥	kg	0.37	0.61	3.81	111.38	0.51	245.31	188.70
	砂子	t	87.58	0.259	0.259	0.424	0.003	0.292	0.224
	白灰	kg	0.31	70.66	105.66		3.06		
	麻刀	kg	4.53	1.41	1.91				
	白石子	kg	0.19					228.07	175.44
	石屑	t	83.27					0.069	0.053
	108胶	kg	4.98					0.34	0.26
	零星材料费	元		2.97	3.08	1.96		4.76	4.75
	材料采管费	元		1.14	1.44	1.69	0.03	3.61	2.80

第十七章　油 漆 彩 画 工 程

说　明

一、本章包括立闸山花板、博缝板、挂檐（落）板，连檐、瓦口、椽头，椽子、望板，上架木件，斗拱、垫拱板，雀替、花活，天花、天棚，下架木件，装修等9节；共451条基价子目。

二、彩画贴金（铜）箔基价中库金箔规格每张为93.3 mm×93.3 mm，赤金箔规格每张为83.3 mm×83.3 mm，铜箔规格每张为100 mm×100 mm。实际使用的金（铜）箔规格与基价不符时按下列方法换算箔的用量，并相应调整材料费，但人工费及管理费不变。

调整后箔的用量（张）＝基价中箔的每张面积×基价用量（张）/实际使用箔的每张面积。

三、基价中凡包括贴金（铜）箔的彩画项目，若设计要求不贴金（铜）箔时，相应扣减其金胶油、金（铜）箔及清漆的材料价值。

四、立闸山花板、博缝板、挂檐（落）板

1. 山花沥粉系指在无雕刻山花板的地仗上沥粉做花纹，在无雕刻挂檐（落）板的地仗上沥粉做花纹者也执行山花沥粉基价子目。

2. 悬山建筑的镶嵌象眼板、柁档板油漆或彩画执行第四节上架木件基价。

五、连檐、瓦口、椽头

1. 大连檐立面、瓦口、檐椽头、飞椽头地仗油漆及椽头彩画执行本节基价。大连檐底面、小连檐、闸档板油漆的工料包括在第三节椽望基价中。

2. 椽头彩画以椽头带飞椽者为准，无飞椽者按相应基价子目人工费、材料费及管理费乘以系数0.55。

六、椽子、望板

1. 本节地仗及油漆基价均包括椽子、望板。

2. 小连檐、闸档板、隔椽板、椽中板的地仗、油漆所需工料已包括在椽望工程量内。

七、上架木件

1. 檩（桁）枋下皮以上（包括柱头）的枋、梁、随梁、瓜柱、柁墩、角背、雷公柱、桁檩、角梁、由戗、垫板、燕尾枋、博脊板、棋枋板、镶嵌柁档板、镶嵌象眼山花板、角科斗拱的宝瓶、楼阁的承重、楞木、木楼板底面及枋、梁、桁檩等露明的榫头、箍头均执行本节基价。

2. 基价中按建筑物明间大额枋截面高（檐柱径）分为23 cm以下、23～58 cm两档，实际工程中不论建筑物各构部件与明间大额枋的权衡比例如何，均以其明间大额枋截面高为准，确定应执行的基价相应档次。

3. 上架木件片金扣油执行第八节“下架木件”中柱子扣油基价。

4. 金龙和玺、龙凤和玺基价的（一）、（二）、（三）区别如下：（一）系指贯套箍头，枋心、盒子岔角做彩云，挑檐枋、坐斗枋、桃尖梁头为片金图案的做法；（二）系指箍头、挑檐枋、坐斗枋为片金图案的做法；（三）系指素箍头、挑檐枋、桃尖梁头无片金图案的做法。

5. 龙草和玺基价的（一）、（二）区别如下：（一）系指素箍头、金琢墨草，挑檐枋、坐斗枋沥粉做片金花纹（包括坐斗枋做轱辘草攒退）的做法；（二）系指素托头、爬粉攒退草，挑檐枋、坐斗枋、桃尖梁头不做金片图案的做法。

6. 基价中的“白活”是指在包袱心、枋心、池子心、聚锦心内的白地上绘画山水、翎毛、人物、花卉等国画的做法。

7. 和玺加苏画、金线大点金加苏画及各项苏画的规矩活部分，基价包括绘梁头（或博古）、箍头、藻头、卡子及包袱线、聚锦线、枋心线、池子线、盒子架及其内外规矩图案的绘制。绘制白活另执行相应基价。

8. 掐箍头及掐箍头搭包袱基价均不包括油漆部分的工料。

9. 包袱、枋心白活基价以每块面积在 1.5 m^2 以内为准,超过 1.5 m^2 在 2 m^2 以内者,按相应基价子目人工费、材料费及管理费乘以系数 1.50;超过 2 m^2 按相应基价子目人工费、材料费及管理乘以系数 2.00。其面积计算按外接矩形面积为准。聚锦不论面积大小及绘画内容基价均不调整。池子、盒子的白活执行聚锦基价。

10. 斑竹彩画以建筑物整体为同一图案形式,不分椽望、连檐、下架木件均执行此项基价。

11. 油地沥粉贴金、满金琢墨、金琢墨、局部贴金及各种无金做法的新式彩画均指近年来出现的淡色或单色做法。其中:

(1)油地沥粉贴金做法系仿苏式彩画格调在油漆面上贴金(铜)箔的做法,基价中分为满做和掐箍头两类。满做包括箍头、卡子、包袱及包袱内的片金图案。

(2)满金琢墨做法系指箍头、藻头、枋心、盒子的大线及其内的花纹均沥粉、贴金、攒退。金琢墨做法系指箍头、藻头及大线贴金、退晕。局部贴金做法系指主要大线(箍头线、岔口线、枋心线)贴金(铜)箔,枋心、盒子内花纹的花蕊、花蕾点金。

八、斗拱、垫拱板

1. 斗拱满刷素油及斗拱做彩画时其拱眼(荷包、眼边)、斜盖斗板及拽枋、单材拱掏里的油漆部分均执行斗拱油漆基价。

2. 斗拱彩画基价不包括拱眼、斜盖斗板的油漆工料。

3. 垫拱板的油漆或彩画另按本节有关基价执行。

九、雀替、花活

1. 雀替(包括翘拱、云墩)、雀替隔架斗拱、垂柱头、雷公柱及交金灯笼柱垂头、垂花门及牌楼的花板、云龙花板等雕刻的构部件(部位)均执行本节基价。

2. 基价中包括掏章丹里。

十、天花、天棚

1. 基价中天花规格以井口板分井的平均边长为准。

2. 井口板彩画的片金鼓子心包括团龙、双龙、龙凤、西蕃莲草等做法,做染鼓子心包括做染四季花、团鹤等做法。

3. 烟琢墨岔角云片金鼓子心彩画包括方、圆鼓子线及鼓子心贴金(铜)箔;烟琢墨岔角云做染,攒退鼓子心彩画包括方、圆鼓子线贴金(铜)箔。

4. 支条的燕尾彩画包括刷支条、做燕尾、贴钉燕尾、燕尾及井口线贴金。

5. 灯花局部贴金(一)系指主要线路贴金,(二)系指主要线路贴金及其他部位局部贴金。

6. 灯花沥粉无金做法包括爬粉刷色及爬粉攒退。

7. 天花刷素油漆执行胶合板天棚油漆基价。

十一、下架木件

1. 各种柱、抱柱、槛框、窗榻板、什锦窗的筒子板、过木执行本节基价。

2. 下架木件基价按其明间大额枋的截面高(檐柱径)分为 23 cm 以下、23 ~ 58 cm 两档。

十二、装修

1. 迎风板、走马板绘画白活（不做油漆）者，执行上架木件白活基价。

2. 木楼板、木地板、木楼梯油漆执行大门、屏门、迎风板、走马板、木（栈）板墙基价。

3. 外檐隔扇、槛窗基价中不包括其心屉的工料，心屉另执行有关基价。

4. 内檐隔扇、风门、支摘窗基价中包括其心屉的工料，外檐隔扇、槛窗的心屉不分形式也执行此基价。

5. 栏杆不分部位包括望柱在内，按其形式分类，寻杖栏杆执行外檐隔扇、槛窗基价，花栏杆、直挡栏杆执行内檐隔扇、风门、支摘窗基价。

6. 墙边拉线基价以单线为准。

7. 匾的油漆、贴金（铜）箔均包括匾钩、如意钉。木匾托刷素油其工程量并入匾内计算，花匾托执行雀替花活基价。

十三、彩画贴金基价包括：彩画及贴金的全部工作内容。

十四、光油、灰油、金胶油及精梳麻的熬制，加工费用已包括在基价材料费中。

工 作 内 容

一、地仗项目包括：调制灰料、油满、清理基层、除铲、砍斧迹、撕缝、陷缝、汁浆、捉缝、分层使灰、钻生油、砂纸或砂布打磨，麻灰类、布灰类地仗项目还包括压麻或糊布。

二、油漆项目包括：调兑血料腻子及油漆、刮腻子、刷底漆、找补腻子、磨砂纸、油漆成活，其中扣油系指彩画、贴金后在漆地上刷的最后一道油漆。

三、彩画项目包括：按设计要求起扎谱子、调兑颜料、绘制各种图案成活。

四、贴金（铜）箔项目包括：支搭金帐、打金胶油、贴金箔或贴铜箔、罩清漆。

工 程 量 计 算 规 则

一、立闸山花板、博缝板、挂檐（落）板

1. 立闸山花板、博缝板、挂檐（落）板的地仗、油漆均按图示垂直投影面积计算，扣除博脊所遮蔽的面积；立闸山花板被博缝所遮蔽部分不得计算。悬山博缝板按双面计算，不扣除檩窝所占面积，底边面积亦不增加。

2. 山花绶带贴金（铜）箔按立闸山花板露明垂直投影面积计算。

3. 梅花钉贴金（铜）箔按博缝板垂直投影面积计算，歇山建筑应扣除博脊所遮蔽的面积。

4. 挂檐板贴金（铜）箔按挂檐板垂直投影面积计算。

二、连檐、瓦口、椽头

1. 连檐瓦口以大连檐长乘以连檐下楞至瓦口尖的全高，按面积计算。

2. 檐椽头面积补进飞椽的空档中，以大连檐长（硬山建筑应扣除墀头所占长度）乘以飞椽头竖向高度，按面积计算。檐椽头不再计算。

三、椽子、望板

椽望地仗、油漆按望板的不同斜面形状以面积计算，椽头计算到飞椽头下楞，硬山建筑的两山计算到梁架中线，悬山建筑的两山计算到博缝板里皮，不扣除角梁、扶脊木所占面积，有斗拱建筑物扣除挑桁檐中至正心桁中斗拱所封闭部分的面积。有天花吊顶建筑的室内椽望及歇山建筑采步金至山花板间的金、脊步椽望不刷油漆者，其面积均不应计算。小连檐立面、闸档板、隔椽板、椽中板的面积不再增加。内外檐做法不同时，应分别计算，执行相应基价子目。

四、上架木件

1. 地仗、油漆（除掐箍头及掐箍头搭包袱彩画间夹的油漆外）及各种彩画，均按构架图示露明部位的展开面积计算，挑檐枋只计算其正面，彩画不扣除白活所占面积，掐箍头及掐箍头搭包袱彩画计量时不扣除其间夹的油漆面积（基价中均已考虑了彩画实做面积）。

2. 掐箍头彩画间夹的油漆面积按油漆彩画全面积的 0.67 计算，掐箍头搭包袱彩画间夹的油漆面积按油漆彩画全面积的 0.33 计算。

3. 斑竹彩画椽望、连檐、瓦口、上、下架木件均按展开面积合并计算。

五、斗拱、垫拱板

1. 斗拱彩画与拱眼、斜盖斗板、掏里部分的油漆面积应分别计算。设计要求斗拱全部做油漆时（无彩画）按斗拱全面积计算。每攒斗拱的展开面积按“斗拱展开面积表”计算。

2. 表中所列垫板面积为单面投影面积，垫拱板油漆或彩画的工程量按双面面积计算。

3. 斗拱、垫拱板中的“斗拱展开面积表”使用说明：

（1）表中所列斗拱展开面积，系指一攒平身科斗拱由垫拱板（灶火门）向外檐拽架的面积（包括柱头科）。

（2）由垫拱板（灶火门）向室内拽架的涂刷面积，除琵琶科的后秤尾外，均按向外拽架面积计算。

（3）角科斗拱向外拽架的面积，按平身科向外拽架面积的 3.50 倍计算（不包括宝瓶）；角科斗拱向室内拽架的面积，按平身科向外拽架面积的 1.50 倍计算（包括麻叶头）；牌楼角科斗拱的面积，按平身科半面积的 6 倍计算。

（4）表中所列斗拱面积，均以扣除荷包、眼边、盖斗板及斗拱掏里部分（外拽瓜拱、万拱、厢拱、三才升、拽架枋的背面及昂腰头木的两侧部分）；如需计算上述部分工程量时，应按相应的斗拱形式的口份规格套用表后的百分比计算（例如：8 cm 口份的五踩单翘单昂斗拱的展开面积为 $2.05\ m^2 \times 3.8\% = 0.078\ m^2$，是荷包眼边的面积；斜盖斗板的面积为 $2.05\ m^2 \times 15\% = 0.308\ m^2$；掏里的面积为 $2.05\ m^2 \times 24\% = 0.492\ m^2$，依此类推）。

（5）斗拱口份如无法实量时，可用建筑物明间柱中至柱中的宽度除以灶火门的个数再除以 11 计算。

斗拱展开面积表

斗拱分类名称	单位	展开面积 (m²)						荷包眼边相当于斗拱面积的比例	斜盖斗板相当于斗拱面积的比例	斗拱的掏里面积相当于斗拱面积的比例
		5 cm	6 cm	7 cm	8 cm	9 cm	10 cm			
一斗三升	攒	0.232	0.334	0.455	0.594	0.752	0.928	2.40%		
一斗二升交麻叶	攒	0.257	0.370	0.503	0.657	0.832	1.027	2.10%		
三踩单翘品字科	攒	0.412	0.593	0.807	1.054	1.334	1.647	6.60%	12.00%	10.00%
三踩单昂	攒	0.523	0.753	1.025	1.339	1.695	2.096	3.90%	10.00%	7.90%
五踩重翘品字科	攒	0.694	0.999	1.360	1.776	2.248	2.775	5.40%	17.00%	28.00%
五踩单翘单昂	攒	0.801	1.153	1.570	2.050	2.595	3.203	3.80%	15.00%	24.00%
五踩琵琶科后秤尾	攒	1.121	1.615	2.198	2.871	3.643	4.486	2.40%		
七踩三翘品字科	攒	1.109	1.596	2.173	2.838	3.592	4.434	4.80%	17.00%	23.00%
七踩单翘重昂	攒	1.178	1.696	2.308	3.015	3.816	4.711	3.40%	16.00%	22.00%
九踩四翘品字科	攒	1.477	2.126	2.894	3.780	4.784	5.906	4.70%	18.00%	19.00%
九踩重翘重昂	攒	1.531	2.204	3.000	3.919	4.960	6.123	3.60%	17.00%	18.00%
九踩单翘三昂	攒	1.563	2.251	3.064	4.002	5.065	6.253	3.10%	17.00%	18.00%
十一踩重翘三昂	攒	1.925	2.773	3.774	4.929	6.238	7.702	3.30%	17.00%	17.00%
单拱垫拱板	攒	0.046	0.067	0.091	0.119	0.151	0.186			
重拱垫拱板	攒	0.057	0.082	0.112	0.146	0.185	0.228			

六、雀替、花活

1. 雀替及雀替隔架斗拱按露明长度乘以全高再乘以 2 计算面积。

2. 花板、云龙花板按双面垂直投影面积计算。

3. 垂柱头、雷公柱及交金灯笼柱垂头按周长乘以高度按面积计算(方形垂柱应加底面积)。

七、天花、天棚

1. 井口板、支条的地仗、彩画工程量均按木装修相应项目的工程量计算,井口板不扣支条所占面积,支条不扣井口板所占面积。

2. 灯花彩画按灯花外围面积计算。

3. 胶合板天棚油漆按木作相应项目工程量计算。

八、下架木件

1. 各种柱、抱柱、槛框、窗榻板、什锦窗的筒子板、过木均按图示露明展开面积计算。

2. 框线、门簪贴金按实贴面积计算。

九、装修

1. 各种大门、屏门、迎风板、走马板、木(栈)板墙按双面投影面积计算。护墙板(墙裙)筒子板按单面投影面积计算,踢脚线工程量并入护墙板在内计算。

2. 门钉、门钹贴金(铜)箔按实贴面积计算。

3. 木楼板面、木地板均按木作相应工程量计算。

4. 木楼梯按图示露明展开面积计算。

5. 外檐隔扇、槛窗、寻杖栏杆按木作相应垂直投影面积计算,不扣除心屉面积。

6. 裙板、绦环板的云盘线贴金(铜)箔按裙板、绦环板投影面积计算;大边两柱香贴金(铜)箔按隔扇、槛窗面积计算。

7. 风门、内檐隔扇、花栏杆、直档栏杆按木作相应工程量乘以 2 计算。

8. 外檐隔扇、槛窗的心屉按其投影面积,单面一玻一纱做法者乘以 1.5 计算,双面夹玻做法者乘以 2 计算。

9. 倒挂楣子按长度乘以全高(下边量至白菜头)再乘以 2 计算,坐凳楣子按边框所围成的面积双面计算。

10. 菱花扣贴金(铜)箔按菱花心屉的投影面积计算。

11. 抹灰面的油漆、粉刷按相应的抹灰工程量计算。

12. 墙边彩画按实际面积计算。

13. 墙边拉线按长度计算,拉双线者按累计计算。

14. 匾油漆及匾字均按匾的投影面积计算。

一、立闸山花板、博缝板、挂檐(落)板

单位：10 m^2

编号				17-1	17-2	17-3	17-4	17-5
项目				平做			雕刻	
				一麻五灰	一布五灰	单皮灰	一麻五灰	一布五灰
预算基价	总价(元)			3048.06	2848.04	1755.70	4185.26	3758.89
	人工费(元)			1465.68	1257.36	915.12	2512.24	2095.60
	材料费(元)			1455.43	1481.78	761.32	1455.43	1481.78
	管理费(元)			126.95	108.90	79.26	217.59	181.51
组成内容		单位	单价	数量				
人工	综合工	工日	124.00	11.82	10.14	7.38	20.26	16.90
材料	面粉	kg	2.20	3.42	3.12	1.48	3.42	3.12
	血料	kg	6.07	70.67	65.83	41.50	70.67	65.83
	砖灰 综合	kg	0.70	75.20	72.38	52.00	75.20	72.38
	灰油	kg	32.00	19.23	17.52	8.42	19.23	17.52
	生桐油	kg	14.43	2.50	2.50	2.50	2.50	2.50
	光油	kg	42.00	3.30	3.30	3.30	3.30	3.30
	汽油	kg	7.34	0.10	0.10	0.10	0.10	0.10
	精梳麻	kg	37.00	3.50			3.50	
	玻璃布 0.2	m^2	4.65		52.00			52.00
	白灰	kg	0.31	0.64	0.58	0.28	0.64	0.58
	砂布	张	1.08	1.65	1.65	1.65	1.65	1.65
	零星材料费	元		14.11	14.37	7.38	14.11	14.37
	材料采管费	元		29.94	30.48	15.66	29.94	30.48

单位：10 m²

编号				17-6	17-7	17-8	17-9	17-10	17-11
项目				雕刻 单皮灰 山花	雕刻 单皮灰 挂檐板	满刮浆灰	满刮血料腻子 平面刷调合漆三道	满刮血料腻子 雕刻面刷调合漆二道扣油一道	平面山花沥粉
预算基价	总价（元）			2150.28	1778.00	86.65	371.30	563.98	1566.56
	人工费（元）			1277.20	1118.48	74.40	239.32	416.64	1413.60
	材料费（元）			762.46	562.65	5.81	111.25	111.25	30.52
	管理费（元）			110.62	96.87	6.44	20.73	36.09	122.44
组成内容		单位	单价	数量					
人工	综合工	工日	124.00	10.30	9.02	0.60	1.93	3.36	11.40
材料	面粉	kg	2.20	1.48	0.75				
	血料	kg	6.07	41.50	32.90	0.70	0.70	0.70	
	砖灰 综合	kg	0.70	52.00	40.00				
	淋浆灰	kg	1.20			1.20			
	灰油	kg	32.00	8.42	4.31				
	生桐油	kg	14.43	2.50	2.50				
	光油	kg	42.00	3.30	3.30		1.35	1.35	
	汽油	kg	7.34	0.20	0.20				
	白灰	kg	0.31	0.28	0.14				

续表

单位：10 m^2

编号			17-6	17-7	17-8	17-9	17-10	17-11
项目			雕刻		满刮浆灰	满刮血料腻子		平面山花沥粉
			单皮灰			平面刷调合漆三道	雕刻面刷调合漆二道扣油一道	
			山花	挂檐板				
组成内容	单位	单价	数量					
材料 调合漆	kg	15.87				2.73	2.73	
滑石粉	kg	0.67				0.60	0.60	
土粉子	kg	2.00				0.60	0.60	
砂布	张	1.08	2.00	2.00				
砂纸	张	1.00				2.00	2.00	2.00
大白粉	kg	1.05						4.34
乳胶	kg	9.50						0.935
牛皮纸	张	1.29						4.50
粉笔	盒	5.00						0.20
铅笔	支	1.00						2.00
橡皮	块	1.50						0.50
香糊 400g	瓶	4.00						0.50
高丽纸	张	1.30						2.00
零星材料费	元		7.39	5.46		1.08	1.08	0.30
材料采管费	元		15.68	11.57	0.12	2.29	2.29	0.63

单位：10 m²

编号				17-12	17-13	17-14	17-15	17-16	17-17
项目				山花绶带			梅花钉		
				打贴库金	打贴赤金	打贴铜箔描清漆	打贴库金	打贴赤金	打贴铜箔描清漆
预算基价	总价（元）			6545.91	4802.79	1968.69	3018.25	2282.11	1088.61
	人工费（元）			750.20	794.84	823.36	509.64	536.92	567.92
	材料费（元）			5730.73	3939.11	1074.02	2464.47	1698.69	471.50
	管理费（元）			64.98	68.84	71.31	44.14	46.50	49.19
组成内容		单位	单价	数量					
人工	综合工	工日	124.00	6.05	6.41	6.64	4.11	4.33	4.58
材料	金胶油	kg	52.00	0.99	0.99	0.99	0.55	0.55	0.55
	丙烯酸清漆	kg	29.26			0.66			0.44
	二甲苯	kg	6.15			0.066			0.044
	库金箔 98% 93.3×93.3	张	5.70	965			414		
	赤金箔 74% 83.3×83.3	张	3.11		1210			520	
	铜箔	张	1.00			965			414
	棉花	kg	32.75	0.101	0.101	0.101	0.030	0.030	0.030
	砂纸	张	1.00	2.00	2.00	2.00	0.50	0.50	0.50
	零星材料费	元		55.57	38.20	10.42	23.90	16.47	4.57
	材料采管费	元		117.87	81.02	22.09	50.69	34.94	9.70

单位：10 m²

编号				17-18	17-19	17-20	17-21	17-22	17-23
项目				挂檐板					
				万字不到头(包括金大边)			金博古(包括金大边)		
				打贴库金	打贴赤金	打贴铜箔描清漆	打贴库金	打贴赤金	打贴铜箔描清漆
预算基价	总价（元）			6880.34	5145.31	2382.62	4254.02	3270.80	1759.27
	人工费（元）			1050.28	1102.36	1196.60	900.24	944.88	1054.00
	材料费（元）			5739.09	3947.47	1082.38	3275.81	2244.08	613.98
	管理费（元）			90.97	95.48	103.64	77.97	81.84	91.29
组成内容		单位	单价	数量					
人工	综合工	工日	124.00	8.47	8.89	9.65	7.26	7.62	8.50
材料	金胶油	kg	52.00	1.21	1.21	1.21	0.55	0.55	0.55
	丙烯酸清漆	kg	29.26			0.66			0.44
	二甲苯	kg	6.15			0.066			0.044
	库金箔 98% 93.3×93.3	张	5.70	965			552		
	赤金箔 74% 83.3×83.3	张	3.11		1210			690	
	铜箔	张	1.00			965			552
	棉花	kg	32.75	0.03	0.03	0.03	0.02	0.02	0.02
	砂纸	张	1.00	1.00	1.00	1.00	1.00	1.00	1.00
	零星材料费	元		55.65	38.28	10.50	31.77	21.76	5.95
	材料采管费	元		118.04	81.19	22.26	67.38	46.16	12.63

二、连檐、瓦口、椽头

单位：10 m²

编号				17-24	17-25	17-26	17-27	17-28	17-29
项目				四道灰			三道灰		
				10 cm 以上	7～10 cm	7 cm 以下	10 cm 以上	7～10 cm	7 cm 以下
预算基价	总价（元）			2222.23	2894.58	3498.22	1952.02	2454.60	2961.23
	人工费（元）			1531.40	2150.16	2705.68	1419.80	1882.32	2348.56
	材料费（元）			558.19	558.19	558.19	409.25	409.25	409.25
	管理费（元）			132.64	186.23	234.35	122.97	163.03	203.42
组成内容		单位	单价	数量					
人工	综合工	工日	124.00	12.35	17.34	21.82	11.45	15.18	18.94
材料	面粉	kg	2.20	1.20	1.20	1.20	0.65	0.65	0.65
	血料	kg	6.07	31.17	31.17	31.17	24.77	24.77	24.77
	砖灰 综合	kg	0.70	36.68	36.68	36.68	27.90	27.90	27.90
	灰油	kg	32.00	6.67	6.67	6.67	3.60	3.60	3.60
	生桐油	kg	14.43	1.70	1.70	1.70	1.70	1.70	1.70
	光油	kg	42.00	2.00	2.00	2.00	2.00	2.00	2.00
	汽油	kg	7.34	0.10	0.10	0.10	0.10	0.10	0.10
	砂布	张	1.08	1.00	1.00	1.00	1.00	1.00	1.00
	零星材料费	元		5.41	5.41	5.41	3.97	3.97	3.97
	材料采管费	元		11.48	11.48	11.48	8.42	8.42	8.42

单位：10 m^2

编号				17-30	17-31	17-32	17-33
项目				满刮浆灰	刮血料腻子刷三道调合漆	椽头扣油漆一道	罩光油一道
预算基价	总价（元）			145.00	456.21	1928.95	100.24
	人工费（元）			126.48	343.48	1755.84	65.72
	材料费（元）			7.57	82.98	21.03	28.83
	管理费（元）			10.95	29.75	152.08	5.69
组成内容		单位	单价	数量			
人工	综合工	工日	124.00	1.02	2.77	14.16	0.53
材料	血料	kg	6.07	0.70	0.70		
	光油	kg	42.00		0.75	0.45	0.63
	淋浆灰	kg	1.20	1.20			
	滑石粉	kg	0.67		0.60		
	土粉子	kg	2.00		0.60		
	调合漆	kg	15.87		2.47		
	汽油	kg	7.34		0.33		
	砂纸	张	1.00	1.50	1.50	1.50	1.50
	零星材料费	元		0.22	0.80	0.20	0.28
	材料采管费	元		0.16	1.71	0.43	0.59

单位：10 m²

编号				17-34	17-35	17-36	17-37	17-38	17-39
项目				飞椽头、檐椽头片金彩画					
				贴库金			贴赤金		
				10 cm 以上	7～10 cm	7 cm 以下	10 cm 以上	7～10 cm	7 cm 以下
预算基价	总价（元）			14145.10	19355.56	24889.29	11981.03	17553.74	22830.86
	人工费（元）			6026.40	9820.80	13615.20	6398.40	10378.80	14299.68
	材料费（元）			7596.74	8684.15	10094.84	5028.45	6276.00	7292.64
	管理费（元）			521.96	850.61	1179.25	554.18	898.94	1238.54
组成内容		单位	单价	数量					
人工	综合工	工日	124.00	48.60	79.20	109.80	51.60	83.70	115.32
材料	群青	kg	16.50	0.74	0.74	0.74	0.74	0.74	0.74
	乳胶	kg	9.50	2.20	2.20	2.20	2.20	2.20	2.20
	滑石粉	kg	0.67	4.73	4.73	4.73	4.73	4.73	4.73
	光油	kg	42.00	1.05	1.05	1.05	1.05	1.05	1.05
	黄调合漆	kg	15.87	0.26	0.26	0.26	0.26	0.26	0.26
	醇酸磁漆	kg	19.19	0.84	0.84	0.84	0.84	0.84	0.84
	金胶油	kg	52.00	0.99	0.99	0.99	0.99	0.99	0.99
	棉花	kg	32.75	0.03	0.03	0.03	0.03	0.03	0.03
	大白粉	kg	1.05	4.94	4.94	4.94	4.94	4.94	4.94
	库金箔 98% 93.3×93.3	张	5.70	1263	1448	1688			
	赤金箔 74% 83.3×83.3	张	3.11				1514	1903	2220
	牛皮纸	张	1.29	2.00	2.00	2.00	2.00	2.00	2.00
	粉笔	盒	5.00	0.50	0.50	0.50	0.50	0.50	0.50
	铅笔	支	1.00	1.00	1.00	1.00	1.00	1.00	1.00
	橡皮	块	1.50	0.50	0.50	0.50	0.50	0.50	0.50
	汽油	kg	7.34	0.22	0.22	0.22	0.22	0.22	0.22
	砂纸	张	1.00	1.00	1.00	1.00	1.00	1.00	1.00
	零星材料费	元		73.67	84.21	97.89	48.76	60.86	70.72
	材料采管费	元		156.25	178.62	207.63	103.43	129.09	150.00

单位：10 m^2

编号				17-40	17-41	17-42
项目				飞椽头、檐椽头片金彩画		
				贴铜箔描清漆		
				10 cm 以上	7～10 cm	7 cm 以下
预算基价	总价（元）			8129.60	12597.03	17048.41
	人工费（元）			6108.24	10044.00	13912.80
	材料费（元）			1492.31	1683.09	1930.58
	管理费（元）			529.05	869.94	1205.03
组成内容		单位	单价	数量		
人工	综合工	工日	124.00	49.26	81.00	112.20
材料	群青	kg	16.50	0.74	0.74	0.74
	乳胶	kg	9.50	2.20	2.20	2.20
	滑石粉	kg	0.67	4.73	4.73	4.73
	光油	kg	42.00	1.05	1.05	1.05
	黄调合漆	kg	15.87	0.26	0.26	0.26
	醇酸磁漆	kg	19.19	0.84	0.84	0.84
	棉花	kg	32.75	0.03	0.03	0.03
	大白粉	kg	1.05	4.94	4.94	4.94
	金胶油	kg	52.00	0.99	0.99	0.99
	丙烯酸清漆	kg	29.26	0.55	0.55	0.55
	二甲苯	kg	6.15	0.055	0.055	0.055
	铜箔	张	1.00	1263	1448	1688
	牛皮纸	张	1.29	2.00	2.00	2.00
	粉笔	盒	5.00	0.50	0.50	0.50
	铅笔	支	1.00	1.00	1.00	1.00
	橡皮	块	1.50	0.50	0.50	0.50
	汽油	kg	7.34	0.22	0.22	0.22
	砂纸	张	1.00	1.00	1.00	1.00
	零星材料费	元		14.47	16.32	18.72
	材料采管费	元		30.69	34.62	39.71

单位：10 m^2

编号				17-43	17-44	17-45	17-46	17-47	17-48
项目				飞椽头片金、檐椽头金边彩画					
				贴库金			贴赤金		
				10 cm 以上	7～10 cm	7 cm 以下	10 cm 以上	7～10 cm	7 cm 以下
预算基价	总价（元）			11051.78	16027.10	20743.80	10218.74	14797.87	19370.58
	人工费（元）			5304.72	8666.36	12028.00	5677.96	9189.64	12701.32
	材料费（元）			5287.60	6610.12	7674.02	4049.00	4812.29	5569.16
	管理费（元）			459.46	750.62	1041.78	491.78	795.94	1100.10
组成内容		单位	单价	数量					
人工	综合工	工日	124.00	42.78	69.89	97.00	45.79	74.11	102.43
材料	巴黎绿	kg	414.00	0.17	0.17	0.17	0.17	0.17	0.17
	群青	kg	16.50	0.74	0.74	0.74	0.74	0.74	0.74
	白乳胶漆	kg	12.62	0.33	0.33	0.33	0.33	0.33	0.33
	乳胶	kg	9.50	2.15	2.15	2.15	2.15	2.15	2.15
	滑石粉	kg	0.67	4.20	4.20	4.20	4.20	4.20	4.20
	光油	kg	42.00	0.84	0.84	0.84	0.84	0.84	0.84
	黄调合漆	kg	15.87	0.26	0.26	0.26	0.26	0.26	0.26
	大白粉	kg	1.05	4.30	4.30	4.30	4.30	4.30	4.30
	金胶油	kg	52.00	0.75	0.75	0.75	0.75	0.75	0.75

续表

单位：10 m²

编号				17-43	17-44	17-45	17-46	17-47	17-48
项目				飞椽头片金、檐椽头金边彩画					
				贴库金			贴赤金		
				10 cm 以上	7～10 cm	7 cm 以下	10 cm 以上	7～10 cm	7 cm 以下
组成内容		单位	单价	数量					
材料	库金箔 98% 93.3×93.3	张	5.70	860	1085	1266			
	赤金箔 74% 83.3×83.3	张	3.11				1190	1428	1664
	醇酸磁漆	kg	19.19	0.84	0.84	0.84	0.84	0.84	0.84
	石黄	kg	12.35	0.11	0.11	0.11	0.11	0.11	0.11
	章丹	kg	45.15	0.11	0.11	0.11	0.11	0.11	0.11
	银朱	kg	77.00	0.01	0.01	0.01	0.01	0.01	0.01
	棉花	kg	32.75	0.03	0.03	0.03	0.03	0.03	0.03
	汽油	kg	7.34	0.22	0.22	0.22	0.22	0.22	0.22
	牛皮纸	张	1.29	2.00	2.00	2.00	2.00	2.00	2.00
	粉笔	盒	5.00	0.50	0.50	0.50	0.50	0.50	0.50
	铅笔	支	1.00	1.00	1.00	1.00	1.00	1.00	1.00
	橡皮	块	1.50	0.50	0.50	0.50	0.50	0.50	0.50
	零星材料费	元		51.28	64.10	74.42	39.26	46.67	54.01
	材料采管费	元		108.76	135.96	157.84	83.28	98.98	114.55

单位：10 m²

编号				17-49	17-50	17-51	17-52	17-53	17-54
项目				飞椽头片金、檐椽头金边彩画 贴铜箔描清漆			飞椽头黄万字、檐椽头黄边画百花图		
				10 cm 以上	7～10 cm	7 cm 以下	10 cm 以上	7～10 cm	7 cm 以下
预算基价	总价（元）			6957.12	10827.12	14651.75	2410.17	2652.70	4431.27
	人工费（元）			5356.80	8704.80	12052.80	2008.80	2232.00	3868.80
	材料费（元）			1136.35	1368.37	1555.02	227.38	227.38	227.38
	管理费（元）			463.97	753.95	1043.93	173.99	193.32	335.09
组成内容		单位	单价	数量					
人工	综合工	工日	124.00	43.20	70.20	97.20	16.20	18.00	31.20
材料	巴黎绿	kg	414.00	0.17	0.17	0.17	0.39	0.39	0.39
	群青	kg	16.50	0.74	0.74	0.74	1.58	1.58	1.58
	白乳胶漆	kg	12.62	0.33	0.33	0.33	0.55	0.55	0.55
	乳胶	kg	9.50	2.15	2.15	2.15	1.10	1.10	1.10
	滑石粉	kg	0.67	4.20	4.20	4.20			
	光油	kg	42.00	0.84	0.84	0.84			
	黄调合漆	kg	15.87	0.26	0.26	0.26			
	大白粉	kg	1.05	4.30	4.30	4.30			
	金胶油	kg	52.00	0.75	0.75	0.75			
	丙烯酸清漆	kg	29.26	0.55	0.55	0.55			

续表

单位：10 m^2

编号				17-49	17-50	17-51	17-52	17-53	17-54
项目				飞椽头片金、檐椽头金边彩画 贴铜箔描清漆			飞椽头黄万字、檐椽头黄边画百花图		
				10 cm 以上	7～10 cm	7 cm 以下	10 cm 以上	7～10 cm	7 cm 以下
组成内容		单位	单价	数量					
材料	铜箔	张	1.00	860	1085	1266			
	石黄	kg	12.35	0.11	0.11	0.11	0.30	0.30	0.30
	章丹	kg	45.15	0.11	0.11	0.11	0.21	0.21	0.21
	银朱	kg	77.00	0.01	0.01	0.01	0.01	0.01	0.01
	棉花	kg	32.75	0.03	0.03	0.03			
	汽油	kg	7.34	0.22	0.22	0.22			
	醇酸磁漆	kg	19.19	0.84	0.84	0.84			
	牛皮纸	张	1.29	2.00	2.00	2.00			
	粉笔	盒	5.00	0.50	0.50	0.50			
	铅笔	支	1.00	1.00	1.00	1.00			
	橡皮	块	1.50	0.50	0.50	0.50			
	二甲苯	kg	6.15	0.05	0.05	0.05			
	松烟	kg	18.00				0.09	0.09	0.09
	零星材料费	元		11.02	13.27	15.08	2.20	2.20	2.20
	材料采管费	元		23.37	28.14	31.98	4.68	4.68	4.68

三、椽 子、望 板

单位：10 m²

编号				17-55	17-56	17-57	17-58	17-59	17-60
项目				三道灰			二道灰		
				10 cm 以上	7～10 cm	7 cm 以下	10 cm 以上	7～10 cm	7 cm 以下
预算基价	总价（元）			1833.67	1930.68	2027.69	1498.27	1579.12	1659.96
	人工费（元）			1294.56	1383.84	1473.12	1101.12	1175.52	1249.92
	材料费（元）			426.98	426.98	426.98	301.78	301.78	301.78
	管理费（元）			112.13	119.86	127.59	95.37	101.82	108.26
组成内容		单位	单价	数量					
人工	综合工	工日	124.00	10.44	11.16	11.88	8.88	9.48	10.08
材料	面粉	kg	2.20	0.40	0.40	0.40	0.22	0.22	0.22
	血料	kg	6.07	36.00	36.00	36.00	24.00	24.00	24.00
	砖灰 综合	kg	0.70	39.00	39.00	39.00	29.00	29.00	29.00
	灰油	kg	32.00	2.16	2.16	2.16	1.18	1.18	1.18
	生桐油	kg	14.43	2.00	2.00	2.00	1.32	1.32	1.32
	光油	kg	42.00	1.60	1.60	1.60	1.60	1.60	1.60
	白灰	kg	0.31	0.08	0.08	0.08	0.04	0.04	0.04
	砂布	张	1.08	2.00	2.00	2.00	2.00	2.00	2.00
	零星材料费	元		4.14	4.14	4.14	2.93	2.93	2.93
	材料采管费	元		8.78	8.78	8.78	6.21	6.21	6.21

单位：10 m^2

编号				17-61	17-62
项目				满刮血料腻子、刷调合漆三道	
				单色椽望	红绿椽望
预算基价	总价（元）			655.33	729.00
	人工费（元）			498.48	562.96
	材料费（元）			113.68	117.28
	管理费（元）			43.17	48.76
组成内容		单位	单价	数量	
人工	综合工	工日	124.00	4.02	4.54
材料	血料	kg	6.07	1.4	1.4
	光油	kg	42.00	0.3	0.3
	滑石粉	kg	0.67	1.2	1.2
	土粉子	kg	2.00	1.2	1.2
	石膏粉	kg	1.05	0.16	0.16
	汽油	kg	7.34	0.33	0.33
	调合漆	kg	15.87	5.00	5.22
	砂纸	张	1.00	4.00	4.00
	零星材料费	元		1.10	1.14
	材料采管费	元		2.34	2.41

四、上 架 木 件

单位：10 m²

<table>
<tr><td colspan="4">编号</td><td>17-63</td><td>17-64</td><td>17-65</td><td>17-66</td><td>17-67</td><td>17-68</td></tr>
<tr><td colspan="4" rowspan="3">项目</td><td colspan="6">地仗</td></tr>
<tr><td colspan="2">一麻五灰</td><td colspan="2">一布五灰</td><td colspan="2">一布四灰</td></tr>
<tr><td>23～58 cm</td><td>23 cm 以下</td><td>23～58 cm</td><td>23 cm 以下</td><td>23～58 cm</td><td>23 cm 以下</td></tr>
<tr><td rowspan="4">预算基价</td><td colspan="3">总价（元）</td><td>2550.85</td><td>2696.12</td><td>2525.87</td><td>2604.58</td><td>2335.77</td><td>2477.24</td></tr>
<tr><td colspan="3">人工费（元）</td><td>1258.60</td><td>1440.88</td><td>1158.16</td><td>1257.36</td><td>1083.76</td><td>1213.96</td></tr>
<tr><td colspan="3">材料费（元）</td><td>1183.24</td><td>1130.44</td><td>1267.40</td><td>1238.32</td><td>1158.14</td><td>1158.14</td></tr>
<tr><td colspan="3">管理费（元）</td><td>109.01</td><td>124.80</td><td>100.31</td><td>108.90</td><td>93.87</td><td>105.14</td></tr>
<tr><td colspan="2">组成内容</td><td>单位</td><td>单价</td><td colspan="6">数量</td></tr>
<tr><td>人工</td><td>综合工</td><td>工日</td><td>124.00</td><td>10.15</td><td>11.62</td><td>9.34</td><td>10.14</td><td>8.74</td><td>9.79</td></tr>
<tr><td rowspan="13">材料</td><td>面粉</td><td>kg</td><td>2.20</td><td>2.57</td><td>2.43</td><td>2.40</td><td>2.15</td><td>2.06</td><td>2.06</td></tr>
<tr><td>血料</td><td>kg</td><td>6.07</td><td>58.61</td><td>57.44</td><td>55.87</td><td>54.64</td><td>49.59</td><td>49.59</td></tr>
<tr><td>砖灰 综合</td><td>kg</td><td>0.70</td><td>60.59</td><td>60.59</td><td>58.52</td><td>58.52</td><td>50.48</td><td>50.48</td></tr>
<tr><td>灰油</td><td>kg</td><td>32.00</td><td>14.45</td><td>13.66</td><td>13.49</td><td>12.86</td><td>11.57</td><td>11.57</td></tr>
<tr><td>光油</td><td>kg</td><td>42.00</td><td>3.13</td><td>3.13</td><td>3.13</td><td>3.13</td><td>3.13</td><td>3.13</td></tr>
<tr><td>生桐油</td><td>kg</td><td>14.43</td><td>2.50</td><td>2.50</td><td>2.50</td><td>2.50</td><td>2.50</td><td>2.50</td></tr>
<tr><td>汽油</td><td>kg</td><td>7.34</td><td>0.10</td><td>0.10</td><td>0.10</td><td>0.10</td><td>0.10</td><td>0.10</td></tr>
<tr><td>白灰</td><td>kg</td><td>0.31</td><td>0.48</td><td>0.45</td><td>0.44</td><td>0.34</td><td>0.38</td><td>0.38</td></tr>
<tr><td>精梳麻</td><td>kg</td><td>37.00</td><td>3.00</td><td>2.50</td><td></td><td></td><td></td><td></td></tr>
<tr><td>砂布</td><td>张</td><td>1.08</td><td>1.65</td><td>1.65</td><td>1.65</td><td>1.65</td><td>1.65</td><td>1.65</td></tr>
<tr><td>玻璃布 0.2</td><td>m²</td><td>4.65</td><td></td><td></td><td>52.00</td><td>52.00</td><td>52.00</td><td>52.00</td></tr>
<tr><td>零星材料费</td><td>元</td><td></td><td>11.47</td><td>10.96</td><td>12.29</td><td>12.01</td><td>11.23</td><td>11.23</td></tr>
<tr><td>材料采管费</td><td>元</td><td></td><td>24.34</td><td>23.25</td><td>26.07</td><td>25.47</td><td>23.82</td><td>23.82</td></tr>
</table>

单位：10 m²

编号				17-69	17-70	17-71	17-72	17-73
项目				地仗			刮血料腻子刷三道调合漆	罩光油一道
				单皮灰		满刮浆灰		
				木结构	混凝土结构			
预算基价	总价（元）			1742.46	1470.91	81.47	325.67	123.92
	人工费（元）			906.44	735.32	66.96	240.56	88.04
	材料费（元）			757.51	671.90	8.71	64.27	28.25
	管理费（元）			78.51	63.69	5.80	20.84	7.63
组成内容		单位	单价	数量				
人工	综合工	工日	124.00	7.31	5.93	0.54	1.94	0.71
材料	面粉	kg	2.20	1.51	1.31			
	血料	kg	6.07	41.81	36.74	0.71	0.70	
	砖灰 综合	kg	0.70	50.48	45.68			
	灰油	kg	32.00	8.50	7.38			
	光油	kg	42.00	3.13	2.77		0.10	0.60
	生桐油	kg	14.43	2.50	1.86			
	白灰	kg	0.31	0.28	0.25			
	汽油	kg	7.34	0.10	0.10		0.25	
	砂布	张	1.08	1.65	1.65			
	乳胶	kg	9.50		1.10			
	水泥	kg	0.37		3.54			
	淋浆灰	kg	1.20			1.10		
	砂纸	张	1.00			2.20	2.20	2.20
	滑石粉	kg	0.67				0.65	
	土粉子	kg	2.00				0.65	
	石膏粉	kg	1.05				0.10	
	调合漆	kg	15.87				2.94	
	稀料	kg	12.29				0.11	
	零星材料费	元		7.35	6.52	0.70	0.62	0.27
	材料采管费	元		15.58	13.82	0.18	1.32	0.58

单位：10 m²

编号				17-74	17-75	17-76	17-77	17-78	17-79
项目				金龙和玺龙凤和玺(一)			金龙和玺龙凤和玺(二)		
				彩画打贴库金	彩画打贴赤金	彩画打贴铜箔描清漆	彩画打贴库金	彩画打贴赤金	彩画打贴铜箔描清漆
				23～58 cm					
预算基价	总价（元）			8188.71	7098.64	5250.58	7326.67	6228.74	4575.43
	人工费（元）			3481.92	3547.64	3556.32	2894.16	2953.68	2971.04
	材料费（元）			4405.21	3243.73	1386.24	4181.84	3019.23	1347.06
	管理费（元）			301.58	307.27	308.02	250.67	255.83	257.33
组成内容		单位	单价	数量					
人工	综合工	工日	124.00	28.08	28.61	28.68	23.34	23.82	23.96
材料	巴黎绿	kg	414.00	1.375	1.375	1.375	1.375	1.375	1.375
	群青	kg	16.50	0.263	0.263	0.263	0.263	0.263	0.263
	白乳胶漆	kg	12.62	1.10	1.10	1.10	1.10	1.10	1.10
	乳胶	kg	9.50	1.10	1.10	1.10	1.10	1.10	1.10
	光油	kg	42.00	0.19	0.19	0.19	0.19	0.19	0.19
	黄调合漆	kg	15.87	0.315	0.315	0.315	0.315	0.315	0.315
	金胶油	kg	52.00	0.66	0.66	0.66	0.66	0.66	0.66
	丙烯酸清漆	kg	29.26			0.66			0.66
	库金箔 98% 93.3×93.3	张	5.70	627			589		
	赤金箔 74% 83.3×83.3	张	3.11		787			717	
	铜箔	张	1.00			627			589

续表

单位：10 m^2

编号				17-74	17-75	17-76	17-77	17-78	17-79
项目				金龙和玺龙凤和玺(一)			金龙和玺龙凤和玺(二)		
				彩画打贴库金	彩画打贴赤金	彩画打贴铜箔描清漆	彩画打贴库金	彩画打贴赤金	彩画打贴铜箔描清漆
				23～58 cm					
组成内容		单位	单价	数量					
材料	章丹	kg	45.15	0.525	0.525	0.525	0.525	0.525	0.525
	银朱	kg	77.00	0.09	0.09	0.09	0.09	0.09	0.09
	石黄	kg	12.35	0.053	0.053	0.053	0.053	0.053	0.053
	松烟	kg	18.00	0.07	0.07	0.07	0.07	0.07	0.07
	滑石粉	kg	0.67	1.58	1.58	1.58	1.58	1.58	1.58
	大白粉	kg	1.05	2.10	2.10	2.10	2.10	2.10	2.10
	汽油	kg	7.34	0.11	0.11	0.11	0.11	0.11	0.11
	棉花	kg	32.75	0.03	0.03	0.03	0.03	0.03	0.03
	牛皮纸	张	1.29	4.50	4.50	4.50	4.50	4.50	4.50
	粉笔	盒	5.00	0.20	0.20	0.20	0.20	0.20	0.20
	铅笔	支	1.00	2.00	2.00	2.00	2.00	2.00	2.00
	橡皮	块	1.50	0.50	0.50	0.50	0.50	0.50	0.50
	香糊 400g	瓶	4.00	0.50	0.50	0.50	0.50	0.50	0.50
	高丽纸	张	1.30	2.00	2.00	2.00	2.00	2.00	2.00
	砂纸	张	1.00	1.00	1.00	1.00	1.00	1.00	1.00
	零星材料费	元		42.72	31.46	13.44	40.55	29.28	13.06
	材料采管费	元		90.61	66.72	28.51	86.01	62.10	27.71

单位：10 m^2

编号				17-80	17-81	17-82	17-83	17-84	17-85
项目				金龙和玺龙凤和玺(三)			龙草和玺(一)		
				彩画打贴库金	彩画打贴赤金	彩画打贴铜箔描清漆	彩画打贴库金	彩画打贴赤金	彩画打贴铜箔描清漆
				23～58 cm					
预算基价	总价（元）			6598.53	5621.72	4020.26	6814.05	5996.92	4445.91
	人工费（元）			2424.20	2468.84	2494.88	2876.80	2914.00	2938.80
	材料费（元）			3964.36	2939.05	1309.29	3688.08	2830.53	1252.57
	管理费（元）			209.97	213.83	216.09	249.17	252.39	254.54
组成内容		单位	单价	数量					
人工	综合工	工日	124.00	19.55	19.91	20.12	23.20	23.50	23.70
材料	巴黎绿	kg	414.00	1.375	1.375	1.375	1.375	1.375	1.375
	群青	kg	16.50	0.263	0.263	0.263	0.263	0.263	0.263
	白乳胶漆	kg	12.62	1.10	1.10	1.10	1.10	1.10	1.10
	乳胶	kg	9.50	1.10	1.10	1.10	1.10	1.10	1.10
	光油	kg	42.00	0.19	0.19	0.19	0.19	0.19	0.19
	黄调合漆	kg	15.87	0.315	0.315	0.315	0.315	0.315	0.315
	金胶油	kg	52.00	0.66	0.66	0.66	0.55	0.55	0.55
	丙烯酸清漆	kg	29.26			0.66			0.55
	二甲苯	kg	6.15			0.06			0.05
	库金箔 98% 93.3×93.3	张	5.70	552			506		
	赤金箔 74% 83.3×83.3	张	3.11		692			660	
	铜箔	张	1.00			552			506

续表

单位：10 m^2

编号				17-80	17-81	17-82	17-83	17-84	17-85
项目				金龙和玺龙凤和玺(三)			龙草和玺(一)		
				彩画打贴库金	彩画打贴赤金	彩画打贴铜箔描清漆	彩画打贴库金	彩画打贴赤金	彩画打贴铜箔描清漆
				23～58 cm					
组成内容		单位	单价	数量					
材料	章丹	kg	45.15	0.525	0.525	0.525	0.525	0.525	0.525
	银朱	kg	77.00	0.09	0.09	0.09	0.09	0.09	0.09
	石黄	kg	12.35	0.053	0.053	0.053	0.053	0.053	0.053
	松烟	kg	18.00	0.07	0.07	0.07	0.07	0.07	0.07
	滑石粉	kg	0.67	1.58	1.58	1.58	1.58	1.58	1.58
	大白粉	kg	1.05	2.10	2.10	2.10	2.10	2.10	2.10
	汽油	kg	7.34	0.11	0.11	0.11	0.11	0.11	0.11
	棉花	kg	32.75	0.03	0.03	0.03	0.03	0.03	0.03
	牛皮纸	张	1.29	4.50	4.50	4.50	4.50	4.50	4.50
	粉笔	盒	5.00	0.20	0.20	0.20	0.20	0.20	0.20
	铅笔	支	1.00	2.00	2.00	2.00	2.00	2.00	2.00
	橡皮	块	1.50	0.50	0.50	0.50	0.50	0.50	0.50
	香糊 400g	瓶	4.00	0.50	0.50	0.50	0.50	0.50	0.50
	高丽纸	张	1.30	2.00	2.00	2.00	2.00	2.00	2.00
	砂纸	张	1.00	1.00	1.00	1.00	1.00	1.00	1.00
	零星材料费	元		38.44	28.50	12.70	35.76	27.45	12.15
	材料采管费	元		81.54	60.45	26.93	75.86	58.22	25.76

单位：10 m²

编号				17-86	17-87	17-88	17-89	17-90	17-91
项目				龙草和玺(二)			和玺加苏画(规矩活)		
				彩画打贴库金	彩画打贴赤金	彩画打贴铜箔描清漆	彩画打贴库金	彩画打贴赤金	彩画打贴铜箔描清漆
				23～58 cm					
预算基价	总价（元）			6330.68	5415.24	3905.45	5285.44	4627.64	3556.11
	人工费（元）			2383.28	2422.96	2432.88	2178.68	2217.12	2251.84
	材料费（元）			3740.98	2782.42	1261.85	2918.06	2218.49	1109.23
	管理费（元）			206.42	209.86	210.72	188.70	192.03	195.04
组成内容		单位	单价	数量					
人工	综合工	工日	124.00	19.22	19.54	19.62	17.57	17.88	18.16
材料	巴黎绿	kg	414.00	1.375	1.375	1.375	1.375	1.375	1.375
	群青	kg	16.50	0.263	0.263	0.263	0.263	0.263	0.263
	白乳胶漆	kg	12.62	1.10	1.10	1.10	1.10	1.10	1.10
	乳胶	kg	9.50	1.10	1.10	1.10	1.10	1.10	1.10
	光油	kg	42.00	0.19	0.19	0.19	0.19	0.19	0.19
	黄调合漆	kg	15.87	0.315	0.315	0.315	0.315	0.315	0.315
	金胶油	kg	52.00	0.55	0.55	0.55	0.44	0.44	0.44
	丙烯酸清漆	kg	29.26			0.55			0.44
	二甲苯	kg	6.15			0.05			0.04
	库金箔 98% 93.3×93.3	张	5.70	515			376		
	赤金箔 74% 83.3×83.3	张	3.11		645			471	
	铜箔	张	1.00			515			376

续表 单位：10 m^2

编号				17-86	17-87	17-88	17-89	17-90	17-91
项目				龙草和玺(二)			和玺加苏画(规矩活)		
				彩画打贴库金	彩画打贴赤金	彩画打贴铜箔描清漆	彩画打贴库金	彩画打贴赤金	彩画打贴铜箔描清漆
				23～58 cm					
组成内容		单位	单价	数量					
材料	章丹	kg	45.15	0.525	0.525	0.525	0.525	0.525	0.525
	银朱	kg	77.00	0.09	0.09	0.09	0.09	0.09	0.09
	石黄	kg	12.35	0.053	0.053	0.053	0.053	0.053	0.053
	松烟	kg	18.00	0.07	0.07	0.07	0.07	0.07	0.07
	滑石粉	kg	0.67	1.58	1.58	1.58	1.58	1.58	1.58
	大白粉	kg	1.05	2.10	2.10	2.10	2.10	2.10	2.10
	汽油	kg	7.34	0.11	0.11	0.11	0.11	0.11	0.11
	棉花	kg	32.75	0.03	0.03	0.03	0.03	0.03	0.03
	牛皮纸	张	1.29	4.50	4.50	4.50	4.50	4.50	4.50
	粉笔	盒	5.00	0.20	0.20	0.20	0.20	0.20	0.20
	铅笔	支	1.00	2.00	2.00	2.00	2.00	2.00	2.00
	橡皮	块	1.50	0.50	0.50	0.50	0.50	0.50	0.50
	香糊 400g	瓶	4.00	0.50	0.50	0.50	0.50	0.50	0.50
	高丽纸	张	1.30	2.00	2.00	2.00	2.00	2.00	2.00
	砂纸	张	1.00	1.00	1.00	1.00	1.00	1.00	1.00
	零星材料费	元		36.28	26.98	12.24	28.30	21.51	10.76
	材料采管费	元		76.94	57.23	25.95	60.02	45.63	22.81

单位：10 m²

编号					17-92	17-93	17-94	17-95	17-96	17-97
项目					金琢墨石碾玉彩画			金线烟琢墨石碾玉彩画		
					打贴库金	打贴赤金	打贴铜箔描清漆	打贴库金	打贴赤金	打贴铜箔描清漆
					23～58 cm					
预算基价	总价（元）				8301.61	7237.13	5394.87	5442.64	4842.31	3817.61
	人工费（元）				3638.16	3727.44	3741.08	2538.28	2582.92	2599.04
	材料费（元）				4348.34	3186.85	1329.76	2684.51	2035.68	993.46
	管理费（元）				315.11	322.84	324.03	219.85	223.71	225.11
组成内容			单位	单价	数量					
人工	综合工		工日	124.00	29.34	30.06	30.17	20.47	20.83	20.96
材料	巴黎绿		kg	414.00	1.265	1.265	1.265	1.210	1.210	1.210
	群青		kg	16.50	0.368	0.368	0.368	0.368	0.368	0.368
	白乳胶漆		kg	12.62	1.265	1.265	1.265	1.265	1.265	1.265
	乳胶		kg	9.50	1.10	1.10	1.10	1.10	1.10	1.10
	光油		kg	42.00	0.147	0.147	0.147	0.147	0.147	0.147
	黄调合漆		kg	15.87	0.315	0.315	0.315	0.263	0.263	0.263
	金胶油		kg	52.00	0.66	0.66	0.66	0.33	0.33	0.33
	丙烯酸清漆		kg	29.26			0.66			0.33
	二甲苯		kg	6.15			0.06			0.03
	库金箔	98% 93.3×93.3	张	5.70	627			351		
	赤金箔	74% 83.3×83.3	张	3.11		787			441	
	铜箔		张	1.00			627			351

续表 单位：10 m^2

编号				17-92	17-93	17-94	17-95	17-96	17-97
项目				金琢墨石碾玉彩画			金线烟琢墨石碾玉彩画		
				打贴库金	打贴赤金	打贴铜箔描清漆	打贴库金	打贴赤金	打贴铜箔描清漆
				23～58 cm					
组成内容		单位	单价	数			量		
材料	章丹	kg	45.15	0.315	0.315	0.315	0.315	0.315	0.315
	银朱	kg	77.00	0.07	0.07	0.07	0.05	0.05	0.05
	石黄	kg	12.35	0.053	0.053	0.053	0.053	0.053	0.053
	松烟	kg	18.00	0.05	0.05	0.05	0.25	0.25	0.25
	滑石粉	kg	0.67	1.05	1.05	1.05	1.05	1.05	1.05
	大白粉	kg	1.05	2.210	2.210	2.210	1.575	1.575	1.575
	汽油	kg	7.34	0.11	0.11	0.11	0.11	0.11	0.11
	棉花	kg	32.75	0.03	0.03	0.03	0.03	0.03	0.03
	牛皮纸	张	1.29	4.50	4.50	4.50	4.50	4.50	4.50
	粉笔	盒	5.00	0.20	0.20	0.20	0.20	0.20	0.20
	铅笔	支	1.00	2.00	2.00	2.00	1.00	1.00	1.00
	橡皮	块	1.50	0.50	0.50	0.50	0.50	0.50	0.50
	香糊 400g	瓶	4.00	0.50	0.50	0.50	0.50	0.50	0.50
	高丽纸	张	1.30	2.00	2.00	2.00	2.00	2.00	2.00
	砂纸	张	1.00	1.00	1.00	1.00	1.10	1.10	1.10
	零星材料费	元		42.17	30.90	12.90	26.03	19.74	9.63
	材料采管费	元		89.44	65.55	27.35	55.22	41.87	20.43

单位：10 m²

编号				17-98	17-99	17-100	17-101	17-102	17-103
项目				金线大点金彩画					
				打贴库金		打贴赤金		打贴铜箔描清漆	
				23～58 cm	23 cm 以下	23～58 cm	23 cm 以下	23～58 cm	23 cm 以下
预算基价	总价（元）			5241.68	5568.56	4638.65	4929.54	3608.58	3840.42
	人工费（元）			2395.68	2582.92	2437.84	2628.80	2449.00	2642.44
	材料费（元）			2638.50	2761.93	1989.66	2073.05	947.46	969.11
	管理费（元）			207.50	223.71	211.15	227.69	212.12	228.87
组成内容		单位	单价	数量					
人工	综合工	工日	124.00	19.32	20.83	19.66	21.20	19.75	21.31
材料	巴黎绿	kg	414.00	1.10	1.10	1.10	1.10	1.10	1.10
	群青	kg	16.50	0.368	0.368	0.368	0.368	0.368	0.368
	白乳胶漆	kg	12.62	1.10	1.10	1.10	1.10	1.10	1.10
	乳胶	kg	9.50	1.10	1.10	1.10	1.10	1.10	1.10
	光油	kg	42.00	0.147	0.147	0.147	0.147	0.147	0.147
	黄调合漆	kg	15.87	0.263	0.263	0.263	0.263	0.263	0.263
	金胶油	kg	52.00	0.33	0.33	0.33	0.33	0.33	0.33
	丙烯酸清漆	kg	29.26					0.33	0.33
	二甲苯	kg	6.15					0.03	0.03
	库金箔 98% 93.3×93.3	张	5.70	351	372				
	赤金箔 74% 83.3×83.3	张	3.11			441	467		
	铜箔	张	1.00					351	372

续表　　　　单位：10 m²

编号				17-98	17-99	17-100	17-101	17-102	17-103
项目				金线大点金彩画					
				打贴库金		打贴赤金		打贴铜箔描清漆	
				23～58 cm	23 cm 以下	23～58 cm	23 cm 以下	23～58 cm	23 cm 以下
组成内容		单位	单价	数量					
材料	章丹	kg	45.15	0.315	0.315	0.315	0.315	0.315	0.315
	银朱	kg	77.00	0.09	0.09	0.09	0.09	0.09	0.09
	石黄	kg	12.35	0.053	0.053	0.053	0.053	0.053	0.053
	松烟	kg	18.00	0.25	0.25	0.25	0.25	0.25	0.25
	滑石粉	kg	0.67	1.26	1.26	1.26	1.26	1.26	1.26
	大白粉	kg	1.05	1.365	1.365	1.365	1.365	1.365	1.365
	汽油	kg	7.34	0.11	0.11	0.11	0.11	0.11	0.11
	棉花	kg	32.75	0.03	0.03	0.03	0.03	0.03	0.03
	牛皮纸	张	1.29	4.50	4.50	4.50	4.50	4.50	4.50
	粉笔	盒	5.00	0.20	0.20	0.20	0.20	0.20	0.20
	铅笔	支	1.00	1.00	1.00	1.00	1.00	1.00	1.00
	橡皮	块	1.50	0.50	0.50	0.50	0.50	0.50	0.50
	香糊 400g	瓶	4.00	0.50	0.50	0.50	0.50	0.50	0.50
	高丽纸	张	1.30	2.00	2.00	2.00	2.00	2.00	2.00
	砂纸	张	1.00	1.10	1.10	1.10	1.10	1.10	1.10
	零星材料费	元		25.59	26.78	19.29	20.10	9.19	9.40
	材料采管费	元		54.27	56.81	40.92	42.64	19.49	19.93

单位：10 m^2

编号				17-104	17-105	17-106	17-107	17-108	17-109
项目				金线大点金加苏彩画(规矩活部分)					
				打贴库金		打贴赤金		打贴铜箔描清漆	
				23～58 cm	23 cm 以下	23～58 cm	23 cm 以下	23～58 cm	23 cm 以下
预算基价	总价（元）			4127.15	4341.99	3703.29	3869.76	2965.91	3133.64
	人工费（元）			1912.08	2028.64	1953.00	2058.40	1955.48	2095.60
	材料费（元）			2049.46	2137.64	1581.13	1633.08	841.06	856.53
	管理费（元）			165.61	175.71	169.16	178.28	169.37	181.51
组成内容		单位	单价	数量					
人工	综合工	工日	124.00	15.42	16.36	15.75	16.60	15.77	16.90
材料	巴黎绿	kg	414.00	1.10	1.10	1.10	1.10	1.10	1.10
	群青	kg	16.50	0.368	0.368	0.368	0.368	0.368	0.368
	白乳胶漆	kg	12.62	0.55	0.55	0.55	0.55	0.55	0.55
	银朱	kg	77.00	0.05	0.05	0.05	0.05	0.05	0.05
	石黄	kg	12.35	0.053	0.053	0.053	0.053	0.053	0.053
	章丹	kg	45.15	0.525	0.525	0.525	0.263	0.525	0.525
	松烟	kg	18.00	0.20	0.20	0.20	0.20	0.20	0.20
	滑石粉	kg	0.67	1.05	1.05	1.05	1.05	1.05	1.05
	大白粉	kg	1.05	1.575	1.575	1.575	1.575	1.575	1.575
	乳胶	kg	9.50	1.10	1.10	1.10	1.10	1.10	1.10
	光油	kg	42.00	0.147	0.147	0.147	0.147	0.147	0.147
	黄调合漆	kg	15.87	0.21	0.21	0.21	0.21	0.21	0.21

续表

单位：10 m^2

编号				17-104	17-105	17-106	17-107	17-108	17-109
项目				金线大点金加苏彩画（规矩活部分）					
				打贴库金		打贴赤金		打贴铜箔描清漆	
				23～58 cm	23 cm 以下	23～58 cm	23 cm 以下	23～58 cm	23 cm 以下
组成内容		单位	单价	数量					
材料	汽油	kg	7.34	0.11	0.11	0.11	0.11	0.11	0.11
	棉花	kg	32.75	0.03	0.03	0.03	0.03	0.03	0.03
	金胶油	kg	52.00	0.33	0.33	0.33	0.33	0.33	0.33
	丙烯酸清漆	kg	29.26					0.263	0.263
	二甲苯	kg	6.15					0.0263	0.0263
	库金箔 98% 93.3×93.3	张	5.70	251	266				
	赤金箔 74% 83.3×83.3	张	3.11			314	334		
	铜箔	张	1.00					251	266
	砂纸	张	1.00	1.10	1.10	1.10	1.10	1.10	1.10
	牛皮纸	张	1.29	4.50	4.50	4.50	4.50	4.50	4.50
	高丽纸	张	1.30	2.00	2.00	2.00	2.00	2.00	2.00
	粉笔	盒	5.00	0.20	0.20	0.20	0.20	0.20	0.20
	铅笔	支	1.00	2.00	2.00	2.00	2.00	2.00	2.00
	橡皮	块	1.50	0.50	0.50	0.50	0.50	0.50	0.50
	香糊 400g	瓶	4.00	0.50	0.50	0.50	0.50	0.50	0.50
	零星材料费	元		19.87	20.73	15.33	15.84	8.16	8.31
	材料采管费	元		42.15	43.97	32.52	33.59	17.30	17.62

单位：10 m²

编号				17-110	17-111	17-112	17-113	17-114	17-115
项目				墨线大点金龙锦枋心彩画					
				打贴库金		打贴赤金		打贴铜箔描清漆	
				23～58 cm	23 cm 以下	23～58 cm	23 cm 以下	23～58 cm	23 cm 以下
预算基价	总价（元）			4245.34	4487.12	3740.40	3964.06	3057.35	3241.24
	人工费（元）			1971.60	2112.96	2001.36	2145.20	2028.64	2183.64
	材料费（元）			2102.97	2191.15	1565.70	1633.06	853.00	868.47
	管理费（元）			170.77	183.01	173.34	185.80	175.71	189.13
组成内容		单位	单价	数量					
人工	综合工	工日	124.00	15.90	17.04	16.14	17.30	16.36	17.61
材料	巴黎绿	kg	414.00	1.10	1.10	1.10	1.10	1.10	1.10
	群青	kg	16.50	0.368	0.368	0.368	0.368	0.368	0.368
	白乳胶漆	kg	12.62	1.265	1.265	1.265	1.265	1.265	1.265
	银朱	kg	77.00	0.05	0.05	0.05	0.05	0.05	0.05
	石黄	kg	12.35	0.053	0.053	0.053	0.053	0.053	0.053
	章丹	kg	45.15	0.315	0.315	0.315	0.315	0.315	0.315
	松烟	kg	18.00	0.25	0.25	0.25	0.25	0.25	0.25
	滑石粉	kg	0.67	1.05	1.05	1.05	1.05	1.05	1.05
	大白粉	kg	1.05	1.365	1.365	1.365	1.365	1.365	1.365
	乳胶	kg	9.50	1.05	1.05	1.05	1.05	1.05	1.05
	光油	kg	42.00	0.147	0.147	0.147	0.147	0.147	0.147
	黄调合漆	kg	15.87	0.263	0.263	0.263	0.263	0.263	0.263

续表 单位：10 m²

编号				17-110	17-111	17-112	17-113	17-114	17-115
项目				墨线大点金龙锦枋心彩画					
				打贴库金		打贴赤金		打贴铜箔描清漆	
				23～58 cm	23 cm 以下	23～58 cm	23 cm 以下	23～58 cm	23 cm 以下
组成内容		单位	单价	数量					
材料	汽　油	kg	7.34	0.11	0.11	0.11	0.11	0.11	0.11
	棉　花	kg	32.75	0.03	0.03	0.03	0.03	0.03	0.03
	金胶油	kg	52.00	0.33	0.33	0.33	0.33	0.33	0.33
	丙烯酸清漆	kg	29.26					0.33	0.33
	二甲苯	kg	6.15					0.033	0.033
	库金箔　98% 93.3×93.3	张	5.70	260	275				
	赤金箔　74% 83.3×83.3	张	3.11			309	330		
	铜　箔	张	1.00					260	275
	砂　纸	张	1.00	1.10	1.10	1.10	1.10	1.10	1.10
	牛皮纸	张	1.29	4.50	4.50	4.50	4.50	4.50	4.50
	高丽纸	张	1.30	2.00	2.00	2.00	2.00	2.00	2.00
	粉　笔	盒	5.00	0.20	0.20	0.20	0.20	0.20	0.20
	铅　笔	支	1.00	2.00	2.00	2.00	2.00	2.00	2.00
	橡　皮	块	1.50	0.50	0.50	0.50	0.50	0.50	0.50
	香　糊　400g	瓶	4.00	0.50	0.50	0.50	0.50	0.50	0.50
	零星材料费	元		20.39	21.25	15.18	15.84	8.27	8.42
	材料采管费	元		43.25	45.07	32.20	33.59	17.54	17.86

单位：10 m²

编号				17-116	17-117	17-118	17-119	17-120	17-121
项目				墨线大点金彩画(一字枋心)					
				打贴库金		打贴赤金		打贴铜箔描清漆	
				23～58 cm	23 cm 以下	23～58 cm	23 cm 以下	23～58 cm	23 cm 以下
预算基价	总价(元)			3602.33	3800.86	3251.95	3426.20	2672.66	2817.07
	人工费(元)			1688.88	1806.68	1709.96	1829.00	1723.60	1845.12
	材料费(元)			1767.17	1837.70	1393.89	1438.78	799.77	812.14
	管理费(元)			146.28	156.48	148.10	158.42	149.29	159.81
组成内容		单位	单价	数量					
人工	综合工	工日	124.00	13.62	14.57	13.79	14.75	13.90	14.88
材料	巴黎绿	kg	414.00	1.10	1.10	1.10	1.10	1.10	1.10
	群青	kg	16.50	0.368	0.368	0.368	0.368	0.368	0.368
	白乳胶漆	kg	12.62	1.265	1.265	1.265	1.265	1.265	1.265
	银朱	kg	77.00	0.05	0.05	0.05	0.05	0.05	0.05
	石黄	kg	12.35	0.053	0.053	0.053	0.053	0.053	0.053
	章丹	kg	45.15	0.315	0.315	0.315	0.315	0.315	0.315
	松烟	kg	18.00	0.25	0.25	0.25	0.25	0.25	0.25
	滑石粉	kg	0.67	1.05	1.05	1.05	1.05	1.05	1.05
	大白粉	kg	1.05	1.26	1.26	1.26	1.26	1.26	1.26
	乳胶	kg	9.50	2.82	2.82	2.82	2.82	2.82	2.82
	光油	kg	42.00	0.147	0.147	0.147	0.147	0.147	0.147
	黄调合漆	kg	15.87	0.263	0.263	0.263	0.263	0.263	0.263

续表

单位：10 m^2

编号				17-116	17-117	17-118	17-119	17-120	17-121
项目				墨线大点金彩画(一字枋心)					
				打贴库金		打贴赤金		打贴铜箔描清漆	
				23～58 cm	23 cm 以下	23～58 cm	23 cm 以下	23～58 cm	23 cm 以下
组成内容		单位	单价	数量					
材料	汽油	kg	7.34	0.11	0.11	0.11	0.11	0.11	0.11
	棉花	kg	32.75	0.02	0.02	0.02	0.02	0.02	0.02
	金胶油	kg	52.00	0.22	0.22	0.22	0.22	0.22	0.22
	丙烯酸清漆	kg	29.26					0.22	0.22
	二甲苯	kg	6.15					0.022	0.022
	库金箔 98% 93.3×93.3	张	5.70	201	213				
	赤金箔 74% 83.3×83.3	张	3.11			252	266		
	铜箔	张	1.00					201	213
	砂纸	张	1.00	1.10	1.10	1.10	1.10	1.10	1.10
	牛皮纸	张	1.29	4.50	4.50	4.50	4.50	4.50	4.50
	高丽纸	张	1.30	2.00	2.00	2.00	2.00	2.00	2.00
	粉笔	盒	5.00	0.20	0.20	0.20	0.20	0.20	0.20
	铅笔	支	1.00	2.00	2.00	2.00	2.00	2.00	2.00
	橡皮	块	1.50	0.50	0.50	0.50	0.50	0.50	0.50
	香糊 400g	瓶	4.00	0.50	0.50	0.50	0.50	0.50	0.50
	零星材料费	元		17.14	17.82	13.52	13.95	7.76	7.88
	材料采管费	元		36.35	37.80	28.67	29.59	16.45	16.70

单位：10 m²

编号				17-122	17-123	17-124	17-125	17-126	17-127
项目				墨线小点金彩画(一字枋心)					
				打贴库金		打贴赤金		打贴铜箔描清漆	
				23～58 cm	23 cm 以下	23～58 cm	23 cm 以下	23～58 cm	23 cm 以下
预算基价	总价（元）			2722.70	2840.16	2552.99	2652.57	2262.98	2354.06
	人工费（元）			1448.32	1523.96	1458.24	1535.12	1468.16	1546.28
	材料费（元）			1148.94	1184.21	968.45	984.49	667.66	673.85
	管理费（元）			125.44	131.99	126.30	132.96	127.16	133.93
组成内容		单位	单价	数量					
人工	综合工	工日	124.00	11.68	12.29	11.76	12.38	11.84	12.47
材料	巴黎绿	kg	414.00	1.10	1.10	1.10	1.10	1.10	1.10
	群青	kg	16.50	0.368	0.368	0.368	0.368	0.368	0.368
	白乳胶漆	kg	12.62	1.265	1.265	1.265	1.265	1.265	1.265
	银朱	kg	77.00	0.05	0.05	0.05	0.05	0.05	0.05
	石黄	kg	12.35	0.053	0.053	0.053	0.053	0.053	0.053
	章丹	kg	45.15	0.315	0.315	0.315	0.315	0.315	0.315
	松烟	kg	18.00	0.25	0.25	0.25	0.25	0.25	0.25
	滑石粉	kg	0.67	1.05	1.05	1.05	1.05	1.05	1.05
	大白粉	kg	1.05	1.155	1.155	1.155	1.155	1.155	1.155
	乳胶	kg	9.50	1.05	1.05	1.05	1.05	1.05	1.05
	光油	kg	42.00	0.147	0.147	0.147	0.147	0.147	0.147
	黄调合漆	kg	15.87	0.21	0.21	0.21	0.21	0.21	0.21

续表

单位：10 m^2

编号				17-122	17-123	17-124	17-125	17-126	17-127
项目				墨线小点金彩画(一字枋心)					
				打贴库金		打贴赤金		打贴铜箔描清漆	
				23～58 cm	23 cm 以下	23～58 cm	23 cm 以下	23～58 cm	23 cm 以下
组成内容		单位	单价	数量					
材料	汽油	kg	7.34	0.11	0.11	0.11	0.11	0.11	0.11
	棉花	kg	32.75	0.01	0.01	0.01	0.01	0.01	0.01
	金胶油	kg	52.00	0.11	0.11	0.11	0.11	0.11	0.11
	丙烯酸清漆	kg	29.26					0.11	0.11
	二甲苯	kg	6.15					0.011	0.011
	库金箔 98% 93.3×93.3	张	5.70	100	106				
	赤金箔 74% 83.3×83.3	张	3.11			127	132		
	铜箔	张	1.00					100	106
	砂纸	张	1.00	1.10	1.10	1.10	1.10	1.10	1.10
	牛皮纸	张	1.29	4.50	4.50	4.50	4.50	4.50	4.50
	高丽纸	张	1.30	2.00	2.00	2.00	2.00	2.00	2.00
	粉笔	盒	5.00	0.20	0.20	0.20	0.20	0.20	0.20
	铅笔	支	1.00	2.00	2.00	2.00	2.00	2.00	2.00
	橡皮	块	1.50	0.50	0.50	0.50	0.50	0.50	0.50
	香糊 400g	瓶	4.00	0.50	0.50	0.50	0.50	0.50	0.50
	零星材料费	元		11.14	11.48	9.39	9.55	6.47	6.53
	材料采管费	元		23.63	24.36	19.92	20.25	13.73	13.86

单位：10 m^2

编号				17-128	17-129	17-130	17-131	17-132	17-133
项目				墨线小点金夔龙黑叶子花彩画					
				打贴库金		打贴赤金		打贴铜箔描清漆	
				23～58 cm	23 cm 以下	23～58 cm	23 cm 以下	23～58 cm	23 cm 以下
预算基价	总价（元）			2814.33	2961.43	2644.62	2773.84	2354.60	2473.98
	人工费（元）			1532.64	1635.56	1542.56	1646.72	1552.48	1656.64
	材料费（元）			1148.94	1184.21	968.45	984.49	667.66	673.85
	管理费（元）			132.75	141.66	133.61	142.63	134.46	143.49
组成内容		单位	单价	数量					
人工	综合工	工日	124.00	12.36	13.19	12.44	13.28	12.52	13.36
材料	巴黎绿	kg	414.00	1.10	1.10	1.10	1.10	1.10	1.10
	群青	kg	16.50	0.368	0.368	0.368	0.368	0.368	0.368
	白乳胶漆	kg	12.62	1.265	1.265	1.265	1.265	1.265	1.265
	银朱	kg	77.00	0.05	0.05	0.05	0.05	0.05	0.05
	石黄	kg	12.35	0.053	0.053	0.053	0.053	0.053	0.053
	章丹	kg	45.15	0.315	0.315	0.315	0.315	0.315	0.315
	松烟	kg	18.00	0.25	0.25	0.25	0.25	0.25	0.25
	滑石粉	kg	0.67	1.05	1.05	1.05	1.05	1.05	1.05
	大白粉	kg	1.05	1.155	1.155	1.155	1.155	1.155	1.155
	乳胶	kg	9.50	1.05	1.05	1.05	1.05	1.05	1.05
	光油	kg	42.00	0.147	0.147	0.147	0.147	0.147	0.147
	黄调合漆	kg	15.87	0.21	0.21	0.21	0.21	0.21	0.21

续表 单位：10 m²

编号				17-128	17-129	17-130	17-131	17-132	17-133
项目				墨线小点金夔龙黑叶子花彩画					
				打贴库金		打贴赤金		打贴铜箔描清漆	
				23～58 cm	23 cm 以下	23～58 cm	23 cm 以下	23～58 cm	23 cm 以下
组成内容		单位	单价	数量					
材料	汽油	kg	7.34	0.11	0.11	0.11	0.11	0.11	0.11
	棉花	kg	32.75	0.01	0.01	0.01	0.01	0.01	0.01
	金胶油	kg	52.00	0.11	0.11	0.11	0.11	0.11	0.11
	丙烯酸清漆	kg	29.26					0.11	0.11
	二甲苯	kg	6.15					0.011	0.011
	库金箔 98% 93.3×93.3	张	5.70	100	106				
	赤金箔 74% 83.3×83.3	张	3.11			127	132		
	铜箔	张	1.00					100	106
	砂纸	张	1.00	1.10	1.10	1.10	1.10	1.10	1.10
	牛皮纸	张	1.29	4.50	4.50	4.50	4.50	4.50	4.50
	高丽纸	张	1.30	2.00	2.00	2.00	2.00	2.00	2.00
	粉笔	盒	5.00	0.20	0.20	0.20	0.20	0.20	0.20
	铅笔	支	1.00	2.00	2.00	2.00	2.00	2.00	2.00
	橡皮	块	1.50	0.50	0.50	0.50	0.50	0.50	0.50
	香糊 400g	瓶	4.00	0.50	0.50	0.50	0.50	0.50	0.50
	零星材料费	元		11.14	11.48	9.39	9.55	6.47	6.53
	材料采管费	元		23.63	24.36	19.92	20.25	13.73	13.86

单位：10 m²

编号						17-134	17-135	17-136	17-137
项目						雅伍墨彩画			
						一字枋心		夔龙黑叶子花枋心	
						23～58 cm	23 cm 以下	23～58 cm	23 cm 以下
预算基价	总价（元）					1879.13	1916.86	1949.20	2038.12
	人工费（元）					1230.08	1264.80	1294.56	1376.40
	材料费（元）					542.51	542.51	542.51	542.51
	管理费（元）					106.54	109.55	112.13	119.21
组成内容				单位	单价	数量			
人工	综合工			工日	124.00	9.92	10.20	10.44	11.10
材料	巴黎绿			kg	414.00	1.10	1.10	1.10	1.10
	群青			kg	16.50	0.368	0.368	0.368	0.368
	白乳胶漆			kg	12.62	1.265	1.265	1.265	1.265
	银朱			kg	77.00	0.05	0.05	0.05	0.05
	石黄			kg	12.35	0.24	0.24	0.24	0.24
	章丹			kg	45.15	0.315	0.315	0.315	0.315
	松烟			kg	18.00	0.25	0.25	0.25	0.25
	大白粉			kg	1.05	0.525	0.525	0.525	0.525
	乳胶			kg	9.50	0.77	0.77	0.77	0.77
	砂纸			张	1.00	1.10	1.10	1.10	1.10
	牛皮纸			张	1.29	4.5	4.5	4.5	4.5
	高丽纸			张	1.30	2.00	2.00	2.00	2.00
	粉笔			盒	5.00	0.20	0.20	0.20	0.20
	铅笔			支	1.00	2.00	2.00	2.00	2.00
	橡皮			块	1.50	0.50	0.50	0.50	0.50
	香糊		400g	瓶	4.00	0.50	0.50	0.50	0.50
	零星材料费			元		5.26	5.26	5.26	5.26
	材料采管费			元		11.16	11.16	11.16	11.16

单位：10 m²

编号				17-138	17-139	17-140	17-141
项目				雄黄玉彩画			
				素枋心		夔龙枋心	
				23～58 cm	23 cm 以下	23～58 cm	23 cm 以下
预算基价	总价（元）			1680.98	1729.48	1761.82	1850.75
	人工费（元）			1264.80	1309.44	1339.20	1421.04
	材料费（元）			306.63	306.63	306.63	306.63
	管理费（元）			109.55	113.41	115.99	123.08
组成内容		单位	单价	数量			
人工	综合工	工日	124.00	10.20	10.56	10.80	11.46
材料	巴黎绿	kg	414.00	0.44	0.44	0.44	0.44
	群青	kg	16.50	0.263	0.263	0.263	0.263
	白乳胶漆	kg	12.62	0.84	0.84	0.84	0.84
	石黄	kg	12.35	0.315	0.315	0.315	0.315
	章丹	kg	45.15	1.575	1.575	1.575	1.575
	松烟	kg	18.00	0.06	0.06	0.06	0.06
	大白粉	kg	1.05	0.525	0.525	0.525	0.525
	乳胶	kg	9.50	0.88	0.88	0.88	0.88
	砂纸	张	1.00	1.10	1.10	1.10	1.10
	牛皮纸	张	1.29	4.5	4.5	4.5	4.5
	高丽纸	张	1.30	2.00	2.00	2.00	2.00
	粉笔	盒	5.00	0.20	0.20	0.20	0.20
	铅笔	支	1.00	2.00	2.00	2.00	2.00
	橡皮	块	1.50	0.50	0.50	0.50	0.50
	香糊 400g	瓶	4.00	0.50	0.50	0.50	0.50
	零星材料费	元		2.97	2.97	2.97	2.97
	材料采管费	元		6.31	6.31	6.31	6.31

单位：10 m²

编号				17-142	17-143	17-144	17-145	17-146	17-147
项目				金琢墨苏式彩画(规矩活部分)					
				打贴库金		打贴赤金		打贴铜箔描清漆	
				23～58 cm	23 cm 以下	23～58 cm	23 cm 以下	23～58 cm	23 cm 以下
预算基价	总价(元)			6989.37	7720.11	6315.12	7021.70	5157.06	5787.11
	人工费(元)			3834.08	4382.16	3882.44	4444.16	3876.24	4434.24
	材料费(元)			2823.21	2958.40	2096.41	2192.62	945.09	968.81
	管理费(元)			332.08	379.55	336.27	384.92	335.73	384.06
组成内容		单位	单价	数量					
人工	综合工	工日	124.00	30.92	35.34	31.31	35.84	31.26	35.76
材料	巴黎绿	kg	414.00	0.935	0.935	0.935	0.935	0.935	0.935
	群青	kg	16.50	0.42	0.42	0.42	0.42	0.42	0.42
	白乳胶漆	kg	12.62	0.55	0.55	0.55	0.55	0.55	0.55
	银朱	kg	77.00	0.12	0.12	0.12	0.12	0.12	0.12
	石黄	kg	12.35	0.525	0.525	0.525	0.525	0.525	0.525
	章丹	kg	45.15	0.525	0.525	0.525	0.525	0.525	0.525
	氧化铁红	kg	7.30	0.21	0.21	0.21	0.21	0.21	0.21
	松烟	kg	18.00	0.09	0.09	0.09	0.09	0.09	0.09
	滑石粉	kg	0.67	1.05	1.05	1.05	1.05	1.05	1.05
	大白粉	kg	1.05	1.65	1.65	1.65	1.65	1.65	1.65
	乳胶	kg	9.50	1.10	1.10	1.10	1.10	1.10	1.10
	光油	kg	42.00	0.063	0.063	0.063	0.063	0.063	0.063
	黄调合漆	kg	15.87	0.315	0.315	0.315	0.315	0.315	0.315

续表

单位：10 m^2

编号				17-142	17-143	17-144	17-145	17-146	17-147
项目				金琢墨苏式彩画(规矩活部分)					
				打贴库金		打贴赤金		打贴铜箔描清漆	
				23～58 cm	23 cm 以下	23～58 cm	23 cm 以下	23～58 cm	23 cm 以下
组成内容		单位	单价	数量					
材料	汽油	kg	7.34	0.11	0.11	0.11	0.11	0.11	0.11
	棉花	kg	32.75	0.01	0.01	0.01	0.01	0.01	0.01
	金胶油	kg	52.00	0.55	0.55	0.55	0.55	0.55	0.55
	丙烯酸清漆	kg	29.26					0.55	0.55
	二甲苯	kg	6.15					0.055	0.055
	库金箔 98% 93.3×93.3	张	5.70	391	414				
	赤金箔 74% 83.3×83.3	张	3.11			490.0	520.0		
	铜箔	张	1.00					391	414
	砂纸	张	1.00	1.10	1.10	1.10	1.10	1.10	1.10
	牛皮纸	张	1.29	4.50	4.50	4.50	4.50	4.50	4.50
	高丽纸	张	1.30	2.00	2.00	2.00	2.00	2.00	2.00
	粉笔	盒	5.00	0.20	0.20	0.20	0.20	0.20	0.20
	铅笔	支	1.00	2.00	2.00	2.00	2.00	2.00	2.00
	橡皮	块	1.50	0.50	0.50	0.50	0.50	0.50	0.50
	香糊 400g	瓶	4.00	0.50	0.50	0.50	0.50	0.50	0.50
	零星材料费	元		27.38	28.69	20.33	21.26	9.16	9.39
	材料采管费	元		58.07	60.85	43.12	45.10	19.44	19.93

单位：10 m²

编号				17-148	17-149	17-150	17-151	17-152	17-153
项目				金线苏画片金箍头卡子(规矩活部分)					
				打贴库金		打贴赤金		打贴铜箔描清漆	
				23～58 cm	23 cm 以下	23～58 cm	23 cm 以下	23～58 cm	23 cm 以下
预算基价	总价（元）			5224.50	5587.29	4677.51	4992.27	3760.89	4040.22
	人工费（元）			2632.52	2858.20	2669.72	2900.36	2684.60	2922.68
	材料费（元）			2363.97	2481.53	1776.56	1840.70	843.77	864.40
	管理费（元）			228.01	247.56	231.23	251.21	232.52	253.14
组成内容		单位	单价	数量					
人工	综合工	工日	124.00	21.23	23.05	21.53	23.39	21.65	23.57
材料	巴黎绿	kg	414.00	0.935	0.935	0.935	0.935	0.935	0.935
	群青	kg	16.50	0.42	0.42	0.42	0.42	0.42	0.42
	白乳胶漆	kg	12.62	0.44	0.44	0.44	0.44	0.44	0.44
	银朱	kg	77.00	0.12	0.12	0.12	0.12	0.12	0.12
	石黄	kg	12.35	0.158	0.158	0.158	0.158	0.158	0.158
	章丹	kg	45.15	0.525	0.525	0.525	0.525	0.525	0.525
	氧化铁红	kg	7.30	0.21	0.21	0.21	0.21	0.21	0.21
	松烟	kg	18.00	0.09	0.09	0.09	0.09	0.09	0.09
	滑石粉	kg	0.67	1.05	1.05	1.05	1.05	1.05	1.05
	大白粉	kg	1.05	1.47	1.47	1.47	1.47	1.47	1.47
	乳胶	kg	9.50	0.88	0.88	0.88	0.88	0.88	0.88
	光油	kg	42.00	0.063	0.063	0.063	0.063	0.063	0.063
	黄调合漆	kg	15.87	0.263	0.263	0.263	0.263	0.263	0.263

续表

单位：10 m²

编号				17-148	17-149	17-150	17-151	17-152	17-153
项目				金线苏画片金箍头卡子(规矩活部分)					
				打贴库金		打贴赤金		打贴铜箔描清漆	
				23~58 cm	23 cm 以下	23~58 cm	23 cm 以下	23~58 cm	23 cm 以下
组成内容		单位	单价	数量					
材料	汽油	kg	7.34	0.11	0.11	0.11	0.11	0.11	0.11
	棉花	kg	32.75	0.03	0.03	0.03	0.03	0.03	0.03
	金胶油	kg	52.00	0.368	0.368	0.368	0.368	0.368	0.368
	丙烯酸清漆	kg	29.26					0.368	0.368
	二甲苯	kg	6.15					0.04	0.04
	库金箔 98% 93.3×93.3	张	5.70	316	336				
	赤金箔 74% 83.3×83.3	张	3.11			396	416		
	铜箔	张	1.00					316	336
	砂纸	张	1.00	1.10	1.10	1.10	1.10	1.10	1.10
	牛皮纸	张	1.29	4.50	4.50	4.50	4.50	4.50	4.50
	高丽纸	张	1.30	2.00	2.00	2.00	2.00	2.00	2.00
	粉笔	盒	5.00	0.20	0.20	0.20	0.20	0.20	0.20
	铅笔	支	1.00	2.00	2.00	2.00	2.00	2.00	2.00
	橡皮	块	1.50	0.50	0.50	0.50	0.50	0.50	0.50
	香糊 400g	瓶	4.00	0.50	0.50	0.50	0.50	0.50	0.50
	零星材料费	元		22.92	24.06	17.23	17.85	8.18	8.38
	材料采管费	元		48.62	51.04	36.54	37.86	17.35	17.78

单位：10 m^2

编号				17-154	17-155	17-156	17-157	17-158	17-159
项目				金线苏画片金卡子(规矩活部分)					
				打贴库金		打贴赤金		打贴铜箔描清漆	
				23～58 cm	23 cm 以下	23～58 cm	23 cm 以下	23～58 cm	23 cm 以下
预算基价	总价(元)			4979.02	5321.96	4478.18	4788.56	3619.68	3888.86
	人工费(元)			2553.16	2771.40	2586.64	2807.36	2587.88	2818.52
	材料费(元)			2204.72	2310.52	1667.50	1738.05	807.66	826.22
	管理费(元)			221.14	240.04	224.04	243.15	224.14	244.12
组成内容		单位	单价	数量					
人工	综合工	工日	124.00	20.59	22.35	20.86	22.64	20.87	22.73
材料	巴黎绿	kg	414.00	0.935	0.935	0.935	0.935	0.935	0.935
	群青	kg	16.50	0.42	0.42	0.42	0.42	0.42	0.42
	白乳胶漆	kg	12.62	0.44	0.44	0.44	0.44	0.44	0.44
	银朱	kg	77.00	0.12	0.12	0.12	0.12	0.12	0.12
	石黄	kg	12.35	0.158	0.158	0.158	0.158	0.158	0.158
	章丹	kg	45.15	0.525	0.525	0.525	0.525	0.525	0.525
	氧化铁红	kg	7.30	0.27	0.27	0.27	0.27	0.27	0.27
	大白粉	kg	1.05	1.47	1.47	1.47	1.47	1.47	1.47
	乳胶	kg	9.50	0.88	0.88	0.88	0.88	0.88	0.88
	光油	kg	42.00	0.063	0.063	0.063	0.063	0.063	0.063
	黄调合漆	kg	15.87	0.21	0.21	0.21	0.21	0.21	0.21
	汽油	kg	7.34	0.11	0.11	0.11	0.11	0.11	0.11
	棉花	kg	32.75	0.03	0.03	0.03	0.03	0.03	0.03

续表

单位：10 m^2

编号				17-154	17-155	17-156	17-157	17-158	17-159
项目				金线苏画片金卡子(规矩活部分)					
				打贴库金		打贴赤金		打贴铜箔描清漆	
				23～58 cm	23 cm 以下	23～58 cm	23 cm 以下	23～58 cm	23 cm 以下
组成内容		单位	单价	数量					
材料	金胶油	kg	52.00	0.275	0.275	0.275	0.275	0.275	0.275
	丙烯酸清漆	kg	29.26					0.275	0.275
	二甲苯	kg	6.15					0.03	0.03
	库金箔 98% 93.3×93.3	张	5.70	290	308				
	赤金箔 74% 83.3×83.3	张	3.11			364	386		
	铜箔	张	1.00					290	308
	砂纸	张	1.00	1.10	1.10	1.10	1.10	1.10	1.10
	牛皮纸	张	1.29	4.50	4.50	4.50	4.50	4.50	4.50
	高丽纸	张	1.30	2.00	2.00	2.00	2.00	2.00	2.00
	松烟	kg	18.00	0.09	0.09	0.09	0.09	0.09	0.09
	滑石粉	kg	0.67	1.05	1.05	1.05	1.05	1.05	1.05
	粉笔	盒	5.00	0.20	0.20	0.20	0.20	0.20	0.20
	铅笔	支	1.00	1.00	1.00	1.00	1.00	1.00	1.00
	橡皮	块	1.50	0.50	0.50	0.50	0.50	0.50	0.50
	香糊 400g	瓶	4.00	0.50	0.50	0.50	0.50	0.50	0.50
	零星材料费	元		21.38	22.41	16.17	16.85	7.83	8.01
	材料采管费	元		45.35	47.52	34.30	35.75	16.61	16.99

单位：10 m^2

编号				17-160	17-161	17-162	17-163	17-164	17-165
项目				金线苏画色卡子(规矩活部分)					
				打贴库金		打贴赤金		打贴铜箔描清漆	
				23～58 cm	23 cm 以下	23～58 cm	23 cm 以下	23～58 cm	23 cm 以下
预算基价	总价（元）			4822.57	5257.02	4384.43	4799.73	3631.42	4003.94
	人工费（元）			2644.92	2963.60	2674.68	3000.80	2670.96	2999.56
	材料费（元）			1948.57	2036.73	1478.09	1539.02	729.12	744.58
	管理费（元）			229.08	256.69	231.66	259.91	231.34	259.80
组成内容		单位	单价	数量					
人工	综合工	工日	124.00	21.33	23.90	21.57	24.20	21.54	24.19
材料	巴黎绿	kg	414.00	0.80	0.80	0.80	0.80	0.80	0.80
	群青	kg	16.50	0.368	0.368	0.368	0.368	0.368	0.368
	白乳胶漆	kg	12.62	0.66	0.66	0.66	0.66	0.66	0.66
	银朱	kg	77.00	0.12	0.12	0.12	0.12	0.12	0.12
	石黄	kg	12.35	0.158	0.158	0.158	0.158	0.158	0.158
	章丹	kg	45.15	0.525	0.525	0.525	0.525	0.525	0.525
	氧化铁红	kg	7.30	0.158	0.158	0.158	0.158	0.158	0.158
	松烟	kg	18.00	0.05	0.05	0.05	0.05	0.05	0.05
	滑石粉	kg	0.67	0.84	0.84	0.84	0.84	0.84	0.84
	大白粉	kg	1.05	1.155	1.155	1.155	1.155	1.155	1.155
	乳胶	kg	9.50	1.10	1.10	1.10	1.10	1.10	1.10
	光油	kg	42.00	0.525	0.525	0.525	0.525	0.525	0.525
	黄调合漆	kg	15.87	0.158	0.158	0.158	0.158	0.158	0.158

续表

单位：10 m^2

编号				17-160	17-161	17-162	17-163	17-164	17-165
项目				金线苏画色卡子(规矩活部分)					
				打贴库金		打贴赤金		打贴铜箔描清漆	
				23～58 cm	23 cm 以下	23～58 cm	23 cm 以下	23～58 cm	23 cm 以下
组成内容		单位	单价	数量					
材料	汽油	kg	7.34	0.11	0.11	0.11	0.11	0.11	0.11
	棉花	kg	32.75	0.02	0.02	0.02	0.02	0.02	0.02
	金胶油	kg	52.00	0.22	0.22	0.22	0.22	0.22	0.22
	丙烯酸清漆	kg	29.26					0.22	0.22
	二甲苯	kg	6.15					0.02	0.02
	库金箔 98% 93.3×93.3	张	5.70	253	268				
	赤金箔 74% 83.3×83.3	张	3.11			317	336		
	铜箔	张	1.00					253	268
	砂纸	张	1.00	1.10	1.10	1.10	1.10	1.10	1.10
	牛皮纸	张	1.29	4.50	4.50	4.50	4.50	4.50	4.50
	高丽纸	张	1.30	2.00	2.00	2.00	2.00	2.00	2.00
	粉笔	盒	5.00	0.20	0.20	0.20	0.20	0.20	0.20
	铅笔	支	1.00	2.00	2.00	2.00	2.00	2.00	2.00
	橡皮	块	1.50	0.50	0.50	0.50	0.50	0.50	0.50
	香糊 400g	瓶	4.00	0.50	0.50	0.50	0.50	0.50	0.50
	零星材料费	元		18.90	19.75	14.33	14.92	7.07	7.22
	材料采管费	元		40.08	41.89	30.40	31.65	15.00	15.31

单位：10 m²

编号				17-166	17-167	17-168	17-169	17-170	17-171
项目				黄线苏画(规矩活部分)		海漫苏画			
						有卡子		无卡子	
				23～58 cm	23 cm 以下	23～58 cm	23 cm 以下	23～58 cm	23 cm 以下
预算基价	总价(元)			2363.79	2512.00	1993.53	2095.94	1732.14	1810.29
	人工费(元)			1736.00	1872.40	1329.28	1423.52	1088.72	1160.64
	材料费(元)			477.43	477.43	549.12	549.12	549.12	549.12
	管理费(元)			150.36	162.17	115.13	123.30	94.30	100.53
组成内容		单位	单价	数量					
人工	综合工	工日	124.00	14.00	15.10	10.72	11.48	8.78	9.36
材料	巴黎绿	kg	414.00	0.935	0.935	1.100	1.100	1.100	1.100
	群青	kg	16.50	0.42	0.42	0.42	0.42	0.42	0.42
	白乳胶漆	kg	12.62	0.44	0.44	0.44	0.44	0.44	0.44
	银朱	kg	77.00	0.12	0.12	0.12	0.12	0.12	0.12
	石黄	kg	12.35	0.263	0.263	0.210	0.210	0.210	0.210
	章丹	kg	45.15	0.525	0.525	0.630	0.630	0.630	0.630
	氧化铁红	kg	7.30	0.210	0.210	0.158	0.158	0.158	0.158
	松烟	kg	18.00	0.09	0.09	0.09	0.09	0.09	0.09
	滑石粉	kg	0.67	0.84	0.84				
	大白粉	kg	1.05	0.84	0.84				
	乳胶	kg	9.50	0.88	0.88	0.77	0.77	0.77	0.77
	砂纸	张	1.00	1.10	1.10	1.10	1.10	1.10	1.10
	牛皮纸	张	1.29	4.50	4.50	4.50	4.50	4.50	4.50
	高丽纸	张	1.30	2.00	2.00	2.00	2.00	2.00	2.00
	粉笔	盒	5.00	0.20	0.20	0.20	0.20	0.20	0.20
	铅笔	支	1.00	1.00	1.00	1.00	1.00	1.00	1.00
	橡皮	块	1.50	0.50	0.50	0.50	0.50	0.50	0.50
	香糊 400g	瓶	4.00	0.50	0.50	0.50	0.50	0.50	0.50
	零星材料费	元		4.63	4.63	5.33	5.33	5.33	5.33
	材料采管费	元		9.82	9.82	11.29	11.29	11.29	11.29

单位：10 m²

编号				17-172	17-173	17-174	17-175	17-176	17-177
项目				掐箍头彩画					
				打贴库金		打贴赤金		打贴铜箔描清漆	
				23～58 cm	23 cm 以下	23～58 cm	23 cm 以下	23～58 cm	23 cm 以下
预算基价	总价（元）			1791.96	1982.55	1725.35	1909.81	1596.37	1772.97
	人工费（元）			1220.16	1373.92	1235.04	1390.04	1228.84	1387.56
	材料费（元）			466.12	489.63	383.34	399.37	261.10	265.23
	管理费（元）			105.68	119.00	106.97	120.40	106.43	120.18
组成内容		单位	单价	数量					
人工	综合工	工日	124.00	9.84	11.08	9.96	11.21	9.91	11.19
材料	巴黎绿	kg	414.00	0.40	0.40	0.40	0.40	0.40	0.40
	群青	kg	16.50	0.175	0.175	0.175	0.175	0.175	0.175
	白乳胶漆	kg	12.62	0.29	0.29	0.29	0.29	0.29	0.29
	银朱	kg	77.00	0.05	0.05	0.05	0.05	0.05	0.05
	石黄	kg	12.35	0.09	0.09	0.09	0.09	0.09	0.09
	章丹	kg	45.15	0.21	0.21	0.21	0.21	0.21	0.21
	滑石粉	kg	0.67	0.231	0.231	0.231	0.231	0.231	0.231
	大白粉	kg	1.05	0.27	0.27	0.27	0.27	0.27	0.27
	乳胶	kg	9.50	0.24	0.24	0.24	0.24	0.24	0.24
	黄调合漆	kg	15.87	0.07	0.07	0.07	0.07	0.07	0.07
	汽油	kg	7.34	0.20	0.20	0.20	0.20	0.20	0.20

续表

单位：10 m^2

编号			17-172	17-173	17-174	17-175	17-176	17-177
项目			掐箍头彩画					
			打贴库金		打贴赤金		打贴铜箔描清漆	
			23～58 cm	23 cm 以下	23～58 cm	23 cm 以下	23～58 cm	23 cm 以下
组成内容	单位	单价	数量					
材料 棉花	kg	32.75	0.01	0.01	0.01	0.01	0.01	0.01
金胶油	kg	52.00	0.15	0.15	0.15	0.15	0.15	0.15
丙烯酸清漆	kg	29.26					0.11	0.11
二甲苯	kg	6.15					0.011	0.011
库金箔 98% 93.3×93.3	张	5.70	43	47				
赤金箔 74% 83.3×83.3	张	3.11			53	58		
铜箔	张	1.00					43	47
砂纸	张	1.00	1.00	1.00	1.00	1.00	1.00	1.00
牛皮纸	张	1.29	1.00	1.00	1.00	1.00	1.00	1.00
粉笔	盒	5.00	0.10	0.10	0.10	0.10	0.10	0.10
铅笔	支	1.00	1.00	1.00	1.00	1.00	1.00	1.00
橡皮	块	1.50	0.50	0.50	0.50	0.50	0.50	0.50
香糊 400g	瓶	4.00	0.50	0.50	0.50	0.50	0.50	0.50
松烟	kg	18.00	0.02	0.02	0.02	0.02	0.02	0.02
零星材料费	元		4.52	4.75	3.72	3.87	2.53	2.57
材料采管费	元		9.59	10.07	7.88	8.21	5.37	5.46

单位：10 m²

编号				17-178	17-179	17-180	17-181	17-182	17-183
项目				掐箍头搭包袱彩画(规矩活部分)					
				打贴库金		打贴赤金		打贴铜箔描清漆	
				23～58 cm	23 cm 以下	23～58 cm	23 cm 以下	23～58 cm	23 cm 以下
预算基价	总价（元）			3505.14	3925.63	3371.92	3780.68	3113.95	3505.87
	人工费（元）			2553.16	2892.92	2582.92	2922.68	2570.52	2917.72
	材料费（元）			730.84	782.15	565.29	604.86	320.79	335.44
	管理费（元）			221.14	250.56	223.71	253.14	222.64	252.71
组成内容		单位	单价	数量					
人工	综合工	工日	124.00	20.59	23.33	20.83	23.57	20.73	23.53
材料	巴黎绿	kg	414.00	0.40	0.40	0.40	0.40	0.40	0.40
	群青	kg	16.50	0.175	0.175	0.175	0.175	0.175	0.175
	白乳胶漆	kg	12.62	0.59	0.59	0.59	0.59	0.59	0.59
	银朱	kg	77.00	0.05	0.05	0.05	0.05	0.05	0.05
	石黄	kg	12.35	0.09	0.09	0.09	0.09	0.09	0.09
	章丹	kg	45.15	0.21	0.21	0.21	0.21	0.21	0.21
	滑石粉	kg	0.67	0.46	0.46	0.46	0.46	0.46	0.46
	大白粉	kg	1.05	0.53	0.53	0.53	0.53	0.53	0.53
	乳胶	kg	9.50	0.24	0.24	0.24	0.24	0.24	0.24
	黄调合漆	kg	15.87	0.10	0.10	0.10	0.10	0.10	0.10
	汽油	kg	7.34	0.20	0.20	0.20	0.20	0.20	0.20

续表

单位：10 m^2

编号				17-178	17-179	17-180	17-181	17-182	17-183
项目				掐箍头搭包袱彩画(规矩活部分)					
				打贴库金		打贴赤金		打贴铜箔描清漆	
				23～58 cm	23 cm 以下	23～58 cm	23 cm 以下	23～58 cm	23 cm 以下
组成内容		单位	单价	数量					
材料	棉花	kg	32.75	0.01	0.01	0.01	0.01	0.01	0.01
	金胶油	kg	52.00	0.29	0.37	0.29	0.37	0.29	0.37
	丙烯酸清漆	kg	29.26					0.22	0.29
	二甲苯	kg	6.15					0.02	0.02
	库金箔 98% 93.3×93.3	张	5.70	86	94				
	赤金箔 74% 83.3×83.3	张	3.11			106	117		
	铜箔	张	1.00					86	94
	砂纸	张	1.00	1.00	1.00	1.00	1.00	1.00	1.00
	牛皮纸	张	1.29	1.00	1.00	1.00	1.00	1.00	1.00
	粉笔	盒	5.00	0.10	0.10	0.10	0.10	0.10	0.10
	铅笔	支	1.00	1.00	1.00	1.00	1.00	1.00	1.00
	橡皮	块	1.50	0.50	0.50	0.50	0.50	0.50	0.50
	香糊 400g	瓶	4.00	0.50	0.50	0.50	0.50	0.50	0.50
	零星材料费	元		7.09	7.58	5.48	5.87	3.11	3.25
	材料采管费	元		15.03	16.09	11.63	12.44	6.60	6.90

单位：10 m^2

编号				17-184	17-185	17-186	17-187
项目				黄线掐箍头		黄线掐箍头搭包袱(规矩活部分)	
				23～58 cm	23 cm 以下	23～58 cm	23 cm 以下
预算基价	总价（元）			1059.59	1194.33	2109.16	2412.33
	人工费（元）			793.60	917.60	1754.60	2033.60
	材料费（元）			197.25	197.25	202.59	202.59
	管理费（元）			68.74	79.48	151.97	176.14
组成内容		单位	单价	数量			
人工	综合工	工日	124.00	6.40	7.40	14.15	16.40
材料	巴黎绿	kg	414.00	0.40	0.40	0.40	0.40
	群青	kg	16.50	0.175	0.175	0.175	0.175
	白乳胶漆	kg	12.62	0.29	0.29	0.59	0.59
	石黄	kg	12.35	0.09	0.09	0.09	0.09
	章丹	kg	45.15	0.21	0.21	0.21	0.21
	大白粉	kg	1.05	0.27	0.27	0.53	0.53
	乳胶	kg	9.50	0.24	0.24	0.24	0.24
	黄调合漆	kg	15.87	0.07	0.07	0.10	0.10
	汽油	kg	7.34	0.20	0.20	0.20	0.20
	松烟	kg	18.00	0.02	0.02	0.02	0.02
	牛皮纸	张	1.29	1.00	1.00	1.50	1.50
	铅笔	支	1.00	1.00	1.00	1.00	1.00
	橡皮	块	1.50	0.50	0.50	0.50	0.50
	零星材料费	元		1.91	1.91	1.96	1.96
	材料采管费	元		4.06	4.06	4.17	4.17

单位：块

编号				17-188	17-189	17-190	17-191
项目				白			活
				人物及线法	动物及翎毛花卉	墨山水、洋山水风景画	聚锦
预算基价	总价（元）			619.16	470.95	487.12	79.28
	人工费（元）			466.24	329.84	344.72	53.32
	材料费（元）			112.54	112.54	112.54	21.34
	管理费（元）			40.38	28.57	29.86	4.62
组成内容		单位	单价	数			量
人工	综合工	工日	124.00	3.76	2.66	2.78	0.43
材料	巴黎绿	kg	414.00	0.20	0.20	0.20	0.04
	群青	kg	16.50	0.05	0.05	0.05	0.01
	白乳胶漆	kg	12.62	0.70	0.70	0.70	0.05
	银朱	kg	77.00	0.05	0.05	0.05	0.01
	石黄	kg	12.35	0.05	0.05	0.05	0.01
	章丹	kg	45.15	0.05	0.05	0.05	0.01
	松烟	kg	18.00	0.010	0.010	0.010	0.002
	氧化铁红	kg	7.30	0.10	0.10	0.10	0.02
	乳胶	kg	9.50	0.15	0.15	0.15	0.03
	墨块 50g	块	6.55	0.50	0.50	0.50	0.10
	图画色	支	1.45	3.00	3.00	3.00	0.60
	零星材料费	元		1.09	1.09	1.09	0.21
	材料采管费	元		2.31	2.31	2.31	0.44

单位：10 m^2

编号				17-192	17-193	17-194	17-195	17-196	17-197
项目				斑竹彩画					
				打贴库金		打贴赤金		打贴铜箔描清漆	
				23～58 cm	23 cm 以下	23～58 cm	23 cm 以下	23～58 cm	23 cm 以下
预算基价	总价（元）			5941.63	6342.76	5733.80	6113.05	5314.58	5648.67
	人工费（元）			3361.64	3660.48	3406.28	3705.12	3393.88	3689.00
	材料费（元）			2288.83	2365.24	2032.49	2087.02	1626.75	1640.15
	管理费（元）			291.16	317.04	295.03	320.91	293.95	319.52
组成内容		单位	单价	数量					
人工	综合工	工日	124.00	27.11	29.52	27.47	29.88	27.37	29.75
材料	巴黎绿	kg	414.00	3.30	3.30	3.30	3.30	3.30	3.30
	群青	kg	16.50	0.105	0.105	0.105	0.105	0.105	0.105
	白乳胶漆	kg	12.62	0.55	0.55	0.55	0.55	0.55	0.55
	石黄	kg	12.35	0.315	0.315	0.315	0.315	0.315	0.315
	大白粉	kg	1.05	1.155	1.155	1.155	1.155	1.155	1.155
	乳胶	kg	9.50	1.10	1.10	1.10	1.10	1.10	1.10
	光油	kg	42.00	0.105	0.105	0.105	0.105	0.105	0.105
	黄调合漆	kg	15.87	0.21	0.21	0.21	0.21	0.21	0.21
	汽油	kg	7.34	0.11	0.11	0.11	0.11	0.11	0.11
	松烟	kg	18.00	0.05	0.05	0.05	0.05	0.05	0.05
	棉花	kg	32.75	0.02	0.02	0.02	0.02	0.02	0.02

续表

单位：10 m^2

编号				17-192	17-193	17-194	17-195	17-196	17-197
项目				斑竹彩画					
				打贴库金		打贴赤金		打贴铜箔描清漆	
				23～58 cm	23 cm 以下	23～58 cm	23 cm 以下	23～58 cm	23 cm 以下
组成内容		单位	单价	数量					
材料	金胶油	kg	52.00	0.33	0.33	0.33	0.33	0.33	0.33
	丙烯酸清漆	kg	29.26					0.22	0.22
	二甲苯	kg	6.15					0.02	0.02
	库金箔 98% 93.3×93.3	张	5.70	138	151				
	赤金箔 74% 83.3×83.3	张	3.11			173	190		
	铜箔	张	1.00					138	151
	砂纸	张	1.00	1.10	1.10	1.10	1.10	1.10	1.10
	牛皮纸	张	1.29	4.50	4.50	4.50	4.50	4.50	4.50
	高丽纸	张	1.30	2.00	2.00	2.00	2.00	2.00	2.00
	粉笔	盒	5.00	0.20	0.20	0.20	0.20	0.20	0.20
	铅笔	支	1.00	2.00	2.00	2.00	2.00	2.00	2.00
	橡皮	块	1.50	0.50	0.50	0.50	0.50	0.50	0.50
	香糊 400g	瓶	4.00	0.50	0.50	0.50	0.50	0.50	0.50
	零星材料费	元		22.20	22.94	19.71	20.24	15.78	15.91
	材料采管费	元		47.08	48.65	41.80	42.93	33.46	33.73

单位：10 m²

编号				17-198	17-199	17-200
项目				金线海漫锦彩画		
				打贴库金	打贴赤金	打贴铜箔描清漆
预算基价	总价（元）			7703.89	6749.13	5095.40
	人工费（元）			3511.68	3571.20	3556.32
	材料费（元）			3888.05	2868.62	1231.06
	管理费（元）			304.16	309.31	308.02
组成内容		单位	单价	数量		
人工	综合工	工日	124.00	28.32	28.80	28.68
材料	巴黎绿	kg	414.00	1.21	1.21	1.21
	群青	kg	16.50	0.525	0.525	0.525
	白乳胶漆	kg	12.62	0.88	0.88	0.88
	银朱	kg	77.00	0.15	0.15	0.15
	章丹	kg	45.15	0.525	0.525	0.525
	氧化铁红	kg	7.30	0.21	0.21	0.21
	松烟	kg	18.00	0.09	0.09	0.09
	滑石粉	kg	0.67	1.575	1.575	1.575
	大白粉	kg	1.05	1.68	1.68	1.68
	乳胶	kg	9.50	1.10	1.10	1.10
	光油	kg	42.00	0.147	0.147	0.147
	黄调合漆	kg	15.87	0.315	0.315	0.315

续表 单位：10 m^2

编号				17-198	17-199	17-200
项目				金线海漫锦彩画		
				打贴库金	打贴赤金	打贴铜箔描清漆
组成内容		单位	单价	数量		
材料	汽油	kg	7.34	0.22	0.22	0.22
	棉花	kg	32.75	0.02	0.02	0.02
	金胶油	kg	52.00	0.55	0.55	0.55
	丙烯酸清漆	kg	29.26			0.44
	二甲苯	kg	6.15			0.04
	库金箔 98% 93.3×93.3	张	5.70	551		
	赤金箔 74% 83.3×83.3	张	3.11		692	
	铜箔	张	1.00			551
	砂纸	张	1.00	1.10	1.10	1.10
	牛皮纸	张	1.29	4.50	4.50	4.50
	高丽纸	张	1.30	2.00	2.00	2.00
	粉笔	盒	5.00	0.20	0.20	0.20
	铅笔	支	1.00	2.00	2.00	2.00
	橡皮	块	1.50	0.50	0.50	0.50
	香糊 400g	瓶	4.00	0.50	0.50	0.50
	零星材料费	元		37.70	27.82	11.94
	材料采管费	元		79.97	59.00	25.32

单位：10 m²

编号						17-201	17-202	17-203	17-204
项目						明式彩画			
						打贴库金	打贴赤金	打贴铜箔描清漆	无金
预算基价	总价（元）					4218.45	3994.46	3625.09	2404.46
	人工费（元）					2570.52	2600.28	2633.76	1666.56
	材料费（元）					1425.29	1168.96	763.21	593.55
	管理费（元）					222.64	225.22	228.12	144.35
组成内容			单位	单价		数量			
人工	综合工		工日	124.00		20.73	20.97	21.24	13.44
材料	巴黎绿		kg	414.00		1.21	1.21	1.21	1.21
	群青		kg	16.50		0.368	0.368	0.368	0.368
	白乳胶漆		kg	12.62		1.265	1.265	1.265	1.265
	银朱		kg	77.00		0.10	0.10	0.10	0.10
	石黄		kg	12.35		0.053	0.053	0.053	0.053
	章丹		kg	45.15		0.315	0.315	0.315	0.315
	氧化铁红		kg	7.30		0.21	0.21	0.21	0.21
	松烟		kg	18.00		0.105	0.105	0.105	0.105
	滑石粉		kg	0.67		0.525	0.525	0.525	0.525
	大白粉		kg	1.05		0.525	0.525	0.525	0.525
	乳胶		kg	9.50		1.10	1.10	1.10	1.10
	黄调合漆		kg	15.87		0.105	0.105	0.105	

续表

单位：10 m^2

编号				17-201	17-202	17-203	17-204
项目				明式彩画			
				打贴库金	打贴赤金	打贴铜箔描清漆	无金
组成内容		单位	单价	数量			
材料	汽油	kg	7.34	0.11	0.11	0.11	
	棉花	kg	32.75	0.01	0.01	0.01	
	金胶油	kg	52.00	0.33	0.33	0.33	
	丙烯酸清漆	kg	29.26			0.22	
	二甲苯	kg	6.15			0.02	
	库金箔 98% 93.3×93.3	张	5.70	138			
	赤金箔 74% 83.3×83.3	张	3.11		173		
	铜箔	张	1.00			138	
	砂纸	张	1.00	1.10	1.10	1.10	1.10
	牛皮纸	张	1.29	4.50	4.50	4.50	4.50
	高丽纸	张	1.30	2.00	2.00	2.00	2.00
	粉笔	盒	5.00	0.20	0.20	0.20	0.20
	铅笔	支	1.00	2.00	2.00	2.00	2.00
	橡皮	块	1.50	0.50	0.50	0.50	0.50
	香糊 400g	瓶	4.00	0.50	0.50	0.50	0.50
	零星材料费	元		13.82	11.34	7.40	5.76
	材料采管费	元		29.32	24.04	15.70	12.21

单位：10 m²

编号				17-205	17-206	17-207	17-208	17-209	17-210
项目				新式油地沥粉贴金彩画					
				满做			掐箍头		
				打贴库金	打贴赤金	打贴铜箔描清漆	打贴库金	打贴赤金	打贴铜箔描清漆
预算基价	总价（元）			6378.88	5328.52	3559.18	3065.14	2460.58	1455.27
	人工费（元）			2540.76	2600.28	2606.48	967.20	988.28	984.56
	材料费（元）			3618.06	2503.02	726.95	2014.17	1386.70	385.43
	管理费（元）			220.06	225.22	225.75	83.77	85.60	85.28
组成内容		单位	单价	数量					
人工	综合工	工日	124.00	20.49	20.97	21.02	7.80	7.97	7.94
材料	滑石粉	kg	0.67	2.10	2.10	2.10	0.70	0.70	0.70
	大白粉	kg	1.05	2.415	2.415	2.415	0.740	0.740	0.740
	乳胶	kg	9.50	1.32	1.32	1.32	0.44	0.44	0.44
	光油	kg	42.00	0.315	0.315	0.315	0.105	0.105	0.105
	黄调合漆	kg	15.87	0.42	0.42	0.42	0.14	0.14	0.14
	汽油	kg	7.34	0.22	0.22	0.22			
	棉花	kg	32.75	0.03	0.03	0.03	0.01	0.01	0.01
	金胶油	kg	52.00	0.66	0.66	0.66	0.22	0.22	0.22
	丙烯酸清漆	kg	29.26			0.55			0.15
	二甲苯	kg	6.15			0.05			0.01
	库金箔 98% 93.3×93.3	张	5.70	600			337		
	赤金箔 74% 83.3×83.3	张	3.11		752			422	
	铜箔	张	1.00			600			337
	砂纸	张	1.00	1.10	1.10	1.10	1.00	1.00	1.00
	牛皮纸	张	1.29	4.50	4.50	4.50	1.50	1.50	1.50
	高丽纸	张	1.30	2.00	2.00	2.00	1.00	1.00	1.00
	粉笔	盒	5.00	0.20	0.20	0.20	0.10	0.10	0.10
	铅笔	支	1.00	2.00	2.00	2.00	1.00	1.00	1.00
	橡皮	块	1.50	0.50	0.50	0.50	0.50	0.50	0.50
	香糊 400g	瓶	4.00	0.50	0.50	0.50	0.50	0.50	0.50
	零星材料费	元		35.09	24.27	7.05	19.53	13.45	3.74
	材料采管费	元		74.42	51.48	14.95	41.43	28.52	7.93

单位：10 m²

编号				17-211	17-212	17-213
项目				新式满金琢墨彩画		
				打贴库金	打贴赤金	打贴铜箔描清漆
预算基价	总价（元）			7128.63	5893.89	3922.71
	人工费（元）			2529.60	2574.24	2656.08
	材料费（元）			4379.93	3096.69	1036.58
	管理费（元）			219.10	222.96	230.05
组成内容		单位	单价	数量		
人工	综合工	工日	124.00	20.40	20.76	21.42
材料	巴黎绿	kg	414.00	0.40	0.40	0.40
	群青	kg	16.50	0.10	0.10	0.10
	白乳胶漆	kg	12.62	3.50	3.50	3.50
	石黄	kg	12.35	0.10	0.10	0.10
	广告色	支	3.50	5.00	5.00	5.00
	大白粉	kg	1.05	1.80	1.80	1.80
	乳胶	kg	9.50	0.80	0.80	0.80
	黄调合漆	kg	15.87	0.40	0.40	0.40
	汽油	kg	7.34	0.05	0.05	0.05
	棉花	kg	32.75	0.02	0.02	0.02

续表

单位：10 m^2

编号				17-211	17-212	17-213
项目				新式满金琢墨彩画		
				打贴库金	打贴赤金	打贴铜箔描清漆
组成内容		单位	单价	数量		
材料	金胶油	kg	52.00	0.70	0.70	0.70
	丙烯酸清漆	kg	29.26			0.50
	二甲苯	kg	6.15			0.05
	库金箔 98% 93.3×93.3	张	5.70	693		
	赤金箔 74% 83.3×83.3	张	3.11		870	
	铜箔	张	1.00			693
	砂纸	张	1.00	1.00	1.00	1.00
	牛皮纸	张	1.29	4.50	4.50	4.50
	高丽纸	张	1.30	1.00	1.00	1.00
	粉笔	盒	5.00	0.20	0.20	0.20
	铅笔	支	1.00	2.00	2.00	2.00
	橡皮	块	1.50	0.50	0.50	0.50
	香糊 400g	瓶	4.00	0.50	0.50	0.50
	零星材料费	元		42.47	30.03	10.05
	材料采管费	元		90.09	63.69	21.32

单位：10 m²

编号				17-214	17-215	17-216	17-217	17-218	17-219
项目				新式金琢墨彩画					
				素箍头活枋心			素箍头素枋心		
				打贴库金	打贴赤金	打贴铜箔描清漆	打贴库金	打贴赤金	打贴铜箔描清漆
预算基价	总价（元）			**5767.80**	**4845.32**	**3388.23**	**4851.27**	**4112.49**	**2922.50**
	人工费（元）			2232.00	2261.76	2331.20	1934.40	1964.16	2006.32
	材料费（元）			3342.48	2387.66	855.12	2749.33	1978.21	742.41
	管理费（元）			193.32	195.90	201.91	167.54	170.12	173.77
组成内容		单位	单价	数量					
人工	综合工	工日	124.00	18.00	18.24	18.80	15.60	15.84	16.18
材料	巴黎绿	kg	414.00	0.40	0.40	0.40	0.40	0.40	0.40
	群青	kg	16.50	0.10	0.10	0.10	0.10	0.10	0.10
	白乳胶漆	kg	12.62	3.50	3.50	3.50	3.50	3.50	3.50
	银朱	kg	77.00	0.05	0.05	0.05	0.05	0.05	0.05
	石黄	kg	12.35	0.10	0.10	0.10	0.10	0.10	0.10
	广告色	支	3.50	5.00	5.00	5.00	5.00	5.00	5.00
	大白粉	kg	1.05	1.80	1.80	1.80	1.80	1.80	1.80
	乳胶	kg	9.50	0.80	0.80	0.80	0.80	0.80	0.80
	光油	kg	42.00	0.10	0.10	0.10	0.10	0.10	0.10
	黄调合漆	kg	15.87	0.40	0.40	0.40	0.40	0.40	0.40
	汽油	kg	7.34	0.05	0.05	0.05	0.05	0.05	0.05

续表

单位：10 m^2

编号				17-214	17-215	17-216	17-217	17-218	17-219
项目				新式金琢墨彩画					
				素箍头活枋心			素箍头素枋心		
				打贴库金	打贴赤金	打贴铜箔描清漆	打贴库金	打贴赤金	打贴铜箔描清漆
组成内容		单位	单价	数量					
材料	棉花	kg	32.75	0.02	0.02	0.02	0.02	0.02	0.02
	金胶油	kg	52.00	0.60	0.60	0.60	0.50	0.50	0.50
	丙烯酸清漆	kg	29.26			0.44			0.30
	二甲苯	kg	6.15			0.04			0.04
	库金箔 98% 93.3×93.3	张	5.70	516			416		
	赤金箔 74% 83.3×83.3	张	3.11		648			522	
	铜箔	张	1.00			516			416
	砂纸	张	1.00	1.00	1.00	1.00	1.00	1.00	1.00
	牛皮纸	张	1.29	4.50	4.50	4.50	4.50	4.50	4.50
	高丽纸	张	1.30	1.00	1.00	1.00	1.00	1.00	1.00
	粉笔	盒	5.00	0.20	0.20	0.20	0.20	0.20	0.20
	铅笔	支	1.00	2.00	2.00	2.00	2.00	2.00	2.00
	橡皮	块	1.50	0.50	0.50	0.50	0.50	0.50	0.50
	香糊 400g	瓶	4.00	0.50	0.50	0.50	0.50	0.50	0.50
	零星材料费	元		32.41	23.15	8.29	26.66	19.18	7.20
	材料采管费	元		68.75	49.11	17.59	56.55	40.69	15.27

单位：10 m^2

编号				17-220	17-221	17-222	17-223
项目				新式局部贴金彩画			新式各种无金彩画
				打贴库金	打贴赤金	打贴铜箔描清漆	
预算基价	总价（元）			3287.77	2923.72	2368.87	1757.25
	人工费（元）			1636.80	1651.68	1703.76	1368.96
	材料费（元）			1509.20	1128.98	517.54	269.72
	管理费（元）			141.77	143.06	147.57	118.57
组成内容		单位	单价	数量			
人工	综合工	工日	124.00	13.20	13.32	13.74	11.04
材料	巴黎绿	kg	414.00	0.40	0.40	0.40	0.40
	群青	kg	16.50	0.10	0.10	0.10	0.10
	白乳胶漆	kg	12.62	3.50	3.50	3.50	3.50
	银朱	kg	77.00	0.05	0.05	0.05	0.05
	石黄	kg	12.35	0.10	0.10	0.10	0.10
	广告色	支	3.50	5.00	5.00	5.00	5.00
	大白粉	kg	1.05	1.80	1.80	1.80	1.80
	乳胶	kg	9.50	0.80	0.80	0.80	0.80
	光油	kg	42.00	0.10	0.10	0.10	0.10
	黄调合漆	kg	15.87	0.40	0.40	0.40	
	汽油	kg	7.34	0.04	0.04	0.04	

续表

单位：10 m^2

编号				17-220	17-221	17-222	17-223
项目				新式局部贴金彩画			新式各种无金彩画
				打贴库金	打贴赤金	打贴铜箔描清漆	
组成内容		单位	单价	数量			
材料	棉花	kg	32.75	0.01	0.01	0.01	
	金胶油	kg	52.00	0.40	0.40	0.40	
	丙烯酸清漆	kg	29.26			0.22	
	二甲苯	kg	6.15			0.02	
	库金箔 98% 93.3×93.3	张	5.70	206			
	赤金箔 74% 83.3×83.3	张	3.11		259		
	铜箔	张	1.00			206	
	砂纸	张	1.00	1.00	1.00	1.00	1.00
	牛皮纸	张	1.29	4.50	4.50	4.50	4.50
	高丽纸	张	1.30	1.00	1.00	1.00	1.00
	粉笔	盒	5.00	0.20	0.20	0.20	0.20
	铅笔	支	1.00	2.00	2.00	2.00	2.00
	橡皮	块	1.50	0.50	0.50	0.50	0.50
	香糊 400g	瓶	4.00	0.50	0.50	0.50	0.50
	零星材料费	元		14.64	10.95	5.02	2.62
	材料采管费	元		31.04	23.22	10.64	5.55

五、斗拱、垫拱板

单位：10 m²

编号				17-224	17-225	17-226	17-227	17-228	17-229
项目				地仗				油漆	
				三道灰		二道灰		刮血料腻子刷调合漆三道	刷三道调合漆扣一道油漆
				5.6~8.8 cm	5.6 cm 以下	5.6~8.8 cm	5.6 cm 以下		
预算基价	总价（元）			769.78	818.29	587.98	628.40	448.42	459.20
	人工费（元）			499.72	544.36	380.68	417.88	365.80	380.68
	材料费（元）			226.78	226.78	174.33	174.33	50.94	45.55
	管理费（元）			43.28	47.15	32.97	36.19	31.68	32.97
组成内容		单位	单价	数量					
人工	综合工	工日	124.00	4.03	4.39	3.07	3.37	2.95	3.07
材料	面粉	kg	2.20	0.20	0.20	0.11	0.11		
	血料	kg	6.07	18.59	18.59	13.55	13.55	0.65	
	砖灰 综合	kg	0.70	19.28	19.28	13.92	13.92		
	灰油	kg	32.00	1.13	1.13	0.62	0.62		
	生桐油	kg	14.43	1.20	1.20	1.20	1.20		
	光油	kg	42.00	0.88	0.88	0.88	0.88	0.10	0.10
	汽油	kg	7.34	0.22	0.22	0.22	0.22	0.25	0.25
	白灰	kg	0.31	0.04	0.04	0.02	0.02		
	砂布	张	1.08	1.00	1.00	1.00	1.00		
	滑石粉	kg	0.67					1.20	
	石膏粉	kg	1.05					0.15	0.15
	调合漆	kg	15.87					2.36	2.33
	砂纸	张	1.00					1.00	1.00
	零星材料费	元		2.20	2.20	1.69	1.69	0.49	0.44
	材料采管费	元		4.66	4.66	3.59	3.59	1.05	0.94

单位：10 m²

编号						17-230	17-231	17-232	17-233
项目						斗拱彩画			
						平金做法		黄线、黑线斗拱	
						5.6～8.8 cm	5.6 cm 以下	5.6～8.8 cm	5.6 cm 以下
预算基价	总价（元）					978.46	1237.16	979.39	1238.09
	人工费（元）					476.16	714.24	476.16	714.24
	材料费（元）					461.06	461.06	461.99	461.99
	管理费（元）					41.24	61.86	41.24	61.86
组成内容				单位	单价	数量			
人工	综合工			工日	124.00	3.84	5.76	3.84	5.76
材料	巴黎绿			kg	414.00	0.998	0.998	0.998	0.998
	群青			kg	16.50	0.42	0.42	0.42	0.42
	白乳胶漆			kg	12.62	0.66	0.66	0.66	0.66
	松烟			kg	18.00	0.152	0.152	0.202	0.202
	黄调合漆			kg	15.87	0.21	0.21		
	汽油			kg	7.34	0.158	0.158		
	石黄			kg	12.35			0.364	0.364
	乳胶			kg	9.50	1.10	1.10	1.10	1.10
	砂纸			张	1.00	1.00	1.00	1.00	1.00
	零星材料费			元		4.47	4.47	4.48	4.48
	材料采管费			元		9.48	9.48	9.50	9.50

单位：10 m^2

编号				17-234	17-235	17-236	17-237	17-238	17-239
项目				斗拱贴金					
				打贴库金		打贴赤金		打贴铜箔描清漆	
				5.6～8.8 cm	5.6 cm 以下	5.6～8.8 cm	5.6 cm 以下	5.6～8.8 cm	5.6 cm 以下
预算基价	总价（元）			1439.32	1658.20	1146.29	1360.91	754.17	948.27
	人工费（元）			420.36	600.16	435.24	615.04	519.56	694.40
	材料费（元）			982.55	1006.06	673.35	692.60	189.61	193.73
	管理费（元）			36.41	51.98	37.70	53.27	45.00	60.14
组成内容		单位	单价	数量					
人工	综合工	工日	124.00	3.39	4.84	3.51	4.96	4.19	5.60
材料	大白粉	kg	1.05	0.202	0.202	0.202	0.202	0.202	0.202
	棉花	kg	32.75	0.02	0.02	0.02	0.02	0.02	0.02
	金胶油	kg	52.00	0.22	0.22	0.22	0.22	0.22	0.22
	丙烯酸清漆	kg	29.26					0.22	0.22
	二甲苯	kg	6.15					0.02	0.02
	库金箔 98% 93.3×93.3	张	5.70	165.00	169.00				
	赤金箔 74% 83.3×83.3	张	3.11			206.00	212.00		
	铜箔	张	1.00					165.00	169.00
	零星材料费	元		9.53	9.76	6.53	6.72	1.84	1.88
	材料采管费	元		20.21	20.69	13.85	14.25	3.90	3.98

单位：10 m²

<table>
<tr><td colspan="4">编号</td><td>17-240</td><td>17-241</td><td>17-242</td><td>17-243</td><td>17-244</td><td>17-245</td></tr>
<tr><td colspan="4" rowspan="3">项目</td><td colspan="6">垫拱板沥粉片金龙凤做法</td></tr>
<tr><td colspan="2">彩画打贴库金</td><td colspan="2">彩画打贴赤金</td><td colspan="2">彩画打贴铜箔描清漆</td></tr>
<tr><td>5.6～8.8 cm</td><td>5.6 cm 以下</td><td>5.6～8.8 cm</td><td>5.6 cm 以下</td><td>5.6～8.8 cm</td><td>5.6 cm 以下</td></tr>
<tr><td rowspan="4">预算基价</td><td colspan="3">总价（元）</td><td>5674.34</td><td>5997.72</td><td>4513.30</td><td>4836.67</td><td>2746.27</td><td>3068.29</td></tr>
<tr><td colspan="3">人工费（元）</td><td>1659.12</td><td>1956.72</td><td>1703.76</td><td>2001.36</td><td>1852.56</td><td>2148.92</td></tr>
<tr><td colspan="3">材料费（元）</td><td>3871.52</td><td>3871.52</td><td>2661.97</td><td>2661.97</td><td>733.25</td><td>733.25</td></tr>
<tr><td colspan="3">管理费（元）</td><td>143.70</td><td>169.48</td><td>147.57</td><td>173.34</td><td>160.46</td><td>186.12</td></tr>
<tr><td colspan="2">组成内容</td><td>单位</td><td>单价</td><td colspan="6">数量</td></tr>
<tr><td>人工</td><td>综合工</td><td>工日</td><td>124.00</td><td>13.38</td><td>15.78</td><td>13.74</td><td>16.14</td><td>14.94</td><td>17.33</td></tr>
<tr><td rowspan="14">材料</td><td>滑石粉</td><td>kg</td><td>0.67</td><td>1.01</td><td>1.01</td><td>1.01</td><td>1.01</td><td>1.01</td><td>1.01</td></tr>
<tr><td>大白粉</td><td>kg</td><td>1.05</td><td>1.01</td><td>1.01</td><td>1.01</td><td>1.01</td><td>1.01</td><td>1.01</td></tr>
<tr><td>乳胶</td><td>kg</td><td>9.50</td><td>0.66</td><td>0.66</td><td>0.66</td><td>0.66</td><td>0.66</td><td>0.66</td></tr>
<tr><td>光油</td><td>kg</td><td>42.00</td><td>0.105</td><td>0.105</td><td>0.105</td><td>0.105</td><td>0.105</td><td>0.105</td></tr>
<tr><td>金胶油</td><td>kg</td><td>52.00</td><td>0.55</td><td>0.55</td><td>0.55</td><td>0.55</td><td>0.55</td><td>0.55</td></tr>
<tr><td>丙烯酸清漆</td><td>kg</td><td>29.26</td><td></td><td></td><td></td><td></td><td>0.55</td><td>0.55</td></tr>
<tr><td>二甲苯</td><td>kg</td><td>6.15</td><td></td><td></td><td></td><td></td><td>0.05</td><td>0.05</td></tr>
<tr><td>库金箔 98% 93.3×93.3</td><td>张</td><td>5.70</td><td>651.00</td><td>651.00</td><td></td><td></td><td></td><td></td></tr>
<tr><td>赤金箔 74% 83.3×83.3</td><td>张</td><td>3.11</td><td></td><td></td><td>816.00</td><td>816.00</td><td></td><td></td></tr>
<tr><td>铜箔</td><td>张</td><td>1.00</td><td></td><td></td><td></td><td></td><td>651.00</td><td>651.00</td></tr>
<tr><td>棉花</td><td>kg</td><td>32.75</td><td>0.05</td><td>0.05</td><td>0.05</td><td>0.05</td><td>0.05</td><td>0.05</td></tr>
<tr><td>砂纸</td><td>张</td><td>1.00</td><td>1.00</td><td>1.00</td><td>1.00</td><td>1.00</td><td>1.00</td><td>1.00</td></tr>
<tr><td>零星材料费</td><td>元</td><td></td><td>37.54</td><td>37.54</td><td>25.81</td><td>25.81</td><td>7.11</td><td>7.11</td></tr>
<tr><td>材料采管费</td><td>元</td><td></td><td>79.63</td><td>79.63</td><td>54.75</td><td>54.75</td><td>15.08</td><td>15.08</td></tr>
</table>

单位：10 m^2

编号				17-246	17-247	17-248	17-249	17-250	17-251
项目				垫拱板三宝珠彩画					
				打贴库金		打贴赤金		打贴铜箔描清漆	
				5.6～8.8 cm	5.6 cm 以下	5.6～8.8 cm	5.6 cm 以下	5.6～8.8 cm	5.6 cm 以下
预算基价	总价（元）			3833.43	4387.55	3238.43	3757.02	2393.19	2804.56
	人工费（元）			1621.92	2023.68	1638.04	2038.56	1754.60	2114.20
	材料费（元）			2071.03	2188.59	1458.51	1541.89	486.62	507.24
	管理费（元）			140.48	175.28	141.88	176.57	151.97	183.12
组成内容		单位	单价	数量					
人工	综合工	工日	124.00	13.08	16.32	13.21	16.44	14.15	17.05
材料	巴黎绿	kg	414.00	0.22	0.22	0.22	0.22	0.22	0.22
	群青	kg	16.50	0.053	0.053	0.053	0.053	0.053	0.053
	白乳胶漆	kg	12.62	0.11	0.11	0.11	0.11	0.11	0.11
	滑石粉	kg	0.67	1.01	1.01	1.01	1.01	1.01	1.01
	大白粉	kg	1.05	1.01	1.01	1.01	1.01	1.01	1.01
	乳胶	kg	9.50	0.66	0.66	0.66	0.66	0.66	0.66
	棉花	kg	32.75	0.03	0.03	0.03	0.03	0.03	0.03
	金胶油	kg	52.00	0.44	0.44	0.44	0.44	0.44	0.44
	丙烯酸清漆	kg	29.26					0.33	0.33
	二甲苯	kg	6.15					0.03	0.03
	库金箔 98% 93.3×93.3	张	5.70	329.00	349.00				
	赤金箔 74% 83.3×83.3	张	3.11			412.00	438.00		
	铜箔	张	1.00					329.00	349.00
	砂纸	张	1.00	1.00	1.00	1.00	1.00	1.00	1.00
	牛皮纸	张	1.29	1.00	1.00	1.00	1.00	1.00	1.00
	高丽纸	张	1.30	1.00	1.00	1.00	1.00	1.00	1.00
	粉笔	盒	5.00	0.10	0.10	0.10	0.10	0.10	0.10
	铅笔	支	1.00	1.00	1.00	1.00	1.00	1.00	1.00
	橡皮	块	1.50	0.50	0.50	0.50	0.50	0.50	0.50
	香糊 400g	瓶	4.00	0.50	0.50	0.50	0.50	0.50	0.50
	零星材料费	元		20.08	21.22	14.14	14.95	4.72	4.92
	材料采管费	元		42.60	45.02	30.00	31.71	10.01	10.43

六、雀 替、花 活

单位：10 m²

编号				17-252	17-253	17-254	17-255	17-256	17-257
项目				地仗			勾边填地刷三道调合漆	刷血料腻子刷三道调合漆	罩光油
				三道灰	二道灰	捉中灰找细灰操油			
预算基价	总价（元）			1238.64	960.39	475.41	276.77	766.93	104.79
	人工费（元）			937.44	729.12	357.12	234.36	658.44	73.16
	材料费（元）			220.01	168.12	87.36	22.11	51.46	25.29
	管理费（元）			81.19	63.15	30.93	20.30	57.03	6.34
组成内容		单位	单价	数量					
人工	综合工	工日	124.00	7.56	5.88	2.88	1.89	5.31	0.59
材料	面粉	kg	2.20	0.20	0.11	0.09			
	血料	kg	6.07	18.59	13.55	5.04		0.70	
	砖灰 综合	kg	0.70	18.59	13.55	7.84			
	灰油	kg	32.00	1.10	0.60	0.50			
	光油	kg	42.00	0.750	0.750	0.700			0.525
	生桐油	kg	14.43	1.20	1.20				
	汽油	kg	7.34	0.17	0.17	0.17	0.17	0.17	0.20
	白灰	kg	0.31	0.04	0.02	0.02			
	滑石粉	kg	0.67					1.30	
	调合漆	kg	15.87				1.21	2.68	
	砂纸	张	1.00				1.00	1.00	1.00
	砂布	张	1.08	1.65	1.65	1.65			
	零星材料费	元		2.13	1.63	0.85	0.21	0.50	0.25
	材料采管费	元		4.53	3.46	1.80	0.45	1.06	0.52

单位：10 m²

编号				17-258	17-259	17-260	17-261	17-262	17-263
项目				大边、绦环贴金或花纹攒退做法			大边、绦环贴金或花边纠粉		
				打贴库金	打贴赤金	打贴铜箔描清漆	打贴库金	打贴赤金	打贴铜箔描清漆
预算基价	总价（元）			3406.92	3002.83	2373.33	3289.94	2885.84	2257.69
	人工费（元）			1426.00	1440.88	1473.12	1324.32	1339.20	1372.68
	材料费（元）			1857.41	1437.15	772.62	1850.92	1430.65	766.12
	管理费（元）			123.51	124.80	127.59	114.70	115.99	118.89
组成内容		单位	单价	数量					
人工	综合工	工日	124.00	11.50	11.62	11.88	10.68	10.80	11.07
材料	巴黎绿	kg	414.00	0.99	0.99	0.99	0.99	0.99	0.99
	群青	kg	16.50	0.21	0.21	0.21	0.21	0.21	0.21
	白乳胶漆	kg	12.62	0.50	0.50	0.50	0.50	0.50	0.50
	石黄	kg	12.35	0.20	0.20	0.20			
	章丹	kg	45.15	0.50	0.50	0.50	0.50	0.50	0.50
	氧化铁红	kg	7.30	0.20	0.20	0.20			
	大白粉	kg	1.05	1.50	1.50	1.50	1.50	1.50	1.50
	乳胶	kg	9.50	1.65	1.65	1.65	1.40	1.40	1.40
	光油	kg	42.00	0.16	0.16	0.16	0.16	0.16	0.16
	棉花	kg	32.75	0.02	0.02	0.02	0.02	0.02	0.02
	金胶油	kg	52.00	0.50	0.50	0.50	0.50	0.50	0.50
	丙烯酸清漆	kg	29.26			0.50			0.50
	二甲苯	kg	6.15			0.05			0.05
	库金箔 98% 93.3×93.3	张	5.70	227			227		
	赤金箔 74% 83.3×83.3	张	3.11		285			285	
	铜箔	张	1.00			227			227
	砂纸	张	1.00	1.50	1.50	1.50	1.50	1.50	1.50
	黄调合漆	kg	15.87	0.50	0.50	0.50	0.50	0.50	0.50
	汽油	kg	7.34	0.15	0.15	0.15	0.15	0.15	0.15
	零星材料费	元		18.01	13.94	7.49	17.95	13.87	7.43
	材料采管费	元		38.20	29.56	15.89	38.07	29.43	15.76

单位：10 m²

编号				17-264
项目				黄大边、花纹纠粉
预算基价	总价（元）			1591.84
	人工费（元）			1026.72
	材料费（元）			476.19
	管理费（元）			88.93
组成内容		单位	单价	数量
人工	综合工	工日	124.00	8.28
材料	巴黎绿	kg	414.00	0.99
	群青	kg	16.50	0.21
	白乳胶漆	kg	12.62	0.40
	章丹	kg	45.15	0.50
	乳胶	kg	9.50	1.20
	黄调合漆	kg	15.87	0.50
	砂纸	张	1.00	1.50
	零星材料费	元		4.62
	材料采管费	元		9.79

七、天花、天棚

单位：10 m^2

编号					17-265	17-266	17-267	17-268
项目					地仗			摘上天花井口板
					一布五灰	单皮灰		
						天花板	支条	
预算基价	总价（元）				2463.72	1379.87	1524.64	48.51
	人工费（元）				1101.12	662.16	1192.88	44.64
	材料费（元）				1267.23	660.36	228.44	
	管理费（元）				95.37	57.35	103.32	3.87
组成内容			单位	单价	数量			
人工	综合工		工日	124.00	8.88	5.34	9.62	0.36
材料	面粉		kg	2.20	2.40	1.31	0.52	
	血料		kg	6.07	55.87	36.74	10.23	
	砖灰	综合	kg	0.70	58.52	45.68	15.77	
	灰油		kg	32.00	13.49	7.38	2.94	
	光油		kg	42.00	3.13	2.77	0.81	
	生桐油		kg	14.43	2.50	1.86	1.10	
	白灰		kg	0.31	0.44	0.25	0.10	
	玻璃布	0.2	m^2	4.65	52.00			
	汽油		kg	7.34	0.10	0.20	0.22	
	砂布		张	1.08	1.50	1.50	1.50	
	零星材料费		元		12.29	6.40	2.22	
	材料采管费		元		26.06	13.58	4.70	

单位：10 m²

编号				17-269	17-270	17-271	17-272	17-273	17-274
项目				井口板金琢墨岔角云片金鼓子心彩画					
				打贴库金（边长在）		打贴赤金（边长在）		打贴铜箔描清漆（边长在）	
				50 cm 以上	50 cm 以下	50 cm 以上	50 cm 以下	50 cm 以上	50 cm 以下
预算基价	总价（元）			8324.35	9442.69	7138.13	8240.30	5110.51	6219.42
	人工费（元）			3588.56	4617.76	3677.84	4692.16	3706.36	4726.88
	材料费（元）			4424.97	4424.97	3141.74	3141.74	1083.13	1083.13
	管理费（元）			310.82	399.96	318.55	406.40	321.02	409.41
组成内容		单位	单价	数量					
人工	综合工	工日	124.00	28.94	37.24	29.66	37.84	29.89	38.12
材料	巴黎绿	kg	414.00	0.55	0.55	0.55	0.55	0.55	0.55
	群青	kg	16.50	0.14	0.14	0.14	0.14	0.14	0.14
	白乳胶漆	kg	12.62	0.65	0.65	0.65	0.65	0.65	0.65
	银朱	kg	77.00	0.02	0.02	0.02	0.02	0.02	0.02
	石黄	kg	12.35	0.15	0.15	0.15	0.15	0.15	0.15
	章丹	kg	45.15	0.14	0.14	0.14	0.14	0.14	0.14
	松烟	kg	18.00	0.01	0.01	0.01	0.01	0.01	0.01
	大白粉	kg	1.05	2.00	2.00	2.00	2.00	2.00	2.00
	乳胶	kg	9.50	1.10	1.10	1.10	1.10	1.10	1.10
	光油	kg	42.00	0.11	0.11	0.11	0.11	0.11	0.11
	黄调合漆	kg	15.87	0.44	0.44	0.44	0.44	0.44	0.44
	汽油	kg	7.34	0.33	0.33	0.33	0.33	0.33	0.33

续表

单位：10 m²

编号				17-269	17-270	17-271	17-272	17-273	17-274
项目				井口板金琢墨岔角云片金鼓子心彩画					
				打贴库金（边长在）		打贴赤金（边长在）		打贴铜箔描清漆（边长在）	
				50 cm 以上	50 cm 以下	50 cm 以上	50 cm 以下	50 cm 以上	50 cm 以下
组成内容		单位	单价	数量					
材料	棉花	kg	32.75	0.02	0.02	0.02	0.02	0.02	0.02
	金胶油	kg	52.00	0.55	0.55	0.55	0.55	0.55	0.55
	丙烯酸清漆	kg	29.26					0.55	0.55
	二甲苯	kg	6.15					0.05	0.05
	库金箔 98% 93.3×93.3	张	5.70	693	693				
	赤金箔 74% 83.3×83.3	张	3.11			870	870		
	铜箔	张	1.00					693	693
	砂纸	张	1.00	1.50	1.50	1.50	1.50	1.50	1.50
	牛皮纸	张	1.29	2.00	2.00	2.00	2.00	2.00	2.00
	高丽纸	张	1.30	18.00	18.00	18.00	18.00	18.00	18.00
	粉笔	盒	5.00	0.20	0.20	0.20	0.20	0.20	0.20
	铅笔	支	1.00	1.00	1.00	1.00	1.00	1.00	1.00
	香糊 400g	瓶	4.00	1.5	1.5	1.5	1.5	1.5	1.5
	橡皮	块	1.50	0.50	0.50	0.50	0.50	0.50	0.50
	白矾	kg	3.90	0.20	0.20	0.20	0.20	0.20	0.20
	零星材料费	元		42.91	42.91	30.47	30.47	10.50	10.50
	材料采管费	元		91.01	91.01	64.62	64.62	22.28	22.28

单位：10 m²

编号				17-275	17-276	17-277	17-278	17-279	17-280
项目				井口板金琢墨岔角云做染鼓子心彩画					
				打贴库金（边长在）		打贴赤金（边长在）		打贴铜箔描清漆（边长在）	
				50 cm 以上	50 cm 以下	50 cm 以上	50 cm 以下	50 cm 以上	50 cm 以下
预算基价	总价（元）			6940.42	7932.11	6224.73	7198.90	4986.89	5969.14
	人工费（元）			3824.16	4736.80	3866.32	4762.84	3872.52	4776.48
	材料费（元）			2785.04	2785.04	2023.54	2023.54	778.96	778.96
	管理费（元）			331.22	410.27	334.87	412.52	335.41	413.70
组成内容		单位	单价	数量					
人工	综合工	工日	124.00	30.84	38.20	31.18	38.41	31.23	38.52
材料	巴黎绿	kg	414.00	0.55	0.55	0.55	0.55	0.55	0.55
	群青	kg	16.50	0.14	0.14	0.14	0.14	0.14	0.14
	白乳胶漆	kg	12.62	0.72	0.72	0.72	0.72	0.72	0.72
	银朱	kg	77.00	0.02	0.02	0.02	0.02	0.02	0.02
	石黄	kg	12.35	0.15	0.15	0.15	0.15	0.15	0.15
	章丹	kg	45.15	0.14	0.14	0.14	0.14	0.14	0.14
	松烟	kg	18.00	0.01	0.01	0.01	0.01	0.01	0.01
	大白粉	kg	1.05	1.80	1.80	1.80	1.80	1.80	1.80
	乳胶	kg	9.50	1.10	1.10	1.10	1.10	1.10	1.10
	光油	kg	42.00	0.11	0.11	0.11	0.11	0.11	0.11
	黄调合漆	kg	15.87	0.40	0.40	0.40	0.40	0.40	0.40
	汽油	kg	7.34	0.33	0.33	0.33	0.33	0.33	0.33

续表

单位：10 m^2

编号				17-275	17-276	17-277	17-278	17-279	17-280
项目				井口板金琢墨岔角云做染鼓子心彩画					
				打贴库金（边长在）		打贴赤金（边长在）		打贴铜箔描清漆（边长在）	
				50 cm 以上	50 cm 以下	50 cm 以上	50 cm 以下	50 cm 以上	50 cm 以下
组成内容		单位	单价	数量					
材料	棉花	kg	32.75	0.02	0.02	0.02	0.02	0.02	0.02
	金胶油	kg	52.00	0.33	0.33	0.33	0.33	0.33	0.33
	丙烯酸清漆	kg	29.26					0.33	0.33
	二甲苯	kg	6.15					0.03	0.03
	库金箔 98% 93.3×93.3	张	5.70	416	416				
	赤金箔 74% 83.3×83.3	张	3.11			525	525		
	铜箔	张	1.00					416	416
	砂纸	张	1.00	1.50	1.50	1.50	1.50	1.50	1.50
	牛皮纸	张	1.29	2.00	2.00	2.00	2.00	2.00	2.00
	高丽纸	张	1.30	18.00	18.00	18.00	18.00	18.00	18.00
	粉笔	盒	5.00	0.20	0.20	0.20	0.20	0.20	0.20
	铅笔	支	1.00	1.00	1.00	1.00	1.00	1.00	1.00
	香糊 400g	瓶	4.00	1.5	1.5	1.5	1.5	1.5	1.5
	橡皮	块	1.50	0.50	0.50	0.50	0.50	0.50	0.50
	白矾	kg	3.90	0.20	0.20	0.20	0.20	0.20	0.20
	零星材料费	元		27.01	27.01	19.62	19.62	7.55	7.55
	材料采管费	元		57.28	57.28	41.62	41.62	16.02	16.02

单位：10 m²

编号				17-281	17-282	17-283	17-284	17-285	17-286
项目				井口板烟琢墨岔角云片金鼓子心彩画					
				打贴库金（边长在）		打贴赤金（边长在）		打贴铜箔描清漆（边长在）	
				50 cm 以上	50 cm 以下	50 cm 以上	50 cm 以下	50 cm 以上	50 cm 以下
预算基价	总价（元）			6600.70	7551.97	5630.17	6581.43	4079.87	5023.05
	人工费（元）			2842.08	3717.52	2871.84	3747.28	2921.44	3789.44
	材料费（元）			3512.46	3512.46	2509.59	2509.59	905.40	905.40
	管理费（元）			246.16	321.99	248.74	324.56	253.03	328.21
组成内容		单位	单价	数量					
人工	综合工	工日	124.00	22.92	29.98	23.16	30.22	23.56	30.56
材料	巴黎绿	kg	414.00	0.55	0.55	0.55	0.55	0.55	0.55
	群青	kg	16.50	0.14	0.14	0.14	0.14	0.14	0.14
	白乳胶漆	kg	12.62	0.72	0.72	0.72	0.72	0.72	0.72
	银朱	kg	77.00	0.01	0.01	0.01	0.01	0.01	0.01
	石黄	kg	12.35	0.10	0.10	0.10	0.10	0.10	0.10
	章丹	kg	45.15	0.14	0.14	0.14	0.14	0.14	0.14
	松烟	kg	18.00	0.01	0.01	0.01	0.01	0.01	0.01
	大白粉	kg	1.05	1.80	1.80	1.80	1.80	1.80	1.80
	乳胶	kg	9.50	1.10	1.10	1.10	1.10	1.10	1.10
	光油	kg	42.00	0.11	0.11	0.11	0.11	0.11	0.11
	黄调合漆	kg	15.87	0.40	0.40	0.40	0.40	0.40	0.40
	汽油	kg	7.34	0.33	0.33	0.33	0.33	0.33	0.33

续表

单位：10 m^2

编号				17-281	17-282	17-283	17-284	17-285	17-286
项目				井口板烟琢墨岔角云片金鼓子心彩画					
				打贴库金（边长在）		打贴赤金（边长在）		打贴铜箔描清漆（边长在）	
				50 cm 以上	50 cm 以下	50 cm 以上	50 cm 以下	50 cm 以上	50 cm 以下
组成内容		单位	单价	数量					
材料	棉花	kg	32.75	0.02	0.02	0.02	0.02	0.02	0.02
	金胶油	kg	52.00	0.33	0.33	0.33	0.33	0.33	0.33
	丙烯酸清漆	kg	29.26					0.33	0.33
	二甲苯	kg	6.15					0.03	0.03
	库金箔 98% 93.3×93.3	张	5.70	540	540				
	赤金箔 74% 83.3×83.3	张	3.11			677	677		
	铜箔	张	1.00					540	540
	砂纸	张	1.00	1.50	1.50	1.50	1.50	1.50	1.50
	牛皮纸	张	1.29	2.00	2.00	2.00	2.00	2.00	2.00
	高丽纸	张	1.30	18.00	18.00	18.00	18.00	18.00	18.00
	铅笔	支	1.00	1.00	1.00	1.00	1.00	1.00	1.00
	香糊 400g	瓶	4.00	1.5	1.5	1.5	1.5	1.5	1.5
	橡皮	块	1.50	0.50	0.50	0.50	0.50	0.50	0.50
	白矾	kg	3.90	0.20	0.20	0.20	0.20	0.20	0.20
	粉笔	盒	5.00	0.20	0.20	0.20	0.20	0.20	0.20
	零星材料费	元		34.06	34.06	24.34	24.34	8.78	8.78
	材料采管费	元		72.24	72.24	51.62	51.62	18.62	18.62

单位：10 m²

编号				17-287	17-288	17-289	17-290	17-291	17-292
项目				井口板烟琢墨岔角云做染及攒退鼓子心彩画					
				打贴库金（边长在）		打贴赤金（边长在）		打贴铜箔描清漆（边长在cm）	
				50 cm 以上	50 cm 以下	50 cm 以上	50 cm 以下	50 cm 以上	50 cm 以下
预算基价	总价（元）			5442.78	6241.79	4988.47	4440.08	4265.09	5057.36
	人工费（元）			3334.36	4069.68	3349.24	2844.56	3372.80	4101.92
	材料费（元）			1819.62	1819.62	1349.14	1349.14	600.16	600.16
	管理费（元）			288.80	352.49	290.09	246.38	292.13	355.28
组成内容		单位	单价	数量					
人工	综合工	工日	124.00	26.89	32.82	27.01	22.94	27.20	33.08
材料	巴黎绿	kg	414.00	0.55	0.55	0.55	0.55	0.55	0.55
	群青	kg	16.50	0.14	0.14	0.14	0.14	0.14	0.14
	白乳胶漆	kg	12.62	0.72	0.72	0.72	0.72	0.72	0.72
	银朱	kg	77.00	0.01	0.01	0.01	0.01	0.01	0.01
	石黄	kg	12.35	0.10	0.10	0.10	0.10	0.10	0.10
	章丹	kg	45.15	0.14	0.14	0.14	0.14	0.14	0.14
	松烟	kg	18.00	0.01	0.01	0.01	0.01	0.01	0.01
	大白粉	kg	1.05	1.80	1.80	1.80	1.80	1.80	1.80
	乳胶	kg	9.50	1.10	1.10	1.10	1.10	1.10	1.10
	光油	kg	42.00	0.11	0.11	0.11	0.11	0.11	0.11
	黄调合漆	kg	15.87	0.40	0.40	0.40	0.40	0.40	0.40
	汽油	kg	7.34	0.33	0.33	0.33	0.33	0.33	0.33

续表

单位：10 m^2

编号			17-287	17-288	17-289	17-290	17-291	17-292
项目			井口板烟琢墨岔角云做染及攒退鼓子心彩画					
			打贴库金（边长在）		打贴赤金（边长在）		打贴铜箔描清漆（边长在 cm）	
			50 cm 以上	50 cm 以下	50 cm 以上	50 cm 以下	50 cm 以上	50 cm 以下
组成内容	单位	单价	数量					
材料 棉花	kg	32.75	0.02	0.02	0.02	0.02	0.02	0.02
金胶油	kg	52.00	0.22	0.22	0.22	0.22	0.22	0.22
丙烯酸清漆	kg	29.26					0.22	0.22
二甲苯	kg	6.15					0.02	0.02
库金箔 98% 93.3×93.3	张	5.70	253	253				
赤金箔 74% 83.3×83.3	张	3.11			317	317		
铜箔	张	1.00					253	253
砂纸	张	1.00	1.50	1.50	1.50	1.50	1.50	1.50
牛皮纸	张	1.29	2.00	2.00	2.00	2.00	2.00	2.00
高丽纸	张	1.30	18.00	18.00	18.00	18.00	18.00	18.00
粉笔	盒	5.00	0.20	0.20	0.20	0.20	0.20	0.20
铅笔	支	1.00	1.00	1.00	1.00	1.00	1.00	1.00
香糊 400g	瓶	4.00	1.5	1.5	1.5	1.5	1.5	1.5
橡皮	块	1.50	0.50	0.50	0.50	0.50	0.50	0.50
白矾	kg	3.90	0.20	0.20	0.20	0.20	0.20	0.20
零星材料费	元		17.65	17.65	13.08	13.08	5.82	5.82
材料采管费	元		37.43	37.43	27.75	27.75	12.34	12.34

单位：10 m²

编号				17-293	17-294	17-295	17-296	17-297	17-298
项目				井口板方、圆鼓子心金线彩画					
				打贴库金（边长在）		打贴赤金（边长在）		打贴铜箔描清漆（边长在）	
				50 cm 以上	50 cm 以下	50 cm 以上	50 cm 以下	50 cm 以上	50 cm 以下
预算基价	总价（元）			4875.00	5651.11	4420.70	5196.80	3702.70	4472.07
	人工费（元）			2812.32	3526.56	2827.20	3541.44	2855.72	3563.76
	材料费（元）			1819.10	1819.10	1348.63	1348.63	599.64	599.64
	管理费（元）			243.58	305.45	244.87	306.73	247.34	308.67
组成内容		单位	单价	数量					
人工	综合工	工日	124.00	22.68	28.44	22.80	28.56	23.03	28.74
材料	巴黎绿	kg	414.00	0.55	0.55	0.55	0.55	0.55	0.55
	群青	kg	16.50	0.14	0.14	0.14	0.14	0.14	0.14
	白乳胶漆	kg	12.62	0.72	0.72	0.72	0.72	0.72	0.72
	银朱	kg	77.00	0.01	0.01	0.01	0.01	0.01	0.01
	石黄	kg	12.35	0.10	0.10	0.10	0.10	0.10	0.10
	章丹	kg	45.15	0.14	0.14	0.14	0.14	0.14	0.14
	松烟	kg	18.00	0.01	0.01	0.01	0.01	0.01	0.01
	大白粉	kg	1.05	1.80	1.80	1.80	1.80	1.80	1.80
	乳胶	kg	9.50	1.10	1.10	1.10	1.10	1.10	1.10
	光油	kg	42.00	0.11	0.11	0.11	0.11	0.11	0.11
	黄调合漆	kg	15.87	0.40	0.40	0.40	0.40	0.40	0.40
	汽油	kg	7.34	0.33	0.33	0.33	0.33	0.33	0.33

续表

单位：10 m^2

编号				17-293	17-294	17-295	17-296	17-297	17-298
项目				井口板方、圆鼓子心金线彩画					
				打贴库金（边长在）		打贴赤金（边长在）		打贴铜箔描清漆（边长在）	
				50 cm 以上	50 cm 以下	50 cm 以上	50 cm 以下	50 cm 以上	50 cm 以下
组成内容		单位	单价	数量					
材料	棉花	kg	32.75	0.02	0.02	0.02	0.02	0.02	0.02
	金胶油	kg	52.00	0.22	0.22	0.22	0.22	0.22	0.22
	丙烯酸清漆	kg	29.26					0.22	0.22
	二甲苯	kg	6.15					0.02	0.02
	库金箔 98% 93.3×93.3	张	5.70	253	253				
	赤金箔 74% 83.3×83.3	张	3.11			317	317		
	铜箔	张	1.00					253	253
	砂纸	张	1.00	1.00	1.00	1.00	1.00	1.00	1.00
	牛皮纸	张	1.29	2.00	2.00	2.00	2.00	2.00	2.00
	高丽纸	张	1.30	18.00	18.00	18.00	18.00	18.00	18.00
	粉笔	盒	5.00	0.20	0.20	0.20	0.20	0.20	0.20
	铅笔	支	1.00	1.00	1.00	1.00	1.00	1.00	1.00
	香糊 400g	瓶	4.00	1.5	1.5	1.5	1.5	1.5	1.5
	橡皮	块	1.50	0.50	0.50	0.50	0.50	0.50	0.50
	白矾	kg	3.90	0.20	0.20	0.20	0.20	0.20	0.20
	零星材料费	元		17.64	17.64	13.08	13.08	5.81	5.81
	材料采管费	元		37.42	37.42	27.74	27.74	12.33	12.33

单位：10 m^2

编号				17-299	17-300	17-301	17-302	17-303	17-304
项目				支条金琢墨燕尾彩画					
				打贴库金（边长在）		打贴赤金（边长在）		打贴铜箔描清漆（边长在）	
				50 cm 以上	50 cm 以下	50 cm 以上	50 cm 以下	50 cm 以上	50 cm 以下
预算基价	总价（元）			4457.82	4719.22	3827.83	4089.23	2899.56	3158.27
	人工费（元）			1845.12	2085.68	1860.00	2100.56	1962.92	2201.00
	材料费（元）			2452.89	2452.89	1806.73	1806.73	766.63	766.63
	管理费（元）			159.81	180.65	161.10	181.94	170.01	190.64
组成内容		单位	单价	数量					
人工	综合工	工日	124.00	14.88	16.82	15.00	16.94	15.83	17.75
材料	巴黎绿	kg	414.00	0.77	0.77	0.77	0.77	0.77	0.77
	群青	kg	16.50	0.11	0.11	0.11	0.11	0.11	0.11
	白乳胶漆	kg	12.62	0.22	0.22	0.22	0.22	0.22	0.22
	银朱	kg	77.00	0.01	0.01	0.01	0.01	0.01	0.01
	石黄	kg	12.35	0.06	0.06	0.06	0.06	0.06	0.06
	章丹	kg	45.15	0.02	0.02	0.02	0.02	0.02	0.02
	松烟	kg	18.00	0.01	0.01	0.01	0.01	0.01	0.01
	大白粉	kg	1.05	1.00	1.00	1.00	1.00	1.00	1.00
	乳胶	kg	9.50	0.77	0.77	0.77	0.77	0.77	0.77
	黄调合漆	kg	15.87	0.33	0.33	0.33	0.33	0.33	0.33
	汽油	kg	7.34	0.22	0.22	0.22	0.22	0.22	0.22

续表

单位：10 m^2

编号				17-299	17-300	17-301	17-302	17-303	17-304
项目				支条金琢墨燕尾彩画					
				打贴库金（边长在）		打贴赤金（边长在）		打贴铜箔描清漆（边长在）	
				50 cm 以上	50 cm 以下	50 cm 以上	50 cm 以下	50 cm 以上	50 cm 以下
组成内容		单位	单价	数量					
材料	棉花	kg	32.75	0.01	0.01	0.01	0.01	0.01	0.01
	金胶油	kg	52.00	0.44	0.44	0.44	0.44	0.44	0.44
	丙烯酸清漆	kg	29.26					0.33	0.33
	二甲苯	kg	6.15					0.02	0.02
	库金箔 98% 93.3×93.3	张	5.70	350	350				
	赤金箔 74% 83.3×83.3	张	3.11			440	440		
	铜箔	张	1.00					350	350
	砂纸	张	1.00	1.00	1.00	1.00	1.00	1.00	1.00
	牛皮纸	张	1.29	2.00	2.00	2.00	2.00	2.00	2.00
	高丽纸	张	1.30	5.00	5.00	5.00	5.00	5.00	5.00
	粉笔	盒	5.00	0.20	0.20	0.20	0.20	0.20	0.20
	铅笔	支	1.00	1.00	1.00	1.00	1.00	1.00	1.00
	香糊 400g	瓶	4.00	1.5	1.5	1.5	1.5	1.5	1.5
	橡皮	块	1.50	0.50	0.50	0.50	0.50	0.50	0.50
	白矾	kg	3.90	0.11	0.11	0.11	0.11	0.11	0.11
	零星材料费	元		23.79	23.79	17.52	17.52	7.43	7.43
	材料采管费	元		50.45	50.45	37.16	37.16	15.77	15.77

单位：10 m²

编号				17-305	17-306	17-307	17-308	17-309	17-310
项目				支条烟琢墨燕尾彩画					
				打贴库金（边长在）		打贴赤金（边长在）		打贴铜箔描清漆（边长在）	
				50 cm 以上	50 cm 以下	50 cm 以上	50 cm 以下	50 cm 以上	50 cm 以下
预算基价	总价（元）			3463.88	3703.72	3017.60	3257.43	2368.59	2605.73
	人工费（元）			1474.36	1695.08	1489.24	1709.96	1573.56	1791.80
	材料费（元）			1861.82	1861.82	1399.37	1399.37	658.74	658.74
	管理费（元）			127.70	146.82	128.99	148.10	136.29	155.19
组成内容		单位	单价	数量					
人工	综合工	工日	124.00	11.89	13.67	12.01	13.79	12.69	14.45
材料	巴黎绿	kg	414.00	0.77	0.77	0.77	0.77	0.77	0.77
	群青	kg	16.50	0.11	0.11	0.11	0.11	0.11	0.11
	白乳胶漆	kg	12.62	0.66	0.66	0.66	0.66	0.66	0.66
	银朱	kg	77.00	0.01	0.01	0.01	0.01	0.01	0.01
	石黄	kg	12.35	0.06	0.06	0.06	0.06	0.06	0.06
	章丹	kg	45.15	0.02	0.02	0.02	0.02	0.02	0.02
	松烟	kg	18.00	0.01	0.01	0.01	0.01	0.01	0.01
	大白粉	kg	1.05	0.80	0.80	0.80	0.80	0.80	0.80
	乳胶	kg	9.50	0.66	0.66	0.66	0.66	0.66	0.66
	黄调合漆	kg	15.87	0.22	0.22	0.22	0.22	0.22	0.22
	汽油	kg	7.34	0.22	0.22	0.22	0.22	0.22	0.22

续表 单位：10 m^2

编号				17-305	17-306	17-307	17-308	17-309	17-310
项目				支条烟琢墨燕尾彩画					
				打贴库金（边长在）		打贴赤金（边长在）		打贴铜箔描清漆（边长在）	
				50 cm 以上	50 cm 以下	50 cm 以上	50 cm 以下	50 cm 以上	50 cm 以下
组成内容		单位	单价	数量					
材料	棉花	kg	32.75	0.01	0.01	0.01	0.01	0.01	0.01
	金胶油	kg	52.00	0.33	0.33	0.33	0.33	0.33	0.33
	丙烯酸清漆	kg	29.26					0.28	0.28
	二甲苯	kg	6.15					0.02	0.02
	库金箔 98% 93.3×93.3	张	5.70	250	250				
	赤金箔 74% 83.3×83.3	张	3.11			314	314		
	铜箔	张	1.00					250	250
	砂纸	张	1.00	1.00	1.00	1.00	1.00	1.00	1.00
	牛皮纸	张	1.29	2.00	2.00	2.00	2.00	2.00	2.00
	高丽纸	张	1.30	5.00	5.00	5.00	5.00	5.00	5.00
	粉笔	盒	5.00	0.20	0.20	0.20	0.20	0.20	0.20
	铅笔	支	1.00	1.00	1.00	1.00	1.00	1.00	1.00
	香糊 400g	瓶	4.00	1.5	1.5	1.5	1.5	1.5	1.5
	橡皮	块	1.50	0.50	0.50	0.50	0.50	0.50	0.50
	白矾	kg	3.90	0.11	0.11	0.11	0.11	0.11	0.11
	零星材料费	元		18.05	18.05	13.57	13.57	6.39	6.39
	材料采管费	元		38.29	38.29	28.78	28.78	13.55	13.55

单位：10 m²

编号				17-311	17-312	17-313	17-314	17-315	17-316
项目				不贴金的支条燕尾彩画（每块边长在）		刷支条井口线贴金			刷支条拉色井口线
				50 cm 以上	50 cm 以下	打贴库金	打贴赤金	打贴铜箔描清漆	
预算基价	总价（元）			1655.45	1895.29	1530.93	1237.91	778.41	405.84
	人工费（元）			1176.76	1397.48	223.20	238.08	260.40	88.04
	材料费（元）			376.77	376.77	1288.40	979.21	495.46	310.17
	管理费（元）			101.92	121.04	19.33	20.62	22.55	7.63
组成内容		单位	单价	数量					
人工	综合工	工日	124.00	9.49	11.27	1.80	1.92	2.10	0.71
材料	巴黎绿	kg	414.00	0.77	0.77	0.70	0.70	0.70	0.70
	群青	kg	16.50	0.11	0.11				
	白乳胶漆	kg	12.62	0.22	0.22				
	银朱	kg	77.00	0.02	0.02				
	石黄	kg	12.35	0.15	0.15				0.50
	章丹	kg	45.15	0.14	0.14				
	大白粉	kg	1.05	0.80	0.80				
	乳胶	kg	9.50	0.66	0.66	0.30	0.30	0.30	0.40
	黄调合漆	kg	15.87	0.22	0.22	0.22	0.22	0.22	
	汽油	kg	7.34	0.33	0.33				
	棉花	kg	32.75			0.01	0.01	0.01	

续表

单位：10 m^2

编号				17-311	17-312	17-313	17-314	17-315	17-316
项目				不贴金的支条燕尾彩画（每块边长在）		刷支条井口线贴金			刷支条拉色井口线
				50 cm 以上	50 cm 以下	打贴库金	打贴赤金	打贴铜箔描清漆	
组成内容		单位	单价	数量					
材料	金胶油	kg	52.00			0.22	0.22	0.22	
	丙烯酸清漆	kg	29.26					0.22	
	二甲苯	kg	6.15					0.02	
	库金箔 98% 93.3×93.3	张	5.70			165			
	赤金箔 74% 83.3×83.3	张	3.11				206		
	铜箔	张	1.00					165	
	砂纸	张	1.00	1.00	1.00	1.00	1.00	1.00	1.00
	牛皮纸	张	1.29	2.00	2.00				
	高丽纸	张	1.30	5.00	5.00				
	粉笔	盒	5.00	0.20	0.20				
	铅笔	支	1.00	1.00	1.00				
	橡皮	块	1.50	0.50	0.50				
	白矾	kg	3.90	0.11	0.11				
	香糊 400g	瓶	4.00	1.500	1.500				
	零星材料费	元		3.65	3.65	12.49	9.50	4.80	3.01
	材料采管费	元		7.75	7.75	26.50	20.14	10.19	6.38

单位：10 m^2

编号				17-317	17-318	17-319	17-320	17-321	17-322
项目				天花新式金琢墨彩画					
				打贴库金（边长在）		打贴赤金（边长在）		打贴铜箔描清漆（边长在）	
				50 cm 以上	50 cm 以下	50 cm 以上	50 cm 以下	50 cm 以上	50 cm 以下
预算基价	总价（元）			8050.10	8797.90	6815.35	7563.16	4837.60	5584.06
	人工费（元）			3335.60	4023.80	3380.24	4068.44	3454.64	4141.60
	材料费（元）			4425.59	4425.59	3142.34	3142.34	1083.74	1083.74
	管理费（元）			288.91	348.51	292.77	352.38	299.22	358.72
组成内容		单位	单价	数量					
人工	综合工	工日	124.00	26.90	32.45	27.26	32.81	27.86	33.40
材料	巴黎绿	kg	414.00	0.55	0.55	0.55	0.55	0.55	0.55
	群青	kg	16.50	0.14	0.14	0.14	0.14	0.14	0.14
	白乳胶漆	kg	12.62	0.65	0.65	0.65	0.65	0.65	0.65
	大白粉	kg	1.05	2.00	2.00	2.00	2.00	2.00	2.00
	银朱	kg	77.00	0.02	0.02	0.02	0.02	0.02	0.02
	石黄	kg	12.35	0.15	0.15	0.15	0.15	0.15	0.15
	章丹	kg	45.15	0.14	0.14	0.14	0.14	0.14	0.14
	松烟	kg	18.00	0.01	0.01	0.01	0.01	0.01	0.01
	乳胶	kg	9.50	1.10	1.10	1.10	1.10	1.10	1.10
	光油	kg	42.00	0.11	0.11	0.11	0.11	0.11	0.11
	黄调合漆	kg	15.87	0.44	0.44	0.44	0.44	0.44	0.44
	汽油	kg	7.34	0.33	0.33	0.33	0.33	0.33	0.33

续表

单位：10 m^2

编号			17-317	17-318	17-319	17-320	17-321	17-322
项目			天花新式金琢墨彩画					
			打贴库金（边长在）		打贴赤金（边长在）		打贴铜箔描清漆（边长在）	
			50 cm 以上	50 cm 以下	50 cm 以上	50 cm 以下	50 cm 以上	50 cm 以下
组成内容	单位	单价	数量					
材料 棉花	kg	32.75	0.02	0.02	0.02	0.02	0.02	0.02
金胶油	kg	52.00	0.55	0.55	0.55	0.55	0.55	0.55
丙烯酸清漆	kg	29.26					0.55	0.55
二甲苯	kg	6.15					0.05	0.05
库金箔 98% 93.3×93.3	张	5.70	693	693				
赤金箔 74% 83.3×83.3	张	3.11			870	870		
铜箔	张	1.00					693	693
砂纸	张	1.00	1.45	1.45	1.45	1.45	1.45	1.45
牛皮纸	张	1.29	2.50	2.50	2.50	2.50	2.50	2.50
高丽纸	张	1.30	18.00	18.00	18.00	18.00	18.00	18.00
粉笔	盒	5.00	0.20	0.20	0.20	0.20	0.20	0.20
铅笔	支	1.00	1.00	1.00	1.00	1.00	1.00	1.00
香糊 400g	瓶	4.00	1.5	1.5	1.5	1.5	1.5	1.5
橡皮	块	1.50	0.50	0.50	0.50	0.50	0.50	0.50
白矾	kg	3.90	0.20	0.20	0.20	0.20	0.20	0.20
零星材料费	元		42.92	42.92	30.47	30.47	10.51	10.51
材料采管费	元		91.03	91.03	64.63	64.63	22.29	22.29

单位：10 m²

编号				17-323	17-324	17-325	17-326	17-327	17-328
项目				灯花金琢墨彩画			灯花局部贴金彩画(一)		
				打贴库金	打贴赤金	打贴铜箔描清漆	打贴库金	打贴赤金	打贴铜箔描清漆
预算基价	总价（元）			11942.66	10707.93	8681.67	7138.23	6801.17	6237.71
	人工费（元）			6919.20	6963.84	6993.60	5133.60	5178.24	5224.12
	材料费（元）			4424.17	3140.93	1082.33	1559.99	1174.43	561.11
	管理费（元）			599.29	603.16	605.74	444.64	448.50	452.48
组成内容		单位	单价	数量					
人工	综合工	工日	124.00	55.80	56.16	56.40	41.40	41.76	42.13
材料	巴黎绿	kg	414.00	0.55	0.55	0.55	0.55	0.55	0.55
	群青	kg	16.50	0.14	0.14	0.14	0.14	0.14	0.14
	白乳胶漆	kg	12.62	0.65	0.65	0.65	0.65	0.65	0.65
	银朱	kg	77.00	0.02	0.02	0.02	0.02	0.02	0.02
	石黄	kg	12.35	0.15	0.15	0.15	0.15	0.15	0.15
	章丹	kg	45.15	0.14	0.14	0.14	0.14	0.14	0.14
	松烟	kg	18.00	0.01	0.01	0.01	0.01	0.01	0.01
	大白粉	kg	1.05	2.00	2.00	2.00	2.00	2.00	2.00
	乳胶	kg	9.50	1.10	1.10	1.10	1.10	1.10	1.10
	光油	kg	42.00	0.11	0.11	0.11	0.11	0.11	0.11
	黄调合漆	kg	15.87	0.44	0.44	0.44	0.44	0.44	0.44
	汽油	kg	7.34	0.33	0.33	0.33	0.33	0.33	0.33

续表

单位：10 m^2

编号				17-323	17-324	17-325	17-326	17-327	17-328
项目				灯花金琢墨彩画			灯花局部贴金彩画(一)		
				打贴库金	打贴赤金	打贴铜箔描清漆	打贴库金	打贴赤金	打贴铜箔描清漆
组成内容		单位	单价	数量					
材料	棉花	kg	32.75	0.02	0.02	0.02	0.02	0.02	0.02
	金胶油	kg	52.00	0.55	0.55	0.55	0.30	0.30	0.30
	丙烯酸清漆	kg	29.26			0.55			0.30
	二甲苯	kg	6.15			0.05			0.03
	库金箔 98% 93.3×93.3	张	5.70	693			208		
	赤金箔 74% 83.3×83.3	张	3.11		870			261	
	铜箔	张	1.00			693			208
	砂纸	张	1.00	1.50	1.50	1.50	1.50	1.50	1.50
	牛皮纸	张	1.29	4.50	4.50	4.50	4.50	4.50	4.50
	高丽纸	张	1.30	18.00	18.00	18.00	18.00	18.00	18.00
	粉笔	盒	5.00	0.20	0.20	0.20	0.20	0.20	0.20
	铅笔	支	1.00	1.00	1.00	1.00	1.00	1.00	1.00
	香糊 400g	瓶	4.00	0.50	0.50	0.50	0.50	0.50	0.50
	橡皮	块	1.50	0.50	0.50	0.50	0.50	0.50	0.50
	白矾	kg	3.90	0.20	0.20	0.20	0.20	0.20	0.20
	零星材料费	元		42.90	30.46	10.50	15.13	11.39	5.44
	材料采管费	元		91.00	64.60	22.26	32.09	24.16	11.54

单位：10 m²

编号				17-329	17-330	17-331	17-332
项目				灯花局部贴金彩画(二)			灯花沥粉无金彩画做法
				打贴库金	打贴赤金	打贴铜箔描清漆	
预算基价	总价(元)			8851.25	8128.64	6941.67	5637.65
	人工费(元)			5580.00	5624.64	5666.80	4895.52
	材料费(元)			2787.95	2016.83	784.05	318.11
	管理费(元)			483.30	487.17	490.82	424.02
组成内容		单位	单价	数量			
人工	综合工	工日	124.00	45.00	45.36	45.70	39.48
材料	巴黎绿	kg	414.00	0.55	0.55	0.55	0.55
	群青	kg	16.50	0.14	0.14	0.14	0.14
	白乳胶漆	kg	12.62	0.65	0.65	0.65	0.65
	银朱	kg	77.00	0.02	0.02	0.02	0.02
	石黄	kg	12.35	0.15	0.15	0.15	0.15
	章丹	kg	45.15	0.14	0.14	0.14	0.14
	松烟	kg	18.00	0.01	0.01	0.01	0.01
	大白粉	kg	1.05	2.00	2.00	2.00	2.00
	乳胶	kg	9.50	1.10	1.10	1.10	1.10
	光油	kg	42.00	0.11	0.11	0.11	0.11
	黄调合漆	kg	15.87	0.44	0.44	0.44	0.44
	汽油	kg	7.34	0.33	0.33	0.33	

续表

单位：10 m^2

编号				17-329	17-330	17-331	17-332
项目				灯花局部贴金彩画(二)			灯花沥粉无金彩画做法
				打贴库金	打贴赤金	打贴铜箔描清漆	
组成内容		单位	单价	数量			
材料	棉花	kg	32.75	0.02	0.02	0.02	
	金胶油	kg	52.00	0.40	0.40	0.40	
	丙烯酸清漆	kg	29.26			0.40	
	二甲苯	kg	6.15			0.04	
	库金箔 98% 93.3×93.3	张	5.70	416			
	赤金箔 74% 83.3×83.3	张	3.11		522		
	铜箔	张	1.00			416	
	砂纸	张	1.00	1.50	1.50	1.50	1.50
	牛皮纸	张	1.29	4.50	4.50	4.50	4.50
	高丽纸	张	1.30	18.00	18.00	18.00	18.00
	粉笔	盒	5.00	0.20	0.20	0.20	0.20
	铅笔	支	1.00	1.00	1.00	1.00	1.00
	橡皮	块	1.50	0.50	0.50	0.50	0.50
	香糊 400g	瓶	4.00	0.50	0.50	0.50	0.50
	白矾	kg	3.90	0.20	0.20	0.20	0.20
	零星材料费	元		27.04	19.56	7.60	3.08
	材料采管费	元		57.34	41.48	16.13	6.54

单位：10 m²

编号				17-333	17-334	17-335	17-336	17-337
项目				胶合板天棚油漆				
				除铲	三道灰	缝溜布条	捉腻子	刷调合漆三道
预算基价	总价（元）			40.42	411.11	25.82	77.05	195.54
	人工费（元）			37.20	319.92	22.32	59.52	132.68
	材料费（元）				63.48	1.57	12.37	51.37
	管理费（元）			3.22	27.71	1.93	5.16	11.49
组成内容		单位	单价	数量				
人工	综合工	工日	124.00	0.30	2.58	0.18	0.48	1.07
材料	绝缘绸	m²				(0.45)		
	面粉	kg	2.20		0.08			
	血料	kg	6.07		4.00			
	砖灰 综合	kg	0.70		7.00			
	灰油	kg	32.00		0.50			
	光油	kg	42.00		0.17		0.25	
	生桐油	kg	14.43		0.50			
	108胶	kg	4.98			0.20		
	调合漆	kg	15.87					3.00
	汽油	kg	7.34		0.25			0.30
	石膏粉	kg	1.05			0.50		
	砂纸	张	1.00				1.50	
	零星材料费	元			0.62	0.02	0.12	0.50
	材料采管费	元			1.31	0.03	0.25	1.06

八、下 架 木 件

单位：10 m²

编号				17-338	17-339	17-340	17-341	17-342
项目				地仗				
				一麻五灰		一布五灰	一布四灰	
				23～58 cm	23 cm 以下		23～58 cm	23 cm 以下
预算基价	总价（元）			2933.19	2978.75	2843.48	2556.42	2652.08
	人工费（元）			1598.36	1688.88	1438.40	1274.72	1362.76
	材料费（元）			1196.39	1143.59	1280.50	1171.29	1171.29
	管理费（元）			138.44	146.28	124.58	110.41	118.03
组成内容		单位	单价	数量				
人工	综合工	工日	124.00	12.89	13.62	11.60	10.28	10.99
材料	面粉	kg	2.20	2.590	2.450	2.420	2.080	2.080
	血料	kg	6.07	59.79	58.62	57.04	50.77	50.77
	砖灰 综合	kg	0.70	63.03	63.03	60.96	52.92	52.92
	灰油	kg	32.00	14.57	13.78	13.61	11.69	11.69
	光油	kg	42.00	3.13	3.13	3.13	3.13	3.13
	生桐油	kg	14.43	2.50	2.50	2.50	2.50	2.50
	精梳麻	kg	37.00	3.00	2.50			
	玻璃布 0.2	m²	4.65			52.00	52.00	52.00
	白灰	kg	0.31	0.48	0.45	0.44	0.38	0.38
	汽油	kg	7.34	0.10	0.10	0.10	0.10	0.10
	砂布	张	1.08	1.65	1.65	1.65	1.65	1.65
	零星材料费	元		11.60	11.09	12.42	11.36	11.36
	材料采管费	元		24.61	23.52	26.34	24.09	24.09

单位：10 m²

编号				17-343	17-344	17-345	17-346	17-347
项目				地		仗	油	漆
				单皮灰		刮浆灰	刮血料腻子刷调合漆三道	柱子刷调合漆二道扣油一道
				木结构 23～58 cm	混凝土结构 23 cm 以下			
预算基价	总价（元）			1899.78	1514.74	75.81	328.97	1228.13
	人工费（元）			1039.12	771.28	64.48	245.52	1071.36
	材料费（元）			770.66	676.66	5.75	62.18	63.98
	管理费（元）			90.00	66.80	5.58	21.27	92.79
组成内容		单位	单价	数量				
人工	综合工	工日	124.00	8.38	6.22	0.52	1.98	8.64
材料	面粉	kg	2.20	1.53	1.33			
	血料	kg	6.07	42.99	36.74	0.71	0.70	
	砖灰 综合	kg	0.70	52.92	45.68			
	灰油	kg	32.00	8.62	7.50			
	光油	kg	42.00	3.13	2.77		0.10	0.50
	生桐油	kg	14.43	2.50	1.86			
	白灰	kg	0.31	0.28	0.25			
	乳胶	kg	9.50		1.10			
	水泥	kg	0.37		3.54			
	淋浆灰	kg	1.20			1.10		
	滑石粉	kg	0.67				0.65	
	土粉子	kg	2.00				0.65	
	石膏粉	kg	1.05				0.10	0.10
	调合漆	kg	15.87				2.94	2.40
	稀料	kg	12.29				0.11	0.11
	汽油	kg	7.34	0.10	0.20			
	砂布	张	1.08	1.65	1.65			
	砂纸	张	1.00				2.00	1.50
	零星材料费	元		7.47	6.56		0.60	0.62
	材料采管费	元		15.85	13.92	0.12	1.28	1.32

单位：10 m²

编号				17-348	17-349	17-350	17-351	17-352	17-353
项目				柱子金琢墨彩画			柱子片金彩画		
				沥粉打贴库金	沥粉打贴赤金	沥粉打贴铜箔描清漆	沥粉打贴库金	沥粉打贴赤金	沥粉打贴铜箔描清漆
预算基价	总价（元）			7810.63	6609.83	4783.78	7723.10	6234.21	3463.37
	人工费（元）			3362.88	3437.28	3645.60	2162.56	2318.80	2229.52
	材料费（元）			4156.48	2874.84	822.42	5373.23	3714.57	1040.74
	管理费（元）			291.27	297.71	315.76	187.31	200.84	193.11
组成内容		单位	单价	数量					
人工	综合工	工日	124.00	27.12	27.72	29.40	17.44	18.70	17.98
材料	大白粉	kg	1.05	4.31	4.31	4.31	4.31	4.31	4.31
	乳胶	kg	9.50	1.76	1.76	1.76	1.76	1.76	1.76
	光油	kg	42.00	0.53	0.53	0.53	0.53	0.53	0.53
	白乳胶漆	kg	12.62	2.75	2.75	2.75	2.75	2.75	2.75
	金胶油	kg	52.00	0.33	0.33	0.33	0.44	0.44	0.44
	丙烯酸清漆	kg	29.26			0.33			0.33
	二甲苯	kg	6.15			0.03			0.03
	库金箔 98% 93.3×93.3	张	5.70	690			896		
	赤金箔 74% 83.3×83.3	张	3.11		865			1125	
	铜箔	张	1.00			690			896
	棉花	kg	32.75	0.02	0.02	0.02	0.02	0.02	0.02
	砂纸	张	1.00	1.65	1.65	1.65	1.65	1.65	1.65
	零星材料费	元		40.31	27.88	7.98	52.11	36.02	10.09
	材料采管费	元		85.49	59.13	16.92	110.52	76.40	21.41

单位：10 m²

编号				17-354	17-355	17-356	17-357
项目				柱子沥粉垫光头道油漆			
				打贴库金	打贴库、赤两色金	打贴赤金	打贴铜箔描清漆
预算基价	总价（元）			10795.60	9531.25	8333.74	4002.98
	人工费（元）			2162.56	2239.44	2318.80	2229.52
	材料费（元）			8445.73	7097.85	5814.10	1580.35
	管理费（元）			187.31	193.96	200.84	193.11
组成内容		单位	单价	数量			
人工	综合工	工日	124.00	17.44	18.06	18.70	17.98
材料	大白粉	kg	1.05	4.31	4.31	4.31	4.31
	乳胶	kg	9.50	1.76	1.76	1.76	1.76
	光油	kg	42.00	0.53	0.53	0.53	0.53
	汽油	kg	7.34	0.165	0.165	0.165	0.165
	金胶油	kg	52.00	0.66	0.66	0.66	0.66
	丙烯酸清漆	kg	29.26				0.55
	二甲苯	kg	6.15				0.05
	库金箔 98% 93.3×93.3	张	5.70	1420	710		
	赤金箔 74% 83.3×83.3	张	3.11		881	1782	
	铜箔	张	1.00				1420
	醇酸磁漆	kg	19.19	0.735	0.735	0.735	0.735
	棉花	kg	32.75	0.03	0.03	0.03	0.03
	砂纸	张	1.00	2.00	2.00	2.00	2.00
	零星材料费	元		81.90	68.83	56.38	15.33
	材料采管费	元		173.71	145.99	119.58	32.50

单位：10 m²

编号					17-358	17-359	17-360
项目					框线、门簪贴金		
					打贴库金	打贴赤金	打贴铜箔描清漆
预算基价	总价（元）				12182.44	9194.08	4275.24
	人工费（元）				2091.88	2196.04	2291.52
	材料费（元）				9909.38	6807.83	1785.24
	管理费（元）				181.18	190.21	198.48
组成内容			单位	单价	数量		
人工	综合工		工日	124.00	16.87	17.71	18.48
材料	大白粉		kg	1.05	0.42	0.42	0.42
	棉花		kg	32.75	0.05	0.05	0.05
	金胶油		kg	52.00	0.594	0.594	0.594
	丙烯酸清漆		kg	29.26			0.594
	二甲苯		kg	6.15			0.059
	库金箔	98% 93.3×93.3	张	5.70	1680		
	赤金箔	74% 83.3×83.3	张	3.11		2112	
	铜箔		张	1.00			1680
	砂纸		张	1.00	0.50	0.50	0.50
	零星材料费		元		96.09	66.02	17.31
	材料采管费		元		203.82	140.02	36.72

九、装　修

1. 大门、街门、迎风板、走马板、木板墙

单位：10 m²

编号				17-361	17-362	17-363	17-364	17-365	17-366
项目				地仗				磨生刮浆灰	满刮血料腻子刷四道磁漆
				一麻五灰	一布五灰	一布四灰	单皮灰		
预算基价	总价（元）			3118.84	2983.49	2502.52	1899.78	77.02	443.05
	人工费（元）			1522.72	1373.92	1225.12	1039.12	64.48	313.72
	材料费（元）			1464.23	1490.57	1171.29	770.66	6.96	102.16
	管理费（元）			131.89	119.00	106.11	90.00	5.58	27.17
组成内容		单位	单价	数量					
人工	综合工	工日	124.00	12.28	11.08	9.88	8.38	0.52	2.53
材料	面粉	kg	2.20	3.44	3.14	2.08	1.53		
	血料	kg	6.07	71.23	66.39	50.77	42.99	0.71	0.71
	砖灰 综合	kg	0.70	76.98	74.16	52.92	52.92		
	灰油	kg	32.00	19.35	17.64	11.69	8.62		
	光油	kg	42.00	3.30	3.30	3.13	3.13		0.50
	生桐油	kg	14.43	2.50	2.50	2.50	2.50		
	精梳麻	kg	37.00	3.50					
	玻璃布 0.2	m²	4.65		52.00	52.00			
	白灰	kg	0.31	0.64	0.58	0.38	0.28		
	淋浆灰	kg	1.20					1.10	
	滑石粉	kg	0.67						1.25
	醇酸磁漆	kg	19.19						3.62
	稀料	kg	12.29						0.11
	汽油	kg	7.34	0.10	0.10	0.10	0.10		
	砂布	张	1.08	1.65	1.65	1.65	1.65	1.10	
	砂纸	张	1.00						2.00
	石膏粉	kg	1.05						0.10
	零星材料费	元		14.20	14.45	11.36	7.47		0.99
	材料采管费	元		30.12	30.66	24.09	15.85	0.14	2.10

单位：10 m²

编号				17-367	17-368	17-369	17-370
项目				隔墙板护墙板木墙裙混色油漆			
				除铲	捉中灰满细灰操生油	满刮血料腻子 刷三道调合漆	捉找石膏腻子 刷三道调合漆
预算基价	总价（元）			24.25	386.12	243.00	236.96
	人工费（元）			22.32	290.16	173.60	173.60
	材料费（元）				70.83	54.36	48.32
	管理费（元）			1.93	25.13	15.04	15.04
组成内容		单位	单价	数量			
人工	综合工	工日	124.00	0.18	2.34	1.40	1.40
材料	面粉	kg	2.20		0.09		
	血料	kg	6.07		5.06	1.00	
	砖灰 综合	kg	0.70		6.93		
	灰油	kg	32.00		0.52		
	生桐油	kg	14.43		0.44		
	光油	kg	42.00		0.17		
	白灰	kg	0.31		0.01		
	汽油	kg	7.34		0.17		
	石膏粉	kg	1.05			0.08	0.60
	滑石粉	kg	0.67			1.20	
	调合漆	kg	15.87			2.82	2.85
	砂布	张	1.08		0.50		
	砂纸	张	1.00		1.00	1.00	1.00
	零星材料费	元			0.69	0.53	0.47
	材料采管费	元			1.46	1.12	0.99

单位：10 m^2

编号				17-371	17-372	17-373	17-374	17-375	17-376
项目				隔墙板、护墙板、木墙裙清色油漆					
				硬杂木面磨白茬	刮色腻子	刷油色	润油粉	润水粉	套两遍漆片
预算基价	总价（元）			129.31	148.14	88.44	101.85	83.09	68.60
	人工费（元）			116.56	116.56	65.72	73.16	73.16	43.40
	材料费（元）			2.65	21.48	17.03	22.35	3.59	21.44
	管理费（元）			10.10	10.10	5.69	6.34	6.34	3.76
组成内容		单位	单价	数量					
人工	综合工	工日	124.00	0.94	0.94	0.53	0.59	0.59	0.35
材料	大白粉	kg	1.05		1.20		1.00	1.20	
	色粉	kg	5.17		0.18	0.03	0.25	0.30	
	光油	kg	42.00		0.20	0.15	0.15		
	清油	kg	17.08		0.40	0.20	0.40		
	汽油	kg	7.34		0.30	0.25	0.35		
	石膏粉	kg	1.05		0.20	0.10	0.20		
	调合漆	kg	15.87			0.15	0.15		
	醇酸清漆	kg	15.44			0.08			
	汤布	kg	14.25				0.05	0.05	
	漆片	kg	48.46						0.20
	乙醇	kg	11.20						0.80
	棉纱	kg	18.62						0.10
	砂纸	张	1.00	2.00	1.00	1.00	0.50		0.25
	零星材料费	元		0.60	0.21	0.25	0.04		0.24
	材料采管费	元		0.05	0.44	0.35	0.46	0.07	0.44

单位：10 m^2

编号				17-377	17-378	17-379	17-380	17-381	17-382
项目				隔墙板、护墙板、木墙裙清色油漆					
				捉找色腻子	刷三道醇酸清漆	拼色	套漆片色成活	刷醇酸清漆磨退成活	喷清漆磨退清漆
预算基价	总价（元）			57.96	168.28	52.97	88.82	638.79	960.74
	人工费（元）			50.84	131.44	37.20	58.28	512.12	688.20
	材料费（元）			2.72	25.46	12.55	25.49	82.31	212.93
	管理费（元）			4.40	11.38	3.22	5.05	44.36	59.61
组成内容		单位	单价	数量					
人工	综合工	工日	124.00	0.41	1.06	0.30	0.47	4.13	5.55
材料	大白粉	kg	1.05	0.40					
	色粉	kg	5.17	0.05		0.02	0.03		
	汽油	kg	7.34	0.03					
	石膏粉	kg	1.05	0.08					
	光油	kg	42.00	0.04					
	醇酸清漆	kg	15.44		1.40			4.00	
	稀料	kg	12.29		0.25			0.80	
	乙醇	kg	11.20			0.60	1.20		
	漆片	kg	48.46			0.10	0.20		
	棉纱	kg	18.62				0.05	0.05	0.05
	砂蜡	kg	16.67					0.20	0.20
	汤布	kg	14.25					0.05	0.05
	水砂纸	张	1.30					2.50	2.50
	砂纸	张	1.00			0.50	0.50		
	白布	m^2	11.95						0.40
	硝基清漆	kg	18.12						4.20
	硝基漆稀释剂	kg	15.65						7.50
	零星材料费	元			0.25	0.12	0.25	0.80	2.06
	材料采管费	元		0.06	0.52	0.26	0.52	1.69	4.38

单位：10 m²

编号				17-383	17-384	17-385
项目				隔墙板、护墙板、木墙裙清色油漆		
				刷理漆片成活	刷理丙烯酸成活	打蜡出亮
预算基价	总价（元）			891.97	625.25	37.93
	人工费（元）			731.60	438.96	29.76
	材料费（元）			97.00	148.27	5.59
	管理费（元）			63.37	38.02	2.58
组成内容		单位	单价	数量		
人工	综合工	工日	124.00	5.90	3.54	0.24
材料	乙醇	kg	11.20	4.00	0.60	
	漆片	kg	48.46	0.80	0.12	
	色粉	kg	5.17	0.04	0.01	
	汤布	kg	14.25	0.50		
	棉纱	kg	18.62	0.10	0.10	0.05
	浮石粉	kg	6.50	0.20		
	砂蜡	kg	16.67		0.20	
	丙烯酸清漆	kg	29.26		4.00	
	二甲苯	kg	6.15		1.00	
	大白粉	kg	1.05		0.20	
	上光蜡	kg	22.72			0.20
	水砂纸	张	1.30		2.00	
	零星材料费	元		0.94	1.44	
	材料采管费	元		2.00	3.05	0.11

单位：10 m²

编号				17-386	17-387	17-388
项目				门钉、门钹贴金		
				打贴库金	打贴赤金	打贴铜箔描清漆
预算基价	总价（元）			12507.17	9568.65	4696.97
	人工费（元）			2390.72	2540.76	2679.64
	材料费（元）			9909.38	6807.83	1785.24
	管理费（元）			207.07	220.06	232.09
组成内容		单位	单价	数量		
人工	综合工	工日	124.00	19.28	20.49	21.61
材料	大白粉	kg	1.05	0.42	0.42	0.42
	金胶油	kg	52.00	0.594	0.594	0.594
	丙烯酸清漆	kg	29.26			0.594
	二甲苯	kg	6.15			0.059
	棉花	kg	32.75	0.05	0.05	0.05
	库金箔 98% 93.3×93.3	张	5.70	1680		
	赤金箔 74% 83.3×83.3	张	3.11		2112	
	铜箔	张	1.00			1680
	砂纸	张	1.00	0.50	0.50	0.50
	零星材料费	元		96.09	66.02	17.31
	材料采管费	元		203.82	140.02	36.72

2. 外檐隔墙、槛窗

单位：10 m²

编号				17-389	17-390	17-391	17-392	17-393	17-394
项目				地仗				满刮浆灰	攒刮血料腻子刷三道调合漆扣一道油
				一麻五灰	一布五灰	单皮灰	溜布灰		
预算基价	总价（元）			8453.51	8309.15	5492.09	433.45	117.21	793.55
	人工费（元）			5668.04	5433.68	3646.84	297.60	96.72	615.04
	材料费（元）			2294.54	2404.84	1529.39	110.07	12.11	125.24
	管理费（元）			490.93	470.63	315.86	25.78	8.38	53.27
组成内容		单位	单价	数量					
人工	综合工	工日	124.00	45.71	43.82	29.41	2.40	0.78	4.96
材料	面粉	kg	2.20	5.08	4.96	3.06	0.22		
	血料	kg	6.07	112.38	110.28	83.62	2.80	1.40	1.40
	砖灰 综合	kg	0.70	129.72	127.80	104.00			
	灰油	kg	32.00	28.68	28.04	17.32	1.24		
	光油	kg	42.00	6.60	6.60	6.60			0.20
	生桐油	kg	14.43	4.50	4.50	4.50			
	白灰	kg	0.31	1.04	1.02	0.66	0.04		
	精梳麻	kg	37.00	5.00					
	玻璃布 0.2	m²	4.65		70.40		10.66		
	滑石粉	kg	0.67						2.50
	淋浆灰	kg	1.20					2.80	
	石膏粉	kg	1.05						0.30
	汽油	kg	7.34	0.44	0.44	0.44			
	稀料	kg	12.29						0.22
	调合漆	kg	15.87						6.04
	砂纸	张	1.00						4.00
	砂布	张	1.08	3.33	3.30	3.30			
	零星材料费	元		11.18	11.72	7.45	1.07		1.21
	材料采管费	元		47.19	49.46	31.46	2.26	0.25	2.58

单位：10 m²

编号				17-395	17-396	17-397	17-398	17-399	17-400
项目				绦环板、云盘线(樘板面积)			大边两柱香(隔扇正面全面积)		
				打贴库金	打贴赤金	打贴铜箔描清漆	打贴库金	打贴赤金	打贴铜箔描清漆
预算基价	总价（元）			3354.63	2702.33	1604.95	945.33	720.85	370.34
	人工费（元）			1005.64	1058.96	1076.32	179.80	188.48	208.32
	材料费（元）			2261.89	1551.65	435.41	749.96	516.05	143.98
	管理费（元）			87.10	91.72	93.22	15.57	16.32	18.04
组成内容		单位	单价	数量					
人工	综合工	工日	124.00	8.11	8.54	8.68	1.45	1.52	1.68
材料	大白粉	kg	1.05	0.21	0.21	0.21	0.21	0.21	0.21
	棉花	kg	32.75	0.03	0.03	0.03	0.01	0.01	0.01
	金胶油	kg	52.00	0.495	0.495	0.495	0.154	0.154	0.154
	丙烯酸清漆	kg	29.26			0.495			0.154
	二甲苯	kg	6.15			0.05			0.01
	库金箔 98% 93.3×93.3	张	5.70	380			126		
	赤金箔 74% 83.3×83.3	张	3.11		475			158	
	铜箔	张	1.00			380			126
	砂纸	张	1.00	0.50	0.50	0.50	0.50	0.50	0.50
	零星材料费	元		21.93	15.05	4.22	7.27	5.00	1.40
	材料采管费	元		46.52	31.91	8.96	15.43	10.61	2.96

单位：10 m²

编号				17-401	17-402	17-403	17-404	17-405	17-406
项目				大边双皮条线(隔扇正面全面积)			面页(实际面积)		
				打贴库金	打贴赤金	打贴铜箔描清漆	打贴库金	打贴赤金	打贴铜箔描清漆
预算基价	总价（元）			1438.09	1129.34	672.33	11212.73	8175.86	3409.48
	人工费（元）			358.36	376.96	431.52	1195.36	1254.88	1488.00
	材料费（元）			1048.69	719.73	203.43	9913.84	6812.29	1792.60
	管理费（元）			31.04	32.65	37.38	103.53	108.69	128.88
组成内容		单位	单价	数量					
人工	综合工	工日	124.00	2.89	3.04	3.48	9.64	10.12	12.00
材料	大白粉	kg	1.05	0.21	0.21	0.21	0.21	0.21	0.21
	棉花	kg	32.75	0.01	0.01	0.01	0.05	0.05	0.05
	金胶油	kg	52.00	0.253	0.253	0.253	0.690	0.690	0.690
	丙烯酸清漆	kg	29.26			0.253			0.690
	二甲苯	kg	6.15			0.02			0.06
	库金箔 98% 93.3×93.3	张	5.70	176			1680		
	赤金箔 74% 83.3×83.3	张	3.11		220			2112	
	铜箔	张	1.00			176			1680
	砂纸	张	1.00	0.05	0.05	0.05	0.05	0.05	0.05
	零星材料费	元		10.17	6.98	1.97	96.14	66.06	17.38
	材料采管费	元		21.57	14.80	4.18	203.91	140.12	36.87

3. 风门、支摘窗、各种心屉、内檐隔扇、楣子、花栏杆

单位：10 m^2

编号				17-407	17-408	17-409	17-410	17-411	17-412
项目				地仗					
				大边槛心			单皮灰	衬板二道灰	满刮浆灰
				使麻	粘布条	压麻糊布条			
预算基价	总价（元）			336.73	300.66	229.89	1407.83	414.26	51.84
	人工费（元）			290.16	215.76	186.00	789.88	312.48	44.64
	材料费（元）			21.44	66.21	27.78	549.54	74.72	3.33
	管理费（元）			25.13	18.69	16.11	68.41	27.06	3.87
组成内容		单位	单价	数量					
人工	综合工	工日	124.00	2.34	1.74	1.50	6.37	2.52	0.36
材料	面粉	kg	2.20	0.13	0.12	0.17	0.78	0.20	
	血料	kg	6.07	0.94	0.78	1.23	33.16	2.80	0.39
	砖灰 综合	kg	0.70			2.14	39.40	5.95	
	灰油	kg	32.00	0.37	0.31	0.55	4.42	0.61	
	光油	kg	42.00				3.13	0.66	
	生桐油	kg	14.43				1.80		
	白灰	kg	0.31	0.01	0.01	0.02	0.19	0.02	
	精梳麻	kg	37.00	0.08					
	玻璃布 0.2	m^2	4.65		10.60				
	淋浆灰	kg	1.20						0.72
	汽油	kg	7.34				0.22	0.33	
	砂布	张	1.08				1.65	1.10	
	零星材料费	元		0.21	0.64	0.27	5.33	0.72	0.03
	材料采管费	元		0.44	1.36	0.57	11.30	1.54	0.07

单位：10 m²

编号				17-413	17-414	17-415	17-416	17-417
项目				刮、肘血料腻子			硬木隔断	
				刷三道调合漆	刷二道调合漆扣末道油漆	衬板刷二道调合漆一道无光漆	擦软蜡出亮	烫硬蜡出亮
预算基价	总价（元）			487.29	508.41	301.95	152.45	615.45
	人工费（元）			395.56	416.64	228.16	116.56	512.12
	材料费（元）			57.47	55.68	54.03	25.79	58.97
	管理费（元）			34.26	36.09	19.76	10.10	44.36
组成内容		单位	单价	数量				
人工	综合工	工日	124.00	3.19	3.36	1.84	0.94	4.13
材料	血料	kg	6.07	0.65	0.65	0.65		
	滑石粉	kg	0.67	0.60	0.60	0.60		
	土粉子	kg	2.00	0.60	0.60	0.60		
	光油	kg	42.00	0.08	0.08	0.08		
	石膏粉	kg	1.05	0.10	0.10	0.10		
	调合漆	kg	15.87	2.84	2.73	2.63		
	汤布	kg	14.25				0.70	
	地板蜡	kg	23.51				0.65	
	硬白蜡	kg	21.33					1.65
	木炭	kg	5.50					4.00
	砂纸	张	1.00	1.65	1.65	1.65		
	零星材料费	元		0.56	0.54	0.52		0.57
	材料采管费	元		1.18	1.15	1.11	0.53	1.21

单位：10 m²

编号				17-418	17-419	17-420
项目				木门窗混色油漆		
				满刮石膏腻子	捉找石膏腻子	刷调合漆三道
预算基价	总价（元）			96.56	72.40	230.16
	人工费（元）			73.16	55.80	163.68
	材料费（元）			17.06	11.77	52.30
	管理费（元）			6.34	4.83	14.18
组成内容		单位	单价	数量		
人工	综合工	工日	124.00	0.59	0.45	1.32
材料	光油	kg	42.00	0.35	0.25	
	石膏粉	kg	1.05	0.80	0.45	
	调合漆	kg	15.87			2.90
	稀料	kg	12.29			0.30
	砂纸	张	1.00	1.00	0.50	1.00
	零星材料费	元		0.17	0.06	0.51
	材料采管费	元		0.35	0.24	1.08

单位：10 m²

编号				17-421	17-422	17-423	17-424	17-425	17-426
项目				楣子			菱花扣贴金		
				彩画(掏里、刷色、拉线、牙子纠粉)	大边刷三道朱红漆油	罩光油	打贴库金	打贴赤金	打贴铜箔描清漆
预算基价	总价(元)			1329.67	132.99	183.14	1032.10	944.28	892.21
	人工费(元)			892.80	102.92	146.32	597.68	627.44	744.00
	材料费(元)			359.54	21.16	24.15	382.65	262.50	83.77
	管理费(元)			77.33	8.91	12.67	51.77	54.34	64.44
组成内容		单位	单价	数量					
人工	综合工	工日	124.00	7.20	0.83	1.18	4.82	5.06	6.00
材料	巴黎绿	kg	414.00	0.715					
	群青	kg	16.50	0.347					
	白乳胶漆	kg	12.62	0.44					
	石黄	kg	12.35	0.21					
	章丹	kg	45.15	0.735					
	乳胶	kg	9.50	0.426					
	银朱	kg	77.00	0.02					
	调合漆	kg	15.87		1.20				
	汽油	kg	7.34		0.20	0.33			
	光油	kg	42.00			0.50			
	大白粉	kg	1.05				0.21	0.21	0.21
	棉花	kg	32.75				0.01	0.01	0.01
	金胶油	kg	52.00				0.21	0.21	0.21
	丙烯酸清漆	kg	29.26						0.21
	二甲苯	kg	6.15						0.02
	库金箔 98% 93.3×93.3	张	5.70				63		
	赤金箔 74% 83.3×83.3	张	3.11					78	
	铜箔	张	1.00						63
	砂纸	张	1.00				0.50	0.50	0.50
	零星材料费	元		3.49	0.21	0.23	3.71	2.55	0.81
	材料采管费	元		7.40	0.44	0.50	7.87	5.40	1.72

4. 墙 面 装 修

单位：10 m^2

编号				17-427	17-428	17-429	17-430
项目				砖墙抹灰面		墙裙、墙边彩画	
				喷刷铁红浆成活	喷刷米黄浆成活	喷刷灰浆成活	切活
预算基价	总价（元）			98.40	109.54	86.38	5561.81
	人工费（元）			71.92	89.28	71.92	3571.20
	材料费（元）			20.25	12.53	8.23	1681.30
	管理费（元）			6.23	7.73	6.23	309.31
组成内容		单位	单价	数量			
人工	综合工	工日	124.00	0.58	0.72	0.58	28.80
材料	氧化铁红	kg	7.30	1.70			
	血料	kg	6.07	0.29			
	石膏粉	kg	1.05	0.32	0.32	0.32	
	大白粉	kg	1.05	0.63	3.99	0.63	
	羧甲基纤维素	kg	13.00	0.06	0.16	0.06	
	白灰	kg	0.31			3.15	
	食盐	kg	1.05			0.06	
	青灰	kg	2.00			0.53	
	乳胶	kg	9.50	0.32	0.32	0.32	1.10
	色粉	kg	5.17		0.21		
	滑石粉	kg	0.67	0.21	0.63	0.21	
	砂纸	张	1.00	0.50	1.00	1.00	
	巴黎绿	kg	414.00				3.85
	群青	kg	16.50				1.58
	零星材料费	元		0.20	0.12		16.30
	材料采管费	元		0.42	0.26	0.17	34.58

单位：10 m

编号					17-431	17-432
项目					墙边拉线	
					拉油线	拉水线
预算基价	总价（元）				49.59	43.25
	人工费（元）				43.40	38.44
	材料费（元）				2.43	1.48
	管理费（元）				3.76	3.33
组成内容			单位	单价	数量	
人工	综合工		工日	124.00	0.35	0.31
材料	醇酸磁漆		kg	19.19	0.06	
	稀料		kg	12.29	0.10	
	乳胶		kg	9.50		0.12
	色粉		kg	5.17		0.06
	材料采管费		元		0.05	0.03

5. 匾

单位：10 m^2

编号				17-433	17-434	17-435	17-436	17-437	17-438
项目				混色匾					
				地仗		满刮血料腻子			
				一麻五灰	单皮灰	醇酸磁漆三道	硝基磁漆三道	刷理醇酸磁漆磨退出亮	刷理硝基磁漆磨退出亮
预算基价	总价（元）			6455.97	3893.10	488.16	603.98	1072.35	1290.55
	人工费（元）			4436.72	2785.04	438.96	527.00	965.96	1140.80
	材料费（元）			1634.97	866.84	11.18	31.33	22.73	50.94
	管理费（元）			384.28	241.22	38.02	45.65	83.66	98.81
组成内容		单位	单价	数量					
人工	综合工	工日	124.00	35.78	22.46	3.54	4.25	7.79	9.20
材料	面粉	kg	2.20	3.78	1.68				
	血料	kg	6.07	79.13	47.29	0.71	0.71	0.71	0.71
	砖灰 综合	kg	0.70	84.68	58.21				
	灰油	kg	32.00	21.29	9.48				
	光油	kg	42.00	3.63	3.44				
	生桐油	kg	14.43	4.00	4.00				
	白灰	kg	0.31	0.70	0.31				
	精梳麻	kg	37.00	3.85					
	淋浆灰	kg	1.20	1.21	1.21				
	滑石粉	kg	0.67			0.60	0.60	0.60	0.60
	土粉子	kg	2.00			0.60	0.60	0.60	0.60
	稀料	kg	12.29			0.32		0.32	
	硝基漆稀释剂	kg	15.65				1.50		2.00
	上光蜡	kg	22.72					0.31	0.31
	棉纱	kg	18.62					0.11	0.11
	砂纸	张	1.00	2.00	2.00	1.00	1.00	0.50	0.50
	水砂纸	张	1.30					2.00	2.00
	零星材料费	元		15.85	8.41	0.11	0.30	0.22	0.49
	材料采管费	元		33.63	17.83	0.23	0.64	0.47	1.05

单位：10 m^2

编号				17-439	17-440	17-441	17-442
项目				清色匾			
				新匾磨砂纸（包括字）	润油粉、刮腻子、底油、油色、醇酸清漆四道、磨退出亮	润油粉二遍、刮腻子、套漆片、刷理清喷漆、磨退出亮	润粉二遍、腻子一遍、醇酸丙烯酸清漆三道、磨退出亮
预算基价	总价（元）			422.62	1402.92	2031.59	1503.79
	人工费（元）			386.88	1228.84	1652.92	1287.12
	材料费（元）			2.23	67.65	235.51	105.19
	管理费（元）			33.51	106.43	143.16	111.48
组成内容		单位	单价	数量			
人工	综合工	工日	124.00	3.12	9.91	13.33	10.38
材料	滑石粉	kg	0.67		1.30	1.30	1.30
	调合漆	kg	15.87		0.15		
	色粉	kg	5.17		0.20	0.20	0.20
	漆片	kg	48.46			0.40	
	乙醇	kg	11.20			1.60	
	醇酸清漆	kg	15.44		3.25		0.95
	硝基清漆	kg	18.12			2.60	
	丙烯酸清漆	kg	29.26				2.38
	稀料	kg	12.29		0.17		0.55
	硝基漆稀释剂	kg	15.65			8.50	
	上光蜡	kg	22.72		0.31	0.31	0.31
	砂纸	张	1.00	2.00	2.00	2.00	2.00
	零星材料费	元		0.18	0.66	2.28	1.02
	材料采管费	元		0.05	1.39	4.84	2.16

单位：m^2

编号				17-443	17-444	17-445	17-446	17-447	17-448
项目				匾				字	
				翻拓字样	灰刻字样	匾地扫青	匾地扫绿	字刷银珠	字刷洋绿
预算基价	总价（元）			98.84	970.13	103.01	182.40	112.04	101.88
	人工费（元）			89.28	892.80	89.28	89.28	86.80	86.80
	材料费（元）			1.83		6.00	85.39	17.72	7.56
	管理费（元）			7.73	77.33	7.73	7.73	7.52	7.52
组成内容		单位	单价	数量					
人工	综合工	工日	124.00	0.72	7.20	0.72	0.72	0.70	0.70
材料	巴黎绿	kg	414.00				0.20		
	群青	kg	16.50			0.20			
	光油	kg	42.00			0.06		0.15	
	牛皮纸	张	1.29	1.00					
	松烟	kg	18.00	0.01					
	清油	kg	17.08	0.01					
	章丹	kg	45.15					0.15	
	银朱	kg	77.00					0.03	
	汽油	kg	7.34					0.11	
	醇酸磁漆	kg	19.19						0.33
	砂纸	张	1.00					1.00	1.00
	零星材料费	元		0.15		0.06	0.83	0.17	0.07
	材料采管费	元		0.04		0.12	1.76	0.36	0.16

单位：m^2

编号				17-449	17-450	17-451
项目				匾字打金胶		
				贴库金	贴赤金	贴铜箔描清漆
预算基价	总价（元）			1256.93	1091.05	622.41
	人工费（元）			434.00	508.40	434.00
	材料费（元）			785.34	538.62	150.82
	管理费（元）			37.59	44.03	37.59
组成内容		单位	单价	数量		
人工	综合工	工日	124.00	3.50	4.10	3.50
材料	金胶油	kg	52.00	0.17	0.17	0.17
	丙烯酸清漆	kg	29.26			0.17
	二甲苯	kg	6.15			0.02
	库金箔 98% 93.3×93.3	张	5.70	132		
	赤金箔 74% 83.3×83.3	张	3.11		165	
	铜箔	张	1.00			132
	棉花	kg	32.75	0.01	0.01	0.01
	零星材料费	元		7.62	5.22	1.46
	材料采管费	元		16.15	11.08	3.10

第十八章　玻 璃 裱 糊 工 程

说　　明

一、本章包括玻璃安装，裱糊等2节；共33条基价子目。

二、各项玻璃安装均以单层为准，如安装双层玻璃者加倍计算。

三、裱糊基价中所列锦缎、绫绢、纱苎布均以47 cm（1.4尺）幅宽为准，实际用料的幅宽与基价规定不同时，允许换算，但人工费及管理费不变。

工 作 内 容

一、玻璃安装包括：清扫槽口灰土、调制油灰、裁钉玻璃、抹油灰等。

二、裱糊项目包括：清理底层、刷浆或胶粘剂、打底、盖面等，糊天棚包括拴架子，其中卷棚顶还包括做绦环（山花）、垛尾（象眼），镞花包括画样子，白樘箅子和门、窗、隔扇糊布匹、麻布包括钉钉子及用麻呈文纸糊钉帽等。

工程量计算规则

一、隔扇、槛窗、支摘窗安装玻璃，按玻璃所接触的边抹外围面积计算。

二、裱糊基价中凡以平方米计量的项目，均按展开面积计算。

三、白樘箅子和门、窗、隔扇裱糊应分层按面积计算。

一、玻 璃 安 装

单位：10 m^2

编号					18-1	18-2	18-3
项目					隔扇、槛窗、支摘窗		
					安平板玻璃		
					3 mm	4 mm	5 mm
预算基价	总价（元）				372.82	427.26	503.56
	人工费（元）				99.44	92.66	116.39
	材料费（元）				262.37	324.34	374.28
	管理费（元）				11.01	10.26	12.89
组成内容			单位	单价	数量		
人工	综合工		工日	113.00	0.88	0.82	1.03
材料	玻璃	3.0	m^2	22.74	10.80		
	玻璃	4.0	m^2	27.63		11.00	
	玻璃	5.0	m^2	32.15			11.00
	铁钉		kg	7.81	0.10	0.10	0.10
	松木压条	12×12	m	1.20	6.50	6.50	6.50
	零星材料费		元		2.80	5.16	4.35
	材料采管费		元		5.40	6.67	7.70

单位：10 m²

编号				18-4	18-5	18-6	18-7	18-8
项目				隔扇、槛窗、支摘窗				
				安磨砂玻璃		安压花玻璃		
				3 mm	5 mm	3 mm	4 mm	5 mm
预算基价	总价（元）			119.31	733.13	119.30	109.30	741.88
	人工费（元）			99.44	113.00	99.44	90.40	113.00
	材料费（元）			8.86	607.62	8.85	8.89	616.37
	管理费（元）			11.01	12.51	11.01	10.01	12.51
组成内容		单位	单价	数量				
人工	综合工	工日	113.00	0.88	1.00	0.88	0.80	1.00
材料	磨砂玻璃 3.0	m²		(10.80)				
	压花玻璃 3.0	m²				(10.80)		
	压花玻璃 4.0	m²					(11.00)	
	磨砂玻璃 5.0	m²	52.68		11.00			
	压花玻璃 5.0	m²	53.45					11.00
	铁钉	kg	7.81	0.10	0.10	0.10	0.10	0.10
	松木压条 12×12	m	1.20	6.50	6.50	6.50	6.50	6.50
	零星材料费	元		0.10	7.06	0.09	0.13	7.16
	材料采管费	元		0.18	12.50	0.18	0.18	12.68

单位：10 m²

编号				18-9	18-10	18-11	18-12
项目				橱窗安玻璃		什锦窗安玻璃	
				5 mm	6 mm	平板玻璃（樘）	磨砂玻璃（樘）
预算基价	总价（元）			667.31	761.79	56.47	31.46
	人工费（元）			224.87	249.73	28.25	28.25
	材料费（元）			417.55	484.41	25.09	0.08
	管理费（元）			24.89	27.65	3.13	3.13
组成内容		单位	单价	数量			
人工	综合工	工日	113.00	1.99	2.21	0.25	0.25
材料	磨砂玻璃 3.0	m²					(1.07)
	玻璃 3.0	m²	22.74			1.07	
	玻璃 5.0	m²	32.15	12.00			
	玻璃 6.0	m²	37.45		12.00		
	铁钉	kg	7.81	0.10	0.10	0.01	0.01
	油灰	kg	3.40	4.53	4.94		
	清油	kg	17.08	0.093	0.103		
	油漆溶剂油 #200	kg	7.05	0.133	0.144		
	零星材料费	元		4.45	4.70	0.16	
	材料采管费	元		8.59	9.96	0.52	

二、裱　　糊

单位：10 m^2

编号				18-13	18-14	18-15	18-16	18-17	18-18
项目				平棚		一平两切卷棚		糊柱梁	
				盖大白纸	盖银花纸	盖大白纸	盖银花纸	盖大白纸	盖银花纸
预算基价	总价（元）			227.12	269.45	244.33	289.37	141.05	167.00
	人工费（元）			189.72	228.16	204.60	245.52	116.56	140.12
	材料费（元）			18.26	18.27	19.09	19.08	12.73	12.74
	管理费（元）			19.14	23.02	20.64	24.77	11.76	14.14
组成内容		单位	单价	数量					
人工	综合工	工日	124.00	1.53	1.84	1.65	1.98	0.94	1.13
材料	白杆	百根		(0.70)	(0.70)	(0.85)	(0.85)		
	竹签	百根		(0.50)	(0.50)	(1.50)	(1.50)		
	银花纸	刀			(0.70)		(0.70)		(0.80)
	麻呈文纸	刀		(0.40)	(0.40)	(0.40)	(0.40)	(0.40)	(0.40)
	大白纸	刀		(0.70)		(0.70)		(0.80)	
	麻丝	kg	16.80	0.20	0.20	0.20	0.20		
	铁钉	kg	7.81	0.25	0.25	0.35	0.35		
	浆糊	kg	6.80	1.80	1.80	1.80	1.80	1.80	1.80
	零星材料费	元		0.33	0.34	0.37	0.36	0.23	0.24
	材料采管费	元		0.38	0.38	0.39	0.39	0.26	0.26

单位：10 m²

编号				18-19	18-20	18-21
项目				苇棚	单糊	花纸
					灰天棚	灰墙面
预算基价	总价（元）			1127.46	102.19	85.85
	人工费（元）			936.20	88.04	73.16
	材料费（元）			96.81	5.27	5.31
	管理费（元）			94.45	8.88	7.38
组成内容		单位	单价	数量		
人工	综合工	工日	124.00	7.55	0.71	0.59
材料	苇杆	kg		(4.00)		
	白杆	百根		(0.12)		
	银花纸	刀			(0.65)	(0.65)
	麻呈文纸	刀		(0.12)		
	黑电光纸	张		(2.00)		
	大白纸	刀		(0.40)		
	麻丝	kg	16.80	0.12		
	镀锌钢丝 *D*0.7	kg	8.35	0.08		
	席	片	27.62	3.20		
	铁钉	kg	7.81	0.08		
	浆糊	kg	6.80	0.08	0.75	0.75
	零星材料费	元		2.58	0.06	0.10
	材料采管费	元		1.99	0.11	0.11

单位：10 m^2

编号				18-22	18-23	18-24	18-25	18-26	18-27
项目				镞花		白樘箅子、门、窗、隔扇裱糊			
				顶花（个）	角云（个）	锦缎	绫绢	纱苎布	布匹
预算基价	总价（元）			8.36	5.56	383.94	333.43	384.65	608.18
	人工费（元）			7.44	4.96	344.72	298.84	344.72	406.72
	材料费（元）			0.17	0.10	4.44	4.44	5.15	160.43
	管理费（元）			0.75	0.50	34.78	30.15	34.78	41.03
组成内容		单位	单价	数量					
人工	综合工	工日	124.00	0.06	0.04	2.78	2.41	2.78	3.28
材料	纱苎布	m						(23.00)	
	金银花纸	张		(2.00)	(2.00)				
	锦缎	m				(23.00)			
	绫绢	m					(23.00)		
	麻呈文纸	刀							(0.02)
	浆糊	kg	6.80	0.025	0.015	0.500	0.500	0.600	0.750
	白布	m^2	11.95						12.36
	铁钉	kg	7.81						0.16
	零星材料费	元				0.95	0.95	0.96	3.08
	材料采管费	元				0.09	0.09	0.11	3.30

单位：10 m^2

编号				18-28	18-29	18-30	18-31	18-32	18-33
项目				白樘算子、门、窗、隔扇裱糊					
				麻布	麻呈文纸	大白纸	花纸	高丽纸	镶边纸
预算基价	总价（元）			**454.37**	**70.52**	**85.85**	**208.32**	**92.59**	**58.76**
	人工费（元）			406.72	58.28	73.16	186.00	65.72	48.36
	材料费（元）			6.62	6.36	5.31	3.55	20.24	5.52
	管理费（元）			41.03	5.88	7.38	18.77	6.63	4.88
组成内容		单位	单价	数量					
人工	综合工	工日	124.00	3.28	0.47	0.59	1.50	0.53	0.39
材料	银花纸	刀					(0.70)		
	亚麻布	m		(12.36)					
	麻呈文纸	刀		(0.02)	(0.37)				
	大白纸	刀				(0.70)			
	镶边纸	尺							(3.15)
	铁钉	kg	7.81	0.16					
	浆糊	kg	6.80	0.75	0.90	0.75	0.50	0.08	0.75
	高丽纸	张	1.30					14.50	
	零星材料费	元		0.13	0.11	0.10	0.08	0.43	0.31
	材料采管费	元		0.14	0.13	0.11	0.07	0.42	0.11

第十九章　加工后的砖件、石制品、木构件场外运输

说　明

一、本章包括加工后的砖件运输，石制品运输，木构件运输等 3 节；共 30 条基价子目。

二、本章基价适用于需要在场外进行加工制作后运至现场砌筑、安装时所发生的运输，凡在施工现场加工制作者不得执行本章基价。

工 作 内 容

加工后的砖件、石制品、木构件场外运输基价均包括运输费、装卸车费和包装材料费。

工 程 量 计 算 规 则

一、砖件运输的工程量按相应工程项目中需加工材料的基价耗用量计算。

二、石制品及木构件运输工程量按第十章“石作工程”和第十一章“木构架及木基层”的相应工程量计算。

一、加工后的砖件运输

单位：百块

编号				19-1	19-2	19-3	19-4	19-5
项目				大城砖				
				1 km 以内	5 km 以内	10 km 以内	15 km 以内	15 km 以外每增加 5 km
预算基价	总价（元）			249.18	279.39	327.00	399.87	61.50
	人工费（元）			85.88	106.22	142.38	169.50	20.34
	材料费（元）			64.71	64.71	64.71	64.71	
	机械费（元）			89.97	97.80	105.62	148.65	39.12
	管理费（元）			8.62	10.66	14.29	17.01	2.04
组成内容		单位	单价	数量				
人工	综合工	工日	113.00	0.76	0.94	1.26	1.50	0.18
材料	零星材料费	元		63.38	63.38	63.38	63.38	
	材料采管费	元		1.33	1.33	1.33	1.33	
机械	载货汽车 4t	台班	391.19	0.23	0.25	0.27	0.38	0.10

单位：百块

编号				19-6	19-7	19-8	19-9	19-10
项目				大停泥、小停泥、开条砖、地趴砖、杂料等				
				1 km 以内	5 km 以内	10 km 以内	15 km 以内	15 km 以外每增加 5 km
预算基价	总价（元）			113.05	134.73	161.39	189.47	31.99
	人工费（元）			33.90	42.94	56.50	67.80	11.30
	材料费（元）			36.63	36.63	36.63	36.63	
	机械费（元）			39.12	50.85	62.59	78.24	19.56
	管理费（元）			3.40	4.31	5.67	6.80	1.13
组成内容		单位	单价	数量				
人工	综合工	工日	113.00	0.30	0.38	0.50	0.60	0.10
材料	零星材料费	元		35.88	35.88	35.88	35.88	
	材料采管费	元		0.75	0.75	0.75	0.75	
机械	载货汽车 4t	台班	391.19	0.10	0.13	0.16	0.20	0.05

单位：百块

编号			19-11	19-12	19-13	19-14	19-15
项目			方砖				
			1 km 以内	5 km 以内	10 km 以内	15 km 以内	15 km 以外每增加 5 km
预算基价	总价（元）		218.98	241.72	290.06	335.91	90.98
	人工费（元）		56.50	70.06	92.66	113.00	54.24
	材料费（元）		78.57	78.57	78.57	78.57	
	机械费（元）		78.24	86.06	109.53	133.00	31.30
	管理费（元）		5.67	7.03	9.30	11.34	5.44
组成内容	单位	单价	数量				
人工 综合工	工日	113.00	0.50	0.62	0.82	1.00	0.48
材料 零星材料费	元		76.95	76.95	76.95	76.95	
材料 材料采管费	元		1.62	1.62	1.62	1.62	
机械 载货汽车 4t	台班	391.19	0.20	0.22	0.28	0.34	0.08

二、石 制 品 运 输

单位：10 m³

编号				19-16	19-17	19-18	19-19	19-20
项目				方、条石等				
				1 km 以内	5 km 以内	10 km 以内	15 km 以内	15 km 以外每增加 5 km
预算基价	总价（元）			1234.76	1351.50	1658.23	2005.92	515.28
	人工费（元）			244.08	268.94	334.48	406.80	72.32
	材料费（元）			83.61	83.61	83.61	83.61	
	机械费（元）			882.58	971.96	1206.57	1474.69	435.70
	管理费（元）			24.49	26.99	33.57	40.82	7.26
组成内容		单位	单价	数量				
人工	综合工	工日	113.00	2.16	2.38	2.96	3.60	0.64
材料	零星材料费	元		81.89	81.89	81.89	81.89	
	材料采管费	元		1.72	1.72	1.72	1.72	
机械	载货汽车 4t	台班	391.19	0.79	0.87	1.08	1.32	0.39
	汽车式起重机 8t	台班	726.00	0.79	0.87	1.08	1.32	0.39

单位：10 m³

编号				19-21	19-22	19-23	19-24	19-25
项目				栏板、望柱等				
				1 km 以内	5 km 以内	10 km 以内	15 km 以内	15 km 以外每增加 5 km
预算基价	总价（元）			1274.48	1391.22	1697.95	2045.64	515.28
	人工费（元）			244.08	268.94	334.48	406.80	72.32
	材料费（元）			123.33	123.33	123.33	123.33	
	机械费（元）			882.58	971.96	1206.57	1474.69	435.70
	管理费（元）			24.49	26.99	33.57	40.82	7.26
组成内容		单位	单价	数量				
人工	综合工	工日	113.00	2.16	2.38	2.96	3.60	0.64
材料	零星材料费	元		120.79	120.79	120.79	120.79	
	材料采管费	元		2.54	2.54	2.54	2.54	
机械	载货汽车 4t	台班	391.19	0.79	0.87	1.08	1.32	0.39
	汽车式起重机 8t	台班	726.00	0.79	0.87	1.08	1.32	0.39

三、木构件运输

单位：10 m^3

编号				19-26	19-27	19-28	19-29	19-30
项目				木构件				
				1 km 以内	5 km 以内	10 km 以内	15 km 以内	15 km 以外每增加 5 km
预算基价	总价（元）			750.30	822.32	1013.57	1219.70	384.97
	人工费（元）			149.16	163.85	205.66	250.86	85.88
	材料费（元）			38.75	38.75	38.75	38.75	
	机械费（元）			547.42	603.28	748.52	904.92	290.47
	管理费（元）			14.97	16.44	20.64	25.17	8.62
组成内容		单位	单价	数量				
人工	综合工	工日	113.00	1.32	1.45	1.82	2.22	0.76
材料	零星材料费	元		37.95	37.95	37.95	37.95	
	材料采管费	元		0.80	0.80	0.80	0.80	
机械	载货汽车 4t	台班	391.19	0.49	0.54	0.67	0.81	0.26
	汽车式起重机 8t	台班	726.00	0.49	0.54	0.67	0.81	0.26

天津市仿古建筑及园林工程预算基价

第三册　园林绿化景观及施工措施费项目

DBD29-503-2016

天 津 市 城 乡 建 设 委 员 会

中国建筑工业出版社

总 说 明

一、天津市仿古建筑及园林工程预算基价(以下简称“本基价”)是根据国家和本市有关法规、标准、规范等相关依据,按正常的施工工期和生产条件,考虑常规的施工工艺、合理的施工组织设计,结合本市实际编制的。本基价是完成单位合格产品所需人工、材料、机械台班及相应管理费用的基本标准,反映了社会平均水平。

二、本基价适用于天津市行政区域内新建与扩建的仿古建筑、园林绿化与园林景观工程。

三、本基价是编制估算指标、概算定额和初步设计概算、施工图预算、竣工结算、招标控制价、工程量清单的基础;是建设项目投标报价的参考。

四、本基价各子目的预算基价由人工费、材料费、机械费和管理费组成。基价中的工作内容仅说明了主要施工工序,次要施工工序虽未作说明,但基价中已予考虑。

五、本基价共分三册:

第一册　通用项目;

第二册　营造则例做法项目;

第三册　园林绿化景观及施工措施费项目。

六、本基价人工费的规定和说明:

1. 人工消耗量是以现行的《建设工程劳动定额》、《全国统一仿古建筑及园林工程预算定额》为基础,结合本市实际,考虑了施工操作的基本用工、辅助用工、材料在施工现场超运距用工及人工幅度差。人工效率按八小时工作制考虑。

2. 人工单价是根据《中华人民共和国劳动法》有关规定,参照编制期天津市劳动力价格水平综合测算的。按技术含量分为三类:一类工每工日124 元;二类工每工日 113 元;三类工每工日 96 元。

3. 人工费是支付给从事建筑安装工程施工的生产工人和附属生产单位工人的各项费用以及生产工具用具使用费。其中包括按照国家和本市有关规定,职工个人缴纳的养老保险、失业保险、医疗保险及住房公积金。

七、本基价材料费的规定和说明:

1. 材料费包括主要材料、零星材料和材料采购保管费。主要材料为构成工程实体且能够计量的材料、成品、半成品,按品种、规格列出消耗量;零星材料费为不构成工程实体且用量较小的材料,以“元”为单位列出;材料采购保管费是指施工单位在组织采购、供应和保管材料过程中所需各项费用,包括工地仓库的储存损耗。

2. 材料消耗量均按合格的标准规格产品编制。包括按国家消耗量定额标准规定的正常施工消耗和材料从工地仓库、现场集中堆放或加工地点运至施工操作、安装地点的堆放和运输损耗及不可避免的施工操作损耗。

3. 当设计要求采用的材料、成品或半成品的品种、规格型号与基价中不同时,可按各章规定调整。

4. 材料价格按本基价编制期建筑市场材料价格综合取定,包括由材料供应地点运至工地仓库或施工现场堆放地点的费用。

5. 材料采购保管费按照材料价格的2.1% 计取。由建设单位供料至现场或施工单位指定地点,并由施工单位负责保管的,退还建设单位0.875%,施工单位留1.225%;由建设单位供料至现场或施工单位指定地点,并由建设单位负责保管的,退还建设单位1.68%,施工单位留0.42%。

6. 工程建设中部分材料由建设单位供料,结算时退还建设单位所购材料的材料款(包括材料采购保管费),材料单价以施工合同中约定的材料价格为准,材料数量按实际领用量确定。

7. 周转材料费中的周转材料按摊销量编制,且已包括回库维修等相关费用。

8. 本基价部分材料或成品、半成品的消耗量带有括号,并列于无括号材料消耗量之前,表示该材料未计价,基价总价未包括其价值,计价时应以括号中的消耗量乘以其价格,同时计算其采购保管费,分别计入本基价的材料费和总价中;列于无括号材料消耗量之后,表示基价总价和材料费中已经包括了该材料的价值,括号内的材料不再计价。

9. 材料消耗量带有"×"号的,"×"号前为材料消耗量,"×"号后为该材料的单价。数字后带"()","()"内为规格型号。

八、本基价机械费的规定和说明:

1. 机械台班消耗量是按照正常的施工程序、合理的机械配置确定的。

2. 机械台班单价按照《建设工程施工机械台班费用编制规则》及《天津市施工机械台班参考基价》确定。

3. 本基价中的机械费,按各册说明规定执行。

4. 本基价未考虑使用大型机械,如果使用大型机械,可按《天津市建筑工程预算基价》中对使用大型机械的说明及规定进行计算。

九、本基价除注明者以外,均按建筑物檐高20 m以内考虑,当建筑物檐高超过20 m时,因施工降效所增加的人工、机械及有关费用按《天津市建筑工程预算基价》超高工程附加费有关规定执行。

十、施工用水、电已包括在本基价材料费和机械费中,不另计算。施工现场应由建设单位安装水、电表,交施工单位保管和使用,施工单位按表计量,按相应单价计算后退还建设单位。

十一、本基价凡注明"××以内"或"××以下"者,均包括××本身,注明"××以外"或"××以上"者,均不包括××本身。

十二、本基价材料、机械和构件的规格,用数值表示而未说明单位的,其计量单位为毫米;工程量计算规则中,凡未说明计量单位的,按长度计算的以米为计量单位,按面积计算的以平方米为计量单位,按体积计算的以立方米为计量单位,按质量计算的以吨为计量单位。

十三、仿古建筑工程基价与一般建筑工程基价使用界限:

1. 独立建筑的单位仿古建筑工程应全部执行仿古建筑工程基价。

2. 在大型公共建筑的厅堂内建造仿古建筑工程,不需要单独挖土方做基础时,其基础部分与整个建筑的地下部分合并一起,执行一般建筑工程基价,地上部分包括台基在内执行仿古建筑工程基价。若基础与整个建筑不相连,需单独挖土方做基础时,则全部执行仿古建筑工程基价。

3. 在大型公共建筑屋顶、平台上建造仿古建筑工程时,则屋顶、平台结构上皮为执行基价的分界线。

4. 一般建筑工程的台基、外墙、屋顶、装饰为仿古建筑项目时,执行仿古建筑工程的相应基价子目,其他属现代做法的,执行一般建筑工程基价。

十四、设备安装工程,执行《天津市安装工程预算基价》。

十五、本基价适用于简易计税方法计取增值税的仿古建筑及园林工程,对适用一般计税方法计取增值税的仿古建筑及园林工程,按附录六进行调整。

仿古建筑面积计算规则

一、计算建筑面积的范围：

1. 单层建筑不论其出檐层数及高度如何，均按一层计算面积。其中有台明者按台明外围水平面积计算建筑面积；无台明有围护结构的，以围护结构水平面积计算建筑面积；围护结构外有檐廊柱的，按檐廊柱外边线水平面积计算建筑面积；围护结构外边未及构架柱外边线的，按构架柱外边线计算建筑面积；无围护结构的按构架柱外边线计算建筑面积。

2. 有楼层分界的两层或多层建筑，不论其出檐层数如何，按自然结构层的分层水平面积总和计算建筑面积。其首层的建筑面积计算方法分有、无台明两种，按上述单层建筑物的建筑面积计算方法计算；二层及二层以上各层建筑面积计算方法，按上述单层无台明建筑的建筑面积计算方法执行。

3. 单层建筑中或多层建筑的两自然结构楼层间局部有楼层者，按其水平投影面积计算建筑面积。

4. 碉楼式建筑物的碉台内无楼层分界的，按一层计算建筑面积；碉台内有楼层分界的，按分层累计计算建筑面积；单层碉台及多层碉台的首层有台明的，按台明外围水平面积计算建筑面积；无台明的，按围护结构底面外围水平面积计算建筑面积；多层碉台的二层及二层以上均按各层围护结构底面外围水平面积计算建筑面积。

5. 两层或多层建筑构架柱外有围护装饰或围栏的挑台部分，按构架柱外边线至挑台外围线间的水平投影面积的二分之一计算建筑面积。

6. 坡地建筑、临水建筑或跨越水面建筑的首层构架柱外有围栏的挑台部分，按构架柱外边线至挑台外围线间的水平投影面积的二分之一计算建筑面积。

二、不计算建筑面积的范围：

1. 有台明的单层或多层建筑中的无柱门罩、窗罩、雨篷、挑檐、无围护的挑台、台阶等。

2. 无台明建筑或多层建筑的二层或二层以上突出墙面或构架外边线以外的部分，如墀头、垛、窗罩等。

3. 牌楼、实心或半实心的砖、石塔。

4. 构筑物：月台、环丘台、城台、院墙及随墙门、花架等。

5. 碉台的平台。

目　　录

附　　录

册 说 明

一、本册基价系《天津市仿古建筑及园林工程预算基价》的第三册，包括园林绿化工程、园林景观工程及施工措施费项目等三部分。

二、本册基价适用于城市园林绿化和园林景观工程，也适用于厂矿、机关、学校、宾馆、居住小区的园林绿化和园林景观工程。

三、本册基价中的材料、成品、半成品，除注明者外，均包括从工地至仓库、堆放地点或现场加工地点至施工地点以内全部水平运输及檐高在20 m以内垂直运输。场内水平运输已综合了不同的运输距离，实际距离不论远近，基价不做调整。

四、本册基价中的机械费（除注明者外）是按使用中、小机械综合考虑的，不论使用何种机械或不使用机械代之人工操作，均不调整和换算。

第二十章　绿 化 工 程

说　　明

一、本章包括绿地整理，挖绿化用地土方，排盐，屋顶花园基底处理，人工换种植土，起挖树木及竹类，栽植花木及竹类，大树移植，绿化成活养护，其他项目等10节；共339条基价子目。

二、本章基价不包括栽植前绿化用地清理垃圾，但包括栽植后绿化用地周围2 m以内清理工作。

三、本章基价所列的计算规格：胸径是指从地表面向上1.2 m高处树干的直径。地径是指从地表面向上30 cm高处树干的直径。乔木土球直径是按乔木胸径的8倍取定。灌木土球直径是按灌木地径的7倍取定。冠丛高是指从地表面至灌木顶端的高度。年生是指从繁殖起至起苗时的时间。株高是指从地表面至树顶端的高度。蓬径是指球形植物垂直投影面的直径。篱高是指从地表面至绿篱顶端的高度。

四、新工栽植与大树移植规格的划分：带土球乔木土球直径在140 cm以内者为新工栽植，土球直径在140 cm以外者为大树移植；裸根乔木胸径在20 cm以内者为新工栽植，胸径在20 cm以外者为大树移植。

五、本章大树移植基价子目分不换土和换种植土两类，又分带土球、裸根、装木箱三种；其装木箱所用木材、钢丝绳等主要材料是按$\frac{1}{3}$摊销。

六、本章栽植基价中未包括苗木价值，计价时应按设计要求的苗木品种、规格的市场价格计入。

七、各种植物材料在运输、栽植过程中，其合理损耗率：乔木、灌木为1.5%，攀缘植物、绿篱为2%，露地花卉、草皮为4%，草花类为10%。

八、整理绿化用地是指厚度在±30 cm以内的就地挖、填、找平；处理厚度超过30 cm时，应按挖土或填土的相应基价子目计算。

九、整理绿化用地是对不需换土所采用的基价子目；如需换土的绿化用地，不得采用此项基价子目。

十、绿地起坡造型适用于设计造型高度80 cm以内，平均坡度不大于15°的地形。

十一、屋顶花园基底处理及屋顶花园上种植，定额中不包括垂直运输费用，发生时另行计算。

十二、土壤类别的鉴别方法按第一册第一章说明中的土壤及岩石类别的鉴别方法规定执行。

十三、在计算人工挖绿化用地土方（除人工挖绿带沟、管沟以外）及人工换种植土时，设计有要求，应按设计要求进行计算；设计无要求，可按附表“绿化工程相应规格对照参考表”的规格进行计算。

十四、机械挖土不分挖土深度。基价中只包括挖土区清理机下余土所需的推土机台班，不包括卸土区所需的推土机台班，亦不包括平整道路及清除其他障碍物所需的推土机台班。

十五、机械土方施工过程中，当遇见影响机械正常效率发挥时，可按下表调整。

序　号	现　象	人工费	机械费	管理费
1	挖土机挖土含水率超过25%的土方	15%	15%	15%
2	铲运机铲土平均厚度小于30 cm的土方	17%	17%	17%
3	推土机推土平均厚度小于30 cm的土方	25%	25%	25%

十六、本章栽植基价中已包括了栽植后的10天养护。

十七、在栽植工程中遇有组合式球形植物时,可按绿篱的相应规格基价子目计算。

十八、栽植片植匍匐的地被植物按栽植片植花卉基价子目计算,基价子目中的人工费和管理费乘以系数1.2。

十九、本章栽植基价中所用肥料是按有机肥(土堆肥)考虑的,如使用其他肥料允许换算,但人工费和管理费不变。

二十、本章栽植基价中的回填土是以原土回填为准。需换种植土时,按人工换种植土的相应基价子目计算;在人工换种植土基价中应扣除栽植带土球苗木的土球直径超过30 cm所占换土量;换土量内已包括了土的损耗和筑水围的用土量。

二十一、本章栽植基价中的浇水是按自来水人工胶管浇水考虑的;如用其他水源,需化验合格后方可使用,但仍执行本基价。

二十二、在绿化工程施工现场如需采用汽车浇水,应按汽车浇水基价子目进行计算;其计算方法:按基价子目中的用水量,增汽车浇水机械费,减人工胶管浇水人工费。

二十三、本章大树移植基价子目所列机械费是按树木不同规格,不同移植方法综合考虑的,不论使用何种机械或不使用机械,其基价均不得调整;如遇超过规定规格的大树移植,按实际发生另行计算。基价子目中的运输费均以外环线以内为准,超出部分按实际发生另行计算。

二十四、本章绿化成活养护基价子目所包含的定额时间单位为年,即连续累计十二个月为一年;若分月承包则按下表系数执行。

时间(月)	1	2	3	4	5	6	7	8	9	10	11	12
系数	0.20	0.30	0.37	0.44	0.51	0.58	0.65	0.72	0.79	0.86	0.93	1.00

二十五、本章绿化成活养护基价中的草坪成活养护,播种草坪生长期超过6个月按散铺基价子目计算;散铺草坪生长期超过6个月按满铺基价子目计算。

二十六、在绿化工程中如需做假植乔木、灌木,树木支撑,搭设遮阴棚,草绳绕树干,乔木、绿篱防寒及工程废土清运应在施工技术措施项目中计算。

工 作 内 容

一、人工伐树、挖树根、砍伐灌木丛、挖灌木丛根、砍挖竹根项目包括:砍、伐、挖,集中堆放,清理场地。

二、挖铲芦苇根项目包括:铲除草根、草莛,集中运送至指定地点。

三、铲除草皮项目包括:铲除厚10 cm以内泥土的草根、草莛,集中运送至指定地点。

四、整理绿化用地项目包括:挖填厚(深)30 cm以内土方,找平、找坡、耙细,清除石子等杂物,刨出地面排水沟。

五、人工拆除混凝土路面,灰土、混凝土垫层,砖、石、混凝土基础,混凝土、装饰块料面层项目包括:拆除、整理、堆放。

六、人工挖树坑、绿篱沟、绿带沟、管沟项目包括:挖土抛于坑、沟边1 m以外或装车,修整底边。

七、人工挖片植绿篱、色带、片植花卉、草皮地土方项目包括:挖土、装车、修整底边。

八、挖土机挖土自卸汽车运土项目包括:挖土机挖土、清理机下余土、装车、修整底边、自卸汽车运土、养护汽车行驶路线。

九、铲运机铲运土项目包括:铲、运土,卸土及平整,修整边坡,工作面排水。

十、推土机推土项目包括：推、运、平土，修整边坡，工作面排水。

十一、塑料淋水管铺设项目包括：检查及清扫管材，切管、对口、粘结、管道安装、调直及管件安装。

十二、铺设混凝土淋水管项目包括：找泛水，清理，铺管，调制砂浆，接口，养护。

十三、铺淋水层项目包括：分层均匀铺平。

十四、绿地起坡造型项目包括：放线、设置标高桩、50 m 以内的土方倒运、堆土、压实、修坡整形等。

十五、屋面清理项目包括：清扫、清洗、抄平、垃圾渣土集中等。

十六、找平层、保护层、防水层项目包括：施工放线、砂浆调运、找平抹灰、闭水试验等。

十七、软式透水管安装项目包括：与主管链接、水泥砂浆固定等。

十八、滤水层项目包括：物料回填平整、铺装、接缝压边处理等。

十九、填轻质土壤项目包括：回填平整等。

二十、人工换树坑种植土项目包括：装土、运土、卸土到坑边（包括 150 m 运距）。

二十一、人工换绿篱沟、绿带沟种植土项目包括：装土、运土、卸土到沟边（包括 150 m 运距）。

二十二、人工换片植绿篱、色带、露地花卉、草皮地种植土项目包括：装土、运土、卸土到需土地点、铺平（包括 150 m 运距）。

二十三、花池、花坛人工换种植土项目包括：装土、运土、卸土到花池、花坛内，铺平（包括 150 m 运距）。

二十四、起挖带土球乔木、带土球灌木项目包括：起挖、包扎、出坑、搬运集中、回土填坑。

二十五、起挖裸根乔木、裸根灌木项目包括：起挖、出坑、修剪、打浆、搬运集中、回土填坑。

二十六、起挖散生竹、丛生竹项目包括：起挖、包扎、出坑、修剪、搬运集中、回土填坑。

二十七、栽植带土球乔木、裸根乔木、带土球灌木、裸根灌木、散生竹、丛生竹、独株球形植物项目包括：修坑、施肥、栽植（落坑、扶正、回土、捣实、筑水围）、浇水、覆土、保墒、整形、清理、养护。

二十八、栽植攀缘植物项目包括：修坑、施肥、栽植、回土、捣实、浇水、覆土、清理、养护。

二十九、栽植单排绿篱、双排绿篱、成片绿篱项目包括：开沟、施肥、排苗、回土、筑水围、浇水、覆土、整形、清理、养护。

三十、栽植花坛花卉、露地花卉项目包括：翻土整地、清除杂物、施肥、放样、栽植、浇水、清理、养护。

三十一、栽植水生植物项目包括：植物搬运、挖坑、栽植、回土、浇水、整形、清理、养护。

三十二、铺种草皮项目包括：翻土整地、清除杂物、施肥、搬运草皮、铺草皮（草籽播种）、浇水、清理、养护。

三十三、起挖带土球大树项目包括：起挖、修剪、土球包扎、枝干整理、吊装、运输、回土填坑等。

三十四、起挖裸根大树项目包括：起挖、修剪、打浆、枝干整理、吊装、运输、回土填坑等。

三十五、栽植带土球大树项目包括：挖坑、施肥、吊卸落坑、包扎拆除、扶正、回土、支撑固定、筑围、浇水、覆土、保墒、整形、清理、养护。

三十六、栽植裸根大树项目包括：挖坑、施肥、吊卸落坑、扶正、回土、支撑固定、筑围、浇水、覆土、保墒、整形、清理、养护。

三十七、移植装木箱大树项目包括：起挖修剪、木箱制作安装、枝干整理、吊装运输、回土填坑；挖坑施肥、吊卸落坑、木箱拆卸、扶正回土、支撑固定、筑围浇水、覆土保墒、清理养护等。

三十八、常绿乔木、灌木,落叶乔木、灌木,竹类成活养护项目包括:中耕施肥、整地除草、修剪剥芽、防病除害、支撑加固、加土扶正、清除枯枝、环境清理、灌溉排水等。

三十九、球形植物、绿篱、露地花卉、地被植物成活养护项目包括:中耕施肥、整地除草、修剪整形、防病除害、加土扶正、清除枯枝、环境清理、灌溉排水等。

四十、攀缘植物成活养护项目包括:中耕施肥、整地除草、修剪牵攀、防病除害、加土扶正、清除枯枝、环境清理、灌溉排水等。

四十一、草坪成活养护项目包括:整地镇压、钆草修边、草梢清除、挑除杂草、空秃补植、加土施肥、防病除害、环境清理、灌溉排水等。

四十二、摆设盆花项目包括:搬运、摆设、浇水一次、清运时花(运距5 km)。

四十三、水体护理项目包括:清理水面杂物和水底沉淀物。

四十四、水池清洗项目包括:清洗。

工 程 量 计 算 规 则

一、伐树、挖树根,按伐、挖数量计算。

二、砍伐灌木丛、挖灌木丛根,按砍伐、挖数量计算。

三、砍挖散生竹根,按砍挖数量计算;砍挖丛生竹根,按砍挖数量计算。

四、挖铲芦苇根、铲除草皮,按挖铲、铲除面积计算。

五、整理绿化用地按设计图示面积计算。

六、人工拆除混凝土路面,灰土、混凝土垫层,砖、毛石、混凝土基础;均按实际拆除体积计算。

七、人工拆除混凝土、装饰块料面层,均按实际拆除面积计算。

八、挖土方、运土及人工换种植土,均按天然密实体积计算。

九、铺设淋水管均按设计图示长度计算。塑料淋水管不扣除管件所占长度,混凝土淋水管不扣除检查井和连接井所占长度,其坡度的影响不予考虑。

十、塑料管件安装的工程量,按设计图示数量计算。

十一、铺淋水层均按设计图示尺寸以体积计算。

十二、绿地起坡造型按设计图示体积以立方米计算。

十三、屋面清理按设计图示尺寸以平方米计算。

十四、找平层、保护层、防水层按设计图示尺寸以平方米计算。

十五、软式透水管按设计图示长度以米计算。

十六、土工布过滤层按设计图示尺寸以平方米计算.

十七、填卵石、填陶粒、填轻质土壤按设计图示体积以立方米计算。

十八、带土球乔木、裸根乔木、带土球灌木、裸根灌木、散生竹起挖及栽植,均按设计图示数量计算。

十九、丛生竹起挖及栽植,均按设计图示数量计算。
二十、独株球形植物、攀缘植物、单植花卉、湿生植物、挺水植物、浮叶植物栽植,均按设计图示数量计算。
二十一、单排绿篱、双排绿篱栽植,均按设计图示长度计算。
二十二、成片绿篱、花坛花卉、片植花卉、漂浮植物栽植及铺种草皮,均按设计图示面积计算。
二十三、大树移植按设计图示数量计算。
二十四、常绿乔木、落叶乔木、常绿灌木、落叶灌木、竹类、球形植物、攀缘植物成活养护,均按设计图示数量计算。
二十五、单排绿篱、双排绿篱成活养护,均按设计图示长度计算。
二十六、成片绿篱、露地花卉、地被植物、草坪成活养护,均按设计图示面积计算。
二十七、摆设盆花按实摆数量计算。
二十八、水体护理按水域面积以平方米计算。
二十九、水体清洗按每次实际清洗的展开面积以平方米计算。

一、绿 地 整 理

单位：株

编号				20-1	20-2	20-3	20-4	20-5	20-6
项目				人工伐树					
				离地面 20 cm 处树干直径（cm）					
				10 以内	20 以内	30 以内	40 以内	50 以内	50 以外
预算基价	总价（元）			8.30	23.86	50.84	101.68	150.44	338.23
	人工费（元）			7.68	22.08	47.04	94.08	139.20	312.96
	管理费（元）			0.62	1.78	3.80	7.60	11.24	25.27
组成内容		单位	单价	数量					
人工	综合工	工日	96.00	0.08	0.23	0.49	0.98	1.45	3.26

单位：株

编号				20-7	20-8	20-9	20-10	20-11	20-12
项目				人工挖树根（蔸）					
				离地面 20 cm 处树干直径（cm）					
				10 以内	20 以内	30 以内	40 以内	50 以内	50 以外
预算基价	总价（元）			11.41	24.90	87.15	174.30	250.04	348.60
	人工费（元）			10.56	23.04	80.64	161.28	231.36	322.56
	管理费（元）			0.85	1.86	6.51	13.02	18.68	26.04
组成内容		单位	单价	数量					
人工	综合工	工日	96.00	0.11	0.24	0.84	1.68	2.41	3.36

单位：丛

编号				20-13	20-14	20-15	20-16
项目				砍伐灌木丛（冠丛高度cm以内）			
				100	150	200	250
预算基价	总价（元）			4.15	7.26	11.41	19.71
	人工费（元）			3.84	6.72	10.56	18.24
	管理费（元）			0.31	0.54	0.85	1.47
组成内容		单位	单价	数量			
人工	综合工	工日	96.00	0.04	0.07	0.11	0.19

单位：丛

编号				20-17	20-18	20-19	20-20	20-21
项目				人工挖灌木丛根（根盘直径 cm 以内）				
				20	40	60	80	100
预算基价	总价（元）			4.15	13.49	22.83	68.48	136.95
	人工费（元）			3.84	12.48	21.12	63.36	126.72
	管理费（元）			0.31	1.01	1.71	5.12	10.23
组成内容		单位	单价	数量				
人工	综合工	工日	96.00	0.04	0.13	0.22	0.66	1.32

单位：株

编号				20-22	20-23	20-24	20-25	20-26
项目				砍挖散生竹根（胸径 cm 以内）				
				2	4	6	8	10
预算基价	总价（元）			4.15	7.26	10.38	17.64	29.05
	人工费（元）			3.84	6.72	9.60	16.32	26.88
	管理费（元）			0.31	0.54	0.78	1.32	2.17
组成内容		单位	单价	数量				
人工	综合工	工日	96.00	0.04	0.07	0.10	0.17	0.28

单位：丛

编号				20-27	20-28	20-29	20-30	20-31	20-32
项目				砍挖丛生竹根（根盘直径 cm 以内）					
				30	40	50	60	70	80
预算基价	总价（元）			8.30	14.53	28.01	45.65	51.88	68.48
	人工费（元）			7.68	13.44	25.92	42.24	48.00	63.36
	管理费（元）			0.62	1.09	2.09	3.41	3.88	5.12
组成内容		单位	单价	数量					
人工	综合工	工日	96.00	0.08	0.14	0.27	0.44	0.50	0.66

单位：10 m²

编号				20-33	20-34	20-35	20-36	20-37
项目				挖铲芦苇根	铲除草皮	整理绿化用地	绿地起坡造型	
							人工（m^3）	机械（m^3）
预算基价	总价（元）			86.94	39.85	60.38	120.94	103.97
	人工费（元）			81.36	37.29	56.50	22.60	2.26
	材料费（元）						96.79	96.79
	机械费（元）							4.76
	管理费（元）			5.58	2.56	3.88	1.55	0.16
组成内容		单位	单价	数量				
人工	综合工	工日	113.00	0.72	0.33	0.50	0.20	0.02
材料	黄土	m^3	79.00				1.200	1.200
	材料采管费	元					1.99	1.99
机械	推土机	台班	794.10					0.006

单位：m^3

编号				20-38	20-39	20-40	20-41	20-42
项目				人工拆除				
				素混凝土路面	沥青混凝土路面	灰土垫层	混凝土垫层	砖基础
预算基价	总价（元）			269.75	290.50	186.75	269.75	190.90
	人工费（元）			249.60	268.80	172.80	249.60	176.64
	管理费（元）			20.15	21.70	13.95	20.15	14.26
组成内容		单位	单价	数量				
人工	综合工	工日	96.00	2.60	2.80	1.80	2.60	1.84

单位：m^3

编号				20-43	20-44	20-45	20-46	20-47
项目				人工拆除				
				毛石基础	混凝土基础	钢筋混凝土基础	混凝土块料面层（$10m^2$）	装饰块料面层（$10m^2$）
预算基价	总价（元）			228.25	664.00	996.00	155.63	456.50
	人工费（元）			211.20	614.40	921.60	144.00	422.40
	管理费（元）			17.05	49.60	74.40	11.63	34.10
组成内容		单位	单价	数量				
人工	综合工	工日	96.00	2.20	6.40	9.60	1.50	4.40

二、挖绿化用地土方

单位：m^3

编号				20-48	20-49	20-50	20-51	20-52	20-53
项目				人工挖树坑			人工挖绿篱沟		
				一般土	砂砾坚土	冻土	一般土	砂砾坚土	冻土
预算基价	总价（元）			41.50	62.25	77.81	29.05	43.58	54.99
	人工费（元）			38.40	57.60	72.00	26.88	40.32	50.88
	管理费（元）			3.10	4.65	5.81	2.17	3.26	4.11
组成内容		单位	单价	数量					
人工	综合工	工日	96.00	0.40	0.60	0.75	0.28	0.42	0.53

单位：m^3

编号				20-54	20-55	20-56	20-57	20-58	20-59
项目				人工挖绿带沟、管沟			人工挖片植绿篱、色带、片植花卉、草皮地土方		
				一般土	砂砾坚土	冻土	一般土	砂砾坚土	冻土
预算基价	总价（元）			37.35	56.03	70.55	24.90	37.35	46.69
	人工费（元）			34.56	51.84	65.28	23.04	34.56	43.20
	管理费（元）			2.79	4.19	5.27	1.86	2.79	3.49
组成内容		单位	单价	数量					
人工	综合工	工日	96.00	0.36	0.54	0.68	0.24	0.36	0.45

单位：100 m³

编号				20-60	20-61	20-62
项目				挖土机挖土自卸汽车运土		
				运距在 1 km 以内		每增加 1 km 运距
				一般土	砂砾坚土	
预算基价	总价（元）			1749.36	2062.15	343.83
	人工费（元）			182.40	238.08	
	材料费（元）			6.89	6.89	
	机械费（元）			1414.11	1645.12	314.86
	管理费（元）			145.96	172.06	28.97
组成内容		单位	单价	数量		
人工	综合工	工日	96.00	1.90	2.48	
材料	水	m^3	7.85	0.860	0.860	
	材料采管费	元		0.14	0.14	
机械	挖掘机	台班	1067.36	0.302	0.393	
	推土机	台班	794.10	0.030	0.039	
	自卸汽车	台班	563.26	1.896	2.121	0.559

单位：100 m^3

编号				20-63	20-64	20-65	20-66	20-67	20-68
项目				铲运机铲运土			推土机推土		
				运距在200 m以内		每增加50 m运距	运距在20 m以内		每增加10 m运距
				一般土	砂砾坚土		一般土	砂砾坚土	
预算基价	总价（元）			759.10	965.71	80.29	430.21	497.32	136.14
	人工费（元）			130.56	154.56	5.76	33.60	30.72	
	机械费（元）			565.18	730.50	67.79	360.52	424.84	124.67
	管理费（元）			63.36	80.65	6.74	36.09	41.76	11.47
组成内容		单位	单价	数量					
人工	综合工	工日	96.00	1.36	1.61	0.06	0.35	0.32	
机械	拖式铲运机 7m^3	台班	954.84	0.547	0.706	0.071			
	推土机	台班	794.10	0.054	0.071		0.454	0.535	0.157

三、排　　盐

单位：10 m

编号				20-69	20-70	20-71	20-72	20-73	20-74
项目				塑料淋水管铺设（公称直径 mm 以内）					
				50	75	110	125	140	160
预算基价	总价（元）			72.03	96.66	127.48	145.94	159.51	183.86
	人工费（元）			66.67	89.27	117.52	134.47	146.90	169.50
	材料费（元）			0.79	1.18	1.81	2.16	2.44	2.61
	机械费（元）				0.09	0.09	0.09	0.09	0.12
	管理费（元）			4.57	6.12	8.06	9.22	10.08	11.63
组成内容		单位	单价	数量					
人工	综合工	工日	113.00	0.59	0.79	1.04	1.19	1.30	1.50
材料	塑料淋水管	m		(10.000)	(10.000)	(10.000)	(10.000)	(10.000)	(10.000)
	锯条	根	0.48	0.024					
	丙酮	kg	11.31	0.015	0.023	0.047	0.054	0.065	0.070
	胶粘剂	kg	21.00	0.010	0.016	0.032	0.036	0.043	0.048
	砂布	张	1.08	0.350	0.520	0.520	0.700	0.700	0.700
	材料采管费	元		0.02	0.02	0.04	0.04	0.05	0.05
机械	木工圆锯机 D500	台班	30.72		0.003	0.003	0.003	0.003	0.004

单位：个

编号				20-75	20-76	20-77	20-78	20-79	20-80
项目				塑料管件安装（公称直径 mm 以内）					
				50	75	110	125	140	160
预算基价	总价（元）			10.43	15.70	23.46	27.45	32.41	35.03
	人工费（元）			9.04	13.56	20.34	23.73	28.25	30.51
	材料费（元）			0.77	1.12	1.63	2.00	2.13	2.31
	机械费（元）				0.09	0.09	0.09	0.09	0.12
	管理费（元）			0.62	0.93	1.40	1.63	1.94	2.09
组成内容		单位	单价	数量					
人工	综合工	工日	113.00	0.08	0.12	0.18	0.21	0.25	0.27
材料	塑料管件	个		(1.000)	(1.000)	(1.000)	(1.000)	(1.000)	(1.000)
	锯条	根	0.48	0.030					
	丙酮	kg	11.31	0.012	0.018	0.038	0.043	0.047	0.055
	胶粘剂	kg	21.00	0.008	0.012	0.025	0.029	0.033	0.037
	砂布	张	1.08	0.400	0.600	0.600	0.800	0.800	0.800
	材料采管费	元		0.02	0.02	0.03	0.04	0.04	0.05
机械	木工圆锯机 *D*500	台班	30.72		0.003	0.003	0.003	0.003	0.004

单位：m³

编号				20-81	20-82	20-83	20-84	20-85
项目				铺设混凝土淋水管（公称直径 mm 以内）		铺淋水层		
				200 (10m)	300 (10m)	石屑	碎石	炉渣
预算基价	总价（元）			1057.01	1157.84	223.08	213.99	186.59
	人工费（元）			142.38	146.90	55.68	64.32	37.44
	材料费（元）			904.86	1000.86	162.90	144.48	146.13
	管理费（元）			9.77	10.08	4.50	5.19	3.02
组成内容		单位	单价	数量				
人工	综合工	工日	113.00	1.26	1.30			
	综合工	工日	96.00			0.58	0.67	0.39
材料	混凝土淋水管 D200	m	85.00	10.15				
	混凝土淋水管 D300	m	93.50		10.15			
	页岩标砖 240×115×53	百块	57.88	0.20	0.20			
	水泥	kg	0.37	8.30	12.21			
	砂子	t	87.58	0.026	0.038		0.041	
	石屑	t	83.27			1.916		
	碴石 19~25	t	87.51				1.576	
	炉渣	m³	117.31					1.220
	草袋 840×760	m²	3.95	0.72	0.87			
	水	m³	7.85	0.476	1.068			
	材料采管费	元		18.61	20.59	3.35	2.97	3.01
	水泥砂浆 1:2.5	m³		(0.017)	(0.025)			

四、屋顶花园基底处理

单位：10 m^2

编号				20-86	20-87	20-88	20-89	20-90	20-91
项目				屋面清理	水泥砂浆抹找平层		水泥砂浆抹保护层	SBS改性沥青防水卷材	
					平面	立面		平面	立面
预算基价	总价（元）			27.77	212.58	272.95	206.54	1083.59	1141.55
	人工费（元）			25.99	101.70	158.20	96.05	133.34	187.58
	材料费（元）				97.78	97.78	97.78	941.10	941.10
	机械费（元）				6.12	6.12	6.12		
	管理费（元）			1.78	6.98	10.85	6.59	9.15	12.87
组成内容		单位	单价	数量					
人工	综合工	工日	113.00	0.230	0.900	1.400	0.850	1.180	1.660
材料	水泥	kg	0.37		107.41	107.41	107.41		
	砂子	t	87.58		0.331	0.331	0.331		
	防水粉	kg	4.87		5.37	5.37	5.37		
	SBS改性沥青防水卷材 3mm	m^2	40.02					14.00	14.00
	JG-1防水涂料	kg	25.00					5.70	5.70
	SBS弹性沥青防水胶	kg	35.00					5.00	5.00
	汽油	kg	7.34					4.50	4.50
	水	m^3	7.85		0.113	0.113	0.113		
	零星材料费	元						10.93	10.93
	材料采管费	元			2.01	2.01	2.01	19.36	19.36
	水泥砂浆 1:2.5	m^3			(0.220)	(0.220)	(0.220)		
机械	灰浆搅拌机 200L	台班	180.11		0.034	0.034	0.034		

单位：10 m

编号				20-92	20-93	20-94	20-95	20-96
项目				软式透水管安装（公称直径 mm 以内）				
				50	80	100	150	200
预算基价	总价（元）			63.89	88.04	112.19	136.34	160.49
	人工费（元）			56.50	79.10	101.70	124.30	146.90
	材料费（元）			3.22	3.22	3.22	3.22	3.22
	机械费（元）			0.29	0.29	0.29	0.29	0.29
	管理费（元）			3.88	5.43	6.98	8.53	10.08
组成内容		单位	单价	数量				
人工	综合工	工日	113.00	0.50	0.70	0.90	1.10	1.30
材料	软式透水管	m		(11.000)	(11.000)	(11.000)	(11.000)	(11.000)
	水泥	kg	0.37	4.88	4.88	4.88	4.88	4.88
	砂子	t	87.58	0.015	0.015	0.015	0.015	0.015
	水	m^3	7.85	0.004	0.004	0.004	0.004	0.004
	材料采管费	元		0.07	0.07	0.07	0.07	0.07
	水泥砂浆 1:2.5	m^3		(0.010)	(0.010)	(0.010)	(0.010)	(0.010)
机械	灰浆搅拌机 200L	台班	180.11	0.0016	0.0016	0.0016	0.0016	0.0016

单位：m³

编号				20-97	20-98	20-99	20-100
项目				滤水层			填轻质土壤
				土工布过滤层（10m²）	填级配卵石	填陶粒	
预算基价	总价（元）			146.29	333.58	182.97	11.14
	人工费（元）			45.20	29.38	10.17	10.17
	材料费（元）			96.79	301.40	171.83	
	机械费（元）			1.20	0.78	0.27	0.27
	管理费（元）			3.10	2.02	0.70	0.70
组成内容		单位	单价	数量			
人工	综合工	工日	113.00	0.40	0.26	0.09	0.09
材料	腐殖土	m³					(1.040)
	土工布	m²	7.90	12.00			
	卵石 粒径60以外	t	180.00		1.640		
	陶粒	m³	165.00			1.020	
	材料采管费	元		1.99	6.20	3.53	
机械	综合机械	元		1.20	0.78	0.27	0.27

五、人工换种植土

单位：m^3

编号				20-101	20-102	20-103	20-104
项目				人工换种植土			
				树坑	绿篱沟、绿带沟	片植绿篱、色带、露地花卉、草皮地	花池、花坛填土
预算基价	总价（元）			149.35	129.87	117.54	128.95
	人工费（元）			37.44	26.88	19.20	29.76
	材料费（元）			108.89	100.82	96.79	96.79
	管理费（元）			3.02	2.17	1.55	2.40
组成内容		单位	单价	数量			
人工	综合工	工日	96.00	0.39	0.28	0.20	0.31
材料	种植土	m^3	79.00	1.350	1.250	1.200	1.200
	材料采管费	元		2.24	2.07	1.99	1.99

六、起挖树木及竹类

单位：株

编号				20-105	20-106	20-107	20-108	20-109
项目				起挖带土球乔木（土球直径 cm 以内）				
				20	30	40	50	60
预算基价	总价（元）			15.90	22.60	33.05	50.20	76.09
	人工费（元）			6.78	9.04	14.69	22.60	38.42
	材料费（元）			8.40	12.61	16.81	25.21	33.61
	管理费（元）			0.72	0.95	1.55	2.39	4.06
组成内容		单位	单价	数量				
人工	综合工	工日	113.00	0.06	0.08	0.13	0.20	0.34
材料	草绳	kg	8.23	1.00	1.50	2.00	3.00	4.00
	材料采管费	元		0.17	0.26	0.35	0.52	0.69

单位：株

编号				20-110	20-111	20-112	20-113	20-114
项目				起挖带土球乔木（土球直径 cm 以内）				
				70	80	100	120	140
预算基价	总价（元）			110.25	157.15	296.72	439.69	564.94
	人工费（元）			48.59	76.84	166.11	250.86	313.01
	材料费（元）			42.01	50.42	84.03	126.04	168.06
	机械费（元）			14.52	21.78	29.04	36.30	50.82
	管理费（元）			5.13	8.11	17.54	26.49	33.05
组成内容		单位	单价	数量				
人工	综合工	工日	113.00	0.43	0.68	1.47	2.22	2.77
材料	草绳	kg	8.23	5.00	6.00	10.00	15.00	20.00
	材料采管费	元		0.86	1.04	1.73	2.59	3.46
机械	汽车式起重机 8t	台班	726.00	0.020	0.030	0.040	0.050	0.070

单位：株

编号				20-115	20-116	20-117	20-118	20-119
项目				起挖裸根乔木（胸径 cm 以内）				
				4	6	8	10	12
预算基价	总价（元）			5.00	9.99	16.24	31.23	51.22
	人工费（元）			4.52	9.04	14.69	28.25	46.33
	管理费（元）			0.48	0.95	1.55	2.98	4.89
组成内容		单位	单价	数量				
人工	综合工	工日	113.00	0.04	0.08	0.13	0.25	0.41

单位：株

编号				20-120	20-121	20-122	20-123	20-124
项目				起挖裸根乔木（胸径 cm 以内）				
				14	16	18	20	24
预算基价	总价（元）			84.95	99.71	120.83	161.94	312.87
	人工费（元）			76.84	83.62	99.44	133.34	263.29
	机械费（元）				7.26	10.89	14.52	21.78
	管理费（元）			8.11	8.83	10.50	14.08	27.80
组成内容		单位	单价	数量				
人工	综合工	工日	113.00	0.68	0.74	0.88	1.18	2.33
机械	汽车式起重机 8t	台班	726.00		0.010	0.015	0.020	0.030

单位：株

编号				20-125	20-126	20-127	20-128	20-129
项目				起挖带土球灌木（土球直径cm以内）				
				20	30	40	50	60
预算基价	总价（元）			9.21	18.39	31.35	45.54	71.44
	人工费（元）			4.52	9.04	16.95	25.99	41.81
	材料费（元）			4.21	8.40	12.61	16.81	25.21
	管理费（元）			0.48	0.95	1.79	2.74	4.42
组成内容		单位	单价	数量				
人工	综合工	工日	113.00	0.04	0.08	0.15	0.23	0.37
材料	草绳	kg	8.23	0.50	1.00	1.50	2.00	3.00
	材料采管费	元		0.09	0.17	0.26	0.35	0.52

单位：株

编号				20-130	20-131	20-132	20-133	20-134
项目				起挖带土球灌木（土球直径 cm 以内）				
				70	80	100	120	140
预算基价	总价（元）			108.10	168.40	310.46	458.43	593.68
	人工费（元）			54.24	87.01	178.54	267.81	339.00
	材料费（元）			33.61	50.42	84.03	126.04	168.06
	机械费（元）			14.52	21.78	29.04	36.30	50.82
	管理费（元）			5.73	9.19	18.85	28.28	35.80
组成内容		单位	单价	数量				
人工	综合工	工日	113.00	0.48	0.77	1.58	2.37	3.00
材料	草绳	kg	8.23	4.00	6.00	10.00	15.00	20.00
	材料采管费	元		0.69	1.04	1.73	2.59	3.46
机械	汽车式起重机 8t	台班	726.00	0.020	0.030	0.040	0.050	0.070

单位：株

编号				20-135	20-136	20-137	20-138
项目				起挖裸根灌木（冠丛高cm以内）			
				100	150	200	250
预算基价	总价（元）			3.75	6.25	12.49	22.49
	人工费（元）			3.39	5.65	11.30	20.34
	管理费（元）			0.36	0.60	1.19	2.15
组成内容		单位	单价	数量			
人工	综合工	工日	113.00	0.03	0.05	0.10	0.18

单位：株

编号				20-139	20-140	20-141	20-142	20-143
项目				起挖散生竹（胸径cm以内）				
				2	4	6	8	10
预算基价	总价（元）			7.96	17.15	19.64	31.35	43.84
	人工费（元）			3.39	7.91	10.17	16.95	28.25
	材料费（元）			4.21	8.40	8.40	12.61	12.61
	管理费（元）			0.36	0.84	1.07	1.79	2.98
组成内容		单位	单价	数量				
人工	综合工	工日	113.00	0.03	0.07	0.09	0.15	0.25
材料	草绳	kg	8.23	0.50	1.00	1.00	1.50	1.50
	材料采管费	元		0.09	0.17	0.17	0.26	0.26

单位：丛

编号				20-144	20-145	20-146	20-147	20-148	20-149
项目				起挖丛生竹（根盘丛径 cm 以内）					
				30	40	50	60	70	80
预算基价	总价（元）			14.20	24.64	38.38	63.83	91.30	119.00
	人工费（元）			9.04	14.69	27.12	46.33	54.24	68.93
	材料费（元）			4.21	8.40	8.40	12.61	16.81	21.01
	机械费（元）							14.52	21.78
	管理费（元）			0.95	1.55	2.86	4.89	5.73	7.28
组成内容		单位	单价	数量					
人工	综合工	工日	113.00	0.08	0.13	0.24	0.41	0.48	0.61
材料	草绳	kg	8.23	0.50	1.00	1.00	1.50	2.00	2.50
	材料采管费	元		0.09	0.17	0.17	0.26	0.35	0.43
机械	汽车式起重机 8t	台班	726.00					0.020	0.030

七、栽植花木及竹类

单位：株

编号					20-150	20-151	20-152	20-153
项目					栽植带土球乔木（土球直径 cm 以内）			
					30	40	50	60
预算基价	总价（元）				9.45	16.15	21.61	37.06
	人工费（元）				7.91	13.56	18.08	31.64
	材料费（元）				0.70	1.16	1.62	2.08
	管理费（元）				0.84	1.43	1.91	3.34
组成内容			单位	单价	数量			
人工	综合工		工日	113.00	0.07	0.12	0.16	0.28
材料	苗木		株		(1.015)	(1.015)	(1.015)	(1.015)
	有机肥		m^3	120.00	0.004	0.006	0.008	0.010
	水		m^3	7.85	0.025	0.050	0.075	0.100
	零星材料费		元		0.01	0.03	0.04	0.05
	材料采管费		元		0.01	0.02	0.03	0.04

单位：株

编号				20-154	20-155	20-156	20-157	20-158
项目				栽植带土球乔木（土球直径 cm 以内）				
				70	80	100	120	140
预算基价	总价（元）			57.03	81.00	119.76	163.11	241.19
	人工费（元）			36.16	50.85	77.97	109.61	166.11
	材料费（元）			2.53	3.00	4.52	5.62	6.72
	机械费（元）			14.52	21.78	29.04	36.30	50.82
	管理费（元）			3.82	5.37	8.23	11.58	17.54
组成内容		单位	单价	数量				
人工	综合工	工日	113.00	0.32	0.45	0.69	0.97	1.47
材料	苗木	株		(1.015)	(1.015)	(1.015)	(1.015)	(1.015)
	有机肥	m^3	120.00	0.012	0.014	0.016	0.018	0.020
	水	m^3	7.85	0.125	0.150	0.300	0.400	0.500
	零星材料费	元		0.06	0.08	0.15	0.20	0.25
	材料采管费	元		0.05	0.06	0.09	0.12	0.14
机械	汽车式起重机 8t	台班	726.00	0.020	0.030	0.040	0.050	0.070

单位：株

编号				20-159	20-160	20-161	20-162	20-163
项目				栽植裸根乔木（胸径 cm 以内）				
				4	6	8	10	12
预算基价	总价（元）			5.46	9.67	17.62	28.08	44.99
	人工费（元）			4.52	7.91	14.69	23.73	38.42
	材料费（元）			0.46	0.92	1.38	1.84	2.51
	管理费（元）			0.48	0.84	1.55	2.51	4.06
组成内容		单位	单价	数量				
人工	综合工	工日	113.00	0.04	0.07	0.13	0.21	0.34
材料	苗木	株		(1.015)	(1.015)	(1.015)	(1.015)	(1.015)
	有机肥	m^3	120.00	0.002	0.004	0.006	0.008	0.010
	水	m^3	7.85	0.025	0.050	0.075	0.100	0.150
	零星材料费	元		0.01	0.03	0.04	0.05	0.08
	材料采管费	元		0.01	0.02	0.03	0.04	0.05

单位：株

编号				20-164	20-165	20-166	20-167
项目				栽植裸根乔木（胸径 cm 以内）			
				14	16	18	20
预算基价	总价（元）			64.40	85.25	113.71	169.66
	人工费（元）			55.37	66.67	88.14	134.47
	材料费（元）			3.18	4.28	5.37	6.47
	机械费（元）				7.26	10.89	14.52
	管理费（元）			5.85	7.04	9.31	14.20
组成内容		单位	单价	数量			
人工	综合工	工日	113.00	0.49	0.59	0.78	1.19
材料	苗木	株		(1.015)	(1.015)	(1.015)	(1.015)
	有机肥	m^3	120.00	0.012	0.014	0.016	0.018
	水	m^3	7.85	0.200	0.300	0.400	0.500
	零星材料费	元		0.10	0.15	0.20	0.25
	材料采管费	元		0.07	0.09	0.11	0.13
机械	汽车式起重机 8t	台班	726.00		0.010	0.015	0.020

单位：株

编号				20-168	20-169	20-170	20-171
项目				栽植带土球灌木（土球直径 cm 以内）			
				30	40	50	60
预算基价	总价（元）			10.69	17.40	24.11	42.06
	人工费（元）			9.04	14.69	20.34	36.16
	材料费（元）			0.70	1.16	1.62	2.08
	管理费（元）			0.95	1.55	2.15	3.82
组成内容		单位	单价	数量			
人工	综合工	工日	113.00	0.08	0.13	0.18	0.32
材料	苗木	株		(1.015)	(1.015)	(1.015)	(1.015)
	有机肥	m^3	120.00	0.004	0.006	0.008	0.010
	水	m^3	7.85	0.025	0.050	0.075	0.100
	零星材料费	元		0.01	0.03	0.04	0.05
	材料采管费	元		0.01	0.02	0.03	0.04

单位：株

编号				20-172	20-173	20-174	20-175
项目				栽植带土球灌木（土球直径cm以内）			
				70	80	100	120
预算基价	总价（元）			60.78	99.74	128.51	175.60
	人工费（元）			39.55	67.80	85.88	120.91
	材料费（元）			2.53	3.00	4.52	5.62
	机械费（元）			14.52	21.78	29.04	36.30
	管理费（元）			4.18	7.16	9.07	12.77
组成内容		单位	单价	数量			
人工	综合工	工日	113.00	0.35	0.60	0.76	1.07
材料	苗木	株		(1.015)	(1.015)	(1.015)	(1.015)
	有机肥	m^3	120.00	0.012	0.014	0.016	0.018
	水	m^3	7.85	0.125	0.150	0.300	0.400
	零星材料费	元		0.06	0.08	0.15	0.20
	材料采管费	元		0.05	0.06	0.09	0.12
机械	汽车式起重机 8t	台班	726.00	0.020	0.030	0.040	0.050

单位：株

编号				20-176	20-177	20-178	20-179
项目				栽植裸根灌木（冠丛高 cm 以内）			
				100	150	200	250
预算基价	总价（元）			5.46	8.20	12.40	16.61
	人工费（元）			4.52	6.78	10.17	13.56
	材料费（元）			0.46	0.70	1.16	1.62
	管理费（元）			0.48	0.72	1.07	1.43
组成内容		单位	单价	数量			
人工	综合工	工日	113.00	0.04	0.06	0.09	0.12
材料	苗木	株		(1.015)	(1.015)	(1.015)	(1.015)
	有机肥	m^3	120.00	0.002	0.004	0.006	0.008
	水	m^3	7.85	0.025	0.025	0.050	0.075
	零星材料费	元		0.01	0.01	0.03	0.04
	材料采管费	元		0.01	0.01	0.02	0.03

单位：株

<table>
<tr><td colspan="4">编号</td><td>20-180</td><td>20-181</td><td>20-182</td><td>20-183</td><td>20-184</td></tr>
<tr><td colspan="4" rowspan="2">项目</td><td colspan="5">栽植散生竹（胸径 cm 以内）</td></tr>
<tr><td>2</td><td>4</td><td>6</td><td>8</td><td>10</td></tr>
<tr><td rowspan="4">预算基价</td><td colspan="3">总价（元）</td><td>5.46</td><td>8.32</td><td>9.91</td><td>19.11</td><td>28.32</td></tr>
<tr><td colspan="3">人工费（元）</td><td>4.52</td><td>6.78</td><td>7.91</td><td>15.82</td><td>23.73</td></tr>
<tr><td colspan="3">材料费（元）</td><td>0.46</td><td>0.82</td><td>1.16</td><td>1.62</td><td>2.08</td></tr>
<tr><td colspan="3">管理费（元）</td><td>0.48</td><td>0.72</td><td>0.84</td><td>1.67</td><td>2.51</td></tr>
<tr><td colspan="2">组成内容</td><td>单位</td><td>单价</td><td colspan="5">数量</td></tr>
<tr><td>人工</td><td>综合工</td><td>工日</td><td>113.00</td><td>0.04</td><td>0.06</td><td>0.07</td><td>0.14</td><td>0.21</td></tr>
<tr><td rowspan="5">材料</td><td>苗木</td><td>株</td><td></td><td>(1.015)</td><td>(1.015)</td><td>(1.015)</td><td>(1.015)</td><td>(1.015)</td></tr>
<tr><td>有机肥</td><td>m^3</td><td>120.00</td><td>0.002</td><td>0.004</td><td>0.006</td><td>0.008</td><td>0.010</td></tr>
<tr><td>水</td><td>m^3</td><td>7.85</td><td>0.025</td><td>0.038</td><td>0.050</td><td>0.075</td><td>0.100</td></tr>
<tr><td>零星材料费</td><td>元</td><td></td><td>0.01</td><td>0.02</td><td>0.03</td><td>0.04</td><td>0.05</td></tr>
<tr><td>材料采管费</td><td>元</td><td></td><td>0.01</td><td>0.02</td><td>0.02</td><td>0.03</td><td>0.04</td></tr>
</table>

单位：丛

编号					20-185	20-186	20-187	20-188	20-189	20-190
项目					栽植丛生竹（根盘丛径 cm 以内）					
					30	40	50	60	70	80
预算基价	总价（元）				7.96	13.31	24.90	31.60	50.33	63.04
	人工费（元）				6.78	11.30	21.47	27.12	30.51	35.03
	材料费（元）				0.46	0.82	1.16	1.62	2.08	2.53
	机械费（元）								14.52	21.78
	管理费（元）				0.72	1.19	2.27	2.86	3.22	3.70
组成内容			单位	单价	数量					
人工	综合工		工日	113.00	0.06	0.10	0.19	0.24	0.27	0.31
材料	苗木		丛		(1.015)	(1.015)	(1.015)	(1.015)	(1.015)	(1.015)
	有机肥		m^3	120.00	0.002	0.004	0.006	0.008	0.010	0.012
	水		m^3	7.85	0.025	0.038	0.050	0.075	0.100	0.125
	零星材料费		元		0.01	0.02	0.03	0.04	0.05	0.06
	材料采管费		元		0.01	0.02	0.02	0.03	0.04	0.05
机械	汽车式起重机	8t	台班	726.00					0.020	0.030

单位：株

编号			20-191	20-192	20-193	20-194
项目			栽植独株球形植物（蓬径 cm 以内）			
			100	150	200	250
预算基价	总价（元）		17.16	23.87	41.82	60.54
	人工费（元）		14.69	20.34	36.16	39.55
	材料费（元）		0.92	1.38	1.84	2.29
	机械费（元）					14.52
	管理费（元）		1.55	2.15	3.82	4.18
组成内容	单位	单价	数量			
人工 综合工	工日	113.00	0.13	0.18	0.32	0.35
材料 苗木	株		(1.015)	(1.015)	(1.015)	(1.015)
有机肥	m^3	120.00	0.004	0.006	0.008	0.010
水	m^3	7.85	0.050	0.075	0.100	0.125
零星材料费	元		0.03	0.04	0.05	0.06
材料采管费	元		0.02	0.03	0.04	0.05
机械 汽车式起重机 8t	台班	726.00				0.020

单位：十株

编号					20-195	20-196	20-197	20-198
项目					栽植攀缘植物			
					三年生	四年生	五年生	六年至八年生
预算基价	总价（元）				11.11	16.16	32.57	50.22
	人工费（元）				7.91	11.30	24.86	39.55
	材料费（元）				2.36	3.67	5.08	6.49
	管理费（元）				0.84	1.19	2.63	4.18
组成内容		单位	单价		数量			
人工	综合工	工日	113.00		0.07	0.10	0.22	0.35
材料	苗木	株			(10.20)	(10.20)	(10.20)	(10.20)
	有机肥	m^3	120.00		0.010	0.020	0.030	0.040
	水	m^3	7.85		0.132	0.143	0.165	0.187
	零星材料费	元			0.07	0.07	0.08	0.09
	材料采管费	元			0.05	0.08	0.10	0.13

单位：10 m

编号				20-199	20-200	20-201	20-202	20-203	20-204
项目				栽植单排绿篱（篱高 cm 以内）					
				40	60	80	100	120	150
预算基价	总价（元）			66.16	77.82	101.96	133.62	159.43	199.02
	人工费（元）			54.24	64.41	84.75	113.00	134.47	169.50
	材料费（元）			6.19	6.61	8.26	8.69	10.76	11.62
	管理费（元）			5.73	6.80	8.95	11.93	14.20	17.90
组成内容		单位	单价	数量					
人工	综合工	工日	113.00	0.48	0.57	0.75	1.00	1.19	1.50
材料	苗木	m		(10.20)	(10.20)	(10.20)	(10.20)	(10.20)	(10.20)
	有机肥	m^3	120.00	0.040	0.040	0.050	0.050	0.060	0.060
	水	m^3	7.85	0.150	0.200	0.250	0.300	0.400	0.500
	零星材料费	元		0.08	0.10	0.13	0.15	0.20	0.25
	材料采管费	元		0.13	0.14	0.17	0.18	0.22	0.24

单位：10 m

编号				20-205	20-206	20-207	20-208
项目				栽植双排绿篱（篱高 cm 以内）			
				40	60	80	100
预算基价	总价（元）			87.74	99.41	143.52	193.09
	人工费（元）			70.06	80.23	117.52	161.59
	材料费（元）			10.28	10.71	13.59	14.44
	管理费（元）			7.40	8.47	12.41	17.06
组成内容		单位	单价	数量			
人工	综合工	工日	113.00	0.62	0.71	1.04	1.43
材料	苗木	m		(10.20)	(10.20)	(10.20)	(10.20)
	有机肥	m^3	120.00	0.070	0.070	0.090	0.090
	水	m^3	7.85	0.200	0.250	0.300	0.400
	零星材料费	元		0.10	0.13	0.15	0.20
	材料采管费	元		0.21	0.22	0.28	0.30

单位：10 m^2

编号				20-209	20-210	20-211	20-212
项目				栽植成片绿篱（篱高 cm 以内）			
				40	60	80	100
预算基价	总价（元）			175.48	198.83	287.03	386.18
	人工费（元）			140.12	160.46	235.04	323.18
	材料费（元）			20.56	21.42	27.17	28.87
	管理费（元）			14.80	16.95	24.82	34.13
组成内容		单位	单价	数量			
人工	综合工	工日	113.00	1.24	1.42	2.08	2.86
材料	苗木	m^2		(10.20)	(10.20)	(10.20)	(10.20)
	有机肥	m^3	120.00	0.140	0.140	0.180	0.180
	水	m^3	7.85	0.400	0.500	0.600	0.800
	零星材料费	元		0.20	0.25	0.30	0.40
	材料采管费	元		0.42	0.44	0.56	0.59

单位：10 m²

编号				20-213	20-214	20-215	20-216	20-217	20-218
项目				栽植花坛花卉					
				木本类			草本类		
				一般图案花坛	彩纹图案花坛	立体图案花坛	五色草一般图案花坛	五色草彩纹图案花坛	五色草立体图案花坛
预算基价	总价（元）			303.26	375.72	491.51	644.21	761.65	933.77
	人工费（元）			231.65	297.19	440.70	534.49	640.71	840.72
	材料费（元）			47.15	47.15	4.27	53.28	53.28	4.27
	管理费（元）			24.46	31.38	46.54	56.44	67.66	88.78
组成内容		单位	单价	数量					
人工	综合工	工日	113.00	2.05	2.63	3.90	4.73	5.67	7.44
材料	花苗	m²		(11.00)	(11.00)	(11.00)	(11.00)	(11.00)	(11.00)
	有机肥	m³	120.00	0.350	0.350		0.400	0.400	
	水	m³	7.85	0.500	0.500	0.500	0.500	0.500	0.500
	零星材料费	元		0.25	0.25	0.25	0.25	0.25	0.25
	材料采管费	元		0.97	0.97	0.09	1.10	1.10	0.09

单位：10 m^2

编号				20-219	20-220	20-221
项目				栽植片植花卉		
				草本类	木本类	球块根类
预算基价	总价（元）			195.74	146.03	170.96
	人工费（元）			159.33	123.17	140.12
	材料费（元）			19.58	9.85	16.04
	管理费（元）			16.83	13.01	14.80
组成内容		单位	单价	数量		
人工	综合工	工日	113.00	1.41	1.09	1.24
材料	花苗	m^2		(10.40)	(10.40)	(10.40)
	有机肥	m^3	120.00	0.125	0.063	0.110
	水	m^3	7.85	0.500	0.250	0.300
	零星材料费	元		0.25	0.13	0.15
	材料采管费	元		0.40	0.20	0.33

单位：株

编号					20-222	20-223	20-224
项目					栽植单植花卉		
					草本类	木本类	球块根类
预算基价	总价（元）				6.63	5.38	4.13
	人工费（元）				5.65	4.52	3.39
	材料费（元）				0.38	0.38	0.38
	管理费（元）				0.60	0.48	0.36
组成内容		单位	单价		数量		
人工	综合工	工日	113.00		0.05	0.04	0.03
材料	花苗	株			(1.02)	(1.02)	(1.02)
	有机肥	m^3	120.00		0.002	0.002	0.002
	水	m^3	7.85		0.015	0.015	0.015
	零星材料费	元			0.01	0.01	0.01
	材料采管费	元			0.01	0.01	0.01

单位：十株(丛)

编号				20-225	20-226	20-227	20-228	20-229	20-230
项目				栽植湿生植物					
				根盘直径 15 cm 以内			根盘直径 15 cm 以外		
				5 芽以内	10 芽以内	10 芽以外	5 芽以内	10 芽以内	10 芽以外
预算基价	总价（元）			5.52	6.77	8.02	9.27	10.51	13.01
	人工费（元）			4.52	5.65	6.78	7.91	9.04	11.30
	材料费（元）			0.52	0.52	0.52	0.52	0.52	0.52
	管理费（元）			0.48	0.60	0.72	0.84	0.95	1.19
组成内容		单位	单价	数量					
人工	综合工	工日	113.00	0.04	0.05	0.06	0.07	0.08	0.10
材料	有机肥	m^3	120.00	0.001	0.001	0.001	0.001	0.001	0.001
	水	m^3	7.85	0.050	0.050	0.050	0.050	0.050	0.050
	材料采管费	元		0.01	0.01	0.01	0.01	0.01	0.01

单位：十株(丛)

编号				20-231	20-232	20-233	20-234	20-235	20-236
项目				栽植挺水植物					
				根盘直径 15 cm 以内			根盘直径 15 cm 以外		
				5 芽以内	10 芽以内	10 芽以外	5 芽以内	10 芽以内	10 芽以外
预算基价	总价(元)			12.49	14.99	18.74	14.99	18.74	22.49
	人工费(元)			11.30	13.56	16.95	13.56	16.95	20.34
	管理费(元)			1.19	1.43	1.79	1.43	1.79	2.15
组成内容		单位	单价	数量					
人工	综合工	工日	113.00	0.10	0.12	0.15	0.12	0.15	0.18

单位：十株(丛)

编号				20-237	20-238	20-239	20-240	20-241	20-242
项目				栽植挺水植物		栽植浮叶植物			
				荷花		每平方米种植密度			
						3株以内		3株以外	
				水深50 cm以内	水深50 cm以外	水深50 cm以内	水深50 cm以外	水深50 cm以内	水深50 cm以外
预算基价	总价(元)			18.74	37.48	14.99	29.98	12.49	24.99
	人工费(元)			16.95	33.90	13.56	27.12	11.30	22.60
	管理费(元)			1.79	3.58	1.43	2.86	1.19	2.39
组成内容		单位	单价	数量					
人工	综合工	工日	113.00	0.15	0.30	0.12	0.24	0.10	0.20

单位：10 m^2

编号				20-243	20-244	20-245
项目				栽植漂浮植物（种植覆盖率）		
				50%以内	70%以内	70%以外
预算基价	总价（元）			6.25	8.75	9.99
	人工费（元）			5.65	7.91	9.04
	管理费（元）			0.60	0.84	0.95
组成内容		单位	单价	数量		
人工	综合工	工日	113.00	0.05	0.07	0.08

单位：10 m²

编号				20-246	20-247	20-248	20-249
项目				散铺草皮	满铺草皮	铺种植生带	播种草籽
预算基价	总价（元）			206.42	270.13	190.18	156.38
	人工费（元）			171.76	229.39	157.07	128.82
	材料费（元）			16.52	16.52	16.52	13.96
	管理费（元）			18.14	24.22	16.59	13.60
组成内容		单位	单价	数量			
人工	综合工	工日	113.00	1.52	2.03	1.39	1.14
材料	草皮	m²		(3.30)	(11.00)	(10.00)	
	草皮种子	kg					(0.25)
	有机肥	m³	120.00	0.100	0.100	0.100	0.100
	水	m³	7.85	0.500	0.500	0.500	0.200
	零星材料费	元		0.25	0.25	0.25	0.10
	材料采管费	元		0.34	0.34	0.34	0.29

八、大 树 移 植

单位：株

编号					20-250	20-251	20-252	20-253	20-254
项目					起挖带土球大树（土球直径 cm 以内）			起挖裸根大树（胸径 cm 以内）	
					160	180	200	25	30
预算基价	总价（元）				1234.00	1743.30	2277.95	370.08	656.64
	人工费（元）				661.05	801.17	965.02	298.32	534.49
	材料费（元）				336.11	504.17	672.23		
	机械费（元）				191.50	383.01	574.51	51.30	85.49
	管理费（元）				45.34	54.95	66.19	20.46	36.66
组成内容			单位	单价	数量				
人工	综合工		工日	113.00	5.85	7.09	8.54	2.64	4.73
材料	草绳		kg	8.23	40.00	60.00	80.00		
	材料采管费		元		6.91	10.37	13.83		
机械	汽车式起重机	12t	台班	831.92	0.100	0.200	0.300		
	载货汽车	10t	台班	541.56	0.200	0.400	0.600		
	汽车式起重机	8t	台班	726.00				0.030	0.050
	载货汽车	8t	台班	491.93				0.060	0.100

单位：株

编号					20-255	20-256	20-257	20-258	20-259
项目					栽植不换土带土球大树（土球直径 cm 以内）			栽植不换土裸根大树（胸径 cm 以内）	
					160	180	200	25	30
预算基价	总价（元）				606.58	755.69	904.13	459.81	724.16
	人工费（元）				421.49	479.12	536.75	341.26	570.65
	材料费（元）				72.99	77.33	80.99	73.36	78.07
	机械费（元）				83.19	166.38	249.58	21.78	36.30
	管理费（元）				28.91	32.86	36.81	23.41	39.14
组成内容			单位	单价	数量				
人工	综合工		工日	113.00	3.73	4.24	4.75	3.02	5.05
材料	有机肥		m^3	120.00	0.022	0.024	0.026	0.025	0.030
	毛竹	长度4m	根	16.00	3.00	3.00	3.00	3.00	3.00
	绑扎绳		kg	10.72	1.00	1.00	1.00	1.00	1.00
	草袋		条	1.93	2.00	3.00	3.00	2.00	3.00
	水		m^3	7.85	0.750	1.000	1.400	0.750	1.000
	零星材料费		元		0.38	0.50	0.70	0.38	0.50
	材料采管费		元		1.50	1.59	1.67	1.51	1.61
机械	汽车式起重机	12t	台班	831.92	0.100	0.200	0.300		
	汽车式起重机	8t	台班	726.00				0.030	0.050

单位：株

编号				20-260	20-261	20-262	20-263	20-264
项目				栽植换种植土带土球大树（土球直径cm以内）			栽植换种植土裸根大树（胸径cm以内）	
				160	180	200	25	30
预算基价	总价（元）			1003.34	1240.32	1408.84	850.93	1424.42
	人工费（元）			533.36	615.85	679.13	452.00	768.40
	材料费（元）			350.21	415.85	433.55	346.15	567.02
	机械费（元）			83.19	166.38	249.58	21.78	36.30
	管理费（元）			36.58	42.24	46.58	31.00	52.70
组成内容		单位	单价	数量				
人工	综合工	工日	113.00	4.72	5.45	6.01	4.00	6.80
材料	有机肥	m^3	120.00	0.022	0.024	0.026	0.025	0.030
	种植土	m^3	79.00	3.437	4.197	4.371	3.382	6.062
	毛竹 长度4m	根	16.00	3.00	3.00	3.00	3.00	3.00
	绑扎绳	kg	10.72	1.00	1.00	1.00	1.00	1.00
	草袋	条	1.93	2.00	3.00	3.00	2.00	3.00
	水	m^3	7.85	0.750	1.000	1.400	0.750	1.000
	零星材料费	元		0.38	0.50	0.70	0.38	0.50
	材料采管费	元		7.20	8.55	8.92	7.12	11.66
机械	汽车式起重机 12t	台班	831.92	0.100	0.200	0.300		
	汽车式起重机 8t	台班	726.00				0.030	0.050

单位：株

编号				20-265	20-266	20-267	20-268
项目				移植装木箱不换土大树（木箱规格cm以内）		移植装木箱换种植土大树（木箱规格cm以内）	
				200	240	200	240
预算基价	总价（元）			4514.63	7314.16	5122.83	8284.19
	人工费（元）			2994.50	4825.10	3166.26	5082.74
	材料费（元）			571.09	670.82	995.75	1365.54
	机械费（元）			743.66	1487.31	743.66	1487.31
	管理费（元）			205.38	330.93	217.16	348.60
组成内容		单位	单价	数量			
人工	综合工	工日	113.00	26.50	42.70	28.02	44.98
材料	松木锯材 三类	m^3	1546.08	0.250	0.300	0.250	0.300
	镀锌钢丝 *D*4.0	kg	7.92	4.00	5.00	4.00	5.00
	铁钉	kg	7.81	5.00	6.00	5.00	6.00
	钢丝绳 4.7	kg	7.31	3.00	3.00	3.00	3.00
	有机肥	m^3	120.00	0.026	0.030	0.026	0.030
	种植土	m^3	79.00			5.265	8.613
	毛竹 长度4m	根	16.00	3.00	3.00	3.00	3.00
	绑扎绳	kg	10.72	1.00	1.00	1.00	1.00
	草袋	条	1.93	3.00	3.00	3.00	3.00
	水	m^3	7.85	1.500	2.000	1.500	2.000
	零星材料费	元		0.75	1.00	0.75	1.00
	材料采管费	元		11.75	13.80	20.48	28.09
机械	汽车式起重机 16t	台班	945.75	0.500	1.000	0.500	1.000
	载货汽车 10t	台班	541.56	0.500	1.000	0.500	1.000

九、绿化成活养护

单位：株

编号					20-269	20-270	20-271	20-272	20-273	20-274
项目					常绿乔木成活养护（胸径 cm）					
					5 以内	10 以内	20 以内	30 以内	40 以内	40 以外
预算基价	总价（元）				35.58	66.17	128.86	202.96	279.48	363.56
	人工费（元）				29.76	55.68	109.44	173.76	240.00	312.00
	材料费（元）				3.42	5.99	10.58	15.17	20.10	26.37
	管理费（元）				2.40	4.50	8.84	14.03	19.38	25.19
组成内容			单位	单价	数量					
人工	综合工		工日	96.00	0.31	0.58	1.14	1.81	2.50	3.25
材料	有机肥		m^3	120.00	0.004	0.006	0.008	0.010	0.012	0.014
	药剂		kg	55.00	0.015	0.020	0.025	0.030	0.035	0.040
	水		m^3	7.85	0.240	0.480	0.960	1.440	1.960	2.640
	零星材料费		元		0.16	0.28	0.49	0.71	0.94	1.23
	材料采管费		元		0.07	0.12	0.22	0.31	0.41	0.54

单位：株

编号				20-275	20-276	20-277	20-278	20-279	20-280
项目				落叶乔木成活养护（胸径 cm）					
				5 以内	10 以内	20 以内	30 以内	40 以内	40 以外
预算基价	总价（元）			39.94	72.27	139.48	220.17	303.27	363.53
	人工费（元）			33.60	61.44	120.00	191.04	264.00	314.88
	材料费（元）			3.63	5.87	9.79	13.71	17.96	23.23
	管理费（元）			2.71	4.96	9.69	15.42	21.31	25.42
组成内容		单位	单价	数量					
人工	综合工	工日	96.00	0.35	0.64	1.25	1.99	2.75	3.28
材料	有机肥	m^3	120.00	0.006	0.008	0.010	0.012	0.014	0.016
	药剂	kg	55.00	0.020	0.025	0.030	0.035	0.040	0.045
	水	m^3	7.85	0.200	0.400	0.800	1.200	1.640	2.200
	零星材料费	元		0.17	0.27	0.46	0.64	0.84	1.08
	材料采管费	元		0.07	0.12	0.20	0.28	0.37	0.48

单位：株

编号				20-281	20-282	20-283	20-284	20-285
项目				常绿灌木成活养护（冠丛高 cm）				
				100 以内	150 以内	200 以内	250 以内	250 以外
预算基价	总价（元）			29.83	42.92	57.12	96.35	149.20
	人工费（元）			24.96	36.48	48.96	84.48	132.48
	材料费（元）			2.85	3.49	4.21	5.05	6.02
	管理费（元）			2.02	2.95	3.95	6.82	10.70
组成内容		单位	单价	数量				
人工	综合工	工日	96.00	0.26	0.38	0.51	0.88	1.38
材料	有机肥	m^3	120.00	0.004	0.005	0.006	0.007	0.008
	药剂	kg	55.00	0.018	0.021	0.024	0.027	0.030
	水	m^3	7.85	0.152	0.192	0.240	0.304	0.384
	零星材料费	元		0.13	0.16	0.20	0.24	0.28
	材料采管费	元		0.06	0.07	0.09	0.10	0.12

单位：株

编号				20-286	20-287	20-288	20-289	20-290
项目				落叶灌木成活养护（冠丛高 cm）				
				100 以内	150 以内	200 以内	250 以内	250 以外
预算基价	总价（元）			42.32	58.45	87.10	132.42	227.69
	人工费（元）			36.48	50.88	76.80	118.08	205.44
	材料费（元）			2.89	3.46	4.10	4.81	5.66
	管理费（元）			2.95	4.11	6.20	9.53	16.59
组成内容		单位	单价	数量				
人工	综合工	工日	96.00	0.38	0.53	0.80	1.23	2.14
材料	有机肥	m^3	120.00	0.005	0.006	0.007	0.008	0.009
	药剂	kg	55.00	0.021	0.024	0.027	0.030	0.033
	水	m^3	7.85	0.120	0.152	0.192	0.240	0.304
	零星材料费	元		0.13	0.16	0.19	0.22	0.26
	材料采管费	元		0.06	0.07	0.08	0.10	0.12

单位：株

编号				20-291	20-292	20-293	20-294	20-295
项目				竹类成活养护（株高 cm）				
				100 以内	200 以内	300 以内	400 以内	400 以外
预算基价	总价（元）			23.09	28.54	32.32	38.85	44.23
	人工费（元）			18.24	22.08	24.00	27.84	29.76
	材料费（元）			3.38	4.68	6.38	8.76	12.07
	管理费（元）			1.47	1.78	1.94	2.25	2.40
组成内容		单位	单价	数量				
人工	综合工	工日	96.00	0.19	0.23	0.25	0.29	0.31
材料	有机肥	m^3	120.00	0.004	0.005	0.006	0.007	0.008
	药剂	kg	55.00	0.020	0.025	0.030	0.035	0.040
	水	m^3	7.85	0.200	0.304	0.456	0.688	1.032
	零星材料费	元		0.16	0.22	0.30	0.41	0.56
	材料采管费	元		0.07	0.10	0.13	0.18	0.25

单位：株

编号				20-296	20-297	20-298	20-299	20-300	20-301	20-302
项目				球形植物成活养护（蓬径 cm）						
				100 以内	150 以内	200 以内	250 以内	300 以内	350 以内	350 以外
预算基价	总价（元）			17.61	20.59	24.84	31.32	36.11	43.33	56.30
	人工费（元）			12.48	14.40	17.28	22.08	24.96	29.76	39.36
	材料费（元）			4.12	5.03	6.16	7.46	9.13	11.17	13.76
	管理费（元）			1.01	1.16	1.40	1.78	2.02	2.40	3.18
组成内容		单位	单价	数量						
人工	综合工	工日	96.00	0.13	0.15	0.18	0.23	0.26	0.31	0.41
材料	有机肥	m^3	120.00	0.004	0.005	0.006	0.007	0.008	0.009	0.010
	药剂	kg	55.00	0.027	0.030	0.033	0.036	0.039	0.042	0.045
	水	m^3	7.85	0.240	0.312	0.408	0.528	0.688	0.896	1.168
	零星材料费	元		0.19	0.23	0.29	0.35	0.43	0.52	0.64
	材料采管费	元		0.08	0.10	0.13	0.15	0.19	0.23	0.28

单位：10 m

编号				20-303	20-304	20-305	20-306	20-307
项目				单排绿篱成活养护（篱高 cm）				
				50 以内	100 以内	150 以内	200 以内	200 以外
预算基价	总价（元）			87.86	97.87	108.93	140.73	178.76
	人工费（元）			71.04	75.84	81.60	106.56	137.28
	材料费（元）			11.08	15.91	20.74	25.57	30.40
	管理费（元）			5.74	6.12	6.59	8.60	11.08
组成内容		单位	单价	数量				
人工	综合工	工日	96.00	0.74	0.79	0.85	1.11	1.43
材料	有机肥	m^3	120.00	0.020	0.030	0.040	0.050	0.060
	药剂	kg	55.00	0.030	0.033	0.036	0.039	0.042
	水	m^3	7.85	0.800	1.200	1.600	2.000	2.400
	零星材料费	元		0.52	0.74	0.97	1.19	1.42
	材料采管费	元		0.23	0.33	0.43	0.53	0.63

单位：10 m

编号				20-308	20-309	20-310	20-311	20-312
项目				双排绿篱成活养护（篱高 cm）				
				50 以内	100 以内	150 以内	200 以内	200 以外
预算基价	总价（元）			129.70	147.34	165.00	199.24	242.84
	人工费（元）			104.64	114.24	123.84	148.80	182.40
	材料费（元）			16.61	23.88	31.16	38.43	45.71
	管理费（元）			8.45	9.22	10.00	12.01	14.73
组成内容		单位	单价	数量				
人工	综合工	工日	96.00	1.09	1.19	1.29	1.55	1.90
材料	有机肥	m^3	120.00	0.030	0.045	0.060	0.075	0.090
	药剂	kg	55.00	0.045	0.050	0.055	0.060	0.065
	水	m^3	7.85	1.200	1.800	2.400	3.000	3.600
	零星材料费	元		0.77	1.11	1.45	1.79	2.13
	材料采管费	元		0.34	0.49	0.64	0.79	0.94

单位：10 m²

编号				20-313	20-314	20-315	20-316	20-317
项目				成片绿篱成活养护（篱高 cm）				
				50 以内	100 以内	150 以内	200 以内	200 以外
预算基价	总价（元）			196.78	224.13	251.42	303.66	369.32
	人工费（元）			157.44	171.84	186.24	223.68	273.60
	材料费（元）			26.63	38.42	50.14	61.92	73.63
	管理费（元）			12.71	13.87	15.04	18.06	22.09
组成内容		单位	单价	数量				
人工	综合工	工日	96.00	1.64	1.79	1.94	2.33	2.85
材料	有机肥	m^3	120.00	0.045	0.068	0.090	0.113	0.135
	药剂	kg	55.00	0.068	0.075	0.083	0.090	0.098
	水	m^3	7.85	2.000	3.000	4.000	5.000	6.000
	零星材料费	元		1.24	1.79	2.34	2.89	3.43
	材料采管费	元		0.55	0.79	1.03	1.27	1.51

单位：十株

编号				20-318	20-319	20-320	20-321
项目				攀缘植物成活养护		露地花卉成活养护（10m²）	地被植物成活养护（10m²）
				3年生以内	3年生以外		
预算基价	总价（元）			179.49	214.10	255.80	258.91
	人工费（元）			152.64	178.56	190.08	192.96
	材料费（元）			14.53	21.12	50.37	50.37
	管理费（元）			12.32	14.42	15.35	15.58
组成内容		单位	单价	数量			
人工	综合工	工日	96.00	1.59	1.86	1.98	2.01
材料	有机肥	m^3	120.00	0.020	0.030	0.050	0.050
	药剂	kg	55.00	0.100	0.150	0.060	0.060
	水	m^3	7.85	0.720	1.000	4.800	4.800
	零星材料费	元		0.68	0.99	2.35	2.35
	材料采管费	元		0.30	0.43	1.04	1.04

单位：10 m²

编号				20-322	20-323	20-324	20-325
项目				暖地型草坪成活养护			
				播种	散铺	满铺	直生带
预算基价	总价（元）			277.81	236.31	133.59	112.84
	人工费（元）			228.48	190.08	95.04	75.84
	材料费（元）			30.88	30.88	30.88	30.88
	管理费（元）			18.45	15.35	7.67	6.12
组成内容		单位	单价	数量			
人工	综合工	工日	96.00	2.38	1.98	0.99	0.79
材料	有机肥	m^3	120.00	0.030	0.030	0.030	0.030
	药剂	kg	55.00	0.030	0.030	0.030	0.030
	水	m^3	7.85	3.000	3.000	3.000	3.000
	零星材料费	元		1.44	1.44	1.44	1.44
	材料采管费	元		0.64	0.64	0.64	0.64

单位：10 m²

编号				20-326	20-327	20-328	20-329
项目				冷地型草坪成活养护			
				播种	散铺	满铺	直生带
预算基价	总价（元）			326.23	284.73	182.01	161.26
	人工费（元）			266.88	228.48	133.44	114.24
	材料费（元）			37.80	37.80	37.80	37.80
	管理费（元）			21.55	18.45	10.77	9.22
组成内容		单位	单价	数量			
人工	综合工	工日	96.00	2.78	2.38	1.39	1.19
材料	有机肥	m^3	120.00	0.040	0.040	0.040	0.040
	药剂	kg	55.00	0.040	0.040	0.040	0.040
	水	m^3	7.85	3.600	3.600	3.600	3.600
	零星材料费	元		1.76	1.76	1.76	1.76
	材料采管费	元		0.78	0.78	0.78	0.78

单位：10 m²

编号				20-330	20-331	20-332	20-333
项目				运动型草坪成活养护			
				播种	散铺	满铺	直生带
预算基价	总价（元）			366.36	316.56	208.66	184.79
	人工费（元）			297.60	251.52	151.68	129.60
	材料费（元）			44.73	44.73	44.73	44.73
	管理费（元）			24.03	20.31	12.25	10.46
组成内容		单位	单价	数量			
人工	综合工	工日	96.00	3.10	2.62	1.58	1.35
材料	有机肥	m^3	120.00	0.050	0.050	0.050	0.050
	药剂	kg	55.00	0.050	0.050	0.050	0.050
	水	m^3	7.85	4.200	4.200	4.200	4.200
	零星材料费	元		2.09	2.09	2.09	2.09
	材料采管费	元		0.92	0.92	0.92	0.92

十、其 他 项 目

单位：十盆

编号				20-334	20-335	20-336	20-337
项目				摆设盆花		运盆花	汽车浇水 (m^3)
				小盆（五寸花托）	大盆（七寸花托）	每增加1km运距	
预算基价	总价（元）			38.24	57.58	2.46	9.91
	人工费（元）			24.96	36.48		-28.80
	材料费（元）			0.40	0.40		
	机械费（元）			10.86	17.75	2.46	41.04
	管理费（元）			2.02	2.95		-2.33
组成内容		单位	单价	数量			
人工	综合工	工日	96.00	0.26	0.38		-0.30
材料	五寸花托时花	盆		(10.20)			
	七寸花托时花	盆			(10.20)		
	水	m^3	7.85	0.050	0.050		
	材料采管费	元		0.01	0.01		
机械	载货汽车 8t	台班	491.93	0.020	0.034	0.005	
	洒水车 4t	台班	513.04	0.002	0.002		0.080

单位：10 m^2

编号				20-338	20-339
项目				水体护理	水池清洗
预算基价	总价（元）			45.65	20.75
	人工费（元）			42.24	19.20
	管理费（元）			3.41	1.55
组成内容		单位	单价	数量	
人工	综合工	工日	96.00	0.44	0.20

附表：绿化工程相应规格对照参考表

一、树坑规格对照参考表

单位：株

名称	规格			挖树坑直径×深度 (cm)	土方量 (m^3)
	株高 (cm以内)	胸径 (cm以内)	土球直径 (cm以内)		
带土球乔木	120	3.75	30	50×40	0.079
带土球乔木	150	5.00	40	60×40	0.113
带土球乔木	200	6.25	50	70×50	0.192
带土球乔木	250	7.50	60	90×50	0.318
带土球乔木	300	8.75	70	100×60	0.471
带土球乔木	350	10.00	80	110×80	0.760
带土球乔木	400	12.50	100	130×90	1.194
带土球乔木	500	15.00	120	150×100	1.766
带土球乔木	550	17.50	140	180×110	2.798
带土球乔木	650	20.00	160	210×120	4.154
带土球乔木	700	22.50	180	230×130	5.398
带土球乔木	800	25.00	200	250×130	6.378
裸根乔木		胸径 (cm以内) 4		40×30	0.038
裸根乔木		6		50×40	0.079
裸根乔木		8		60×50	0.141
裸根乔木		10		80×50	0.251
裸根乔木		12		90×60	0.382
裸根乔木		14		110×60	0.570
裸根乔木		16		130×60	0.796
裸根乔木		18		140×70	1.077
裸根乔木		20		150×80	1.413
裸根乔木		25		190×90	2.550
裸根乔木		30		230×110	4.568

续表

单位:株

名称	规格				挖树坑直径×深度(cm)	土方量(m^3)
带土球灌木	冠丛高(cm以内)	100	土球直径(cm以内)	30	50×40	0.079
		150		40	60×40	0.113
		200		50	70×50	0.192
		250		60	90×50	0.318
		300		70	100×60	0.471
		350		80	110×80	0.760
		400		100	130×90	1.194
		500		120	150×100	1.766
裸根灌木	冠丛高(cm以内)			100	30×30	0.021
				150	40×30	0.038
				200	60×40	0.113
				250	80×60	0.301
散生竹	胸径(cm以内)			2	30×30	0.021
				4	40×30	0.038
				6	50×40	0.079
				8	60×50	0.141
				10	80×50	0.251
丛生竹	根盘丛径(cm以内)			30	50×40	0.079
				40	60×40	0.113
				50	70×50	0.192
				60	90×50	0.318
				70	100×60	0.471
				80	110×80	0.760
独株球形植物	蓬径(cm以内)	100	土球直径(cm以内)	40	60×40	0.113
		150		50	70×50	0.192
		200		60	90×50	0.318
		250		70	100×60	0.471
攀缘植物	4年生				30×30	0.021
	5年生				40×30	0.038
	6~8年生				50×40	0.079

二、绿篱沟规格对照参考表

单位:m

名称	规格		挖绿篱沟长×宽×深(cm)	土方量(m^3)
单排绿篱	篱高(cm 以内)	40	100×25×25	0.063
		60	100×30×25	0.075
		80	100×35×30	0.105
		100	100×40×35	0.140
		120	100×45×35	0.158
		150	100×45×40	0.180
双排绿篱	篱高(cm 以内)	40	100×30×25	0.075
		60	100×35×30	0.105
		80	100×40×35	0.140
		100	100×50×40	0.200
片植绿篱	篱高(cm 以内)	40	100×100×25	0.250
		60	100×100×30	0.300
		80	100×100×35	0.350
		100	100×100×40	0.400

第二十一章　园路、园桥、假山工程

说　　明

一、本章包括园路，石园桥、驳岸，木园桥、木栈道、木平台，堆塑假山，室外排水等5节；共168条基价子目。

二、园路路床整理是指厚度在±30 cm以内的就地挖、填、找平；处理厚度超过30 cm时，应按相应挖土或填土的基价子目计算。

三、园路卵石面层基价子目中的卵石粒径是按4～6 cm考虑的，如设计要求的规格不同时，允许换算，但人工费、砂浆消耗量、机械费及管理费不变。

四、园路满铺卵石拼花面层是指用卵石拼花，若在满铺卵石面层中用砖、瓦、瓷片拼花时，拼花部分按相应面层基价子目计算，基价子目中的人工费和管理费乘以系数1.5，砖、瓦、瓷片主材消耗量乘以系数1.1。

五、园路满铺卵石面层，若需分色拼花时，基价子目中的人工费和管理费乘以系数1.2，卵石主材消耗量乘以系数1.05。

六、凡用砂子做结合层的块料面层基价子目，如设计要求用水泥砂浆做结合层时，允许换算，换算方法：减去砂子的消耗量，增加水泥砂浆的消耗量（每10 m^2，1 cm厚度水泥砂浆消耗量为0.101 m^3）；人工费和管理费乘以系数1.3。

七、在铺砖块料面层时，遇到铺“人字纹”、“席纹”砖面层，执行“拐子锦”砖面层基价子目；铺“龟背锦”砖面层，执行“八方锦”砖面层基价子目。

八、在铺园路块料面层时，如采用块料面层同样材料做路牙，其路牙的工程量并入块料面层工程量内计算，不另套路牙基价子目。

九、本章中的块料面层基价子目适用于园路工程，不适用于厂区、广场、屋面等非园路工程；如厂区、广场、屋面等非园路工程需铺块料面层时，相应基价子目的人工费和管理费乘以系数0.85。

十、园桥、驳岸、堆塑假山（堆筑土山丘除外）工程等的挖土方、垫层、基础、回填土等项目，应按相应章节的基价子目计算。

十一、石桥面砂浆嵌缝已包括在石桥面铺筑基价子目内。

十二、石园桥中的碹石、碹脸石、地伏石、石望柱、石栏板、石抱鼓制作以使用汉白玉、青白石等普坚石为准，基价中石料消耗量已包括了长、宽、高均在5 cm以内的加荒量和5%的损耗率；使用花岗岩者人工费和管理费乘以系数1.5。

十三、不带雕刻的石活制作基价已综合了剁斧、砸花锤、打道等做法，无论设计要求用上述何种做法及剁几遍斧，基价均不调整。

十四、石望柱、石栏杆制作以常见规格为准，其中包括了必要雕刻，如为斜形或异形时，按相应基价子目人工费、材料费及管理费乘以系数1.25。

十五、碹石安装不包括支搭碹胎。

十六、石活安装以一般安装方法为准，如使用铁锔子、铁银锭另按相应基价子目执行。

十七、原木桩驳岸、木园桥人工打原木桩基价子目的零星材料费中，已包括了简易脚手架费用。

十八、木园桥、木栈道、木平台基价中的木构件，均以刨光为准，刨光损耗已包括在基价子目内。除木栏杆外，基价子目中的原木、锯材是以自然干燥为准，如设计要求需烘干时，其烘干费另行计算。

十九、堆塑假山基价均按人工操作，土法吊装考虑的，不论使用何种机械或不使用机械，基价不得调整。

二十、堆砌石假山基价已包括搭拆脚手架费用，塑假山未包括脚手架在内，如需搭设脚手架，按相应脚手架基价子目计算。

二十一、砖骨架塑假山基价子目已包括挖填土方、混凝土垫层、砖骨架的费用。

二十二、砖骨架塑假山，如设计要求做部分混凝土骨架时，允许换算。

二十三、钢骨架钢网塑假山基价子目已包括挖填土方,未包括基础、钢骨架的制作安装;基础、钢骨架的制作安装按相应基价子目计算。

二十四、在室内叠塑假山或做盆景式假山时,执行本基价的相应子目,其基价子目中的人工费和管理费乘以系数1.5。

二十五、室外排水管道与室内排水管道以室外第一个排水检查井为分界点,当室外第一个井距离外墙皮超过3 m时,离墙3 m以内为室内管道,3 m以外为室外管道。

二十六、室外排水管道基价内,均已包括了挖沟及回填土,不得重复计算。

二十七、室外排水管道不论人工铺管或机械铺管均执行本基价,其试水所需工料已包括在基价内,不得另行增加。

二十八、室外排水管道的垫层、基础,分别按相应基价子目计算。管长在1 m以内的缸瓦管、混凝土管的砖枕垫工料已包含在基价中,不得重复计算。

工 作 内 容

一、路床整理项目包括:厚度在30 cm以内的挖、填土,找平、夯实,整修,弃土2 m以外。

二、人工挖园路土方项目包括:挖土抛于路床边1 m以外或装车,修整路床。

三、原土打夯项目包括:碎土、平土、找平、夯实两遍。

四、基础垫层项目包括:筛砂土、浇水、拌合、铺设、找平、夯实,混凝土浇筑、振捣、养护。

五、卵石面层项目包括:放线,清理基层,调、运、抹砂浆,选、运、镶铺卵石,养护。

六、纹形、水刷混凝土路面项目包括:放线,清理基层,混凝土浇筑、振捣、养护,调、运砂浆,抹平,压光等。

七、砂子结合层的块料面层项目包括:放线,清理基层,运料,铺设垫层及面层,嵌缝,清扫。

八、水泥砂浆结合层的块料面层项目包括:清理基层,调运砂浆,刷素水泥浆,试排,弹线,锯板,磨边,铺贴面层,清理,净面。

九、侧石、路缘石、路牙项目包括:放线、刨槽、清理槽底,安装,顺直,回土,夯实,勾缝,养护。

十、树池围牙、盖板项目包括:清理基层,铺设,边口固定。

十一、园桥石基础、石桥台、石桥墩、金刚墙、石桥面、石护坡、自然式驳岸项目包括:选运石料,调运砂浆,砌筑石料,安装石桥面。

十二、碹石、地伏石、石望柱、石栏板、石抱鼓项目包括:

1. 运石、做样板、制作、剁斧成活(或砸花锤、打道),带雕饰的石活包括画样子、雕凿花饰及扁光。

2. 调运砂浆、搭拆烘炉、打拼缝头、安稳、垫塞、灌浆、净面剁斧。

十三、干铺砂、卵石、点布大卵石护岸项目包括:修整边坡,铺砂、卵石,选运卵石,调运砂浆,点布卵石。

十四、镶铺卵石护岸项目包括:清理基层,调、运、砂浆,选、运、镶铺卵石,养护。

十五、原木桩驳岸、园桥打圆木桩项目包括:木桩制作,安卸桩箍,移动桩架,吊桩定位,校正,打桩,锯桩头。

十六、木梁、木龙骨、木板面、木栏杆项目包括:放样,选料,刨光,画线,制作及剔凿成型,安装、吊线、校正、固定。

十七、堆筑土山丘项目包括:取土、运土、堆筑、夯实、修整。

十八、堆砌石假山项目包括:放样,选、运山石,调运混凝土(砂浆),堆砌山石,搭拆简易脚手架,塞垫嵌缝,清理,养护。

十九、砖骨架塑假山项目包括:放样画线,挖土方,浇捣混凝土垫层,调运砂浆,砌砖骨架,堆塑成型,制纹理,养护。

二十、钢骨架钢网塑假山项目包括:放样画线,挂钢网,调运砂浆,堆塑成型,制纹理,养护。

二十一、室外排水管道项目包括:挖沟,找泛水,清理,铺管,调制砂浆,接口,养护,试水,回填土。

工 程 量 计 算 规 则

一、园路路床整理、原土打夯均按设计图示尺寸,两边各加宽 5 cm,以面积计算。

二、人工挖园路土方按设计图示尺寸,两边各加宽 5 cm 乘以挖土深度,以体积计算。

三、园路垫层(除混凝土垫层外)均按设计图示尺寸,两边各加宽 5 cm 乘以厚度,以体积计算。

四、园路整体面层、块料面层均按设计图示尺寸以面积计算,应扣除面积大于 $0.5\ m^2$ 的佛座、树池、花坛、沟盖板、须弥座、照壁、香炉基座及其他底座所占面积。不扣除路牙所占面积。

五、人工安装侧石、路缘石、砖路牙、树池围牙均按设计图示长度计算。

六、树池盖板按设计图示尺寸以面积计算。

七、园桥石基础、石桥台、石桥墩、金刚墙、碹石、地伏石及石护坡均按设计图示尺寸,以体积计算。

八、石桥面按设计图示尺寸以面积计算。

九、石望柱按设计图示数量计算。

十、石栏板、石抱鼓按设计图示数量计算。

十一、铺砂、卵石护岸按设计图示尺寸以体积计算。

十二、点布大卵石护岸、自然式驳岸按实际使用石料数量按质量计算。

十三、镶铺卵石护岸按设计图示尺寸平均护岸宽度乘以长度,以面积计算。

十四、原木桩驳岸、园桥打圆木桩均按设计图示桩长度(包括桩尖)乘以截面面积,以体积计算。

十五、木梁、木龙骨按设计图示尺寸以体积计算。

十六、木板面按设计图示尺寸以面积计算。

十七、木栏杆按设计图示尺寸,以地面上皮至扶手上皮间高度乘以长度(不扣望柱),以面积计算。

十八、堆筑土山丘按设计图示山丘水平投影外接矩形面积乘以高度的$\frac{1}{3}$,以体积计算。

十九、堆砌石假山工程量按实际使用石料数量按质量计算。计算公式：

堆砌石假山工程量（吨）= 进料验收的数量 - 进料验收的剩余数量。

如无石料进场验收数量，可按下列公式计算：

$$W_{重} = 2.6 \times A_{矩} \times H_{大} \times K_{n}$$

式中　$A_{矩}$ ——假山不规则平面轮廓的水平投影面积的最大外接矩形面积；

$H_{大}$ ——假山石着地点至最高点的垂直距离；

2.6 ——石料比重（t/m^3）；

K_n ——孔隙折减系数，计算规则如下：

当 $H_{大} \leqslant 1$ m 时，$K_n = 0.77$；

当 $H_{大} \leqslant 3$ m 时，$K_n = 0.653$；

当 $H_{大} \leqslant 4$ m 时，$K_n = 0.60$。

二十、单体孤峰、点风景石及布置景石按单体石料体积（取其长、宽、高各自平均值的连乘积）乘以石料比重（2.6 t/m^3），按质量计算。

二十一、石笋安装按设计图示数量计算。

二十二、塑假石山的工程量按其表面积以面积计算。

二十三、室外排水管道按设计图示管道中心线长度计算。不扣除检查井所占长度，其坡度的影响不予考虑。排水管道的铺设，如有异形接头（弯头和三通等）时，应全部按管道的延长米计算，不另计算异形管件。

一、园　　路

单位：m^3

编号				21-1	21-2	21-3	21-4
项目				路床整理 (10m²)	人工挖园路土方		原土打夯 (10m²)
					一般土	砂砾坚土	
预算基价	总价（元）			47.73	29.05	52.91	19.54
	人工费（元）			44.16	26.88	48.96	15.36
	机械费（元）						2.94
	管理费（元）			3.57	2.17	3.95	1.24
组成内容		单位	单价	数量			
人工	综合工	工日	96.00	0.46	0.28	0.51	0.16
机械	电动夯实机 20～62Nm	台班	30.67				0.096

单位：m^3

编号					21-5	21-6	21-7	21-8	21-9	21-10
项目					园路垫层					
					砂	灰土 3:7	灰土 2:8	石屑	碎石	混凝土
预算基价	总价（元）				230.11	288.35	271.06	223.37	247.40	507.96
	人工费（元）				56.64	101.76	97.92	55.68	64.32	145.92
	材料费（元）				168.64	176.71	163.57	162.90	177.47	349.93
	机械费（元）				0.26	1.66	1.66	0.29	0.42	0.33
	管理费（元）				4.57	8.22	7.91	4.50	5.19	11.78
组成内容			单位	单价	数量					
人工	综合工		工日	96.00	0.59	1.06	1.02	0.58	0.67	1.52
材料	预拌混凝土	AC10	m^3	332.16						1.020
	砂子		t	87.58	1.859				0.410	
	白灰		kg	0.31		248.46	165.64			
	黄土		m^3	79.00		1.176	1.338			
	石屑		t	83.27				1.916		
	碴石	19～25	t	87.51					1.576	
	水		m^3	7.85	0.300	0.402	0.402			0.500
	材料采管费		元		3.47	3.63	3.36	3.35	3.65	7.20
	灰土	3:7	m^3			(1.010)				
	灰土	2:8	m^3				(1.010)			
机械	电动夯实机	20～62Nm	台班	30.67		0.054	0.054			
	小型机具		元		0.26			0.29	0.42	0.33

单位：10 m²

编号				21-11	21-12	21-13	21-14	21-15	21-16
项目				整体面层					
				满铺卵石面		素色彩边卵石面	纹形混凝土路面	水刷混凝土路面	纹形、水刷混凝土路面每增减 1 cm 厚
				拼花	不拼花		厚 12 cm		
预算基价	总价（元）			2786.51	1653.20	1761.72	819.14	1236.48	53.56
	人工费（元）			2226.10	1214.75	1275.77	303.97	665.57	14.69
	材料费（元）			396.28	343.69	387.00	488.17	518.07	37.78
	机械费（元）			11.45	11.45	11.45	6.15	7.19	0.08
	管理费（元）			152.68	83.31	87.50	20.85	45.65	1.01
组成内容		单位	单价	数量					
人工	综合工	工日	113.00	19.70	10.75	11.29	2.69	5.89	0.13
材料	预拌混凝土 AC20	m³	353.38				1.173	1.066	0.101
	本色卵石 粒径 40～60	t	300.00	0.550	0.720	0.580			
	彩色卵石 粒径 40～60	t	600.00	0.170		0.140			
	水泥	kg	0.37	175.76	175.76	175.76	41.98	115.50	
	砂子	t	87.58	0.541	0.541	0.541	0.052		
	白石子	kg	0.19					231.47	
	木模板	m³	1842.20				0.015	0.015	
	水	m³	7.85	0.622	0.622	0.622	1.422	1.444	0.120
	零星材料费	元		3.84	3.33	3.75	4.73	5.02	0.37
	材料采管费	元		8.15	7.07	7.96	10.04	10.66	0.78
	水泥砂浆 1:2.5	m³		(0.360)	(0.360)	(0.360)			
	水泥砂浆 1:1	m³					(0.051)		
	水泥白石子浆 1:1.5	m³						(0.158)	
机械	灰浆搅拌机 400L	台班	187.73	0.061	0.061	0.061	0.028	0.034	
	小型机具	元					0.89	0.81	0.08

单位：10 m^2

编号				21-17	21-18	21-19	21-20	21-21
项目				混凝土块料面层（砂子结合层厚3cm）				
				方形、矩形砖	异形砖	大方砖	假冰片石	嵌草砖
预算基价	总价（元）			249.12	268.44	343.30	435.07	253.95
	人工费（元）			190.97	209.05	279.11	364.99	195.49
	材料费（元）			45.05	45.05	45.05	45.05	45.05
	管理费（元）			13.10	14.34	19.14	25.03	13.41
组成内容		单位	单价	数量				
人工	综合工	工日	113.00	1.69	1.85	2.47	3.23	1.73
材料	混凝土方形、矩形砖 厚度60	m^2		(10.20)				
	混凝土异形砖 厚度60	m^2			(10.20)			
	混凝土大方砖 厚度100	m^2				(10.20)		
	混凝土假冰片石 厚度60	m^2					(10.20)	
	混凝土嵌草砖 厚度60	m^2						(10.20)
	砂子	t	87.58	0.495	0.495	0.495	0.495	0.495
	水	m^3	7.85	0.042	0.042	0.042	0.042	0.042
	零星材料费	元		0.44	0.44	0.44	0.44	0.44
	材料采管费	元		0.93	0.93	0.93	0.93	0.93

单位：10 m^2

编号				21-22	21-23	21-24	21-25	21-26	21-27
项目				块料面层（砂子结合层厚3cm）					
				兰四丁砖平铺			兰四丁砖姜蹉	标砖	
				十字缝	八方锦	拐子锦		平铺	侧铺
预算基价	总价（元）			1482.33	1511.31	1533.04	2995.01	542.48	1007.30
	人工费（元）			543.53	570.65	590.99	969.54	265.55	498.33
	材料费（元）			901.52	901.52	901.52	1958.97	258.72	474.79
	管理费（元）			37.28	39.14	40.53	66.50	18.21	34.18
组成内容		单位	单价	数量					
人工	综合工	工日	113.00	4.81	5.05	5.23	8.58	2.35	4.41
材料	蓝四丁砖	百块	232.00	3.58	3.58	3.58	8.00		
	页岩标砖 240×115×53	百块	57.88					3.58	7.20
	砂子	t	87.58	0.495	0.495	0.495	0.495	0.495	0.495
	水	m^3	7.85	0.042	0.042	0.042	0.042	0.042	0.042
	零星材料费	元		8.74	8.74	8.74	19.00	2.51	4.60
	材料采管费	元		18.54	18.54	18.54	40.29	5.32	9.77

单位：10 m^2

编号				21-28	21-29	21-30	21-31
项目				块料面层（砂子结合层厚 7cm）			
				方整石板			乱铺冰片石
				平道	坡道	踏步	
预算基价	总价（元）			2229.53	2306.81	2347.86	834.52
	人工费（元）			398.89	471.21	509.63	548.05
	材料费（元）			1803.28	1803.28	1803.28	248.88
	管理费（元）			27.36	32.32	34.95	37.59
组成内容		单位	单价	数量			
人工	综合工	工日	113.00	3.53	4.17	4.51	4.85
材料	花岗岩毛料石	m^3	1350.00	1.220	1.220	1.220	
	冰片石	m^3	86.47				1.250
	水泥	kg	0.37				48.82
	砂子	t	87.58	1.155	1.155	1.155	1.306
	水	m^3	7.85	0.070	0.070	0.070	0.104
	零星材料费	元		17.49	17.49	17.49	2.41
	材料采管费	元		37.09	37.09	37.09	5.12
	水泥砂浆 1:2.5	m^3					(0.100)

单位：10 m^2

编号				21-32	21-33	21-34
项目				块料面层（砂子结合层厚7cm）		砂子结合层每增减1 cm
				小方碎石	瓦片	
预算基价	总价（元）			515.94	5454.28	19.85
	人工费（元）			284.76	1058.81	4.52
	材料费（元）			211.65	4322.85	15.02
	管理费（元）			19.53	72.62	0.31
组成内容		单位	单价	数量		
人工	综合工	工日	113.00	2.52	9.37	0.04
材料	小方头石	m^3	95.00	1.090		
	板瓦 2号	块	1.71		2392.00	
	砂子	t	87.58	1.155	1.155	0.165
	水	m^3	7.85	0.070	0.070	0.014
	零星材料费	元		2.05	41.92	0.15
	材料采管费	元		4.35	88.91	0.31

单位：10 m^2

编号				21-35	21-36	21-37	21-38	21-39	21-40
项目				块料面层（水泥砂浆结合层）					
				大理石板			花岗岩板		
				单色	多色	拼花	单色	多色	拼花
预算基价	总价（元）			4057.77	4074.01	8018.39	4791.70	4805.23	10158.23
	人工费（元）			357.12	372.00	435.24	363.32	375.72	458.80
	材料费（元）			3657.01	3657.01	7532.37	4384.03	4384.03	9646.35
	机械费（元）			10.98	10.98	10.98	11.12	11.12	11.12
	管理费（元）			32.66	34.02	39.80	33.23	34.36	41.96
组成内容		单位	单价	数量					
人工	综合工	工日	124.00	2.88	3.00	3.51	2.93	3.03	3.70
材料	大理石板 综合	m^2	340.69	10.20	10.20				
	大理石板拼花 成品	m^2	720.00			10.10			
	花岗岩板 综合	m^2	410.50				10.20	10.20	
	花岗岩板拼花 成品	m^2	925.00						10.10
	白水泥	kg	0.66	1.03	1.03	1.03	1.03	1.03	1.03
	水泥	kg	0.37	145.28	145.28	145.28	145.28	145.28	145.28
	砂子	t	87.58	0.482	0.482	0.482	0.482	0.482	0.482
	石料切割锯片	片	33.00	0.04	0.04		0.04	0.04	
	棉纱	kg	18.62	0.10	0.10	0.10	0.10	0.10	0.10
	锯末	m^3	67.55	0.060	0.060	0.060	0.060	0.060	0.060
	水	m^3	7.85	0.366	0.366	0.366	0.366	0.366	0.366
	材料采管费	元		75.22	75.22	154.93	90.17	90.17	198.41
	素水泥浆	m^3		(0.010)	(0.010)	(0.010)	(0.010)	(0.010)	(0.010)
	水泥砂浆 1:3	m^3		(0.303)	(0.303)	(0.303)	(0.303)	(0.303)	(0.303)
机械	灰浆搅拌机 200L	台班	180.11	0.057	0.057	0.057	0.057	0.057	0.057
	小型机具	元		0.71	0.71	0.71	0.85	0.85	0.85

单位：10 m^2

编号				21-41	21-42	21-43
项目				块料面层（水泥砂浆结合层）		
				碎拼大理石板	碎拼花岗岩板	陶瓷地砖
预算基价	总价（元）			1598.92	1149.41	1216.71
	人工费（元）			448.88	472.44	380.68
	材料费（元）			1100.48	625.11	793.57
	机械费（元）			8.65	8.65	7.65
	管理费（元）			40.91	43.21	34.81
组成内容		单位	单价	数量		
人工	综合工	工日	124.00	3.62	3.81	3.07
材料	碎大理石板	m^2	99.50	9.60		
	碎花岗岩板	m^2	51.00		9.60	
	陶瓷地砖	m^2	68.75			10.20
	白水泥	kg	0.66	75.10	75.10	1.03
	水泥	kg	0.37	101.86	101.86	101.86
	砂子	t	87.58	0.321	0.321	0.321
	石料切割锯片	片	33.00			0.03
	金刚石 200×75×50	块	14.25	0.05	0.05	
	棉纱	kg	18.62	0.20	0.20	0.10
	锯末	m^3	67.55			0.060
	水	m^3	7.85	0.363	0.363	0.333
	材料采管费	元		22.63	12.86	16.32
	素水泥浆	m^3		(0.010)	(0.010)	(0.010)
	水泥砂浆 1:3	m^3		(0.202)	(0.202)	(0.202)
	白水泥浆	m^3		(0.050)	(0.050)	
机械	灰浆搅拌机 200L	台班	180.11	0.048	0.048	0.039
	小型机具	元				0.63

单位：10 m

编号				21-44	21-45	21-46	21-47	21-48
项目				混凝土侧石安装				
				80/100×300×500	80/100×350×500	110/130×350×400	110/130×350×500	
							R=750	R=3000
预算基价	总价（元）			519.56	535.33	563.13	166.22	535.33
	人工费（元）			197.75	197.75	207.92	65.54	231.65
	材料费（元）			308.25	324.02	340.95	96.18	287.79
	管理费（元）			13.56	13.56	14.26	4.50	15.89
组成内容		单位	单价	数量				
人工	综合工	工日	113.00	1.75	1.75	1.84	0.58	2.05
材料	水泥侧石 80/100×300×500	块	14.25	20.40				
	水泥侧石 80/100×350×500	块	15.00		20.40			
	水泥侧石 110/130×350×400	块	12.50			25.50		
	水泥弧形侧石 R=0.75m L=0.5m	块	14.58				6.00	
	水泥弧形侧石 R=3.0m L=0.5m	块	14.58					18.00
	水泥	kg	0.37	3.00	3.00	6.00	2.00	4.00
	砂子	t	87.58	0.060	0.060	0.082	0.040	0.120
	白灰	kg	0.31	6.00	6.00	8.00	5.00	15.00
	零星材料费	元		2.99	3.14	3.31	0.93	2.79
	材料采管费	元		6.34	6.66	7.01	1.98	5.92

单位：10 m

编号				21-49	21-50	21-51	21-52	21-53	21-54
项目				花岗岩侧石安装断面面积（cm^2）		混凝土路缘石安装		砖路牙安装	
				360 以内	360 以外	70×150×300	100×250×500	双砖	单砖
预算基价	总价（元）			376.40	512.99	173.68	273.49	131.66	90.28
	人工费（元）			334.48	457.65	77.97	77.97	77.97	62.15
	材料费（元）			18.98	23.95	90.36	190.17	48.34	23.87
	管理费（元）			22.94	31.39	5.35	5.35	5.35	4.26
组成内容		单位	单价	数量					
人工	综合工	工日	113.00	2.96	4.05	0.69	0.69	0.69	0.55
材料	花岗岩侧石	m		(10.00)	(10.00)				
	水泥缘石 70×150×300	块	2.60			33.70			
	水泥缘石 100×250×500	块	9.04				20.40		
	页岩标砖 240×115×53	百块	57.88					0.81	0.40
	水泥	kg	0.37	17.89	22.58				
	砂子	t	87.58	0.134	0.169				
	水	m^3	7.85	0.018	0.023				
	零星材料费	元		0.09	0.12	0.88	1.84	0.47	0.23
	材料采管费	元		0.39	0.49	1.86	3.91	0.99	0.49

单位：10 m²

编号				21-55	21-56	21-57
项目				混凝土树池围牙安装（10m）	树池盖板安装	
					铸铁	混凝土
预算基价	总价（元）			83.32	243.92	202.86
	人工费（元）			77.97	228.26	189.84
	管理费（元）			5.35	15.66	13.02
组成内容		单位	单价	数量		
人工	综合工	工日	113.00	0.69	2.02	1.68
材料	混凝土树池围牙	m		(10.05)		
	铸铁树穴箅子	m²			(10.05)	
	钢筋混凝土树穴箅子	m²				(10.05)

二、石园桥、驳岸

单位：m^3

编号				21-58	21-59	21-60	21-61	21-62
项目				基础		桥台		
				毛石	毛料石	毛石	毛料石	清料石
预算基价	总价（元）			459.34	1639.46	601.00	1780.00	1941.76
	人工费（元）			163.85	163.85	288.15	288.15	294.93
	材料费（元）			272.08	1452.20	273.20	1452.20	1606.57
	机械费（元）			8.71	8.71	13.79	13.79	13.79
	管理费（元）			14.70	14.70	25.86	25.86	26.47
组成内容		单位	单价	数量				
人工	综合工	工日	113.00	1.45	1.45	2.55	2.55	2.61
材料	毛石	t	88.39	2.006		2.074		
	花岗岩毛料石	m^3	1350.00		1.000		1.000	
	花岗岩清料石	m^3	1500.00					1.000
	水泥	kg	0.37	109.08	75.75	103.02	75.75	75.75
	砂子	t	87.58	0.535	0.372	0.505	0.372	0.372
	水	m^3	7.85	0.079	0.055	0.075	0.055	0.055
	零星材料费	元		1.33	11.29	1.33	11.29	12.49
	材料采管费	元		5.60	29.87	5.62	29.87	33.04
	水泥砂浆 M10	m^3		(0.360)	(0.250)	(0.340)	(0.250)	(0.250)
机械	综合机械	元		8.71	8.71	13.79	13.79	13.79

单位：m^3

编号				21-63	21-64	21-65	21-66	21-67
项目				条石桥墩		金刚墙砌筑		石桥面铺筑（$10m^2$）
				毛料石	清料石	毛料石	清料石	
预算基价	总价（元）			1773.84	1939.29	1832.95	2000.86	3767.96
	人工费（元）			282.50	292.67	336.74	349.17	1422.67
	材料费（元）			1452.20	1606.57	1452.20	1606.57	2138.50
	机械费（元）			13.79	13.79	13.79	13.79	79.13
	管理费（元）			25.35	26.26	30.22	31.33	127.66
组成内容		单位	单价	数量				
人工	综合工	工日	113.00	2.50	2.59	2.98	3.09	12.59
材料	花岗岩毛料石	m^3	1350.00	1.000		1.000		1.500
	花岗岩清料石	m^3	1500.00		1.000		1.000	
	水泥	kg	0.37	75.75	75.75	75.75	75.75	60.60
	砂子	t	87.58	0.372	0.372	0.372	0.372	0.297
	水	m^3	7.85	0.055	0.055	0.055	0.055	0.044
	零星材料费	元		11.29	12.49	11.29	12.49	20.74
	材料采管费	元		29.87	33.04	29.87	33.04	43.98
	水泥砂浆 M10	m^3		(0.250)	(0.250)	(0.250)	(0.250)	(0.200)
机械	综合机械	元		13.79	13.79	13.79	13.79	79.13

单位：m^2

编号			21-68	21-69	21-70	21-71	21-72	21-73	21-74
项目			碹石雕刻		碹石	碹脸石	碹石安装 (m^3)	地伏石	
			卷草、卷云带子	莲花、龙凤	制作 (m^3)			制作 (m^3)	安装 (m^3)
预算基价 总价（元）			3495.70	4658.32	11165.88	15525.60	3231.43	15029.42	1810.87
预算基价 人工费（元）			3197.96	4274.28	7657.00	11641.12	2946.24	8872.20	1634.32
预算基价 材料费（元）			60.73	67.26	2941.40	3021.72	66.84	5499.68	55.43
预算基价 管理费（元）			237.01	316.78	567.48	862.76	218.35	657.54	121.12
组成内容	单位	单价	数量						
人工 综合工	工日	124.00	25.79	34.47	61.75	93.88	23.76	71.55	13.18
材料 青白石	m^3	1815.00			1.533	1.533			
汉白玉	m^3	3435.00						1.541	
煤	kg	0.61	50.00	60.00	145.00	207.00	72.50	144.00	37.00
白水泥	kg	0.66							4.50
水泥	kg	0.37					13.99		60.08
砂子	t	87.58					0.017		
水	m^3	7.85					0.007		0.024
零星材料费	元		28.98	29.28	10.05	50.90	14.52	5.38	6.33
材料采管费	元		1.25	1.38	60.50	62.15	1.37	113.12	1.14
水泥砂浆 1:1	m^3						(0.017)		
素水泥浆	m^3								(0.040)

单位：根

编号				21-75	21-76	21-77	21-78	21-79	21-80
项目				龙凤头石望柱制作			狮子头石望柱制作		
				高度（cm以内）					
				100	120	150	100	120	150
预算基价	总价（元）			3095.25	4653.96	6920.00	4646.91	5794.06	8417.06
	人工费（元）			2673.44	4031.24	5875.12	4118.04	5092.68	7268.88
	材料费（元）			223.67	323.95	609.46	223.67	323.95	609.46
	管理费（元）			198.14	298.77	435.42	305.20	377.43	538.72
组成内容		单位	单价	数量					
人工	综合工	工日	124.00	21.56	32.51	47.38	33.21	41.07	58.62
材料	汉白玉	m^3	3435.00	0.052	0.078	0.154	0.052	0.078	0.154
	煤	kg	0.61	55.00	67.00	95.00	55.00	67.00	95.00
	零星材料费	元		6.90	8.49	9.98	6.90	8.49	9.98
	材料采管费	元		4.60	6.66	12.54	4.60	6.66	12.54

单位：根

编号				21-81	21-82	21-83	21-84	21-85
项目				莲花头石望柱制作			素方头石望柱制作	
				高度（cm 以内）				
				90	100	120	80	100
预算基价	总价（元）			2812.97	3169.18	4289.00	2023.46	2446.52
	人工费（元）			2465.12	2746.60	3696.44	1795.52	2131.56
	材料费（元）			165.15	219.02	318.61	94.87	156.98
	管理费（元）			182.70	203.56	273.95	133.07	157.98
组成内容		单位	单价	数量				
人工	综合工	工日	124.00	19.88	22.15	29.81	14.48	17.19
材料	汉白玉	m^3	3435.00	0.038	0.052	0.078		
	青白石	m^3	1815.00				0.036	0.068
	煤	kg	0.61	40.00	45.00	56.00	30.00	35.00
	零星材料费	元		6.82	8.45	9.97	9.28	8.98
	材料采管费	元		3.40	4.50	6.55	1.95	3.23

单位：块

编号					21-86	21-87	21-88	21-89	21-90
项目					寻杖栏板制作（高度cm以内）				
					50	55	65	75	85
预算基价	总价（元）				4410.01	5231.18	6066.62	7173.63	8158.76
	人工费（元）				3696.44	4369.76	4933.96	5608.52	6171.48
	材料费（元）				439.62	537.56	766.99	1149.45	1529.89
	管理费（元）				273.95	323.86	365.67	415.66	457.39
组成内容			单位	单价	数量				
人工	综合工		工日	124.00	29.81	35.24	39.79	45.23	49.77
材料	汉白玉		m^3	3435.00	0.112	0.138	0.202	0.309	0.415
	煤		kg	0.61	61.00	72.00	80.00	90.00	100.00
	零星材料费		元		8.65	8.55	8.54	9.49	11.89
	材料采管费		元		9.04	11.06	15.78	23.64	31.47

单位：块

编号				21-91	21-92	21-93	21-94	21-95	21-96
项目				罗汉栏板制作		石抱鼓制作			
				高度（cm以内）					
				50	60	50	55	65	85
预算基价	总价（元）			3012.74	3569.12	4044.24	4864.76	5825.62	7189.62
	人工费（元）			2580.44	3030.56	3361.64	4034.96	4710.76	5278.68
	材料费（元）			241.06	313.96	433.46	530.76	765.73	1519.72
	管理费（元）			191.24	224.60	249.14	299.04	349.13	391.22
组成内容		单位	单价	数量					
人工	综合工	工日	124.00	20.81	24.44	27.11	32.54	37.99	42.57
材料	青白石	m^3	1815.00	0.112	0.148				
	汉白玉	m^3	3435.00			0.112	0.138	0.202	0.415
	煤	kg	0.61	40.00	50.00	55.00	65.00	78.00	85.00
	零星材料费	元		8.42	8.38	6.27	6.16	8.53	11.08
	材料采管费	元		4.96	6.46	8.92	10.92	15.75	31.26

单位：根

编号				21-97	21-98	21-99
项目				石望柱安装（高度 cm 以内）		
				100	120	150
预算基价	总价（元）			160.08	187.09	227.21
	人工费（元）			135.16	156.24	188.48
	材料费（元）			14.90	19.27	24.76
	管理费（元）			10.02	11.58	13.97
组成内容		单位	单价	数量		
人工	综合工	工日	124.00	1.09	1.26	1.52
材料	白水泥	kg	0.66	1.50	1.50	1.50
	水泥	kg	0.37	1.50	1.50	1.50
	煤	kg	0.61	5.00	6.70	9.50
	水	m^3	7.85	0.001	0.001	0.001
	零星材料费	元		9.99	13.23	16.90
	材料采管费	元		0.31	0.40	0.51
	素水泥浆	m^3		(0.001)	(0.001)	(0.001)

单位：块

编号				21-100	21-101	21-102	21-103	21-104	21-105	21-106
项目				石栏板安装				石抱鼓安装		
				高度（cm 以内）						
				60	65	75	85	55	65	85
预算基价	总价（元）			222.49	293.57	360.43	408.50	214.43	290.54	394.49
	人工费（元）			188.48	252.96	312.48	352.16	184.76	250.48	342.24
	材料费（元）			20.04	21.86	24.79	30.24	15.98	21.50	26.89
	管理费（元）			13.97	18.75	23.16	26.10	13.69	18.56	25.36
组成内容		单位	单价	数量						
人工	综合工	工日	124.00	1.52	2.04	2.52	2.84	1.49	2.02	2.76
材料	白水泥	kg	0.66	0.20	0.20	0.20	0.20	0.20	0.20	0.20
	水泥	kg	0.37	3.00	3.00	3.00	3.00	3.00	3.00	3.00
	煤	kg	0.61	6.10	8.00	9.00	10.00	6.10	7.80	8.50
	水	m^3	7.85	0.001	0.001	0.001	0.001	0.001	0.001	0.001
	零星材料费	元		14.66	15.28	17.54	22.27	10.68	15.05	19.91
	材料采管费	元		0.41	0.45	0.51	0.62	0.33	0.44	0.55
	素水泥浆	m^3		(0.002)	(0.002)	(0.002)	(0.002)	(0.002)	(0.002)	(0.002)

单位：m³

编号				21-107	21-108	21-109	21-110	21-111	21-112
项目				护坡			护岸		
				毛石	毛料石	清料石	干铺砂子	干铺卵石	点布大卵石(t)
预算基价	总价（元）			488.87	1669.15	1829.63	221.43	401.91	337.93
	人工费（元）			196.62	192.10	197.75	48.59	67.80	294.93
	材料费（元）			267.03	1452.20	1606.57	168.64	328.60	16.31
	机械费（元）			9.23	9.23	9.23	0.25		2.70
	管理费（元）			15.99	15.62	16.08	3.95	5.51	23.99
组成内容		单位	单价	数量					
人工	综合工	工日	113.00	1.74	1.70	1.75	0.43	0.60	2.61
材料	大卵石	t							(1.100)
	毛石	t	88.39	2.006					
	花岗岩毛料石	m³	1350.00		1.000				
	花岗岩清料石	m³	1500.00			1.000			
	卵石 粒径60以外	t	180.00					1.788	
	水泥	kg	0.37	103.02	75.75	75.75			24.41
	砂子	t	87.58	0.505	0.372	0.372	1.859		0.075
	水	m³	7.85	0.075	0.055	0.055	0.300		0.017
	零星材料费	元		1.30	11.29	12.49			0.24
	材料采管费	元		5.49	29.87	33.04	3.47	6.76	0.34
	水泥砂浆 M10	m³		(0.340)	(0.250)	(0.250)			
	水泥砂浆 1:2.5	m³							(0.050)
机械	灰浆搅拌机 200L	台班	180.11						0.015
	综合机械	元		9.23	9.23	9.23			
	小型机具	元					0.25		

单位：t

编号				21-113	21-114	21-115
项目				自然式驳岸	原木桩驳岸 (m^3)	镶铺卵石护岸 ($10m^2$)
预算基价	总价（元）			1172.38	4134.58	2299.18
	人工费（元）			293.80	1627.20	1797.83
	材料费（元）			847.43	2261.71	343.69
	机械费（元）			7.26	113.33	11.45
	管理费（元）			23.89	132.34	146.21
组成内容		单位	单价	数		量
人工	综合工	工日	113.00	2.60	14.40	15.91
材料	湖石	t	800.00	0.940		
	黄石	t	500.00	0.100		
	原木桩	m^3	2002.00		1.092	
	本色卵石 粒径40～60	t	300.00			0.720
	铁件	kg	7.69		0.92	
	水泥	kg	0.37	24.41		175.76
	砂子	t	87.58	0.075		0.541
	水	m^3	7.85	0.017		0.622
	零星材料费	元		12.27	21.93	3.33
	材料采管费	元		17.43	46.52	7.07
	水泥砂浆 1:2.5	m^3		(0.050)		(0.360)
机械	灰浆搅拌机 400L	台班	187.73			0.061
	综合机械	元		7.26	113.33	

三、木园桥、木栈道、木平台

单位：m^3

编号				21-116	21-117	21-118	21-119	21-120
项目				人工打圆木桩桩长（cm以内）		木梁制作、安装		
				300	800	梁宽（cm）		
						11以内	14以内	14以外
预算基价	总价（元）			4574.63	5101.97	4833.97	4514.30	4315.61
	人工费（元）			2034.00	2440.80	1162.77	917.56	768.40
	材料费（元）			2261.71	2326.57	3540.93	3493.94	3461.11
	机械费（元）			113.50	136.10	7.51	5.93	4.98
	管理费（元）			165.42	198.50	122.76	96.87	81.12
组成内容		单位	单价	数量				
人工	综合工	工日	113.00	18.00	21.60	10.29	8.12	6.80
材料	原木桩	m^3	2002.00	1.092	1.092			
	红白松锯材 二类	m^3	3026.70			1.134	1.119	1.110
	铁件	kg	7.69	0.92	9.10			
	防腐油	kg	0.58			0.10	0.10	0.10
	铁钉	kg	7.81			2.37	2.32	1.71
	零星材料费	元		21.93	22.56	17.25	17.03	16.87
	材料采管费	元		46.52	47.85	72.83	71.86	71.19
机械	综合机械	元		113.50	136.10	7.51	5.93	4.98

单位：m^3

编号				21-121	21-122	21-123	21-124	21-125
项目				木龙骨制作、安装断面周长（cm）			木园桥、木栈道、木平台面制作、安装	
				30以内	40以内	40以外	板厚 4 cm（$10m^2$）	板厚每增减1 cm（$10m^2$）
预算基价	总价（元）			4788.93	4143.14	3785.68	2540.06	505.08
	人工费（元）			962.76	516.41	401.15	514.15	90.40
	材料费（元）			3718.38	3568.87	3339.57	1967.55	405.14
	机械费（元）			6.15	3.34	2.61	4.08	
	管理费（元）			101.64	54.52	42.35	54.28	9.54
组成内容		单位	单价	数量				
人工	综合工	工日	113.00	8.52	4.57	3.55	4.55	0.80
材料	红白松锯材 二类	m^3	3026.70	1.195	1.150	1.075	0.630	0.130
	铁钉	kg	7.81	3.20	1.89	2.20	1.00	0.10
	零星材料费	元					12.45	2.56
	材料采管费	元		76.48	73.40	68.69	40.47	8.33
机械	综合机械	元		6.15	3.34	2.61	4.08	

单位：m^2

编号				21-126	21-127	21-128
项目				木栏杆制作、安装（包括望柱）		
				寻杖栏杆	花栏杆	直挡栏杆
预算基价	总价（元）			2386.35	1005.70	549.72
	人工费（元）			1853.80	612.56	241.80
	材料费（元）			330.45	322.54	277.36
	机械费（元）			5.96	5.79	4.98
	管理费（元）			196.14	64.81	25.58
组成内容		单位	单价	数量		
人工	综合工	工日	124.00	14.95	4.94	1.95
材料	红白松锯材 一类烘干	m^3	4334.22	0.073	0.071	0.061
	乳胶	kg	9.50	0.20	0.30	0.20
	防腐油	kg	0.58	0.02	0.02	0.02
	铁件	kg	7.69	0.50	0.50	0.50
	铁钉	kg	7.81	0.05	0.05	0.05
	木螺钉 M5	百个	9.00	0.05	0.05	0.05
	零星材料费	元		0.65	0.63	0.68
	材料采管费	元		6.80	6.63	5.70
机械	综合机械	元		5.96	5.79	4.98

四、堆 塑 假 山

单位：m^3

编号				21-129	21-130	21-131
项目				人工堆筑土山丘		
				场内取、运土		外购土
				一般土	砂砾坚土	
预算基价	总价（元）			111.45	142.24	204.64
	人工费（元）			100.80	128.64	90.24
	材料费（元）					104.86
	管理费（元）			10.65	13.60	9.54
组成内容		单位	单价	数量		
人工	综合工	工日	96.00	1.05	1.34	0.94
材料	黄土	m^3	79.00			1.300
	材料采管费	元				2.16

单位：t

编号				21-132	21-133	21-134	21-135
项目				堆砌湖石假山（高度 m 以内）			
				1	2	3	4
预算基价	总价（元）			1438.86	1646.12	2018.24	2211.11
	人工费（元）			502.85	639.58	875.75	1001.18
	材料费（元）			877.79	933.13	1043.52	1094.61
	机械费（元）			13.06	15.97	20.33	25.41
	管理费（元）			45.16	57.44	78.64	89.91
组成内容		单位	单价	数量			
人工	综合工	工日	113.00	4.45	5.66	7.75	8.86
材料	湖石	t	800.00	1.000	1.000	1.000	1.000
	花岗岩毛料石	m^3	1350.00			0.050	0.050
	毛石	t	88.39	0.170	0.170	0.102	0.102
	水泥	kg	0.37	41.07	53.14	53.14	60.32
	砂子	t	87.58	0.108	0.139	0.139	0.154
	碴石 6～13	t	85.17	0.068	0.091	0.091	0.114
	木脚手板	m^3	1833.33		0.002	0.003	0.003
	毛竹	根	16.00		0.130	0.180	0.260
	铁件	kg	7.69		5.000	10.000	15.000
	水	m^3	7.85	0.198	0.206	0.206	0.291
	零星材料费	元		12.71	13.51	19.06	22.77
	材料采管费	元		18.05	19.19	21.46	22.51
	细石混凝土 C20	m^3		(0.060)	(0.080)	(0.080)	(0.100)
	水泥砂浆 1:2.5	m^3		(0.040)	(0.050)	(0.050)	(0.050)
机械	综合机械	元		13.06	15.97	20.33	25.41

单位：t

编号				21-136	21-137	21-138	21-139
项目				堆砌黄石假山（高度m以内）			
				1	2	3	4
预算基价	总价（元）			1055.53	1248.00	1604.02	1779.58
	人工费（元）			452.00	575.17	788.74	900.61
	材料费（元）			551.32	606.66	724.85	775.58
	机械费（元）			11.62	14.52	19.60	22.51
	管理费（元）			40.59	51.65	70.83	80.88
组成内容		单位	单价	数量			
人工	综合工	工日	113.00	4.00	5.09	6.98	7.97
材料	黄石	t	500.00	1.000	1.000	1.000	1.000
	花岗岩毛料石	m^3	1350.00			0.050	0.050
	水泥	kg	0.37	41.07	53.14	53.14	60.32
	砂子	t	87.58	0.108	0.139	0.139	0.154
	碴石 6～13	t	85.17	0.068	0.091	0.091	0.114
	木脚手板	m^3	1833.33		0.002	0.003	0.003
	毛竹	根	16.00		0.13	0.18	0.26
	铁件	kg	7.69		5.00	10.00	15.00
	水	m^3	7.85	0.198	0.206	0.206	0.291
	零星材料费	元		7.98	8.78	15.96	19.32
	材料采管费	元		11.34	12.48	14.91	15.95
	细石混凝土 C20	m^3		(0.060)	(0.080)	(0.080)	(0.100)
	水泥砂浆 1:2.5	m^3		(0.040)	(0.050)	(0.050)	(0.050)
机械	综合机械	元		11.62	14.52	19.60	22.51

单位：t

编号				21-140	21-141	21-142	21-143	21-144	21-145
项目				整块湖石峰	人造湖石峰		人造黄石峰		
				高度（m以内）					
				5	3	4	2	3	4
预算基价	总价（元）			2072.28	2732.00	3185.80	1418.21	2241.69	2660.38
	人工费（元）			1621.55	1436.23	1809.13	732.24	1292.72	1628.33
	材料费（元）			264.45	1130.49	1168.47	602.06	800.21	845.16
	机械费（元）			40.66	36.30	45.74	18.15	32.67	40.66
	管理费（元）			145.62	128.98	162.46	65.76	116.09	146.23
组成内容		单位	单价	数量					
人工	综合工	工日	113.00	14.35	12.71	16.01	6.48	11.44	14.41
材料	整块湖石峰	t		(1.000)					
	湖石	t	800.00	0.250	1.000	1.000			
	黄石	t	500.00				1.000	1.000	1.000
	花岗岩毛料石	m^3	1350.00		0.100	0.100		0.100	0.100
	毛石	t	88.39	0.051					
	水泥	kg	0.37	50.55	78.27	78.27	42.37	53.14	53.14
	砂子	t	87.58	0.124	0.194	0.194	0.115	0.139	0.139
	碴石 6~13	t	85.17	0.114	0.170	0.170	0.057	0.091	0.091
	木脚手板	m^3	1833.33	0.005	0.003	0.004	0.002	0.003	0.004
	毛竹	根	16.00		0.18	0.26	0.13	0.18	0.26
	铁件	kg	7.69		10.00	15.00	5.00	10.00	15.00
	水	m^3	7.85	0.284	0.303	0.303	0.279	0.286	0.286
	零星材料费	元		3.83	24.15	19.79	12.69	21.64	24.11
	材料采管费	元		5.44	23.25	24.03	12.38	16.46	17.38
	细石混凝土 C20	m^3		(0.100)	(0.150)	(0.150)	(0.050)	(0.080)	(0.080)
	水泥砂浆 1:2.5	m^3		(0.030)	(0.050)	(0.050)	(0.050)	(0.050)	(0.050)
机械	综合机械	元		40.66	36.30	45.74	18.15	32.67	40.66

单位：只

编号				21-146	21-147	21-148	21-149	21-150	21-151
项目				石笋安装			土山点石		
				高度（m以内）			土山高度（m以内）		
				2	3	4	2（t）	3（t）	4（t）
预算基价	总价（元）			403.18	607.28	1071.00	872.98	1012.58	1081.26
	人工费（元）			250.86	376.29	690.43	315.27	440.70	501.72
	材料费（元）			123.26	187.76	301.15	521.41	521.41	521.41
	机械费（元）			6.53	9.44	17.42	7.99	10.89	13.07
	管理费（元）			22.53	33.79	62.00	28.31	39.58	45.06
组成内容		单位	单价	数量					
人工	综合工	工日	113.00	2.22	3.33	6.11	2.79	3.90	4.44
材料	石笋	只		(1.00)	(1.00)	(1.00)			
	黄石	t	500.00	0.200	0.300	0.500	1.000	1.000	1.000
	水泥	kg	0.37	24.13	38.49	50.55	4.88	4.88	4.88
	砂子	t	87.58	0.062	0.094	0.124	0.015	0.015	0.015
	碴石 6～13	t	85.17	0.045	0.091	0.114			
	水	m^3	7.85	0.096	0.106	0.114	0.003	0.003	0.003
	零星材料费	元		1.78	2.84	4.79	7.55	7.55	7.55
	材料采管费	元		2.54	3.86	6.19	10.72	10.72	10.72
	细石混凝土 C20	m^3		(0.040)	(0.080)	(0.100)			
	水泥砂浆 1:2.5	m^3		(0.020)	(0.020)	(0.030)	(0.010)	(0.010)	(0.010)
机械	综合机械	元		6.53	9.44	17.42	7.99	10.89	13.07

单位：t

编号				21-152	21-153	21-154
项目				布置景石（t以内）		
				1	5	10
预算基价	总价（元）			2696.70	2185.32	1824.85
	人工费（元）			2389.95	1913.09	1565.05
	材料费（元）			36.95	56.14	80.06
	机械费（元）			55.18	44.29	39.20
	管理费（元）			214.62	171.80	140.54
组成内容		单位	单价	数量		
人工	综合工	工日	113.00	21.15	16.93	13.85
材料	景湖石	t		(1.000)	(1.000)	(1.000)
	水泥	kg	0.37	19.53	24.41	24.41
	砂子	t	87.58	0.060	0.075	0.075
	铁件	kg	7.69	3.00	5.00	8.00
	水	m^3	7.85	0.014	0.017	0.017
	零星材料费	元		0.53	0.81	1.16
	材料采管费	元		0.76	1.15	1.65
	水泥砂浆 1:2.5	m^3		(0.040)	(0.050)	(0.050)
机械	综合机械	元		55.18	44.29	39.20

单位：10 m^2

编号				21-155	21-156	21-157	21-158
项目				砖骨架塑假山（高度m以内）			钢骨架钢网塑假山
				2.5	6	10	
预算基价	总价（元）			3836.05	5344.30	6138.09	2864.24
	人工费（元）			2055.47	2721.04	3143.66	2075.81
	材料费（元）			1570.59	2352.05	2683.81	591.86
	机械费（元）			25.41	26.86	28.31	10.16
	管理费（元）			184.58	244.35	282.31	186.41
组成内容		单位	单价	数量			
人工	综合工	工日	113.00	18.19	24.08	27.82	18.37
材料	预制钢筋混凝土板	m^3		(0.110)	(0.120)	(0.180)	
	预拌混凝土 AC20	m^3	353.38	0.680	0.570	0.510	
	页岩标砖 240×115×53	百块	57.88	15.40	23.10	27.40	
	钢筋 D10以内	t	2700.29				0.070
	钢板网 2000×600×0.7～0.9	m^2	17.83				10.75
	水泥	kg	0.37	454.34	746.26	820.07	347.94
	白灰	kg	0.31	41.33	127.42	143.98	
	砂子	t	87.58	1.885	3.960	4.401	0.644
	电焊条	kg	8.47				1.31
	水	m^3	7.85	1.097	1.807	2.011	0.352
	零星材料费	元		52.02	88.60	113.19	
	材料采管费	元		32.30	48.38	55.20	12.17
	白灰膏	m^3		(0.060)	(0.182)	(0.206)	
	混合砂浆 M7.5	m^3		(0.820)	(1.100)	(1.340)	
	混合砂浆 M5	m^3			(1.130)	(1.200)	
	水泥砂浆 1:2.5	m^3		(0.390)	(0.410)	(0.410)	
	水泥砂浆 1:2	m^3		(0.100)	(0.100)	(0.100)	(0.310)
	水泥砂浆 1:1	m^3					(0.210)
机械	综合机械	元		25.41	26.86	28.31	10.16

五、室 外 排 水

单位：10 m

编号				21-159	21-160	21-161	21-162	21-163
项目				承插式缸瓦管				
				水泥砂浆接口（管径 mm）				
				100	150	200	250	300
预算基价	总价（元）			281.20	325.51	430.13	644.74	702.99
	人工费（元）			109.61	109.61	160.46	161.59	162.72
	材料费（元）			164.07	208.38	258.66	472.07	529.11
	管理费（元）			7.52	7.52	11.01	11.08	11.16
组成内容		单位	单价	数量				
人工	综合工	工日	113.00	0.97	0.97	1.42	1.43	1.44
材料	单釉缸瓦管	节		16.92 ×7.92	16.92 ×10.25	16.92 ×12.83	16.92 ×24.77	16.92 ×27.50
	页岩标砖 240×115×53	百块	57.88	0.34	0.34	0.34	0.34	0.34
	水泥	kg	0.37	5.37	9.28	14.16	20.51	30.27
	砂子	t	87.58	0.017	0.029	0.044	0.063	0.093
	草袋 840×760	m^2	3.95	0.65	0.72	0.94	1.15	1.37
	水	m^3	7.85	0.124	0.276	0.480	0.754	1.082
	材料采管费	元		3.37	4.29	5.32	9.71	10.88
	水泥砂浆 1:2.5	m^3		(0.011)	(0.019)	(0.029)	(0.042)	(0.062)

单位：10 m

编号				21-164	21-165	21-166	21-167	21-168
项目				混凝土管		钢筋混凝土管		
				水泥砂浆接口（管径 mm）				
				200	300	400	500	600
预算基价	总价（元）			527.28	602.45	934.91	1085.73	1097.64
	人工费（元）			151.42	152.55	201.14	332.22	332.22
	材料费（元）			365.47	439.44	719.97	730.72	742.63
	管理费（元）			10.39	10.46	13.80	22.79	22.79
组成内容		单位	单价	数量				
人工	综合工	工日	113.00	1.34	1.35	1.78	2.94	2.94
材料	混凝土管	m		10.15 ×32.95	10.15 ×39.33			
	钢筋混凝土管 D400	m	67.33			10.15	10.15	10.15
	页岩标砖 240×115×53	百块	57.88	0.20	0.20			
	水泥	kg	0.37	8.30	12.21	7.81	9.76	11.72
	砂子	t	87.58	0.026	0.038	0.024	0.030	0.036
	草袋 840×760	m^2	3.95	0.72	0.86	0.50	0.72	0.79
	水	m^3	7.85	0.476	1.068	1.885	2.957	4.248
	材料采管费	元		7.52	9.04	14.81	15.03	15.27
	水泥砂浆 1:2.5	m^3		(0.017)	(0.025)	(0.016)	(0.020)	(0.024)

第二十二章　园 林 景 观 工 程

说　　明

一、本章包括原木构件，木亭、廊、花架，石柱、梁、枋、压顶，石栏杆、石凳，石浮雕、石镌字，堆塑装饰，钢栏杆、钢骨架，园林小摆设等8节；共140条基价子目。

二、本章基价中的木构件，除注明者外，均以刨光为准，刨光损耗已包括在基价内。除鹅颈靠背外，基价子目中的原木、锯材是以自然干燥为准，如设计需求烘干时，其烘干费另行计算。

三、本基价中的石构件，除石作独立须弥座外，制作是按花岗岩石料为准，如使用其他石料，其材料用量不变。

四、本章基价中的石料加工人工均系累计数量，做糙包括打荒，垛斧包括打荒与做糙。

五、本章基价中的石栏杆柱，石栏板有简式、繁式花饰图案之分。一般以几何图案，绦回、卷草、回纹、如意、云头、海浪及简单花卉为简式；而以夔龙夔凤、刺虎、宝相、金莲、牡丹、竹枝、梅庄、座狮、奔鹿、舞鹤、翔鸾花卉鸟兽及各种山水、人物为繁式。

六、石浮雕应按下表分类：

浮雕种类	加工内容
阴线刻	首先磨光磨平石料表面，然后以刻凹线（深度在2～3 mm）勾画出人物、动植物或山水
平浮雕	首先扁光石料表面，然后凿出堂子（凿深在60 mm以内），凸出欲雕图案。图案凸出的平面应达到“扁光”，堂子达到“钉细麻”
浅浮雕	首先凿出石料初形，凿出堂子（凿深在60～200 mm以内），凸出欲雕图形，再加工雕饰图形，使其表面有起有伏，有立体感。图形表面应达到“二遍剁斧”，堂子达到“钉细麻”
高浮雕	首先凿出石料初形，然后凿掉欲雕图形多余部分（凿深在200 mm以外），凸出欲雕图形，再细雕图形，使之有较强的立体感（有时高浮雕的个别部位与堂子之间漏空）。图形表面达到“四遍剁斧”，堂子达到“钉细麻”或“扁光”

七、石镌字的面积指字的最大矩形面积。

八、塑松（杉）树皮、塑竹皮基价子目，仅考虑面层或表层的装饰抹灰和抹底层灰，基层材料均未考虑在内。

九、本章钢栏杆，钢骨架制作是按焊接为主考虑的，对构件局部采用螺栓连接时，已考虑在基价内，不再换算，但如遇有铆接为主的构件时，应另行补充基价子目。

十、园林小摆设系指果皮箱、放置盆景的须弥座、匾额，花瓶、花盆、石鼓、坐凳及小型水盆、花坛、花池等。

十一、独立须弥座只适用于高度在50 cm以内的基价项目。

十二、石作独立须弥座制作以使用汉白玉普坚石为准，使用花岗岩者人工费和管理费乘以系数1.5。

工 作 内 容

一、原木构件制作项目包括:放样、选料、画线、砍疙子;安装项目包括:起重、翻身就位、修整卯榫入位、校正。

二、亭、廊、花架木构件制作项目包括:放样,选料、刨光、画线,制作及踢凿成型;安装项目包括:安装,吊线,校正,固定,临时支撑。

三、石柱、梁、枋、压顶项目包括:选运石料、石料加工,调运砂浆、铺砂浆,就位安装,校正,固定。

四、石栏杆、石凳项目包括:选运石料,放样,开料,加工成型,调运砂浆,铺砂浆,就位安装,校正,固定。

五、石浮雕项目包括:翻样,放样,雕琢,洗练,修补,造型,安装,保护。

六、石镌字项目包括:放样,开料,刨面,打缝,起线,刻字,安装,保护。

七、塑松(杉)树皮,塑竹皮项目包括:清理基层,调运砂浆,抹底灰,塑面层,清理,养护。

八、塑树根、塑黄竹、塑金丝竹项目包括:钢筋制作、绑扎,调运砂浆、抹底灰,塑面层,现场安装。

九、钢栏杆、钢骨架制作项目包括:放样、钢材校正、画线、下料(机切或氧切),平直、钻孔、刨边、倒棱、摵弯、装配成品、校正,运输及堆放。安装项目包括:构件加固、吊装、校正、拧紧螺栓,电焊固定,构件翻身,就位、场内运输。

十、石作独立须弥座项目包括:运石、做样板、制作、剁斧成活(或砸花捶、打道)、安装,带雕饰的石活还包括画样子、雕凿花饰及扁光。

十一、砖砌园林小摆设项目包括:调运砂浆、运砌砖、抹灰。

十二、木博古架项目包括:放样、选料、刨光、定位凿孔、制作、安装。

工 程 量 计 算 规 则

一、原木(带树皮)柱、梁、檩按设计图示尺寸以体积计算。

二、原木(带树皮)椽按设计图示长度计算。

三、木柱、木梁、木檩条、木椽子、条式坐凳面均按设计图示尺寸以体积计算。

四、木屋面板、板式坐凳面均按设计图示尺寸以面积计算。

五、鹅颈靠背按设计图示上口长度计算。

六、木封檐板按设计图示长度计算。

七、石柱、梁、枋、压顶,石栏杆、石凳均按设计图示尺寸以体积计算。

八、石浮雕按设计图示尺寸以雕刻部分外接矩形面积以面积计算。

九、石镌字按设计图示数量计算。

十、塑松(杉)树皮、塑竹皮均按设计图示外表面积计算。

十一、塑树根、塑黄竹、塑金丝竹均按设计图示长度计算。

十二、钢栏杆、钢骨架均按设计图示钢材尺寸以质量计算。所需的螺栓、螺钉、铆钉等质量已包括在基价材料消耗量内,不另增加。不扣除孔眼、切肢、切边的质量。在计算不规则或多边形钢板质量时均以矩形面积计算。

十三、石作独立须弥座、砖砌园林小摆设按设计图示尺寸以体积计算。

十四、木博古架、木踭角花、木挂落按设计图示长度计算。

一、原 木 构 件

单位：m^3

编号				22-1	22-2	22-3	22-4
项目				原木(带树皮)柱、梁、檩制作安装（直径cm以内）			
				10	20	30	40
预算基价	总价（元）			1220.16	803.10	546.10	441.85
	人工费（元）			1114.18	731.11	496.07	402.28
	材料费（元）			4.01	4.01	4.01	4.01
	机械费（元）			11.36	8.52	5.68	2.84
	管理费（元）			90.61	59.46	40.34	32.72
组成内容		单位	单价	数量			
人工	综合工	工日	113.00	9.86	6.47	4.39	3.56
材料	带树皮原木	m^3		(1.050)	(1.050)	(1.050)	(1.050)
	铁钉	kg	7.81	0.50	0.50	0.50	0.50
	零星材料费	元		0.02	0.02	0.02	0.02
	材料采管费	元		0.08	0.08	0.08	0.08
机械	综合机械	元		11.36	8.52	5.68	2.84

单位：10 m

编号				22-5	22-6	22-7
项目				原木(带树皮)椽制作安装（直径 cm）		
				7以内	10以内	10以外
预算基价	总价（元）			56.55	70.77	93.54
	人工费（元）			48.59	59.89	79.10
	材料费（元）			4.01	6.01	8.01
	管理费（元）			3.95	4.87	6.43
组成内容		单位	单价	数量		
人工	综合工	工日	113.00	0.43	0.53	0.70
材料	带树皮原木杆	m		(11.00)	(11.00)	(11.00)
	铁钉	kg	7.81	0.50	0.75	1.00
	零星材料费	元		0.02	0.03	0.04
	材料采管费	元		0.08	0.12	0.16

二、木亭、廊、花架

单位：m^3

编号				22-8	22-9	22-10	22-11
项目				圆柱制作、安装（直径 cm 以内）			
				18	22	26	30
预算基价	总价（元）			7003.21	6539.12	5798.26	5489.90
	人工费（元）			3480.68	3086.36	2472.56	2223.32
	材料费（元）			3199.89	3166.70	3097.57	3061.62
	机械费（元）			33.24	29.44	22.55	20.10
	管理费（元）			289.40	256.62	205.58	184.86
组成内容		单位	单价	数量			
人工	综合工	工日	124.00	28.07	24.89	19.94	17.93
材料	红白松原木 一类	m^3	2695.00	1.155	1.143	1.118	1.105
	防腐油	kg	0.58	0.50	0.50	0.50	0.50
	铁钉	kg	7.81	0.70	0.70	0.70	0.70
	零星材料费	元		15.59	15.43	15.09	14.92
	材料采管费	元		65.82	65.13	63.71	62.97
机械	综合机械	元		33.24	29.44	22.55	20.10

单位：m^3

编号				22-12	22-13	22-14	22-15	22-16
项目				矩形柱制作、安装（断面周长 cm 以内）				多角形柱制作、安装
				75	90	105	120	
预算基价	总价（元）			5993.93	5480.72	5112.27	4929.02	5394.12
	人工费（元）			1590.92	1129.64	814.68	674.56	1662.84
	材料费（元）			4253.93	4246.20	4223.00	4192.08	3562.16
	机械费（元）			16.80	10.96	6.85	6.29	30.86
	管理费（元）			132.28	93.92	67.74	56.09	138.26
组成内容		单位	单价	数量				
人工	综合工	工日	124.00	12.83	9.11	6.57	5.44	13.41
材料	红白松锯材 一类	m^3	3767.01	1.099	1.097	1.091	1.083	
	红白松原木 一类	m^3	2695.00					1.286
	防腐油	kg	0.58	0.50	0.50	0.50	0.50	0.50
	铁钉	kg	7.81	0.70	0.70	0.70	0.70	0.70
	零星材料费	元		20.73	20.69	20.58	20.43	17.36
	材料采管费	元		87.50	87.34	86.86	86.22	73.27
机械	综合机械	元		16.80	10.96	6.85	6.29	30.86

单位：m^3

编号				22-17	22-18	22-19	22-20
项目				圆梁制作、安装（直径cm）		矩形梁制作、安装（梁宽cm）	
				24以内	24以外	24以内	24以外
预算基价	总价（元）			7251.69	7887.45	6881.70	6491.17
	人工费（元）			3744.80	4155.24	2445.28	2109.24
	材料费（元）			3161.99	3369.38	4221.58	4194.52
	机械费（元）			33.54	17.34	11.53	12.04
	管理费（元）			311.36	345.49	203.31	175.37
组成内容		单位	单价	数量			
人工	综合工	工日	124.00	30.20	33.51	19.72	17.01
材料	红白松原木 一类	m^3	2695.00	1.142	1.217		
	红白松锯材 一类	m^3	3767.01			1.090	1.083
	铁件	kg	7.69	0.50	0.50	0.50	0.50
	铁钉	kg	7.81			0.55	0.55
	零星材料费	元		15.41	16.42	20.57	20.44
	材料采管费	元		65.04	69.30	86.83	86.27
机械	综合机械	元		33.54	17.34	11.53	12.04

单位：m^3

编号				22-21	22-22	22-23	22-24	22-25	22-26
项目				圆木檩条制作、安装（直径cm以内）			方木檩条制作、安装（厚度cm）		
				15	20	25	11以内	14以内	14以外
预算基价	总价（元）			4959.35	4295.89	4048.31	5333.64	5045.98	4940.29
	人工费（元）			1593.40	1040.36	841.96	869.24	675.80	603.88
	材料费（元）			3228.41	3164.80	3131.62	4387.31	4310.00	4282.95
	机械费（元）			5.06	4.23	4.73	4.82	3.99	3.25
	管理费（元）			132.48	86.50	70.00	72.27	56.19	50.21
组成内容		单位	单价	数量					
人工	综合工	工日	124.00	12.85	8.39	6.79	7.01	5.45	4.87
材料	红白松原木 一类	m^3	2695.00	1.166	1.143	1.131			
	红白松锯材 一类	m^3	3767.01				1.134	1.114	1.107
	铁钉	kg	7.81	0.50	0.50	0.50	0.50	0.50	0.50
	零星材料费	元		15.73	15.42	15.26	21.38	21.00	20.87
	材料采管费	元		66.40	65.09	64.41	90.24	88.65	88.09
机械	综合机械	元		5.06	4.23	4.73	4.82	3.99	3.25

单位：m^3

编号				22-27	22-28	22-29	22-30	22-31	22-32
项目				圆形椽子制作、安装			矩形椽子制作、安装		
				直径（cm）			断面周长（cm）		
				7 以内	10 以内	10 以外	30 以内	40 以内	40 以外
预算基价	总价（元）			4522.23	4156.64	3985.02	5714.85	5024.60	4607.57
	人工费（元）			1025.48	611.32	531.96	1003.16	538.16	417.88
	材料费（元）			3404.60	3490.37	3405.27	4621.63	4438.10	4152.12
	机械费（元）			6.89	4.12	3.56	6.65	3.59	2.83
	管理费（元）			85.26	50.83	44.23	83.41	44.75	34.74
组成内容		单位	单价	数量					
人工	综合工	工日	124.00	8.27	4.93	4.29	8.09	4.34	3.37
材料	红白松原木 一类	m^3	2695.00	1.229	1.262	1.230			
	红白松锯材 一类	m^3	3767.01				1.195	1.150	1.075
	铁钉	kg	7.81	2.87	2.24	2.61	3.20	1.89	2.20
	材料采管费	元		70.03	71.79	70.04	95.06	91.28	85.40
机械	综合机械	元		6.89	4.12	3.56	6.65	3.59	2.83

单位：10 m^2

编号				22-33	22-34	22-35	22-36
项目				木屋面板制作、安装		板式木坐凳面制作、安装	
				板厚（cm）			
				2.5	每增减 0.5	5	每增减 1
预算基价	总价（元）			1649.66	300.44	3507.66	567.90
	人工费（元）			174.84	4.96	905.20	62.00
	材料费（元）			1458.54	295.07	2525.46	500.74
	机械费（元）			1.74		1.74	
	管理费（元）			14.54	0.41	75.26	5.16
组成内容		单位	单价	数量			
人工	综合工	工日	124.00	1.41	0.04	7.30	0.50
材料	红白松锯材 一类	m^3	3767.01	0.375	0.075	0.635	0.130
	乳胶	kg	9.50			7.20	
	铁钉	kg	7.81	1.40	0.70	1.20	
	零星材料费	元		4.98	1.01	3.70	0.73
	材料采管费	元		30.00	6.07	51.94	10.30
机械	综合机械	元		1.74		1.74	

单位：m^3

<table>
<tr><td colspan="4">编号</td><td>22-37</td><td>22-38</td><td>22-39</td><td>22-40</td></tr>
<tr><td colspan="4" rowspan="3">项目</td><td colspan="2">条式木坐凳面制作、安装</td><td rowspan="3">鹅颈靠背制作、安装
(10m)</td><td rowspan="3">封檐板制作、安装
25×200
(10m)</td></tr>
<tr><td colspan="2">断面周长（cm）</td></tr>
<tr><td>20以内</td><td>20以外</td></tr>
<tr><td rowspan="5">预算基价</td><td colspan="3">总价（元）</td><td>8325.86</td><td>6842.28</td><td>8219.68</td><td>381.75</td></tr>
<tr><td colspan="3">人工费（元）</td><td>3272.36</td><td>2084.44</td><td>3385.20</td><td>65.72</td></tr>
<tr><td colspan="3">材料费（元）</td><td>4771.20</td><td>4577.43</td><td>4553.02</td><td>310.16</td></tr>
<tr><td colspan="3">机械费（元）</td><td>10.22</td><td>7.10</td><td></td><td>0.41</td></tr>
<tr><td colspan="3">管理费（元）</td><td>272.08</td><td>173.31</td><td>281.46</td><td>5.46</td></tr>
<tr><td colspan="2">组成内容</td><td>单位</td><td>单价</td><td colspan="4">数量</td></tr>
<tr><td>人工</td><td>综合工</td><td>工日</td><td>124.00</td><td>26.39</td><td>16.81</td><td>27.30</td><td>0.53</td></tr>
<tr><td rowspan="7">材料</td><td>红白松锯材 一类</td><td>m^3</td><td>3767.01</td><td>1.233</td><td>1.185</td><td></td><td>0.080</td></tr>
<tr><td>红白松锯材 一类烘干</td><td>m^3</td><td>4334.22</td><td></td><td></td><td>1.020</td><td></td></tr>
<tr><td>乳胶</td><td>kg</td><td>9.50</td><td></td><td></td><td>0.50</td><td></td></tr>
<tr><td>铁钉</td><td>kg</td><td>7.81</td><td>3.63</td><td>2.48</td><td>0.40</td><td>0.31</td></tr>
<tr><td>铁件</td><td>kg</td><td>7.69</td><td></td><td></td><td>3.40</td><td></td></tr>
<tr><td>零星材料费</td><td>元</td><td></td><td></td><td></td><td>4.45</td><td></td></tr>
<tr><td>材料采管费</td><td>元</td><td></td><td>98.13</td><td>94.15</td><td>93.65</td><td>6.38</td></tr>
<tr><td>机械</td><td>综合机械</td><td>元</td><td></td><td>10.22</td><td>7.10</td><td></td><td>0.41</td></tr>
</table>

三、石柱、梁、枋、压顶

单位：m^3

编号				22-41	22-42	22-43	22-44	22-45
项目				石柱制作（二步做糙）断面（cm 以内）				
				D25	25×25	30×30	35×35	40×40
预算基价	总价（元）			14883.76	16106.72	12979.18	10736.46	9203.58
	人工费（元）			11481.93	12999.52	10324.81	8297.59	6924.64
	材料费（元）			2468.03	2049.98	1814.68	1764.05	1715.78
	管理费（元）			933.80	1057.22	839.69	674.82	563.16
组成内容		单位	单价	数量				
人工	综合工	工日	113.00	101.61	115.04	91.37	73.43	61.28
材料	花岗岩毛料石	m^3	1350.00	1.750	1.440	1.280	1.250	1.220
	乌钢头	kg	16.50	0.36	0.48	0.37	0.30	0.25
	钢钎	kg	12.30	2.84	3.37	2.55	2.02	1.68
	砂轮片	片	31.17	0.10	0.12	0.10	0.09	0.06
	焦炭	kg	1.44	4.14	4.65	3.63	2.93	2.42
	零星材料费	元		4.82	4.01	3.55	3.45	3.35
	材料采管费	元		50.76	42.16	37.32	36.28	35.29

单位：m^3

编号				22-46	22-47	22-48	22-49
项目				石柱制作（二步做糙）断面（cm以内）			
				45×45	50×50	55×55	60×60
预算基价	总价（元）			8266.38	8115.26	7833.37	7067.80
	人工费（元）			6082.79	5960.75	5627.40	5047.71
	材料费（元）			1688.89	1669.74	1748.31	1609.57
	管理费（元）			494.70	484.77	457.66	410.52
组成内容		单位	单价	数量			
人工	综合工	工日	113.00	53.83	52.75	49.80	44.67
材料	花岗岩毛料石	m^3	1350.00	1.200	1.190	1.260	1.160
	乌钢头	kg	16.50	0.28	0.21	0.21	0.19
	钢钎	kg	12.30	1.72	1.44		
	砂轮片	片	31.17	0.05	0.05	0.05	0.05
	焦炭	kg	1.44	2.44	2.02	2.02	1.82
	零星材料费	元		3.30	3.26	3.42	3.15
	材料采管费	元		34.74	34.34	35.96	33.11

单位：m^3

编号				22-50	22-51	22-52	22-53	22-54
项目				矩形石梁、枋制作（二步做糙）长 4m 以内、断面（cm^2）		石柱、梁枋安装	石压顶	
				625～1500	750～1750		制作	安装
预算基价	总价（元）			11661.09	13933.02	761.49	12958.49	1691.76
	人工费（元）			9103.28	10805.06	615.85	10078.47	1470.13
	材料费（元）			1817.46	2249.21	31.63	2060.36	66.56
	机械费（元）					63.92		35.51
	管理费（元）			740.35	878.75	50.09	819.66	119.56
组成内容		单位	单价	数			量	
人工	综合工	工日	113.00	80.56	95.62	5.45	89.19	13.01
材料	花岗岩毛料石	m^3	1350.00	1.290	1.590		1.430	
	水泥	kg	0.37			25.56		11.08
	砂子	t	87.58			0.192		0.083
	乌钢头	kg	16.50	0.33	0.44			
	钢钎	kg	12.30		2.88			
	砂轮片	片	31.17	0.80	0.10			
	焦炭	kg	1.44	3.23	4.34			
	煤	kg	0.61				133.50	66.70
	水	m^3	7.85			0.027		0.012
	零星材料费	元		3.55	4.40	4.50	6.04	13.04
	材料采管费	元		37.38	46.26	0.65	42.38	1.37
	水泥砂浆 M5	m^3				(0.120)		(0.052)
机械	综合机械	元				63.92		35.51

四、石栏杆、石凳

单位：m^3

编号				22-55	22-56	22-57	22-58
项目				石柱制作			
				断面 625 cm^2 以内、高 110 cm 以内			
				平头式		简式	
				二步做糙	二遍剁斧	二步做糙	二遍剁斧
预算基价	总价（元）			25547.28	34006.46	28119.49	37490.11
	人工费（元）			21871.12	29716.60	24214.72	32905.88
	材料费（元）			2055.23	2087.48	2110.15	2145.48
	管理费（元）			1620.93	2202.38	1794.62	2438.75
组成内容		单位	单价	数量			
人工	综合工	工日	124.00	176.38	239.65	195.28	265.37
材料	花岗岩毛料石	m^3	1350.00	1.422	1.422	1.455	1.455
	乌钢头	kg	16.50	0.73	0.99	0.81	1.09
	钢钎	kg	12.30	4.91	6.67	5.43	7.38
	砂轮片	片	31.17	0.21	0.27	0.22	0.28
	焦炭	kg	1.44	7.12	9.70	7.89	10.71
	零星材料费	元		4.02	4.08	4.13	4.19
	材料采管费	元		42.27	42.94	43.40	44.13

单位：m³

编号				22-59	22-60	22-61	22-62
项目				石柱制作			
				断面 625 cm² 以内、高 110 cm 以内			
				繁式		兽头式	
				二步做糙	二遍剁斧	二步做糙	二遍剁斧
预算基价	总价（元）			38975.27	52256.64	60491.41	81501.19
	人工费（元）			34283.52	46599.20	54204.12	73691.96
	材料费（元）			2150.90	2203.84	2270.07	2347.70
	管理费（元）			2540.85	3453.60	4017.22	5461.53
组成内容		单位	单价	数量			
人工	综合工	工日	124.00	276.48	375.80	437.13	594.29
材料	花岗岩毛料石	m³	1350.00	1.455	1.455	1.480	1.480
	乌钢头	kg	16.50	1.14	1.55	1.80	2.45
	钢钎	kg	12.30	7.69	10.45	12.31	16.54
	砂轮片	片	31.17	0.28	0.45	0.46	0.59
	焦炭	kg	1.44	11.17	15.15	17.70	24.00
	零星材料费	元		4.20	4.31	4.44	4.59
	材料采管费	元		44.24	45.33	46.69	48.29

单位：m^3

编号			22-63	22-64	22-65	22-66
项目			石栏板制作			
			断面 880 cm^2 以内			
			直形		弧形	
			二步做糙	二遍剁斧	二步做糙	二遍剁斧
预算基价	总价（元）		18866.41	24890.62	20929.57	27431.74
	人工费（元）		15601.68	21187.88	16859.04	22891.64
	材料费（元）		2108.44	2132.44	2821.06	2843.53
	管理费（元）		1156.29	1570.30	1249.47	1696.57
组成内容	单位	单价	数量			
人工 综合工	工日	124.00	125.82	170.87	135.96	184.61
材料 花岗岩毛料石	m^3	1350.00	1.480	1.480	1.990	1.990
乌钢头	kg	16.50	0.52	0.71	0.69	0.76
钢钎	kg	12.30	3.50	4.75	3.85	5.13
砂轮片	片	31.17	0.13	0.20	0.14	0.21
焦炭	kg	1.44	5.05	6.97	5.50	7.50
零星材料费	元		4.12	4.17	5.52	5.56
材料采管费	元		43.37	43.86	58.02	58.49

单位：m³

编号				22-67	22-68	22-69	22-70
项目				石栏板制作			
				断面 1280 cm^2 以内			
				简式镂空		繁式镂空	
				二步做糙	二遍剁斧	二步做糙	二遍剁斧
预算基价	总价（元）			28772.25	44304.19	40335.21	54151.64
	人工费（元）			24928.96	39335.28	35654.96	48466.64
	材料费（元）			1995.73	2053.66	2037.76	2093.00
	管理费（元）			1847.56	2915.25	2642.49	3592.00
组成内容		单位	单价	数量			
人工	综合工	工日	124.00	201.04	317.22	287.54	390.86
材料	花岗岩毛料石	m³	1350.00	1.370	1.370	1.370	1.370
	乌钢头	kg	16.50	0.82	1.31	1.12	1.61
	钢钎	kg	12.30	5.58	8.82	8.06	10.87
	砂轮片	片	31.17	0.24	0.30	0.29	0.43
	焦炭	kg	1.44	8.08	12.82	10.91	15.76
	零星材料费	元		3.90	4.01	3.98	4.09
	材料采管费	元		41.05	42.24	41.91	43.05

单位：m^3

编号				22-71	22-72	22-73	22-74	22-75	22-76
项目				条形石凳制作					
				断面 240 cm^2 以内		断面 375 cm^2 以内		断面 400～625 cm^2 以内	
				平直石凳面		曲弧形石凳面		石凳脚	
				二步做糙	二遍剁斧	二步做糙	二遍剁斧	二步做糙	二遍剁斧
预算基价	总价（元）			9771.10	10764.13	10934.92	12020.31	34014.11	38167.62
	人工费（元）			7165.96	8087.28	7798.36	8804.00	29704.20	33555.64
	材料费（元）			2074.05	2077.48	2558.60	2563.82	2108.45	2125.07
	管理费（元）			531.09	599.37	577.96	652.49	2201.46	2486.91
组成内容		单位	单价	数量					
人工	综合工	工日	124.00	57.79	65.22	62.89	71.00	239.55	270.61
材料	花岗岩毛料石	m^3	1350.00	1.480	1.480	1.830	1.830	1.440	1.440
	乌钢头	kg	16.50	0.24	0.27	0.26	0.29	0.99	1.12
	钢钎	kg	12.30	1.63	1.81	1.68	1.97	6.48	7.53
	砂轮片	片	31.17	0.06	0.07	0.06	0.08	0.29	0.27
	焦炭	kg	1.44	2.40	2.63	2.53	2.83	9.68	10.95
	零星材料费	元		4.05	4.06	5.00	5.01	2.06	2.08
	材料采管费	元		42.66	42.73	52.63	52.73	43.37	43.71

单位：m^3

编号				22-77	22-78	22-79
项目				石柱安装	石栏板、栏杆安装	石凳安装
预算基价	总价（元）			1096.95	997.06	601.48
	人工费（元）			1010.60	917.60	549.32
	材料费（元）			11.45	11.45	11.45
	管理费（元）			74.90	68.01	40.71
组成内容		单位	单价	数量		
人工	综合工	工日	124.00	8.15	7.40	4.43
材料	水泥	kg	0.37	8.52	8.52	8.52
	砂子	t	87.58	0.064	0.064	0.064
	水	m^3	7.85	0.009	0.009	0.009
	零星材料费	元		2.38	2.38	2.38
	材料采管费	元		0.24	0.24	0.24
	水泥砂浆 M5	m^3		(0.040)	(0.040)	(0.040)

五、石浮雕、石镌字

单位：m²

编号				22-80	22-81	22-82	22-83
项目				石浮雕			
				阴刻线	平浮雕	浅浮雕	高浮雕
预算基价	总价（元）			7538.73	10376.58	12699.65	32061.31
	人工费（元）			6730.72	9333.48	11517.12	28805.20
	材料费（元）			309.18	351.37	328.96	1121.27
	管理费（元）			498.83	691.73	853.57	2134.84
组成内容		单位	单价	数量			
人工	综合工	工日	124.00	54.28	75.27	92.88	232.30
材料	花岗岩毛料石	m^3	1350.00	0.202	0.216	0.202	0.720
	水泥	kg	0.37		11.08		
	砂子	t	87.58		0.083		
	乌钢头	kg	16.50	0.23	0.31	0.38	0.92
	砂轮片	片	31.17	0.05	0.08	0.09	0.23
	焦炭	kg	1.44	2.22	3.03	3.73	9.40
	钢钎	kg	12.30	1.51	2.09	2.59	6.46
	水	m^3	7.85		0.011		
	零星材料费	元		3.00	3.41	3.19	10.87
	材料采管费	元		6.36	7.23	6.77	23.06
	水泥砂浆 M5	m^3			(0.052)		

单位：十个

编号				22-84	22-85	22-86	22-87	22-88
项目				石镌字				
				阴文凹字（面积 cm^2 以内）				
				25	100	225	900	2500
预算基价	总价（元）			267.77	1062.88	2516.46	6864.46	11442.44
	人工费（元）			248.00	985.80	2333.68	6366.16	10611.92
	材料费（元）			1.39	4.02	9.82	26.49	44.04
	管理费（元）			18.38	73.06	172.96	471.81	786.48
组成内容		单位	单价	数量				
人工	综合工	工日	124.00	2.00	7.95	18.82	51.34	85.58
材料	乌钢头	kg	16.50	0.01	0.03	0.08	0.21	0.35
	砂轮片	片	31.17	0.01	0.01	0.02	0.05	0.09
	焦炭	kg	1.44	0.10	0.30	0.81	2.12	3.43
	钢钎	kg	12.30	0.06	0.22	0.52	1.43	2.38
	零星材料费	元				0.11	0.28	0.34
	材料采管费	元		0.03	0.08	0.20	0.54	0.91

单位：十个

编号				22-89	22-90	22-91	22-92
项目				石镌字			
				阴文凸字（面积 cm^2 以内）			
				100	225	900	2500
预算基价	总价（元）			1488.00	3523.27	9610.20	16020.69
	人工费（元）			1380.12	3267.40	8913.12	14857.68
	材料费（元）			5.60	13.71	36.50	61.86
	管理费（元）			102.28	242.16	660.58	1101.15
组成内容		单位	单价	数量			
人工	综合工	工日	124.00	11.13	26.35	71.88	119.82
材料	乌钢头	kg	16.50	0.04	0.11	0.29	0.49
	砂轮片	片	31.17	0.01	0.03	0.07	0.12
	焦炭	kg	1.44	0.40	1.10	2.83	4.90
	钢钎	kg	12.30	0.31	0.73	1.98	3.34
	零星材料费	元		0.12	0.12	0.35	0.63
	材料采管费	元		0.12	0.28	0.75	1.27

单位：十个

编号				22-93	22-94	22-95	22-96
项目				石镌字			
				阴包阳（面积 cm^2 以内）			
				100	225	900	2500
预算基价	总价（元）			2219.57	5255.25	14332.97	23892.61
	人工费（元）			2058.40	4873.20	13292.80	22157.56
	材料费（元）			8.62	20.88	55.00	92.89
	管理费（元）			152.55	361.17	985.17	1642.16
组成内容		单位	单价	数量			
人工	综合工	工日	124.00	16.60	39.30	107.20	178.69
材料	乌钢头	kg	16.50	0.06	0.17	0.44	0.74
	砂轮片	片	31.17	0.02	0.05	0.11	0.18
	焦炭	kg	1.44	0.60	1.65	4.25	7.35
	钢钎	kg	12.30	0.47	1.10	2.97	5.01
	零星材料费	元		0.18	0.18	0.53	0.95
	材料采管费	元		0.18	0.43	1.13	1.91

六、堆 塑 装 饰

单位：10 m

编号					22-97	22-98	22-99	22-100
项目					塑松(杉)树皮 ($10m^2$)	塑竹皮 ($10m^2$)	塑树根（直径 cm 以内）	
							15	25
预算基价	总价（元）				4430.05	4725.32	1302.07	1793.73
	人工费（元）				3915.92	4001.48	1027.96	1306.96
	材料费（元）				145.20	347.09	176.50	360.05
	机械费（元）				10.81	10.81	3.60	7.20
	管理费（元）				358.12	365.94	94.01	119.52
组成内容			单位	单价	数量			
人工	综合工		工日	124.00	31.58	32.27	8.29	10.54
材料	水泥		kg	0.37	183.09	183.09	142.88	289.60
	白灰		kg	0.31	9.70	9.70		
	砂子		t	87.58	0.434	0.434	0.167	0.418
	钢筋	D10 以内	t	2700.29			0.011	0.031
	镀锌拧花铅丝网		m^2	8.44			4.98	8.29
	镀锌钢丝	D0.7	kg	8.35			0.95	1.20
	色粉		kg	5.17	6.00			
	氧化铬绿		kg	40.50		5.60		
	氧化铁红		kg	7.30			1.81	3.01
	墨汁		kg	15.50			0.42	0.76
	水		m^3	7.85	0.130	0.130	0.143	0.275
	零星材料费		元		1.41	3.37	4.87	9.27
	材料采管费		元		2.99	7.14	3.63	7.41
	白灰膏		m^3		(0.014)	(0.014)		
	水泥砂浆	1:3	m^3		(0.100)	(0.100)		
	水泥砂浆	1:2	m^3				(0.120)	(0.300)
	水泥砂浆	1:1	m^3		(0.150)	(0.150)		
	素水泥浆		m^3				(0.050)	(0.080)
	混合砂浆	1:1:6	m^3		(0.080)	(0.080)		
机械	灰浆搅拌机	200L	台班	180.11	0.060	0.060	0.020	0.040

单位：10 m

编号				22-101	22-102	22-103	22-104
项目				塑黄竹		塑金丝竹	
				直径（cm 以内）			
				10	15	10	15
预算基价	总价（元）			1446.55	2015.78	9728.63	11845.99
	人工费（元）			1159.40	1526.44	8703.56	10459.40
	材料费（元）			179.32	344.34	227.32	424.66
	机械费（元）			1.80	5.40	1.80	5.40
	管理费（元）			106.03	139.60	795.95	956.53
组成内容		单位	单价	数量			
人工	综合工	工日	124.00	9.35	12.31	70.19	84.35
材料	水泥	kg	0.37	65.85	131.69	57.62	131.69
	白水泥	kg	0.66	30.04	45.06	30.04	45.06
	砂子	t	87.58	0.081	0.162	0.071	0.162
	热轧等边角钢 50×5	t	2693.67	0.039	0.080	0.039	0.080
	镀锌钢丝 *D*0.7	kg	8.35	0.80	1.00	0.80	1.00
	氧化铁红	kg	7.30	0.06	0.09		
	黄丹粉	kg	21.00	0.30	0.45	0.30	0.45
	氧化铬绿	kg	40.50			0.03	0.05
	金刚石 200×75×50	块	14.25			0.40	0.60
	草酸	kg	12.38			0.94	1.41
	硬白蜡	kg	21.33			0.31	0.48
	松节油	kg	9.16			0.94	1.41
	锡纸	kg	70.50			0.02	0.13
	水	m^3	7.85	0.076	0.147	0.092	0.147
	零星材料费	元		5.28	9.50	21.34	28.48
	材料采管费	元		3.69	7.08	4.68	8.73
	水泥砂浆 1:1	m^3		(0.080)	(0.160)	(0.070)	(0.160)
	白水泥浆	m^3		(0.020)	(0.030)	(0.020)	(0.030)
机械	灰浆搅拌机 200L	台班	180.11	0.010	0.030	0.010	0.030

七、钢栏杆、钢骨架

单位：t

编号				22-105	22-106	22-107	22-108	22-109	22-110	22-111	22-112
项目				圆钢栏杆				型钢栏杆			
				综合	制作	安装	油漆	综合	制作	安装	油漆
预算基价	总价（元）			10347.02	6414.15	3829.67	831.90	10728.53	6795.99	3829.67	832.32
	人工费（元）			5734.75	2571.88	3162.87	398.89	6073.75	2910.88	3162.87	398.89
	材料费（元）			3586.92	3262.45	221.26	392.98	3616.50	3292.37	221.26	393.40
	机械费（元）			449.84	321.72	128.13		428.75	300.62	128.13	
	管理费（元）			575.51	258.10	317.41	40.03	609.53	292.12	317.41	40.03
组成内容		单位	单价	数量							
人工	综合工	工日	113.00	50.75	22.76	27.99	3.53	53.75	25.76	27.99	3.53
材料	钢材 栏杆圆钢	t	2645.85	1.060	1.060						
	钢材 型钢栏杆	t	2689.17					1.060	1.060		
	电焊条	kg	8.47	26.00	19.00	7.00		24.00	17.00	7.00	
	氧气 $6m^3$	m^3	3.27	0.700	0.700			0.700	0.700		
	乙炔气 5.5～6.5kg	m^3	18.53	0.300	0.300			0.300	0.300		
	木模板	m^3	1842.20	0.005	0.005			0.005	0.005		
	防锈漆	kg	17.51	7.91	7.91		7.91	7.91	7.91		7.93
	调合漆	kg	15.87	10.740			10.740	10.740			10.740
	稀料	kg	12.29	0.79	0.79		1.86	0.79	0.79		1.86
	场外运费	元		93.04		93.04		93.04		93.04	
	制作场内运费	元		29.78	29.78			29.78	29.78		
	安装场内运费	元		29.78		29.78		29.78		29.78	
	零星材料费	元			34.77	34.60	53.09		35.09	34.60	53.15
	材料采管费	元		73.78	67.10	4.55	8.08	74.38	67.72	4.55	8.09
机械	金属结构下料机	台班	363.59	0.263	0.263			0.263	0.263		
	电焊机 安装	台班	87.16	4.064	2.594	1.470		3.822	2.352	1.470	

单位：t

编号					22-113	22-114	22-115	22-116	22-117	22-118	22-119	22-120
项目					钢管栏杆				钢花饰栏杆			
					综合	制作	安装	油漆	综合	制作	安装	油漆
预算基价	总价（元）				10949.65	7017.28	3829.67	831.90	11332.08	7399.86	3829.67	831.90
	人工费（元）				6230.82	3067.95	3162.87	398.89	6577.73	3414.86	3162.87	398.89
	材料费（元）				3630.89	3306.92	221.26	392.98	3644.41	3320.59	221.26	392.98
	机械费（元）				462.65	334.53	128.13		449.84	321.72	128.13	
	管理费（元）				625.29	307.88	317.41	40.03	660.10	342.69	317.41	40.03
组成内容			单位	单价	数量							
人工	综合工		工日	113.00	55.14	27.15	27.99	3.53	58.21	30.22	27.99	3.53
材料	钢材	钢管栏杆	t	2669.91	1.060	1.060						
	钢材	花饰栏杆	t	2698.98					1.060	1.060		
	电焊条		kg	8.47	27.00	20.00	7.00		26.00	19.00	7.00	
	氧气	$6m^3$	m^3	3.27	1.500	1.500			0.700	0.700		
	乙炔气	5.5～6.5kg	m^3	18.53	0.65	0.65			0.30	0.30		
	木模板		m^3	1842.20	0.005	0.005			0.005	0.005		
	防锈漆		kg	17.51	7.91	7.91		7.91	7.91	7.91		7.91
	调合漆		kg	15.87	10.740			10.740	10.740			10.740
	稀料		kg	12.29	0.79	0.79		1.86	0.79	0.79		1.86
	场外运费		元		93.04		93.04		93.04		93.04	
	制作场内运费		元		29.78	29.78			29.78	29.78		
	安装场内运费		元		29.78		29.78		29.78		29.78	
	零星材料费		元			35.24	34.60	53.09		35.39	34.60	53.09
	材料采管费		元		74.68	68.02	4.55	8.08	74.96	68.30	4.55	8.08
机械	金属结构下料机		台班	363.59	0.263	0.263			0.263	0.263		
	电焊机	安装	台班	87.16	4.211	2.741	1.470		4.064	2.594	1.470	

单位：t

编号				22-121	22-122	22-123	22-124	22-125	22-126	22-127	22-128
项目				亭、廊、花架钢骨架				零星小构件			
				综合	制作	安装	油漆	综合	制作	安装	油漆
预算基价	总价（元）			9768.24	7239.01	2470.46	669.44	10737.85	8760.17	3645.55	635.25
	人工费（元）			4057.83	2977.55	1080.28	314.14	6230.82	3031.79	3199.03	303.97
	材料费（元）			3843.41	3470.83	313.80	323.77	3532.48	5074.87	125.48	300.78
	机械费（元）			1459.78	491.82	967.97		349.26	349.26		
	管理费（元）			407.22	298.81	108.41	31.53	625.29	304.25	321.04	30.50
组成内容		单位	单价	数量							
人工	综合工	工日	113.00	35.91	26.35	9.56	2.78	55.14	26.83	28.31	2.69
材料	钢材 亭廊花架钢骨架	t	2664.37	1.060	1.060						
	钢材 零星构件	t	2718.83					1.060	1.060		
	电焊条	kg	8.47	38.53	34.90	3.63		19.00	19.00		
	氧气 $6m^3$	m^3	3.27	5.700	4.700	1.000		0.700	0.700		
	乙炔气 5.5~6.5kg	m^3	18.53	2.900	2.040	0.870		0.320	0.320		
	木模板	m^3	1842.20	0.005	0.005						
	焦炭	kg	1.44	4.00	4.00						
	木柴	kg	1.19	1.00	1.00						

续表 单位：t

编号				22-121	22-122	22-123	22-124	22-125	22-126	22-127	22-128
项目				亭、廊、花架钢骨架				零星小构件			
				综合	制作	安装	油漆	综合	制作	安装	油漆
组成内容		单位	单价	数量							
材料	镀锌钢丝 $D4.0$	kg	7.92	2.42		2.42					
	防锈漆	kg	17.51	6.51	6.51		6.51	6.05	6.05		6.05
	调合漆	kg	15.87	8.85			8.85	8.22			8.22
	稀料	kg	12.29	0.66	0.66		1.54	0.61	0.61		1.43
	架子费	元		23.64		23.64					
	场外运费	元		124.16		124.16		93.04		93.04	
	制作场内运费	元		47.86	47.86			29.86	29.86		
	安装场内运费	元		47.86		47.86		29.86		29.86	
	零星材料费	元			40.31	42.39	43.74	12.07	1776.09		40.63
	材料采管费	元		79.05	71.39	6.45	6.66	72.66	104.38	2.58	6.19
机械	金属结构下料机	台班	363.59	0.275	0.275			0.275	0.275		
	台式钻床 $D35$	台班	11.43	0.088	0.088						
	制作吊车	台班	639.01	0.187	0.187						
	安装吊车	台班	1318.63	0.649		0.649					
	电焊机 安装	台班	87.16	4.400	3.113	1.287		2.860	2.860		

单位：t

编号				22-129	22-130	22-131	22-132
项目				干挂石材钢骨架安装	干挂石材不锈钢骨架安装	塑假山钢骨架制作安装	矮铸铁栏杆安装
预算基价	总价（元）			13562.94	29944.92	10550.87	1578.67
	人工费（元）			2841.95	3020.49	2873.59	1178.59
	材料费（元）			9802.55	25847.70	6912.67	281.80
	机械费（元）			633.24	773.61	476.23	
	管理费（元）			285.20	303.12	288.38	118.28
组成内容		单位	单价	数量			
人工	综合工	工日	113.00	25.15	26.73	25.43	10.43
材料	铸铁栏杆	t					(1.060)
	钢骨架	t	6010.67	1.060			
	不锈钢型材骨架	t	18000.00		1.060		
	钢材 塑假山钢骨架	t	5557.40			1.090	
	电焊条	kg	8.47	23.42		38.44	
	不锈钢焊丝	kg	77.75		23.84		
	穿墙螺栓 M16	套	5.00	400.00	530.00		
	带帽螺栓	kg	9.20				30.00
	合金钢钻头 *D*20	个	41.25	25.00	42.00		
	木模板	m^3	1842.20			0.100	
	防锈漆	kg	17.51			11.60	
	材料采管费	元		201.62	531.64	142.18	5.80
机械	交流弧焊机 32kVA	台班	103.98	6.090	7.440	4.580	

八、园 林 小 摆 设

单位：m³

编号				22-133	22-134	22-135	22-136
项目				园林小摆设			
				石作独立须弥座		砖砌体	抹灰面（10m²）
				素面	带雕饰		
预算基价	总价（元）			18804.19	46090.08	1174.79	950.46
	人工费（元）			12620.72	37620.36	508.50	757.10
	材料费（元）			5029.28	5029.28	487.60	85.47
	机械费（元）					127.66	31.91
	管理费（元）			1154.19	3440.44	51.03	75.98
组成内容		单位	单价	数量			
人工	综合工	工日	124.00	101.78	303.39		
	综合工	工日	113.00			4.50	6.70
材料	汉白玉	m³	3435.00	1.315	1.315		
	页岩标砖 240×115×53	百块	57.88			5.31	
	水泥	kg	0.37			52.40	115.10
	白灰	kg	0.31				15.77
	砂子	t	87.58			0.393	0.404
	钢筋 D10以内	t	2700.29			0.040	
	煤	kg	0.61	630.00	630.00		
	水	m³	7.85			0.054	0.108
	零星材料费	元		24.51	24.51	7.98	
	材料采管费	元		103.44	103.44	10.03	1.76
	白灰膏	m³					(0.022)
	水泥砂浆 M5	m³				(0.246)	
	水泥砂浆 1:3	m³					(0.090)
	水泥砂浆 1:1	m³					(0.060)
	混合砂浆 1:1:6	m³					(0.130)
机械	灰浆搅拌机 400L	台班	187.73			0.680	0.170

单位：10 m

编号				22-137	22-138	22-139	22-140
项目				木博古架			
				制作、安装（宽度 cm 以内）		木踭角花制作、安装	挂落制作、安装
				18	30		
预算基价	总价（元）			1674.71	1971.03	1029.22	929.84
	人工费（元）			1278.44	1401.20	840.72	763.84
	材料费（元）			279.35	441.69	111.61	96.15
	管理费（元）			116.92	128.14	76.89	69.85
组成内容		单位	单价	数量			
人工	综合工	工日	124.00	10.31	11.30	6.78	6.16
材料	红白松锯材 一类	m^3	3767.01	0.070	0.112	0.026	0.022
	松木锯材 三类	m^3	1546.08	0.004	0.004	0.004	0.004
	乳胶	kg	9.50	0.20	0.20	0.30	0.30
	铁钉	kg	7.81	0.06	0.06	0.23	0.23
	零星材料费	元		1.36	2.15	0.54	0.47
	材料采管费	元		5.75	9.08	2.30	1.98

第二十三章　施 工 技 术 措 施 费

说 明

一、本章包括施工排水、降水措施费，脚手架措施费，混凝土模板及支架措施费，混凝土泵送费，绿化工程措施费等5节；共233条基价子目。

二、施工排水、降水措施费是指为确保工程在正常条件下施工，采取各种排水，降水措施所发生的各种费用。

1. 基础排水包括排水井和抽水机抽水，集水井基价子目中包括了做井时除去挖土之外的全部人工、材料和机械消耗量，实际井深在4 m以内者，按本基价计算。井深超过4 m时，其人工、材料和机械消耗量及管理费可按比例调整。

2. 抽水机抽水分为三种泵，实际使用抽水机型号规格不同时可以换算，换算时子目中的管理费按机械费变化幅度调整。

3. 土围堰高在1 m以外，2 m以内者，按相应基价子目乘以系数1. 80计算；高在2 m以外者，按实际工料另行计算。

三、脚手架措施费是指施工需要的各种脚手架搭、拆、运输费用及脚手架的摊销费用。

1. 脚手架基价是按高度在20 m以内编制的，如高度超过20 m时，其人工和机械降效按《天津市建筑工程预算基价》施工措施费中的有关规定计算。

2. 各项脚手架基价中均不包括脚手架的基础加固，如需加固时，加固费按实计算。基础加固是指木脚手立杆下端以下或金属脚手架底座下皮以下的一切做法。

3. 苫背宽瓦用双排齐檐脚手架，椽望油漆用脚手架已综合考虑了单层建筑，多层建筑及不同的出檐层数支搭及铺板情况，实际工程中不论何种建筑形式均按基价执行。

4. 外檐椽望油漆用双排脚手架适用于檐头椽望出挑部分及其下连带的木构件、木装修油漆彩绘工程；内檐装饰用满堂脚手架适用于有天花吊顶建筑内檐的天棚、墙面、木装修、明柱的装饰工程；内檐及廊步椽望油漆用脚手架适用于无天花吊顶的内檐及廊步椽望、木构件、墙面、明柱的装饰工程。

5. 苫背宽瓦用双排齐檐脚手架，外檐椽望油漆用双排脚手架基价的“檐高”规定如下：无月台的由自然地坪算起，有月台的由月台上面算起，算至最上一层檐下的梁头下皮。

6. 内檐及廊步椽望油漆用脚手架基价的“平均高度”按脊檩中与檐檩（重檐建筑为最上层檐檩）中的平均高度计算；内檐有天花吊顶其廊步“平均高度”按檐廊上、下两檩中的平均高度计算。

7. 木构架安装起重架不分单层、多层建筑及出檐层数均执行同一基价。

四、混凝土模板及支架措施费是指混凝土施工过程中需要的各种钢模板、木模板、支架等支、拆、运输费用及模板、支架的摊销费用。

1. 现浇及预制混凝土基价中模板的配制是按正常的施工工艺条件考虑的，如因设计原因需使用其他模板时可另行补充。

2. 组合钢模、木模的场外运输已综合在基价中。

3. 基价中模板铁件系指模板的周转铁件。施工中必须埋入混凝土不能拔出的支模铁件、螺栓、可按施工组织设计用量与基价含量对比后调整。

4. 预制构件拆（剔）模、清理用工已包括在模板子目综合工日中。

五、混凝土现场泵送费是指施工现场采用混凝土输送泵（包括固定泵和活动泵）及输送管道将混凝土输送到施工部位直至入模，除人工以外所需的费用。

六、绿化工程措施费是指在绿化施工过程中，为了保证绿化工程达到施工规范及设计要求标准，采取假植乔木、灌木，树木支撑，草绳绕树干，搭设遮阴棚,常绿乔木、绿篱防寒措施所发生的各种费用。

七、工程废土运费

1. 基价中综合考虑了清理用工,苫盖材料摊销费以及装载量不足吨位因素,执行中遇上述情况均不予调整。

2. 基价中未包括交纳场地费。

3. 委托专业部门清运,按实结算。

4. 工程废土清运费用只计取税金。

工 作 内 容

一、集水井项目包括:挖、钻、打成孔,制作、安装井壁材料并固定,填充井壁外滤水材料及还土,做井圈、洗井。

二、抽水机抽水项目包括:安装抽水机械、接通电源,抽水,拆除抽水设备并回收入库。

三、脚手架项目包括:场内外材料搬运,搭设、拆除脚手架、安全网、上下翻板和拆除后的材料堆放。

四、混凝土模板项目包括:组合钢模板安装、清理、刷润滑剂、拆除、集中堆放,木模板制作、安装、拆除,模板场外运输。

五、浇筑混凝土高度超过3.3 m增价项目包括:支撑安装、拆除、整理堆放及场内外运输。

六、混凝土泵送项目包括:将混凝土输送至浇灌点。

七、假植乔木、灌木项目包括:挖假植沟,埋树苗复土。

八、树木支撑项目包括:制作、运输、安装、绑扎牢固。

九、草绳绕树干项目包括:搬运、绕干、余料清理。

十、搭设遮阴棚项目包括:搭拆遮阴棚架、遮阴布,拆除后,材料场内堆放和场外运输。

十一、常绿乔木、绿篱防寒项目包括:搭拆防寒支架、防寒布,拆除后材料场内堆放和场外运输。

工 程 量 计 算 规 则

一、施工排水、降水措施费

1. 基础集水井以数量计算。

2. 抽水机抽水以数量计算。昼夜连续作业时,一昼夜按三个台班计算。

3. 土围堰按所围长度计算。

4. 草袋围堰按所围体积计算。

二、园林建筑脚手架措施费

1. 砌墙脚手架,按墙面垂直投影面积计算。外墙脚手架长度按外墙外边线计算,内墙脚手架长度按内墙净长计算。高度按自然地平至墙顶的总高计算(山尖高度算至山尖部位的$\frac{1}{2}$)。

2. 建筑物外墙檐高、内墙净高在 3. 30 m 以内的砌墙，按里脚手架计算。

3. 建筑物外墙檐高、内墙净高在 3. 30 m 以外的砌墙，按单排外脚手架计算；但有下列情况之一者，按双排外脚手架计算：

(1)外墙门窗口面积占外墙总面积(包括门窗口在内)40% 以外。

(2)外檐混水墙占外墙总面积(包括门窗口在内)20% 以外。

(3)墙厚小于 24 cm。

4. 独立砖石柱的脚手架，按单排外脚手架基价执行，其工程量按柱截面的周长另加 3. 60 m，再乘以柱高以面积计算。

5. 围墙脚手架按里脚手架执行，其高度以自然地平至围墙顶面，长度按围墙中心线计算，不扣除大门面积，也不增加独立门柱的脚手架。

6. 凡外墙砌筑脚手架按里脚手架计算者，应同时计算上料平台，单独斜道。

7. 室内净高超过 3. 30 m 的内墙抹灰按抹灰墙面垂直投影面积计算，套用单排外脚手架基价。

8. 满堂脚手架按室内主墙间净面积计算，其高度以室内地面至天棚底(斜形天棚按平均高度计算)为准，凡天棚高度在 3. 30 ~ 5. 20 m 之间者，计算满堂脚手架基本层，超过 5. 20 m 时，再计算增加层，每增加 1. 20 m 计算一个增加层，层高超过 0. 60 m 时，可按增加一个增加层计算。

9. 室内净高超过 3. 30 m 的屋面板油漆或喷漆的脚手架按主墙间的面积计算，执行活动脚手架(无露明屋架者)或悬空脚手架(有露明屋架者)基价。

10. 挑脚手架按搭设长度乘以层数以长度计算。

11. 水平防护架按建筑物临街长度加 10 m，乘以搭设宽度，以面积计算。

12. 垂直防护架按建筑物临街长度乘以建筑物檐高，以面积计算。

13. 混凝土梁脚手架按脚手架垂直面积计算，高度从自然地平算至梁下皮，长度按梁中心线长度计算。

14. 满堂基础及高度(指垫层上皮至基础顶面)超过 1. 20 m 的混凝土或钢筋混凝土基础的脚手架按槽底面积计算，套用钢筋混凝土基础脚手架基价。

15. 砌筑高度超过 1. 20 m 的管沟及基础，按砌筑长度乘以高度以面积计算，执行里脚手架基价。

16. 水上打桩脚手架按桩外边线每边各加 2 m 的水平面积计算。

17. 安全网按架网部分的实挂长度乘以实挂高度以面积计算。

三、仿古建筑脚手架措施费

1. 砌筑用脚手架按墙的长度乘以墙的高度以面积计算(硬山建筑山墙高算至山尖)。

2. 苫背宼瓦用双排齐檐脚手架、外檐椽望油漆用双排脚手架均按檐头长(即大连檐长)乘以檐高以面积计算。

3. 内檐装饰用满堂脚手架、内檐及廊步椽望油漆脚手架分别以内檐及廊步相应的地面面积计算工程量，内檐若需同时使用上述两种脚手架时，其工程量应分别按实计算。

4. 歇山脚手架按数量计算，每一山算一座。

5. 护头棚按水平投影面积计算。

6. 木构架安装起重架按建筑物首层面积计算。

四、混凝土模板及支架措施费

1. 混凝土、钢筋混凝土模板及支架按照设计施工图图示混凝土体积计算。

2. 现浇混凝土板坡度在10°以内,按基价相应子目执行;坡度在10°以外30°以内,相应基价中钢支撑含量乘以系数1.3,人工及管理费乘以系数1.1;坡度在30°以外60°以内,相应基价子目中钢支撑含量乘以系数1.5,人工及管理费乘以系数1.2;坡度在60°以外,按现浇混凝土墙相应基价子目执行。

3. 浇筑高度超过3.3 m的增价是以混凝土柱、梁、板、墙的图示体积计算,分别套用基价子目。

五、混凝土泵送费按各基价子目中规定的混凝土消耗量以体积计算。

六、绿化工程措施费

1. 假植乔木,灌木均按假植数量计算。

2. 树木支撑按支撑数量计算。

3. 草绳绕树干应区分胸径不同,按缠绕树干的高度计算。

4. 搭设遮阴棚按所搭设的水平投影面积计算。

5. 常绿乔木防寒按数量计算。

6. 绿篱防寒按防寒的长度乘以高度以面积计算。

七、拆除工程废土发生量按下表计算:

拆除工程废土发生量计算表

单位:m^3

工程项目	单位	废土产量	工程项目	单位	废土产量
石材面层、混凝土砖、黏土砖	m^2	0.10	灰土、混凝土垫层	m^3	1.50
整体面层	m^2	0.03	砖、石墙、基础	m^3	1.46
陶瓷锦砖	m^2	0.04	混凝土、土方余土	m^3	1.35

八、工程废土清运按下表计算:

工程废土清运计价表

单位:元

项目	单位	废土外运运距(km以内)					
		5	10	15	20	25	30
工程废土清运基价	m^3	74.56	124.55	175.51	219.38	265.43	314.75
工程废土清运每增加1 km增加清运费10元							

注:此表工作内容包括场内废土集中点整理,人工装车、苫盖、运输及场地、车厢清理等。

一、施工排水、降水措施费

单位：台班

编号				23-1	23-2	23-3	23-4	23-5
项目				集水井（井深在4m以内）		抽水机抽水		
				干砖砌排水井（座）	钢筋笼子排水井（座）	DN100潜水泵	DN100电动单级清水泵	DN100泥浆泵
预算基价	总价（元）			2798.87	2432.03	33.69	40.04	244.90
	人工费（元）			1354.56	1023.36			
	材料费（元）			1260.56	1278.92			
	机械费（元）			91.09	59.75	33.69	40.04	244.90
	管理费（元）			92.66	70.00			
组成内容		单位	单价	数量				
人工	综合工	工日	96.00	14.11	10.66			
材料	页岩标砖	百块	57.88	11.60				
	砂子	t	87.58	0.386	2.302			
	碴石 19～25	t	87.51	1.501	8.823			
	红白松锯材 二类	m^3	3026.70	0.131				
	钢筋 D10以内	t	2700.29		0.024			
	钢筋 D10以外	t	2672.18		0.051			
	镀锌钢丝 D0.7	kg	8.35		0.53			
	镀锌钢丝 D2.8	kg	7.92		0.30			
	铁钉	kg	7.81	0.20				
	苇席	m^2	10.68		6.19			
	钢筋场外运费	元			4.91			
	材料采管费	元		25.93	26.30			
机械	潜水泵 DN100	台班	33.69			1.000		
	电动单级清水泵 DN100	台班	40.04				1.000	
	泥浆泵 DN100	台班	244.90					1.000
	电动夯实机 20～62Nm	台班	30.67	2.970	1.870			
	钢筋弯曲机 D40	台班	29.25		0.020			
	钢筋切断机 D40	台班	49.13		0.020			
	钢筋调直机 D14	台班	41.66		0.020			

单位：10 m

编号				23-6	23-7	23-8	23-9
项目				土围堰			草袋围堰
				宽(m)×高(m)			(m³)
				1.00×0.80	1.50×1.00	2.00×1.00	
预算基价	总价(元)			4939.29	7426.88	10204.44	1258.85
	人工费(元)			2745.60	4099.20	5491.20	1036.80
	材料费(元)			2005.88	3047.28	4337.62	151.13
	管理费(元)			187.81	280.40	375.62	70.92
组成内容		单位	单价	数量			
人工	综合工	工日	96.00	28.60	42.70	57.20	10.80
材料	原木桩	m³	2002.00	0.600	0.800	1.200	
	扒钉	kg	9.92	10.50	15.80	21.00	
	铁钉	kg	7.81	1.00	1.50	2.00	
	黄土	m³	79.00	8.000	15.000	20.000	1.300
	草袋	条	1.93				21.00
	麻绳	kg	10.72				0.31
	零星材料费	元		19.45	29.55	42.06	1.47
	材料采管费	元		41.26	62.68	89.22	3.11

二、脚手架措施费

1.园林建筑脚手架措施费

单位：10 m^2

编号				23-10	23-11	23-12	23-13	23-14
项目				单排外脚手架	双排外脚手架		里脚手架	吊兰脚手架
				15 m 以内	15 m 以内	20 m 以内	4.5 m 以内	
预算基价	总价（元）			126.07	145.56	161.85	51.88	74.57
	人工费（元）			84.75	96.05	105.09	42.94	63.28
	材料费（元）			30.69	37.18	43.75	4.86	5.69
	机械费（元）			4.28	5.13	5.13	0.86	0.86
	管理费（元）			6.35	7.20	7.88	3.22	4.74
组成内容		单位	单价	数量				
人工	综合工	工日	113.00	0.75	0.85	0.93	0.38	0.56
材料	脚手架钢管	kg	2.98	1.90	2.64	3.35	0.14	0.64
	直角扣件	个	7.42	0.35	0.51	0.61	0.03	
	对接扣件	个	7.61	0.05	0.07	0.10		
	回转扣件	个	7.33	0.05	0.05	0.06		
	底座	个	7.75	0.01	0.02	0.02		
	木脚手板	m^3	1833.33	0.004	0.004	0.006	0.001	0.002
	镀锌钢丝 D4.0	kg	7.92	0.86	0.93	0.90	0.06	
	铁钉	kg	7.81	0.11	0.13	0.12	0.21	
	防锈漆	kg	17.51	0.29	0.40	0.39	0.01	
	油漆溶剂油 #200	kg	7.05	0.03	0.05	0.05		
	零星材料费	元		0.68	0.64	0.74		
	材料采管费	元		0.63	0.76	0.90	0.10	0.12
机械	载货汽车 6t	台班	427.71	0.010	0.012	0.012	0.002	0.002

单位：10 m^2

编号				23-15	23-16	23-17	23-18	23-19
项目				满堂脚手架		活动脚手架	悬空脚手架	挑脚手架（10m）
				基本层（室内净高3.3~5.2m）	每增加1.2m			
预算基价	总价（元）			168.40	50.21	129.75	78.14	348.88
	人工费（元）			117.52	44.07	77.97	59.89	290.41
	材料费（元）			39.08	2.41	41.23	12.05	35.83
	机械费（元）			2.99	0.43	4.70	1.71	0.86
	管理费（元）			8.81	3.30	5.85	4.49	21.78
组成内容		单位	单价	数量				
人工	综合工	工日	113.00	1.04	0.39	0.69	0.53	2.57
材料	脚手架钢管	kg	2.98	1.16	0.39	0.67	0.25	1.54
	直角扣件	个	7.42	0.17	0.06	0.07	0.03	0.23
	对接扣件	个	7.61	0.03	0.01	0.02		0.06
	回转扣件	个	7.33	0.05	0.02	0.01		0.01
	底座	个	7.75	0.03		0.01		
	木脚手板	m^3	1833.33	0.006		0.002	0.005	0.012
	镀锌钢丝 *D*4.0	kg	7.92	2.24		0.90	0.21	0.53
	铁钉	kg	7.81	0.20				
	防锈漆	kg	17.51	0.09	0.03	0.04		0.11
	油漆溶剂油 #200	kg	7.05	0.01		0.01		0.02
	零星材料费	元		0.79		26.00		
	材料采管费	元		0.80	0.05	0.85	0.25	0.74
机械	载货汽车 6t	台班	427.71	0.007	0.001	0.011	0.004	0.002

单位：10 m²

编号				23-20	23-21	23-22	23-23	23-24
项目				水平防护架	垂直防护架	混凝土梁脚手架		钢筋混凝土基础脚手架
						高3.3m以内	高3.3m以外	
预算基价	总价（元）			285.39	69.33	35.57	113.75	50.70
	人工费（元）			85.88	35.03	18.08	83.62	35.03
	材料费（元）			179.81	28.25	9.29	14.02	12.18
	机械费（元）			13.26	3.42	6.84	9.84	0.86
	管理费（元）			6.44	2.63	1.36	6.27	2.63
组成内容		单位	单价	数量				
人工	综合工	工日	113.00	0.76	0.31	0.16	0.74	0.31
材料	脚手架钢管	kg	2.98	8.17	5.05	0.92	1.40	0.35
	直角扣件	个	7.42	0.39	0.21	0.10	0.16	0.05
	对接扣件	个	7.61	0.08	0.04	0.02	0.04	0.01
	回转扣件	个	7.33	0.04	0.08	0.01	0.01	0.02
	底座	个	7.75	0.10	0.09	0.01	0.01	0.01
	木脚手板	m³	1833.33	0.080		0.002	0.003	0.002
	尼龙布	m²	5.10		1.00			
	镀锌钢丝 *D*4.0	kg	7.92					0.67
	铁钉	kg	7.81		0.56			0.06
	防锈漆	kg	17.51	0.03		0.09	0.13	0.03
	油漆溶剂油 #200	kg	7.05			0.01	0.02	
	零星材料费	元						0.25
	材料采管费	元		3.70	0.58	0.19	0.29	0.25
机械	载货汽车 6t	台班	427.71	0.031	0.008	0.016	0.023	0.002

单位：10 m^2

<table>
<tr><td colspan="3">编　　　号</td><td>23-25</td><td>23-26</td><td>23-27</td><td>23-28</td><td>23-29</td><td>23-30</td></tr>
<tr><td colspan="3" rowspan="2">项　　　目</td><td colspan="2">单　独　斜　道</td><td rowspan="2">上 料 平 台</td><td rowspan="2">水上打桩脚手架</td><td colspan="2">安　全　网</td></tr>
<tr><td>5 m 以 内</td><td>5 m 以 外</td><td>立 挂 式</td><td>垂 直 封 闭</td></tr>
<tr><td rowspan="5">预算基价</td><td colspan="2">总　价　（元）</td><td>21.26</td><td>33.22</td><td>22.20</td><td>1182.35</td><td>50.59</td><td>91.67</td></tr>
<tr><td colspan="2">人　工　费　（元）</td><td>11.30</td><td>14.69</td><td>14.69</td><td>949.20</td><td>2.26</td><td>27.12</td></tr>
<tr><td colspan="2">材　料　费　（元）</td><td>8.25</td><td>12.73</td><td>4.27</td><td>137.17</td><td>48.16</td><td>62.52</td></tr>
<tr><td colspan="2">机　械　费　（元）</td><td>0.86</td><td>4.70</td><td>2.14</td><td>24.81</td><td></td><td></td></tr>
<tr><td colspan="2">管　理　费　（元）</td><td>0.85</td><td>1.10</td><td>1.10</td><td>71.17</td><td>0.17</td><td>2.03</td></tr>
<tr><td colspan="2">组　成　内　容</td><td>单位</td><td>单 价</td><td colspan="6">数　　　量</td></tr>
<tr><td>人工</td><td>综 合 工</td><td>工日</td><td>113.00</td><td>0.10</td><td>0.13</td><td>0.13</td><td>8.40</td><td>0.02</td><td>0.24</td></tr>
<tr><td rowspan="17">材料</td><td>脚手架钢管</td><td>kg</td><td>2.98</td><td>0.20</td><td>0.75</td><td>0.38</td><td></td><td></td><td></td></tr>
<tr><td>直角扣件</td><td>个</td><td>7.42</td><td>0.04</td><td>0.12</td><td>0.04</td><td></td><td></td><td></td></tr>
<tr><td>对接扣件</td><td>个</td><td>7.61</td><td></td><td>0.02</td><td>0.01</td><td></td><td></td><td></td></tr>
<tr><td>回转扣件</td><td>个</td><td>7.33</td><td>0.01</td><td>0.05</td><td>0.01</td><td></td><td></td><td></td></tr>
<tr><td>木脚手板</td><td>m^3</td><td>1833.33</td><td>0.001</td><td>0.002</td><td>0.001</td><td>0.008</td><td></td><td></td></tr>
<tr><td>原 木 桩</td><td>m^3</td><td>2002.00</td><td></td><td></td><td></td><td>0.032</td><td></td><td></td></tr>
<tr><td>黄花松锯材　二类</td><td>m^3</td><td>2817.10</td><td></td><td></td><td></td><td>0.014</td><td></td><td></td></tr>
<tr><td>木脚手杆　D100</td><td>m^3</td><td>1120.00</td><td></td><td></td><td></td><td>0.008</td><td></td><td></td></tr>
<tr><td>铁　件</td><td>kg</td><td>7.69</td><td></td><td></td><td></td><td>0.17</td><td></td><td></td></tr>
<tr><td>镀锌钢丝　D4.0</td><td>kg</td><td>7.92</td><td>0.56</td><td>0.44</td><td></td><td></td><td>0.97</td><td>0.97</td></tr>
<tr><td>铁　钉</td><td>kg</td><td>7.81</td><td>0.04</td><td>0.07</td><td></td><td>0.42</td><td></td><td></td></tr>
<tr><td>防 锈 漆</td><td>kg</td><td>17.51</td><td>0.03</td><td>0.06</td><td>0.04</td><td></td><td></td><td></td></tr>
<tr><td>油漆溶剂油　#200</td><td>kg</td><td>7.05</td><td></td><td>0.01</td><td>0.01</td><td></td><td></td><td></td></tr>
<tr><td>安 全 网　3m×6m</td><td>m^2</td><td>12.30</td><td></td><td></td><td></td><td></td><td>3.21</td><td></td></tr>
<tr><td>尼 龙 布</td><td>m^2</td><td>5.10</td><td></td><td></td><td></td><td></td><td></td><td>10.50</td></tr>
<tr><td>零星材料费</td><td>元</td><td></td><td>0.01</td><td>0.01</td><td></td><td>2.63</td><td></td><td></td></tr>
<tr><td>材料采管费</td><td>元</td><td></td><td>0.17</td><td>0.26</td><td>0.09</td><td>2.82</td><td>0.99</td><td>1.29</td></tr>
<tr><td>机械</td><td>载货汽车　6t</td><td>台班</td><td>427.71</td><td>0.002</td><td>0.011</td><td>0.005</td><td>0.058</td><td></td><td></td></tr>
</table>

2. 仿古建筑脚手架措施费

单位：10 m²

编号					23-31	23-32	23-33	23-34
项目					砌筑用单排脚手架			
					木杆（墙高）		钢管（墙高）	
					6 m 以内	12 m 以内	6 m 以内	12 m 以内
预算基价	总价（元）				279.60	967.46	273.81	991.63
	人工费（元）				181.93	175.15	186.45	196.62
	材料费（元）				59.22	762.50	49.00	765.30
	机械费（元）				24.81	16.68	24.38	14.97
	管理费（元）				13.64	13.13	13.98	14.74
组成内容			单位	单价	数量			
人工	综合工		工日	113.00	1.61	1.55	1.65	1.74
材料	木脚手杆	D100	m³	1120.00	0.006	0.012	0.001	
	脚手架钢管		kg	2.98			0.84	2.35
	扣件	综合	个	7.45			0.16	0.42
	底座		个	7.75			0.02	0.02
	木脚手板		m³	1833.33	0.009	0.010	0.009	0.010
	钢筋	D10 以内	t	2700.29		0.25		0.25
	安全网	3m×6m	m²	12.30	0.02	0.01	0.02	0.01
	绑扎绳		kg	10.72	1.07	0.59	1.07	0.45
	镀锌钢丝	D4.0	kg	7.92	2.84	3.30	1.58	0.66
	零星材料费		元		0.57	7.39	2.29	35.69
	材料采管费		元		1.22	15.68	1.01	15.74
机械	载货汽车	6t	台班	427.71	0.058	0.039	0.057	0.035

单位：10 m^2

编号			23-35	23-36	23-37	23-38
项目			砌筑用双排脚手架			
			木杆（墙高）		钢管（墙高）	
			6 m 以内	12 m 以内	6 m 以内	12 m 以内
预算基价	总价（元）		362.66	1041.06	360.83	1071.67
	人工费（元）		235.04	215.83	254.25	249.73
	材料费（元）		79.20	783.82	55.87	777.55
	机械费（元）		30.80	25.23	31.65	25.66
	管理费（元）		17.62	16.18	19.06	18.73
组成内容	单位	单价	数量			
人工 综合工	工日	113.00	2.08	1.91	2.25	2.21
材料 木脚手杆 D100	m^3	1120.00	0.009	0.020	0.002	0.001
脚手架钢管	kg	2.98			1.65	4.22
扣件 综合	个	7.45			0.29	0.76
底座	个	7.75			0.03	0.03
木脚手板	m^3	1833.33	0.010	0.011	0.010	0.011
钢筋 D10 以内	t	2700.29		0.25		0.25
安全网 3m×6m	m^2	12.30	0.02	0.01	0.02	0.01
绑扎绳	kg	10.72	1.07	0.61	1.07	0.47
镀锌钢丝 D4.0	kg	7.92	4.63	4.52	1.58	0.67
零星材料费	元		0.77	7.60	2.61	36.26
材料采管费	元		1.63	16.12	1.15	15.99
机械 载货汽车 6t	台班	427.71	0.072	0.059	0.074	0.060

单位：10 m^2

编号				23-39	23-40	23-41	23-42	23-43	23-44
项目				苫背宪瓦用双排齐檐脚手架					
				木杆（檐高）			钢管（檐高）		
				6 m 以内	12 m 以内	18 m 以内	6 m 以内	12 m 以内	18 m 以内
预算基价	总价（元）			412.47	829.46	1125.99	370.30	829.54	1114.08
	人工费（元）			236.17	134.47	145.77	250.86	148.03	153.68
	材料费（元）			111.11	662.67	944.06	55.29	649.45	926.21
	机械费（元）			47.48	22.24	25.23	45.34	20.96	22.67
	管理费（元）			17.71	10.08	10.93	18.81	11.10	11.52
组成内容		单位	单价	数量					
人工	综合工	工日	113.00	2.09	1.19	1.29	2.22	1.31	1.36
材料	木脚手杆 D100	m^3	1120.00	0.011	0.017	0.032			
	脚手架钢管	kg	2.98				2.81	3.81	6.72
	扣件 综合	个	7.45				0.37	0.42	1.00
	底座	个	7.75				0.04	0.02	0.02
	木脚手板	m^3	1833.33	0.014	0.011	0.014	0.011	0.011	0.011
	防滑条	m^3	1135.60		0.001	0.001		0.001	0.001
	钢筋 D10以内	t	2700.29		0.21	0.30		0.21	0.30
	安全网 3m×6m	m^2	12.30	0.02	0.01	0.01	0.02	0.01	0.01
	绑扎绳	kg	10.72	1.94	0.37	0.38	0.65	0.25	0.25
	镀锌钢丝 D4.0	kg	7.92	6.15	3.89	4.82	1.61		0.22
	铁钉	kg	7.81		0.04	0.05			0.05
	零星材料费	元		1.08	6.43	9.15	2.58	30.29	43.20
	材料采管费	元		2.29	13.63	19.42	1.14	13.36	19.05
机械	载货汽车 6t	台班	427.71	0.111	0.052	0.059	0.106	0.049	0.053

单位：10 m^2

编号				23-45	23-46	23-47	23-48	23-49	23-50
项目				外檐椽望油漆用双排脚手架					
				木杆（檐高）			钢管（檐高）		
				6 m 以内	12 m 以内	18 m 以内	6 m 以内	12 m 以内	18 m 以内
预算基价	总价（元）			346.45	215.77	252.12	330.80	191.76	225.64
	人工费（元）			189.84	105.09	119.78	196.62	111.87	129.95
	材料费（元）			100.04	85.69	108.39	77.95	54.39	69.27
	机械费（元）			42.34	17.11	14.97	41.49	17.11	16.68
	管理费（元）			14.23	7.88	8.98	14.74	8.39	9.74
组成内容		单位	单价	数量					
人工	综合工	工日	113.00	1.68	0.93	1.06	1.74	0.99	1.15
材料	木脚手杆 D100	m^3	1120.00	0.015	0.018	0.023			
	脚手架钢管	kg	2.98				5.51	4.64	6.69
	扣件 综合	个	7.45				0.47	0.53	0.77
	底座	个	7.75				0.06	0.03	0.04
	木脚手板	m^3	1833.33	0.017	0.014	0.016	0.017	0.014	0.016
	防滑条	m^3	1135.60		0.001	0.001		0.001	0.001
	安全网 3m×6m	m^2	12.30	0.03	0.02	0.02	0.03	0.02	0.02
	绑扎绳	kg	10.72	0.75	0.50	0.54	0.75	0.50	0.54
	镀锌钢丝 D4.0	kg	7.92	5.13	2.82	3.31	1.61		0.22
	铁钉	kg	7.81		1.05	2.13		0.04	0.05
	零星材料费	元		0.97	0.83	1.05	3.64	2.54	3.23
	材料采管费	元		2.06	1.76	2.23	1.60	1.12	1.42
机械	载货汽车 6t	台班	427.71	0.099	0.040	0.035	0.097	0.040	0.039

单位：10 m^2

编号					23-51	23-52	23-53	23-54
项目					内檐装饰用满堂红脚手架			
					木杆（层高）		钢管（层高）	
					5 m以内	8 m以内	5 m以内	8 m以内
预算基价	总价（元）				294.76	468.71	272.34	460.24
	人工费（元）				169.50	263.29	185.32	291.54
	材料费（元）				88.60	150.61	52.59	105.35
	机械费（元）				23.95	35.07	20.53	41.49
	管理费（元）				12.71	19.74	13.90	21.86
组成内容			单位	单价	数量			
人工	综合工		工日	113.00	1.50	2.33	1.64	2.58
材料	木脚手杆	*D*100	m^3	1120.00	0.014	0.027		
	脚手架钢管		kg	2.98			2.48	7.26
	扣件	综合	个	7.45			0.29	0.79
	木脚手板		m^3	1833.33	0.015	0.029	0.015	0.029
	绑扎绳		kg	10.72	1.12	1.64	1.12	1.64
	镀锌钢丝	*D*4.0	kg	7.92	3.88	5.69		
	零星材料费		元		0.86	1.46	2.45	4.91
	材料采管费		元		1.82	3.10	1.08	2.17
机械	载货汽车	6t	台班	427.71	0.056	0.082	0.048	0.097

单位：10 m²

编号				23-55	23-56	23-57	23-58	23-59	23-60
项目				内檐及廊步椽望油漆用脚手架					
				木杆（平均层高）			钢管（平均层高）		
				5 m 以内	9 m 以内	12 m 以内	5 m 以内	9 m 以内	12 m 以内
预算基价	总价（元）			410.49	655.66	849.16	376.05	568.71	719.27
	人工费（元）			242.95	361.60	419.23	275.72	390.98	462.17
	材料费（元）			111.68	211.78	328.77	45.87	103.50	170.26
	机械费（元）			37.64	55.17	69.72	33.79	44.91	52.18
	管理费（元）			18.22	27.11	31.44	20.67	29.32	34.66
组成内容		单位	单价	数量					
人工	综合工	工日	113.00	2.15	3.20	3.71	2.44	3.46	4.09
材料	木脚手杆 D100	m³	1120.00	0.017	0.051	0.099			
	脚手架钢管	kg	2.98				3.42	8.84	15.39
	扣件 综合	个	7.45				0.22	0.70	1.32
	底座	个	7.75				0.08	0.16	0.24
	木脚手板	m³	1833.33	0.010	0.026	0.045	0.010	0.026	0.045
	绑扎绳	kg	10.72	1.12	1.50	1.75	1.12	1.50	1.75
	镀锌钢丝 D4.0	kg	7.92	7.44	10.67	13.47			
	零星材料费	元		1.08	2.05	3.19	2.14	4.83	7.94
	材料采管费	元		2.30	4.36	6.76	0.94	2.13	3.50
机械	载货汽车 6t	台班	427.71	0.088	0.129	0.163	0.079	0.105	0.122

单位：座

编号					23-61	23-62	23-63	23-64
项目					油画活用歇山脚手架			
					木杆（山花板高）		钢管（山花板高）	
					3 m 以内	5 m 以内	3 m 以内	5 m 以内
预算基价	总价（元）				617.68	934.29	695.67	1070.81
	人工费（元）				458.78	655.40	552.57	873.49
	材料费（元）				87.29	171.15	43.07	70.66
	机械费（元）				37.21	58.60	58.60	61.16
	管理费（元）				34.40	49.14	41.43	65.50
组成内容			单位	单价	数量			
人工	综合工		工日	113.00	4.06	5.80	4.89	7.73
材料	木脚手杆	*D*100	m³	1120.00	0.020	0.046		
	脚手架钢管		kg	2.98			8.29	10.58
	扣件	综合	个	7.45			0.60	1.17
	木脚手板		m³	1833.33	0.006	0.014	0.006	0.014
	镀锌钢丝	*D*4.0	kg	7.92	6.47	11.21		
	零星材料费		元		0.85	1.66	2.01	3.30
	材料采管费		元		1.80	3.52	0.89	1.45
机械	载货汽车	6t	台班	427.71	0.087	0.137	0.137	0.143

单位：座

编号				23-65	23-66	23-67	23-68
项目				瓦活用歇山脚手架			
				木杆（山花板高）		钢管（山花板高）	
				3 m 以内	5 m 以内	3 m 以内	5 m 以内
预算基价	总价（元）			598.02	874.19	662.07	1018.32
	人工费（元）			456.52	648.62	546.92	867.84
	材料费（元）			70.06	118.33	15.54	24.25
	机械费（元）			37.21	58.60	58.60	61.16
	管理费（元）			34.23	48.64	41.01	65.07
组成内容		单位	单价	数量			
人工	综合工	工日	113.00	4.04	5.74	4.84	7.68
材料	木脚手杆 *D*100	m^3	1120.00	0.010	0.015		
	脚手架钢管	kg	2.98			2.27	3.54
	扣件 综合	个	7.45			0.30	0.39
	木脚手板	m^3	1833.33	0.003	0.005	0.003	0.005
	镀锌钢丝 *D*4.0	kg	7.92	6.47	11.21		
	零星材料费	元		0.68	1.15	0.72	1.13
	材料采管费	元		1.44	2.43	0.32	0.50
机械	载货汽车 6t	台班	427.71	0.087	0.137	0.137	0.143

单位：10 m^2

编号				23-69	23-70	23-71	23-72	23-73
项目				护头棚		木构架安装起重架（檐高）		
				木杆	钢管	6 m 以内	12 m 以内	18 m 以内
预算基价	总价（元）			570.57	627.47	1013.93	995.14	1172.48
	人工费（元）			235.04	293.80	716.42	675.74	791.00
	材料费（元）			296.52	278.71	169.37	185.75	224.65
	机械费（元）			21.39	32.93	74.42	82.98	97.52
	管理费（元）			17.62	22.03	53.72	50.67	59.31
组成内容		单位	单价	数量				
人工	综合工	工日	113.00	2.08	2.60	6.34	5.98	7.00
材料	木脚手杆 D100	m^3	1120.00	0.031		0.026	0.029	0.035
	脚手架钢管	kg	2.98		9.20			
	扣件 综合	个	7.45		0.89			
	底座	个	7.75		0.20			
	木脚手板	m^3	1833.33	0.032	0.032	0.005	0.005	0.006
	席	片	27.62	6.00	6.00			
	绑扎绳	kg	10.72			0.07	0.07	0.08
	镀锌钢丝 D4.0	kg	7.92	3.59		15.81	17.39	21.06
	零星材料费	元		2.88	13.00	1.64	1.80	2.18
	材料采管费	元		6.10	5.73	3.48	3.82	4.62
机械	载货汽车 6t	台班	427.71	0.050	0.077	0.174	0.194	0.228

三、混凝土模板及支架措施费

1.现浇混凝土模板措施费

单位：m^3

编号				23-74	23-75	23-76	23-77	23-78	23-79
项目				垫层	带形基础				杯形基础
					毛石混凝土	无筋混凝土	有梁式钢筋混凝土	无梁式钢筋混凝土	
预算基价	总价（元）			150.07	243.09	276.95	253.03	80.46	237.77
	人工费（元）			99.44	137.86	154.81	136.73	49.72	128.82
	材料费（元）			32.85	75.89	88.44	84.41	17.83	81.85
	机械费（元）			1.51	6.78	8.37	9.52	4.77	6.02
	管理费（元）			16.27	22.56	25.33	22.37	8.14	21.08
组成内容		单位	单价	数量					
人工	综合工	工日	113.00	0.88	1.22	1.37	1.21	0.44	1.14
材料	组合钢模板	kg	7.84		2.03	2.36	2.00	0.75	1.75
	零星卡具	kg	8.75		0.36	0.42	1.03	0.04	0.32
	钢支撑	kg	8.62		0.18	0.20	1.15		0.57
	木模板	m^3	1842.20	0.015	0.024	0.028	0.020	0.005	0.023
	模板铁件	kg	7.69				0.74		
	铁钉	kg	7.81	0.30	0.54	0.63	0.16	0.13	0.78
	镀锌钢丝 D4.0	kg	7.92		0.22	0.26	0.02		0.87
	零星材料费	元		2.19	3.54	4.16	4.12	1.00	3.38
	材料采管费	元		0.68	1.56	1.82	1.74	0.37	1.68
机械	载货汽车 6t	台班	427.71		0.009	0.011	0.012	0.006	0.007
	汽车式起重机 8t	台班	726.00		0.004	0.005	0.006	0.003	0.004
	木工圆锯机 D500	台班	30.72	0.049	0.001	0.001	0.001	0.001	0.004

单位：m^3

编号				23-80	23-81	23-82	23-83	23-84
项目				独立基础			满堂基础	
				毛石混凝土	无筋混凝土	钢筋混凝土	有梁式	无梁式
预算基价	总价（元）			220.20	380.39	218.13	134.99	23.43
	人工费（元）			113.00	162.72	135.60	91.53	14.69
	材料费（元）			83.51	184.49	56.69	26.90	5.91
	机械费（元）			5.20	6.55	3.65	1.58	0.43
	管理费（元）			18.49	26.63	22.19	14.98	2.40
组成内容		单位	单价	数量				
人工	综合工	工日	113.00	1.00	1.44	1.20	0.81	0.13
材料	组合钢模板	kg	7.84	2.11	3.45	1.99	1.16	0.17
	零星卡具	kg	8.75	0.66	0.75	0.18	0.37	0.02
	钢支撑	kg	8.62				0.32	
	木模板	m^3	1842.20	0.029	0.070	0.018	0.002	0.002
	模板铁件	kg	7.69				0.74	
	铁钉	kg	7.81	0.30	1.40	0.30	0.04	0.04
	零星材料费	元		3.71	7.20	2.84	1.57	0.29
	材料采管费	元		1.72	3.79	1.17	0.55	0.12
机械	载货汽车 6t	台班	427.71	0.007	0.010	0.005	0.002	0.001
	汽车式起重机 8t	台班	726.00	0.003	0.003	0.002	0.001	
	木工圆锯机 D500	台班	30.72	0.001	0.003	0.002		

单位：m^3

编号				23-85	23-86	23-87	23-88	23-89
项目				矩形柱 断面周长（cm） 70以内	矩形柱 断面周长（cm） 100以内	矩形柱 断面周长（cm） 150以内	矩形柱 断面周长（cm） 150以外	异形柱（L、T、十）
预算基价	总价（元）			3135.64	2291.65	1283.26	1048.62	1901.78
预算基价	人工费（元）			1918.74	1396.68	794.39	646.36	1337.92
预算基价	材料费（元）			857.59	622.63	330.47	269.66	303.06
预算基价	机械费（元）			45.35	43.80	28.42	26.84	41.88
预算基价	管理费（元）			313.96	228.54	129.98	105.76	218.92
组成内容		单位	单价	数量				
人工	综合工	工日	113.00	16.98	12.36	7.03	5.72	11.84
材料	组合钢模板	kg	7.84	23.97	17.44	9.51	7.74	11.76
材料	零星卡具	kg	8.75	16.31	11.86	5.68	4.62	4.26
材料	钢支撑	kg	8.62	31.14	22.65	9.87	8.03	9.07
材料	木模板	m^3	1842.20	0.086	0.062	0.045	0.037	0.013
材料	铁钉	kg	7.81	2.73	1.98	1.17	0.95	2.11
材料	零星材料费	元		61.14	44.39	22.30	18.20	48.75
材料	材料采管费	元		17.64	12.81	6.80	5.55	6.23
机械	载货汽车 6t	台班	427.71	0.051	0.049	0.032	0.030	0.047
机械	汽车式起重机 8t	台班	726.00	0.032	0.031	0.020	0.019	0.030
机械	木工圆锯机 *D*500	台班	30.72	0.010	0.011	0.007	0.007	

单位：m^3

编号				23-90	23-91	23-92	23-93
项目				圆形柱、多边形柱			构造柱
				直径（cm）			
				20以内	30以内	30以外	
预算基价	总价（元）			2901.30	2123.35	1334.52	268.29
	人工费（元）			1858.85	1339.05	836.20	161.59
	材料费（元）			716.05	544.05	340.99	75.77
	机械费（元）			22.24	21.14	20.50	4.49
	管理费（元）			304.16	219.11	136.83	26.44
组成内容		单位	单价	数量			
人工	综合工	工日	113.00	16.45	11.85	7.40	1.43
材料	木模板	m^3	1842.20	0.335	0.256	0.160	0.025
	铁钉	kg	7.81	8.76	6.31	3.94	0.35
	零星材料费	元		15.77	11.98	8.46	25.42
	材料采管费	元		14.73	11.19	7.01	1.56
机械	载货汽车 6t	台班	427.71	0.038	0.036	0.035	0.009
	木工圆锯机 $D500$	台班	30.72	0.195	0.187	0.180	0.021

单位：m^3

编号				23-94	23-95	23-96	23-97	23-98	23-99	23-100
项目				基础梁、地圈梁	矩形梁			异形梁（T、工、十）	圈梁、过梁	
					梁高（cm）				直形	弧形
					20以内	30以内	30以外			
预算基价	总价（元）			634.64	2097.61	1487.99	1035.66	1430.65	585.40	979.07
	人工费（元）			370.64	1198.93	846.37	584.21	786.48	383.07	549.18
	材料费（元）			185.40	671.01	472.79	326.67	494.87	125.83	328.98
	机械费（元）			17.95	31.49	30.34	29.19	20.61	13.82	11.05
	管理费（元）			60.65	196.18	138.49	95.59	128.69	62.68	89.86
组成内容		单位	单价	数量						
人工	综合工	工日	113.00	3.28	10.61	7.49	5.17	6.96	3.39	4.86
材料	组合钢模板	kg	7.84	6.18	16.18	11.41	7.88		4.98	
	零星卡具	kg	8.75	3.95	9.24	6.52	4.50			
	钢支撑	kg	8.62		22.60	15.95	11.01			
	木模板	m^3	1842.20	0.026	0.111	0.078	0.054	0.213	0.002	0.145
	镀锌钢丝 *D*4.0	kg	7.92	1.39					3.75	
	铁钉	kg	7.81	1.77	0.85	0.60	0.41	6.59	3.36	3.77
	零星材料费	元		25.85	43.57	30.70	21.21	40.83	24.57	25.65
	材料采管费	元		3.81	13.80	9.72	6.72	10.18	2.59	6.77
机械	载货汽车 6t	台班	427.71	0.023	0.036	0.035	0.034	0.040	0.019	0.017
	汽车式起重机 8t	台班	726.00	0.011	0.022	0.021	0.020		0.007	
	木工圆锯机 *D*500	台班	30.72	0.004	0.004	0.004	0.004	0.114	0.020	0.123

单位：m³

编号				23-101	23-102	23-103	23-104	23-105	23-106	23-107
项目				弧形梁			拱形梁			老角梁、仔角梁
				梁高（cm）						
				20以内	30以内	30以外	20以内	30以内	30以外	
预算基价	总价（元）			2057.18	1546.75	1073.53	2601.81	1837.41	1278.36	2676.87
	人工费（元）			1308.54	923.21	637.32	1586.52	1118.70	772.92	1588.78
	材料费（元）			516.12	454.65	315.11	735.68	516.53	360.30	799.23
	机械费（元）			18.41	17.83	16.82	20.01	19.13	18.67	28.89
	管理费（元）			214.11	151.06	104.28	259.60	183.05	126.47	259.97
组成内容		单位	单价	数量						
人工	综合工	工日	113.00	11.58	8.17	5.64	14.04	9.90	6.84	14.06
材料	木模板	m³	1842.20	0.223	0.197	0.136	0.343	0.242	0.168	0.390
	镀锌钢丝 D4.0	kg	7.92	3.27	2.88	1.99	3.29	2.32	1.61	
	铁钉	kg	7.81	7.26	6.40	4.40	5.68	4.01	2.78	5.65
	零星材料费	元		12.09	9.59	7.97	18.26	10.41	8.94	20.21
	材料采管费	元		10.62	9.35	6.48	15.13	10.62	7.41	16.44
机械	载货汽车 6t	台班	427.71	0.034	0.033	0.031	0.045	0.043	0.042	0.045
	木工圆锯机 D500	台班	30.72	0.126	0.121	0.116	0.025	0.024	0.023	0.314

单位：m^3

编号				23-108	23-109	23-110	23-111	23-112	23-113	23-114
项目				直形墙			弧形墙			挡土墙
				墙厚（cm 以内）						
				10	20	30	10	20	30	
预算基价	总价（元）			1608.88	851.22	515.91	2763.48	1470.51	885.57	441.94
	人工费（元）			967.28	515.28	309.62	1183.11	629.41	378.55	281.37
	材料费（元）			418.59	217.07	134.44	1358.27	722.54	435.81	95.93
	机械费（元）			64.74	34.56	21.19	28.51	15.57	9.27	18.60
	管理费（元）			158.27	84.31	50.66	193.59	102.99	61.94	46.04
组成内容		单位	单价	数量						
人工	综合工	工日	113.00	8.56	4.56	2.74	10.47	5.57	3.35	2.49
材料	组合钢模板	kg	7.84	18.40	9.79	5.89				4.63
	零星卡具	kg	8.75	11.28	6.00	3.61	10.53	5.60	3.37	2.43
	钢支撑	kg	8.62	6.30	3.35	2.02				3.24
	木模板	m^3	1842.20	0.012	0.004	0.004	0.564	0.300	0.181	0.002
	模板铁件	kg	7.69	0.91	0.48	0.29	5.54	2.95	1.78	
	铁钉	kg	7.81	0.14	0.08	0.05	7.36	3.92	2.36	0.05
	零星材料费	元		82.52	42.79	26.50	99.11	52.72	31.80	4.39
	材料采管费	元		8.61	4.46	2.77	27.94	14.86	8.96	1.97
机械	载货汽车 6t	台班	427.71	0.073	0.040	0.024	0.049	0.027	0.016	0.021
	汽车式起重机 8t	台班	726.00	0.046	0.024	0.015				0.013
	木工圆锯机 *D*500	台班	30.72	0.004	0.001	0.001	0.246	0.131	0.079	0.006

单位：m^3

编号				23-115	23-116	23-117	23-118	23-119
项目				有梁板		平板		拱形板
				板厚（cm）				
				10以内	10以外	10以内	10以外	
预算基价	总价（元）			974.82	735.17	925.59	618.00	1058.89
	人工费（元）			570.65	430.53	542.40	361.60	676.87
	材料费（元）			265.04	199.83	252.40	169.05	256.36
	机械费（元）			45.76	34.36	42.04	28.18	14.90
	管理费（元）			93.37	70.45	88.75	59.17	110.76
组成内容		单位	单价	数量				
人工	综合工	工日	113.00	5.05	3.81	4.80	3.20	5.99
材料	组合钢模板	kg	7.84	7.71	5.82	8.24	5.49	
	零星卡具	kg	8.75	4.36	3.29	3.34	2.23	0.20
	钢支撑	kg	8.62	6.21	4.69	5.79	3.86	3.86
	木模板	m^3	1842.20	0.028	0.021	0.034	0.023	0.091
	铁件	kg	7.69					0.64
	镀锌钢丝 $D4.0$	kg	7.92	2.37	1.79			0.80
	铁钉	kg	7.81	0.18	0.14	0.22	0.15	2.20
	零星材料费	元		35.71	26.92	39.12	26.20	19.99
	材料采管费	元		5.45	4.11	5.19	3.48	5.27
机械	载货汽车 6t	台班	427.71	0.054	0.041	0.049	0.033	0.025
	汽车式起重机 8t	台班	726.00	0.031	0.023	0.029	0.019	
	木工圆锯机 $D500$	台班	30.72	0.005	0.004	0.001	0.009	0.137

单位：m^3

编号				23-120	23-121	23-122	23-123
项目				无椽望板		椽望板	翼角板
				板厚（cm）			
				6以内	6以外		
预算基价	总价（元）			2475.23	1587.12	3227.03	3616.91
	人工费（元）			1500.64	954.85	1957.16	2055.47
	材料费（元）			682.71	445.53	889.17	1146.32
	机械费（元）			46.33	30.50	60.45	78.79
	管理费（元）			245.55	156.24	320.25	336.33
组成内容		单位	单价	数量			
人工	综合工	工日	113.00	13.28	8.45	17.32	18.19
材料	木模板	m^3	1842.20	0.321	0.210	0.418	0.549
	铁钉	kg	7.81	7.65	4.87	9.98	10.48
	零星材料费	元		17.58	11.47	22.90	29.52
	材料采管费	元		14.04	9.16	18.29	23.58
机械	载货汽车 6t	台班	427.71	0.062	0.041	0.081	0.105
	木工圆锯机 *D*500	台班	30.72	0.645	0.422	0.840	1.103

单位：10 m

编号					23-124	23-125	23-126	23-127	23-128	23-129
项目					整体楼梯		古式		鹅颈靠背	
					直形（$10m^2$）	弧形（$10m^2$）	栏板	栏杆	简式	繁式
预算基价	总价（元）				2607.02	3327.84	1725.43	3131.86	2547.04	2999.37
	人工费（元）				1501.77	2018.18	838.46	2384.30	1944.73	2333.45
	材料费（元）				815.43	927.99	728.84	347.60	277.09	277.09
	机械费（元）				44.09	51.44	20.93	9.82	7.01	7.01
	管理费（元）				245.73	330.23	137.20	390.14	318.21	381.82
组成内容			单位	单价	数量					
人工	综合工		工日	113.00	13.29	17.86	7.42	21.10	17.21	20.65
材料	木模板		m^3	1842.20	0.346	0.405	0.344	0.159	0.116	0.116
	铁钉		kg	7.81	10.68	12.98	7.90	4.88	3.54	3.54
	零星材料费		元		77.85	61.44	18.43	9.43	30.05	30.05
	材料采管费		元		16.77	19.09	14.99	7.15	5.70	5.70
机械	载货汽车	6t	台班	427.71	0.060	0.072	0.036	0.017	0.012	0.012
	木工圆锯机	*D*500	台班	30.72	0.600	0.672	0.180	0.083	0.061	0.061

单位：m³

编号				23-130	23-131	23-132	23-133	23-134
项目				压顶	零星构件	栏板	挑檐、天沟	桁、檩垫板
预算基价	总价（元）			1153.47	3249.48	2570.36	2869.34	2843.86
	人工费（元）			702.86	1565.05	941.29	1742.46	1176.33
	材料费（元）			325.26	1375.16	1442.47	794.94	1442.47
	机械费（元）			10.34	53.18	32.58	46.82	32.58
	管理费（元）			115.01	256.09	154.02	285.12	192.48
组成内容		单位	单价	数量				
人工	综合工	工日	113.00	6.22	13.85	8.33	15.42	10.41
材料	木模板	m³	1842.20	0.129	0.591	0.736	0.322	0.736
	铁钉	kg	7.81	4.98	20.13	6.48	11.00	6.48
	零星材料费	元		42.03	100.92	6.33	99.49	6.33
	材料采管费	元		6.69	28.28	29.67	16.35	29.67
机械	载货汽车 6t	台班	427.71	0.019	0.102	0.056	0.063	0.056
	木工圆锯机 *D*500	台班	30.72	0.072	0.311	0.281	0.647	0.281

单位：m^3

编号				23-135	23-136	23-137	23-138	23-139
项目				斗拱	古式零件	预留部位浇捣	明沟	台阶（$10m^2$）
预算基价	总价（元）			6305.40	5913.28	3314.01	621.75	528.05
	人工费（元）			3654.42	3307.51	2045.30	277.98	333.35
	材料费（元）			1972.77	1983.81	900.20	289.92	128.80
	机械费（元）			80.24	80.76	33.84	8.36	11.35
	管理费（元）			597.97	541.20	334.67	45.49	54.55
组成内容		单位	单价	数量				
人工	综合工	工日	113.00	32.34	29.27	18.10	2.46	2.95
材料	木模板	m^3	1842.20	0.889	0.894	0.391	0.142	0.060
	铁钉	kg	7.81	31.20	31.37	8.64	1.10	2.00
	镀锌钢丝 $D4.0$	kg	7.92			8.93		
	零星材料费	元		50.80	51.08	23.18	13.78	
	材料采管费	元		40.58	40.80	18.52	5.96	2.65
机械	载货汽车 6t	台班	427.71	0.154	0.155	0.058	0.013	0.018
	木工圆锯机 $D500$	台班	30.72	0.468	0.471	0.294	0.033	0.119
	木工压刨床 单面600	台班	38.76				0.046	

单位：m^3

编号				23-140	23-141	23-142	23-143	23-144
项目				水池、喷泉池			花池、花坛壁	
				池底	壁厚（cm）			
					15以内	15以外	10以内	10以外
预算基价	总价（元）			184.18	1571.36	1309.48	1246.58	1038.61
	人工费（元）			103.96	929.99	775.18	650.88	542.40
	材料费（元）			61.47	464.44	386.67	464.44	386.67
	机械费（元）			1.74	24.76	20.79	24.76	20.79
	管理费（元）			17.01	152.17	126.84	106.50	88.75
组成内容		单位	单价	数量				
人工	综合工	工日	113.00	0.92	8.23	6.86	5.76	4.80
材料	木模板	m^3	1842.20	0.031	0.233	0.194	0.233	0.194
	铁钉	kg	7.81	0.32	2.26	1.88	2.26	1.88
	镀锌钢丝 D4.0	kg	7.92		0.64	0.53	0.64	0.53
	零星材料费	元		0.60	2.94	2.45	2.94	2.45
	材料采管费	元		1.26	9.55	7.95	9.55	7.95
机械	载货汽车 6t	台班	427.71	0.003	0.037	0.029	0.037	0.029
	木工圆锯机 D500	台班	30.72	0.015	0.291	0.273	0.291	0.273

2. 预制混凝土模板措施费

单位：m^3

编号				23-145	23-146	23-147	23-148	23-149	23-150
项目				矩形柱			圆形柱、多边形柱		
				断面周长（cm）			直径（cm）		
				70以内	100以内	100以外	20以内	30以内	30以外
预算基价	总价（元）			1803.47	1489.92	1178.67	1127.31	847.96	595.51
	人工费（元）			472.34	343.52	216.96	552.57	420.36	296.06
	材料费（元）			1225.36	1065.46	905.58	451.22	334.34	233.67
	机械费（元）			28.48	24.73	20.63	33.10	24.48	17.34
	管理费（元）			77.29	56.21	35.50	90.42	68.78	48.44
组成内容		单位	单价	数量					
人工	综合工	工日	113.00	4.18	3.04	1.92	4.89	3.72	2.62
材料	组合钢模板	kg	7.84	1.83	1.59	1.35			
	零星卡具	kg	8.75	2.85	2.48	2.11			
	木模板	m^3	1842.20	0.029	0.025	0.021	0.143	0.106	0.074
	砖地模	m^2	89.72	9.53	8.29	7.05			
	铁件	kg	7.69	20.47	17.80	15.13	21.20	15.70	10.99
	铁钉	kg	7.81	3.45	3.00	2.55	0.82	0.61	0.43
	电焊条	kg	8.47	0.72	0.63	0.54	0.76	0.56	0.39
	镀锌钢丝 *D*4.0	kg	7.92	6.62	5.76	4.90			
	零星材料费	元		9.53	8.28	7.04	2.64	1.95	1.36
	材料采管费	元		25.20	21.91	18.63	9.28	6.88	4.81
机械	载货汽车 6t	台班	427.71	0.018	0.016	0.013	0.038	0.028	0.020
	汽车式起重机 8t	台班	726.00	0.014	0.012	0.010			
	木工圆锯机 *D*500	台班	30.72	0.004	0.003	0.003	0.089	0.066	0.046
	木工压刨床 单面600	台班	38.76	0.004	0.003	0.003	0.089	0.066	0.046
	电焊机 制作	台班	105.53	0.098	0.085	0.072	0.101	0.075	0.053

单位：m³

编号				23-151	23-152	23-153	23-154	23-155	23-156
项目				矩形梁			拱形梁	过梁	老角梁、仔角梁
				梁高（cm）					
				20以内	30以内	30以外			
预算基价	总价（元）			1180.85	914.96	776.37	1318.15	562.54	1460.40
	人工费（元）			570.65	400.02	319.79	668.96	307.36	673.48
	材料费（元）			477.43	415.34	373.29	507.05	192.36	653.33
	机械费（元）			39.40	34.15	30.96	32.68	12.53	23.39
	管理费（元）			93.37	65.45	52.33	109.46	50.29	110.20
组成内容		单位	单价	数量					
人工	综合工	工日	113.00	5.05	3.54	2.83	5.92	2.72	5.96
材料	组合钢模板	kg	7.84	3.32	2.89	2.60			
	零星卡具	kg	8.75	3.38	2.94	2.65			
	木模板	m³	1842.20	0.146	0.127	0.114	0.169	0.064	0.273
	混凝土地模	m²	234.21				0.63	0.24	
	铁件	kg	7.69	7.13	6.20	5.58			6.42
	铁钉	kg	7.81	4.85	4.22	3.80	2.83	1.07	10.89
	镀锌钢丝 D4.0	kg	7.92	4.93	4.29	3.86			
	电焊条	kg	8.47	0.25	0.22	0.20			
	零星材料费	元		9.17	7.98	7.17	15.63	5.93	2.55
	材料采管费	元		9.82	8.54	7.68	10.43	3.96	13.44
机械	载货汽车 6t	台班	427.71	0.034	0.030	0.027	0.073	0.028	0.042
	汽车式起重机 8t	台班	726.00	0.027	0.023	0.021			
	木工圆锯机 D500	台班	30.72	0.024	0.021	0.019	0.021	0.008	0.031
	木工压刨床 单面600	台班	38.76	0.024	0.021	0.019	0.021	0.008	0.031
	电焊机 制作	台班	105.53	0.034	0.030	0.027			0.031

单位：m^3

编号				23-157	23-158	23-159	23-160	23-161	23-162
项目				矩形檩		圆形檩		方形直椽	
				高度（cm）		直径（cm）			
				20以内	20外	15以内	15以外	8以内	8以外
预算基价	总价（元）			558.43	399.72	1628.19	1165.65	1363.18	974.52
	人工费（元）			393.24	281.37	753.71	540.14	913.04	653.14
	材料费（元）			99.06	70.96	706.01	504.95	298.82	213.09
	机械费（元）			1.78	1.35	45.14	32.18	1.92	1.42
	管理费（元）			64.35	46.04	123.33	88.38	149.40	106.87
组成内容		单位	单价	数量					
人工	综合工	工日	113.00	3.48	2.49	6.67	4.78	8.08	5.78
材料	木模板	m^3	1842.20	0.036	0.026	0.235	0.168	0.084	0.060
	混凝土地模	m^2	234.21	0.10	0.07	0.88	0.63	0.24	0.17
	铁钉	kg	7.81	0.42	0.30	3.93	2.81	9.74	6.96
	镀锌钢丝 *D*4.0	kg	7.92					0.06	0.04
	零星材料费	元		4.00	2.87	21.77	15.57	5.17	3.69
	材料采管费	元		2.04	1.46	14.52	10.39	6.15	4.38
机械	载货汽车 6t	台班	427.71	0.004	0.003	0.101	0.072	0.004	0.003
	木工圆锯机 *D*500	台班	30.72	0.001	0.001	0.028	0.020	0.003	0.002
	木工压刨床 单面600	台班	38.76	0.001	0.001	0.028	0.020	0.003	0.002

单位：m^3

编号				23-163	23-164	23-165	23-166	23-167	23-168
项目				圆形直椽 直径（cm） 8以内	圆形直椽 直径（cm） 8以外	弯形椽	屋面板	椽望板	翼角板
预算基价	总价（元）			1819.51	1128.11	2061.71	228.75	1244.47	1907.96
预算基价	人工费（元）			1238.48	823.77	1444.14	115.26	740.15	778.57
预算基价	材料费（元）			375.96	168.56	378.85	94.35	364.20	952.16
预算基价	机械费（元）			2.42	0.99	2.42	0.28	19.01	49.83
预算基价	管理费（元）			202.65	134.79	236.30	18.86	121.11	127.40
组成内容		单位	单价	数量					
人工	综合工	工日	113.00	10.96	7.29	12.78	1.02	6.55	6.89
材料	木模板	m^3	1842.20	0.105	0.047	0.106	0.021	0.134	0.350
材料	混凝土地模	m^2	234.21	0.31	0.14	0.31	0.19	0.37	0.97
材料	铁钉	kg	7.81	12.18	5.45	12.30	0.37	0.34	0.89
材料	镀锌钢丝 *D*4.0	kg	7.92	0.07	0.03	0.07			
材料	铁件	kg	7.69					1.54	4.02
材料	电焊条	kg	8.47					0.06	0.16
材料	零星材料费	元		6.51	2.92	6.56	6.33	8.19	21.41
材料	材料采管费	元		7.73	3.47	7.79	1.94	7.49	19.58
机械	载货汽车 6t	台班	427.71	0.005	0.002	0.005		0.035	0.092
机械	木工圆锯机 *D*500	台班	30.72	0.004	0.002	0.004	0.004	0.046	0.119
机械	木工压刨床 单面600	台班	38.76	0.004	0.002	0.004	0.004	0.046	0.119
机械	电焊机 制作	台班	105.53					0.008	0.021

单位：10 m^2

编号				23-169	23-170	23-171	23-172	23-173	23-174
项目				花窗		门框	窗框	栏杆件	鹅颈靠背
				简单	复杂				
预算基价	总价（元）			465.48	1943.30	327.90	271.50	1686.14	1414.76
	人工费（元）			317.53	1470.13	231.65	163.85	1314.19	1100.62
	材料费（元）			80.98	196.13	49.03	68.18	132.16	113.00
	机械费（元）			15.01	36.49	9.32	12.66	24.75	21.05
	管理费（元）			51.96	240.55	37.90	26.81	215.04	180.09
组成内容		单位	单价	数量					
人工	综合工	工日	113.00	2.81	13.01	2.05	1.45	11.63	9.74
材料	木模板	m^3	1842.20	0.038	0.092	0.023	0.032	0.062	0.053
	铁钉	kg	7.81	0.69	1.68	0.42	0.58	1.13	0.97
	零星材料费	元		3.92	9.50	2.37	3.30	6.40	5.47
	材料采管费	元		1.67	4.03	1.01	1.40	2.72	2.32
机械	载货汽车 6t	台班	427.71	0.032	0.078	0.020	0.027	0.053	0.045
	木工圆锯机 *D*500	台班	30.72	0.019	0.045	0.011	0.016	0.030	0.026
	木工压刨床 单面600	台班	38.76	0.019	0.045	0.011	0.016	0.030	0.026

单位：m³

编号				23-175	23-176	23-177
项目				斗拱	古式零件	零星构件
预算基价	总价（元）			2636.04	2583.52	762.04
	人工费（元）			1774.10	1605.73	377.42
	材料费（元）			542.99	679.33	306.58
	机械费（元）			28.66	35.72	16.28
	管理费（元）			290.29	262.74	61.76
组成内容		单位	单价	数量		
人工	综合工	工日	113.00	15.70	14.21	3.34
材料	木模板	m³	1842.20	0.200	0.250	0.113
	混凝土地模	m²	234.21	0.55	0.69	0.31
	铁钉	kg	7.81	0.50	0.62	0.28
	铁件	kg	7.69	2.30	2.88	1.30
	电焊条	kg	8.47	0.09	0.11	0.05
	零星材料费	元		12.21	15.28	6.89
	材料采管费	元		11.17	13.97	6.31
机械	载货汽车 6t	台班	427.71	0.053	0.066	0.030
	木工圆锯机 D500	台班	30.72	0.068	0.085	0.039
	木工压刨床 单面600	台班	38.76	0.068	0.085	0.039
	电焊机 制作	台班	105.53	0.012	0.015	0.007

3. 浇筑混凝土高度超过3.3m 增价

单位：10 m^3

编号				23-178	23-179	23-180	23-181
项目				浇筑混凝土高度超过3.3m增价（每超高1m）			
				柱	梁	墙	板
预算基价	总价（元）			112.51	1565.35	76.80	857.20
	人工费（元）			81.36	1146.95	57.63	645.23
	材料费（元）			16.26	78.16	6.28	79.04
	机械费（元）			1.58	152.57	3.46	27.35
	管理费（元）			13.31	187.67	9.43	105.58
组成内容		单位	单价	数量			
人工	综合工	工日	113.00	0.72	10.15	0.51	5.71
材料	钢支撑	kg	8.62	0.78	8.88	0.50	8.98
	木模板	m^3	1842.20	0.005		0.001	
	材料采管费	元		0.33	1.61	0.13	1.63
机械	载货汽车 6t	台班	427.71	0.002	0.170	0.003	0.030
	汽车式起重机 8t	台班	726.00	0.001	0.110	0.003	0.020

四、混凝土泵送费

单位：m^3

编号				23-182	23-183
项目				混凝土泵送费	
				±0.00以下	±0.00以上
预算基价	总价（元）			15.23	18.61
	机械费（元）			14.50	17.72
	管理费（元）			0.73	0.89
组成内容		单位	单价	数量	
机械	混凝土输送泵车 $75m^3/h$	台班	1611.35	0.009	0.011

五、绿化工程措施费

1.假植乔木、灌木措施费

单位：株

编号				23-184	23-185	23-186	23-187	23-188
项目				假植裸根乔木（胸径cm以内）				
				4	6	8	10	12
预算基价	总价（元）			3.11	4.15	8.30	14.53	23.86
	人工费（元）			2.88	3.84	7.68	13.44	22.08
	管理费（元）			0.23	0.31	0.62	1.09	1.78
组成内容		单位	单价	数量				
人工	综合工	工日	96.00	0.03	0.04	0.08	0.14	0.23

单位：株

编号				23-189	23-190	23-191	23-192
项目				假植裸根灌木（冠丛高 cm 以内）			
				100	150	200	250
预算基价	总价（元）			2.08	3.11	4.15	8.30
	人工费（元）			1.92	2.88	3.84	7.68
	管理费（元）			0.16	0.23	0.31	0.62
组成内容		单位	单价	数量			
人工	综合工	工日	96.00	0.02	0.03	0.04	0.08

单位：株

编号				23-193	23-194	23-195	23-196	23-197
项目				假植带土球乔木（胸径 cm 以内）				
				4	6	8	10	12
预算基价	总价（元）			10.38	17.64	28.01	48.76	73.66
	人工费（元）			9.60	16.32	25.92	45.12	68.16
	管理费（元）			0.78	1.32	2.09	3.64	5.50
组成内容		单位	单价	数量				
人工	综合工	工日	96.00	0.10	0.17	0.27	0.47	0.71

单位：株

编号					23-198	23-199	23-200	23-201
项目					假植带土球灌木（冠丛高 cm 以内）			
					100	150	200	250
预算基价	总价（元）				7.26	10.38	17.64	28.01
	人工费（元）				6.72	9.60	16.32	25.92
	管理费（元）				0.54	0.78	1.32	2.09
组成内容			单位	单价	数量			
人工	综合工		工日	96.00	0.07	0.10	0.17	0.27

2. 树木支撑措施费

单位：株

编号				23-202	23-203	23-204	23-205	23-206	23-207
项目				树棍桩树木支撑					
				四脚桩	三脚桩	扁担桩	长单桩	短单桩	铅丝吊桩
预算基价	总价（元）			20.54	16.64	16.64	9.46	6.38	19.76
	人工费（元）			7.68	6.72	6.72	3.84	2.88	7.68
	材料费（元）			12.24	9.38	9.38	5.31	3.27	11.46
	管理费（元）			0.62	0.54	0.54	0.31	0.23	0.62
组成内容		单位	单价	数量					
人工	综合工	工日	96.00	0.08	0.07	0.07	0.04	0.03	0.08
材料	树棍 长度1.2m	根	2.80	4	3	3		1	
	树棍 长度2.2m	根	4.80				1		
	木桩 0.5m长	根	1.10						3
	镀锌钢丝 *D*4.0	kg	7.92						1.00
	镀锌钢丝 *D*2.8	kg	7.92	0.10	0.10	0.10	0.05	0.05	
	材料采管费	元		0.25	0.19	0.19	0.11	0.07	0.24

单位：株

编号				23-208	23-209	23-210	23-211	23-212
项目				毛竹桩树木支撑				
				四脚桩	三脚桩	扁担桩	长单桩	短单桩
预算基价	总价（元）			38.01	18.86	24.33	12.69	10.62
	人工费（元）			8.64	6.72	6.72	3.84	2.88
	材料费（元）			28.67	11.60	17.07	8.54	7.51
	管理费（元）			0.70	0.54	0.54	0.31	0.23
组成内容		单位	单价	数量				
人工	综合工	工日	96.00	0.090	0.070	0.070	0.040	0.030
材料	竹杆 长度1.2m	根	2.00	6	3	3		1
	竹杆 长度2.2m	根	3.00				1	
	绑扎绳	kg	10.72	1.50	0.50	1.00	0.50	0.50
	材料采管费	元		0.59	0.24	0.35	0.18	0.15

单位：株

编号				23-213	23-214	23-215	23-216
项目				两架一拐树木支撑		三架一拐树木支撑	
				架高 1.2m	架高 1.6m	架高 1.2m	架高 1.6m
预算基价	总价（元）			17.77	21.36	25.17	30.82
	人工费（元）			6.72	7.68	9.60	11.52
	材料费（元）			10.51	13.06	14.79	18.37
	管理费（元）			0.54	0.62	0.78	0.93
组成内容		单位	单价	数量			
人工	综合工	工日	96.00	0.07	0.08	0.10	0.12
材料	树棍 长度1.7m	根	3.80	2.50		3.50	
	树棍 长度2.2m	根	4.80		2.50		3.50
	镀锌钢丝 *D*2.8	kg	7.92	0.10	0.10	0.15	0.15
	材料采管费	元		0.22	0.27	0.30	0.38

单位：株

编号				23-217	23-218	23-219	23-220
项目				四架一拐 圆钢树木支撑		竹杆树木支撑	树木绑扎幌绳
				架 高 1.2m	架 高 1.6m	绑 扎 高 点 200～250cm	
预算基价	总价（元）			44.28	57.37	39.53	51.76
	人工费（元）			9.60	11.52	12.48	14.40
	材料费（元）			33.90	44.92	26.04	36.20
	管理费（元）			0.78	0.93	1.01	1.16
组成内容		单位	单价	数量			
人工	综合工	工日	96.00	0.10	0.12	0.13	0.15
材料	钢筋 *D*10以内	t	2700.29	0.012	0.016		
	竹杆 3m长	根	8.50			3.00	
	木桩 0.5m长	根	1.10				3.00
	绑扎绳	kg	10.72				3.00
	镀锌钢丝 *D*2.8	kg	7.92	0.10	0.10		
	材料采管费	元		0.70	0.92	0.54	0.74

3. 草绳绕树干措施费

单位：m

编号				23-221	23-222	23-223	23-224	23-225	23-226
项目				草绳绕树干（胸径 cm 以内）					
				5	10	15	20	25	30
预算基价	总价（元）			11.51	20.96	30.40	41.91	51.35	62.87
	人工费（元）			2.88	3.84	4.80	7.68	8.64	11.52
	材料费（元）			8.40	16.81	25.21	33.61	42.01	50.42
	管理费（元）			0.23	0.31	0.39	0.62	0.70	0.93
组成内容		单位	单价	数量					
人工	综合工	工日	96.00	0.03	0.04	0.05	0.08	0.09	0.12
材料	草绳	kg	8.23	1.00	2.00	3.00	4.00	5.00	6.00
	材料采管费	元		0.17	0.35	0.52	0.69	0.86	1.04

4. 搭设遮阴棚措施费

单位：10 m²

编号				23-227	23-228
项目				搭设遮阴棚（高度 cm）	
				200 以内	200 以外
预算基价	总价（元）			146.61	180.17
	人工费（元）			39.36	43.20
	材料费（元）			104.07	133.48
	管理费（元）			3.18	3.49
组成内容		单位	单价	数量	
人工	综合工	工日	96.00	0.41	0.45
材料	毛竹	根	16.00	3.20	5.00
	遮阴布	m²	4.00	10.50	10.50
	镀锌钢丝 *D*1.2	kg	8.16	1.07	1.07
	材料采管费	元		2.14	2.75

5. 常绿乔木、绿篱防寒措施费

单位：株

编号				23-229	23-230	23-231	23-232	23-233
项目				常绿乔木防寒（高度cm以内）				绿篱防寒（m^2）
				200	400	600	800	
预算基价	总价（元）			152.69	611.66	1222.28	2174.67	29.56
	人工费（元）			48.96	196.80	393.60	700.80	5.76
	材料费（元）			99.78	398.97	796.90	1417.29	23.33
	管理费（元）			3.95	15.89	31.78	56.58	0.47
组成内容		单位	单价	数量				
人工	综合工	工日	96.00	0.51	2.05	4.10	7.30	0.06
材料	木架杆 D100	m^3	1088.00	0.028	0.112	0.223	0.397	
	竹杆 3m长	根	8.50					2.00
	尼龙布	m^2	5.10	9.90	39.60	79.20	140.80	1.10
	镀锌钢丝 D4.0	kg	7.92	1.84	7.34	14.69	26.11	
	镀锌钢丝 D1.2	kg	8.16	0.27	1.08	2.16	3.84	0.03
	材料采管费	元		2.05	8.21	16.39	29.15	0.48

第二十四章　施 工 组 织 措 施 费

说　　明

一、本章包括安全文明施工措施费(含环境保护、文明施工、安全施工、临时设施),冬雨季施工增加费,夜间施工增加费,二次搬运措施费,竣工验收存档资料编制费等5项。

二、安全文明施工措施费(含环境保护、文明施工、安全施工、临时设施)是指现场文明施工、安全施工所需要的各项费用和为达到环保部门要求所需要的环境保护费用以及施工企业为进行建筑安装工程施工所必须搭设的生活和生产用的临时建筑物、构筑物和其他临时设施等费用。

三、冬雨季施工增加费是指在冬期或雨期施工需增加的临时设施、防滑、排除雨雪,人工及施工机械效率降低等费用。

四、夜间施工增加费是指因夜间施工所发生的夜班补助费、夜间施工降效、夜间施工照明设备摊销及照明用电等费用。

五、二次搬运措施费是指因施工场地条件限制而发生的材料、构配件、半成品等一次运输不能到达堆放地点,必须进行二次或多次搬运所发生的费用。

六、竣工验收存档资料编制费是指按城建档案管理规定,在竣工验收后,应提交的档案资料所发生的编制费用。

计 算 规 则

一、安全文明施工措施费(含环境保护、文明施工、安全施工、临时设施),以分部分项工程费中的人工费、材料费、机械费合计为基数乘以下表系数计算。

序号	工程类别	系数
1	绿化工程	1.65%
2	园林景观工程	2.15%
3	仿古建筑工程	3.02%

注:本表各项费用中人工费均占16%。

二、冬雨季施工增加费

$$冬雨季施工增加费=计算基数\times 0.97\%$$

计算基数为分部分项工程费中的人工费、材料费、机械费及可以计量的措施项目费中的人工费、材料费、机械费合计，其中人工费占60%。

三、夜间施工增加费以分部分项工程费中的人工费及可以计量的措施项目费中的人工费合计为基数乘以相应夜间施工费费率计算。

序号	工程类别	夜间施工费费率
1	绿化工程	0.3%
2	园林景观工程	0.5%
3	仿古建筑工程	0.5%

四、二次搬运措施费以分部分项工程费中的材料费及可以计量的措施项目费中的材料费合计为基数乘以相应二次搬运措施费费率计算。

序号	工程类别	二次搬运费费率
1	绿化工程	2.0%
2	园林景观工程	1.6%
3	仿古建筑工程	1.2%

五、竣工验收存档资料编制费以分部分项工程费中的人工费、材料费、机械费合计为基数乘以系数计算(参考系数0.1%)。

附　　录

附录一　砂浆及特种混凝土配合比

说　　明

一、本附录中各项配合比，仅供编制计价文件使用。

二、各项配合比中均未包括制作、运输所需人工、机械和企业管理费。

三、各项配合比中已包括了各种材料在配制过程中的操作和场内运输损耗。

四、砌筑砂浆为综合取定者，使用时不可换算。

五、非砌筑砂浆的主料品种不同时，可以换算。

六、特种混凝土的配合比或主料品种不同，可以换算。

1.砌 筑 砂 浆

单位：m^3

编		号	1	2	3	4	5	6
材料名称	单位	单价（元）	混合砂浆			水泥砂浆		
			M2.5	M5	M7.5	M5	M7.5	M10
水泥	kg	0.37	131.000	187.000	253.000	213.000	263.000	303.000
白灰	kg	0.31	63.700	63.700	50.400			
白灰膏	m^3		(0.091)	(0.091)	(0.072)			
砂子	t	87.58	1.528	1.460	1.413	1.596	1.534	1.486
水	m^3	7.85	0.600	0.400	0.400	0.220	0.220	0.220
材料采管费	元		4.34	4.62	4.96	4.63	4.90	5.12
材料合价	元		211.09	224.56	241.08	224.94	238.28	249.10

2. 抹 灰 砂 浆

单位：m^3

编号			7	8	9	10	11	12	13	14
材料名称	单位	单价（元）	混合砂浆							
			1:0.2:1.5	1:0.2:2	1:0.3:2.5	1:0.3:3	1:0.5:1	1:0.5:2	1:0.5:3	1:0.5:4
水泥	kg	0.37	603.820	517.090	436.040	388.930	615.970	458.930	365.690	303.940
白灰	kg	0.31	70.450	60.330	76.310	68.060	179.660	133.850	106.660	88.650
白灰膏	m^3		(0.101)	(0.086)	(0.109)	(0.097)	(0.257)	(0.191)	(0.152)	(0.127)
砂子	t	87.58	1.116	1.275	1.344	1.438	0.759	1.131	1.352	1.498
水	m^3	7.85	0.830	0.740	0.650	0.610	0.810	0.660	0.570	0.510
材料采管费	元		7.34	6.88	6.46	6.21	7.49	6.63	6.12	5.78
材料合价	元		356.85	334.38	314.26	301.94	363.93	322.16	297.37	280.92

单位：m³

编号			15	16	17	18	19	20	21
材料名称	单位	单价（元）	混合砂浆						
			1:1:2	1:1:3	1:1:4	1:1:6	1:2:1	1:2:6	1:3:9
水泥	kg	0.37	386.470	318.160	270.370	207.910	351.010	177.720	123.300
白灰	kg	0.31	225.440	185.590	157.720	121.280	409.510	207.340	215.770
白灰膏	m³		(0.322)	(0.265)	(0.225)	(0.173)	(0.585)	(0.296)	(0.308)
砂子	t	87.58	0.953	1.176	1.333	1.538	0.433	1.314	1.368
水	m³	7.85	0.560	0.500	0.450	0.400	0.460	0.340	0.280
材料采管费	元		6.32	5.93	5.65	5.30	6.27	5.20	4.92
材料合价	元		307.06	288.10	274.86	257.66	304.62	252.98	239.44

单位：m^3

编号			22	23	24	25	26	27	28
材料名称	单位	单价（元）	水泥砂浆						
			1:0.5	1:1	1:1.5	1:2	1:2.5	1:3	1:4
水泥	kg	0.37	1067.040	823.080	669.920	564.810	488.210	429.910	361.080
砂子	t	87.58	0.658	1.014	1.239	1.392	1.504	1.590	1.780
水	m^3	7.85	0.490	0.430	0.390	0.360	0.340	0.330	0.180
材料采管费	元		9.58	8.33	7.55	7.01	6.62	6.32	6.11
材料合价	元		465.86	405.05	366.99	340.73	321.65	307.23	297.02

单位：m³

编号			29	30	31	32	33	34	35
材料名称	单位	单价（元）	水泥细砂浆		素水泥浆	水泥白灰浆	白灰砂浆		白灰麻刀浆
			1:1	1:1.5		1:0.5	1:2.5	1:3	
水泥	kg	0.37	742.000	595.000	1502.000	927.000			
白灰	kg	0.31				273.000	298.000	267.000	685.000
白灰膏	m^3					(0.390)	(0.425)	(0.381)	(0.978)
砂子	t	87.58					1.543	1.659	
细砂	t	86.69	0.838	1.018					
麻刀	kg	4.53							20.000
水	m^3	7.85	0.500	0.480	0.590	0.710	0.680	0.680	0.500
材料采管费	元		7.37	6.56	11.77	9.10	4.89	4.90	6.44
材料合价	元		358.48	318.73	572.14	442.29	237.74	238.30	313.32

单位：m³

编号			36	37	38	39	40	41	42	43
材料名称	单位	单价（元）	白灰麻刀砂浆		水泥白灰麻刀浆	纸筋灰浆	小豆浆	水泥TG胶浆	水泥TG胶砂浆	108胶素水泥砂浆
			1:2.5	1:3	1:5		1:1.25			
水泥	kg	0.37			245.000		783.000	209.000	242.000	1471.000
108胶	kg	4.98								21.420
白灰	kg	0.31	298.000	267.000	571.000	671.000				
白灰膏	m³		(0.425)	(0.381)	(0.815)	(0.958)				
砂子	t	87.58	1.543	1.659					1.759	
豆粒石	t	136.58					1.247			
麻刀	kg	4.53	16.600	16.600	20.000					
纸筋	kg	4.03				38.000				
TG胶	kg	5.10						156.000	54.000	
水	m³	7.85	0.680	0.680	0.500	0.500	0.350	0.860	0.260	0.580
材料采管费	元		6.47	6.48	7.61	7.67	9.72	18.47	10.94	13.77
材料合价	元		314.52	315.08	369.80	372.75	472.49	898.15	531.97	669.26

单位：m³

编号			44	45	46	47	48	49
材料名称	单位	单价（元）	水泥白石子浆（刷石、磨石用）					水泥石屑浆（剁斧石用）
			1∶1.2	1∶1.25	1∶1.5	1∶2	1∶2.5	1∶2
水泥	kg	0.37	814.000	799.000	731.000	624.000	544.000	610.000
白石子	kg	0.19	1307.000	1335.000	1465.000	1669.000	1819.000	
石屑	t	83.27						1.482
水	m^3	7.85	0.310	0.340	0.280	0.250	0.220	0.250
材料采管费	元		11.59	11.59	11.57	11.55	11.52	7.37
材料合价	元		563.53	563.54	562.59	561.50	560.14	358.44

单位：m³

编号			50	51	52	53	54	55
材料名称	单位	单价（元）	白水泥浆	白水泥白石子浆	白水泥彩色石子浆			水泥玻璃碴浆
				1:1.5	1:1.5	1:2	1:2.5	1:1.25
水泥	kg	0.37						799.000
白水泥	kg	0.66	1502.000	731.000	731.000	624.000	544.000	
白石子	kg	0.19		1465.000				
彩色石子	kg	0.32			1465.000	1669.000	1819.000	
色粉	kg	5.17		20.000	20.000	20.000	20.000	
玻璃碴	kg	0.75						1335.000
水	m³	7.85	0.590	0.280	0.280	0.250	0.220	0.340
材料采管费	元		20.91	18.19	22.19	22.08	21.97	27.29
材料合价	元		1016.86	884.60	1079.05	1073.36	1068.22	1326.84

3. 其　　他

单位：m^3

编　号			56	57	58	59	60	61
材料名称	单位	单价（元）	灰土		冷底子油		豆粒石混凝土	石油沥青砂浆
			2:8	3:7	3:7（kg）	1:1（kg）	1:2:3	1:2:7
白　灰	kg	0.31	164.000	246.000				
黄　土	m^3	79.00	1.325	1.164				
石油沥青　#10	kg	4.55			0.315	0.525		240.000
汽　油	kg	7.34			0.770	0.550		
水　泥	kg	0.37					276.000	
砂　子	t	87.58					0.668	1.816
豆粒石	t	136.58					1.108	
滑石粉	kg	0.67						458.000
水	m^3	7.85	0.200	0.200			0.300	
材料采管费	元		3.30	3.57	0.15	0.13	6.60	32.72
材料合价	元		160.39	173.36	7.24	6.56	320.91	1590.63

4.古建专用灰浆

单位：m^3

编号			62	63	64	65	66	67	68	69
材料名称	单位	单价（元）	白麻刀灰				红麻刀灰			
			大麻刀	中麻刀	小麻刀	护板灰	大麻刀	中麻刀	小麻刀	素灰
白灰	kg	0.31	680.000	680.000	680.000	680.000	680.000	680.000	680.000	680.000
氧化铁红	kg	7.30					42.510	42.510	42.510	42.510
麻刀	kg	4.53	49.540	29.720	23.120	16.510	49.540	29.720	23.130	
水	m^3	7.85	1.500	1.500	1.500	1.500	1.500	1.500	1.500	1.500
材料采管费	元		9.39	7.50	6.87	6.24	15.90	14.02	13.39	11.19
材料合价	元		456.38	364.71	334.18	303.61	773.21	681.55	651.07	544.09

单位：m^3

编号			70	71	72	73	74	75
材料名称	单位	单价（元）	浅月白麻刀灰			深月白麻刀灰		
			大麻刀	中麻刀	小麻刀	大麻刀	中麻刀	小麻刀
白灰	kg	0.31	680.000	680.000	680.000	680.000	680.000	680.000
青灰	kg	2.00	85.020	85.020	85.200	98.100	98.100	98.100
麻刀	kg	4.53	49.540	29.720	23.120	49.540	29.720	23.120
水	m^3	7.85	1.500	1.500	1.500	1.500	1.500	1.500
材料采管费	元		12.96	11.07	10.45	13.51	11.62	10.99
材料合价	元		629.99	538.32	508.16	656.70	565.03	534.50

单位：m³

编号			76	77	78	79	80	81	82
材料名称	单位	单价（元）	月白灰		白灰浆	老浆灰	桃花浆	掺灰泥	
			深	浅				4:6	5:5
白灰	kg	0.31	680.000	680.000	680.000	680.000	204.000	305.000	382.000
青灰	kg	2.00	98.100	85.020		163.500			
黄土	m³	79.00					0.910	0.784	0.653
水	m³	7.85	1.300	1.300	1.300	1.300	1.300	0.300	0.300
材料采管费	元		8.76	8.21	4.64	11.51	3.05	3.34	3.62
材料合价	元		425.97	399.26	225.65	559.52	148.39	162.18	175.98

附录二　现场搅拌混凝土基价

说　　明

一、本附录各项配合比,仅供编制仿古建筑及园林工程计价文件使用。

二、各项基价中已包括制作、运输所需人工、机械和企业管理费。

三、各项基价中已包括各种材料在配制过程中的操作和场内运输损耗。

1.现 浇 混 凝 土

单位：m^3

编号				1	2	3	4	5	6	7	8
项目				石子粒径 20 mm							
				混凝土强度等级							
				C10	C15	C20	C25	C30	C35	C40	C45
预算基价	总价（元）			356.49	364.62	374.68	380.04	385.26	390.85	402.86	414.78
	人工费（元）			38.31	38.31	38.31	38.31	38.31	38.31	38.31	38.31
	材料费（元）			279.13	287.26	297.32	302.68	307.90	313.49	325.50	337.42
	机械费（元）			32.78	32.78	32.78	32.78	32.78	32.78	32.78	32.78
	管理费（元）			6.27	6.27	6.27	6.27	6.27	6.27	6.27	6.27
组成内容		单位	单价	数量							
人工	综合工	工日	113.00	0.339	0.339	0.339	0.339	0.339	0.339	0.339	0.339
材料	水泥 42.5级	kg	0.41	243.27	268.06	298.35	314.87	330.48	347.52	383.58	419.64
	粉煤灰	kg	0.11	27.295	30.076	33.475	35.329	37.080	38.992	43.038	47.084
	砂子	t	87.58	0.798	0.729	0.716	0.653	0.647	0.586	0.573	0.560
	碴石 20	t	86.19	1.149	1.190	1.169	1.213	1.202	1.244	1.217	1.189
	水	m^3	7.85	0.22	0.22	0.22	0.22	0.22	0.22	0.22	0.22
	材料采管费	元		5.74	5.91	6.12	6.23	6.33	6.45	6.69	6.94
机械	滚筒式混凝土搅拌机 500L	台班	256.36	0.051	0.051	0.051	0.051	0.051	0.051	0.051	0.051
	机动翻斗车 1t	台班	187.67	0.105	0.105	0.105	0.105	0.105	0.105	0.105	0.105

单位：m^3

编号				9	10	11	12	13	14	15	16
项目				石子粒径 20 mm			石子粒径 40 mm				
				混凝土强度等级							
				C50	C55	C60	C10	C15	C20	C25	C30
预算基价	总价（元）			430.35	442.10	463.47	353.15	362.62	367.22	372.11	376.83
	人工费（元）			38.31	38.31	38.31	38.31	38.31	38.31	38.31	38.31
	材料费（元）			352.99	364.74	386.11	275.79	285.26	289.86	294.75	299.47
	机械费（元）			32.78	32.78	32.78	32.78	32.78	32.78	32.78	32.78
	管理费（元）			6.27	6.27	6.27	6.27	6.27	6.27	6.27	6.27
组成内容		单位	单价	数量							
人工	综合工	工日	113.00	0.339	0.339	0.339	0.339	0.339	0.339	0.339	0.339
材料	水泥 42.5级	kg	0.41				229.53	257.43	271.42	285.42	299.44
	水泥 52.5级	kg	0.46	404.38	435.17	491.04					
	粉煤灰	kg	0.11	45.372	48.826		25.753	28.884	30.453	32.024	33.597
	砂子	t	87.58	0.565	0.554	0.556	0.773	0.704	0.640	0.636	0.631
	碴石 20	t	86.19	1.201	1.177	1.181					
	碴石 40	t	85.88				1.210	1.251	1.300	1.291	1.281
	水	m^3	7.85	0.22	0.22	0.23	0.20	0.20	0.20	0.20	0.20
	材料采管费	元		7.26	7.50	7.94	5.67	5.87	5.96	6.06	6.16
机械	滚筒式混凝土搅拌机 500L	台班	256.36	0.051	0.051	0.051	0.051	0.051	0.051	0.051	0.051
	机动翻斗车 1t	台班	187.67	0.105	0.105	0.105	0.105	0.105	0.105	0.105	0.105

2. 预 制 混 凝 土

单位：m³

编号				17	18	19	20	21	22	23	24	25
项目				石子粒径 20 mm						石子粒径 40 mm		
				混凝土强度等级								
				C20	C25	C30	C35	C40	C45	C20	C25	C30
预算基价	总价（元）			363.45	368.22	373.76	378.67	389.93	401.32	363.05	367.99	373.71
	人工费（元）			38.31	38.31	38.31	38.31	38.31	38.31	38.31	38.31	38.31
	材料费（元）			289.42	294.19	299.73	304.64	315.90	327.29	289.02	293.96	299.68
	机械费（元）			29.45	29.45	29.45	29.45	29.45	29.45	29.45	29.45	29.45
	管理费（元）			6.27	6.27	6.27	6.27	6.27	6.27	6.27	6.27	6.27
组成内容		单位	单价	数量								
人工	综合工	工日	113.00	0.339	0.339	0.339	0.339	0.339	0.339	0.339	0.339	0.339
材料	水泥 42.5级	kg	0.41	268.31	282.63	298.57	313.23	346.30	379.49	259.84	273.95	290.91
	粉煤灰	kg	0.11	30.104	31.711	33.500	35.145	38.856	42.579	29.154	30.737	32.641
	砂子	t	87.58	0.739	0.675	0.670	0.664	0.597	0.586	0.656	0.652	0.646
	碴石 20	t	86.19	1.205	1.254	1.244	1.234	1.268	1.246			
	碴石 40	t	85.88							1.332	1.323	1.311
	水	m³	7.85	0.20	0.20	0.20	0.20	0.20	0.20	0.19	0.19	0.19
	材料采管费	元		5.95	6.05	6.16	6.27	6.50	6.73	5.94	6.05	6.16
机械	滚筒式混凝土搅拌机 500L	台班	256.36	0.038	0.038	0.038	0.038	0.038	0.038	0.038	0.038	0.038
	机动翻斗车 1t	台班	187.67	0.105	0.105	0.105	0.105	0.105	0.105	0.105	0.105	0.105

3. 细 石 混 凝 土

单位：m³

编号					26	27	28
项目					石子粒径 10 mm		
					混凝土强度等级		
					C20	C25	C30
预算基价	总价（元）				380.85	386.37	392.53
	人工费（元）				38.31	38.31	38.31
	材料费（元）				303.49	309.01	315.17
	机械费（元）				32.78	32.78	32.78
	管理费（元）				6.27	6.27	6.27
组成内容			单位	单价	数量		
人工	综合工		工日	113.00	0.339	0.339	0.339
材料	水泥	42.5 级	kg	0.41	321.30	338.21	357.00
	粉煤灰		kg	0.11	36.050	37.947	40.056
	砂子		t	87.58	0.719	0.657	0.649
	碴石	10	t	85.95	1.125	1.168	1.154
	水		m³	7.85	0.24	0.24	0.24
	材料采管费		元		6.24	6.36	6.48
机械	滚筒式混凝土搅拌机	500L	台班	256.36	0.051	0.051	0.051
	机动翻斗车	1t	台班	187.67	0.105	0.105	0.105

4. 抗渗混凝土

单位：m^3

编号					29	30	31	32	33
项目					石子粒径 20 mm				
					混凝土强度等级				
					C20 P6	C25 P8	C30 P8	C35 P8	C40 P8
预算基价	总价（元）				378.57	383.55	389.87	394.39	407.65
	人工费（元）				38.31	38.31	38.31	38.31	38.31
	材料费（元）				301.21	306.19	312.51	317.03	330.29
	机械费（元）				32.78	32.78	32.78	32.78	32.78
	管理费（元）				6.27	6.27	6.27	6.27	6.27
组成内容			单位	单价	数量				
人工	综合工		工日	113.00	0.339	0.339	0.339	0.339	0.339
材料	水泥	42.5级	kg	0.41	310.24	325.47	344.25	358.02	397.80
	粉煤灰		kg	0.11	34.809	36.518	38.625	40.170	44.633
	砂子		t	87.58	0.655	0.649	0.642	0.636	0.621
	碴石	20	t	86.19	1.217	1.205	1.192	1.182	1.153
	水		m^3	7.85	0.22	0.22	0.22	0.22	0.22
	材料采管费		元		6.20	6.30	6.43	6.52	6.79
机械	滚筒式混凝土搅拌机	500L	台班	256.36	0.051	0.051	0.051	0.051	0.051
	机动翻斗车	1t	台班	187.67	0.105	0.105	0.105	0.105	0.105

5. 泵送混凝土

单位：m^3

编号					34	35	36	37	38	39	40	41	42	43	44
项目					石子粒径 20 mm										
					混凝土强度等级										
					C10	C15	C20	C25	C30	C35	C40	C45	C50	C55	C60
预算基价	总价（元）				346.19	353.71	361.39	366.92	373.08	378.84	391.69	404.63	421.36	433.99	454.63
	人工费（元）				38.31	38.31	38.31	38.31	38.31	38.31	38.31	38.31	38.31	38.31	38.31
	材料费（元）				288.54	296.06	303.74	309.27	315.43	321.19	334.04	346.98	363.71	376.34	396.98
	机械费（元）				13.07	13.07	13.07	13.07	13.07	13.07	13.07	13.07	13.07	13.07	13.07
	管理费（元）				6.27	6.27	6.27	6.27	6.27	6.27	6.27	6.27	6.27	6.27	6.27
组成内容			单位	单价	数量										
人工	综合工		工日	113.00	0.339	0.339	0.339	0.339	0.339	0.339	0.339	0.339	0.339	0.339	0.339
材料	水泥	42.5级	kg	0.41	275.40	298.35	321.30	338.21	357.00	374.26	413.09	451.92			
	水泥	52.5级	kg	0.46									435.49	468.64	525.72
	粉煤灰		kg	0.11	30.900	33.475	36.050	37.947	40.056	41.992	46.349	50.705	48.862	52.582	
	砂子		t	87.58	0.777	0.710	0.701	0.639	0.631	0.624	0.609	0.594	0.600	0.587	0.586
	碴石	20	t	86.19	1.118	1.159	1.143	1.186	1.172	1.160	1.131	1.103	1.115	1.090	1.088
	水		m^3	7.85	0.24	0.24	0.24	0.24	0.24	0.24	0.24	0.24	0.24	0.24	0.24
	材料采管费		元		5.93	6.09	6.25	6.36	6.49	6.61	6.87	7.14	7.48	7.74	8.17
机械	滚筒式混凝土搅拌机	500L	台班	256.36	0.051	0.051	0.051	0.051	0.051	0.051	0.051	0.051	0.051	0.051	0.051

6. 水下混凝土

单位：m^3

编号				45	46	47
项目				混凝土强度等级		
				C20	C25	C30
预算基价	总价（元）			378.47	383.92	389.14
	人工费（元）			38.31	38.31	38.31
	材料费（元）			301.11	306.56	311.78
	机械费（元）			32.78	32.78	32.78
	管理费（元）			6.27	6.27	6.27
组成内容		单位	单价	数量		
人工	综合工	工日	113.00	0.339	0.339	0.339
材料	水泥 42.5级	kg	0.41	307.53	324.05	339.66
	粉煤灰	kg	0.11	34.505	36.359	38.110
	砂子	t	87.58	0.660	0.653	0.647
	碴石 20	t	86.19	1.225	1.213	1.202
	水	m^3	7.85	0.21	0.21	0.21
	材料采管费	元		6.19	6.31	6.41
机械	滚筒式混凝土搅拌机 500L	台班	256.36	0.051	0.051	0.051
	机动翻斗车 1t	台班	187.67	0.105	0.105	0.105

附录三　材 料 价 格

说　　明

一、本附录的材料价格是确定预算基价子目中材料费的基期价格。在编制工程计价文件时，应按编制期价格重新确定材料价格。

二、材料价格由材料采购价、运费和运输损耗组成。由供货方送货至工地且采购价已包括运费时，不再计算运费和运输损耗。附录中的采购价按天津市编制期建筑市场材料价格综合取定。

材料价格计算公式如下：

采购价为供应地点交货价格：

$$材料价格 = (采购价 + 运费) \times (1 + 运输损耗率)；$$

采购价为施工现场交货价格：

$$材料价格 = 采购价。$$

三、运费指由供货地点至工地仓库（或现场堆放地点）的费用。运输损耗指材料在运输装卸过程中不可避免的损耗，损耗率如下表：

材料类别	损耗率
页岩标砖、空心砖、砂、水泥、陶粒、耐火土、水泥地面砖、白瓷砖、卫生洁具、玻璃灯罩	1.0%
机制瓦、脊瓦、水泥瓦	3.0%
石棉瓦、石子、黄土、耐火砖、玻璃、色石子、大理石板、水磨石板、混凝土管、缸瓦管	0.5%
砌块、白灰	1.5%

注：表中未列的材料类别，不计损耗。

材料价格表

序号	名称	规格	单位	单位质量(kg)	单价(元)	附注
1	水　泥		kg		0.37	
2	水　泥	42.5 级	kg		0.41	
3	水　泥	52.5 级	kg		0.46	
4	白水泥		kg		0.66	
5	机　砖		块		0.58	
6	水泥花砖	200×200	m^2		38.25	
7	页岩标砖		百块		57.88	
8	页岩标砖	240×115×53	百块		57.88	
9	页岩空心砖	240×240×115	百块		125.37	
10	页岩多孔砖	240×115×90	百块		78.45	
11	黏土脊瓦	一级(455×195)	块		1.55	
12	黏土平瓦	385×235	块		1.35	
13	水泥平瓦	一级(385×235)	块		1.60	
14	水泥脊瓦	455×195	块		1.70	
15	白　灰		kg		0.31	
16	青　灰		kg		2.00	
17	砖　灰	综合	kg		0.70	
18	粉煤灰		kg		0.11	
19	黄　土		m^3	1250.00	79.00	
20	砂　子		t		87.58	
21	细　砂		t		86.69	
22	混　碴	2~80	t		84.52	
23	炉　渣		m^3		117.31	
24	石　屑		t		83.27	
25	毛　石		t		88.39	

续表

序号	名称	规格	单位	单位质量(kg)	单价(元)	附注
26	豆 粒 石		t		136.58	
27	白 石 子	大、中、小八厘	kg		0.19	
28	彩色石子	山东绿	kg		0.32	
29	卵 石	粒径 60 以外	t		180.00	
30	卵 石	20～40	t		350.00	
31	本色卵石	粒径 40～60	t		300.00	
32	本色卵石	粒径 40～60	kg		0.30	
33	彩色卵石	粒径 40～60	t		600.00	
34	彩色卵石	粒径 40～60	kg		0.60	
35	小方头石		m^3		95.00	
36	湖 石		t		800.00	
37	黄 石		t		500.00	
38	碴 石	10	t		85.95	
39	碴 石	20	t		86.19	
40	碴 石	40	t		85.88	
41	碴 石	6～13	t		85.17	
42	碴 石	19～25	t		87.51	
43	冰 片 石		m^3		86.47	
44	陶 粒		m^3		165.00	
45	水泥缘石	70×150×300	块		2.60	
46	水泥缘石	100×250×500	块		9.04	
47	水泥侧石	80/100×300×500	块		14.25	
48	水泥侧石	110/130×350×400	块		12.50	
49	水泥侧石	80/100×350×500	块		15.00	
50	水泥弧形侧石	$R=0.75m$ $L=0.5m$	块		14.58	

续表

序号	名称	规格	单位	单位质量(kg)	单价(元)	附注
51	水泥弧形侧石	$R=3.0$m $L=0.5$m	块		14.58	
52	炉渣砌块	400×200×200	m^3		276.11	
53	加气混凝土块	300×600×125~300	m^3		363.17	
54	泡沫混凝土块		m^3		250.00	
55	混凝土空心砌块	390×140×190	百块		313.63	
56	大理石板	综合	m^2		340.69	
57	大理石板	400×150	m^2		340.69	
58	大理石板	500×500	m^2		340.69	
59	大理石板	1000×1000	m^2		340.69	
60	碎大理石板		m^2		99.50	
61	大理石踢脚线	宽15cm	m		33.18	
62	大理石弧形踢脚线		m^2		330.00	
63	大理石圆弧腰线	80mm	m		150.00	
64	大理石圆弧阴角线	180mm	m		280.00	
65	大理石板拼花	成品	m^2		720.00	
66	大理石板弧形	成品	m^2		827.50	
67	大理石柱墩	高度400mm	m		437.50	
68	大理石柱帽	高度250mm	m		477.50	
69	人造大理石板	500×500	m^2		235.00	
70	花岗岩板	综合	m^2		410.50	
71	花岗岩板	400×150	m^2		353.33	
72	花岗岩板	500×500	m^2		346.67	
73	花岗岩板	1000×1000	m^2		367.50	
74	碎花岗岩板		m^2		51.00	
75	花岗岩踢脚线	宽15cm	m		46.00	

续表

序号	名称	规格	单位	单位质量(kg)	单价(元)	附注
76	花岗岩弧形踢脚线		m^2		100.00	
77	花岗岩板拼花	成品	m^2		925.00	
78	花岗岩板弧形	成品	m^2		1000.00	
79	花岗岩毛料石		m^3		1350.00	
80	花岗岩清料石		m^3		1500.00	
81	预制水磨石踏步板		m^2		84.75	
82	凹凸假麻石块	197×76	m^2		93.73	
83	玻璃	3.0	m^2		22.74	
84	玻璃	4.0	m^2		27.63	
85	玻璃	5.0	m^2		32.15	
86	玻璃	6.0	m^2		37.45	
87	磨砂玻璃	5.0	m^2		52.68	
88	压花玻璃	5.0	m^2		53.45	
89	钢化玻璃	6.0	m^2		115.00	
90	钢化玻璃	10.0	m^2		119.92	
91	有机玻璃	10.0	m^2		163.57	
92	镜面玻璃	6.0	m^2		71.42	
93	中空玻璃	16.0	m^2		151.50	
94	夹丝玻璃		m^2		102.25	
95	夹层玻璃		m^2		139.00	
96	镭射玻璃	成品	m^2		297.50	
97	玻璃碴		kg		0.75	
98	全玻塑钢隔断		m^2		285.50	
99	半玻塑钢隔断		m^2		336.50	
100	全塑钢板隔断		m^2		397.90	

续表

序号	名称	规格	单位	单位质量(kg)	单价(元)	附注
101	缸　　砖	150×150	m^2		33.78	
102	面　　砖	194×94	m^2		61.75	
103	面　　砖	240×60	m^2		56.50	
104	墙 面 砖	150×75	m^2		45.50	
105	陶瓷锦砖		m^2		45.67	
106	玻璃陶瓷锦砖		m^2		51.67	
107	陶瓷地砖		m^2		68.75	
108	陶瓷地面砖	200×200	m^2		68.25	
109	陶瓷地面砖	300×300	m^2		72.25	
110	陶瓷地面砖	400×400	m^2		78.75	
111	陶瓷地面砖	500×500	m^2		85.25	
112	陶瓷地面砖	600×600	m^2		95.75	
113	陶瓷地面砖	800×800	m^2		107.50	
114	凹凸假麻石墙面砖		m^2		93.73	
115	瓷　　板	152×152	m^2		44.33	
116	青 白 石		m^3		1815.00	综　　合
117	文 化 石		m^2		133.50	
118	汉 白 玉		m^3		3435.00	综　　合
119	汉 白 玉	400×400	m^2		326.60	
120	石 膏 板		m^2		10.88	
121	整 石 板	100.0	m^2		135.00	
122	碎 石 板		m^2		45.00	
123	铝 塑 板		m^2		157.88	
124	钙 塑 板	6.0	m^2		17.01	
125	宝 丽 板		m^2		44.06	

续表

序号	名称	规格	单位	单位质量(kg)	单价(元)	附注
126	防火胶板	12.0	m^2		26.00	
127	镜面玲珑胶板	1mm	m^2		125.50	
128	电化铝装饰板	宽 100	m^2		56.70	
129	石膏龙骨	50×70	m		13.35	
130	石膏粉		kg		1.05	
131	油毡		m^2		4.38	
132	玻璃纤维油毡	80g	m^2		7.03	
133	C-NK-M-3卷材		m^2		33.00	
134	三元乙丙橡胶卷材	1.0	m^2		46.40	
135	SBS改性沥青防水卷材	3mm	m^2		40.02	
136	石油沥青	#10	kg		4.55	
137	乳化沥青		kg		5.52	
138	云母粉		kg		1.12	
139	玻璃布	0.2	m^2		4.65	
140	橡胶止水带	宽 400～500mm	m		231.37	
141	塑料止水带	651 型	m		71.91	
142	JG-1防水涂料		kg		25.00	
143	土工布		m^2		7.90	
144	嵌缝膏		kg		1.75	
145	建筑油膏		kg		5.65	
146	CSPE嵌缝油膏	(330ml)	支		9.50	
147	臭油水		kg		0.99	
148	沥青冷胶		kg		7.61	
149	氯丁橡胶片	2mm	m^2		27.50	
150	氯丁橡胶浆		kg		24.65	

续表

序号	名称	规格	单位	单位质量(kg)	单价(元)	附注
151	SBS弹性沥青防水胶		kg		35.00	
152	蛭　　石		m^3		120.67	
153	水泥蛭石块		m^3		400.00	
154	防 腐 油		kg		0.58	煤 焦 油
155	岩　　棉		m^2		9.20	
156	矿 棉 板		m^2		36.00	
157	石膏吸声板		m^2		18.35	
158	矿棉吸声板		m^2		36.58	
159	玻璃棉毡		m^2		35.15	
160	小波石棉瓦	1800×720×6	块		23.50	
161	石棉脊瓦小波	700×180×5	块		26.00	
162	金 刚 砂		kg		2.89	
163	珍 珠 岩		m^3		110.39	
164	埃 特 板		m^2		37.30	
165	玻璃纤维板	600×600×15	m^2		31.50	
166	沥青珍珠岩板	1000×500×50	m^3		368.00	
167	单釉缸瓦管	100×600	节		7.92	
168	单釉缸瓦管	150×600	节		10.25	
169	单釉缸瓦管	200×600	节		12.83	
170	单釉缸瓦管	250×600	节		24.77	
171	单釉缸瓦管	300×600	节		27.50	
172	混凝土管	$D200$	m		32.95	
173	混凝土管	$D300$	m		39.33	
174	混凝土淋水管	$D200$	m		85.00	
175	混凝土淋水管	$D300$	m		93.50	

续表

序号	名称	规格	单位	单位质量（kg）	单价（元）	附注
176	钢筋混凝土管	$D400$	m		67.33	
177	预拌混凝土	AC10	m^3		332.16	
178	预拌混凝土	AC15	m^3		341.29	
179	预拌混凝土	AC20	m^3		353.38	
180	预拌混凝土	AC25	m^3		364.55	
181	预拌混凝土	AC30	m^3		376.62	
182	预拌混凝土	AC35	m^3		391.81	
183	预拌混凝土	AC40	m^3		410.24	
184	预拌混凝土	AC45	m^3		438.50	
185	预拌混凝土	AC50	m^3		472.14	
186	预拌混凝土	BC55	m^3		508.22	
187	预拌混凝土	BC60	m^3		550.29	
188	预拌混凝土	BC20 P6	m^3		370.51	
189	预拌混凝土	BC25 P8	m^3		381.69	
190	预拌混凝土	BC30 P8	m^3		394.91	
191	预拌混凝土	BC35 P8	m^3		409.38	
192	预拌混凝土	BC40 P8	m^3		425.00	
193	红白松锯材	一类	m^3		3767.01	
194	红白松锯材	一类烘干	m^3		4334.22	
195	红白松锯材	二类	m^3	600.00	3026.70	
196	黄花松锯材	二类	m^3		2817.10	
197	松木锯材	三类	m^3		1546.08	
198	杉木锯材		m^3		2465.00	
199	硬木锯材		m^3		6625.00	
200	硬杂木锯材	一类	m^3	1000.00	5685.00	

续表

序号	名　　称	规　　格	单位	单位质量(kg)	单　价(元)	附　　注
201	硬杂木锯材	二类	m^3		5413.49	
202	杉 原 木		m^3		1413.33	
203	红白松原木	一类	m^3		2695.00	
204	样 板 料		m^3		3619.00	综　合
205	板　条	1000×30×8	百根		433.10	
206	板　条	1200×38×6	百根		55.72	
207	方　木		m^3		3026.70	
208	木　桩	0.5m长	根		1.10	
209	原 木 桩		m^3		2002.00	
210	胶压刨花木屑板		m^2		27.05	
211	水泥压木丝板		m^2		46.75	
212	大 芯 板	（细木工板）	m^2		115.50	
213	木脚手杆	*D*100	m^3		1120.00	
214	硬木扶手	直形 60×60	m		70.00	
215	硬木扶手	直形 100×60	m		120.00	
216	硬木扶手	直形 150×60	m		198.67	
217	硬木扶手	弧形 60×60	m		260.00	
218	硬木扶手	弧形 100×60	m		410.00	
219	硬木扶手	弧形 150×60	m		730.00	
220	硬木弯头	100×60	个		128.00	
221	硬木弯头	150×60	个		192.00	
222	硬木弯头	60×65	个		74.67	
223	车花木栏杆	*D*40	m		24.33	
224	不车花木栏杆	*D*40	m		17.67	
225	松木压条	12×34	m		3.20	

续表

序号	名　　　称	规　　　格	单位	单位质量(kg)	单　价(元)	附　　注
226	松木压条	12×12	m		1.20	
227	榉木夹板	3.0	m^2		27.15	
228	橡木夹板	3.0	m^2		46.50	
229	胶 合 板	3mm 厚	m^2		19.75	
230	胶 合 板	5mm 厚	m^2		28.32	
231	胶 合 板	9mm 厚	m^2		52.20	
232	胶 合 板	12mm 厚	m^2		68.08	
233	硬木地板	企口(成品)	m^2		294.30	
234	硬木地板	平口(成品)	m^2		315.00	
235	硬木地板砖	平口(成品)	m^2		294.30	
236	硬木地板砖	企口(成品)	m^2		294.30	
237	硬木拼花地板	平口(成品)	m^2		298.00	
238	硬木拼花地板	企口(成品)	m^2		325.50	
239	复合地板	(成品)	m^2		190.10	
240	杉木地板	平口	m^2		149.50	
241	杉木地板	企口	m^2		152.75	
242	松木地板	平口	m^2		153.50	
243	松木地板	企口	m^2		154.00	
244	柚 木 皮		m^2		50.27	
245	半圆竹片	$D24$	m^2		10.00	
246	竹　　杆	3m 长	根		8.50	
247	毛　　竹		根		16.00	
248	毛　　竹	长度 4m	根		16.00	
249	木踢脚线	(成品)	m		18.65	
250	杉木踢脚线	直形	m^2		158.50	

续表

序号	名称	规格	单位	单位质量(kg)	单价(元)	附注
251	榉木实木踢脚线	直形	m^2		260.00	
252	铸铁落水口	$D100\times300$	套		54.90	
253	铸铁弯头	336×200	个		46.33	
254	铁花带铁框		m^2		366.67	
255	镀锌瓦楞铁	0.56	m^2		24.08	
256	钢筋	$D10$ 以内	kg		2.70	
257	钢筋	$D10$ 以内	t		2700.29	
258	钢筋	$D10$ 以外	t		2672.18	
259	螺纹钢筋	$D20$ 以内	t		2741.25	
260	螺纹钢筋	$D20$ 以外	t		2727.25	
261	冷拔钢丝	$D4.0$	t		2924.50	
262	吊筋		kg		2.67	
263	钢丝绳	4.7	kg		7.31	
264	圆钢	$D18$	kg		2.63	
265	圆钢	$D20$	kg		2.63	
266	热轧扁钢		t		2760.27	
267	热轧扁钢	20×3	t		2745.00	
268	热轧等边角钢		t		2692.20	
269	热轧等边角钢	40×4	t		2686.17	
270	热轧等边角钢	45×4	t		2693.67	
271	热轧等边角钢	50×5	t		2693.67	
272	热轧型钢		kg		2.70	
273	热轧槽钢	60	t		2472.50	
274	方钢	20×20	t		2772.60	
275	方钢弯头	100×60	个		60.94	

续表

序号	名称	规格	单位	单位质量(kg)	单价(元)	附注
276	普碳钢板		t		2736.03	
277	镀锌薄钢板	0.552	m^2		16.95	
278	镀锌薄钢板	0.56	m^2		16.95	
279	镀锌薄钢板	1.2	m^2		37.10	
280	方钢管	25×25×2.5	m		10.85	
281	方钢管	100×60	m		9.00	
282	焊接钢管	*DN*50	m		13.11	
283	钢管弯头	*DN*50	个		9.03	
284	钢材	栏杆圆钢	t		2645.85	
285	钢材	型钢栏杆	t		2689.17	
286	钢材	钢管栏杆	t		2669.91	
287	钢材	花饰栏杆	t		2698.98	
288	钢材	亭廊花架钢骨架	t		2664.37	
289	钢材	零星构件	t		2718.83	
290	钢材	塑假山钢骨架	t		5557.40	
291	钢钎		kg		12.30	
292	钢骨架		t		6010.67	
293	钢骨架	含制作费	t		6010.67	
294	镀锌扁钢钩	3×12×300	个		1.32	
295	镀锌扁钢钩	3×12×400	个		1.47	
296	铜丝		kg		76.83	
297	铜条		m		36.74	
298	铜条	4×6	m		36.34	
299	铜条	4×10	m		41.56	
300	铜条	T形5×10	m		19.00	

续表

序号	名称	规格	单位	单位质量(kg)	单价(元)	附注
301	青铜板		m		82.41	
302	铸铜条板	6×110	m		186.91	
303	铝收口条压条		m		9.98	
304	槽铝		m		17.67	
305	铝单板		m^2		530.10	
306	铝骨架		kg		38.14	
307	电化角铝	25.4×2	m		6.15	
308	电化角铝		m		6.15	
309	38 吊件		件		0.88	
310	铅板	5.0	kg		17.22	
311	不锈钢方管	37×37	m		157.75	
312	不锈钢钢管	*D*32×1.5	m		46.20	
313	不锈钢钢管	*DN*50	m		57.65	
314	镜面不锈钢板	8K 成型	m^2		357.50	
315	镜面不锈钢板	0.8	m^2		223.50	
316	不锈钢扶手	直形 *DN*60	m		38.95	
317	不锈钢扶手	直形 *DN*75	m		45.75	
318	不锈钢扶手	弧形 *DN*60	m		45.75	
319	不锈钢扶手	弧形 *DN*75	m		56.25	
320	不锈钢管扶手	直形 *DN*50	m		38.95	
321	不锈钢管扶手	直形 *DN*75	m		45.75	
322	不锈钢型材骨架		t		18000.00	
323	不锈钢弯头	*DN*60	个		12.23	
324	不锈钢弯头	*DN*75	个		12.23	
325	不锈钢卡口槽		m		21.13	

续表

序号	名称	规格	单位	单位质量(kg)	单价(元)	附注
326	不锈钢干挂件		套		4.13	
327	不锈钢压条	6.5×15	m		12.98	
328	不锈钢连接件		个		2.60	
329	铝合金型材		kg		22.35	
330	铝合金型材	104 系列	kg		37.90	
331	铝合金型材	L 形 30×12×1	m		10.03	
332	铝合金型材	U 形 80×13×1.2	m		18.15	
333	铝合金扁管	100×44×1.8	m		31.25	
334	铝合金方管	20×20	m		8.55	
335	铝合金方管	25×25×1.2	m		9.64	
336	铝合金条板	宽 100	m^2		72.03	
337	铝合金龙骨	60×30×1.5	m		10.79	
338	彩色压型钢板	YX35×115×677	m^2		193.95	
339	彩钢屋脊板	厚度 2mm	m		22.87	
340	彩钢板外天沟	B600	m		45.28	
341	彩钢板内天沟	B600	m		46.37	
342	彩钢板天沟专用挡板		块		3.84	
343	彩钢板檐口塑料堵头	WD-1	m		9.32	
344	铁钉		kg		7.81	
345	自制铁钉		kg		8.82	
346	自制倒刺钉		kg		8.82	
347	钢钉		kg		12.15	
348	不锈钢钉		kg		35.30	
349	射钉(枪钉)		个		0.42	
350	扒钉		kg		9.92	

续表

序号	名称	规格	单位	单位质量(kg)	单价(元)	附注
351	扣　钉		kg		6.05	
352	半圆图钉		kg		10.05	
353	镀锌钢丝	D0.7	kg		8.35	
354	镀锌钢丝	D0.9	kg		8.25	
355	镀锌钢丝	D1.2	kg		8.16	
356	镀锌钢丝	D1.8	kg		8.03	
357	镀锌钢丝	D2.8	kg		7.92	
358	镀锌钢丝	D3.5	kg		7.93	
359	镀锌钢丝	D4.0	kg		7.92	
360	钢板网	2000×600×0.7~0.9	m^2		17.83	
361	钢板网	0.8	m^2		17.83	
362	镀锌拧花铅丝网	914×900×13	m^2		8.44	
363	铁窗纱		m^2		8.10	
364	铝板网		m^2		16.65	
365	电焊条		kg		8.47	
366	铝焊条		kg		43.25	
367	不锈钢焊丝		kg		77.75	
368	焊　锡		kg		69.17	
369	铝焊粉		kg		47.75	
370	木螺钉		个		0.19	
371	木螺钉	M3.5×25	个		0.08	
372	木螺钉	M4×40	个		0.08	
373	木螺钉	M5	百个		9.00	
374	自攻螺钉		个		0.07	
375	自攻螺钉	20mm	个		0.04	

续表

序号	名称	规格	单位	单位质量(kg)	单价(元)	附注
376	自攻螺钉	30mm	个		0.06	
377	自攻螺钉	M4×25	百个		7.00	
378	自攻螺钉	M4×35	个		0.07	
379	镀锌螺钉	M7.5带垫	套		1.27	
380	镀锌螺钉		个		0.18	
381	不锈钢螺钉	4×12	个		4.29	
382	螺　栓	M12	kg		12.35	
383	高强螺栓		kg		18.40	
384	穿墙螺栓	M16	套		5.00	
385	预埋螺栓		t		8975.00	
386	自制螺栓		kg		8.82	
387	镀锌螺栓		套		2.62	
388	膨胀螺栓		套		0.95	
389	膨胀螺栓	M6×22	套		0.58	
390	膨胀螺栓	M8×75	套		1.74	
391	膨胀螺栓	M8×80	套		1.34	
392	卡箍膨胀螺栓	160	套		3.94	
393	带帽螺栓		kg		9.20	
394	不锈钢螺栓	M12×110	套		5.00	
395	不锈钢带帽螺栓	M6×25	个		4.60	
396	不锈钢带帽螺栓	M12×450	套		12.10	
397	镀锌螺栓钩	M4.6×600	个		1.69	
398	镀锌螺栓钩	M4.6×800	个		2.15	
399	螺　母		个		0.10	
400	螺　母		百个		10.00	

续表

序号	名称	规格	单位	单位质量(kg)	单价(元)	附注
401	垫　圈		个		0.07	
402	铆　钉		个		0.51	
403	铝拉铆钉	4×10	个		0.04	
404	轻钢龙骨	75×40×0.63	m		5.14	
405	轻钢龙骨	75×50×0.63	m		6.30	
406	轻钢龙骨上人型	(圆弧形)	m^2		57.75	
407	轻钢龙骨不上人型	(圆弧形)	m^2		47.25	
408	轻钢龙骨上人型(平面)	300×300	m^2		86.75	
409	轻钢龙骨上人型(跌面)	300×300	m^2		90.90	
410	轻钢龙骨上人型(平面)	450×450	m^2		78.75	
411	轻钢龙骨上人型(跌面)	450×450	m^2		83.50	
412	轻钢龙骨上人型(平面)	600×600	m^2		70.75	
413	轻钢龙骨上人型(跌面)	600×600	m^2		75.50	
414	轻钢龙骨上人型(平面)	600×600 以上	m^2		70.75	
415	轻钢龙骨上人型(跌面)	600×600 以上	m^2		75.50	
416	轻钢龙骨不上人型(平面)	300×300	m^2		60.50	
417	轻钢龙骨不上人型(跌面)	300×300	m^2		65.75	
418	轻钢龙骨不上人型(平面)	450×450	m^2		56.50	
419	轻钢龙骨不上人型(跌面)	450×450	m^2		61.75	
420	轻钢龙骨不上人型(平面)	600×600	m^2		46.00	
421	轻钢龙骨不上人型(跌面)	600×600	m^2		51.25	
422	轻钢龙骨不上人型(平面)	600×600 以上	m^2		46.00	
423	轻钢龙骨不上人型(跌面)	600×600 以上	m^2		51.25	
424	铝合金龙骨上人型(平面)	300×300	m^2		81.50	
425	铝合金龙骨上人型(跌面)	300×300	m^2		86.75	

续表

序号	名称	规格	单位	单位质量(kg)	单价(元)	附注
426	铝合金龙骨上人型(平面)	450×450	m^2		77.50	
427	铝合金龙骨上人型(跌面)	450×450	m^2		81.50	
428	铝合金龙骨上人型(平面)	600×600	m^2		67.00	
429	铝合金龙骨上人型(跌面)	600×600	m^2		72.25	
430	铝合金龙骨上人型(平面)	600×600 以上	m^2		72.25	
431	铝合金龙骨上人型(跌面)	600×600 以上	m^2		72.25	
432	铝合金龙骨不上人型(平面)	300×300	m^2		56.90	
433	铝合金龙骨不上人型(跌面)	300×300	m^2		67.00	
434	铝合金龙骨不上人型(平面)	450×450	m^2		77.50	
435	铝合金龙骨不上人型(跌面)	450×450	m^2		81.50	
436	铝合金龙骨不上人型(平面)	600×600	m^2		46.00	
437	铝合金龙骨不上人型(跌面)	600×600	m^2		50.00	
438	铝合金龙骨不上人型(平面)	600×600 以上	m^2		46.00	
439	铝合金龙骨不上人型(跌面)	600×600 以上	m^2		50.00	
440	组合钢模板		kg		7.84	
441	木 模 板		m^3		1842.20	
442	木脚手板		m^3		1833.33	
443	砖 地 模		m^2		89.72	
444	钢 支 撑		kg		8.62	
445	混凝土地模		m^2		234.21	
446	模板铁件		kg		7.69	
447	底 座		个		7.75	
448	脚手架钢管		kg		2.98	
449	铁 件	含制作费	kg		7.69	
450	零星卡具		kg		8.75	

续表

序号	名称	规格	单位	单位质量(kg)	单价(元)	附注
451	扣　件	综合	个		7.45	
452	直角扣件		个		7.42	
453	对接扣件		个		7.61	
454	回转扣件		个		7.33	
455	镀锌瓦钉带垫	60	套		0.52	
456	不锈钢管U形卡	3mm	只		1.92	
457	锯　条		根		0.48	
458	乌钢头		kg		16.50	
459	自制小五金		kg		8.82	
460	合金钢钻头		个		30.00	
461	合金钢钻头	*D*10	个		9.49	
462	合金钢钻头	*D*20	个		41.25	
463	排水管检查口	160	个		58.33	
464	排水管伸缩节	160	个		51.33	
465	铅丝网球出气罩	*D*100	个		9.41	
466	调合漆		kg		15.87	
467	色调合漆		kg		20.34	
468	黄调合漆		kg		15.87	黄色及付色
469	无光调合漆		kg		18.18	
470	过氯乙烯磁漆		kg		20.66	
471	醇酸磁漆		kg		19.19	
472	乳胶漆		kg		10.49	
473	白乳胶漆		kg		12.62	白　色
474	丙烯酸有光外墙乳胶漆		kg		19.35	
475	丙烯酸无光外墙乳胶漆		kg		19.90	

续表

序号	名称	规格	单位	单位质量(kg)	单价(元)	附注
476	地板漆		kg		21.49	
477	酚醛清漆		kg		16.17	
478	醇酸清漆		kg		15.44	
479	硝基清漆		kg		18.12	外用
480	丙烯酸清漆		kg		29.26	
481	过氯乙烯清漆		kg		17.90	
482	漆片		kg		48.46	
483	清油		kg		17.08	
484	松节油		kg		9.16	
485	二甲苯稀释剂		kg		12.56	
486	硝基漆稀释剂		kg		15.65	
487	醇酸漆稀释剂		kg		9.45	
488	过氯乙烯漆稀释剂		kg		15.66	
489	熟桐油		kg		16.80	
490	生桐油		kg		14.43	
491	面层高光面油		kg		34.17	
492	稀料		kg		12.29	
493	防水粉		kg		4.87	
494	水性水泥漆		kg		19.12	
495	防水漆(配套罩面漆)		kg		63.00	
496	防锈漆		kg		17.51	
497	腻子		kg		2.47	
498	腻子膏		kg		1.54	
499	过氯乙烯腻子		kg		10.00	
500	过氯乙烯底漆		kg		15.69	

续表

序号	名称	规格	单位	单位质量(kg)	单价(元)	附注
501	透明底漆		kg		61.25	
502	水性绒面涂料面漆		kg		38.35	
503	光　油		kg		42.00	
504	地板蜡		kg		23.51	
505	上光蜡		kg		22.72	
506	硬白蜡		kg		21.33	
507	砂　蜡		kg		16.67	
508	软　蜡		kg		10.67	
509	底层巩固剂		kg		13.15	
510	色　粉		kg		5.17	
511	大白粉		kg		1.05	
512	红土粉		kg		6.85	
513	双(白)灰粉		kg		0.79	
514	黑烟子		kg		16.40	
515	可赛银		kg		2.90	
516	氧化铬绿		kg		40.50	
517	107氯偏乳液		kg		7.35	
518	银色着色剂		kg		8.78	
519	106涂料		kg		3.67	
520	803涂料		kg		2.15	
521	777乳液涂料		kg		18.96	
522	177乳液涂料		kg		17.58	
523	中层涂料		kg		23.42	
524	钙塑涂料		kg		15.75	
525	抗碱底涂料		kg		9.45	

续表

序号	名　　称	规　　格	单位	单位质量(kg)	单　价(元)	附　注
526	苯乙烯涂料		kg		12.35	
527	丙烯酸彩砂涂料		kg		10.76	
528	多彩花纹涂料		kg		24.20	
529	封闭乳胶底涂料		kg		10.50	
530	罩光乳胶涂料		kg		21.50	
531	水性绒面涂料中涂层		kg		10.50	
532	凹凸复层涂料		kg		9.45	
533	外墙银光涂料		kg		21.00	
534	AC-97弹性外墙涂料		kg		54.70	
535	JH801涂料		kg		7.35	
536	多彩外墙乳胶涂料		kg		21.00	
537	H型真石涂料		kg		27.00	
538	复层罩面涂料		kg		13.00	
539	氩　　气		m^3		21.50	
540	氧　　气	$6m^3$	m^3		3.27	
541	乙 炔 气	5.5～6.5kg	m^3		18.53	
542	乙　　醇		kg		11.20	酒　精
543	丙　　酮		kg		11.31	
544	二 甲 苯		kg		6.15	
545	甲　　苯		kg		11.75	
546	草　　酸		kg		12.38	
547	工 业 盐		kg		1.05	
548	氯 化 钠		kg		1.05	
549	氟 化 钠		kg		10.67	
550	食　　盐		kg		1.05	工 业 盐

续表

序号	名称	规格	单位	单位质量(kg)	单价(元)	附注
551	白　　矾		kg		3.90	
552	药　　剂		kg		55.00	
553	乙 二 胺		kg		24.37	
554	滑 石 粉		kg		0.67	
555	黄 丹 粉		kg		21.00	
556	环氧树脂	E44	kg		32.41	
557	环氧树脂	6101	kg		32.41	
558	催 干 剂		kg		14.75	
559	聚氨酯甲料		kg		17.48	
560	聚氨酯乙料		kg		17.05	
561	乙酸乙酯		kg		19.44	
562	羧甲基纤维素		kg		13.00	
563	石材养护液		kg		96.67	
564	石材保护液		kg		32.67	
565	金 胶 油		kg		52.00	
566	灰　　油		kg		32.00	
567	聚醋酸乙烯乳液		kg		10.59	
568	油漆溶剂油	#200	kg		7.05	
569	聚氨酯固化剂		kg		53.00	
570	三异氰酸酯		kg		12.00	
571	油　　灰		kg		3.40	
572	108　胶		kg		4.98	
573	117　胶		kg		9.75	
574	903　胶		kg		11.25	
575	骨　　胶		kg		5.70	

续表

序号	名称	规格	单位	单位质量(kg)	单价(元)	附注
576	乳　胶		kg		9.50	
577	密封胶		kg		36.87	
578	密封胶		支		7.75	
579	玻璃胶	350g	支		28.25	
580	大理石胶		kg		23.50	
581	TG　胶		kg		5.10	
582	万能胶		kg		20.75	
583	结构胶		kg		50.50	
584	结构胶	DC995	L		73.75	
585	耐候胶	DC79HN	L		68.00	
586	404胶粘剂		kg		17.22	
587	SY-19粘胶		kg		20.50	
588	XY-401胶		kg		27.67	
589	XY—518胶		kg		20.67	
590	YJ-Ⅲ胶粘剂		kg		21.00	
591	YJ-302胶粘剂		kg		30.50	
592	791胶粘剂		kg		7.50	
593	792胶粘剂		kg		18.25	
594	石材(云石)胶		kg		22.75	
595	聚氯乙烯胶泥		kg		2.65	
596	水胶粉		kg		21.00	
597	砂胶料		kg		5.78	
598	胶泥带		m		1.77	
599	双面强力弹性胶带		m		6.38	
600	双面强力弹性胶带	7.0	m		2.40	

续表

序号	名称	规格	单位	单位质量（kg）	单价（元）	附注
601	胶 粘 剂		kg		21.00	（排水管）
602	胶 粘 剂		kg		3.61	
603	丁基胶粘剂		kg		16.70	
604	塑料胶粘剂		kg		11.25	
605	干粉型胶粘剂		kg		6.65	
606	煤		kg		0.61	
607	焦 炭		kg		1.44	
608	木 炭		kg		5.50	
609	木 柴		kg		1.19	
610	汽 油		kg		7.34	
611	煤 油		kg		7.60	
612	草 袋	840×760	m^2		3.95	
613	草 袋		条		1.93	
614	草 绳		kg		8.23	
615	纸 筋		kg		4.03	
616	苇 席		m^2		10.68	
617	席		片		27.62	
618	滑 秸		kg		1.50	
619	麻 绳		kg		10.72	
620	连 绳		kg		18.30	
621	绑 扎 绳		kg		10.72	
622	精 梳 麻		kg		37.00	
623	麻 丝		kg		16.80	丝 麻
624	麻 刀		kg		4.53	
625	砂 纸		张		1.00	

续表

序号	名　　称	规　　格	单位	单位质量（kg）	单价（元）	附　　注
626	水砂纸		张		1.30	
627	砂　布		张		1.08	
628	棉　花		kg		32.75	
629	棉　纱		kg		18.62	
630	白　布		m^2		11.95	
631	汤　布		kg		14.25	
632	豆包布	宽 0.9m	m		4.48	
633	安全网	3m×6m	m^2		12.30	
634	塑料薄膜		m^2		2.20	
635	花纹硬橡胶板	厚度 20mm	m^2		80.25	
636	橡胶垫条		m		4.20	
637	耐热胶垫		m		20.50	
638	尼龙布		m^2		5.10	
639	硬塑料板		m^2		35.30	
640	塑料地板	平口	m^2		121.33	
641	塑料地板	企口	m^2		150.00	
642	泡沫塑料密封条		m		1.05	
643	塑料踢脚线		m^2		31.33	
644	塑料压条		m		3.73	
645	塑料卷材		m^2		29.52	
646	聚苯乙烯泡沫塑料板		m^3		448.33	
647	泡沫条		m		0.58	
648	橡胶板	3.0	m^2		38.00	
649	橡胶垫片		m		8.40	
650	皮　条		m		4.73	
651	水		m^3		7.85	

续表

序号	名称	规格	单位	单位质量（kg）	单价（元）	附注
652	钨　棒		kg		36.33	
653	锯　末		m^3		67.55	
654	锡　纸		kg		70.50	
655	墨　汁		kg		15.50	
656	墨　块	50g	块		6.55	
657	血　料		kg		6.07	
658	面　粉		kg		2.20	
659	牛皮纸		张		1.29	
660	粉　笔		盒		5.00	
661	铅　笔		支		1.00	
662	橡　皮		块		1.50	
663	石料切割锯片		片		33.00	
664	砂轮片		片		31.17	
665	防滑条		m^3		1135.60	
666	有机肥		m^3		120.00	
667	种植土		m^3		79.00	
668	金刚石	200×75×50	块		14.25	
669	金刚石	三角形	块		9.60	
670	不锈钢法兰盘	*DN*60	个		43.63	
671	不锈钢法兰盘	*DN*75	个		101.75	
672	镀锌法兰盘	*DN*50	个		51.25	
673	UPVC短管		个		43.83	
674	UPVC雨水管	*D*160	m		55.67	
675	UPVC雨水斗	160 带罩	个		82.17	
676	UPVC弯头	90°	个		48.00	
677	斧刃砖	240×120×40	块		3.34	

续表

序号	名　　称	规　　格	单位	单位质量(kg)	单　价(元)	附　　注
678	地趴砖	470×210×85	块		13.31	
679	三连砖	六样 390×230×80	件		95.81	
680	三连砖	七样 370×210×75	件		87.69	
681	三连砖	八样 330×200×70	件		83.47	
682	三连砖	九样 315×190×65	件		78.35	
683	大城样砖	480×240×130	块		21.13	
684	大停泥砖	410×210×80	块		6.32	
685	小停泥砖	295×145×70	块		4.56	
686	蓝四丁砖	240×115×53	块		2.32	
687	蓝四丁砖		百块		232.00	
688	尺二方砖	384×384×60	块		17.04	
689	尺四方砖	448×448×60	块		22.61	
690	尺七方砖	554×554×80	块		66.27	
691	大开条砖	260×130×50	块		4.36	
692	承奉连砖	六样 390×250×135	件		101.81	
693	承奉连砖	七样 370×215×115	件		93.19	
694	承奉连砖	八样 330×200×90	件		91.27	
695	承奉连砖	九样 315×175×80	件		86.95	
696	八样罗锅承奉连砖		件		109.76	
697	八样续罗锅承奉连砖		件		109.76	
698	九样罗锅三连砖		件		94.23	
699	九样续罗锅三连砖		件		94.23	
700	板瓦	头号 225×225	块		2.48	
701	板瓦	1号 200×200(180)	块		1.84	
702	板瓦	2号 180×180(160)	块		1.71	
703	板瓦	3号 160×160(140)	块		1.57	

续表

序号	名　　称	规　　格	单位	单位质量（kg）	单　　价（元）	附　　注
704	板　　瓦	10 号 110×110（90）	块		0.84	
705	筒　　瓦	头号 305×160	块		2.84	
706	筒　　瓦	1 号 210×130（100）	块		2.09	
707	筒　　瓦	2 号 190×110（80）	块		1.94	
708	筒　　瓦	3 号 170×90（60）	块		1.60	
709	筒　　瓦	10 号 90×70（50）	块		1.15	
710	滴　　子	头号 规格参照板瓦	块		3.30	
711	滴　　子	1 号 规格参照板瓦	块		2.44	
712	滴　　子	2 号 规格参照板瓦	块		2.18	
713	滴　　子	3 号 规格参照板瓦	块		1.92	
714	滴　　子	10 号 规格参照板瓦	块		1.56	
715	勾　　头	头号 规格参照筒瓦	块		3.30	
716	勾　　头	1 号 规格参照筒瓦	块		2.44	
717	勾　　头	2 号 规格参照筒瓦	块		2.18	
718	勾　　头	3 号 规格参照筒瓦	块		1.92	
719	勾　　头	10 号 规格参照筒瓦	块		1.56	
720	花 边 瓦	1 号 规格参照板瓦	块		2.84	
721	花 边 瓦	2 号 规格参照板瓦	块		2.38	
722	花 边 瓦	3 号 规格参照板瓦	块		1.82	
723	折 腰 瓦	1 号 规格参照板瓦	块		2.34	
724	折 腰 瓦	2 号 规格参照板瓦	块		2.11	
725	折 腰 瓦	3 号 规格参照板瓦	块		1.87	
726	折 腰 瓦	10 号 规格参照板瓦	块		1.54	
727	续折腰瓦	1 号 规格参照板瓦	块		2.34	
728	续折腰瓦	2 号 规格参照板瓦	块		2.11	
729	续折腰瓦	3 号 规格参照板瓦	块		1.87	

续表

序号	名　　称	规　　格	单位	单位质量(kg)	单　价(元)	附　注
730	续折腰瓦	10号 规格参照板瓦	块		1.54	
731	罗锅瓦	1号 规格参照筒瓦	块		2.39	
732	罗锅瓦	2号 规格参照筒瓦	块		2.14	
733	罗锅瓦	3号 规格参照筒瓦	块		1.90	
734	罗锅瓦	10号 规格参照筒瓦	块		1.55	
735	续罗锅瓦	1号 规格参照筒瓦	块		2.39	
736	续罗锅瓦	2号 规格参照筒瓦	块		2.14	
737	续罗锅瓦	3号 规格参照筒瓦	块		1.90	
738	续罗锅瓦	10号 规格参照筒瓦	块		1.55	
739	垂兽	1号 同琉璃六样	份		862.50	
740	垂兽	3号 同琉璃八样	份		657.66	
741	抱头狮子	1号 同琉璃六样	件		66.93	
742	抱头狮子	3号 同琉璃八样	件		34.45	
743	套兽	1号 同琉璃六样	件		141.63	
744	套兽	3号 同琉璃八样	件		95.42	
745	岔兽	1号 同琉璃六样	份		862.50	
746	岔兽	3号 同琉璃八样	份		657.66	
747	正吻	高70cm以下	份		1340.92	
748	正吻	高100cm以下	份		1929.03	
749	正吻	高100cm以上	份		3416.15	
750	合角吻	高60cm以下	份		1181.75	
751	合角吻	高60cm以上	份		2366.26	
752	吻锯		kg		8.82	
753	板瓦	六样 330×252	件		13.56	
754	板瓦	七样 315×220	件		11.82	
755	板瓦	八样 293×205	件		10.96	

续表

序号	名称	规格	单位	单位质量(kg)	单价(元)	附注
756	板瓦	九样 284×189	件		8.74	
757	筒瓦	六样 300×142×71	件		14.44	
758	筒瓦	七样 284×126×63	件		12.68	
759	筒瓦	八样 268×110×56	件		11.71	
760	筒瓦	九样 252×96×48	件		9.58	
761	滴子	六样 规格参照板瓦	件		23.93	
762	滴子	七样 规格参照板瓦	件		22.96	
763	滴子	八样 规格参照板瓦	件		19.10	
764	滴子	九样 规格参照板瓦	件		18.14	
765	勾头	六样 规格参照筒瓦	件		23.93	
766	勾头	七样 规格参照筒瓦	件		22.96	
767	勾头	八样 规格参照筒瓦	件		19.10	
768	勾头	九样 规格参照筒瓦	件		18.14	
769	钉帽	六样 高50	件		3.90	
770	钉帽	七样 高45	件		3.90	
771	钉帽	八样 高40	件		3.07	
772	钉帽	九样 高35	件		3.07	
773	正脊筒子	六样 680×250×284	件		520.25	
774	正脊筒子	七样 620×230×250	件		450.05	
775	正脊筒子	八样 560×210×200	件		422.83	
776	正脊筒子	九样 500×185×170	件		362.63	
777	正当沟	六样 267×150	件		11.68	
778	正当沟	七样 235×145	件		11.68	
779	正当沟	八样 220×135	件		10.84	
780	正当沟	九样 204×130	件		9.54	
781	压当条	六样 267×64×22	件		6.98	

续表

序号	名称	规格	单位	单位质量（kg）	单价（元）	附注
782	压 当 条	七样 235×60×18	件		6.18	
783	压 当 条	八样 220×58×17	件		5.28	
784	压 当 条	九样 200×50×17	件		4.48	
785	群 色 条	六样 390×120×80	件		11.33	
786	群 色 条	七样 370×100×65	件		78.71	
787	群 色 条	八样 340×100×65	件		78.59	
788	群 色 条	九样 315×80×60	件		69.97	
789	扣 脊 瓦	六样 规格参照筒瓦	件		14.44	
790	扣 脊 瓦	七样 规格参照筒瓦	件		12.68	
791	扣 脊 瓦	八样 规格参照筒瓦	件		11.71	
792	扣 脊 瓦	九样 规格参照筒瓦	件		9.58	
793	正 吻	六样 1440×928×272	份		6301.01	
794	正 吻	七样 1080×864×208	份		4868.74	
795	正 吻	八样 704×531×160	份		2966.97	
796	正 吻	九样 704×531×160	份		2059.25	
797	吻下当沟	六样	件		132.97	
798	吻下当沟	七样	件		132.91	
799	吻下当沟	八样	件		122.84	
800	吻下当沟	九样	件		122.78	
801	折 腰 瓦	六样 规格参照板瓦	件		26.86	
802	折 腰 瓦	七样 规格参照板瓦	件		25.92	
803	折 腰 瓦	八样 规格参照板瓦	件		24.16	
804	折 腰 瓦	九样 规格参照板瓦	件		21.64	
805	续折腰瓦	六样 规格参照板瓦	件		26.86	
806	续折腰瓦	七样 规格参照板瓦	件		25.92	
807	续折腰瓦	八样 规格参照板瓦	件		24.16	

续表

序号	名称	规格	单位	单位质量(kg)	单价(元)	附注
808	续折腰瓦	九样 规格参照板瓦	件		21.64	
809	罗锅瓦	六样 规格参照筒瓦	件		27.88	
810	罗锅瓦	七样 规格参照筒瓦	件		26.93	
811	罗锅瓦	八样 规格参照筒瓦	件		25.16	
812	罗锅瓦	九样 规格参照筒瓦	件		22.50	
813	续罗锅瓦	六样 规格参照筒瓦	件		27.88	
814	续罗锅瓦	七样 规格参照筒瓦	件		26.93	
815	续罗锅瓦	八样 规格参照筒瓦	件		25.16	
816	续罗锅瓦	九样 规格参照筒瓦	件		22.50	
817	斜当沟	六样 373×150	件		21.86	
818	斜当沟	七样 329×145	件		19.36	
819	斜当沟	八样 308×135	件		17.80	
820	斜当沟	九样 283×130	件		15.30	
821	垂脊筒子	六样 540×230×230	件		267.83	
822	垂脊筒子	七样 520×210×210	件		248.32	
823	垂脊筒子	八样 480×200×200	件		210.63	
824	垂脊筒子	九样 450×190×190	件		191.02	
825	撺头	六样 390×230×80	件		196.71	
826	撺头	七样 370×210×75	件		176.42	
827	撺头	八样 330×200×70	件		162.12	
828	撺头	九样 315×190×65	件		157.81	
829	淌头	六样 311×200×63	件		163.42	
830	淌头	七样 307×176×59	件		152.17	
831	淌头	八样 267×170×55	件		143.93	
832	淌头	九样 252×170×50	件		139.69	
833	垂兽	六样 378×378	份		1209.82	

续表

序号	名称	规格	单位	单位质量(kg)	单价(元)	附注
834	垂兽	七样 315×315	份		1088.82	
835	垂兽	八样 252×252	份		964.70	
836	垂兽	九样 189×189	份		866.10	
837	仙人	六样 高238	份		162.42	
838	仙人	七样 高204	份		143.17	
839	仙人	八样 高173	份		123.93	
840	仙人	九样 高141	份		104.69	
841	方眼勾头	六样 规格参照勾头	件		66.41	
842	方眼勾头	七样 规格参照勾头	件		61.65	
843	方眼勾头	八样 规格参照勾头	件		56.88	
844	方眼勾头	九样 规格参照勾头	件		52.53	
845	套兽	六样	件		277.63	
846	套兽	七样	件		238.02	
847	套兽	八样	件		228.42	
848	套兽	九样	件		209.17	
849	遮朽瓦	六样 217×142×71	件		24.95	
850	遮朽瓦	七样 189×126×63	件		22.35	
851	遮朽瓦	八样 165×110×56	件		20.93	
852	遮朽瓦	九样 143×95×48	件		18.33	
853	割角滴子	六样 规格参照滴子	件		69.01	
854	割角滴子	七样 规格参照滴子	件		61.65	
855	割角滴子	八样 规格参照滴子	件		55.18	
856	割角滴子	九样 规格参照滴子	件		49.13	
857	螳螂勾头	六样 规格参照勾头	件		66.41	
858	螳螂勾头	七样 规格参照勾头	件		61.65	
859	螳螂勾头	八样 规格参照勾头	件		56.88	

续表

序号	名　　称	规　　格	单 位	单位质量(kg)	单　价(元)	附　注
860	螳螂勾头	九样 规格参照勾头	件		52.53	
861	补戗尖脊筒差价	六样	件		19.00	
862	补戗尖脊筒差价	七样	件		14.00	
863	补戗尖脊筒差价	八样	件		9.00	
864	补戗尖脊筒差价	九样	件		9.00	
865	补搭头脊筒差价	六样	件		19.00	
866	补搭头脊筒差价	七样	件		14.00	
867	补搭头脊筒差价	八样	件		9.00	
868	补搭头脊筒差价	九样	件		9.00	
869	平 口 条	六样 267×64×22	件		6.98	
870	平 口 条	七样 235×60×18	件		6.18	
871	平 口 条	八样 220×58×17	件		5.28	
872	平 口 条	九样 200×50×17	件		4.48	
873	托泥当沟	六样 267×237	件		151.08	
874	托泥当沟	七样 237×205	件		133.02	
875	托泥当沟	八样	件		113.77	
876	托泥当沟	九样	件		104.31	
877	列角撺头	六样	件		276.88	
878	列角撺头	七样	件		247.52	
879	列角撺头	八样	件		229.16	
880	列角撺头	九样	件		218.42	
881	列角淌头	六样	件		242.40	
882	列角淌头	七样	件		233.66	
883	列角淌头	八样	件		223.42	
884	列角淌头	九样	件		209.67	
885	罗锅脊筒子	六样 规格参照垂脊筒子	件		335.65	

续表

序号	名称	规格	单位	单位质量（kg）	单价（元）	附注
886	罗锅脊筒子	七样 规格参照垂脊筒子	件		298.44	
887	罗锅脊筒子	八样 规格参照垂脊筒子	件		269.22	
888	罗锅脊筒子	九样 规格参照垂脊筒子	件		242.63	
889	续罗锅脊筒子	六样 规格参照垂脊筒子	件		335.65	
890	续罗锅脊筒子	七样 规格参照垂脊筒子	件		298.44	
891	续罗锅脊筒子	八样 规格参照垂脊筒子	件		269.22	
892	续罗锅脊筒子	九样 规格参照垂脊筒子	件		242.63	
893	罗锅当沟	六样 规格参照正当沟	件		11.86	
894	罗锅当沟	七样 规格参照正当沟	件		11.86	
895	罗锅当沟	八样 规格参照正当沟	件		11.00	
896	罗锅当沟	九样 规格参照正当沟	件		9.70	
897	续罗锅当沟	六样 规格参照正当沟	件		11.86	
898	续罗锅当沟	七样 规格参照正当沟	件		11.86	
899	续罗锅当沟	八样 规格参照正当沟	件		11.00	
900	续罗锅当沟	九样 规格参照正当沟	件		9.70	
901	罗锅扣脊瓦	六样 规格参照筒瓦	件		27.88	
902	罗锅扣脊瓦	七样 规格参照筒瓦	件		26.93	
903	罗锅扣脊瓦	八样 规格参照筒瓦	件		25.16	
904	罗锅扣脊瓦	九样 规格参照筒瓦	件		22.50	
905	续罗锅扣脊瓦	六样 规格参照筒瓦	件		27.88	
906	续罗锅扣脊瓦	七样 规格参照筒瓦	件		26.93	
907	续罗锅扣脊瓦	八样 规格参照筒瓦	件		25.16	
908	续罗锅扣脊瓦	九样 规格参照筒瓦	件		22.50	
909	罗锅压当条	六样 规格参照压当条	件		7.00	
910	罗锅压当条	七样 规格参照压当条	件		6.20	
911	罗锅压当条	八样 规格参照压当条	件		5.30	

续表

序号	名称	规格	单位	单位质量（kg）	单价（元）	附注
912	罗锅压当条	九样 规格参照压当条	件		4.50	
913	续罗锅压当条	六样 规格参照压当条	件		7.00	
914	续罗锅压当条	七样 规格参照压当条	件		6.20	
915	续罗锅压当条	八样 规格参照压当条	件		5.30	
916	续罗锅压当条	九样 规格参照压当条	件		4.50	
917	罗锅平口条	六样 规格参照平口条	件		7.00	
918	罗锅平口条	七样 规格参照平口条	件		6.20	
919	罗锅平口条	八样 规格参照平口条	件		5.30	
920	罗锅平口条	九样 规格参照平口条	件		4.50	
921	续罗锅平口条	六样 规格参照平口条	件		7.00	
922	续罗锅平口条	七样 规格参照平口条	件		6.20	
923	续罗锅平口条	八样 规格参照平口条	件		5.30	
924	续罗锅平口条	九样 规格参照平口条	件		4.50	
925	披水	六样	件		21.90	
926	披水	七样	件		21.87	
927	披水	八样	件		19.23	
928	披水	九样	件		19.20	
929	披水头	六样	件		41.27	
930	披水头	七样	件		32.66	
931	披水头	八样	件		29.20	
932	披水头	九样	件		29.13	
933	罗锅披水	六样	件		22.12	
934	罗锅披水	七样	件		22.07	
935	罗锅披水	八样	件		22.01	
936	罗锅披水	九样	件		19.35	
937	续罗锅披水	六样	件		22.12	

续表

序号	名称	规格	单位	单位质量(kg)	单价(元)	附注
938	续罗锅披水	七样	件		22.07	
939	续罗锅披水	八样	件		22.01	
940	续罗锅披水	九样	件		19.35	
941	岔脊筒子	六样	件		239.83	
942	岔脊筒子	七样	件		220.22	
943	岔脊筒子	八样	件		191.63	
944	岔脊筒子	九样	件		174.02	
945	岔兽	六样	份		1101.32	
946	岔兽	七样	份		974.60	
947	岔兽	八样	份		869.50	
948	岔兽	九样	份		771.88	
949	蹬脚瓦	六样	件		17.53	
950	蹬脚瓦	七样	件		15.36	
951	蹬脚瓦	八样	件		14.40	
952	蹬脚瓦	九样	件		12.64	
953	满面砖	六样	件		86.33	
954	满面砖	七样	件		80.22	
955	满面砖	八样	件		72.40	
956	满面砖	九样	件		62.04	
957	合角吻	六样	份		9942.38	
958	合角吻	七样	份		7184.28	
959	合角吻	八样	份		4815.26	
960	合角吻	九样	份		3286.21	
961	博脊连砖	六样	件		156.39	
962	博脊连砖	七样	件		145.17	
963	博脊连砖	八样	件		121.15	

续表

序号	名称	规格	单位	单位质量(kg)	单价(元)	附注
964	博脊连砖	九样	件		113.33	
965	博脊瓦	六样	件		129.30	
966	博脊瓦	七样	件		117.17	
967	博脊瓦	八样	件		115.06	
968	博脊瓦	九样	件		104.93	
969	挂尖	六样	件		182.03	
970	挂尖	七样	件		166.67	
971	挂尖	八样	件		147.31	
972	挂尖	九样	件		133.07	
973	宝顶座	八样 宽600以内	份		4402.92	
974	宝顶座	七样 宽1000以内	份		622.15	
975	宝顶座	六样 宽1000以内	份		5415.41	
976	宝顶珠	八样 高600以内	件		2424.79	
977	宝顶珠	七样 高1000以内	件		2782.92	
978	宝顶珠	六样 高1000以内	件		2801.03	
979	马	1号（小兽）同琉璃六样	件		66.93	
980	马	3号（小兽）同琉璃八样	件		34.45	
981	小跑	六样	件		199.17	
982	小跑	七样	件		161.73	
983	小跑	八样	件		142.69	
984	小跑	九样	件		123.65	
985	九样列角盘子		件		33.39	
986	九样三仙盘子		件		43.02	
987	六样围脊筒子		件		164.22	
988	银朱		kg		77.00	
989	石黄		kg		12.35	

续表

序号	名　　称	规　　格	单位	单位质量(kg)	单　价(元)	附　注
990	章　丹		kg		45.15	
991	松　烟		kg		18.00	
992	图画色		支		1.45	
993	广告色		支		3.50	
994	巴黎绿		kg		414.00	
995	群　青		kg		16.50	
996	土粉子		kg		2.00	
997	氧化铁红		kg		7.30	
998	浮石粉		kg		6.50	
999	淋浆灰		kg		1.20	
1000	瓦　钉		kg		8.82	
1001	铁兽桩		kg		8.82	
1002	吻(兽)桩、铁锯子		kg		8.82	
1003	香　糊	400g	瓶		4.00	
1004	浆　糊		kg		6.80	
1005	高丽纸		张		1.30	
1006	铜　箔		张		1.00	
1007	库金箔	98% 93.3×93.3	张		5.70	
1008	赤金箔	74% 83.3×83.3	张		3.11	
1009	树　棍	长度 1.2m	根		2.80	
1010	树　棍	长度 1.7m	根		3.80	
1011	树　棍	长度 2.2m	根		4.80	
1012	竹　杆	长度 1.2m	根		2.00	
1013	竹　杆	长度 2.2m	根		3.00	
1014	木架杆	*D*100	m^3		1088.00	
1015	遮阴布		m^2		4.00	

附录四　企业管理费、规费、利润和税金

一、企业管理费

企业管理费是指施工企业组织施工生产和经营管理所需费用。包括：

1. 管理人员工资：是指按工资总额构成规定，支付给管理人员和后勤人员的各项费用。

2. 办公费：是指企业管理办公用的文具、纸张、账表、印刷、邮电、书报、办公软件、现场监控、会议、水电、烧水和集体取暖降温（包括现场临时宿舍取暖降温）等费用。

3. 差旅交通费：是指职工因公出差、调动工作的差旅费、住勤补助费，市内交通费和误餐补助费，职工探亲路费，劳动力招募费，职工退休、退职一次性路费，工伤人员就医路费，工地转移费以及管理部门使用的交通工具的油料、燃料及牌照费。

4. 固定资产使用费：是指管理和试验部门及附属生产单位使用的属于固定资产的房屋、设备、仪器等的折旧、大修、维修或租赁费。

5. 工具用具使用费：是指企业施工生产和管理使用的不属于固定资产的工具、器具、家具、交通工具和检验、试验、测绘、消防用具等的购置、维修和摊销费。

6. 劳动保险和职工福利费：是指由企业支付的职工退职金、按规定支付给离休干部的经费，集体福利费、夏季防暑降温、冬季取暖补贴、上下班交通补贴等。

7. 劳动保护费：是企业按规定发放的劳动保护用品的支出。如工作服、手套、防暑降温饮料以及在有碍身体健康的环境中施工的保健费用等。

8. 检验试验费：是指施工企业按照有关标准规定，对建筑以及材料、构件和建筑安装物进行一般鉴定、检查所发生的费用，包括自设试验室进行试验所耗用的材料等费用。不包括新结构、新材料的试验费，对构件做破坏性试验及其他特殊要求检验试验的费用和建设单位委托检测机构进行检测的费用，对此类检测发生的费用，由建设单位在工程建设其他费用中列支。但对施工企业提供的具有合格证明的材料进行检测不合格的，该检测费用由施工企业支付。

9. 工会经费：是指企业按《工会法》规定的全部职工工资总额比例计提的工会经费。

10. 职工教育经费：是指按职工工资总额的规定比例计提，企业为职工进行专业技术和职业技能培训，专业技术人员继续教育、职工职业技能鉴定、职业资格认定、安全教育培训以及根据需要对职工进行各类文化教育所发生的费用。

11. 财产保险费：是指施工管理用财产、车辆等的保险费用。

12. 财务费：是指企业为施工生产筹集资金或提供预付款担保、履约担保、职工工资支付担保等所发生的各种费用。

13. 税金：是指企业按规定缴纳的房产税、车船使用税、土地使用税、印花税等。

14. 其他：包括技术转让费、技术开发费、工程定位复测费、投标费、业务招待费、绿化费、广告费、公证费、法律顾问费、审计费、咨询费、保险费等。

二、规费

规费是指政府和有关权力部门规定必须缴纳的费用。包括：

1. 社会保险费

(1)养老保险费：是指企业按照规定标准为职工缴纳的基本养老保险费。

(2)失业保险费：是指企业按照规定标准为职工缴纳的失业保险费。

(3)医疗保险费：是指企业按照规定标准为职工缴纳的基本医疗保险费。

(4)工伤保险费：是指企业按照规定标准为职工缴纳的工伤保险费。

(5)生育保险费：是指企业按照规定标准为职工缴纳的生育保险费。

2. 住房公积金：是指企业按照规定标准为职工缴纳的住房公积金。

$$规费 = 人工费合计 \times 44.21\%$$

三、利润

利润是指施工企业完成所承包工程获得的盈利。

$$利润 = (分部分项工程费合计 + 施工措施费合计 + 规费) \times 利润率$$

利润率按附录五中相关规定计取。

四、税金

税金是指国家税法规定的应计入仿古建筑及园林工程造价内的增值税。适用简易计税方法计取增值税的仿古建筑及园林工程，增值税征收率为3%。

$$税金 = 税前总价 \times 3\%$$

五、企业管理费和规费的各项费用组成的划分比例如下，供施工企业内部核算参考。

1. 企业管理费

序号	项目	比例	序号	项目	比例
1	管理人员工资	25.92%	9	工会经费	9.18%
2	办公费	8.33%	10	职工教育经费	6.89%
3	差旅交通费	3.33%	11	财产保险费	0.43%
4	固定资产使用费	4.81%	12	财务费	10.00%
5	工具用具使用费	0.99%	13	税金	9.92%
6	劳动保险和职工福利费	11.41%	14	其他	4.90%
7	劳动保护费	2.44%			
8	检验试验费	1.45%		合计	100.00%

2. 规费

序号	项目		比例
1	社会保险费	养老保险	44.65%
		失业保险	4.45%
		医疗保险	22.33%
		工伤保险	2.24%
		生育保险	1.79%
2	住房公积金		24.54%
	合计		100.00%

附录五 工程价格计算程序

一、仿古建筑及园林工程施工图预算计算程序

仿古建筑及园林工程施工图预算，应按下表计算各项费用。

施工图预算计算程序表

序号	费用项目名称	计算方法
1	分部分项工程费合计	Σ(工程量×编制期预算基价)
2	其中：人工费	Σ(工程量×编制期预算基价中人工费)
3	施工措施费合计	Σ施工措施项目计价
4	其中：人工费	Σ施工措施项目计价中人工费
5	小计	(1)+(3)
6	其中：人工费小计	(2)+(4)
7	规费	(6)×44.21%
8	利润	[(5)+(7)]×7%
9	税金	[(5)+(7)+(8)]×征收率或税率
10	含税造价	(5)+(7)+(8)+(9)

二、补充预算基价表各项费用,可参考下表计算。

补充预算基价表各项费用参考表

序号	费用名称	材料采购及保管费	企业管理费
	取费基数	材料费	人工工日
1	无材料费项目（只有人工费、机械费）		6.23 元
2	砖、石砌体工程（包括各种砌块）	2.10%	10.77 元
3	混凝土工程	2.10%	17.57 元
4	钢筋工程	2.10%	17.57 元
5	抹灰工程	2.10%	7.36 元
6	装饰工程	2.10%	10.77 元
7	金属结构工程	2.10%	10.77 元
8	绿化新工栽植	2.10%	11.33 元
9	绿化养护及防寒	2.10%	7.36 元
10	其他项目	2.10%	7.36 元

三、建筑安装工程费用组成

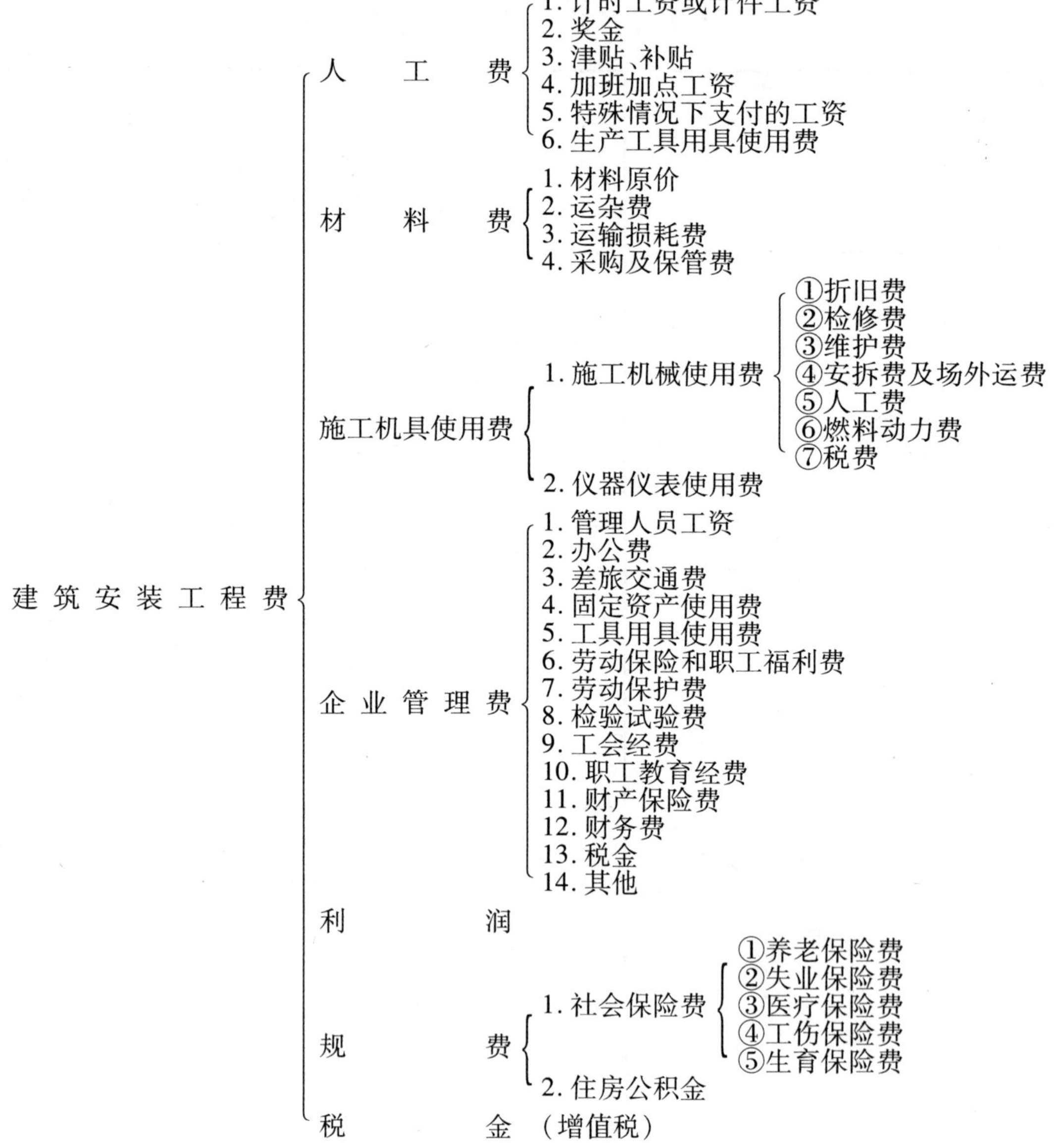

附录六 增值税一般计税方法费用要素的调整

本附录适用一般计税方法计取增值税的仿古建筑及园林工程计价。

一、人工费

人工单价不做调整。

二、材料费

1. 材料单价根据各项材料适用的增值税税率或征收率计算，为不含税价格。增值税税率或征收率执行财税部门有关规定。按以下简化公式：

$$不含税材料价格 = 含税材料价格 \div (1 + 税率)$$

2. 以"元"为单位的材料按 0.878 系数调整。

3. 材料采购及保管费按不含税材料价格的 2.18% 计取。

三、机械费

1. 按照机械台班单价的价格组成内容，扣除折旧费、检修费、维护费及燃料动力费中的进项税额。计算公式为：

$$不含税机械台班单价 = 含税机械台班单价 \times 0.8955$$

2. 以"元"为单位的机械台班按 0.8955 系数调整。

四、企业管理费

$$一般计税方法企业管理费 = 预算基价企业管理费 \times 0.9857$$

五、规费

规费不做调整。

六、利润

一般计税方法利润不做调整。

七、税金

税金是指按国家税法规定的应计入仿古建筑及园林工程造价内的增值税，适用一般计税方法计取增值税的仿古建筑及园林工程，增值税税率为 11%。

八、按系数计取的措施项目

序号	费用名称	计取基数	调整系数
1	安全文明施工措施费	预算基价措施费	0.9101
2	冬雨季施工增加费		1.0147
3	夜间施工增加费		0.9912
4	二次搬运费		1.0386
5	竣工验收存档资料编制费		0.9894
6	工程废土清运费		1.0000